WOLFGANG KRUG · JOACHIM RIENITZ · GÜNTER SCHULZ

BEITRÄGE ZUR INTERFERENZMIKROSKOPIE

BEITRÄGE ZUR INTERFERENZMIKROSKOPIE

Von

Dr. WOLFGANG KRUG,

Dipl.-Phys. JOACHIM RIENITZ, Dr. GÜNTER SCHULZ

Institut für Optik und Spektroskopie der Forschungsgemeinschaft
der Deutschen Akademie der Wissenschaften zu Berlin
Berlin-Adlershof

Mit 212 Abbildungen, 5 Tabellen und 19 Tafeln

AKADEMIE-VERLAG · BERLIN

1961

Erschienen im Akademie-Verlag GmbH, Berlin W 8, Leipziger Str. 3—4
Lizenz-Nr. 202 · 100/510/61

Gesamtherstellung: VEB Druckerei „Thomas Müntzer" Bad Langensalza
Bestellnummer: 5379
Printed in Germany
ES 18 B 5

VORWORT

Die Interferenzmikroskopie ist wohl das jüngste Spezialgebiet der Licht- und neuerdings auch der Elektronenmikroskopie. Sie hat, wie eine große Zahl von Veröffentlichungen beweist, bereits vielfältige Anwendungen in Technik, Biologie, Medizin, Kristallographie und anderen Zweigen der Wissenschaft gefunden.

Ihre Entwicklung hat heute eine Breite angenommen, die mit anderen Zweigen der Mikroskopie kaum zu vergleichen ist. Das ist offenbar darin begründet, daß die Zahl der Kombinationsmöglichkeiten zwischen Interferometer und Mikroskop sehr groß ist. Daraus ergeben sich mannigfaltige Untersuchungs- und Meßmöglichkeiten, die noch keineswegs voll ausgewertet sind.

Der gegenwärtige Zeitpunkt erscheint den Verfassern daher noch nicht geeignet, ein erschöpfendes Lehrbuch der Interferenzmikroskopie zu schreiben. Sie haben es vielmehr vorgezogen, dieses Gebiet durch einige umfangreichere spezielle Beiträge zu fördern. Diese sind eine Zusammenstellung von Arbeiten, die im wesentlichen von den Verfassern zwischen 1948 und 1960 im Institut für Optik und Spektroskopie[1]) der DAdW durchgeführt wurden. Einiges Material, das bisher in Einzelabhandlungen an verschiedenen Stellen veröffentlicht oder vorgetragen wurde, findet hier eine zusammenfassende Darstellung, anderes dagegen wird hier zum ersten Mal veröffentlicht.

Es wurde versucht, die Darstellung so zu halten, daß auch der Wissenschaftler davon Gewinn haben kann, der an der Anwendung der Interferenzmikroskopie auf sein eigenes Arbeitsgebiet interessiert ist oder sich einen Einblick in diesen Zweig der Mikroskopie verschaffen will. Dazu dürfte auch die Vielzahl der angeschnittenen Probleme und nicht zuletzt auch die zahlreich angeführte Literatur verhelfen. Als Ergänzung sei auf das ABC der Optik (Leipzig 1961) verwiesen.

Die dem eigentlichen Text vorangestellte Einführung erschien den Verfassern nützlich, um die grundlegenden Zusammenhänge und Begriffe des ganzen Gebietes kurz zu umreißen.

Der erste Teil enthält eine systematisch gegliederte Darstellung der Prinzipien aller Interferenzmikroskope, die den Verfassern bekanntgeworden sind. Hier soll die ganze Breite der Entwicklung aufgezeigt und die große Zahl von Möglichkeiten zur Diskussion gestellt werden. Dabei ergab sich die Notwendigkeit, die

[1]) Früher Institut für Optik und Feinmechanik.

Interferenzmikroskopie gegen die Nachbargebiete abzugrenzen und ihre Beziehungen zu diesen aufzuzeigen. Dies führte dazu, eine kurze Systematik aller Verfahren voranzustellen, mit denen mikroskopische Phasenstrukturen sichtbar gemacht werden können, d. h. also eine Systematik der „Mikroskopie der Phasenstrukturen".

Der zweite Teil enthält vor allem Ergebnisse von Arbeiten, die von den Verfassern im Laboratorium durchgeführt wurden. Wenn diese Ergebnisse auch hauptsächlich an Geräten erhalten wurden, die hier entwickelt und erprobt sind, so kann doch behauptet werden, daß die behandelten Einzelfragen typisch für das ganze Gebiet der Interferenzmikroskopie sind. Sowohl die instrumentellen als auch die zahlreichen meßtechnischen Probleme sind von grundlegender Bedeutung für die ganze Interferenzoptik. Insbesondere mußte ein größerer Raum für die Fragen der Auswertung und des Informationsgehaltes von Interferogrammen vorgesehen werden, da nur wenige und recht verstreute Literaturstellen sich damit befassen.

In Teil III folgt eine theoretische Behandlung solcher Interferenzerscheinungen, die für die Interferenzmikroskopie von besonderer Bedeutung sind. Darüber hinaus jedoch umfaßt diese Behandlung auch eine allgemeinere Klasse von Interferenzen, wie sie z. B. auch in Interferenzkomparatoren oder beim FRESNELschen Spiegelversuch auftreten. Dieser Teil soll u. a. *quantitative* Aussagen über die Interferenzen ermöglichen, z. B. in bezug auf ihre Lage im Raum, Streifenabstand und Kontrast. Das ist notwendig, um quantitative Aussagen über die mit Interferenzen untersuchten Objekte zu gewinnen, d. h. um richtig zu messen.

Im Anhang wird reichhaltiges Bildmaterial aus verschiedenen Anwendungsgebieten gezeigt. — Die im Anhang und im gesamten Text dargebotenen photographischen Aufnahmen sind von den Verfassern hergestellt worden, sofern nicht eine Firma oder ein anderer Autor genannt ist.

Es ist versucht worden, das ganze Werk möglichst einheitlich zusammenhängend zu gestalten und damit einen Querschnitt durch den derzeitigen Stand des Gebietes der Interferenzmikroskopie zu vermitteln.

An dieser Stelle sei allen herzlich gedankt, die am Zustandekommen dieses Buches beteiligt waren, insbesondere Herrn Prof. Dr. E. LAU (Berlin-Adlershof) für Beiträge aus seinen Arbeiten, die hier verwertet wurden, und ihm sowie Herrn Prof. Dr. E. INGELSTAM (Stockholm) für anregende Diskussionen, ferner Herrn G. HESS, Frl. G. STUTZKE und Frl. R. BUROW für ihre Mühe bei der Herstellung der zahlreichen Fotos und Zeichnungen, Frl. M. KUCHE für die Literaturbeschaffung sowie Frl. M. JANOWICZ für die Anfertigung des Manuskriptes und Frau TH. DZIESIATY und Herrn E. URBACH für die Hilfe beim Korrekturlesen.

Wenn dieses Buch die Entwicklung und Anwendung der Interferenzmikroskopie fördert, dann hat es seinen Zweck erfüllt.

Berlin-Adlershof, Dezember 1960 Die Verfasser

INHALTSVERZEICHNIS

II. Spezielle Probleme der Interferenzmikroskopie (Wolfgang Krug)

III. Eine Theorie der Zweistrahlinterferenzen (GÜNTER SCHULZ)

Anhang

EINFÜHRUNG

Die Interferenzmikroskopie behandelt Verknüpfungen zwischen Interferenzanordnungen und Mikroskopen und untersucht die dabei auftretenden besonderen Erscheinungen. Die nun folgende Einführung in dieses Gebiet sagt daher zunächst etwas über Interferenzen und die sie erzeugenden Anordnungen, sodann einiges über mikroskopische Abbildung; zuletzt folgt etwas über Kombinationen zwischen Interferenzanordnungen und Mikroskopen, die Interferenzmikroskope heißen.

Diese Einführung ist für diejenigen Leser gedacht, die diesem interessanten Gebiet bisher ferngestanden haben oder es gar nicht kennen. Grundkenntnisse über Mikroskopie müssen vorausgesetzt werden. Jedoch werden z. B. Mediziner und Biologen, für die ein Interferenzmikroskop häufig ein äußerst wichtiges und aufschlußlieferndes Instrument darstellt, oft weniger Kenntnisse über *Interferenz*optik mitbringen. Dem Physiker dagegen, dem diese Dinge geläufig sind, werden die ersten Abschnitte der Einführung nichts Neues bringen; aber vielleicht wird er sich über das Wesen der Interferenzmikroskopie noch kurz orientieren wollen. Der Interferenzmikroskopiker wird die gesamte Einführung auslassen können.

Einleitendes über Interferenzen

Wir betrachten ein einfaches Beispiel, mit dem bereits Young 1801 als erster Interferenzerscheinungen des Lichtes erklärt hat. In der untenstehenden Abbildung sind Wasserwellen dargestellt, die gegen die Meeresküste anlaufen. Von

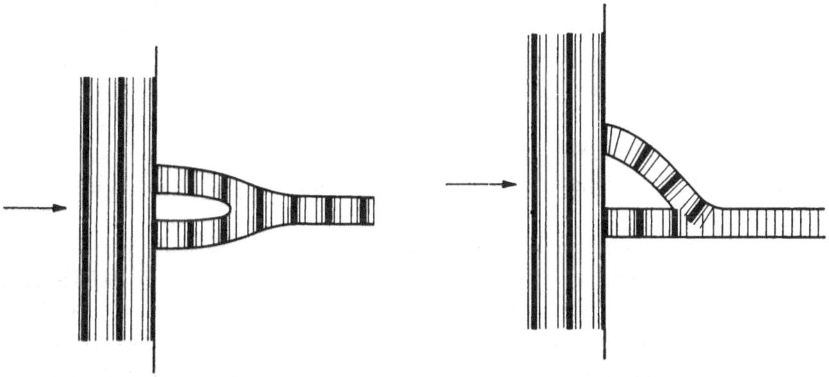

a) b)

der Küste gehen zwei Kanäle aus, die sich später vereinigen. In diese Kanäle hinein setzen sich die Wellen fort. Bei *a* sind beide Kanäle gleich lang. An ihrer Vereinigungsstelle trifft daher ein Wellenberg aus dem einen Kanal auf einen Wellenberg aus dem anderen; das gleiche gilt für die Wellentäler. In diesem Fall verstärkt sich die Wellenbewegung und setzt sich daher nach rechts hin im gemeinsamen Kanalbett fort. Bei *b* dagegen sind die Kanallängen voneinander verschieden, und zwar so, daß an der Vereinigungsstelle ein Wellenberg aus dem einen Kanal mit einem Wellental aus dem anderen Kanal zusammentrifft. In diesem Fall ist im Vereinigungskanal die Wellenbewegung ausgelöscht, und zwar aus folgendem Grunde. Am Ort eines Wellenberges wirkt auf die Wasseroberfläche eine nach oben ziehende Kraft, am Ort eines Wellentales dagegen eine nach unten ziehende. Trifft nun Wellenberg auf Wellental, so heben sich beide Kräfte gegenseitig auf (wenn sie gleich groß sind), und die Wasseroberfläche bleibt daher in Ruhe. Auch in der Optik gibt es entsprechende Erscheinungen, die auf eine Wellennatur des Lichtes schließen lassen. Diese bestehen darin, daß zuweilen Licht + Licht Dunkelheit ergeben kann. Dabei treffen nämlich, wie bei den Wasserwellen, bei Vereinigung zweier Lichtwege „Wellenberg" und „Wellental" zusammen. Solche Erscheinungen werden als Interferenzen bezeichnet.

Grundbegriffe

Unter einer *Welle* verstehen wir einen Schwingungsvorgang, der sich in die Umgebung hinein ausbreitet (indem er diese zum Mitschwingen anregt), d. h. dessen Zustand sich zeitlich und örtlich periodisch ändert. Beim Licht handelt es sich dabei um einen elektromagnetischen Schwingungsvorgang. Mathematisch ist dieser durch sogenannte *Wellengleichungen* beschreibbar.

Allgemein unterscheidet man bei einer Welle folgende Begriffe (siehe nebenstehende Zeichnung). Die *Amplitude* A ist die größte Höhe des Wellenberges, allgemeiner der größte Wert der sich periodisch ändernden Größe G. Dabei zeigt *a* die Ortsabhängigkeit von G zu einem bestimmten Zeitpunkt, *b* bis *d* die Zeitabhängigkeit von G in einem bestimmten Raumpunkt. A hängt beim Licht unmittelbar mit der *Intensität* zusammen: A^2 ist proportional zur Intensität. Die *Wellenlänge* λ ist der Abstand zweier benachbarter Punkte gleichen Schwingungszustandes. Sie wird in Längeneinheiten angegeben, z. B. in nm ($1\text{nm} = 10^{-3}\mu = 10^{-6}\text{mm}$). Der Schwingungszustand läßt sich durch die *Phase* φ charakterisieren. Man legt einen Nullpunkt fest, z. B. den Scheitel eines Wellenberges, und bezeichnet als Phase die Entfernung des betreffenden Schwingungszustandes von diesem Nullpunkt, gemessen z. B. in λ.

Die Interferenz erfolgt nach dem Prinzip der ungestörten *Superposition* (Überlagerung) von Wellen. Im Falle *zweier* zusammenwirkender (interferierender) Wellen können dabei folgende Möglichkeiten unterschieden werden. Bei *b* trifft Wellenberg mit Wellenberg zusammen und bewirkt eine Amplitudenvergrößerung, da sich die Amplituden addieren. Im Falle *c* trifft Wellenberg mit Wellental zusammen; die Amplituden subtrahieren sich. Bei *d* sind überdies die Amplituden der beiden Wellen gleich, wodurch völlige Auslöschung eintritt. Bei *b* ist die *Phasendifferenz* $\Delta\varphi$ der beiden Wellen 0, bei *c* und *d* beträgt sie $\frac{\lambda}{2}$. Bei $\Delta\varphi = 0, \lambda, 2\lambda, \ldots$ tritt somit maximale Verstärkung, bei $\Delta\varphi = \frac{\lambda}{2}, 3\frac{\lambda}{2}, 5\frac{\lambda}{2}, \ldots$ maximale Abschwächung ein. Bei Zwischenwerten von $\Delta\varphi$ nimmt die Verstärkung bzw. Abschwächung, d. h. allgemeiner die Intensität, entsprechende Zwischenwerte an.

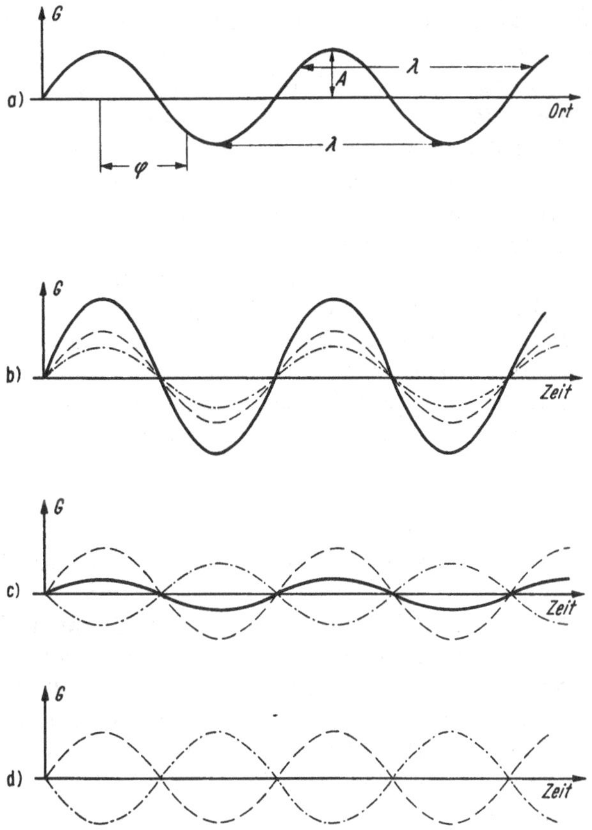

Die erwähnten Phasenunterschiede (Phasenverschiebungen) werden in der Optik im allgemeinen dadurch erreicht, daß man die beiden Wellenzüge vor der Interferenz verschieden lange Wege durchlaufen läßt. Die Differenz der beiden Weglängen wird als *Gangunterschied* g bezeichnet und z. B. in Wellenlängen gemessen. Als *Ordnung* der Interferenz läßt sich das Verhältnis g/λ definieren. Bei der nullten Ordnung sind also die beiden Weglängen gleich, bei der 1. Ordnung ist die eine Weglänge um λ größer als die andere usw.

Wenn man Licht vereinigt, das von zwei verschiedenen Lichtquellen oder zwei verschiedenen Punkten einer Lichtquelle ausgeht, so beobachtet man *keine* Interferenzen. Dies hat folgenden Grund. Jedes leuchtende Atom sendet nur während einer sehr kurzen Zeit (Emissionszeit) Licht aus und beginnt mit einer erneuten Lichtaussendung zu einem beliebigen anderen Zeitpunkt. Für ein anderes Atom gilt das gleiche, so daß die Phasenunterschiede zwischen den Schwingungen der beiden Atome zeitlich sehr rasch wechseln. Dabei entstehen zwar Interferenzen; diese wechseln aber (wegen der wechselnden Phasendifferenzen) örtlich ebenfalls sehr schnell und sind daher nicht beobachtbar. Um eine beobachtbare (stationäre) Interferenzerscheinung zu erhalten, muß man also dafür sorgen, daß jeweils zwei Wellenzüge mit stets gleicher Phasendifferenz (sog. *kohärente* Wellenzüge) zusammenwirken. Dies erreicht man durch geeignete Aufteilung des Lichts *einer* Lichtquelle. Dabei kommen bei der Wiedervereinigung des Lichts nur Wellenzüge zur Interferenz, die aus dem *gleichen* Wellenzug durch Aufteilung gewonnen wurden. Hier hängt die Phasendifferenz nicht von der Emission der Atome ab. Der während der Emissionszeit ausgesandte zusammenhängende Wellenzug hat eine gewisse Länge, die man als *Kohärenzlänge* bezeichnet.

Bisher betrachteten wir Interferenzen von Wellenzügen mit bestimmtem λ. In Wahrheit gibt es jedoch stets nur Licht von einem bestimmten λ-Bereich ($\lambda \pm \Delta\lambda$). Dieser λ-Bereich (*Spektral*bereich) hängt in bestimmter Weise mit der Kohärenzlänge zusammen: je kleiner jener Bereich, um so größer die Kohärenzlänge und umgekehrt. Licht von sehr kleinem λ-Bereich nennt man *monochromatisches* Licht. Es hat eine sehr große Kohärenzlänge und erlaubt daher sehr große Gangunterschiede und damit hohe Interferenzordnungen. Man kann es aus Spektrallampen erhalten, wobei unter Umständen noch ein Filter nötig ist. Eine andere Möglichkeit ist die Ausfilterung des entsprechenden Wellenlängenbereichs aus dem Licht einer Glühlampe. Als (streng nicht verwirklichten) Idealfall des monochromatischen Lichtes kann man Licht mit *unendlicher* Kohärenzlänge betrachten.

Bei einer Welle kann die Schwingung *in* oder *senkrecht* zur Ausbreitungsrichtung erfolgen. Im ersten Fall spricht man von einer *Longitudinalwelle* (z. B. Schall), im zweiten von einer *Transversalwelle* (z. B. Licht). Eine Lichtwelle ist eine *Kugelwelle* (im Gegensatz zur Wasserwelle), weil das Licht sich im *Raum* ausbreitet, wobei die Punkte gleicher Phase auf einer Kugel liegen, deren Mittelpunkt das Lichtemissionszentrum ist. Das *natürliche* Licht besteht aus Wellenzügen, deren Schwingungen in allen *möglichen* Richtungen senkrecht zur Ausbreitungsrichtung erfolgen. *Polarisatoren* lassen nur Licht einer bestimmten Schwingungsrichtung hindurch; dieses hindurchgelassene Licht nennt man *linear polarisiert*. Andere Arten von Polarisationszuständen bleiben hier außer Betracht. Durch einen zweiten Polarisator kann man das linear polarisierte Licht beliebig abschwächen. Der Grad der Abschwächung hängt von der Lage der Durchlaßrichtungen der beiden Polarisatoren zueinander ab. Maximale Abschwächung erreicht man, wenn die Durchlaßrichtungen der beiden Polarisatoren senkrecht aufeinander stehen.

Gewisse Kristalle, die in verschiedenen Interferenzgeräten benutzt werden, spalten ein Lichtbündel in zwei Anteile auf, die sich im allgemeinen in etwas verschiedenen Richtungen fortpflanzen. Diese Erscheinung nennt man *Doppelbrechung*. Die beiden Anteile sind senkrecht zueinander polarisiert und können nicht miteinander interferieren, auch wenn sie im obigen Sinne als kohärent gelten müßten. Erst wenn vor und hinter der Interferenzanordnung Polarisatoren angebracht werden, deren Schwingungsrichtungen nicht mit der Schwingungsrichtung eines der beiden erwähnten Anteile zusammenfallen, können Interferenzen beobachtet werden, wie die Erfahrung zeigt.

Um genügend Helligkeit zu erhalten, muß man eine ausgedehnte Lichtquelle verwenden. Diese besteht aus einer sehr großen Anzahl von Lichtpunkten (etwa leuchtenden Atomen). Für die Interferenz wird nun die Welle jedes Lichtpunktes geteilt und wieder vereinigt. Dadurch entsteht in bezug auf jeden Lichtpunkt ein bestimmter Gangunterschied und damit eine bestimmte Ordnung. Zu jeder Ordnung gehört aber ein bestimmter Helligkeitswert (Ordnung 0, 1, 2 usw.: hell; Ordnung $^1/_2$, $1^1/_2$, $2^1/_2$, usw.: dunkel).

Wenn nun in einem Raumpunkt die Ordnungen aller Lichtpunkte genügend übereinstimmen, z. B. zwischen 2,4 und 2,6 liegen, dann werden ihre Helligkeitswerte dort alle im gleichen Sinne wirken, hier also praktisch Dunkelheit ergeben (liegen andererseits in einem anderen Raumpunkt die Ordnungen z. B. alle zwischen 2,9 und 3,1, beobachtet man dort Helligkeit). Bei genügender Übereinstimmung der Ordnungen ist also eine brauchbare Interferenzerscheinung zu beobachten. Ist diese Übereinstimmung dagegen nicht genügend erfüllt, d. h. liegen in einem Raumpunkt die Ordnungen der einzelnen Lichtpunkte etwa zwischen 10 und 20 verteilt, dann wirkt die eine Ordnung im Sinne „hell", die andere entgegengesetzt im Sinne „dunkel", usw. Das Ergebnis ist ein mittlerer Helligkeitswert, der praktisch genau die Mitte zwischen Dunkelheit und größter Helligkeit darstellt. Wenn also die Ordnungen nicht genügend übereinstimmen, beobachtet man immer jenen gleichen mittleren Helligkeitswert. Von einer beobachtbaren Interferenzerscheinung mit charakteristischen Hell-Dunkel-Werten kann dann also nicht mehr gesprochen werden.

Spezielle Interferenzerscheinungen

Eine einfache Möglichkeit zur Erzeugung von Interferenzerscheinungen bildet der Keil (z. B. ein flacher Glaskeil, s. Abb. a). Auf die Keilfläche F_1 fallendes Licht L wird in zwei Teile L_1 und L_2 aufgespalten, wobei L_1 reflektiert und L_2 hindurchgelassen wird. L_2 vereinigt sich nach Reflexion an der Keilfläche F_2 wieder mit L_1. Im Punkte C unterscheiden sich die gezeichneten geometrischen Wege um $\overline{AB} + \overline{BC} - \overline{AC}$. Der betreffende Gangunterschied ist also um so größer, je dicker der Keil an dieser Stelle ist. Überall dort, wo jener Gangunterschied (jeweils genügend übereinstimmend) $= \frac{\lambda}{2}, 3\frac{\lambda}{2}, 5\frac{\lambda}{2}$ usw. ist, beobachtet man (nach Obengesagtem) Dunkelheit. Diese Interferenzerscheinung nennt man *Interferenzen gleicher Dicke*; die Streifen verlaufen hier parallel zur Keilkante und verbinden die Stellen gleicher Dicke miteinander (b). Ein anderes Beispiel für

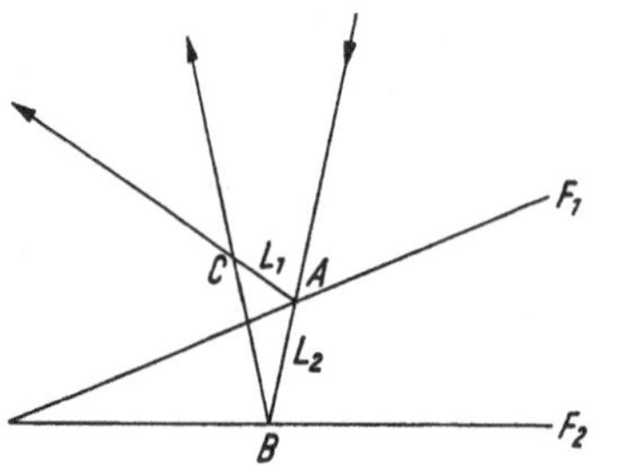

a)

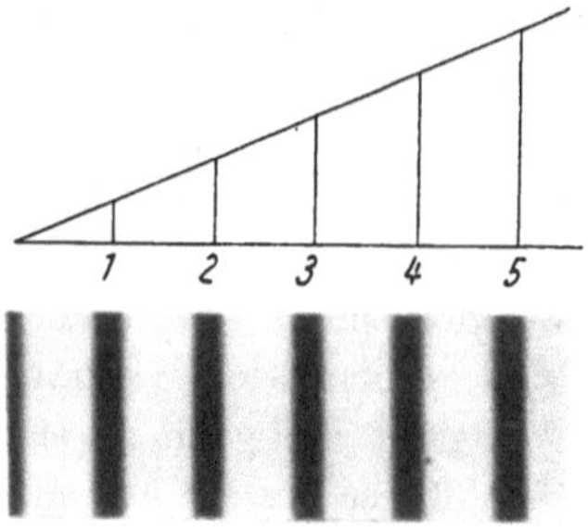

b)

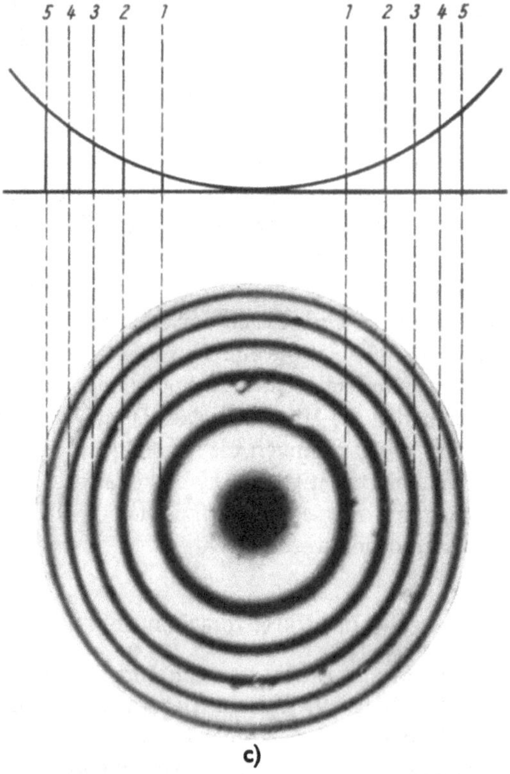

c)

Interferenzen gleicher Dicke sind die *Newtonschen Ringe.* Diese entstehen z. B. durch Auflegen einer Linse auf eine Planplatte (c). Die Erscheinung des Phasensprunges wurde hier nicht berücksichtigt.

Interferenzen gleicher Dicke sind meist nur in der Nähe der Keilflächen beobachtbar. Wird der Keilwinkel kleiner, dann werden die Interferenzstreifen immer breiter, und wenn der Keil in eine Planparallelplatte übergegangen ist, erscheint die ganze Keilfläche hell oder dunkel. Bei der Planparallelplatte tritt jedoch noch eine neue Interferenzerscheinung hinzu. Sie heißt *Interferenz gleicher Neigung*, weil bei ihr die Lichtstrahlen gleicher Neigung miteinander interferieren. Diese Interferenzen sind nicht auf der Platte selbst beobachtbar, sondern liegen im Unendlichen und können z. B. mit einem Fernrohr beobachtet werden.

Bisher war immer von der Interferenz *zweier* kohärenter Wellenzüge die Rede (*Zweistrahlinterferenzen*). Grundsätzlich können jedoch auch mehr (und zwar beliebig viele) kohärente Wellenzüge miteinander interferieren. In solchen Fällen spricht man von *Mehrstrahlinterferenzen*, die bei einigen Untersuchungen eine Rolle spielen.

Bei einem gegebenen Keil hängt der Abstand der Interferenzstreifen von der Wellenlänge des verwendeten Lichtes ab, so daß bei kurzwelligem Licht die Streifen näher aneinanderliegen. Geht man nämlich von der Keilkante aus (Gangunterschied *O*), so wird der Gangunterschied λ für kurzwelliges Licht (violett) bereits in geringerer Entfernung von der Keilkante erreicht als für langwelliges (rot). Nimmt man also weißes Licht (λ-Bereich von rot bis violett), so werden sich die den einzelnen λ-Werten zugeordneten Streifensysteme überlagern. Nur in der Keilkante sind alle Systeme in Deckung, während sie mit wachsender Entfernung von der Keilkante immer mehr auseinanderstreben. Hierdurch treten zunächst einzelne Farben hervor. Diese Farbigkeit verschwindet jedoch nach wenigen Ordnungen wieder, da sich dort die einzelnen Streifensysteme schon so verschieden überlagern, daß an jeder Stelle Farben aus praktisch jedem Spektralbereich vorliegen; auf diese Weise entsteht dort ein angenähert gleichmäßiger Weiß-Ton („*Weiß höherer Ordnung*“).

Interferenzgeräte

Eines der einfachsten Interferenzgeräte wird von dem oben beschriebenen Glaskeil abgeleitet. Einen solchen Keil kann man nämlich variabel gestalten, wenn man ihn als „Luftkeil“ ausbildet. Dieser entsteht etwa zwischen den beiden einander zugewandten Planflächen zweier Glasplatten. Er spielt z. B. beim Prüfen optischer Flächen eine Rolle. Man legt dabei (unter einem kleinen Winkel) auf den Prüfling ein Planprobeglas und betrachtet die hierbei entstehenden Interferenzen gleicher Dicke. Fehler des Prüflings drücken sich dann in Auslenkungen oder Krümmung der Interferenzstreifen aus. Dieser und der oben beschriebene Glaskeil werden als *reelle Keile* bezeichnet.

Eine andere Möglichkeit stellt der *virtuelle Keil* dar. Bei diesem sind die beiden Keilflächen nicht reell miteinander koexistent, sondern können nur virtuell, d. h. in der optischen Abbildung, einen Keil bilden. Ein einfaches Gerät zur Erzeugung eines virtuellen Keils ist das *Michelson-Interferometer* (s. Abb. a, S. 8). Das Licht gelangt dort von der Lichtquelle *L* auf einen teildurchlässigen Spiegel, wo es aufgespalten wird: ein Teil geht hindurch auf den Spiegel S_1 und von dort zurück über die teildurchlässige Fläche in das Auge *A*; der zweite Teil gelangt nach Reflexion an der gleichen Fläche zum Spiegel S_2 und von dort entsprechend ebenfalls ins Auge. Virtuell liegen beide Spiegel, von *A* aus gesehen, übereinander.

Dabei bilden sie entweder einen virtuellen Keil (Stellung 1 von Spiegel S_2), oder sie bilden eine virtuelle Planparallelplatte (Stellung 2 von S_2). Die entstehenden Interferenzen sind hier im wesentlichen dieselben wie weiter oben beim reellen Keil bzw. der reellen Planparallelplatte; nur können sich hier die beiden Flächen virtuell durchdringen. Dies führt dazu, daß die Interferenzstreifen beim virtuellen Keil *beiderseits* der Keilkante (Gangunterschied null) verlaufen. — Jene in der Abbildung dargestellte sogenannte MICHELSON-Schaltung stellt die Grundlage für die verschiedensten Interferenzgeräte dar.

Ein anderer Grundtyp ist das *Mach-Zehnder-Interferometer* (s. Abb. b). Diese Schaltung eignet sich besonders zur Untersuchung *durchsichtiger* Objekte. Das von der Lichtquelle L ausgehende Licht wird am teildurchlässigen Spiegel T_1

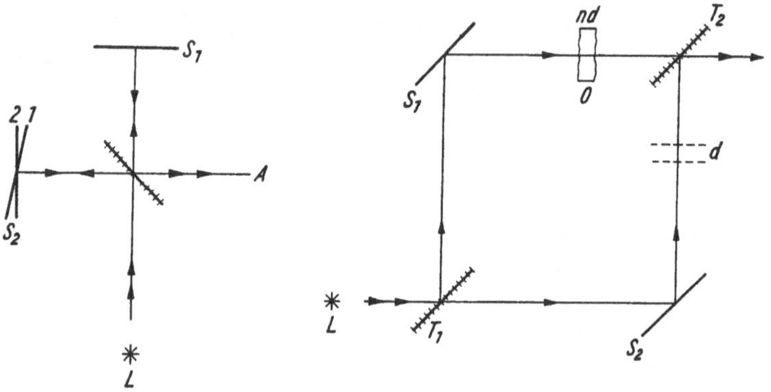

a) b)

geteilt; ein Teil geht über den Spiegel S_1, der zweite über S_2, und beide werden am teildurchlässigen Spiegel T_2 wieder vereinigt. In der Grundjustierung herrscht der Gangunterschied null (Gleichheit beider Teilwege). Wird dagegen ein durchsichtiges Objekt O in einen Teilweg eingebracht, dann entsteht folgender Gangunterschied: Hat das Objekt die Dicke d und die Brechzahl n, dann spricht man von der optischen Weglänge $n\,d$. Demgegenüber steht im anderen Teilstrahlengang die optische Weglänge d, da man die Brechzahl der Luft $= 1$ annehmen kann. Es entsteht dadurch der Gangunterschied $n\,d - d = (n - 1)\,d$. — Auch dieser Interferometertyp bildet die Grundlage einer großen Zahl von Interferenzgeräten.

Außer den beiden erwähnten Typen gibt es noch zahlreiche andere, bei denen die Strahlenteilung und -wiedervereinigung zum Teil in anderer Weise als hier erfolgt.

Mikroskopische Abbildung

Bei der optischen Abbildung *allgemein* handelt es sich um ein *optisches System* (z. B. Lupe, Fernrohr, Mikroskop), das von einem Gegenstand (*Ding*, *Objekt*) in einem — vom *Dingraum* verschiedenen — optischen Raum (*Bildraum*) ein *Bild* erzeugt. Diese Abbildung ist meist noch mit gewissen geometrisch-optischen Abbildungsfehlern (*Aberrationen*) behaftet, die man möglichst gering hält. Als Idealfall der optischen Abbildung kann man daher die *aberrationsfreie Abbildung* ansehen. Allerdings ist auch bei Aberrationsfreiheit das Bild eines Dingpunktes noch kein Punkt, sondern ein Scheibchen von gewisser Ausdehnung, das sogenannte Beugungsscheibchen. Dieses entsteht infolge *Beugung*, d. h. infolge der Tatsache, daß die (senkrecht auf den Wellenfronten stehenden) *Lichtstrahlen* in unmittelbarer Nähe schattenwerfender Kanten und dergleichen nicht geradlinig verlaufen, sondern seitlich abgebeugt werden. Von dieser Erscheinung kann man jedoch, auch bei den später behandelten Interferenzerscheinungen, in sehr vielen Fällen absehen. — Wir nehmen nun an, daß die einfachsten Grundgesetze der optischen Abbildung, auch beim Mikroskop, dem Leser vertraut sind. Es sollen daher nur noch einige Besonderheiten der mikroskopischen Abbildung erwähnt werden, die später eine Rolle spielen.

Zum Verständnis der *Abbeschen Theorie* der mikroskopischen Abbildung denken wir uns ein *Amplitudengitter G* (Abb. a) als mikroskopisches Objekt. Ein solches besteht aus abwechselnd durchsichtigen und undurchsichtigen Streifen, die in dichter Folge auf einer Glasplatte aufgebracht sind. Die Kondensorblende des Mikroskops sei stark geschlossen, d. h., das Gitter werde mit parallelem Licht beleuchtet. Bei sehr engen Öffnungen wie den Spalten dieses Gitters geht das Licht nicht nur in der Einfallsrichtung hindurch, sondern breitet sich hinter ihnen infolge Beugung nach den verschiedensten Seiten hin aus. Hinter dem Gitter kann man sich also Bündel von parallelen Strahlen aller möglichen Richtungen denken, deren jedes nach den Gesetzen der optischen Abbildung in einem Punkt der *hinteren Brennebene Br* des Mikroskopobjektivs *Obj* vereinigt wird. Die meisten dieser Bündel löschen sich jedoch hier durch Interferenz aus, weil in ihrem Vereinigungspunkt Strahlen verschiedener und z. T. entgegengesetzter Phasen, d. h. Schwingungszustände, zusammentreffen. Nur die Bündel, bei denen alle Strahlen mit gleicher Phase vereinigt werden, ergeben helle Punkte. Dies ist zunächst bei dem Bündel der Fall, welches das einfallende Strahlenbündel fortsetzt. Das gleiche gilt jedoch auch für die beiden nach rechts bzw. links geneigten Parallelbündel, deren Neigung gerade so groß ist, daß von einem zum nächsten Strahl ein Gangunterschied von einer Wellenlänge λ besteht (Abb. b). Das Entsprechende gilt für die nicht gezeichneten Bündel, bei denen der Gangunterschied zwei, drei oder mehr Wellenlängen beträgt.

Man beobachtet also in der hinteren Brennebene des Objektivs eine aus den nebeneinanderliegenden Bildern der Kondensorblendenöffnung bestehende Lichterscheinung, die *Beugungsspektrum* genannt wird. Man bezeichnet die einzelnen Bilder ebenso wie bei den Interferenzerscheinungen mit einer Ordnungszahl, und zwar mit derjenigen, die dem Gangunterschied benachbarter Strahlen in Wellenlängen entspricht. Das Licht nullter Ordnung wird auch das *direkte Licht* genannt, weil es als einziges übrigbleibt, wenn man das Objekt aus dem Strahlengang entfernt.

Von der hinteren Brennebene aus strebt das Licht wieder auseinander und vereinigt sich erneut in anderer Weise in der Bildebene *Bi* (s. Abb.): jedes Strahlenbündel, das von einem Gitterspalt ausgeht, wird in der Bildebene zu einem Bild dieses Spaltes wiedervereinigt, und ferner kommt jeder der dort vereinigten Strahlen von einer anderen Beugungsordnung in der hinteren Brennebene des Objektivs her. Alle diese Strahlen interferieren nämlich, wobei die jeweiligen Bildpunkte erzeugt werden.

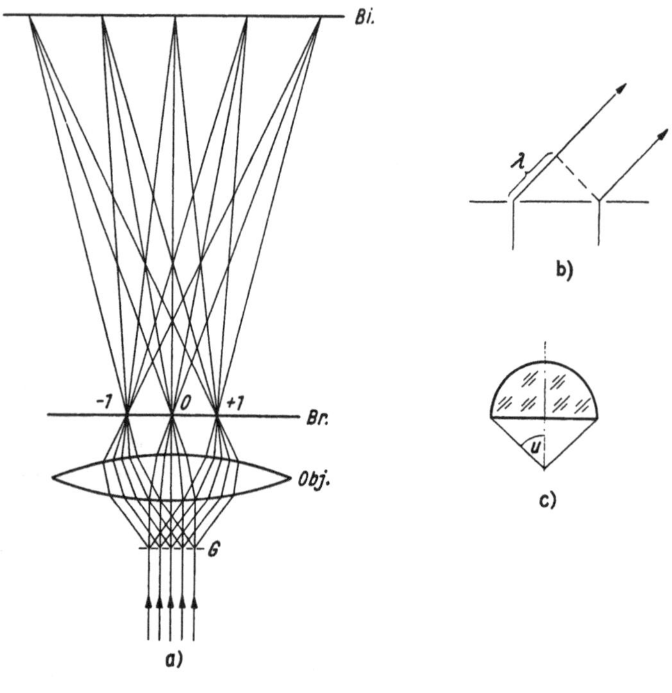

Das optische Bild ist also ebenfalls eine Interferenzerscheinung. Man kann dies nachweisen, indem man alle Beugungsordnungen bis auf eine abblendet. Dann entsteht kein Bild mehr, weil zur Interferenz mindestens zwei Strahlenanteile (d. h. hier zwei Beugungsordnungen) nötig sind. Andererseits wird das Bild um so objektähnlicher, je mehr Beugungsordnungen zugelassen werden. Das Objektiv soll also möglichst noch die unter einem großen Winkel abgebeugten Parallelbündel höherer Ordnung erfassen. Der Winkel u, bis zu dem dies noch möglich ist, ist z. B. durch die Objektivöffnung gegeben (Abb. c). Man nennt u den *Aperturwinkel* und das Produkt $A = n \cdot \sin u$ die *numerische Apertur*, wobei n der Brechungsindex des zwischen Objekt und Objektiv befindlichen Mediums ist. Je größer A ist, um so feinere Einzelheiten können noch erkannt werden, wie die Theorie zeigt.

Interferenzmikroskope

Bei den bisher beschriebenen Interferometertypen können die Interferenzen sowohl mit dem Auge als auch mit optischen Geräten beobachtet werden, insbesondere auch mit dem Mikroskop. Dies führt letzten Endes zu Gerätekombinationen, die *Interferenzmikroskope* genannt werden. Eine solche Kombination kann dabei sehr verschiedene und mannigfaltige Formen aufweisen; z. B. können, schematisch dargestellt, ein Interferometer und ein Mikroskop hintereinander geschaltet sein, oder es können beide miteinander in verschiedener Weise verschachtelt vorliegen. Bei den Interferenzmikroskopen beeinflußt das Beobachtungsobjekt die Interferenzerscheinung. Dadurch werden im Objekt gewisse Strukturunterschiede (z. B. Dicken- oder Brechzahlunterschiede) sichtbar und meßbar gemacht, und zwar in sehr empfindlicher Weise. Es entstehen dabei z. B. Interferenzen gleicher Dicke, die Niveaulinien im Objekt darstellen und dadurch die 3. Dimension der mikroskopischen Messung vollwertig erschließen. Die hierbei erzielte Tiefenauflösung erreicht die gleiche Größenordnung wie die seitliche Auflösung eines Elektronenmikroskops.

I. DIE PRINZIPIEN DER INTERFERENZMIKROSKOPE

Einleitung

Das Interesse der Mikroskopiker hat sich heute in besonderem Maße denjenigen Verfahren zugewandt, bei denen die durch das Objekt veränderte Phase des Lichts als Informationsquelle dient. Lange Zeit fand dieses wichtige Teilgebiet der Mikroskopie wenig Beachtung. Eine Ausnahme bildete lediglich die Polarisationsmikroskopie, d. h. das auf den Spezialfall doppelbrechender Objekte anwendbare Verfahren. Hier hat sich ein umfangreiches Spezialgebiet mit einer großen Anzahl von Meßmethoden für die verschiedenartigsten Aufgabenstellungen und einem zugehörigen vielseitigen Instrumentarium entwickelt. Für die Untersuchung der Phasenänderung durch nichtdoppelbrechende Objekte standen dagegen lange Zeit im wesentlichen nur die Dunkelfeld- und die Schlierenmikroskopie zur Verfügung, also Verfahren, deren Anwendungsbereich im Vergleich zur Phasenkontrast- und Interferenzmikroskopie recht begrenzt ist.

Ein grundlegender Wandel trat mit der Entwicklung der Phasenkontrastmikroskopie ein. Hier stand zum ersten Mal ein leicht zu handhabendes Verfahren zur Verfügung, das vielseitiger und auch bei stärkeren Vergrößerungen anzuwenden war als die Schlierenmikroskopie und das, im Gegensatz zur Dunkelfeldmikroskopie, auch die Innenstrukturen der Objekte sichtbar machte (z. B. den Zellinhalt). Nach einer gewissen „Anlaufzeit“ zeigten die immer zahlreicher werdenden Veröffentlichungen, daß die Phasenkontrastmikroskopie auf den verschiedenartigsten Anwendungsgebieten von außerordentlichem Nutzen ist. Besonders Biologie und Medizin profitierten davon, daß nunmehr viele Objekte auch ungefärbt beobachtet werden konnten, so daß vor allem die durch nichts zu ersetzende Lebendbeobachtung stark gefördert wurde.

Nachdem so das Interesse an der Untersuchung der durch das Objekt veränderten Phase des Lichts geweckt worden war, wurde man mit zunehmender Erfahrung mehr und mehr auf die Grenzen des Phasenkontrastverfahrens aufmerksam. Dieses macht zwar sehr geringe Phasendifferenzen sichtbar, aber die exakte Deutung des Phasenkontrastbildes ist häufig nicht einfach. So bewirkt z. B. die Erscheinung der „Inversion“ [vgl. z. B. Gabler 1955], daß aus der Intensität des Objekts nicht eindeutig auf die zugehörige Phasenverschiebung geschlossen werden kann, wenn diese in bestimmten Größenbereichen liegt. Vor allem aber ist ein befriedigender Phasenkontrasteffekt nur bei kleinen Objekten zu erhalten, und außerdem können die Konturen durch den sogenannten „Rand- oder Halo-Effekt" zum Teil beträchtlich verfälscht werden.

Diese Tatsachen mögen dazu beigetragen haben, daß nunmehr die Interferenzmikroskopie in stärkerem Maße Beachtung fand. Zwar wurden seit dem letzten Jahrzehnt des vergangenen Jahrhunderts von Zeit zu Zeit Interferenzmikroskope entwickelt, aber diese Versuche gerieten zum größten Teil wieder in Vergessenheit. Ziemlich gleichzeitig mit dem Bekanntwerden der Phasenkontrastmikroskopie begann zunächst die Auflicht-Interferenzmikroskopie, sich einen festen Platz in der Oberflächenprüfung hauptsächlich metallischer Werkstücke zu erobern. Später, als die Durchlicht-Phasenkontrastmikroskopie bereits weite Verbreitung gefunden hatte, aber auch ihre Grenzen mehr und mehr erkannt und diskutiert wurden, entwickelte sich auch die Durchlicht-Interferenzmikroskopie in stärkerem Maße. Sie hat heute auf den verschiedensten Gebieten bereits zahlreiche Anwendungen gefunden; als hervorragendes Beispiel sei hier nur die Refraktometrie lebender Zellen zum Ermitteln ihres Gehalts an Trockensubstanz erwähnt [vgl. z. B. Hale 1958].

Die Interferenzmikroskopie macht im allgemeinen nicht so geringe Phasenverschiebungen *unmittelbar sichtbar* wie die Phasenkontrastmikroskopie [McLean 1951; Gabler und Mitsche 1952; Blaha, Gabler und Marinelli 1954], aber man gelangt bei ihr wesentlich leichter zu quantitativen Werten. Außerdem fehlen i. a. Randverfälschungen, und Stellen gleicher Phasenverschiebung sehen gleich aus, gleichgültig, ob sie klein oder groß sind. Schließlich ist das Interferenzbild in hohem Maße variabel, und damit läßt es sich den Besonderheiten des Objekts oder bestimmten hervorzuhebenden Zügen desselben weitgehend anpassen.

Es ist heute noch zu früh, in weitem Umfang die Frage zu diskutieren, wann mit Phasenkontrast- und wann mit Interferenzmikroskopie gearbeitet werden soll; dafür liegen noch zu wenig vergleichende Untersuchungen vor, und außerdem muß die Methodik der Interferenzmikroskopie an verschiedenen Stellen noch weiter ausgebaut werden. Dagegen ist die Entwicklung der Interferenzmikroskope, die eine der Voraussetzungen für derartige Arbeiten ist, in den letzten Jahren etwas langsamer verlaufen; das gilt natürlich nicht für die elektronische Interferenzmikroskopie (vgl. Abschnitt 32), die erst wenige Jahre alt ist.

Es scheint heute der Zeitpunkt gekommen zu sein, an dem eine umfassende Bestandsaufnahme der bisherigen Entwicklung versucht werden kann. Zwar gibt es schon einige zusammenfassende Darstellungen der Interferenzmikroskopie [Rosenberg 1953; Françon 1954a; Barer 1955 u. 1956; Osterberg 1955; Smith 1955; Dyson 1957; Horn 1957, 1958 u. 1959a u. b.; Hale 1958 u. a.], aber diese beschränken sich, wohl aus Raumgründen, auf die wichtigsten Gerätetypen. Hier soll jedoch die Entwicklung in ihrer vollen Breite aufgezeigt werden; diese ist wenig bekannt und mit anderen Gebieten der Mikroskopie keineswegs zu vergleichen. Zum Beispiel unterscheiden sich die einzelnen Phasenkontrastverfahren im wesentlichen nur durch Art und Form der Phasenplatte voneinander. Bei den Interferenzmikroskopen dagegen ist die „Variationsbreite" bedeutend größer. Ein Blick auf die folgenden Seiten und Abbildungen wird zeigen, daß zwischen den verschiedenen Interferenzmikroskopen viel tiefere Unterschiede bestehen als in irgendeinem anderen Teilgebiet der Mikroskopie.

Dies dürfte heute wohl kaum noch als Ausdruck eines Suchens nach dem idealen Gerätetyp zu werten sein. Es scheint sich vielmehr herauszustellen, daß sich in dieser Breitenentwicklung die Fülle der Möglichkeiten dokumentiert, die in diesem interessanten Zweig der Mikroskopie enthalten sind. Um von der Geräteseite her keine dieser Möglichkeiten zu übersehen, sollen alle bekanntgewordenen Interferenzmikroskope erwähnt werden. Darunter befinden sich natürlich auch Verfahren, die sich nicht durchgesetzt haben, aber auch diese werden für den Fachmann von Interesse sein durch die Anregungen und Hinweise, die er aus ihnen gewinnen kann.

Die Fülle des Stoffs gestattet jedoch nur eine Behandlung der Grundprinzipien der einzelnen Verfahren. Eine Darstellung von Einzelheiten des technischen Aufbaus oder der Justierung würde den Zusammenhang zerreißen. Nur wenn es unbedingt nötig erscheint, werden kurze Hinweise gegeben werden; die übrigen Einzelheiten können der angeführten Literatur bzw. für die in unserem Laboratorium entwickelten Geräte dem Teil II entnommen werden. Etwas ausführlicher werden dagegen das Aussehen und die Deutung des Interferenzbildes bei den einzelnen Verfahren geschildert und an einigen Farbaufnahmen erläutert werden, weil dies zum besseren Verständnis der Wirkungsweise dieser Verfahren beiträgt. Schließlich sollen Hinweise auf industriell hergestellte Interferenzmikroskope gegeben und einige Geräte abgebildet werden.

Zur Darstellung eines solchen Gebietes gehört es auch, daß seine Grenzen abgesteckt und seine Beziehungen zu den Nachbargebieten aufgezeigt werden. Das ist aber zum größten Teil noch Neuland. Es gibt eine große Zahl von Geräten, in denen ein Interferometer mit einem Mikroskop kombiniert ist, ohne daß man von einem Interferenzmikroskop sprechen möchte; außerdem ist an keiner Stelle der Literatur eine *umfassende* Definition des Interferenzmikroskops zu finden. Das hat zur Folge, daß die Grenzen in der Literatur fließend sind und bei der großen Zahl von Geräten der weniger Eingeweihte nicht imstande ist, sinnvolle Grenzen zu ziehen.

Dazu kommt, daß es keine einheitliche und zweckmäßige Bezeichnung für die Gesamtheit aller Verfahren gibt, mit denen Phasenunterschiede des Lichts in mikroskopischen Objekten sichtbar gemacht werden können. Unglücklicherweise scheint es üblich zu werden, dieses Gebiet entweder „Interferenzmikroskopie“ oder „Phasenkontrastmikroskopie“ zu nennen, obwohl beide Verfahren doch nur Untergruppen desselben sind (vgl. S. 20). Daher erscheint bei dem einen Autor die Phasenkontrastmikroskopie der Interferenzmikroskopie untergeordnet, während der andere genau umgekehrt verfährt. In letzter Zeit ist sogar der Mischbegriff „interferentieller Phasenkontrast“ [Cizeron und Coulomb 1956] aufgetaucht. Außerdem werden die Bezeichnungen „Phasenkontrast“ und „Amplitudenkontrast“ von einigen Autoren auf das Objekt, von anderen dagegen auf den Eingriff in der Brennebene des Objektivs bezogen, was etwas völlig anderes ist.

Dies waren nur einige Beispiele für die zahlreichen Divergenzen in der Nomenklatur, die auch schon andere Autoren [z. B. WOLTER 1956a] empfunden haben. In ihrem vollen Ausmaß sind sie bisher wohl noch an keiner Stelle der Literatur dargestellt worden. Aus Platzgründen wird eine solche Darstellung an anderer Stelle erfolgen. In dieser Abhandlung sollen lediglich einige meist auf Interferenzmikroskope angewandte Bezeichnungsweisen erwähnt werden, wobei es nicht möglich war, auch noch auf die Nomenklatur der Interferenz*mikroskopie* einzugehen. Es wurde versucht, möglichst einheitliche und sinnvolle Bezeichnungen einzuführen, ohne mehr als unbedingt nötig an der vorhandenen Nomenklatur zu ändern.

Eine sinnvolle Nomenklatur ist jedoch ohne ein System unmöglich und umgekehrt. Die systematische Durchdringung des hier zu behandelnden Gebietes ist aber noch nicht sehr weit gediehen. Man findet zwar eine gewisse Ordnung in den meisten der auf S. 13 erwähnten zusammenfassenden Darstellungen der Interferenzmikroskopie, und auch die in Abschnitt 14 behandelten vergleichenden Untersuchungen über die Objekttreue verschiedener Verfahren können in diesem Zusammenhang genannt werden. Der erwähnte Mangel an Raum und die Nomenklaturschwierigkeiten scheinen jedoch den Aufbau einer ausführlichen Systematik verhindert zu haben. Eine solche wird in den Abschnitten 14 und 16 entwickelt und auf den Abschnitt 2 angewandt werden. Sie wird sich bei dem Umfang des hier zu behandelnden Gebietes als nötig erweisen.

Daß beim Ordnen der Nomenklatur und beim Systematisieren gleichzeitig Ordnung und System in das gesamte Gebiet der Verfahren zum Sichtbarmachen von Phasenunterschieden gebracht wurde (soweit sich diese auf mikroskopische Objekte beziehen), lag an der Verschachtelung der Begriffe und ihrer Bedeutung. Es wäre nicht möglich gewesen, dies für die Interferenzmikroskopie allein durchzuführen ohne auf den anderen Gebieten Unklarheiten bestehen zu lassen, und auch die Stellung der Interferenzmikroskopie im System der verwandten Verfahren läßt sich nur aufzeigen, wenn ein solches System vorhanden ist. Daß einzelne Abschnitte nichts mit dem direkten Weg zum Interferenzmikroskop zu tun haben, sondern nur zur Abrundung der Darstellung der Nomenklaturfragen und des Systems dienen, wird hoffentlich nicht als Mangel empfunden werden. Es sind nur wenig solcher Abschnitte; die Mühe, sie einzufügen, steht in keinem Verhältnis zum Gewinn, der durch eine abgerundete Darstellung erzielt wird. Daß auch bei dieser Vervollständigung die Interferenzmikroskope keineswegs zu kurz kommen, liegt an dem bereits erwähnten Umfang dieses Gebiets.

Mit der vorliegenden Abhandlung soll ein Beitrag zu der Wissenschaft von den Meß- und Erkenntnisverfahren geleistet werden, die v. BORRIES [1957] „gleichberechtigt neben die Fächer gestellt" wissen wollte, „in denen der *Gegenstand* das Verbindende ist". Vielleicht könnte man hier, in Analogie zu anderen Zweigen der Wissenschaft, von einer „vergleichenden Gerätekunde" sprechen. Für eine solche können, wie im folgenden, allgemeine Ordnungsprinzipien nützlich sein, die sich auf physikalische Gemeinsamkeiten der verschiedenen Verfahren gründen. Noch besser sind aber wohl operative Prinzipien, wie etwa das Dualitätsprinzip von LOHMANN [1953 u. 1954], das durch die Operation des „Dualisierens" die Verfahren eines aus dem anderen zu entwickeln gestattet. Seine Anwendbarkeit ist allerdings dadurch eingeschränkt, daß es FOURIER-Reziprozität zwischen Objekt- und Beugungslichterregung voraussetzt. Bei der großen Zahl von Parametern, die bei optischen Geräten und speziell auch bei den Interferenzmikroskopen eine Rolle spielen, wird diese operative Methode in großem Umfang wohl schwer möglich sein. Einen anderen Weg der einheitlichen Darstellung hat MENZEL [1958a] angegeben; er beschreibt das Sichtbarwerden von Phasenstrukturen durch Phasenkontrast-, Schlieren- und Interferenzverfahren sowie durch schiefe Beleuchtung und extrafokale Abbildung mittels „Phasenkontrast-Funktionen".

1. Mikroskopie der Phasenstrukturen

11. Die drei Arten optischer Strukturen

Das Licht kann beim Durchgang oder bei der Reflexion von den einzelnen Elementen eines mikroskopischen Objekts in dreierlei Weise beeinflußt werden:

1. Im monochromatischen Licht kann durch Absorption die Amplitude des Lichts verringert werden.
2. Im nichtmonochromatischen Licht kann durch farbselektive Absorption die spektrale Zusammensetzung des Lichts geändert werden.
3. Die Phase, d. h. anschaulich gesprochen die Form der auf das Objekt fallenden Wellenfronten des Lichts, kann geändert werden. Dabei sind zwei Fälle möglich:
   a) Die Gestalt der Wellenfronten ist von der Schwingungsrichtung des einfallenden Lichts unabhängig.
   b) Die Gestalt der Wellenfronten ist von der Schwingungsrichtung des einfallenden Lichts abhängig; die einzelne Wellenfront wird i. a. in zwei Teilwellenfronten verschiedener Schwingungsrichtungen aufgespalten (Doppelbrechung).

Nach diesen Eigenschaften können daher drei Arten optischer Strukturen unterschieden werden:

1. Amplitudenstrukturen.
2. Farbstrukturen.
3. Phasenstrukturen.

Dies sind die Grenzfälle; i. a. sind je nach Objekt und Art der Beleuchtung zwei oder drei Strukturarten gleichzeitig vorhanden. Wie diese optischen Strukturarten mit den letzten Endes interessierenden Strukturen — etwa den geometrischen oder den stofflichen — verbunden sind, ist eine sekundäre Frage.[1])

Die meisten Autoren unterscheiden nur die erste und die dritte Strukturart, wobei verschiedene Bezeichnungen gebräuchlich sind. So benutzt z. B. ROSENBERG [1953] ebenfalls „Amplituden- und Phasenstrukturen", MENZEL [1951a u. 1957a] „Absorptions- und Phasenobjekte" und K. MICHEL [1950, 1955 u. 1957] „Absorptions- und Verzögerungsobjekte". NOMARSKI [1952a] erwähnt ein „objet interférentiel d'amplitude et de phase", in das ein

---

[1]) In der Literatur findet man meist die Bezeichnungen „Amplituden*objekt*" und „Phasen*objekt*". Es erscheint jedoch sinnvoller, etwa im Sinne von HASELMANN [1951] von *Strukturen* zu sprechen.

Phasenobjekt in einer Mehrstrahl-Interferenzanordnung umgewandelt wird. WOLTER [1951a] unterscheidet „Amplituden-, Phasen- und Polarisationsobjekte".

Die hier benutzte Einteilung wurde dagegen aus folgenden Gründen gewählt: Die beiden ersten Strukturarten sind von den beiden fundamentalen Fähigkeiten des Auges, der Hellempfindung und der Farbempfindung, abgeleitet. Sie charakterisieren den äußeren Anblick der Strukturen im üblichen Hellfeldmikroskop. Auch reine Phasenstrukturen sind dem äußeren Anblick nach in diesem leicht erkennbar: sie zeigen nur äußerst geringe Helligkeits- und Farbunterschiede, die noch dazu durch die Unvollkommenheiten des Mikroskops bedingt sind (vgl. Abschn. 12). Sie können aber bei Benutzung geeigneter optischer Hilfsmittel wie kontrastreiche Amplituden- oder Farbstrukturen erscheinen. Dies geschieht bei den im folgenden zu behandelnden Verfahren.

Polarisationsstrukturen sind dem äußeren Anblick nach im üblichen Hellfeld nicht von Phasenstrukturen zu unterscheiden. Vor allem aber lassen sie sich zwanglos in gleicher Weise wie diese behandeln, und die Polarisationsmikroskope erweisen sich damit als eine Untergruppe der Interferenzmikroskope (Abschn. 2211). Daher erscheint die obige Einteilung in drei Strukturarten ausreichend. BARER [1951] rechnet auch die Fluoreszenzmikroskopie zu den Verfahren, mit denen Phasenänderungen in Intensitätsänderungen umgewandelt werden können. Diese Ausdrucksweise erscheint jedoch nicht richtig. Man kann höchstens davon sprechen, daß die Fluoreszenzmikroskopie, ebenso wie etwa die bekannten Präparatfärbemethoden, Phasenstrukturen sichtbar machen kann; eine direkte Umwandlung von Phasen- in Intensitätsänderungen findet hier nicht statt.

12. Das Sichtbarmachen von Phasenstrukturen

Auf Amplituden- oder Farbunterschiede sprechen die aufnehmenden Organe Auge, photographische Emulsion oder Photozelle an. Phasenunterschiede werden ebenso wie Amplituden- oder Farbunterschiede bei der optischen Abbildung in mehr oder weniger vollkommener Weise übertragen, jedoch gibt es kein aufnehmendes Organ, welches unmittelbar auf sie anspricht. Gerade sie weisen aber meistens den größeren Informationsgehalt auf, denn die Phase ist in viel empfindlicherer Weise als die Absorption mit Änderungen der Dicke, der Oberflächenform, des Brechungsindex oder des Phasensprungs bei der Reflexion verknüpft.

In Abb. 1a sind diese Verhältnisse an einem Auflichtobjekt 2 schematisch dar-

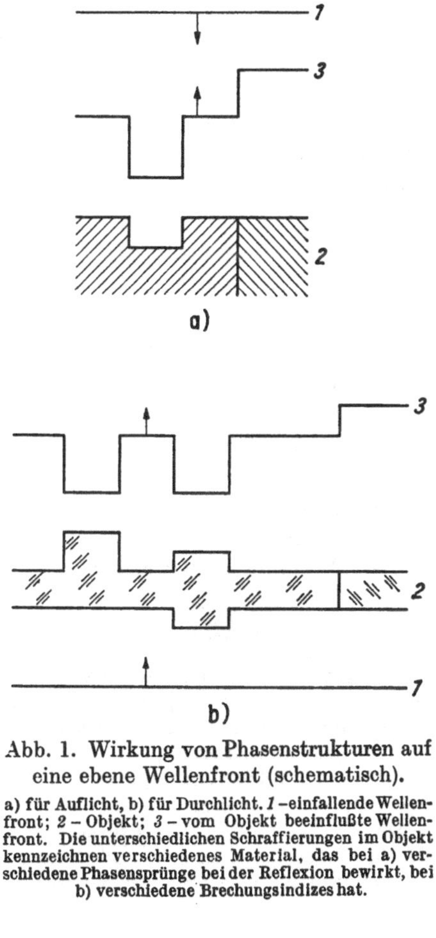

Abb. 1. Wirkung von Phasenstrukturen auf eine ebene Wellenfront (schematisch).

a) für Auflicht, b) für Durchlicht. 1 – einfallende Wellenfront; 2 – Objekt; 3 – vom Objekt beeinflußte Wellenfront. Die unterschiedlichen Schraffierungen im Objekt kennzeichnen verschiedenes Material, das bei a) verschiedene Phasensprünge bei der Reflexion bewirkt, bei b) verschiedene Brechungsindizes hat.

gestellt. 1 ist eine einfallende ebene Wellenfront, 3 eine solche nach der Reflexion an dem Objekt 2. Dieses hat der Wellenfront seine charakteristischen Züge aufgeprägt: in der Vertiefung wird die Wellenfront später reflektiert, so daß sie hier zurückbleibt, und auf der rechten Seite wird durch ein andersartiges Material (beispielsweise verschiedenartige Kristallite in einem metallographischen Schliff) ein anderer Phasensprung bei der Reflexion hervorgerufen als links, und die Wellenfront eilt z. B. an dieser Stelle vor. Wenn man also sicher ist, daß keine selektiven Phasenverschiebungen an verschiedenen Bereichen der Objektoberfläche vorliegen, gibt die von der letzteren reflektierte Wellenfront in erster Näherung die Gestalt dieser Oberfläche in jedem Punkt getreu wieder. Dies gilt allerdings nur in unmittelbarer Nähe der Oberfläche, weil die Wellenfront nach dem HUYGENSschen Prinzip beim Weiterlaufen ihre Gestalt im allgemeinen ändert. In der schematischen Abb. 1a ist dies nicht zu erkennen, aber man braucht sich dazu nur die rechteckige Vertiefung durch eine sphärische ersetzt zu denken.

Abb. 1b zeigt, daß die Wellenfront, die durch ein durchsichtiges Objekt hindurchgegangen ist, in unmittelbarer Nähe desselben seine Dicke in jedem Punkt in erster Näherung getreu wiedergibt. Dies gilt mit Ausnahme des rechten Teils der Abbildung, wo der Brechungsindex sich örtlich ändert. Die wahre räumliche Gestalt des Objektes ist hier nur durch zusätzliche Auflichtuntersuchungen zu ermitteln (vgl. Abschn. II, 34).

Ändern sich also die Phasenverschiebung bei Auflichtbeobachtung oder der Brechungsindex bei Durchlichtbeobachtung von Ort zu Ort, so ist der Einfluß dieser Ortsabhängigkeit nur durch zusätzliche Verfahren zu ermitteln (vgl. Abschn. II, 34, 35 und 39), und Gestalt sowie Dicke können erst nach Abziehen dieses Einflusses bestimmt werden. Umgekehrt können natürlich auch Größe und örtliche Verteilung von Phasensprung oder Brechungsindex von Interesse sein, weil ihre Änderung auf eine Änderung des Materials hinweist.

Um den soeben skizzierten Informationsgehalt auswerten zu können, müssen die Phasenunterschiede im Objekt in Amplituden- oder Farbunterschiede im Bild umgewandelt werden, damit die oben genannten Aufnahmeorgane ansprechen können. Das einzige Mittel aber, das zum Sichtbarmachen oder Aufzeichnen von Phasenunterschieden zur Verfügung steht, ist die Interferenz.[1]) Sie ist bei allen hier behandelten Verfahren wirksam.

Diese Verfahren erfordern gewisse Eingriffe in den Strahlengang des Mikroskops, die in den folgenden Abschnitten eingehender behandelt werden sollen. Das übliche Mikroskop entwirft nämlich ohne diese Eingriffe lediglich eine ob-

[1]) Es gibt jedoch, zum mindesten prinzipiell, eine Möglichkeit, Phasenverschiebungen des Lichts ohne Benutzung der Interferenz zu messen. Man könnte nämlich auf photoelektrischem Wege die Laufzeiten des Lichts über eine bestimmte Strecke ohne und mit Phasenobjekt messen und miteinander vergleichen. Auch eine Bildabtastung nach Art des „Flying-spot"-Mikroskops [vgl. z. B. PAYNE 1954, S. 189] erscheint dabei möglich. Wie ZERNIKE, von dem dieser Gedanke offenbar stammt, gezeigt hat, lassen sich jedoch wegen der HEISENBERGschen Unbestimmtheitsrelation keine geringeren Phasendifferenzen als eine Wellenlänge messen [vgl. BARER 1955]. Die Genauigkeit dieses Verfahrens liegt also weit unter der der interferometrischen Verfahren.

jekttreue vergrößerte Abbildung des Präparats, d. h. das Licht weist in der Bildebene i. a. die gleichen Amplituden-, Farb- und Phasenunterschiede auf wie in der Objektebene. Nach einem Satz von LUMMER [1926] wird das dann erreicht, wenn alle vom Objekt gebeugten Strahlen zur Abbildung zugelassen werden und das abbildende System frei von Abbildungsfehlern ist. In der Praxis ist dies meist mit ausreichender Näherung der Fall.

Greift man nun in den Strahlengang ein, um Phasendifferenzen in Amplituden- oder Farbdifferenzen umzuwandeln, dann ist keine objekttreue Abbildung im Sinne des vorigen Absatzes mehr vorhanden. Von den später zu beschreibenden Eingriffen sind diejenigen die brauchbarsten, die folgende zwei Bedingungen möglichst gut erfüllen:

1. Die Umrisse der einzelnen Strukturen dürfen nicht oder nicht wesentlich verfälscht werden.
2. Aus den Amplituden- oder Farbunterschieden der (nichtobjekttreuen) Abbildung sollen die Phasenverhältnisse in möglichst einfacher und eindeutiger Weise zu ermitteln sein.

Diese Bedingungen sind bei den einzelnen Verfahren in sehr verschiedenem Maße erfüllt; bei der Besprechung der Verfahren werden zum besseren Verständnis der Wirkungsweise einzelne Hinweise darauf gegeben werden. Hier ist jedoch nicht der Ort, diese Fragen ausführlich zu behandeln.

Zur Untersuchung von Amplituden- und Farbstrukturen sind Eingriffe in den normalen Strahlengang des Mikroskops nicht gebräuchlich, d. h. man benutzt das übliche Hellfeldverfahren. Man kann natürlich auch die Wirkung der unten näher zu beschreibenden Eingriffe auf Amplituden- und Farbstrukturen untersuchen. ZERNIKE [1942] sowie KÖHLER und LOOS [1941] haben dies für Amplitudenstrukturen durchgeführt. Ihre Feststellungen haben jedoch für die Praxis der Mikroskopie der Amplitudenstrukturen bisher noch keine Bedeutung erlangt, weil die letzteren sowieso gut sichtbar sind und durch das Phasenkontrastverfahren lediglich kontrastärmer gemacht werden (Abbildungen z. B. bei WOLTER [1950 a u. 1956a] sowie BEYER [1953 u. 1954]).

Der Gedanke, in den Strahlengang des Mikroskops einzugreifen, hat die Mikroskopie gewissermaßen um eine Dimension erweitert. Bisher hat allerdings im wesentlichen nur die Mikroskopie der Phasenstrukturen davon Nutzen gehabt, ja sie ist dadurch überhaupt erst ermöglicht worden. Der einzige Eingriff, dessen Anwendung in der Mikroskopie der Amplitudenstrukturen zur Zeit zweckmäßig erscheint, ist die sogenannte „Apodisation" [vgl. FRANÇON 1954a, S. 22f], ein Verfahren, das STRAUBEL [1931] zuerst angegeben hat. Hier erfolgt durch eine Absorptionsplatte, die in der hinteren Brennebene des Objektivs angebracht wird, eine Intensitätsverminderung des Beugungsbildes, die mit zunehmender Entfernung von der optischen Achse immer größer wird. Ist x die Entfernung von der optischen Achse, so folgt die Intensitätsverminderung dem Exponentialgesetz

$$A = e^{-2kx^2}$$

wobei k eine Konstante ist. Durch geeignete Wahl derselben kann man es erreichen, daß die Beugungsringe, die das zentrale Beugungsscheibchen umgeben, verschwinden (daher die Bezeichnung „Apodisation" = „Fußlosigkeit", die sich auf die Beugungsfigur bezieht). Die Lichtenergie, die den Beugungsringen entzogen wurde, verbreitert zwar das Beugungsscheibchen etwas, aber trotzdem werden wegen des Fehlens der Beugungsringe kleine, wenig intensive Strukturen in unmittelbarer Nähe sehr heller Objekte besser sichtbar.

13. Eine erste Einteilung

Für die Gesamtheit aller Verfahren, die zum Untersuchen von Phasenstrukturen geeignet sind, gibt es bisher keine einheitliche Sammelbezeichnung. Einige Autoren benutzen dafür „Interferenzmikroskopie“ [PHILOT 1948 u. 1952; BERTI 1951; PAYNE 1954, S. 138; BAKER 1956], andere dagegen „Phasenkontrastmikroskopie“ [MENZEL 1951a, 1956, 1958a; KASTLER 1950]. Zum Unterschied von den speziellen Verfahren gleichen Namens, für die diese Bezeichnungen ursprünglich geprägt worden waren, wird häufig „im allgemeinen Sinne“ hinzugefügt.

Eine unbelastete Bezeichnung erscheint jedoch besser, und da Verf. eine solche in der Literatur bisher nicht finden konnte, sei „*Mikroskopie der Phasenstrukturen*“ vorgeschlagen. Dieser Name ist zwar etwas länger, aber wohl eindeutig.

Für die „*Mikroskopie der Amplitudenstrukturen*“ wird häufig die Bezeichnung „gewöhnliche Mikroskopie“ gebraucht. BAKER [1956] findet sie nicht mehr gerechtfertigt, weil andere Verfahren heute „gewöhnlicher“, d. h. häufiger sind und schlägt „direct microscopy“ vor. INGELSTAM [1957b] benutzt wahlweise „ordinary microscope“, „amplitude contrast microscope“ und „amplitude microscope“. Die zweite Bezeichnung wird jedoch häufig in einem anderen Sinne gebraucht (Abschnitt 14), worunter auch die letzte wegen ihrer Ähnlichkeit mit der zweiten leidet.

Als Einteilungsprinzip für die Verfahren der Mikroskopie der Phasenstrukturen eignet sich die Art, wie die Interferenz erzeugt wird, die für das Sichtbarmachen der Phasenstrukturen ausschlaggebend ist. Dabei lassen sich zunächst zwei große Gruppen unterscheiden.

Interferenz tritt in jedem Mikroskop auf, und zwar interferieren nach den bekannten ABBEschen Vorstellungen (vgl. S. 9) das direkte und das gebeugte Licht (oder bei Dunkelfeld mehrere Beugungsordnungen) in der Bildebene miteinander. Ohne diese Interferenz ist keine Abbildung möglich; andererseits sind die Amplituden- und Phasenverhältnisse der miteinander interferierenden Anteile bei ungestörtem Strahlengang gerade so bemessen, daß die Abbildung objekttreu ist, was auch der im Abschnitt 12 erwähnte Satz von LUMMER besagt.

Bei den Verfahren der ersten Gruppe erfolgt nun ein Eingriff in der hinteren Brennebene des Objektivs oder in einer optisch äquivalenten Ebene, die in der Lichtrichtung hinter dem Präparat liegt. Hier sind nämlich die später in der Bildebene miteinander interferierenden Anteile, z. B. das direkte und das gebeugte Licht, am besten voneinander getrennt. Daher können hier Amplitude oder Phase oder beides bei dem einen oder dem anderen Anteil in der verschiedensten Weise geändert werden. Die Interferenz dieser Anteile in der Bildebene erfolgt dann mit anderen Amplituden- oder Phasenverhältnissen, wodurch eine nichtobjekttreue Abbildung entsteht, die im allgemeinen auch Phasenstrukturen sichtbar werden läßt. In beschränktem Maße sind auch Eingriffe an anderer Stelle möglich, z. B. in einer der zur hinteren Brennebene des Objektivs konjugierten Ebenen, die in Lichtrichtung *vor* dem Objekt liegen (vgl. Abschnitt 14).

Im Gegensatz zur zweiten Gruppe, die sogleich behandelt werden soll, wird hier der Strahlengang des Mikroskops nicht in zwei oder mehr Teilstrahlengänge aufgespalten. Er bleibt vielmehr einfach, wie auch in der Mikroskopie der Amplituden- und Farbstrukturen. Daher soll diese Gruppe „Mikroskope mit einfachem Strahlengang" genannt werden, wobei zur Erläuterung noch „Eingriff in das Beugungsbild" hinzugefügt werden kann. Eine einfache prägnante Bezeichnung, wie sie für die zweite Gruppe in dem Wort „Interferenzmikroskop" vorliegt, ist hier leider nicht bekannt.

Bei der zweiten Gruppe wird ein Teil des Strahlengangs in zwei oder mehr Teilstrahlengänge aufgespalten, die miteinander kohärent sind. Diese Teilstrahlengänge sind entweder ineinander verflochten oder laufen nebeneinander her, und häufig, aber im ersten Fall nicht immer, werden sie nach einer gewissen Wegstrecke wieder miteinander vereinigt. Geräte, die diesem Teil des Strahlenganges entsprechen, nennt man Interferometer. Es sind hier entweder die gleichen, nur in kleineren Dimensionen ausgeführten Anordnungen, die man aus der „makroskopischen" Interferometrie kennt oder auch spezielle, den Besonderheiten des mikroskopischen Strahlengangs angepaßte Interferometer. Auch wenn die Strahlen durch das Objekt selbst aufgespalten und vielleicht auch wieder vereinigt werden, ist es sinnvoll, hier ebenfalls von einem Interferometer zu sprechen, denn es besteht kein grundsätzlicher Unterschied gegenüber den anderen Anordnungen (vgl. Abschn. 15). Diese Gruppe heißt daher „Interferenzmikroskope". Die Bezeichnung „Mikroskope mit teilweise aufgespaltenem Strahlengang", die als Analogie zur ersten Gruppe denkbar wäre, ist nicht eindeutig, denn der Strahlengang ist z. B. auch bei manchen Photometermikroskopen teilweise aufgespalten.

Die Verfahren der ersten Gruppe haben den Vorteil, daß sie relativ einfach zu realisieren sind. Ihr Nachteil besteht darin, daß sich das direkte und das gebeugte Licht i. a. nicht einwandfrei voneinander trennen lassen. Dies ist entweder nur bei Strukturen möglich, deren Ausdehnung sehr klein gegenüber dem Gesichtsfeld des Mikroskops ist, oder bei sehr kleinen Beleuchtungsaperturen („strenge Verfahren", vgl. Abschn. 14). Daher ist i. a. auch keine einwandfreie Beeinflussung nur eines bestimmten Teils des Beugungsbildes möglich, weshalb diese Verfahren die Bedingungen 1 und 2 des Abschnitts 12 wesentlich schlechter erfüllen als die Interferenzmikroskope (Näheres im Abschn. 14).

Bei der zweiten Gruppe, den Interferenzmikroskopen, ist häufig der Vergleichsstrahlengang vom Objektstrahlengang völlig getrennt. Aber auch wenn das nicht der Fall ist, wird niemals wesentlich in das Beugungsbild eingegriffen, so daß die Umrisse der Objekte sich im Vergleich zum Hellfeldbild praktisch nicht verändern (vgl. dazu aber die kombinierten Verfahren im Abschn. 31). Der durch das Objekt unbeeinflußte Vergleichsstrahlengang spielt hier, wenn er bei der Interferenz parallel zum Objektstrahlengang verläuft, eine ähnliche Rolle wie das direkte Licht in der Phasenkontrastmikroskopie. Dort wird das direkte Licht dem gebeugten im allgemeinen mit unveränderlicher Phasenverschiebung überlagert; hier wird dagegen der unbeeinflußte Vergleichsstrahlengang dem durch das vollständige, unbeeinflußte Beugungsbild erzeugten Objektbild mit beliebig variabler Phasenverschiebung (je nach Justierung) überlagert. Daher konnte z. B. Barer [1952a u. 1956] den sogenannten „Interferenzkontrast" mittels der für das Phasenkontrastverfahren entwickelten Vektortheorie behandeln, während umgekehrt Berti [1951] die Theorie des Phasenkontrastverfahrens aus der Theorie des Interferenzmikroskops entwickelte.

Beim Interferenzmikroskop läßt sich außerdem der Vergleichsstrahlengang gegenüber dem Objektstrahlengang neigen, was bei den Verfahren der ersten Gruppe nicht möglich ist. Dadurch kommen im allgemeinen die Interferenzstreifen zustande. Die Interferenzmikroskopie weist also gegenüber den Verfahren der ersten Gruppe eine viel größere Variationsmöglichkeit auf: Neben einer beliebigen Änderung des Phasenunterschieds der einander überlagernden Strahlenanteile, die allerdings bei dem noch wenig gebräuchlichen variablen Phasenkontrast auch möglich ist, können hier auch Interferenzstreifen erzeugt werden, deren gegenseitiger Abstand und Azimut (Richtung der Streifen im Gesichtsfeld) beliebig gewählt werden können. Außerdem können durch Auswahl geeignet gestalteter Vergleichswellenfronten (vgl. Abschn. II, 33) geometrische Bedingungen für die Interferenz mit der Objektwellenfront geschaffen werden, die bestimmte Eigenschaften des Objekts besonders betonen. Diese Vielzahl von Variationsmöglichkeiten ist der große Vorteil der Interferenzmikroskopie, bedingt aber naturgemäß eine etwas schwierigere Handhabung. Andererseits können mit der Phasenkontrastmikroskopie geringere Phasenänderungen unmittelbar sichtbar gemacht werden als es mit der Interferenzmikroskopie i. a. möglich ist [Françon, Genty und Taboury 1950; Françon 1952d].

Diese wenigen Andeutungen mögen für eine grobe Charakterisierung der Gemeinsamkeiten und Unterschiede der beiden wichtigsten Verfahren der „Mikroskopie der Phasenstrukturen" genügen. Auf weitere Einzelheiten kann in dieser Abhandlung nicht eingegangen werden. Nur am Schluß des folgenden Abschnitts finden sich noch einige Bemerkungen über die Objekttreue.

14. Die Mikroskope mit einfachem Strahlengang

Um längere Ausführungen zu ersparen und eine bessere Übersicht zu gewinnen, wird die gewählte Systematik in Form der Tabelle I (im Anhang) dargestellt, die wohl zu einem großen Teil für sich allein verständlich ist. In diesem Abschnitt werden nur einige ergänzende Bemerkungen gemacht, die das Verständnis der Tabelle fördern sollen.

Bei den Mikroskopen mit einfachem Strahlengang wird, wie bereits erwähnt, in das Beugungsbild eingegriffen. Den verschiedenen Arten von Eingriffen kann man jedoch vom systematischen Standpunkt aus noch folgende Verfahren voranstellen.

Bei reinen Phasenobjekten, die also in der Bildebene des Mikroskops bei idealen Verhältnissen nicht sichtbar sind, besteht das Beugungsbild in der hinteren Brennebene des Objektivs keineswegs etwa nur aus Änderungen der Phase, sondern auch aus solchen der Amplitude. Eine einfache Rechnung findet sich z. B. bei Bergmann und Schaefer [1959]. Sie vergleichen zwei Gitter mit gleicher Steg- und Spaltbreite miteinander; das eine ist ein Amplitudengitter mit geringer Änderung der Amplitude in den Stegen, das andere ein Phasengitter mit geringer Phasenänderung in den Stegen. Die Beugungsbilder beider unterscheiden sich in den Amplitudenverhältnissen kaum, sondern im wesentlichen nur in den Phasenbeziehungen zwischen dem direkten und dem gebeugten Licht.

Man findet daher den Kontrast, den man im Objekt selbst vergeblich sucht, in seinem Beugungsbild. Dieses ist allerdings meist so kompliziert, daß es nicht zu deuten ist. Die Deutung wird jedoch einfach, wenn es von einem regelmäßigen gitterförmigen Objekt erzeugt wird, wie etwa gestreiften Muskelfasern. Hier besteht das Beugungsbild aus parallelen geraden Streifen, und man kann, wie Zoth [1890] gezeigt hat, aus dem Abstand dieser Streifen in einfacher Weise den durchschnittlichen Abstand der Muskelfasern ermitteln.

Ähnlich erscheint das Verfahren von Basinski und Christian [1951/52], die Neigung von Scharen gleichgerichteter Kristallitflächen auf Metalloberflächen dadurch zu ermitteln, daß mit engem Bündel beleuchtet und die Lage des bzw. der Lichtflecke in der hinteren Brennebene des Objektivs gemessen wurde. Beide Methoden sind jedoch voneinander zu trennen, weil hier zwei verschiedene Strukturarten vorliegen, wie sogleich näher ausgeführt werden wird. Zuvor ist aber noch die Behandlung der Hauptgliederung der Tabelle I weiterzuführen.

Der erste Teil der Tabelle I behandelt also die Betrachtung des Beugungsbildes, ein Verfahren, das auch in der Polarisationsmikroskopie geübt und dort Konoskopie genannt wird. Der systematisch nächste Schritt ist dann ein Eingriff in das Beugungsbild, wobei, wie es in der Mikroskopie weitaus am häufigsten ist, das *Objekt* beobachtet wird. Dies ist der Inhalt des zweiten, umfangreicheren Teils der Tabelle I. Hier geben die Spalten an, in welcher Weise der Eingriff erfolgt. Bei den über zwei Spalten übergreifenden Fächern erfolgen zwei Arten von Eingriffen gleichzeitig. Die Zeilen zeigen dagegen an, welcher Teil des Beugungsbildes beeinflußt wird.

Die erwähnten Eingriffe werden i. a. in der hinteren Brennebene des Objektivs vorgenommen, weil hier das direkte und das gebeugte Licht am besten voneinander getrennt sind, wenn man mit einer Apertur beleuchtet, die klein im Vergleich zur Objektivapertur ist. Zu dieser Ebene sind jedoch noch andere Ebenen optisch konjugiert, nämlich diejenigen, die das in der einen oder anderen Richtung durch die optischen Bestandteile des Mikroskops erzeugten Bilder dieser Ebene darstellen. Diese sind in Lichtrichtung *hinter* dem Objekt die oberhalb des Okulars gelegene Ebene der Austrittspupille oder bei speziellen Instrumenten auch das von einem besonderen optischen System zwischen Objektiv und Okular entworfene Bild der hinteren Brennebene des Objektivs. In Lichtrichtung *vor* dem Objekt sind dies folgende Ebenen: die vordere Brennebene des Kondensors oder gelegentlich das von einem besonderen optischen System (bei umgekehrt gedachter Lichtrichtung) zwischen Kondensor und Lichtquelle entworfene Bild dieser Ebene. In allen diesen Ebenen können Eingriffe durchgeführt werden, aber die Ebenen sind hinsichtlich der Wirkung dieser Eingriffe zum Teil einander nicht gleichwertig.

Die Austrittspupille des Mikroskops ist z. B. von Exner [1885] dazu benutzt worden, eine Schlierenblende anzubringen. An der gleichen Stelle erfolgt eine Ausblendung, wenn man bei abgeblendetem Kondensor das beobachtende Auge soweit zur Seite bewegt, daß das direkte Licht nicht mehr in die Augenpupille gelangen kann und man daher ein Dunkelfeldbild beobachtet. Ein Zwischensystem zum Erzeugen eines Bildes der hinteren Brennebene des Objektivs wird benutzt, um mit normalen Objektiven Phasenkontrastbeobachtungen machen zu können; die Phasenplatte wird dabei in der Ebene dieses Bildes angebracht (vgl. z. B. Gabler u. Mitsche [1952]; Payne [1952a]; Nomarski [1950]). Alle diese einander konjugierten Ebenen hinter dem Objekt, d. h. also die hintere Brennebene des Objektivs, ihr durch ein eventuell vorhandenes Zwischensystem entworfenes Bild sowie die Austrittspupille des Mikroskops sind einander in folgendem Sinne völlig gleichwertig: alle Eingriffe in der einen Ebene, die zum Sichtbarmachen von Phasenstrukturen führen, rufen bis auf Abbildungsfehler den gleichen Effekt hervor, wenn sie statt dessen in einer der anderen Ebenen durchgeführt werden. Die Austrittspupille des Mikroskops wird nur aus praktischen Gründen nicht benutzt. Die hier befindliche Austrittspupille ist nämlich wesentlich kleiner als die des Objektivs, und außerdem wird das Auge durch dort anzubringende Einrichtungen behindert, worauf schon TOEPLER [1866] hingewiesen hat.

Die der hinteren Brennebene des Objektivs konjugierten Ebenen, die in Lichtrichtung vor dem Objektiv liegen, sind untereinander in dem oben erwähnten Sinne ebenfalls gleichwertig. Hier wird fast nur die vordere Brennebene des Kondensors benutzt. Die Benutzung einer anderen Ebene, die durch ein Zwischensystem in diese Brennebene abgebildet wird, zum Sichtbarmachen von Phasenstrukturen ist dem Verf. nicht bekanntgeworden. Nur bei dem Phasenkontrastmikroskop der Fa. Watson (London) werden die Ringblenden in einer solchen Ebene angebracht [vgl. APPELT 1955, S. 209].

Die vor dem Objekt gelegenen Ebenen sind jedoch den hinter demselben befindlichen keineswegs gleichwertig. Hier kann nur ein Teil der Eingriffe durchgeführt werden, die in

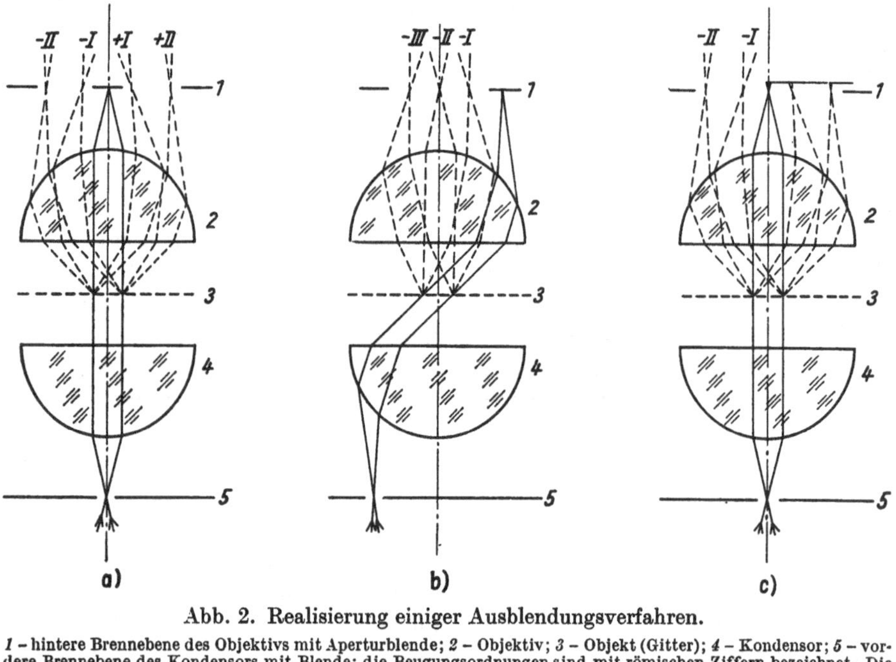

Abb. 2. Realisierung einiger Ausblendungsverfahren.

1 – hintere Brennebene des Objektivs mit Aperturblende; *2* – Objektiv; *3* – Objekt (Gitter); *4* – Kondensor; *5* – vordere Brennebene des Kondensors mit Blende; die Beugungsordnungen sind mit römischen Ziffern bezeichnet. Die zentrale Dunkelfeldbeleuchtung ist nur durch einen Eingriff in der hinteren Brennebene des Objektivs zu realisieren (Teilbild a). Die einseitig schiefe Dunkelfeldbeleuchtung läßt sich entweder durch einen Eingriff in der vorderen Brennebene des Kondensors (Teilbild b) oder einen Eingriff in der hinteren Brennebene des Objektivs (Teilbild c) herstellen.

den letzteren möglich sind, und die damit erzielten Effekte sind in zweiter Näherung verschieden von den Wirkungen ähnlicher Eingriffe in den hinter dem Objekt gelegenen Ebenen.

Die zentrale Dunkelfeldbeleuchtung, wie sie in Abb. 2a dargestellt ist, läßt sich durch einen Eingriff in der vorderen Brennebene des Kondensors nicht realisieren; hier können lediglich schiefe Dunkelfeldbeleuchtung oder das entsprechende Schlierenverfahren (bei dem das direkte Licht nicht ganz abgeblendet wird) durchgeführt werden. Diese Verfahren können entweder einseitig sein (erzielt durch seitliches Verschieben der eng geschlossenen Kondensorblende) oder allseitig (Ringblende im Kondensor oder üblicher Zweispiegel-Dunkelfeldkondensor). Es gibt auch mehrseitige Verfahren [vgl. z. B. K. MICHEL 1957, S. 399], aber diese haben wenig Bedeutung.

Hier könnte eingewendet werden, ein Eingriff fände auch in der hinteren Brennebene des Objektivs statt, denn das direkte Licht wird durch die dort befindliche Aperturblende abgefangen. An dieser Blende ist jedoch gegenüber dem Normalzustand nichts geändert worden, die Veränderungen geschahen lediglich in der vorderen Brennebene des Kondensors. Als die Ebene, in der ein Eingriff erfolgt, soll daher diejenige bezeichnet werden, in der eine Veränderung gegenüber den „normalen“, d. h. bei gerader Hellfeldbeleuchtung herrschenden Verhältnissen vorgenommen wird.

Die allseitig schiefe Dunkelfeldbeleuchtung und die allseitige Schlieren- oder Reliefbeleuchtung sind die einzigen Verfahren, die nur in einer der vor dem Objekt gelegenen Ebenen erzeugt werden können. Dagegen können die einseitig schiefe Dunkelfeldbeleuchtung und das entsprechende Schlierenverfahren auch durch einen Eingriff in einer der hinter dem Objekt gelegenen Ebenen erzeugt werden, indem hier eine Halbebene die eine Hälfte des gebeugten Lichts und das direkte Licht ganz bzw. teilweise abdeckt (Abb. 2c). Der Unterschied zu den Eingriffen in einer Ebene vor dem Objekt folgt aus einem Vergleich der Abb. 2c und 2b: Hier wird die Apertur des Objektivs halbiert, während sie dort erhalten bleibt und durch die schiefe Beleuchtung noch Beugungsmaxima höherer Ordnung zur Wirkung kommen, wodurch die Auflösung gesteigert wird. Ein weiterer, aber nur geringer Unterschied ergibt sich daraus, daß die Austrittspupille des Objektivs in beiden Fällen im allgemeinen verschiedene Form hat.

Es ergibt sich also folgende Situation: Eine Ausblendung ist in beiden Ebenengruppen möglich. Das zentrale Dunkelfeld ist nur durch einen Eingriff in einer der Ebenen *hinter* dem Objekt zu erzielen, das allseitige schiefe Dunkelfeld und das allseitige Relief- oder Schlierenverfahren nur durch einen Eingriff in einer der Ebenen *vor* dem Objekt. Andere Arten von Ausblendung sind in beiden Ebenengruppen möglich, wobei die Ergebnisse in erster Näherung gleich sind. Eingriffe in einer der Ebenen *hinter* dem Objekt können sowohl bei gerader als auch bei schiefer Beleuchtung erfolgen; Eingriffe in einer Ebene der anderen Gruppe führen dagegen stets zu schiefer Beleuchtung. Die anderen Möglichkeiten des Eingriffs in das Beugungsbild, Amplitudenverringerung und Phasenverschiebung, werden bisher nur in den Ebenen hinter dem Objekt angewandt, obwohl sie unter bestimmten Voraussetzungen auch in der anderen Ebenengruppe möglich wären.

Man kann das Beugungsbild auch noch von einer anderen Stelle aus verändern, nämlich dem Raum zwischen Objekt und Objektiv bzw. einem geeigneten der dazu konjugierten Räume. Einem Punkt in der hinteren Brennebene des Objektivs entspricht in dem erwähnten Objektraum ein Bündel paralleler Strahlen einer bestimmten Richtung, und umgekehrt; die Richtung hängt dabei von der Lage des Punktes in der Brennebene ab. Diese Tatsache ist von Lohmann [1953 u. 1954] zu einem optischen Dualitätsprinzip formuliert worden.

Wenn nun beim Phasenkontrastverfahren die Phase bisher in bestimmten Punkten der hinteren Brennebene geändert wurde, so muß diese Änderung, wenn sie im Raum zwischen Objekt und Objektiv vorgenommen werden soll, demnach an Strahlenbündeln bestimmter Richtungen erfolgen. Dies kann mit Hilfe einer Interferenzfilterschicht geschehen, denn bei dieser hängt die Phasenverschiebung von der Richtung des einfallenden Lichts ab [vgl. z. B. Dufour 1952]. Locquin [1956a] hat eine solche Schicht auf der ebenen Vorderfläche der Objektivfrontlinse angebracht. Beleuchtet wird in üblicher Weise durch einen Kondensor mit Ringblende. Durch Variation der Wellenlänge des beleuchtenden Lichts lassen sich das Verhältnis der Amplituden und die Phasenverschiebung zwischen dem direkten und dem gebeugten Licht verändern. Diese Anordnung hat den Vorteil, daß kein Halo-Effekt auftritt. Die Eigenschaften der Interferenzfilterschicht bewirken übrigens auch eine Apodisation, die üblicherweise ebenfalls durch einen Eingriff in der hinteren Brennebene erzielt wird (vgl. Abschn. 12).

Die beiden oben erwähnten Strukturarten, die in beiden Hauptteilen der Tabelle eine Rolle spielen, sind die gleichen, die CZERNY [1955] als „Phasenpräparate mit und ohne Ablenkungsvermögen ... aus geometrisch-optisch verständlichen Ursachen" bezeichnet, ohne jedoch auf die umfassende Bedeutung dieser Einteilung näher einzugehen. In der Tabelle I soll der Kürze wegen der Ausdruck „Strukturen ohne (bzw. mit) geometrischer Ablenkung" benutzt werden.

Zur ersten Gruppe zählen planparallele oder nahezu planparallele Strukturen in der Durchlichtmikroskopie und ebene oder nahezu ebene, zur optischen Achse senkrechte Flächen in der Auflichtmikroskopie. Bei ihnen liegt das zentrale Maximum des Beugungsbildes (das direkte Licht) in der hinteren Brennebene des Objektivs im wesentlichen an der gleichen Stelle, an der es sich auch ohne Objekt (im Durchlicht) bzw. bei ideal ebenem, zur optischen Achse senkrechtem Objekt (im Auflicht) befinden würde.

Zur zweiten Gruppe gehören Strukturen, die das direkte Licht ablenken, so daß es sich an anderer Stelle der hinteren Brennebene befindet als bei den Objekten der ersten Gruppe. Man kann sich als einfachste Strukturen dieser Art keilförmige Objektelemente im Durchlicht bzw. geneigte ebene Flächenelemente im Auflicht vorstellen; aus diesen können dann kompliziertere Formen zusammengesetzt gedacht werden, ebenso wie man z. B. die Wirkung einer Linse durch Zusammensetzen einzelner Prismen erklärt.

Bei diesen Strukturen sind die Eingriffe in der Brennebene, sofern sie an der gleichen Stelle erfolgen wie bei den Objekten der ersten Gruppe, wirkungslos oder doch nur teilweise wirksam. Ein Beispiel dafür ist das zentrale Dunkelfeldverfahren, gelegentlich auch „Schlierenverfahren" genannt, bei dem das direkte Licht ausgeblendet wird; dieses stammt aus dem Umfeld, welches daher dunkel erscheint. Eine Struktur mit geometrischer Ablenkung dagegen, die auch „Schliere" genannt wird (s. u.), lenkt das durch sie hindurchgegangene direkte Licht zur Seite und bietet den gleichen Anblick wie im Hellfeld. WOLTER [1954b u. 1956a] bezeichnet geradezu als „Schlierenverfahren im engeren Sinne" alle diejenigen Eingriffe in das Beugungsbild, bei denen die Richtung, in die das Objekt das Licht lenkt, über die Kennzeichnung desselben im Bild entscheidet.

Das gleiche ist aber auch beim Phasenkontrastmikroskop zu beobachten; derartige Strukturen zeigen nämlich im Gegensatz zu ihrer Umgebung (die aus Strukturen der ersten Gruppe bestehen soll) keinen oder nur noch unsymmetrischen Phasenkontrast, weil das direkte Licht dieser Strukturen ganz oder teilweise an der Phasenplatte vorbeigeht [MENZEL 1951a u. 1957a; FREY-WYSSLING 1952 u. 1953; BARER 1952b u. 1954].

Man kann noch einen Schritt weitergehen und die in das Beugungsbild eingreifenden Mittel (oder auch die Kondensorblende) verschieben. Dann werden bei geeigneter Verschiebung die Strukturen der zweiten Gruppe (im allgemeinen nicht alle gleichzeitig) nunmehr den gleichen Effekt wie vorher die Umgebung zeigen und umgekehrt. Man kann damit qualitativ Neigungswinkel und Azimut

(Richtung im Gesichtsfeld) der Neigung austasten; man kann aber auch das Verfahren quantitativ ausbauen und gelangt damit zu beachtlichen Genauigkeiten. Quantitativ haben LOMMER und PRATT [1951/52] (vgl. auch PRATT und PUGH [1951/52]) diesen Gedanken in ihrem „opaque stop"-Verfahren durchgeführt, das ein zentrales Dunkelfeldverfahren mit verschiebbarer Zentralblende darstellt. WOLTER [1954b] hat ein Verfahren angegeben, großräumige Brechungsindexgradienten im Phasenkontrast durch Verschieben der Kondensorblende zu messen; HELMCKE und RIENITZ [1959] haben ebenfalls beim Phasenkontrastverfahren durch Verschieben der Ringblende die Neigung von Oberflächenelementen qualitativ ermittelt. In den beiden letzten Fällen sind jedoch andere Verfahren brauchbarer. Die Grenzen zwischen den beiden besprochenen Strukturarten sind fließend, und daher lassen sich manche Verfahren auf beide anwenden.

Eine weitere Einteilung ist die nach der Symmetrie des Eingriffs in das Beugungsbild. Bei den symmetrischen Verfahren erfolgt dieser Eingriff rotationssymmetrisch zur optischen Achse. Hier sind im Bild des Objekts keine Azimutaleffekte zu erwarten, d. h. Änderungen im Aussehen des Objekts, wenn sein Azimut geändert wird.

Die unsymmetrischen Verfahren zeigen dagegen naturgemäß Azimutaleffekte. Auch an sich symmetrische Verfahren wie das zentrale Dunkelfeld oder das Phasenkontrastverfahren (mit ringförmiger Phasenplatte und entsprechender Kondensorblende) werden unsymmetrisch, wenn die das Beugungsbild beeinflussenden Mittel in der oben beschriebenen Weise verschoben werden.

Schließlich spielt noch eine weitere Gruppierung eine Rolle, die in Tabelle I nicht berücksichtigt wurde, um sie nicht zu unübersichtlich zu machen. Es sind die „strengen" Verfahren, ein Ausdruck, der wohl von WOLTER [1950b u. c] geprägt wurde. Er besagt, daß streng nur die jeweils bezeichneten Teile des Beugungsspektrums beeinflußt werden, während bei den nicht strengen Verfahren die Grenzen nicht so scharf gezogen werden.

Die strengen Verfahren sind natürlich nur für sehr geringe Beleuchtungsaperturen durchführbar; etwas größere Beleuchtungsaperturen sind nur bei sehr kleinen Strukturen möglich, bei denen die einzelnen Ordnungen des Beugungsbildes genügend weit voneinander getrennt sind. Die Anwendbarkeit dieser Verfahren in der Praxis ist daher sehr beschränkt. Sie werden gern theoretischen Überlegungen zugrundegelegt, weil sie eine Vereinfachung der Rechnung ermöglichen. Es ist jedoch zu beachten, daß damit nur das Grundsätzliche des jeweiligen Verfahrens erkannt werden kann. Im einzelnen können erhebliche Abweichungen hinsichtlich der Objektwiedergabe auftreten. So ist z. B. das strenge Phasenkontrastverfahren praktisch objekttreu in Bezug auf die Konturen [ZERNIKE 1942; BEYER 1953], was für das nicht strenge keineswegs gilt (vgl. Abb. 4). Ein weiteres Beispiel ist das Verhältnis zwischen dem (strengen) zentralen und dem nicht strengen symmetrischen Dunkelfeld (4 bzw. 5 in Abb. 3).

Um eine Vorstellung von der Objektwiedergabe einiger der erwähnten Verfahren zu geben, ist diese in den Abb. 3 und 4 für ein einfaches Objekt, einen Phasenstreifen, graphisch dargestellt. Literaturhinweise werden dort gegeben.

Am zahlreichsten sind natürlich die Untersuchungen über die Objekttreue des Phasenkontrastverfahrens. Hier seien nur, ohne Anspruch auf Vollständigkeit, genannt: MENZEL [1949]; WOLTER [1950a, b u. c]; OETTLÉ [1950b]; K. SCHUSTER [1951]; BEYER [1953 u. 1954]; U. SCHMIDT [1955].

Die in der Tabelle I angeführte Literatur wurde nach verschiedenen Gesichtspunkten ausgewählt. Bei einigen Verfahren ist die Zahl der Abhandlungen so groß, daß nur die wichtigsten zusammenfassenden Darstellungen erwähnt werden konnten. Bei anderen, weniger gebräuchlichen Verfahren dürfte die angeführte Literatur etwas vollständiger sein. Daneben wurde jedoch auch versucht, möglichst viele der teilweise sehr unterschiedlichen Bezeichnungen der Verfahren in der Tabelle zu erfassen und durch Zitate zu belegen.

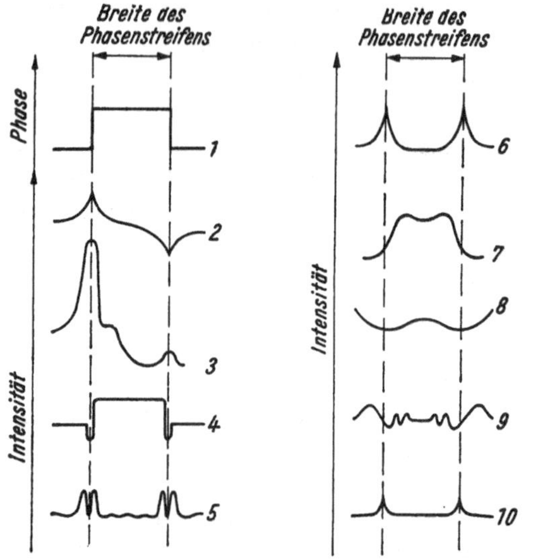

Abb. 3. Intensitätsverteilung im Bilde eines Phasenstreifens bei verschiedenen Mikroskopen mit einfachem Strahlengang.

1 – Phasenverteilung des Phasenstreifens; *2* – Schlierenverfahren mit Schneide (nach ZERNIKE [1942] und WOLTER [1950a]); *3* – FOUCAULT-Verfahren (nach FRANÇON [1950]); *4* – Zentrales Dunkelfeld (nach ZERNIKE [1942]); „strioscopie" (nach FRANÇON [1950]); *5* – nicht strenges symmetrisches Dunkelfeld (nach WOLTER [1950a]); *6* – Schräges Dunkelfeld (nach ZERNIKE [1942]); *7* bis *9* – Enge Kondensorblende, verschiedene Defokussierungen (*7* u. *9* nach ZERNIKE [1942], *8* nach FRANÇON [1950]); *10* – Gegenfeld (nach WOLTER [1950a]).

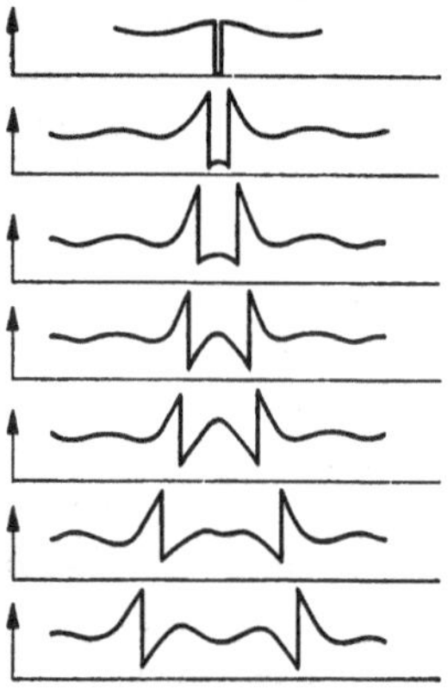

Abb. 4. Intensitätsverteilung im Bilde eines Phasenstreifens beim Phasenkontrastverfahren. Es wurden (von oben nach unten) Phasenstreifen zunehmender Breite benutzt (nach WOLTER [1950a]).

15. Die Definition des Interferenzmikroskops

In der Literatur finden sich etwa 100 verschiedene Geräte, in denen Mikroskop und Interferometer miteinander kombiniert worden sind. Die Prinzipien, die diesen Kombinationen zugrundeliegen, sind so verschiedenartig, daß es nicht leicht erscheint, exakt zu definieren, was eigentlich unter einem Interferenzmikroskop verstanden werden soll.

Dem Verf. sind nur zwei Literaturstellen bekannt geworden, in denen sich eine ausgesprochene Definition findet. SCHULZ und RADICKE [1929 u. 1952] schreiben in ihrem „Fremdwörterbuch für die Optik“: „Interferenzmikroskop, ein aus zwei keilförmigen Platten und einer Beobachtungsvorrichtung bestehender Apparat, der gestattet, die Brechungsexponenten mikroskopischer Präparate zu messen.“ Bei dieser Definition hatten die Verfasser offenbar ein bestimmtes Interferenzmikroskop im Auge, nämlich eine der beiden Anordnungen von SIRKS (S. 66). Es gibt aber viele Interferenzmikroskope, die völlig anders aufgebaut sind. In den TGL (Technische Güte- und Liefervorschriften der DDR) heißt es dagegen: „Interferenzmikroskope ermöglichen es, mit Hilfe im Mikroskop eingebauter interferenzerzeugender Bauteile Interferenzerscheinungen sichtbar zu machen“. Diese Definition erscheint, wie im folgenden gezeigt werden wird, zu allgemein.

Eindeutig nicht zu den Interferenzmikroskopen sind solche Geräte zu rechnen, bei denen die Verschiebung des Mikroskops oder des Objekts mit Interferometern gemessen wird, die unabhängig vom mikroskopischen Strahlengang sind; sie sind schon durch die vorläufige Definition im Abschnitt 13 ausgeschlossen worden. Es handelt sich um folgende Verfahren:

Längenmessung durch Verschieben des Mikroskops senkrecht zur optischen Achse [TUTTON 1911 u. 1923a u. b; NN. 1950; TERRIEN 1955; CLARK und COOK 1956] oder auch durch Verschieben eines Strichmaßes in der gleichen Richtung [BAIRD 1957].

Verschiebung des Mikroskops offenbar in Richtung der optischen Achse [NN 1952]. Eichen einer mikroskopischen Anordnung zum Bestimmen des Ortes einer Oberfläche [NN 1905].

Abgrenzen von Volumina zum Teilchenzählen durch Verschieben des Mikroskops in der optischen Achse sowie einer dazu senkrechten Richtung [DUNBAR 1934].

Das letzte Gerät wird als „*interferometer microscope*“ bezeichnet, also mit dem gleichen Ausdruck, den DYSON seinen (echten) Interferenzmikroskopen (S. 53 und 68) beilegt. Auch das TWYMANsche Interferometer zum Prüfen von Mikroskopobjektiven [CANDLER 1951, S. 167], das als *microscope interferometer*“ bezeichnet wird, kann nicht zu den Interferenzmikroskopen gerechnet werden, denn auch hier werden die Interferenzen nicht mit einem Mikroskop beobachtet. Das letztere dürfte auch für eine Anordnung von UKITA und TSUJIUCHI [1957] gelten, die zur Endjustage von Mikroskopobjektiven dient.

Aber selbst wenn die Interferenzen im Mikroskop beobachtet werden, kann man nicht immer von einem Interferenzmikroskop sprechen. Dies gilt z. B. für eine von FRANÇON [1956, S. 214] beschriebene Anordnung, bei der das Mikroskop lediglich zum Beobachten einer speziellen Interferenzerscheinung benutzt wird, die nur bei großer Beobachtungsapertur sichtbar ist; hier ist kein Objekt vorhanden, dessen Eigenschaften mit Hilfe der Interferenzen ermittelt werden sollen. Ein weiteres Beispiel ist die Anwendung der WOLTERschen Minimumstrahlkennzeichnung auf die Lichtschnittmikroskopie durch MENZEL [1951b]; hier werden die Interferenzen bereits *vor* dem Objekt erzeugt und dienen lediglich als Ersatz für die Spaltblende beim Lichtschnittverfahren. Die Interferenzen werden zwar auch hier durch das Objekt beeinflußt, ebenso wie bei den Geräten, die Interferenzmikroskope genannt werden sollen, aber es besteht doch ein grundsätzlicher Unterschied gegenüber diesen: während dort die Interferenzen verschwinden, wenn das Objektfeld mit einer undurchsichtigen Blende bedeckt wird, bleiben sie hier bestehen. Dort wird der Objektwellenfront eine kohärente Vergleichswellenfront überlagert, hier findet die Überlagerung bereits *vor* dem Objekt statt.

Ferner gehört hierzu eine größere Gruppe von Verfahren, mit denen irgendwelche physikalischen Größen gemessen werden, die entweder an „makroskopische" Objekte gebunden sind oder, wenn sie von mikroskopischen Objekten stammen, die Interferenzen nur mittelbar über irgendwelche Zwischenglieder beeinflussen; das letztere gilt z. B. für die Interferenzfeintaster, bei denen die Unebenheiten des Objekts über ein Hebelsystem auf einen beweglichen Spiegel übertragen werden, der einen Teil eines Interferometers bildet. Es sind im einzelnen folgende Geräte bzw. Verfahren:

Dilatometer [MORROW und WATKIN 1905; CANDLER 1951, S. 95/96]

Sphärometer [GUILD 1923]

Interferenzfeintaster [KREUSLER 1932; LÜSCHER 1951]

Prüfen von Membranen [PAASCHE 1928]

Mikro-Respirometer [TURNER 1956]

Zentrieren optischer Systeme [HARLE 1951]

Prüfung von Hohlspiegeln, wobei der Brennpunkt des Spiegels in der Objektebene des Mikroskops liegt [ROUSSEAU 1954]

Messung von Teilchendurchmessern [SINGER 1951]. Auch dieses Instrument wird als *Interferenzmikroskop* bezeichnet. Man bringt die Teilchen zwischen eine Planplatte und die sphärische Fläche einer Plankonvexlinse. Aus den so erzeugten NEWTONschen Ringen und dem Abstand der Teilchen vom Zentrum der Ringe kann man auf den Teilchendurchmesser schließen.

Messung der Winkeländerungen von Drehspiegeln [HOCK 1957]. Das Instrument wird ebenfalls als *Interferenzmikroskop* bezeichnet, läßt sich allerdings auch als solches benutzen, da es dem Gerät von RÄNTSCH (Abb. 20) ähnlich ist.

Einführen eines Mikroskops in ein RAYLEIGHsches-Flüssigkeits-Interferometer an Stelle der Zylinderlinse zum Beobachten der Interferenzen [JAFFE und JAFFE 1950], in ein YOUNGsches Doppelspalt-Interferometer [DJURLE und HALLÉN 1953] oder in das Gas- und Flüssigkeitsinterferometer von HORN [1953].

Prüfen der Starrheit des Mikroskops und des Ganges der Feinbewegung oder der Tischverschiebung; derartige Anordnungen findet man besonders in den Spezialmikroskopen zum Ausmessen von Teilchenspuren in Kernemulsionen [NN 1922; GOTTSTEIN 1954; BØGGILD und SCHARF 1954; NN 1954a; ENGLAND 1957; BEYER 1958].

Ein Grenzfall liegt offenbar in folgenden Fällen vor, bei denen die zwischen einer Planparallelplatte und einer Linse entstehenden NEWTONschen Ringe mit dem Mikroskop betrachtet werden. Ist dabei die Krümmung der Linsenfläche bekannt und soll die Wellenlänge des Lichts aus den Interferenzen ermittelt werden [vgl. z. B. EISENLOHR 1844], dann kann man nicht von Interferenzmikroskopie sprechen; hier wird nämlich eine physikalische Größe ermittelt, die nicht Eigenschaft eines mikroskopischen Objekts ist oder von einem solchen in spezifischer Weise beeinflußt wird. Das braucht nicht mehr zu gelten, wenn der Brechungsindex einer zwischen Linse und Planplatte befindlichen Flüssigkeitsschicht bestimmt werden soll [D. A. RICHARDS 1954]; hier würde man von Interferenzmikroskopie nur dann sprechen, wenn die Flüssigkeitsmenge sehr gering oder der Brechungsindex in mikroskopischen Bereichen verschieden ist. Die gleichen Verhältnisse liegen vor, wenn der Krümmungsradius der Linse aus den NEWTONschen Ringen [ARNULF 1930] oder die Dicke einer dünnen Schicht aus den in ihr entstehenden Interferenzen [vgl. z. B. QUINCKE 1866] ermittelt werden soll; auch hier ist die Größe des Objekts oder die Größe der Bereiche, in denen die untersuchte Eigenschaft gleich bleibt, ausschlaggebend. Ein weiteres Beispiel ist die Untersuchung schwingender Flächen. Die Ermittlung der Schwingungsamplitude mittels NEWTONscher Ringe durch EDELMANN, JONES und SMITH [vgl. MARTIN 1959] wird man nicht zur Interferenzmikroskopie rechnen, die Beobachtung von Knotenlinien mit dem Interferenzmikroskop [z. B. PFENDE 1959] dagegen wohl.

Es gibt aber noch einen zweiten Grenzfall. Beim Annähern an die sogenannte „Grenze des Auflösungsvermögens" und bei ihrem Überschreiten nimmt die Objekttreue stetig bis zur Unähnlichkeit ab. In der Mikroskopie der Phasenstrukturen ist zwar auch keine Objekttreue hinsichtlich der Intensitäten oder Farben mehr vorhanden, wohl aber eine — manchmal etwas verminderte — Objekttreue hinsichtlich der Konturen. Die Beugungsfigur eines ultramikroskopischen Teilchens besitzt jedoch noch einen wesentlich geringeren Grad von Objekttreue. Man kann sie zwar, wie es JENTZSCH [1930] getan hat, als „Bild" dieses Teilchens ansehen. Dem praktischen Mikroskopiker wird dies jedoch widerstreben, und er wird bereits früher aufhören, von einem Bild zu sprechen, obwohl er sich in weniger krassen Fällen meist wenig Gedanken über die Objekttreue zu machen pflegt.

Daher soll hier nicht nach dem Vorbild von JENTZSCH [1930 u. 1931] verfahren werden, der die Ermittlung der Gestalt ultramikroskopischer Teilchen aus ihrem Interferenz- oder besser gesagt Beugungsbild als *Interferenzmikroskopie* bezeichnet. Von Ausnahmen abgesehen, zu denen auch frühere Auflagen des Lehrbuchs von GRIMSEHL [z. B. 1952, S. 219] zählen, hat sich diese Bezeichnung nicht durchgesetzt. Das gleiche gilt auch für die Anwendung des MICHELSONschen Sterninterferometers auf das Mikroskop, die von MICHELSON [1903] und GEHRCKE [1906] vorgeschlagen und von v. BAEYER und GERHARDT [z. B. 1928] durchgeführt wurde. Auch sie wird von v. BAEYER und GERHARDT als *Interferenzmikroskopie* bezeichnet. Die Methodik ist bei diesen Verfahren doch gänzlich anders als in dem Bereich, der hier unter Interferenzmikroskopie verstanden werden soll. Bei ihnen treten nämlich die Konturen der Objekte völlig zurück, und die Beugungs- bzw. Interferenzerscheinungen greifen wesentlich über das geometrisch-optisch konstruiert gedachte Bild hinaus. Das Aussehen dieser Erscheinungen wird hier also durch das ganze Objekt bestimmt; ihre einzelnen Teile können nicht mehr in Beziehung zu einzelnen Objektelementen gesetzt werden. Zwar greift beim Defokussieren im „echten" Interferenzmikroskop die Interferenzerscheinung ebenfalls über die sie erzeugenden Strukturen hinaus [Maréchal und Naudin 1951; Rienitz 1952; Mykura 1954], aber hier läßt sich die Zuordnung durch exaktes Fokussieren jederzeit wieder herstellen.

Das von Interferenzerscheinungen überlagerte, hinsichtlich der Kontur noch stark objektähnliche Bild soll also als ein wesentliches Kennzeichen der Interferenzmikroskopie angesehen werden. Natürlich ist auch hier, ebenso wie im oben erwähnten ersten Fall, die Grenze fließend; je mehr man sich nämlich der „Grenze des Auflösungsvermögens" nähert, um so stärker machen sich geringste Defokussierungen bemerkbar und um so schwieriger wird damit die Zuordnung. Die Ultramikroskopie und das Verfahren von v. Baeyer und Gerhardt stellen aber zweifellos die Extremfälle dar.

Zur Abgrenzung gegenüber den „Mikroskopen mit einfachem Strahlengang" und den kombinierten Verfahren (Abschnitt 31) soll noch gefordert werden, daß das Beugungsbild (bzw. die Beugungsbilder) des Objekts nicht oder nicht wesentlich verändert wird. Bezüglich der soeben erwähnten ersten Gruppe besagt das, daß nicht etwa das direkte Licht als Vergleichsstrahl und das gebeugte Licht als Abbildungsstrahlengang angesehen werden soll. Zur Abgrenzung gegenüber der zweiten Gruppe ist zunächst zu bemerken, daß es Interferenzmikroskope gibt, bei denen das Objekt auch vom Vergleichsstrahlengang durchsetzt wird (Abschnitt 22). Hier werden die Beugungsbilder im Objekt- und im Vergleichsstrahlengang in den seltensten Fällen einander völlig gleich sein; sie können z. B. durch eine verschiedene Neigung der beiden Strahlengänge oder eine Defokussierung des Objekts im Vergleichsstrahlengang (Doppelfokusverfahren, vgl. Abschn. 222) in verschiedener Weise beschnitten werden. Darüber hinaus gibt es auch stärkere Eingriffe in die Beugungsbilder, nämlich von der Art, wie sie bei den „Mikroskopen mit einfachem Strahlengang" erwähnt worden waren. Wenn diese Eingriffe nur im Vergleichsstrahlengang vorgenommen werden, dann können sie kaum so stark wirken, daß sie in das interferenzmikroskopische Bild noch zusätzlich charakteristische Züge der „Mikroskope mit einfachem Strahlengang" hineinbringen (z. B. den Halo-Effekt des Phasenkontrastverfahrens). Finden dagegen die Eingriffe in beiden Strahlengängen statt, dann wird sich meist ein Mischbild ergeben, und in diesem Fall wird man von einem kombinierten Verfahren sprechen können. Auch diese Grenze ist, wie die anderen, nicht exakt festzulegen.

Schließlich sei noch bemerkt, daß auch diejenigen Verfahren noch zur Interferenzmikroskopie gerechnet werden sollen, bei denen nicht in üblicher Weise das von Interferenzerscheinungen überlagerte Objektbild beobachtet wird, sofern nur die übrigen Bedingungen erfüllt sind. Es handelt sich dabei um die Beobachtung der Interferenzerscheinung in der hinteren Brennebene des Objektivs (ebenso wie bei der polarisationsmikroskopischen Konoskopie), um die Beobachtung der Interferenzen im Spektrum (Abschn. 23) und um die punktförmige interferometrische Ausmessung von Objekten (Abschn. 23).

Unter Berücksichtigung der in Abschn. 13 sowie in diesem Abschnitt behandelten Gegebenheiten soll nun versucht werden, eine Definition des Interferenzmikroskops zu finden, die es ermöglicht, dieses sinnvoll in die anderen Verfahren der Mikroskopie einzuordnen. Die Vielfalt und die Schwierigkeit der hierbei zu berücksichtigenden Probleme, deren Darstellung oben versucht wurde, verhindern die Aufstellung einer kurzen und prägnanten Definition und bewirken vielleicht, daß die vorliegende Fassung unbefriedigend erscheint; sie zeigen aber auch, daß eine möglichst weitgespannte Definition nötig ist. Folgende Formulierung wurde gewählt:

Ein Interferenzmikroskop ist ein Mikroskop, bei dem ein Teil des Strahlenganges in zwei oder mehr kohärente Teilstrahlengänge aufgespalten wird, wobei die Phasen- und Richtungsbeziehungen zwischen diesen variabel sein können. Diese Teilstrahlengänge können auf drei verschiedene Arten geführt werden:

1. *Nur ein Teil von ihnen kommt mit dem Objekt in Berührung.*
2. *Alle kommen mit dem Objekt in Berührung, aber das Objekt bzw. sein Bild liegen relativ zu jedem Teilstrahlengang anders.*
3. *Alle kommen mit dem Objekt in Berührung, aber in den meisten von ihnen wird das Beugungsbild des Objekts nicht wesentlich verändert.*

Hinter dem Objekt interferieren die Teilstrahlengänge miteinander. Die so erzeugten Interferenzen können entweder im Bild des Objekts, im Spektroskop oder in der hinteren Brennebene des Mikroskopobjektivs beobachtet werden. Sie ermöglichen primär, die Gestalt der vom Objekt direkt beeinflußten Wellenfront(en) des Lichts zu ermitteln, woraus dann auf die Dicke, den Brechungsindex, die Oberflächenform des Objekts, den Phasensprung des Lichts bei der Reflexion oder auf das Produkt der beiden ersten oder der beiden letzten Werte geschlossen werden kann. Die zu untersuchenden Objektstrukturen sollen genügend klein sein, um die mikroskopische Untersuchung zu rechtfertigen; sie sollen aber noch genügend über der Auflösungsgrenze des benutzten Mikroskops liegen, so daß die ermittelten Größen noch in ausreichendem Maße zu den zugehörigen Objektstrukturen in Beziehung gesetzt werden können.

Die Bezeichnung „*Interferenzmikroskop*" wurde zum ersten Mal von Sirks [1893] in der holländischen Form „interferentiemicroscoop" benutzt. Sie ist, auch in der englischen Form „*interference microscope*" oder in der französischen Form „*microscope interférentiel*" am häufigsten anzutreffen. Gelegentlich findet man aber auch die wohl auf Linnik [1933 u. 1938] zurückgehende Bezeichnung „*Mikrointerferometer*" (oder entsprechend in den anderen Sprachen) [z. B. Kinder 1937a u. b; P. Michel 1950; Nomarski 1955a]. Die Anwendung von „*interferometer microscope*" auf „echte" und „unechte" Interferenzmikroskope wurde oben bereits erwähnt, desgleichen die nur in der letzteren Gruppe einmal gebrauchte Benennung „*microscope interferometer*". Schließlich sei noch auf „*microscope á interférence (s)*" [Firket und Chèvremont 1956; Bessis und Thiéry 1957] sowie auf „*microscope à contraste interférentiel*" [Cnrs ohne Jahreszahl] hingewiesen, ohne daß damit die Liste der vorkommenden Bezeichnungen erschöpft sein dürfte. Gabler [1956a] unterscheidet zwischen einfachen Interferenzgeräten, die als Zusatzgeräte ein normales Mikroskop in ein Interferenzmikroskop umwandeln, und Interferenzmikroskopen, die von vornherein für diesen Zweck konstruiert worden sind. Dieser Unterschied soll hier nicht gemacht werden; auch die einfachsten Anordnungen sollen zu den Interferenzmikroskopen gerechnet werden, wenn sie nur den erwähnten Bedingungen genügen.

Schließlich sei noch erwähnt, daß Gabor sein Hologrammverfahren in der ersten Veröffentlichung [Gabor 1948] mit „*electron interference microscope*" bezeichnet hat. Er hat diesen Namen in späteren Veröffentlichungen nicht mehr benutzt. Es handelt sich hierbei auch um ein Verfahren, das nicht unter die obige Definition fällt; inzwischen gibt es andere elektronenmikroskopische Verfahren, die ihr genügen (Abschn. 32).

16. Zur Systematik der Interferenzmikroskope

Die verschiedenen Mikroskope mit einfachem Strahlengang weichen nur wenig voneinander ab. Die Instrumente der weitaus größten Gruppe, die Phasenkontrastmikroskope, unterscheiden sich hauptsächlich nur durch die Art und Gestalt der Phasenplatte. Die Interferenzmikroskope sind dagegen wesentlich vielfältiger. Die im vorangegangenen Abschnitt ausgesonderten Geräte mögen eine Vorstellung von Zahl und Verschiedenheit der zur Interferenzmikroskopie zu rechnenden Instrumente geben.

Diese Vielfältigkeit erfordert eine stark gegliederte Systematik, sonst sind ermüdende Aufzählungen unvermeidlich, bei denen wesentliche Züge der einzelnen Anordnungen oder deren Beziehungen zueinander leicht übersehen werden können. Die hier gewählte Systematik ist in Tabelle II (s. Anhang) dargestellt. Sie liegt auch dem Kapitel 2 zugrunde; die Nummern der einzelnen Abschnitte desselben sind auch in der Tabelle angegeben, damit diese leichter aufgefunden werden. Die Reihenfolge ist hier im wesentlichen die gleiche wie dort.

Die Tabelle kann natürlich nur den heutigen Stand der Entwicklung darstellen. Vielleicht aber ermöglicht diese Gliederung Extrapolationen zu neuen Prinzipien oder die Ausfüllung der einen oder anderen Lücke.

Die drei großen Gruppen der Tabelle II wurden im vorangegangenen Abschnitt bereits kurz erwähnt. Bei den *Flächenverfahren* (Abschn. 23) sind die Interferenzen im ganzen Gesichtsfeld oder zum mindesten in einem großen Teil desselben zu sehen. Bei den *Linienverfahren* (Abschn. 23) wird das von Interferenzen überlagerte Bild des Objekts auf den Spalt eines Spektroskops projiziert und in dem letzteren betrachtet. Man erhält hier zwar nur Aufschluß über das Objekt längs einer Linie, aber die im Spektroskop erkennbare Wellenlängenabhängigkeit der beobachteten Größen erlaubt gewisse zusätzliche Schlüsse. Bei den *Punktverfahren* (Abschnitt 23), nach Menzel [1957b] auch Sondenverfahren genannt, wird die Phasenverschiebung nur in einem kleinen, fast punktförmigen Bereich des Objekts gemessen.

Die erste Gruppe ist die weitaus umfangreichste, wie ein Blick auf die Tabelle zeigt. Sie ist horizontal nach der Art gegliedert, wie die später miteinander interferierenden Teilstrahlenbündel aufgeteilt werden. Es gibt 4 Arten der Strahlenteilung, die in Abb. 5 schematisch dargestellt sind.

Bei der *Strahlenteilung durch teildurchlässige Flächen* (Abb. 5a) werden meist dünne, auf einem Träger befindliche Metallschichten oder dielektrische Wechselschichten [vgl. z. B. MAYER 1950] benutzt. In der Abbildung ist eine solche teildurchlässige Schicht, wie allgemein in diesem Teil, in der im Normblatt DIN 333 vorgeschlagenen Darstellungsart gezeichnet. Der eine Anteil des einfallenden Lichts wird an der Schicht reflektiert, der andere Anteil dringt durch sie hindurch. Früher wurde die entsprechende Aufspaltung an der Glas-Luft-Grenzfläche eines Glaskörpers benutzt, aber man findet sie heute nicht mehr, weil die teildurchlässigen Schichten viel wirksamer sind; bei gleicher eingestrahlter Intensität ergeben sie eine größere Ausgangsintensität (Wirkungsgrad [RIENITZ, im Druck a]).

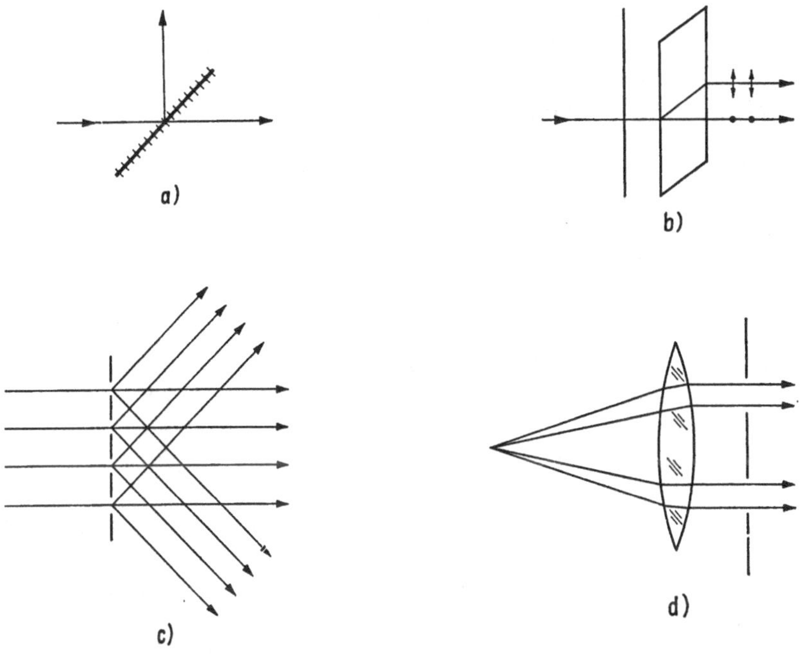

Abb. 5. Die vier Arten der Strahlenteilung bei Interferometern (schematisch).
a) durch teildurchlässige Flächen, b) durch Doppelbrechung, c) durch Beugung, d) durch Ausblendung.

Bei der *Strahlenteilung durch Doppelbrechung* wird die Tatsache benutzt, daß die beiden Strahlenanteile infolge ihrer verschiedenen Brechungsindizes nach verschiedenen Richtungen gebrochen werden (Abb. 5b); beide Anteile sind in verschiedenen Richtungen polarisiert.

Bei der *Strahlenteilung durch Beugung* wird das Licht durch ein beugendes System, etwa ein Beugungsgitter, in mehrere Beugungsordnungen aufgespalten; einige von ihnen, z. B. die + 1. und die — 1. Ordnung (Abb. 5c) werden dann zum Erzeugen der Interferenzen benutzt.

Bei der *Strahlenteilung durch Ausblendung* werden aus dem einfallenden Licht durch zwei oder mehr nebeneinander angeordnete Blenden oder entsprechend wirkende Begrenzungen optischer Elemente (z. B. Spiegelfassungen) zwei oder mehr Strahlenanteile ausgeblendet. Abb. 5d zeigt ein Beispiel, der FRESNELsche Spiegel oder das FRESNELsche Biprisma sind weitere.

Wichtig ist ferner die Frage, ob die Lichtquelle klein, d. h. punkt- oder linienförmig, sein muß oder ob sie ausgedehnt sein kann. Bei den beiden ersten Arten der Strahlenteilung ist beides möglich, je nach der Art der weiteren Führung der Strahlenanteile und ihrer Wiedervereinigung. Es würde zu weit führen, an dieser Stelle Beispiele zu behandeln; sie werden sich im Teil 2 finden. Bei den beiden anderen Arten der Strahlenteilung können nur Lichtquellen geringer Ausdehnung bzw. geringe Beleuchtungsaperturen benutzt werden; bei der Ausblendung wären die ausgeblendeten Anteile sonst nicht kohärent, und bei der Beugung würden sonst die von Strahlen verschiedener Richtungen erzeugten Beugungsmaxima verschiedener Ordnungen einander überdecken. Es wäre im letzteren Falle doch wieder nötig, vor oder hinter dem beugenden System auszublenden, um eine einwandfreie Strahlenteilung zu erzielen.

Die Wiedervereinigung der aufgespaltenen Strahlenanteile wird zwar bei der Beschreibung der Interferometer stets erwähnt, aber sie scheint kaum jemals besonders behandelt worden zu sein; Verf. hat lediglich bei LOHMANN eine Bemerkung darüber finden können (s. u.).

Ob eine der Anordnungen zur Strahlenteilung auch zur Wiedervereinigung brauchbar ist, hängt davon ab, ob sie „reversibel" ist. Der Begriff Reversibilität soll hier allerdings nicht in dem strengen Sinn der völligen Wiederherstellung des alten Zustandes benutzt werden [JONES 1953]; eine solche ist bei Interferometern kaum je gegeben. Er soll vielmehr nur besagen, daß zwei (oder gegebenenfalls mehr) kohärente, getrennte Teilstrahlenbündel mit der betreffenden Anordnung wieder vereinigt und damit zur Interferenz gebracht werden können. In diesem Sinne sind die Anordnungen mit teildurchlässigen Flächen, mit Doppelbrechung und mit Beugung bei richtiger Ausführung reversibel (Abb. 6a, b und c). Daß sich z. B. bei der Wiedervereinigung an einer teildurchlässigen Fläche *zwei* Interferometerausgänge ergeben, in denen Interferenz stattfindet (Abb. 6a), besagt nichts gegen die Reversibilität im hier definierten Sinn.

Die Strahlenteilung durch Ausblenden ist ihrer Natur nach irreversibel. Ihr steht eine Anordnung zur Wiedervereinigung gegenüber, die ihrerseits in dem Sinne irreversibel ist, daß sie nicht zur Strahlenteilung benutzt werden kann. Sie ist dadurch gekennzeichnet, daß die Teilstrahlenbündel mit den Hilfsmitteln der geometrischen Optik wieder vereinigt werden; man könnte sie daher Wiedervereinigung durch (einfache) Brechung oder Reflexion nennen. Eine Linse, die beide Teilstrahlenbündel in ihrem Brennpunkt vereinigt, ist ein Beispiel (Abb. 6d), der FRESNELsche Spiegel und das FRESNELsche Biprisma sind weitere. Das Wort „einfache" soll gegen die Anordnungen mit Doppelbrechung abgrenzen. Diese Anordnungen haben die Eigenschaft, daß bei ihnen die Wiedervereinigung nicht unmittelbar an dem sie bewirkenden System stattzufinden braucht. Bei den anderen Verfahren ist dies meist der Fall; eine Ausnahme bildet z. B. der YOUNGsche Doppelspalt. Manchmal bewirkt eine geschickte Anordnung des strahlenteilenden Systems, daß die übrigen, auch sonst vorhandenen optischen Glieder des Mikroskops die Wiedervereinigung sozusagen von selbst bewirken; auch ist, wenn genügende seitliche Kohärenz vorhanden ist, keine genaue strahlenmäßige Wiedervereinigung nötig. Dies mag wohl der Grund sein, weshalb LOHMANN [1953, S. 13 u. 43] Anordnungen wie die von FRANÇON (S. 104) „Interferenzmikroskope ohne Wiedervereinigung" nennt.

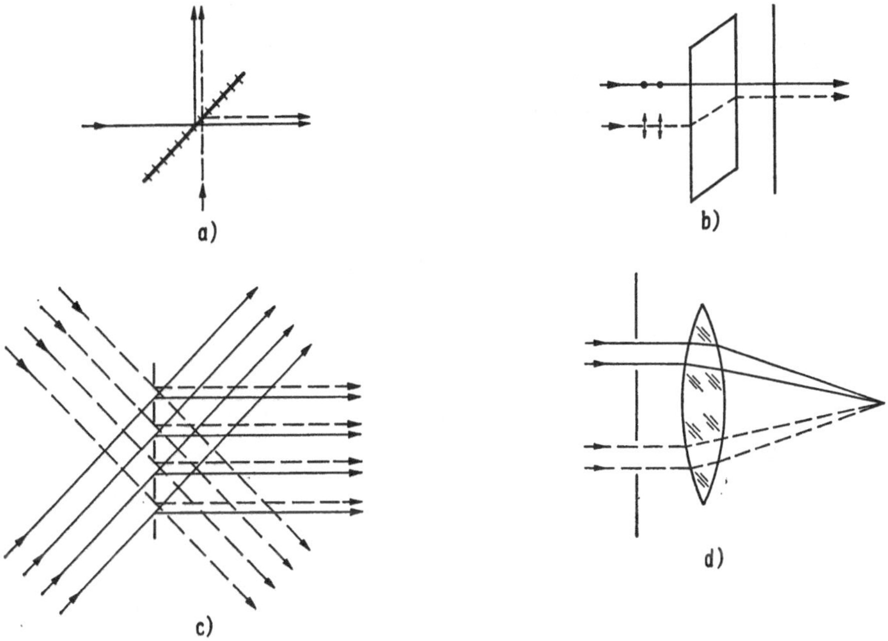

Abb. 6. Die vier Arten der Strahlenvereinigung bei Interferometern (schematisch).
a) durch teildurchlässige Flächen, b) durch Doppelbrechung, c) durch Beugung, d) durch (einfache) Brechung (oder durch Reflexion).

Damit ergibt sich nun die Frage, welche Arten der Strahlenteilung und -wiedervereinigung miteinander kombiniert werden können. Theoretisch sind alle Kombinationen möglich, aber manche sind unzweckmäßig. Werden die Teilstrahlenbündel durch teildurchlässige Flächen oder durch Doppelbrechung aufgespalten, so erfolgt die Wiedervereinigung fast stets in der gleichen Weise. Das MICHELSON-Interferometer (Abb. S. 8) und das MACH-ZEHNDER-Interferometer (Abb. S. 8) sind Beispiele für den ersten Fall; beim MICHELSON-Interferometer fallen strahlenteilende und strahlenvereinigende Fläche zusammen. Die Anordnungen von Abb. 5b und Abb. 6b ergeben vereinigt ein Interferometer von JAMIN, das LEBEDEFF in seinem Interferenzmikroskop benutzt hat (Abb. 54 S. 101). Eine Kombination in dem Sinne, daß die Aufspaltung an einer teildurchlässigen Fläche, die Wiedervereinigung durch Doppelbrechung (oder umgekehrt) erfolgt, bringt keinen Gewinn hinsichtlich des Verhältnisses von Eingangs- zu Ausgangsintensität (Wirkungsgrad [RIENITZ, im Druck a]), sondern ist sogar meistens ungünstiger.

Die übrigen Anordnungen werden meistens untereinander kombiniert. So ergibt die Kombination der Anordnungen Abb. 5d und Abb. 6d das Interferometer von RAYLEIGH-HABER-LÖWE [LÖWE 1954; CANDLER 1951, S. 465]. Bei einigen Interferenzmikroskopen von HORN (Abb. 40 S. 77 und Abb. 42 S. 79) werden Strahlenteilung durch Beugung und Strahlenvereinigung durch Brechung miteinander kombiniert. Auch das normale Mikroskop ist als Interferometer der gleichen Art anzusehen (vgl. Abb. a S. 10), nur daß hier die Strahlenteilung im Objekt erfolgt. Bei einer Anordnung von SMITH (Abb. 65) erfolgen dagegen Aufspaltung und Wiedervereinigung durch Beugung; SMITH erwähnt ferner [SMITH 1947] die Kombination von Strahlenteilung durch Doppelbrechung und -vereinigung durch Beugung.

Die Art der Strahlenvereinigung soll nicht als zusätzliches Einteilungsprinzip in die Systematik aufgenommen werden. Die Zahl der Fälle, in denen sie in anderer Weise als die Strahlenteilung erfolgt, ist zu gering, als daß es sich lohnen würde, deswegen die zweidimensionale Systematik (das zweite Einteilungsprinzip wird sogleich behandelt werden) zugunsten einer dreidimensionalen aufzugeben.

Die vertikale Gliederung der Tabelle II erfolgt nach einem Gesichtspunkt, der mit „*Strahlenführung*" bezeichnet wird. Hier wird angegeben, in welcher Weise die Teilstrahlenbündel zwischen der Aufspaltung und der Wiedervereinigung geführt werden. Die Art der Strahlenführung ist entscheidend für die Art der erzeugten Interferenzerscheinungen und damit auch für ihre Deutung. Sie trägt noch mehr zur Vielfalt der interferenzmikroskopischen Anordnungen bei als die Art der Strahlenteilung und -wiedervereinigung.

Zunächst ist es wichtig, ob die Vergleichswellenfront vom Objekt beeinflußt wird oder nicht, denn hiervon hängen Schwierigkeit oder Einfachheit der Deutung des Interferenzbildes entscheidend ab. Dabei ist „Vergleichswellenfront" eine etwas vereinfachte Bezeichnung, die an dieser Stelle näher erläutert werden muß. Objekt- und Vergleichswellenfront lassen sich eigentlich nur dann unterscheiden, wenn der eine Strahlenanteil vom Objekt beeinflußt wird, der andere dagegen nicht. Es gibt jedoch Interferenzmikroskope, bei denen beide Strahlenanteile vom Objekt beeinflußt werden. Meistens erfolgt diese Beeinflussung nun in verschiedener Weise, wobei das Objekt in dem einen Strahlengang scharf abgebildet wird, während es in dem anderen durch Defokussierung oder Abbildungsfehler unscharf und verschwommen ist. Dann ist die Unterscheidung von Objekt- und Vergleichswellenfront wenigstens noch im wesentlichen möglich. Der Unterschied entfällt aber ganz, wenn das Objekt in beiden Teilstrahlengängen gleich scharf erscheint; damit überhaupt Interferenzen entstehen können, sind dann beide Teilbilder gegeneinander verschoben. Es ist jedoch bequem und führt auch in dieser Abhandlung zu keinen Widersprüchen, wenn die obigen Bezeichnungen auch hier beibehalten werden; auch hier werden zwei Wellenfronten miteinander verglichen, und es ist gleichgültig, welche hier als Objekt- und welche als Vergleichswellenfront bezeichnet wird.

Eine weitere Unterteilung wird „*allgemeine Richtung von Objekt- und Vergleichswellenfront*" genannt. Hier sind zunächst die zyklischen und die nichtzyklischen Interferometer zu unterscheiden. Bei den ersteren (Abb. 7a) durchlaufen beide Teilstrahlenbündel die gleiche Bahn, jedoch in entgegengesetzter Richtung, bei den letzteren sind ihre Wege entweder völlig getrennt (Abb. 7b) oder ineinander verschachtelt, aber doch so, daß beide im Großen gesehen etwa die gleiche Richtung einschlagen (vgl. z. B. Abb. 59 S. 108). Auf die weitere, feinere Unterteilung kann an dieser Stelle nicht eingegangen werden, weil dies zuviel Raum erfordern würde; sie wird besser im Abschnitt 2 behandelt, und daher sei auf diesen verwiesen.

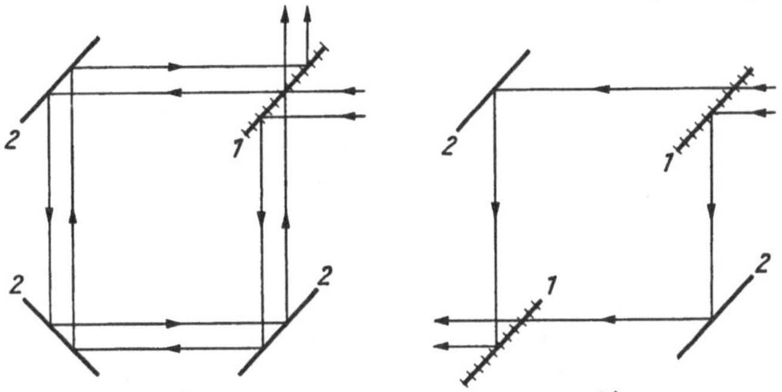

Abb. 7. Schema eines zyklischen (a) und eines nichtzyklischen (b) Interferometers.
1 – teildurchlässige Flächen; *2* – Spiegel.

Eine der Ursachen, vielleicht die Hauptursache, für die durch den Begriff „Strahlenführung“ ausgedrückte Vielfalt scheint folgende zu sein. Das Interferenzbild ist, von wenigen Ausnahmen abgesehen, am leichtesten zu deuten, wenn die Vergleichswellenfront durch das Objekt unbeeinflußt bleibt. Es ist jedoch kaum möglich, bei höheren Aperturen eine Vergleichswellenfront völlig unbeeinflußt um das Objekt herum in das Objektiv zu führen, wenn nicht zwei Objektive benutzt werden sollen, was wieder eine Reihe von Nachteilen hat (vgl. S. 58). Läßt man es jedoch zu, daß auch die Vergleichswellenfront vom Objekt beeinflußt wird, dann kommt man mit einem Objektiv aus; dadurch ergeben sich einfachere Anordnungen mit meist größerer Stabilität. Wegen dieser Vorzüge werden sie auch für mittlere und geringe Aperturen benutzt.

Die Interferenzmikroskope werden stets mit dem Namen des Autors bezeichnet, der sie entwickelt hat bzw. diejenigen Verbesserungen anbrachte, die der Anordnung neue Eigenschaften gaben. Nur wenn bei einem industriellen Gerät der Name des Autors nicht zu ermitteln war, ist der Name des Herstellers genannt. Hat ein Autor mehrere Anordnungen angegeben, so werden diese in Tabelle II mit Ziffern, getrennt nach Auflicht -und Durchlichtverfahren, bezeichnet. Diese sind durch „Al“ bzw. „Dl“ gekennzeichnet. Sind beide Möglichkeiten angegeben und ist eine davon in Klammern gesetzt, so ist diese Beobachtungsart zwar prinzipiell möglich, vom Autor jedoch nicht angewandt worden. „Ok“ bedeutet ein Interferenzokular. Mit den Klammern werden, ohne Anspruch auf große Genauigkeit, Gruppen ähnlicher Verfahren gekennzeichnet. Industriegeräte sind eingerahmt, wobei meist der Name des Herstellers, seltener der des Autors genannt ist. Meist sind Verbindungslinien zu dem Namen des Autors gezogen.

Durch punktierte Linien sind diejenigen Industriegeräte verbunden, die zwei verschiedenen Spalten angehörende Systeme enthalten.

Durchlicht- und Auflicht-Interferenzmikroskope werden im folgenden Kapitel meist gemeinsam behandelt, weil viele der erwähnten Prinzipien sich sowohl auf die eine wie auch auf die andere Art von Interferenzmikroskopen anwenden lassen. Wollte man Auflicht- und Durchlicht-Interferenzmikroskope als Haupteinteilungsprinzip benutzten, so würden diese Zusammenhänge schwerer erkennbar werden. Auch die Zahl der miteinander interferierenden Strahlenanteile soll nicht als Einteilungsprinzip benutzt werden. Die meisten Interferenzmikroskope sind Zweistrahlsysteme, und die Drei- bzw. Vielstrahlsysteme lassen sich zwanglos in die Tabelle II einordnen (Abschn. 23 bzw. 2211). Ferner sei noch darauf aufmerksam gemacht, daß auch die Beobachtung der im Objekt (ohne ein besonderes Interferometer) entstehenden Interferenzen sowie die Polarisationsmikroskope in gleicher Weise eingeordnet werden können (Abschn. 2211).

Die Einteilung der Interferometer nach der Art der Strahlenteilung ist allgemein üblich; häufig kennt man jedoch nur die Aufspaltung an teildurchlässigen Flächen und durch Ausblenden, weil die Interferometer mit doppelbrechenden Elementen in vielen Darstellungen der Interferometrie noch nicht behandelt werden. WILLIAMS [1954] unterscheidet „Teilung der Wellenfront" (FRESNELscher Spiegel und Biprisma), „Teilung der Amplitude" (an teildurchlässigen Flächen) sowie, etwas undurchsichtig, „gleichzeitige Teilung von Amplitude und Wellenfront" (TWYMAN-GREEN-Interferometer). Auch TOLANSKY [1955b] unterscheidet wie oben „Teilung der Wellenfront", zu der er auch Anordnungen wie den YOUNGschen Doppelspalt rechnet, und „Teilung der Amplitude". PHILPOT [1952] kennt die Aufteilung der Apertur, worunter er Phasenkontrast und Dunkelfeld versteht und die er mit „apersecant" bezeichnet, sowie „amplisecant" und „polasecant" (Teilung der Amplitude bzw. durch Doppelbrechung); seine Abhandlung bezieht sich speziell auf Interferenzmikroskope, jedoch benutzt er diese Bezeichnung in einem allgemeineren Sinne als hier. Bei HORN [1956] findet sich eine andere häufige Einteilungsweise, nämlich die in physikalische und geometrische Strahlenteilung. Während zu der ersteren meist nur die Teilung an teildurchlässigen Flächen gerechnet wird, zählt HORN auch noch die Teilung durch doppelbrechende Elemente sowie durch Beugungsgitter dazu. Unter geometrischer Strahlenteilung versteht er, wie es auch sonst meist üblich ist, den Doppel- und den Dreifachspalt sowie den FRESNELschen Spiegel und das FRESNELsche Biprisma.

Die meisten dieser Bezeichnungen erscheinen unzweckmäßig. Die Amplitude wird auch bei der Strahlenteilung durch Doppelbrechung sowie auch bei der durch Beugung geteilt; lediglich bei der Ausblendung bleibt sie im einzelnen Teilstrahlenbündel erhalten. Die Wellenfront wird stets geteilt, es fehlt eine zusätzlich Angabe, in welcher Weise sie geteilt wird. Auch bei der physikalischen Strahlenteilung wird die Geometrie verändert, indem die Teilstrahlenbündel in verschiedene Richtungen gelenkt werden, und die Hilfsmittel der sogenannten geometrischen Strahlenteilung, die nichts anderes als eine Strahlenteilung durch Ausblenden ist, sind durchaus physikalischer Art.

Eine Einteilung der Interferenzmikroskope analog dem hier benutzten Begriff der Strahlenführung verwenden PHILPOT [1952] (zusätzlich zu seiner oben erwähnten Gruppierung nach der Strahlenteilung) und DYSON [1957] (zusätzlich zu einer Einteilung nach Durchlicht und Auflicht). PHILPOT benutzt einen Operator, den er „modifier" nennt; dieser kann achsiale oder transversale Verschiebung, achsiale Drehung um 180°, transversale Reflexion (transverse reflection) oder Verschmieren durch Abbildungsfehler bewirken. DYSON unterscheidet drei Klassen: bei der ersten ist der Vergleichsstrahlengang vom Objekt unbeeinflußt, bei der zweiten ist das Objekt im Vergleichsstrahlengang defokussiert oder hat starke Aberrationen und bei der dritten ist das Objekt im Vergleichsstrahlengang einigermaßen (reasonable) scharf und gegenüber dem Objekt im Bildfeld verschoben.

Rosenberg [1953] unterscheidet neben den Zwei- und Vielstrahl-Interferenzmikroskopen bei den ersteren solche Geräte, bei denen die Interferenz in der Bildebene erfolgt und andere, die ein Interferenzbild in natürlicher Größe erzeugen, das im Mikroskop betrachtet wird. Räntsch [1952] teilt die Auflicht-Interferenzmikroskope nach der Art ein, wie die zum Einstellen der Interferenzstreifen notwendige seitliche Verschiebung der Teilpupillen erfolgt. Gemischte Einteilungen finden sich in den Darstellungen der interferenzmikroskopischen Verfahren von Françon [1954a], Smith [1955], Horn [1957, 1958 u. 1959a u. b] und Hale [1958].

2. Die Interferenzmikroskope

21. Vergleichswellenfront vom Objekt unbeeinflußt

Wenn bei einem Interferenzmikroskop die Vergleichswellenfront vom Objekt unbeeinflußt bleibt, dann ist das Interferenzbild meist besonders einfach zu deuten. Unter bestimmten Voraussetzungen, auf die bei der Besprechung der einzelnen Verfahren aufmerksam gemacht werden wird, ist die Niveauliniendeutung anwendbar, die in den Abschnitten II, 32 und III, 34 beschrieben ist. Das schließt nicht aus, daß in speziellen Fällen ein Interferenzbild, bei dem die Vergleichswellenfront vom Objekt beeinflußt worden ist, einmal besonders leicht zu deuten sein kann, jedoch tritt dies selten ein.

Die hier zu behandelnden Verfahren lassen sich nach dem Gesichtspunkt einteilen, ob die Vergleichswellenfront von einer reellen Fläche in der Nähe des Objekts herkommt oder ob sie lediglich virtuell in der Nähe desselben liegt. Da meist Interferenzstreifen („Keilinterferenzen") betrachtet werden, haben sich die Bezeichnungen „reeller bzw. virtueller Keil" eingebürgert. Es soll jedoch auch der Fall, daß Vergleichsfläche und Objektoberfläche im Mittel einander parallel sind („waagerechter Schnitt"), eingeschlossen sein. (Vgl. Farbtafel XIX, Abb. 1 u. 2).

Der virtuelle Keil hat den Vorteil, daß beide Keilflächen einander virtuell durchdringen. Am Ort der Durchdringung ist der Gangunterschied der miteinander interferierenden Strahlenanteile Null. Um diesen Ort herum gruppieren sich also die wegen der geringen Kohärenzlänge wenigen Interferenzstreifen im „weißen Licht" (Glühlicht), die wegen ihrer unterschiedlichen Färbung zum Zuordnen sowie zum Erkennen geringer Phasendifferenzen benutzt werden (Abschn. II, 31). Aber auch für das monochromatische Licht ist der Gangunterschied Null anzustreben, weil hier die Interferenzstreifen am kontrastreichsten sind (Abschn. III, 35). Dazu kommt noch, daß in einem Interferenzmikroskop wegen der größeren Apertur weniger Interferenzstreifen sichtbar sind als bei Beleuchtung mit der gleichen Spektrallinie in einem der großen Interferometer (Interferenzkomparator u. a.), die eine sehr geringe Apertur besitzen (Abschn. III, 35 u. 36). Der Kontrast der Streifen in den Interferenzmikroskopen nimmt also rascher ab als dort.

Bei reellen Keil können die Keilflächen einander nicht durchdringen; hier ist es meist nicht möglich, weißes Licht zu verwenden. Um guten Kontrast zu erreichen, müssen beide Keilflächen einander stark genähert werden, was einige Nachteile mit sich bringt: die Vergleichsfläche wird leicht durch das Objekt beschädigt, sie ist schwierig zu fassen und zu justieren und kann häufig nicht tief genug in konkave Objekte eingeführt werden.

Andererseits läßt der reelle Keil sich leicht realisieren, während beim virtuellen Keil der Aufwand wesentlich größer ist. Die Schwierigkeiten sind jedoch längst nicht so erheblich wie bei den großen MICHELSON- oder MACH-ZEHNDER-Interferometern. Ein Interferenzmikroskop läßt sich wesentlich kompakter als diese bauen, so daß Stabilitätsschwierigkeiten bei geschicktem Vorgehen kaum auftreten. Auch die Justierung ist beim Interferenzmikroskop leichter; damit im Gesichtsfeld z. B. 5 Interferenzstreifen zu sehen sind, ist bei diesem wegen der stärkeren Vergrößerung ein viel größerer Keilwinkel erforderlich als etwa bei einem großen MICHELSON-Interferometer. Die Interferenzen sind daher leichter auffindbar.

211. Reeller Keil

Die in diesem Abschnitt zu beschreibenden Verfahren sind ausschließlich Auflicht-Systeme; bei den entsprechenden Durchlichtverfahren mit reellem Keil wird die Vergleichswellenfront nämlich durch das Objekt beeinflußt. Diese werden daher im Abschn. 2211 behandelt werden. Das gleiche gilt auch für das dort ebenfalls dargestellte Vielstrahlinterferenzverfahren von TOLANSKY. Bei diesem werden die Vergleichsstrahlenbündel auch im Auflicht vom Objekt beeinflußt, wie dort gezeigt werden wird. In diesem Abschn. werden daher nur die reinen Zweistrahl-Verfahren besprochen. Ferner sollen hier auch die im Objekt selbst beobachteten Interferenzen ausgeschlossen werden, sofern die Beobachtung nicht im Auflicht geschieht und die dem Objektiv zugewandte Oberfläche eben ist.

Alle hier erwähnten Verfahren können jedoch grundsätzlich auch für das Vielstrahlverfahren benutzt werden; dazu müssen Objekt- und Vergleichsfläche lediglich ein hohes Reflexionsvermögen aufweisen, was sich durch Aufbringen geeigneter Schichten erreichen läßt. Dadurch lassen sich die charakteristischen Vielstrahlinterferenzen erzeugen, die wesentlich schmaler als die Zweistrahlinterferenzen sind. Andererseits muß die Vergleichsfläche auch im Zweistrahlgebiet ein gewisses Reflexionsvermögen aufweisen, wenn das Objekt nicht gerade sehr wenig reflektiert, denn sonst sind die Intensitäten der beiden interferierenden Anteile zu ungleich und der Kontrast der Interferenzen wird gering.

Ob ein Verfahren zu den Zweistrahlinterferenzen gerechnet werden soll, wurde lediglich danach entschieden, daß der betreffende Autor den Vielstrahleffekt nicht erwähnte. Es gibt natürlich ein Übergangsgebiet. Bei höherem Reflexionsvermögen von Objekt und Vergleichsfläche ist bereits eine deutliche Verschmälerung der Interferenzstreifen zu beobachten (z. B. bei einigen Aufnahmen von SIEGBAHN [1932/33]), und außerdem gibt es einen Bereich, in dem die Intensitätsverteilung der Interferenzstreifen unsymmetrisch wird[1]) [HOLDEN 1951; BARREL und

[1]) Hier ist eine andere Unsymmetrie gemeint als in Abschn. III, 37, 4.

Preston 1951; Blanke und Lohmann 1957]. Diese Unsymmetrie ist z. B. auch auf einem Teil der von Rühle [1943] veröffentlichten Aufnahmen, vor allem auf Abb. 14, zu erkennen. Trotzdem werden die Verfahren von Siegbahn und Rühle hier behandelt werden, weil beide Autoren sich im Zweistrahlbereich oder in dessen Nähe bewegen und der ausgesprochene Vielstrahlbereich erst jenseits der Unsymmetriestelle bei noch höheren Werten des Reflexionsvermögens von Objekt und Vergleichsfläche beginnt [Holden 1951].

Im Abschnitt 15 waren einige Verfahren erwähnt worden, bei denen Newtonsche Ringe im Mikroskop beobachtet wurden, ohne daß sie zur Interferenzmikroskopie gerechnet wurden. Auch bei den dort erwähnten Verfahren von Arnulf

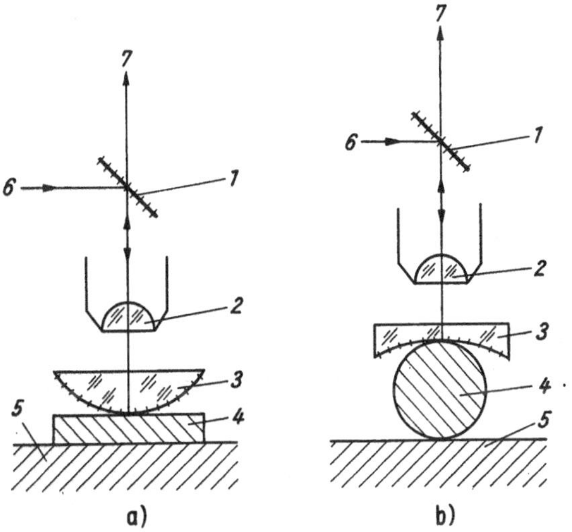

Abb. 8. Auflicht-Interferenzmikroskop der Pitter Gauge Ltd. bzw. nach Timms (a und b). *1* – teildurchlässige Fläche; *2* – Objektiv; *3* – a) bei Pitter Gauge sphärische Linse, a) und b) bei Timms Zylinderlinsen (alle an der Unterseite teildurchlässig verspiegelt); *4* – Objekt (bei b) eine Achse); *5* – Objekttisch; *6* – einfallendes Licht; *7* – zum Okular.

[1930] wird offenbar lediglich der Krümmungsradius einer Linse in einem gewissen, nicht die ganze Linse umfassenden Gesichtsfeld gemessen und die stillschweigende Voraussetzung gemacht, daß der Radius an den anderen Stellen der gleiche ist. Hier liegt also noch keine mikroskopische Formprüfung vor.

Eine solche findet sich jedoch bei Chatelain [1935]. Hier wird ein sphärisches Probeglas nacheinander auf verschiedene ausgewählte Stellen eines Parabolspiegels aufgelegt, wobei die entstehenden Interferenzen im Mikroskop beobachtet werden. Hier wird Formprüfung im Mikrobereich getrieben und aus den Ergebnissen die makroskopische Form ermittelt.

Die Pitter Gauge and Precision Tool Co., Ltd., Leatherhead, England, benutzt ebenfalls die sphärische Fläche einer Plankonvexlinse 3 (Abb. 8a) in ihrem „*Op-*

tical Surface-Finish Meter" [NN 1945] ($M = 500:1$)[1]), der auch als „*Critic Surface Finish Analyser*" [HABELL und COX 1948, S. 363] bezeichnet wird. TIMMS [1945] ($V = 80 \times$) verwendet dagegen eine plankonvexe Zylinderlinse (3 in Abb. 8a als Zylinderlinse gedacht) für ebene Flächen, eine plankonkave Zylinderlinse (3 in Abb. 8b) dagegen für zylindrische Objekte wie z. B. Achsen. Als Zusatz zum Projektionsmikroskop der Vickers Ltd., London, wird eine Planfläche als Vergleichsnormal für zylindrische Objekte, eine plankonvexe Zylinderlinse dagegen für ebene Flächen benutzt [NN 1954b]. Abb. 9 zeigt ein Verfahren von RÜHLE [1943] zum Prüfen von Bohrungen.

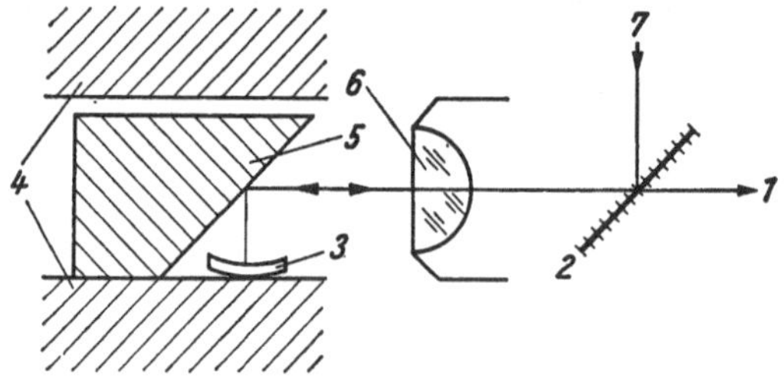

Abb. 9. Anordnung von RÜHLE zum Prüfen der Oberflächenrauhigkeit in Bohrungen.
1 – zum Okular; *2* – teildurchlässige Fläche; *3* – Bruchstück einer Hohlglaskugel; Unterseite teildurchlässig verspiegelt; *4* – Bohrung; *5* – Hilfskörper mit Umlenkspiegel; *6* – Objektiv; *7* – einfallendes Licht.

Diese Verfahren dienen zum Ermitteln der Oberflächenrauhigkeit, die durch die Auslenkungen der Interferenzstreifen im Kleinen wiedergegeben wird. Sie zur Formprüfung in Bereichen, die mit dem Gesichtsfelddurchmesser vergleichbar sind, benutzen zu wollen, wäre außer bei der VICKERS-Einrichtung mit der Planfläche unzweckmäßig. Die Interferenzstreifen sind nämlich hier „Niveaulinien", die entsprechend der Form der Vergleichsfläche entstanden gedacht werden können durch Schnitt der Objektoberfläche mit einer Schar paralleler Kugel- bzw. Zylinderflächen. Nur wenn Prüfling und Vergleichsnormal nahezu die gleiche Oberflächenform haben, die eine Fläche jedoch konkav und die andere konvex ist, ist dieses Verfahren zweckmäßig, um die noch verbleibenden geringen Formabweichungen festzustellen.

Der Vorteil dieser Anordnungen liegt jedoch darin, daß die Interferenzen bei ihnen leichter zu finden sind als bei einer ebenen Vergleichsfläche. Eine sphärische oder zylindrische Vergleichsfläche bietet stets am Berührungspunkt bzw. der Berührungslinie mit dem Prüfling genügend kleine Keilwinkel, so daß dort Interferenzen beobachtet werden können, während bei einer ebenen Vergleichsfläche und ebenem oder nahezu ebenem Objekt erst ein genügend kleiner Keilwinkel eingestellt werden muß. Sollen dagegen sphärische oder zylindrische Objekte mit der ebenen Vergleichsfläche untersucht werden, dann gilt das gleiche wie im umgekehrten

[1]) Soweit bekannt, werden bei den einzelnen Verfahren die Gesamtvergrößerungen des Mikroskops oder der Abbildungsmaßstab in der Literatur wiedergegebener Abbildungen in der Form $V = 100\times$ bzw. $M = 100:1$ angegeben. Meist werden nur die Maximalwerte genannt.

Falle. Hinzu kommt, daß eine konvexe Vergleichsfläche sich leichter in konkave Prüflinge einführen läßt.

Eine ebene Vergleichsfläche (Abb. 10) hat SIEGBAHN [1932/33] unter dem Mikroskop ($V = 50 - 100\times$) zum Untersuchen von Kristallspaltflächen benutzt. Wie oben erwähnt, sind auf manchen seiner Aufnahmen keine reinen Zweistrahlinterferenzen vorhanden, jedoch auch noch nicht Vielstrahlinterferenzen [SIEGBAHN; TOLANSKY 1944]. Auf technische Oberflächen ist dieses Verfahren zuerst offenbar von LINNIK [1938] und dann von LANDWEHR [1942] ($M = 25:1$), LEINERT [1943] (i. a. $V = 150\times$), RÜHLE [1943] ($M = 150:1$) und KAYSER [NN 1944] ($M = 225:1$) angewandt worden. Die Farrand Optical Comp., Inc., New York, stellt ein Interferenzmikroskop dieser Art mit $V = 170\times$ her [NN 1954c]. TOLMON [1959] beschreibt ein Gerät zum Prüfen von Lehrdornen, bei dem die Vergleichsfläche in der Achsrichtung des Dorns sehr ausgedehnt ist. In der gleichen Richtung wird bei unverändertem Interferometer ein Mikroskop ($V = 50\times$) verschoben, so daß die einzelnen Bereiche des Dorns nacheinander untersucht werden können. Dieses Verfahren wurde schon früher von LANDWEHR [1952] für den virtuellen Keil beschrieben (vgl. S. 51).

Eine interessante Anwendung des reellen Keils, beschreibt BURRELS [1950/52]. Er beobachtet im Auflicht, offenbar bei stärkerer Vergrößerung, die Interferenzstreifen zwischen der gelatineartigen (gelatinous) Oberfläche lebender Diatomeen und der Unterseite des Deckglases, das das Präparat nach oben abschließt. Das letztere bleibt unverspiegelt, weil die Diatomeen ebenfalls nur wenig Licht reflektieren. BURRELS versucht, auf diese Weise zu entscheiden, ob die Diatomeen sich nur längs fester Oberflächen oder auch im freien Wasser bewegen können. Er leistet auch einen Beitrag zur Formprüfung, indem er bemerkt, daß die Interferenzstreifen „ausgebogt" (arkadenförmig) erscheinen, offenbar weil die Struktur des Skeletts sich dem darüberliegenden Gewebe aufprägt. Mit dem gleichen Verfahren haben GREENHAM [1946] die Oberfläche von Apfel- und Eukalyptusblättern untersucht, HOWELL und MAZUR, ferner SIMMENS sowie GOWERS [vgl. STOVES 1957, S. 100ff] die Oberfläche von Textilfasern.

Zu den interferenzmikroskopischen Verfahren mit reellem Keil zählt auch die ursprüngliche Form der *Abdruckfilm-Immersionsmethode* von ZEHENDER [1952 u. 1954]. Wenn man z. B. verhältnismäßig rauhe Metalloberflächen mit Interferenzen untersucht, dann erhält man stark ausgelenkte Interferenzstreifen, deren Ver-

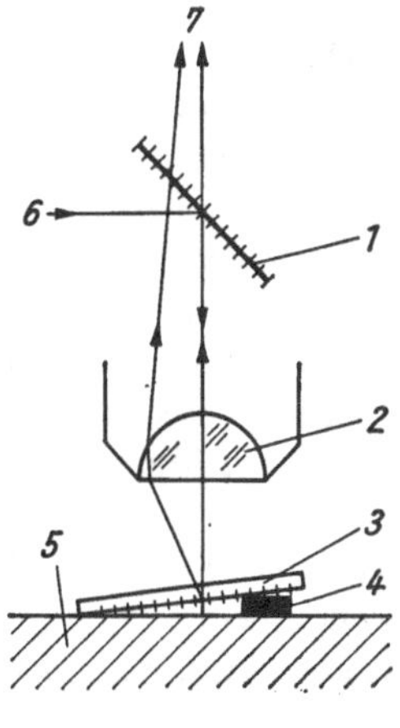

Abb. 10. Auflicht-Interferenzmikroskop mit reellem Keil und ebener Vergleichsfläche (SIEGBAHN, LINNIK, LANDWEHR, LEINERT, RÜHLE u. a.).

1 – teildurchlässige Fläche; 2 – Objektiv; 3 – Vergleichsfläche; 4 – Unterlage zum Herstellen eines Keilwinkels (entfällt, wenn die Objektoberfläche nicht ganz eben ist); 5 – Objekt; 6 – einfallendes Licht; 7 – zum Okular.

lauf sich zum Teil nicht mehr verfolgen läßt. ZEHENDER fertigt von einer solchen Oberfläche einen Lackabdruck an und untersucht diesen in einem Immersionsmittel zwischen zwei teildurchlässig verspiegelten Glasplatten, so daß der Vergleichsstrahl an der oberen der beiden Platten reflektiert wird, der Objektstrahl dagegen den Film zweimal durchsetzt. Während bei der direkten Untersuchung der Oberfläche mit Interferenzen die Abstände der niveaulinienerzeugenden Ebenen (vgl. Abschn. II, 32) eine halbe Wellenlänge betragen, sind sie bei dem ZEHENDER-Verfahren größer, und zwar um so mehr, je geringer der Unterschied der Brechungsindizes von Film und Einbettungsmittel ist. Die Interferenzstreifen sind daher hier wesentlich weniger ausgelenkt, so daß ihr Verlauf besser verfolgt werden kann. KOHAUT [1953 u. 1954] hat zur Durchführung dieses Verfahrens eine ZEHENDERkammer (Abb. 24) entwickelt, die als Zubehör zu dem von ihm entworfenen Interferenzmikroskop (Abb. 23) geliefert wird. Die untere teildurchlässige Fläche ist hier durch einen Vollspiegel ersetzt worden, während die obere völlig entfällt, weil der Vergleichsstrahlengang bei dem KOHAUTschen Gerät, das nach dem Prinzip des MICHELSON-Interferometers aufgebaut ist, einen anderen Verlauf nimmt. Die ZEHENDERkammer wird also hier mit virtuellem Keil benutzt. Man kann aber auch die KOHAUTsche ZEHENDERkammer mit einem teildurchlässig verspiegelten Deckglas versehen und sie in der gleichen Weise wie ZEHENDER benutzen. Bei geeigneter Verspiegelung des Deckglases ergeben sich nach KOHAUT Vielstrahlinterferenzen, wie auch schon auf einigen Abbildungen von ZEHENDER [1954] zu erkennen ist. Der Vollständigkeit wegen sei erwähnt, daß DYSON [1955] die immergierten Lackabdrücke in einer MACH-ZEHNDER-Anordnung untersucht.

Im Zweistrahl-Gebiet wird der reelle Keil nur noch selten benutzt; manchmal geschieht es absichtlich oder (wenn das erforderliche hohe Reflexionsvermögen nicht vorhanden ist) unabsichtlich bei den für die Vielstrahl-Interferenzmikroskopie im Auflicht bestimmten Geräten (Abschnitt 2211). Viel häufiger werden jedoch die Interferenzmikroskope mit virtuellem und quasi virtuellem (S. 64) Keil angewandt.

212. Virtueller und quasi virtueller Keil

Das klassische Interferometer für Auflicht-Untersuchungen ist das MICHELSON-Interferometer (vgl. Einleitung, S. 7), bei dem der eine Spiegel durch die zu untersuchende Oberfläche ersetzt worden ist. Das MICHELSON-Schema wird daher auch bei den meisten Auflicht-Interferenzmikroskopen benutzt; dies kann in verschiedener Weise geschehen.

Am einfachsten erscheint es, das MICHELSON-Interferometer vor dem Objektiv des Mikroskops anzubringen, wie es Abb. 11 zeigt. Dadurch werden zwar die erreichbare Beobachtungs- und Beleuchtungsapertur eingeschränkt (s. u.), aber man vermeidet einen Nachteil, den die unten zu besprechenden Interferenzmikroskope mit je einem Objektiv in jedem Zweig des MICHELSON-Interferometers besitzen. Bei diesen läßt sich nämlich nie exakte Übereinstimmung der Brennweiten beider Objektive erreichen, und die Interferenzstreifen können daher nicht streng als durch *Ebenen*scharen erzeugte Niveaulinien angesehen werden. Diese

Schwierigkeit entfällt hier, weil sich das Objektiv *hinter* dem Interferometer befindet. Die in Abb. 11 dargestellte Anordnung ist also sowohl zur Formprüfung im Kleinen (Oberflächenrauhigkeit) als auch zur Formprüfung im Großen bis zu Bereichen von der Größe des Gesichtsfelddurchmessers gut geeignet. Das Objektiv muß allerdings, wenn es nicht sehr schwach ist, für den Trennwürfel korrigiert werden.

SAGNAC [1911] hat offenbar als erster vorgeschlagen, ein MICHELSON-Interferometer in dieser Weise unter dem Mikroskop zu benutzen, aber er scheint diesen Gedanken nicht ausgeführt zu haben. Der Trennkörper besitzt bei ihm als einzigem nicht die in Abb. 11 dargestellte Würfelform, sondern ist rhomboedrisch, denn das beleuchtende Licht fällt etwas schräg von unten ein. Die beiden Teilprismen des Trennkörpers sind durch eine dünne Luftschicht voneinander getrennt. Als Vergleichsfläche dient die entsprechende, voll verspiegelte Fläche des Trennkörpers. Parallel zur unteren Fläche des Trennkörpers wird eine dünne planparallele Glasplatte angebracht, deren *Unterseite* verspiegelt ist.

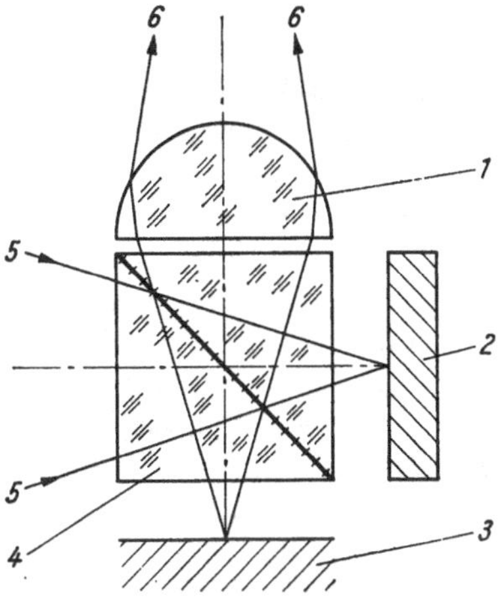

Abb. 11. Auflicht-Interferenzmikroskop mit einem MICHELSON-Interferometer vor dem Objektiv (SAGNAC, LINNIK, KRUG und LAU, LANDWEHR u. a.).

1 – Objektiv; *2* – Vergleichsfläche; *3* – Objekt; *4* – Trennwürfel (bei SAGNAC rhomboedrisch); *5* – einfallendes Licht; *6* – zum Okular.

Der Raum zwischen dieser Glasplatte und dem Trennkörper wird mit dem Untersuchungsobjekt, einer kolloidalen Flüssigkeit, voll ausgefüllt. SAGNAC hofft, mittels der von ihm entwickelten „strioscopie interférentielle“ die Kolloidteilchen sichtbar machen zu können. Dieses Verfahren ist weder eine Schlieren- noch eine Dunkelfeldmethode, wie die wörtliche Übersetzung bzw. die Bedeutung des Wortes „strioscopie“ vermuten lassen könnten (vgl. S. 28 und Tab. 1). Es ist ein interferentielles Verfahren: der dunkelste Interferenzstreifen wird aufgesucht und durch Neigen des Spiegels soweit verbreitert, daß im ganzen Gesichtsfeld ein dunkler Untergrund vorhanden ist, auf dem sich kleine phasenverschiebende Teilchen hell abheben. SAGNAC nennt das Gerät daher „microstrioscope interférentiel“.

Es ist auch später verschiedentlich versucht worden, durchsichtige Objekte auf dem Spiegel des MICHELSON-Interferometers zu untersuchen [z. B. KINDER 1937b]. Dies ist jedoch unvorteilhaft, weil das Licht das Objekt zweimal durchsetzt, und dies bei größeren Aperturen an verschiedenen Stellen, so daß die Zuordnung zwischen Interferenzen und Objekt unsicher wird. Diese Verfahren gehören nicht zur Auflicht-Mikroskopie, aber aus Gründen der Systematik wurde das Instrument von SAGNAC an dieser Stelle erwähnt.

Leider gibt SAGNAC nicht an, bei welchen Vergrößerungen er zu arbeiten gedachte. Die Totalreflexion an den beiden einander zugewandten Flächen der

Teilprismen schränkt die erreichbare Apertur erheblich ein; vielleicht ist dies der Grund dafür, daß SAGNAC diesen Weg nicht weiter verfolgt hat.

Als nächster erwähnt LINNIK [1938] das Prinzip des MICHELSON-Interferometers vor dem Objektiv mit einer Teilungsplatte wie in Abb. 19 statt des Würfels; er zieht jedoch das von ihm entwickelte Instrument mit 2 Objektiven (vgl. S. 54) wegen der damit erreichbaren stärkeren Vergrößerung vor. W. KRUG hat es 1939 realisiert. LANDWEHR benutzt das gleiche Prinzip von 1943 ab.[1])

Stärkere Beachtung hat das „Mikro-MICHELSON"-System dadurch gefunden, daß KRUG und LAU [1951a und b] diesen Gedanken wieder aufnahmen und auf die Vorzüge dieses Typs hinwiesen. Auf ihre Veranlassung wurden beim VEB Carl Zeiss JENA, Objektive mit einer Apertur von 0,5 gerechnet, die sich gut bewährt haben (Aufnahmen damit bei HELMCKE und RIENITZ [1959]). Da die Auflicht-Interferenzmikroskope mit zwei Objektiven bisher auch nur für Aperturen von höchstens 0,65 gebaut wurden, ist damit fast die gleiche Leistung wie bei diesen erreicht worden, unter Erhaltung der Vorteile des Instruments mit einem Objektiv. Die theoretische Höchstgrenze für die Apertur liegt bei dem hier behandelten Prinzip bei etwas über 0,7 (Vgl. dazu Teil II, Abschn. 215). Es wurde auch versucht, die Berechnung spezieller, für den Trennwürfel korrigierter Objektive zu umgehen und im Maßstab 1:1 abbildende Systeme zu schaffen, mit deren Hilfe das Mikro-MICHELSON-Interferometer auch mit normalen Objektiven benutzt werden kann (vgl. S. 154). Einzelheiten über die mechanische Konstruktion des Auflicht-Interferenzmikroskops von KRUG-LAU haben RIENITZ und BENDER [1958] (vgl. S. 143f) und in Anlehnung daran SCHMIDT und ENGELBRECHT [1958] veröffentlicht. RIENITZ und BENDER [1958] haben auch eine Interferenzlupe mit 18,5facher Vergrößerung und einem Gesichtsfeld von 12 mm Durchmesser beschrieben (vgl. S. 148). Da das Auflicht-Interferenzmikroskop von KRUG-LAU später ausführlicher behandelt wird, sei für weitere Einzelheiten auf Abschn. II, 21 verwiesen.

Das Prinzip des MICHELSON-Interferometers vor dem Objektiv wird in folgenden Industriegeräten benutzt:

1. Mikroansatz zum Universal-Interferometer IG 140 der Askania-Werke A. G., Berlin-Marienfelde ($V = 130\times$ und $230\times$) [LÜSCHER 1951].
2. Mikro-Interferometer der Askania-Werke A. G., Berlin-Marienfelde (vgl. Teil II, Abschn. 211).
3. Interferenzmikroskop nach KRUG und LAU der Fa. W. Wittge, Miersdorf über Zeuthen (b. Berlin) ($A = 0{,}22$, Vergr. $250\times$, $150\times$, $50\times$). Die Auflicht-Einrichtung dieses Instruments ist gegen eine Durchlicht-Einrichtung nach KRUG und LAU (Abb. 30 S. 68) austauschbar.
4. Interferenz-Flächenprüfer (Vergr. $8\times$—$50\times$) [HAIDEKKER 1953]. Bei diesem wird der Streifenabstand nicht durch Neigen des Vergleichsspiegels, sondern durch zwei entgegengesetzt drehbare Glaskeile im Vergleichsstrahlengang eingestellt [SCHORSCH 1958, Abb. 31].

---

[1]) Briefliche Mitteilung von Herrn Dr. R. LANDWEHR vom 9. 1. 1959.

5. Interferenzvorsatz nach TRUMPOLD des VEB Feinmeß Dresden [TRUMPOLD 1959a u. b] (Abb. 12 und 13).[1])
6. im schwächeren System des Surface finish Interference Microscope der Firma C. Baker of Holborn Ltd., London [NN 1957] (Abb. 17).
7. im Multipel-Interferenzmikroskop CEJ Multimi Nr. 3000 (Abb. 45 S. 91) der Aktiebolaget C. E. Johansson, Eskilstuna, Schweden (neben einer Vielstrahl-Einrichtung) [EDENHOLM und INGELSTAM 1960].

Abb. 12. Interferenzvorsatz nach TRUMPOLD des VEB Feinmeß Dresden. Optisches Schema wie Abb. 11. Mit der links sichtbaren Rändelschraube wird der Vorsatz an einem normalen 8-fachen Zeiss-Objektiv angeklemmt; rechts die Justierschrauben für die Vergleichsfläche.

Das MICHELSON-Interferometer vor dem Objektiv ist in mannigfaltiger Weise abgewandelt worden. Eine Spezialausführung der Askania-Werke A. G., Berlin-Marienfelde, diente zum Untersuchen der Wände von Bohrungen [KRUG und LAU 1951a u. b, vgl. Teil II, Abschn. 214]. Für den gleichen Zweck läßt sich am oben erwähnten Interferenzvorsatz nach TRUMPOLD des VEB Feinmeß Dresden ein zusätzlicher Spiegel anbringen (Abb. 13). Die Aufgabe, aus größerer Entfernung mikrointerferometrisch zu messen, löste GERHARDT [1958] durch eine MICHELSON-Anordnung mit telezentrischem Strahlengang hinter dem Objektiv. SARKIN [1955] hat zwei Typen von Vergleichsinterferenzmikroskopen beschrieben. Der erste besteht aus zwei getrennten Mikroskopen mit je einem MICHELSON-Interferometer

[1]) Bei abgebildeten Geräten werden die technischen Daten in der Abbildungsunterschrift angegeben.

vor dem Objektiv. Unter dem ersten Mikroskop wird der Prüfling angebracht, unter dem zweiten das Muster; in einem Vergleichsokular erscheinen dann die Interferenzbilder beider nebeneinander. SARKIN beschreibt eine Ausführung des Instruments mit Vergrößerungen von 70 bis 105 × und eine zweite mit einer Ver-

Abb. 13. Interferenzvorsatz nach TRUMPOLD des VEB Feinmeß Dresden mit aufgestecktem Bohrungsansatz auf einem Zeiss-Meßmikroskop. Der Bohrungsansatz besteht im wesentlichen aus einem Umlenkspiegel, der die Betrachtung der senkrecht stehenden Bohrungswand ermöglicht.

größerung von 400 ×. Der zweite, vereinfachte Typ eines Vergleichsinterferenzmikroskops weist nur ein Objektiv mit einem MICHELSON-Interferometer davor auf. Der Aperturkegel im Objektstrahlengang wird durch einen undurchlässigen Spiegel so aufgeteilt, daß die Hälfte des Strahlenbündels direkt auf den Prüfling, die andere Hälfte dagegen nach Reflexion am Spiegel auf das Muster fällt. Im Okular sind dann wieder die Interferenzbilder beider Flächen nebeneinander sichtbar. UVERSKIJ [1956] hat ein Strichmikrointerferometer zum Ausmessen der von ihm entwickelten Interferenz-Strichmaße angegeben, das aus einem MICHELSON-Interferometer mit Trenn- und Kompensationsplatte vor einem offenbar schwachen Mikroskop besteht.

An einigen Geräten (Nr. 1—3 der obigen Aufstellung) läßt sich die ebene Vergleichsfläche durch Vergleichsnormale anderer Form ersetzen. Diese Technik wurde bereits bei der Besprechung des virtuellen Keils in Abschn. 211 erwähnt. Bei dem hier behandelten Typ haben vor allem KRUG und LAU [1951 a und b] diese Technik angewandt. Gegenüber dem reellen Keil ergeben sich zwei Vorteile. Erstens kann die Vergleichsfläche genau die gleiche Gestalt haben wie das Objekt, ohne daß die Gefahr des Haftens besteht. Zweitens muß die Vergleichsfläche ebenfalls konkav sein, wenn das Objekt konkav ist, und nicht umgekehrt, wie beim reellen Keil. Dadurch ist es möglich, ein Objekt der gleichen Art als Vergleichsnormal zu benutzen.

RIENITZ [1957] ersetzt dagegen die ebene Vergleichsfläche durch einen Abdruck des Objekts und erzielt damit eine Verdoppelung der Meßgenauigkeit; wird von dem Abdruck wiederum ein Abdruck genommen, so kann der letztere unter Einschalten eines Spiegels in einem Zweig des Interferometers mit dem Original verglichen werden. Dadurch lassen sich die Abdrucktreue oder auch der stoffeigene Phasensprung bei der Reflexion am Original ermitteln. Beide Verfahren sind auf den S. 202—208 dargestellt. Gleichzeitig und unabhängig hat KONRAD [1957a und b] diese Technik auf die Interferenzmikroskope von MICHELSON-Typ mit zwei Objektiven angewandt.

LANDWEHR [1952] beschreibt eine Anordnung, mit der Oberflächenrauhigkeit und Form über Strecken gemessen werden können, die wesentlich größer als der Gesichtsfelddurchmesser sind. Zu diesem Zweck sind Trennkörper und Vergleichsfläche in der Richtung senkrecht zur Ebene der Abb. 11 beträchtlich verlängert. Zum Messen bleibt die Interferenzeinrichtung samt Objekt unverändert; nur Mikroskop und Beleuchtungseinrichtung werden über die ganze Länge verschoben, so daß die einzelnen Bereiche der Meßstrecke nacheinander im Gesichtsfeld erscheinen. Eine mit der Verschiebung gekoppelte photographische Registriereinrichtung sorgt dafür, daß die Gestalt des Prüflings längs der gesamten Meßstrecke auf *einer* Aufnahme aufgezeichnet wird.

SCHULZ [1956a und b] hat eine Zusatzeinrichtung geschaffen, mit der die Dicke und genaue räumliche Gestalt flacher Objekte mit dem Interferenzmikroskop ermittelt werden können. Zunächst wird die Form der einen Oberfläche ermittelt; sodann wird das Objekt, unter interferometrischer Kontrolle, um 180° gedreht und die zweite Oberfläche untersucht. Das Verfahren ist auf den S. 184ff beschrieben.

In einer anderen Anordnung nach SCHULZ (S. 198ff) [SCHULZ 1960] ist die teildurchlässige Fläche durch zwei getrennte (gegeneinander geneigte) derartige Flächen ersetzt, von denen die eine die Strahlen teilt und die andere sie wieder vereinigt. Durch die dabei entwickelte Strahlenführung wird erreicht, daß der — sonst als Vergleichsfläche fungierende — Spiegel nicht mehr im Fokus erscheint. Das hat den Vorteil, daß kleine Fehler dieses Spiegels das Interferenzbild nicht mehr beeinflussen können. Diese Anordnung weist eine gewisse Verwandtschaft sowohl zum MICHELSON- als auch zum MACH-ZEHNDER-Interferometer auf; das kommt auch in der Tatsache zum Ausdruck, daß mit ihr nicht nur Auflicht-, sondern grundsätzlich auch Durchlichtbeobachtungen möglich sind, ohne daß das Objekt vom Licht zweimal durchsetzt wird wie bei der Anwendung reiner Auflicht-Interferenzmikroskope auf Durchlichtobjekte (vgl. z. B. KINDER [1937b]). Bei beiden Beobachtungsarten liegt hier bereits ein „quasi virtueller Keil" vor (siehe unten S. 65/66).

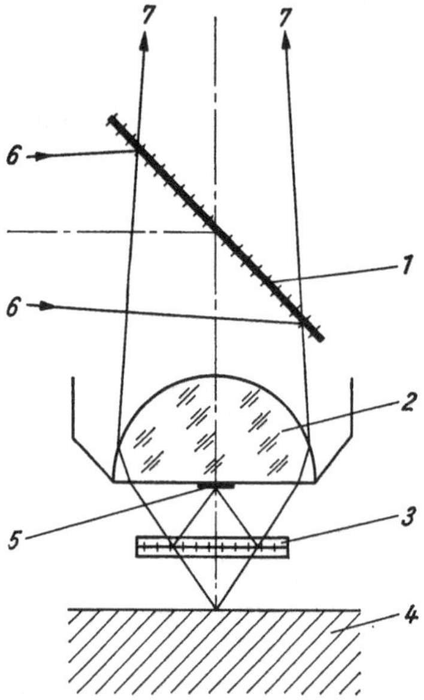

Abb. 14. Auflicht-Interferenzmikroskop nach MIRAU.
1 – teildurchlässige Fläche; 2 – Objektiv; 3 – Trennfläche (zwei gleichdicke, verkittete Platten; an der Kittfläche ist die eine teildurchlässig verspiegelt); 4 – Objekt; 5 – voll verspiegelter Fleck auf der Frontlinse als Vergleichsfläche; 6 – einfallendes Licht; 7 – zum Okular.

Eine etwas größere Apertur als bei der MICHELSON-Anordnung läßt sich erreichen, wenn die strahlenteilende Fläche nicht wie in Abb. 11 unter 45° zur optischen Achse steht, sondern senkrecht dazu. MIRAU [Précision Mécanique 1949; DELAUNAY 1953; LANGENDORFF 1953; MIRAU 1955; NN 1959] hat diese Anordnung angegeben (Abb. 14). Das Licht fällt hier, ebenso wie bei den Anordnungen mit reellem Keil, über eine weitere teildurchlässige Fläche (Vertikalilluminator) auf die Interferenzeinrichtung. Als Vergleichsfläche wird ein kleiner, voll verspiegelter Fleck auf der ebenen Vorderfläche der Frontlinse benutzt. Ein Angleichen des Reflexionsvermögens dieser Vergleichsfläche an das des Prüflings ist hier höchstens durch Auswechseln des Objektivs möglich. Neben der bereits erwähnten Möglichkeit, höhere Aperturen zu erreichen, hat das

MIRAUsche System noch den Vorteil, daß die teildurchlässige Fläche die Korrektion des Objektivs weniger stark beeinflußt als der Trennwürfel. Die Anordnung von MIRAU wird als Rugomètre (Rauhigkeitsmesser) Modell A und B (Abb. 15 und 16) von der Firma Précision Mécanique, Paris hergestellt [LANGENDORFF 1953; MIRAU 1955; NN 1959] und wird außerdem in dem stärkeren System des Surface finish Interference Microscope der Firma C. Baker of Holborn Ltd., London (Abb. 17) benutzt [NN 1957].

Ein anderes Auflicht-System mit nur einem Objektiv hat DYSON [1951 u. 1953a] veröffentlicht (Abb. 18). Es stellt eine Umwandlung seiner früher entwor-

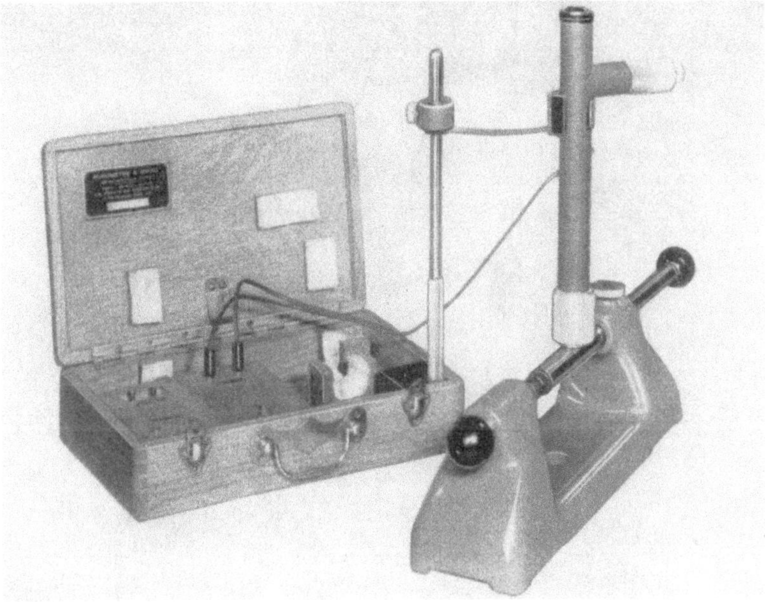

Abb. 15. Rugomètre (Rauhigkeitsmesser) von MIRAU, Modell A der Précision Mécanique, Paris. (Optisches Schema Abb. 14). Transportables Werkstattgerät. Der Kasten enthält die Stromquelle für die Lampe sowie Halterungen für das Mikroskop und nimmt auch dieses auf. Das Mikroskop (rechts) ist auf eine zu untersuchende Achse aufgesetzt. Vergr. 170×.

fenen und bekannteren Durchlicht-Interferenzeinrichtung (vgl. S. 68) für Auflichtbeobachtung dar. Das Gerät kann als Zusatz zu einem normalen Auflichtmikroskop benutzt werden und benötigt auch nicht, wie das Mikroskop von MIRAU, ein Objektiv mit größerem Arbeitsabstand. Dies wird dadurch erreicht, daß die zu untersuchende Oberfläche 6 (Abb. 18) ebenso wie die Vergleichsfläche 10[1]) über die teildurchlässige Fläche 9 und den sphärischen Spiegel 8 zunächst im Maßstab 1 : 1 abgebildet werden und erst dieses Zwischenbild mit dem Mikroskop

[1]) Ein voll verspiegelter Fleck, ebenso wie bei der Anordnung von MIRAU.

betrachtet wird. Das Objekt wird durch eine Öffnung in der sonst voll verspiegelten sphärischen Fläche des unteren der drei Glasblöcke beobachtet. Um Gleichheit der Lichtwege zu erzielen, muß es immergiert werden. Mit diesem System lassen sich hohe Aperturen erreichen. Der von DYSON erwähnte Wert von nahezu 1,0 ist der höchste bisher bekanntgewordene Aperturwert für Auflicht-Interferenzmikroskope.

Abb. 16. Rugomètre (Rauhigkeitsmesser) nach MIRAU, Modell BM 55 der Précision Mécanique, Paris. Der verbreiterte, im Bilde dunkle Oberteil des Mikroskops hat auf der Unterseite eine konkave sphärische Fläche, mit der er auf einer entsprechenden konvexen Fläche der (helleren) Halterung ruht. Der Mittelpunkt beider Flächen liegt im Zentrum der Objektebene, so daß Abstand und Richtung der Interferenzstreifen durch Schwenken des Mikroskops um diesen Punkt eingestellt werden können. Stabiles Laborgerät, verbesserte Ausführung des Modells B. Die Kamera wird auf das Okular aufgesetzt. Die abnehmbare Spitzenlagerung ermöglicht die Untersuchung von Drehteilen. Vergr. 170×.

Ein Interferenzmikroskop, das ebenfalls das MICHELSON-Interferometer benutzt, jedoch mit je einem Objektiv in jedem Teilstrahlengang, hat LINNIK [1933 u. 1938] zuerst beschrieben (Abb. 19). Bei dieser Anordnung können, im Gegensatz zu den oben besprochenen Anordnungen mit dem MICHELSON-Interferometer *vor* dem Objektiv, normale Objektive benutzt werden, und außerdem wird die Apertur nicht eingeschränkt.

Nach diesem Prinzip hat KINDER [1937a] ein Interferenzmikroskop entwickelt. Es unterscheidet sich von dem LINNIKschen Gerät dadurch, daß KINDER auf Unendlich korrigierte Objektive benutzt, so daß die Teilungsplatte im telezentrischen Strahlengang liegt und daher keine Abbildungsfehler mehr verursacht. Eine

Abb. 17. Surface finish Interference Microscope der Firma C. Baker of Holborn Ltd., London. Optisches Schema für das 10-fache Objektiv nach Abb. 11, für das 40-fache nach Abb. 14. Durch Schließen der im Bild geöffneten Türen wird das Mikroskop staubsicher untergebracht.

Änderung des Abstandes der Interferenzstreifen wird, wie bei LINNIK, durch Schwenken des Vergleichsspiegels erreicht.

KINDER bemerkt auch [l. c.], daß die Glasdicken beider Objektive bis auf wenige μ gleich sein müssen; ist dies nicht der Fall, dann ergeben sich Schwierigkeiten in der Deutung des Interferenzbildes. Wenn z. B. Objekt und Vergleichsfläche genau eben und virtuell parallel sind, dann beobachtet man keine gleichmäßige Färbung des Gesichtsfeldes, sondern konzentrische Ringe. Diese Ringe nennt KINDER „Interferenzen gleicher Neigung". Er beobachtet ferner, daß die Zahl der Inter-

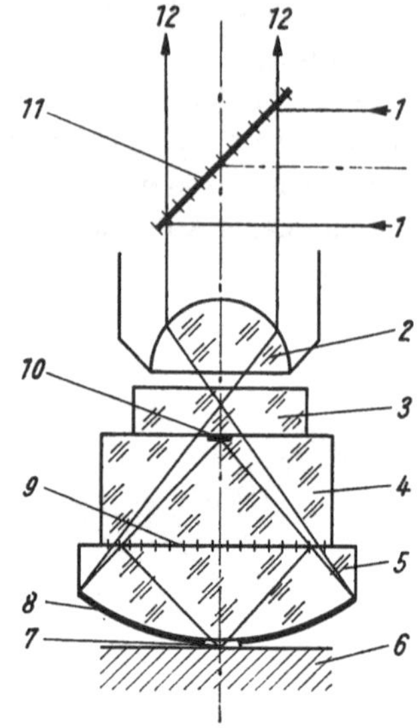

Abb. 18. Auflicht-Interferenzmikroskop von DYSON.
1 – einfallendes Licht; *2* – Objektiv; *3* und *4* – planparallele Glasplatten; *5* – Plankonvexlinse; *6* – Objekt; *7* – Immersion des Objekts; *8* – voll verspiegelte Fläche; *9* – teildurchlässig verspiegelte Fläche; *10* – voll verspiegelter Fleck; *11* – teildurchlässige Fläche; *12* – zum Okular.

ferenzstreifen, die beim Kippen der Vergleichsfläche sichtbar werden, mit zunehmender Apertur wegen der geringer werdenden Tiefenschärfe stark abnimmt.

RÄNTSCH [1944 und 1945] behält den telezentrischen Strahlengang des KINDERschen Geräts bei, verwendet jedoch statt der Teilungsplatte einen Teilungswürfel

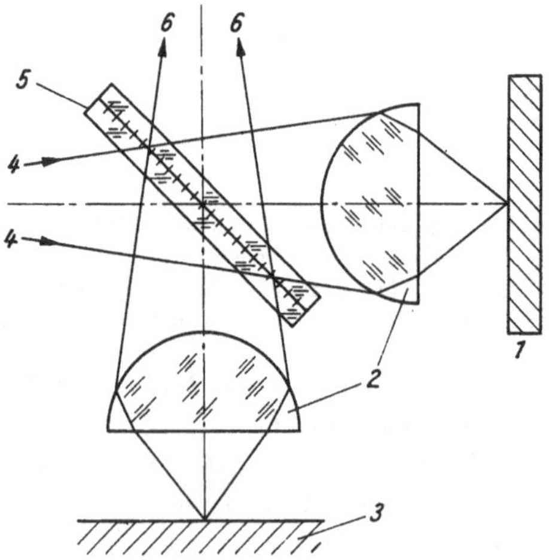

Abb. 19. Auflicht-Interferenzmikroskop von LINNIK.
1 – Vergleichsfläche; *2* – Objektive; *3* – Objekt; *4* – einfallendes Licht; *5* – zwei verkittete Planparallelplatten mit strahlenteilender Fläche dazwischen; *6* – zum Okular.

(Abb. 20). Er führt aber eine wichtige Verbesserung ein, indem er das im Vergleichsstrahlengang befindliche Objektiv samt der Vergleichsfläche parallel zur optischen Achse verschiebt und auf diese Weise Interferenzstreifen erzeugt, ohne daß Objekt oder Vergleichsfläche geneigt werden müssen. Dadurch bleibt die Vergleichsfläche stets im ganzen Gesichtsfeld innerhalb des Tiefenschärfenbereichs des Objektivs, und es sind wesentlich mehr Streifen sichtbar als beim Neigen der Vergleichsfläche. Das gleiche erreicht RÄNTSCH [l. c.], indem er zwischen Trennwürfel und Objektiv im Vergleichsstrahlengang eine Planparallelplatte einfügt

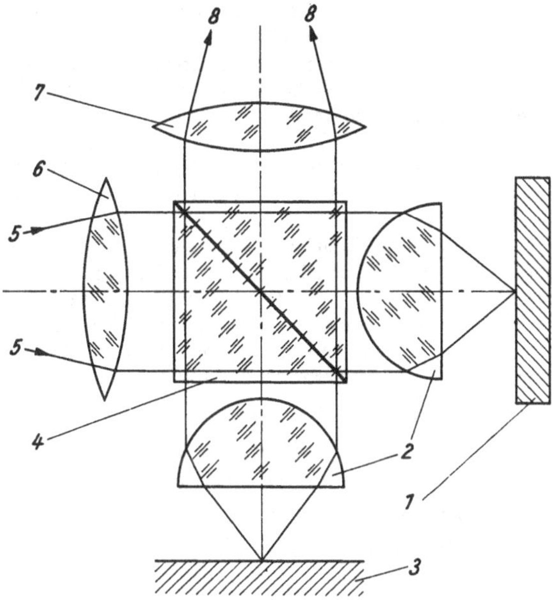

Abb. 20. Auflicht-Interferenzmikroskop von RÄNTSCH.
1 - Vergleichsfläche; *2* - Objektive; *3* - Objekt; *4* - Trennwürfel; *5* - einfallendes Licht; *6* - Linse; *7* - Tubuslinse; *8* - zum Okular.

und diese schwenkt; die Strahlenversetzung durch diese Planparallelplatte bewirkt in gleicher Weise eine seitliche Verschiebung der Austrittspupillen beider Objektive wie das seitliche Verschieben eines Objektivs. Da beim Drehen der Planparallelplatte sich jedoch deren optische Dicke ändert, muß diese im Objektstrahlengang ausgeglichen werden, wenn man kontrastreiche Interferenzen erzielen will und Beobachtungen der Interferenzen im weißen Licht möglich sein sollen. RÄNTSCH erreichte dies zunächst durch eine Planparallelplatte veränderlicher Dicke (Doppelkeil). Später [RÄNTSCH 1953] benutzte er je eine Platte gleicher Dicke und gleicher Neigung in jedem Zweig des Interferometers; gleichsinnige Drehung beider um die optische Ochse ändert lediglich das Azimut der Streifen (d. h. ihre Richtung im Gesichtsfeld), ungleichsinnige ihre Breite. SCHULZE und BAUMGÄRTEL [1953] schwenken das Objektiv im Vergleichsstrahlengang samt der fest dazu angebrachten Vergleichsfläche um die Mitte des Trennwürfels und erreichen damit ebenfalls, daß die Vergleichsfläche stets in der Schärfeebene liegt.

RÄNTSCH nennt die in seinem Interferenzmikroskop sichtbaren Interferenzen, ebenso wie KINDER, „Interferenzen gleicher Neigung", offenbar weil durch den telezentrischen Strahlengang der Objektive Objekt und Vergleichsfläche virtuell ins Unendliche verlegt werden [RÄNTSCH 1944] und die klassischen Interferenzen gleicher Neigung, die HAIDINGERschen Ringe, ebenfalls im Unendlichen liegen.

Es ist schwer zu übersehen, welcher Art die hier auftretenden Interferenzen sind, obwohl RÄNTSCH sich später weiterhin um ihre Deutung bemüht hat [RÄNTSCH 1952]. SLEVOGT [1954] ist der Ansicht, daß die Bezeichnung „Interferenzen gleicher Neigung" nur benutzt werden sollte, wenn die beiden Austrittspupillen, d. h. also die Lichtquellenbilder, hintereinander liegen, so daß die Interferenzerscheinung rotationssymmetrisch zur Achse wird. Beim MICHELSON-Interferometer mit Winkelspiegeln [RIENITZ 1951] läßt sich jedoch in gleicher Weise wie beim Interferenzmikroskop von RÄNTSCH ein stetiger Übergang vom Hintereinander zum Nebeneinander der Lichtquellenbilder erreichen. Beim erstgenannten Gerät sind im ersten Falle zweifellos HAIDINGERsche Ringe zu beobachten, deren Symmetriezentrum in der Mitte des Gesichtsfeldes liegt. Bei der seitlichen Verschiebung der Lichtquellenbilder gegeneinander verschiebt sich das Symmetriezentrum seitlich im Gesichtsfeld. Auch hier sind zweifellos noch Interferenzen gleicher Neigung vorhanden, nur stehen die Verbindungslinien homologer Lichtquellenpunkte, auf die die gleiche Neigung bezogen wird, hier schräg zur optischen Achse der Beobachtungsanordnung [RIENITZ 1951]. Der äußere Anblick der Interferenzerscheinungen bei ebenem Objekt sowie ihr Verhalten bei der Seitenverschiebung der Lichtquellenbilder sind im Interferenzmikroskop von RÄNTSCH die gleichen wie beim MICHELSON-Interferometer mit Winkelspiegeln.

Unabhängig von der Benennung der Interferenzen ist ihre Deutung in bezug auf das Objekt im wesentlichen die gleiche wie bei den vorher besprochenen Typen, wenn auch einige Unterschiede vorhanden sind, wie z. B. die bereits erwähnte größere Streifenzahl. Weitere Bemerkungen zu den hier auftretenden Interferenzen finden sich in Teil III, Abschn. 235, 2.), 2. Absatz.

Schwierigkeiten bereitet bei allen Anordnungen mit zwei Objektiven die Forderung, daß in beiden Zweigen des Interferometers möglichst gleiche Glas- und Luftwege, Brechzahlen, Dispersionen und auch Brennweiten vorhanden sein sollen. Bei den Interferenzmikroskopen, bei denen das Interferometer sich vor dem Objektiv befindet, lassen sich diese Forderungen meist ohne großen Aufwand erfüllen, weil diese Interferometer fast stets nur ebene Flächen aufweisen und nur aus wenigen Einzelteilen bestehen. Objektive, besonders solche mit größerer Apertur, bestehen jedoch aus einer größeren Zahl von Gliedern, und hier sind die Forderungen der Interferenzmikroskopie weitaus größer als die, die bei der Serienherstellung von Objektiven gestellt werden. Es soll jedoch [KINDER 1937a; RÄNTSCH 1952] ohne große Schwierigkeit gelingen, aus größeren Herstellungsserien geeignete Objektivpaare auszuwählen. Dennoch treten bei Geräten mit zwei Objektiven besonders leicht gekrümmte Interferenzstreifen auch bei ebenem Objekt auf. Dies ist zum Teil sicher eine Eigenschaft der „Interferenzen gleicher Neigung", aber man macht die gleiche Beobachtung auch bei zweiobjektivigen Interferenzmikroskopen, bei denen durch Neigen des Vergleichsspiegels Interferenzen gleicher Dicke erzeugt werden. Neben der Ungleichheit der Objektive [vgl. auch KOHAUT 1948] kann dies noch andere Ursachen haben, die auch bei Geräten mit einem Objektiv eine Rolle spielen können (vgl. Abschn. III). In allen diesen Fällen ist eine Deutung des Interferenzbildes durch Niveau*ebenen* nicht mehr möglich. (s. Teil II, Abschn. 33 und Teil III, Abschn. 34).

Nach RÄNTSCH hat KOHAUT 1944 [KOHAUT 1944 u. 1948] ein Gerät mit parallelem Strahlengang und Teilungswürfel, aber offenbar [KOHAUT 1953] mit Kip-

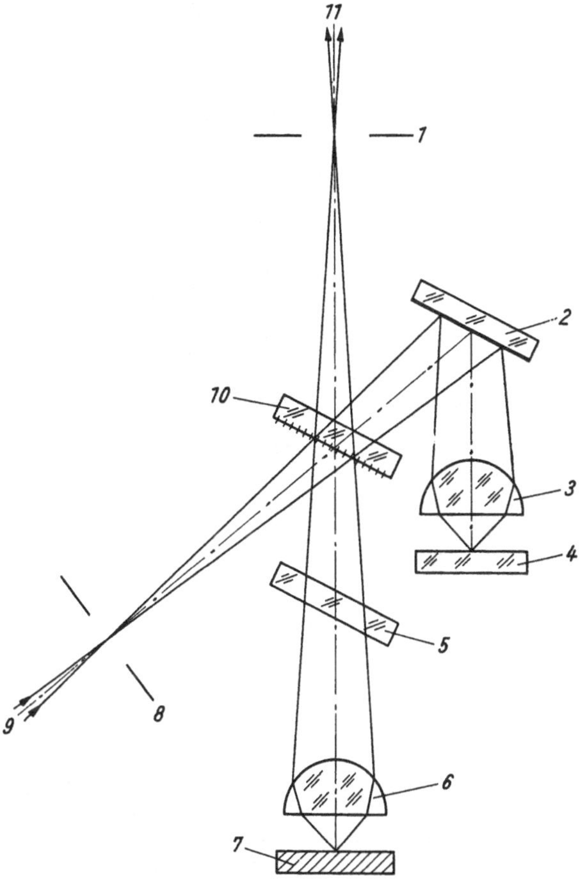

Abb. 21. Auflicht-Interferenzmikroskop von PERRY.

1 – Zwischenbildebene; *2* – Spiegel; *3* – Objektiv; *4* – Vergleichsfläche; *5* – Kompensationsplatte; *6* – Objektiv; *7* – Objekt; *8* – Gesichtsfeldblende; *9* – einfallendes Licht; *10* – Teilungsfläche; *11* – zum Okular.

pung des Vergleichsspiegels gebaut. Auch WILLIAMS [vgl. RICHARDSON und TACKABERRY 1948] hat ein Instrument nach den Prinzipien von LINNIK und KINDER hergestellt. PERRY [1955] hält die übliche Mikroskopform, bei der die Objektive für eine endliche Bildweite berechnet sind, für konstruktiv einfacher. Er benutzt statt des Trennwürfels die beim klassischen MICHELSON-Interferometer [MICHELSON 1903] übliche Kombination der einseitig teildurchlässig verspiegelten

Teilungsplatte und der Kompensationsplatte zum Erzielen gleicher Glaswege (Abb. 21). Er weist nach, daß von allen Abbildungsfehlern, die durch die schrägstehenden Platten verursacht werden, im wesentlichen nur der Astigmatismus von

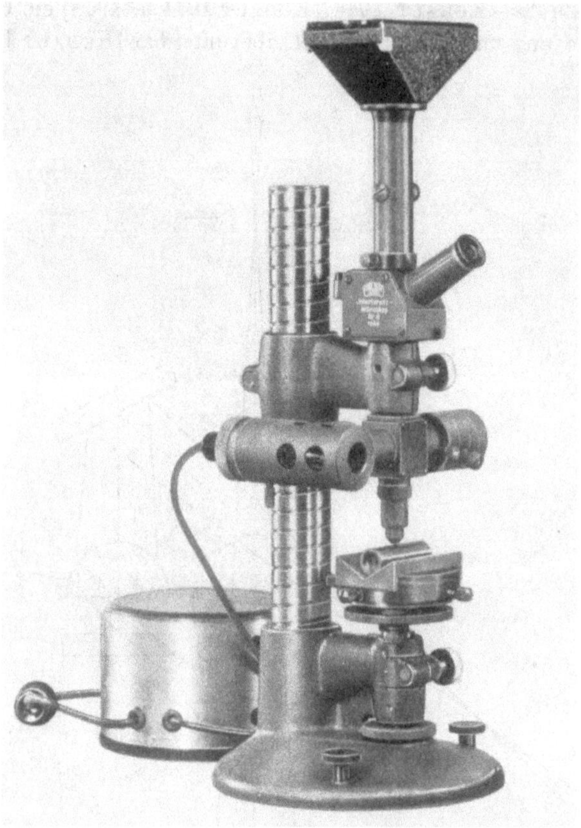

Abb. 22. Auflicht-Interferenzmikroskop der Firma Carl Zeiss, Jena. Das erste industrielle Interferenzmikroskop (1943). Optisches Schema nach Abb. 20. Oberhalb des Objektivs ist das würfelförmige Gehäuse für den Trennwürfel zu erkennen. Daran schließt sich nach rechts das zylindrische Gehäuse für das zweite Objektiv und den Vergleichsspiegel an. Durch Drehen des Rändelknopfes rechts unten an diesem Gehäuse wird das Objektiv senkrecht zur optischen Achse verschoben, wodurch der Streifenabstand geändert wird. Die gewünschte Streifenlage wird durch Schwenken dieses Knopfes um die optische Achse eingestellt. Vergr. 680×.

Bedeutung ist. Dieser kann jedoch durch zweckmäßige Wahl von Dicke und Brechungsindex der Platten sowie des Einfallswinkels des Lichts auf ein unschädliches Maß herabgedrückt werden. Aus den erforderlichen geringeren Einfallswinkeln ergibt sich die in Abb. 21 dargestellte Form.

Nach den skizzierten Grundsätzen wurden bzw. werden folgende industrielle Interferenzmikroskope hergestellt:

1. Im Jahre 1943 brachte die Firma Carl Zeiss, Jena, das offenbar erste industrielle Interferenzmikroskop in der von RÄNTSCH verbesserten Form auf den

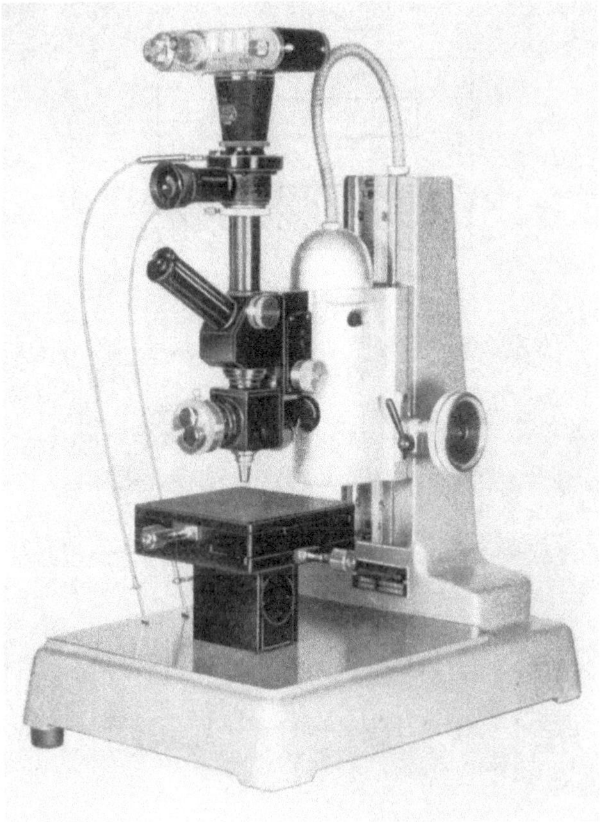

Abb. 23. Interferenz-Oberflächenprüfgerät Modell KTA nach Dr. KOHAUT der Firma Hahn und Kolb, Stuttgart. Optisches Schema nach Abb. 20. Der Vergleichsstrahlengang ragt nach vorn aus dem Trennwürfelgehäuse heraus. Die beiden kleinen Rändelschrauben dienen zum Schwenken der Vergleichsfläche. Objektivvergrößerung 18×, Okulare 10× und 15×. (Aufn. Dr. A. KOHAUT, Seehof b. Bamberg.).

Markt (Abb. 22). Dieses Gerät hat in verschiedener Hinsicht anregend gewirkt. Die Streifeneinstellung erfolgte durch seitliches Verschieben des Objektivs.

2. Für das neue Interferenzmikroskop von RÄNTSCH [SCHORSCH 1958, Abb. 30 u. 52] wurde eine sehr kompakte LE-CHATELIER-Form gewählt, bei der das auf dem Objekttisch befindliche Objekt von unten betrachtet wird, ebenso wie in Abb. 25. Es sind drei Objektivpaare auf einem Revolver vorhanden, die mit

einem 8-fachen Okular Vergrößerungen von 80×, 200× und 480× ergeben. Die Interferenzstreifen werden mit den erwähnten beiden Planparallelplatten eingestellt.

3. Interferenzmikroskop (Interferenz-Oberflächenprüfgerät) KT nach Dr. KOHAUT der Firma Hahn und Kolb, Stuttgart [KOHAUT 1954 u. 1956] (Abb. 23).

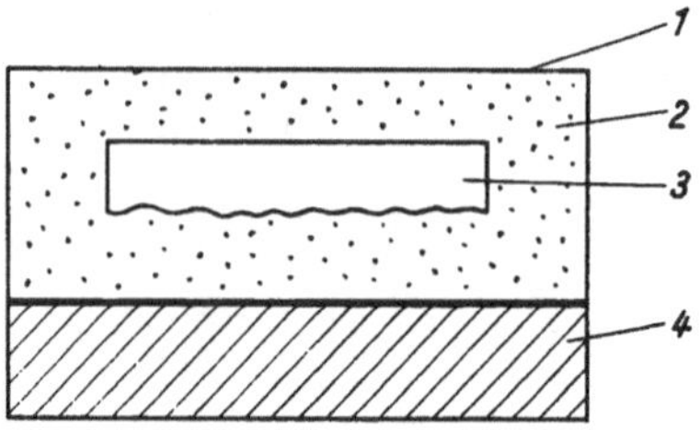

a

b

Abb. 24. ZEHENDERkammer zum Untersuchen von Oberflächen nach dem Filmabdruckverfahren (vgl. S. 45/46) als Zubehör zum Interferenz-Oberflächenprüfgerät nach KOHAUT (Abb. 23). (Aufn. Dr. A. KOHAUT, Seehof b. Bamberg.).

a) Schema. 1 – Abdeckscheibe; 2 – Immersionsmittel; 3 – Lackabdruck; 4 – Oberflächenspiegel. b) Ausführung der Firma Hahn und Kolb, Stuttgart. Rechts hinten die vollständige Kammer, vorn die Einzelteile.

Der Trennwürfel wird im parallelen Strahlengang durchlaufen; die Interferenzstreifen werden offenbar [KOHAUT 1953] durch Kippen des Vergleichsspiegels eingestellt. Als Zubehör wird eine ZEHENDERkammer (vgl. S. 46) zum Untersuchen von Oberflächen nach der Abdruckfilm-Immersionsmethode geliefert (Abb. 24a und b).

4. Sowjetisches Mikrointerferometer nach LINNIK MII 4[1]) (Abb. 25) [SACHAREWSKI 1952, S. 202; EGOROW 1955] als verbesserte Form eines früheren Modells [EGOROW l. c.] . Der Trennwürfel wird im parallelen Strahlengang durchsetzt. die Interferenzstreifen durch Verschieben des Objektivs eingestellt.

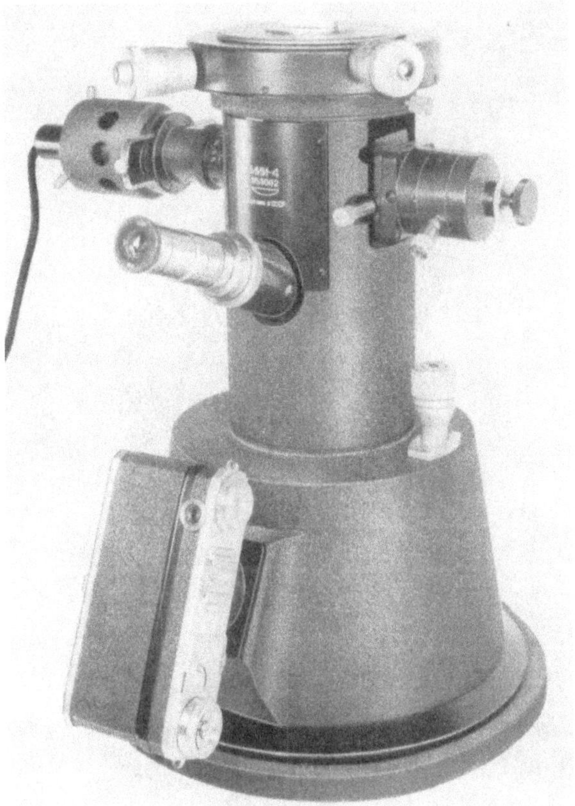

Abb. 25. Sowjetisches Mikrointerferometer nach LINNIK MII 4. Optisches Schema nach Abb. 20. Mikroskop vom LE CHATELIER-Typ. Die Justierung des nach rechts herausragenden Vergleichsstrahlengangs erfolgt in gleicher Weise wie bei Abb. 22. Die in Richtung der optischen Achse wirkenden Rändelschrauben dienen zum Parallelverschieben der Vergleichsfläche bzw. zum Feststellen derselben.
NA = 0,65, Vergr. mit 15 fachem Okular 490×, photographisch 260:1.

5. Micro-Interferometer der Bausch and Lomb Optical Comp. Inc., New York [TWYMAN 1952, S. 452]. Genaues optisches Schema und Daten unbekannt.

1) Dies ist eine Bezeichnung des Herstellers. Hier soll unter „Interferenzmikroskop nach LINNIK" die ursprüngliche Form verstanden werden, bei der die Interferenzstreifen durch Neigen der Vergleichsfläche erzeugt werden.

6. Surface finish Micro-Interferometer der Firma Hilger and Watts Ltd., London [Perry 1955] (Abb. 26) nach der oben erwähnten Anordnung von Perry (Abb. 21).
7. Tragbares Oberflächen-Interferenzmikroskop der Firma Ernst Leitz GmbH, Wetzlar [Schulze 1958] (Abb. 27). Genaues optisches Schema unbekannt.

Abb. 26. Surface finish Micro-Interferometer der Firma Hilger and Watts Ltd., London. Optisches Schema nach Abb. 21. Auf dem kippbaren Objekttisch befindet sich ein Endmaß. Zwei auswechselbare Objektivpaare: 13/0,3 und 60/0,65, Okulare 6× und 12,5×. Die Vergleichsfläche hat 3 Sektoren mit 4%, 50% und 90% Reflexionsvermögen.

8. Neuere Ausführung des unter 7. genannten Geräts mit Säulenstativ, wahlweise auch mit großem Meßtisch. Vergrößerungen durch Objektivwechsel: 100×, 200×, und 500× [Schlemmermeier 1960].

Smith [1947] hat eine Michelson-Anordnung für Durchlichtobjekte angegeben, bei der unter der Objektebene ein Kondensor und ein Hohlspiegel wie in Abb. 67b angebracht sind und die Vergleichsfläche ebenfalls sphärisch ist. Der Abgleich der beiden Zweige des Interferometers dürfte hier schwierig sein, und außerdem dürfte es nachteilig sein, daß das Objekt hier zweimal vom Licht durchsetzt wird. Allerdings werden hier bei richtiger Einstellung keine Doppelbilder des Objekts entstehen wie bei KINDER [1937b], der mit seiner oben erwähnten Anordnung Durchlichtobjekte auf einem ebenen Spiegel untersuchte. Diese Möglichkeiten haben in der Durchlicht-Interferenzmikroskopie keine Anwendung gefunden.

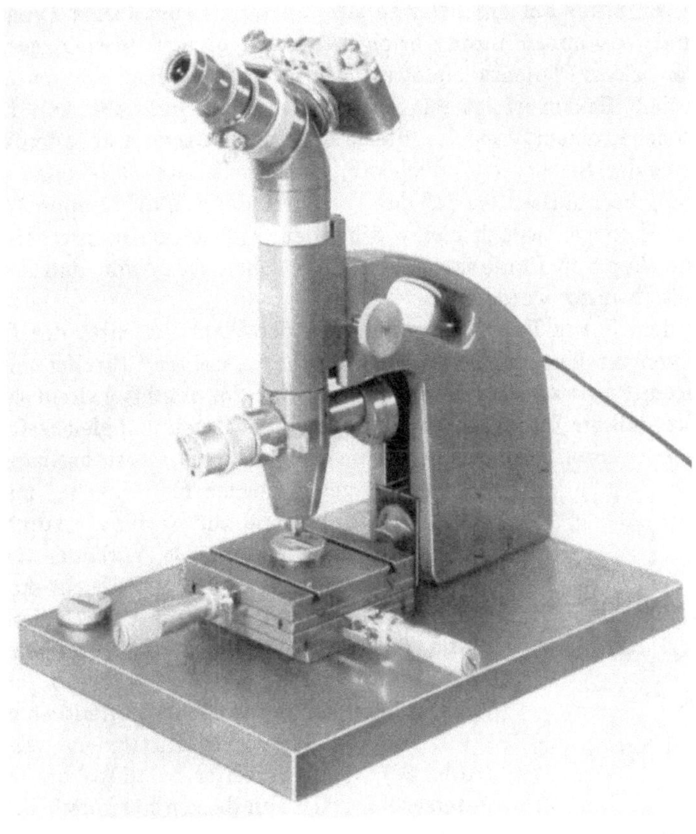

Abb. 27. Tragbares Oberflächen-Interferenzmikroskop der Firma Ernst Leitz GmbH, Wetzlar. Optisches Schema: MICHELSON-Interferometer mit zwei Objektiven. Objektivapertur 0,4, Gesamtvergrößerung 220×. Vergleichsfläche mit 3 Sektoren: 10%, 30% und 70% Reflexionsvermögen.

Als nächste sollen nun die eigentlichen Durchlicht-Interferenzmikroskope mit Strahlenteilung an teildurchlässigen Flächen behandelt werden. Hier ist kein solcher virtueller Keil wie bei den Auflicht-Interferenzmikroskopen vorhanden, wo er durch eine optische Fläche und ein virtuelles Bild einer anderen oder auch durch zwei derartige virtuelle Bilder erzeugt wird. Da die Interferenzerscheinungen jedoch in beiden Fällen im allgemeinen von gleicher Art sind und wenigstens *ein* Keil vorhanden ist, der aus den Teilwellenfronten gebildet wird, soll hier vom „quasi virtuellen Keil" gesprochen werden.

Wenn man davon absieht, daß die mikroskopische Beobachtung der im Objekt entstehenden Interferenzen ebenso wie die Polarisationsmikroskopie zur Interferenzmikroskopie gerechnet werden können (S. 82f u. 93f), dann hat Sirks [1893] das erste Interferenzmikroskop beschrieben und auch diese Bezeichnung geprägt. Es ist in Abb. 28 dargestellt, die sich eng an die ursprüngliche Zeichnung in der Abhandlung von Sirks anlehnt. Das Interferometer ist vom Jamin-Typ. Strahlenteilung und -zusammenführung erfolgen an den inneren unverspiegelten Glasflächen der beiden Planparallelplatten. Die äußeren Flächen sind an den Stellen, an denen die Reflexion erfolgt, mit Silberflecken 2 versehen (Abb. 28). Das Objekt 8 befindet sich in einem Zweig des Interferometers, der andere stellt den Vergleichsstrahlengang dar. Selbstverständlich kann ein ausgedehntes Objekt den Vergleichsstrahlengang beeinflussen, so daß das Verfahren dann in die Gruppe 22 einzuordnen wäre. Es liegen jedoch hier wie bei dem sogleich zu besprechenden Interferenzmikroskop von Pringsheim keine Anzeichen dafür vor, daß das Gerät in dieser Weise benutzt worden wäre.

Da bei dem Jamin-Interferometer wegen der Planparallelität der Platten die Interferenzen im Unendlichen liegen, führt Sirks einen „Streifenmacher" ein. Dieser ist ein Fresnelsches Biprisma (5 in Abb. 28, um 90° gedreht gezeichnet). Er bewirkt, daß die Interferenzen auf dem Objekt liegen und gleichzeitig mit diesem gesehen werden können. Sirks benutzt mehrere auswechselbare Streifenmacher mit verschiedenen Keilwinkeln, um verschiedene Streifenabstände zur Verfügung zu haben.

Sirks [l. c.] beschreibt als Vorläufer des geschilderten Systems ein Gerät mit leicht keilförmigen Platten, bei dem die Interferenzen durch diese Keilform in die Objektebene verlegt werden. Pringsheim [1898] hat, zunächst unabhängig, aber während der Entwicklungszeit von der Sirksschen Veröffentlichung Kenntnis erhaltend, ein solches Instrument veröffentlicht (Abb. 29). Das Interferenzmikroskop von Sirks unterscheidet sich von diesem nur durch die Lage der Keilkanten; während diese bei Pringsheim senkrecht zur Zeichenebene der Abb. 29 stehen, liegen sie bei Sirks in dieser (vgl. dazu auch Pringsheim [1899]).

Während Sirks keine optischen Daten erwähnt, gibt Pringsheim [1898] die maximale Vergrößerung

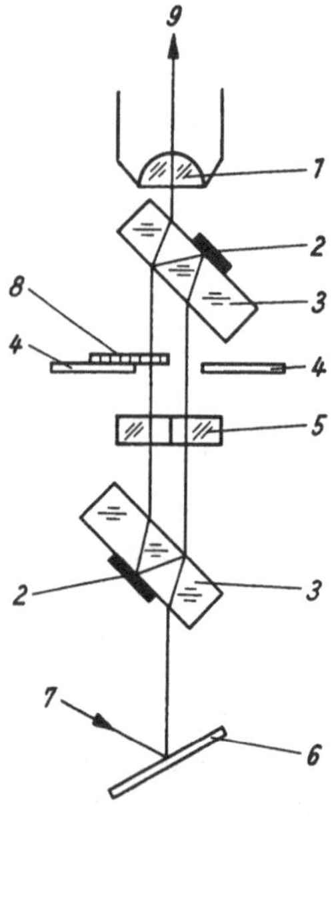

Abb. 28. Durchlicht-Interferenzmikroskop von Sirks. Erstes Interferenzmikroskop (1893).

1 – Objektiv; *2* – vollverspiegelte Flecke; *3* – Planparallelplatten; *4* – Objektebene; *5* – Biprisma („Streifenmacher"), um 90° gedreht; *6* – Beleuchtungsspiegel; *7* – einfallendes Licht; *8* – Objekt; *9* – zum Okular.

mit 100× an. Der letztere erwähnt, daß sein Interferenzmikroskop von MARTENS konstruiert und von der Firma Schmidt und Haensch in Berlin hergestellt worden sei. Eine von PRINGSHEIM angekündigte Abhandlung von MARTENS in der „Zeitschrift für Instrumentenkunde" war ebensowenig zu ermitteln wie die alten Unterlagen zu diesem Gerät.

WOLTER [1955] hat mehrere Ausführungsformen einer dem JAMIN-Interferometer ähnlichen Anordnung vor dem Mikroskopobjektiv angegeben, bei der die eine Planparallelplatte durch einen Spiegel ersetzt worden ist. Mittels polarisationsoptischer Bauteile erreicht er eine hohe Meßgenauigkeit.

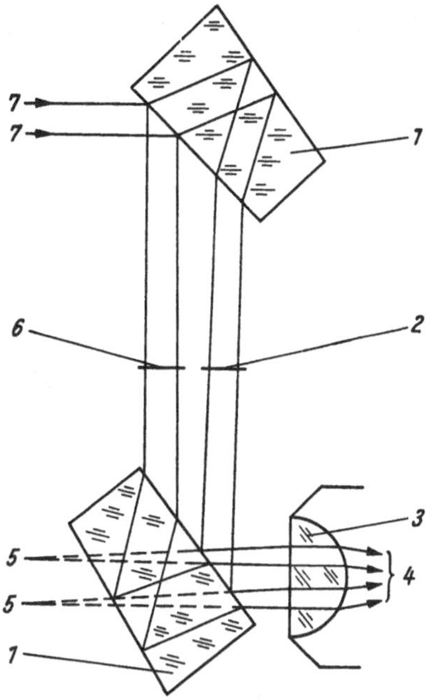

Abb. 29. Durchlicht-Interferenzmikroskop von PRINGSHEIM.

1 - keilförmige Platten; *2* - Objekt; *3* - Objektiv; *4* - zum Okular; *5* - virtueller Ort der Interferenzerscheinung; *6* - Objektebene; *7* - einfallendes Licht.

KRUG und LAU [1951 a, b u. c] schlugen zwei Abwandlungen des MACH-ZEHNDER-Interferometers vor, die als „Mikro-MACH-ZEHNDER" vor dem Objektiv des Mikroskops angebracht werden. Abb. 30 zeigt die eine der vorgeschlagenen Formen, die andere besteht aus zwei gleichen Rhombusprismen mit aufgesetzten Rechtwinkelprismen (vgl. Teil II, Abb. 18a). Da hier in gleicher Weise wie bei dem oben erwähnten MICHELSON-Interferometer vor dem Objektiv (S. 46ff) nur ein Objektiv benutzt wird und der Trennwürfel sich vor diesem befindet, gilt das dort über die Eignung zur Formprüfung und die Beschränkung der Apertur Gesagte hier in gleichem Maße. Dieses Instrument wird im Abschnitt II, 221 näher behandelt werden. Hier sei nur noch bemerkt, daß diese Einrichtung, austauschbar gegen eine Auflicht-Anordnung nach Abb. 11, in dem Interferenzmikroskop nach KRUG und LAU der Firma W. Wittge, Miersdorf über Zeuthen (bei Berlin), verwendet wird ($A = 0{,}22$, Vergr. $= 250\times, 150\times, 50\times$). Dieses ist in Teil II, Abb. 2 u. 3 dargestellt. DYSON [1955] hat die gleiche MACH-ZEHNDER-Anordnung wie in Teil II, Abb. 18a ohne Literaturangabe veröffentlicht.

Das in Abb. 30 dargestellte Durchlicht-Interferenzmikroskop von KRUG und LAU ist in der verschiedensten Weise abgewandelt worden. In der vorliegenden Form ist die Beleuchtungsapertur wegen des langen Weges in den Rhombusprismen wesentlich geringer als die möglichen Beobachtungsaperturen. SCHULZ hat durch etwas größere und anders gestaltete Trennkörper eine Steigerung der Beleuchtungsapertur erreicht (S. 158ff). Außerdem sind die verschiedenen Hilfsmittel zum Justieren der Interferenzen zu erwähnen (S. 156ff). Schließlich haben KRUG und LAU [1951b u. c] die Anordnung der Abb. 30 als

Grundlage für ein Universal-Interferenzmikroskop benutzt, das durch geringe Änderungen für Durchlicht- bzw. Auflichtbeobachtung benutzbar ist (vgl. S. 162ff); KRUG und RIENITZ leiteten aus ihr bzw. der anderen erwähnten Durchlicht-Anordnung von KRUG und LAU Systeme ab, die Auflichtbeobachtungen ohne eine reelle, im Fokus liegende Vergleichsfläche sowie auch Durchlichtbeobachtungen ermöglichen (vgl. S. 200ff).

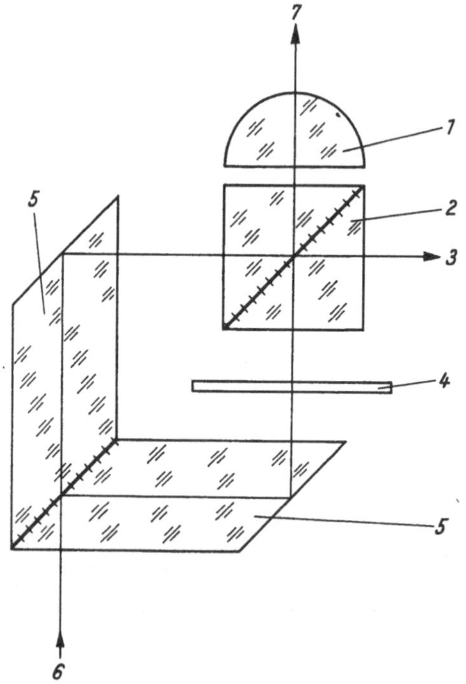

Abb. 30. Durchlicht-Interferenzmikroskop von KRUG und LAU.

1 – Objektiv; *2* – Vereinigungswürfel; *3* – austretendes Licht, das nicht ins Mikroskop gelangt; *4* – Objekt; *5* – zwei rhombusförmige Prismen mit teildurchlässiger Kittfläche; *6* – einfallendes Licht; *7* – zum Okular.

RIENITZ [im Druck b u. c] hat eine Durchlicht-Anordnung mit drei bzw. vier teildurchlässigen Flächen angegeben, von denen die in Lichtrichtung erste zum Lichteintritt und später zur Reflexion eines der beiden Teilbündel dient. Dadurch konnte eine größere Beleuchtungsapertur als beim MACH-ZEHNDER-Interferometer erreicht werden. Durch einen speziellen Vereinigungskörper wurde auch die Beobachtungsapertur etwas gesteigert. Diese Anordnung wird auf S. 160 u. 166 näher beschrieben.

DYSON [1949a u. b, 1950 u. 1952] hat eine Durchlicht-Interferenzeinrichtung beschrieben, die ebenso wie seine S. 53 erwähnte Auflichtanordnung (Abb. 18) mit einem normalen Mikroskopobjektiv benutzt werden kann. Sie ist in Abb. 31 dargestellt. Ihre Hauptbestandteile sind zwei leicht keilförmige Platten 3 und 9 sowie der plankonvexe Glaskörper 2, dessen sphärische Fläche mit Ausnahme einer kleinen Öffnung im Scheitel voll verspiegelt ist. Das Objekt 4 befindet sich, beiderseits von Immersionsflüssigkeit umgeben, zwischen den beiden Platten. Der Weg eines einzelnen miteinander interferierenden Strahlenpaares (in Abb. 31 gestrichelt) ähnelt dem Weg eines solchen im JAMIN-Interferometer. Dort liegen die Interferenzen jedoch im Unendlichen, wie bei der Besprechung des Interferenzmikroskops von SIRKS auf S. 66 bemerkt worden war, und es mußte erst ein „Streifenmacher" zu Hilfe genommen werden, um sie ins Endliche zu verlegen; hier erfolgt dagegen die Lokalisierung auf das Objekt durch die Rotationssymmetrie der Anordnung. Die voll verspiegelte sphärische Fläche 13 dient dazu, Objekt und Vergleichsfläche 8 im Maßstab 1:1 in der erwähnten Öffnung dieser Fläche abzubilden, wo beide mit dem Mikroskop betrachtet werden.

Zum Einstellen des Gangunterschieds zwischen den beiden miteinander interferierenden Anteilen wird die untere Platte mittels der horizontalen der beiden Schrauben 6 (Abb. 31) seitlich verschoben. Diese Verschiebung ist geeicht und kann auch zum Messen benutzt werden. Um nahezu gleichen Gangunterschied im ganzen Gesichtsfeld („waagerechter Schnitt" oder „Interferenzkontrast") zu erreichen, wird die obere Platte 3 samt dem Glaskörper 2 und dem Objektiv 1 gedreht, wobei die untere Platte 9 noch zusätzlich mit der senkrechten der Schrauben 6 einjustiert werden muß. Für diese Beobachtungsart ist das Instrument

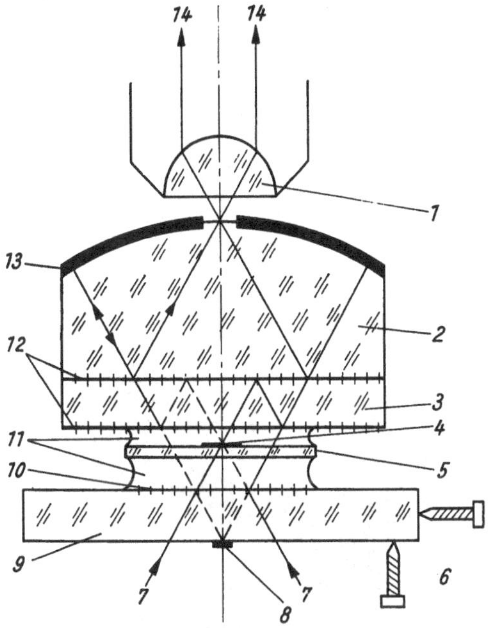

Abb. 31. Durchlicht-Interferenzmikroskop von DYSON.

1 – Objektiv; *2* – Plankonvexlinse; *3* – Planparallelplatte; *4* – Objekt; *5* – Objektträger; *6* – Justierschrauben; 7–einfallendes Licht; *8* – voll verspiegelter Fleck; *9* – Planparallelplatte; *10* – teildurchlässige Schicht; *11* – Immersion; *12* – zwei teildurchlässige Flächen; *13* – voll verspiegelte Fläche; *14* – zum Okular.

offenbar gedacht, denn die Zahl der maximal einstellbaren Interferenzstreifen scheint wegen des geringen Keilwinkels der Platten nicht groß zu sein.

Der Vorteil der DYSONschen Anordnung liegt darin, daß mit nur einem Objektiv höchste Aperturen (bis 1,30 [PAYNE 1954, S. 156; HALE 1958, S. 47]) erreicht werden, wobei der Vergleichsstrahlengang vom Objekt unbeeinflußt bleibt, wenn dieses nicht größer als einige Gesichtsfelddurchmesser ist. Ist das Objekt jedoch größer, dann ist das Verfahren unter 222 einzuordnen, weil das Objekt im Vergleichsstrahlengang defokussiert erscheint. Da der Vergleichsstrahlengang den Objektstrahlengang als Hohlkegel umgibt, ist der Einfluß nur gering, wenn das Objekt sich nur auf einer Seite in den Bereich des ersteren erstreckt, und außerdem ist bei defokussiertem Objekt der Einfluß desselben naturgemäß wesentlich geringer, als wenn es im Vergleichsstrahlengang scharf erscheint. Nachteilig erscheinen die wegen der Immersion etwas umständliche Handhabung und die zentrale Ausblendung der Beleuchtungs- und Beobachtungsapertur. Eine solche Ausblendung findet sich auch bei anderen Geräten (vgl. Abb. 73); sie erfordert einige Vorsicht bei der quantitativen Auswertung des Interferenzbildes (vgl. Abschnitt III, 235, 6.) mit entsprechenden Hinweisen).

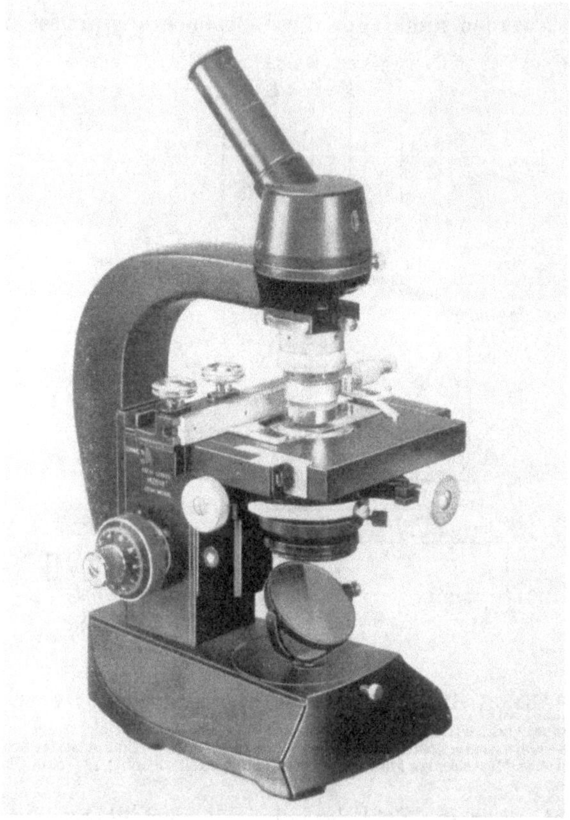

Abb. 32. Interferometer Microscope after DYSON der Firma Cooke, Troughton and Simms Ltd., York, England. Optisches Schema nach Abb. 31. Zwei austauschbare Objektive 40/0,85 und 95/1,30 mit Interferenzeinrichtungen.

Das von DYSON entwickelte Prinzip wird in dem Interferometer Microscope after DYSON der Firma Cooke, Troughton and Simms Ltd., York (England) angewandt (Abb. 32), dessen Handhabung bei HALE [1958, S. 47 ff] beschrieben ist.

WOLTER [1951 b u. 1954 a] hat einige Anordnungen veröffentlicht, die der DYSONschen ähnlich sind. Eine davon ist in Abb. 33 wiedergegeben.

Bei dem MACH-ZEHNDER-Interferometer läßt sich in gleicher Weise wie bei den MICHELSON-Anordnungen eine Steigerung der Auflösung erreichen, wenn man in jedem Zweig des Interferometers ein Objektiv sowie, wenn man sich nicht auf geringe Beleuchtungsaperturen beschränken will, einen Kondensor anbringt. Die Probleme sind hier die gleichen wie bei den MICHELSON-Anordnungen mit zwei Objektiven. Das Abgleichen der optischen Systeme kann etwas einfacher als beim MICHELSON-Interferometer sein, wenn sich nur ein Kondensor außerhalb des MACH-ZEHNDER-Interferometers befindet oder wenn als Kondensoren Systeme benutzt werden, die einfacher als die Objektive aufgebaut sind. Alle Systeme werden nämlich hier, im Gegensatz zum MICHELSON-Interferometer, nur einmal durchlaufen.

Der erste, der ein MACH-ZEHNDER-Interferometer mit zwei Objektiven und zwei Kondensoren vorschlug, war PHILPOT [1948], der in einer Patentschrift eine ganze Reihe von Möglichkeiten, Interferenzmikroskope zu bauen, diskutierte. Er scheint diese Anordnung jedoch nicht ausgeführt zu haben; HORN [1958] hat darauf aufmerksam gemacht, daß bei der von PHILPOT dargestellten Form keine Interferenzen erhalten werden können, weil die Objektive sich in verschiedenen Entfernungen vom Vereinigungspunkt der Strahlen befinden. DYSON [1950] erwähnt, ohne PHILPOT an dieser Stelle zu nennen, die gleiche Anordnung mit richtiger Lage der Objektive. Er stellt sie kurz als Beispiel dafür hin, wie man zu stärkeren Vergrößerungen kommen könne, wendet sich jedoch dann seinem auf S. 68 (Abb. 31) beschriebenen vorteilhafteren Verfahren zu.

BERTI [1951] erwähnt eine Anordnung mit zwei Objektiven ohne Kondensoren, um aus ihrer Theorie die

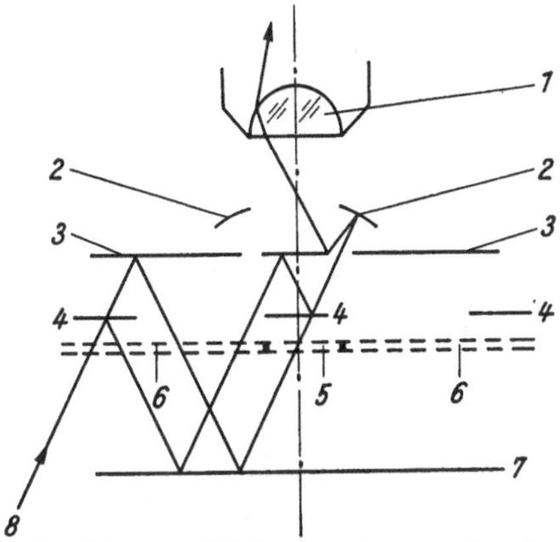

Abb. 33. Durchlicht-Interferenzmikroskop von WOLTER.

1 – Objektiv; *2* – sphärischer Spiegel; *3* – reflektierende Fläche; *4* – teildurchlässige Flächen; *5* – Objektkammer; *6* – Referenzfläche; *7* – reflektierende Fläche; *8* – einfallendes Licht.

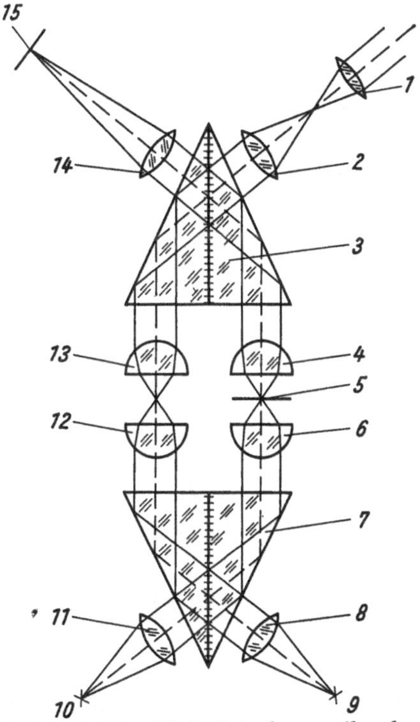

Abb. 34. Durchlicht-Interferenzmikroskop von KRUG und LAU.

1 – Okular; *2* – Tubuslinse; *3* – KÖSTERSsches Prisma; *4* – Objektiv; *5* – Objekt; *6* – Objektiv oder Kondensor; *7* – KÖSTERSsches Prisma; *8* – Kollimator; *9* und *10* – wahlweise benutzbare Lichtquellen (z. B. weißes und monochromatisches Licht); *11* – Kollimator; *12* – Objektiv oder Kondensor; *13* – Objektiv; *14* – Tubuslinse; *15* – Photoplatte.

Theorie des Phasenkontrastverfahrens zu entwickeln. MARÉCHAL und NAUDIN [1951] benutzen ein Instrument gleicher Art, um den Einfluß nachzuweisen, den ein beugender Schirm in unmittelbarer Nähe seiner Kante nach der SOMMERFELDschen Theorie auf das Licht ausübt. GABOR [PAYNE 1954, S. 160f] benutzt ebenfalls ein MACH-ZEHNDER-Interferenzmikroskop mit zwei Objektiven und ohne Kondensoren für sein interessantes Hologrammverfahren [GABOR 1948, 1949 u. 1951] zur Rekonstruktion optischer Bilder. Er verwendet die beiden Ausgänge des Interferenzmikroskops zum Gewinnen zweier Hologramme, bei denen die Phasen der überlagerten kohärenten Wellenfronten sich um ungerade Vielfache von $\lambda/4$ unterscheiden; solche Paare sind nötig, um gewisse Nebenbilder auszuschalten. Interessant ist die Tatsache, daß das Objekt dabei nicht sehr genau scharf gestellt zu werden braucht.

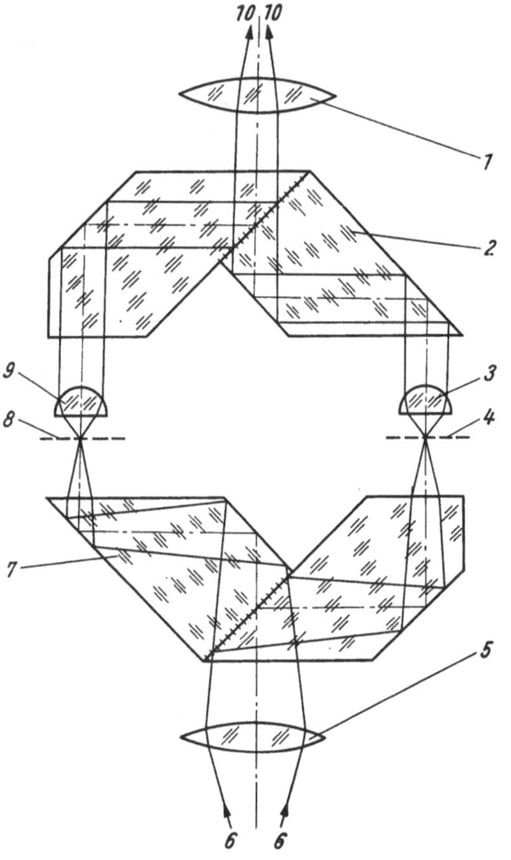

Abb. 35. Durchlicht-Interferenzmikroskop von HORN.

1 – Tubuslinse; *2* – Prismenkörper; *3* – Objektiv; *4* – Objektebene; *5* – Kondensor; *6* – einfallendes Licht; *7* – Prismenkörper; *8* – Vergleichsebene; *9* – Objektiv; *10* – zum Okular.

Eine von KRUG und LAU [1951 b] angegebene Anordnung mit zwei KÖSTERSschen Doppelprismen (vgl. z. B. MÖNCH, BÖTTGER und ZORLL [1954]), die in Abb. 34 dargestellt ist, entspricht im Prinzip völlig einer MACH-ZEHNDER-Anordnung mit zwei Objektiven und zwei Kondensoren (oder Beleuchtungsobjektiven); der kompaktere Aufbau bietet jedoch einige Vorteile (vgl. auch S 161 f). Eine ähnliche Anordnung hat SMITH [1947] angegeben; er benutzt zur Strahlentrennung und -vereinigung WOLLASTON-Prismen. Von dem Schema von KRUG und LAU ausgehend hat HORN [1958] (vgl. auch GREHN [1958 u. 1959]) eine Anordnung mit Prismen entwickelt, die eine größere räumliche Trennung von Objekt- und Vergleichsstrahlengang ermöglichen (Abb. 35 und 36). Sie wird von der Firma Ernst Leitz GmbH., Wetzlar, hergestellt. Der Kondensor befindet sich jedoch außerhalb des Interferometers, und die Beleuchtungsapertur ist daher sehr gering (vgl. die Unterschrift zu Abb. 36).

Eine solche geringe Beleuchtungsapertur ist zweifellos besonders günstig für genau lokalisierte Phasenmessungen, weil dann im wesentlichen nur der Gangunterschied wirksam ist, der bei senkrechtem Durchsetzen des Objekts entsteht

Abb. 36. Durchlicht-Interferenzmikroskop der Firma Ernst Leitz GmbH, Wetzlar. Optisches Schema nach Abb. 35. Auswechselbare Objektivpaare: Trockenobjektive 16/0,28, 40/0,70 (für Beobachtung mit Deckglas), 40/0,70 (für Beobachtung ohne Deckglas), Immersionsobjektive 85/1,36. Die Beleuchtungsapertur beträgt etwa 0,12.

und keine Summierung über die verschiedenen Gangunterschiede bei verschiedenen Durchstrahlungsrichtungen erfolgt (vgl. Teil III); für das vom Objekt gebeugte Licht, soweit es von der (größeren) Apertur des Objektivs erfaßt wird, gilt diese Einschränkung jedoch nicht. Es ist aber zu bedenken, daß nach der optischen Unbestimmtheitsrelation von INGELSTAM [INGELSTAM 1953; INGELSTAM und

JOHANSSON 1958] eine Erhöhung der Meßgenauigkeit in der Tiefe stets mit einer Verringerung derselben in seitlicher (lateraler) Richtung verbunden ist.

Eine Anordnung, die bei nur zwei Objektiven im Interferometer größere Beobachtungs- und Beleuchtungsaperturen zuläßt, hat RIENITZ[1]) [im Druck b u. c] vorgeschlagen (Abb. 37). Hier fällt das Licht über eine teildurchlässige Fläche ein, durchsetzt ein Objektiv, das hier zunächst als Kondensor dient, und wird in unmittelbarer Nähe des Objekts aufgespalten. Dies kann entweder durch eine teildurchlässige Fläche auf der Oberseite des unteren der beiden Deckgläser geschehen,

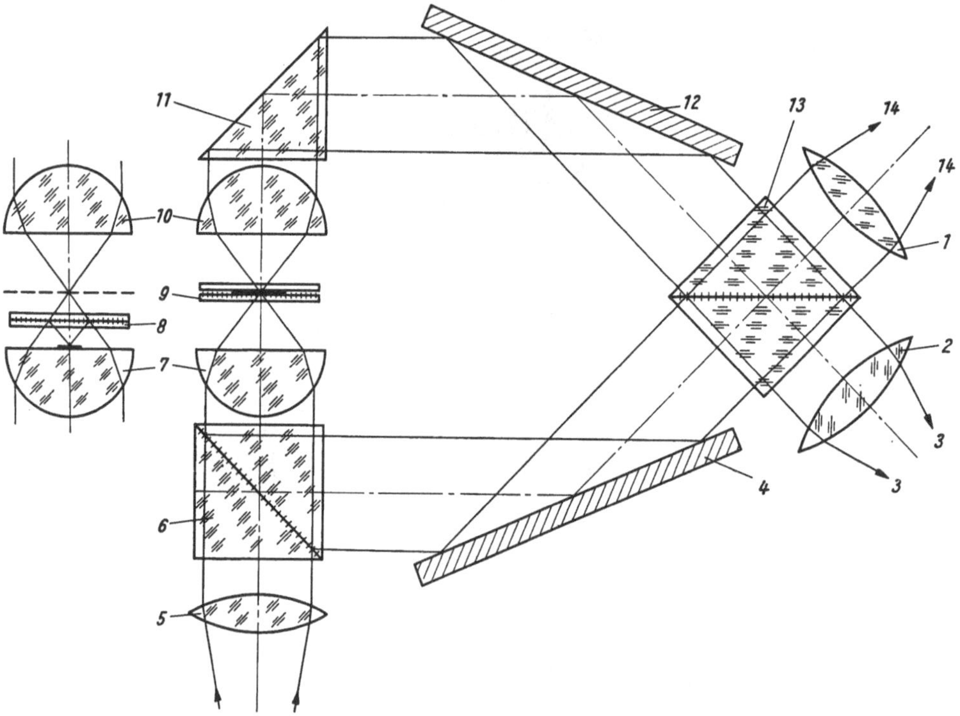

Abb. 37. Durchlicht-Interferenzmikroskop von RIENITZ (in zwei möglichen Ausführungen).
1, 2 – Tubuslinsen; *3* – zum Okular oder zur Kamera; *4* – Spiegel; *5* – Kollimator; *6* – Trennwürfel; *7* – Objektiv; *8* – Trennplatte; *9* – Objekt zwischen zwei Deckgläsern, von denen das untere teildurchlässig verspiegelt ist; *10* – Objektiv; *11* – Prisma; *12* – Spiegel; *13* – Vereinigungswürfel; *14* – zum Okular.

zwischen denen das Objekt (um Symmetrie zu erzielen) angebracht ist, oder (Abb. 37 links) in ähnlicher Weise wie bei der Auflicht-Anordnung von MIRAU (S. 52, Abb. 14). Der Objektstrahlengang verläuft nun durch das Objektiv, während der Vergleichsstrahlengang zunächst das andere Objektiv abermals durchsetzt und an der teildurchlässigen Fläche reflektiert wird.

Man kann auch geeignete Objekte selbst mit einer strahlenteilenden Schicht versehen und in diesem Mikroskop betrachten. Ist die Fläche, auf der diese Schicht

[1]) Patent angemeldet.

angebracht ist, nicht eben, dann ist der Vergleichsstrahlengang nicht mehr vom Objektiv unbeeinflußt. Wird das Licht erst nach dem Durchsetzen des Objekts geteilt (Abb. 38 b), dann ergibt sich eine Verringerung der Streifenauslenkung gegenüber dem gewöhnlichen Durchlicht-Verfahren, was bei rauhen Objekten häufig zu besserer Übersichtlichkeit führt. Durch Beleuchten mit geringer Apertur und Abblenden des oberen Objektivs auf den gleichen Aperturwert kann die nach oben laufende Teilwellenfront praktisch eingeebnet werden, so daß nunmehr wieder ein quasi vom Objekt unbeeinflußter Vergleichsstrahlengang vor-

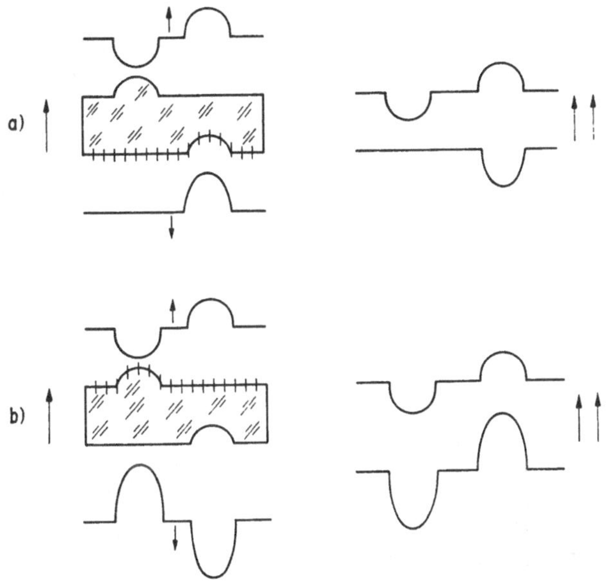

Abb. 38. Untersuchung von Durchlicht-Objekten, die mit einer teildurchlässigen Schicht versehen werden können, im Interferenzmikroskop von RIENITZ (Abb. 37), schematisch. Oben befindet sich die teildurchlässige Schicht auf der vorderen Fläche des Objekts (in bezug auf das einfallende Licht, das durch den linken Pfeil angedeutet ist), unten befindet sich die teildurchlässige Schicht auf der hinteren Fläche. Der linke Teil der Abb. zeigt die vom Objekt beeinflußten und von ihm fortstrebenden Teilwellenfronten nach ihrer Aufspaltung an der teildurchlässigen Schicht; der rechte Teil zeigt dagegen die nach Passieren des Vereinigungswürfels 13 (Abb. 37) in gleicher Richtung sich fortbewegenden Teilwellenfronten. Im Fall a) sind die Unebenheiten der hinteren Fläche nicht in der reflektierten Teilwellenfront enthalten; man kann hier jedoch durch das im Text geschilderte Abblenden des einen Objektivs die Gestalt von Vorder- und Hinterfläche getrennt bestimmen.

handen ist. Durch diese Maßnahme werden die Auslenkungen der Interferenzstreifen wieder ebenso groß wie bei der Anordnung Abb. 37. Wird das Licht geteilt, bevor es das Objekt durchsetzt (Abb. 38 a), dann kann man durch das erwähnte Abblenden die Unebenheiten der oberen Objektfläche ausschalten und damit die Einflüsse beider Objektflächen voneinander trennen.

Werden die Objektive in Richtung der optischen Achse etwas auseinander gerückt und das eine auf ein Auflicht-Objekt, das andere auf eine Vergleichsfläche fokussiert, dann ergibt sich, wenn das Licht aus der Richtung 3 eingestrahlt wird, ein Auflicht-Interferenzmikroskop vom Typ LINNIK-KINDER-RÄNTSCH. (Abb. 19 bzw. 20). Verwendet man dagegen ein Objekt ohne strahlenteilende Fläche, wobei

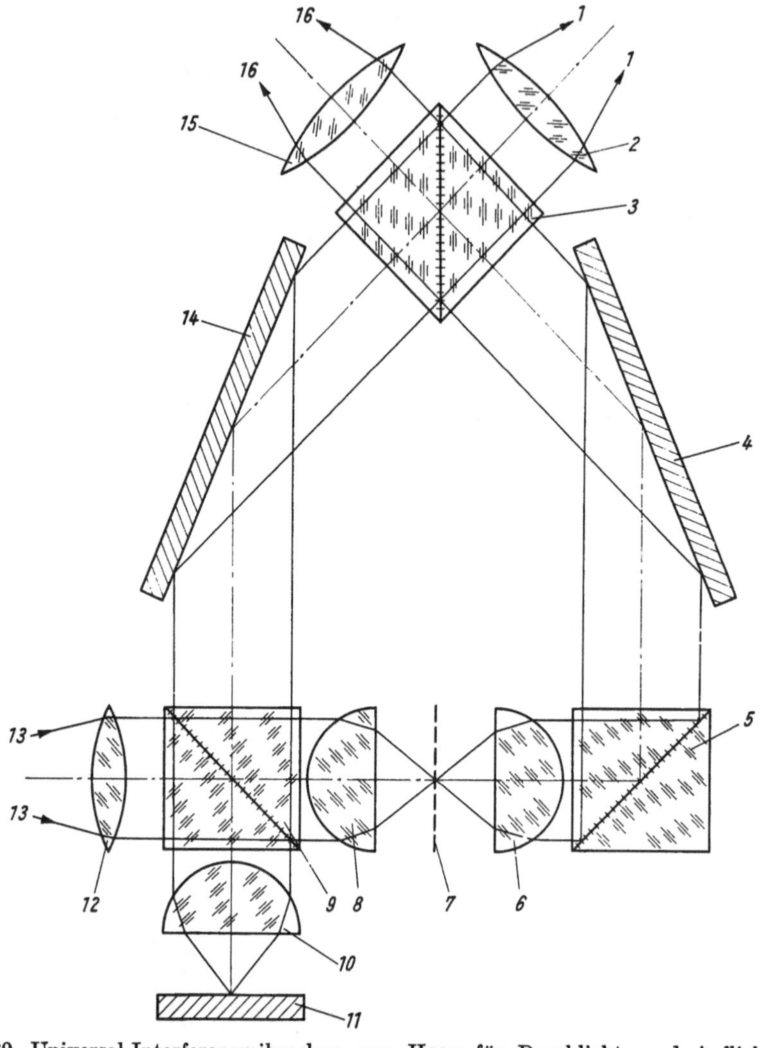

Abb. 39. Universal-Interferenzmikroskop von HORN für Durchlicht- und Auflichtbeobachtung.

1 – zum Okular; *2* – Tubuslinse; *3* – Vereinigungskörper; *4* – Spiegel; *5* – Würfel mit teildurchlässiger Hypotenusenfläche; *6* – Objektiv; *7* – Objektebene bei Durchlicht, Referenzebene bei Auflicht; *8* – Objektiv; *9* – Trennwürfel; *10* – Objektiv; *11* – ebener Spiegel bei Durchlicht, Objekt bei Auflicht; *12* – Kollimator; *13* – einfallendes Licht. *14* – Spiegel; *15* – Tubuslinse; *16* – zum Okular oder zur Kamera.

die Stellung der Objektive wieder die gleiche wie in Abb. 37 ist, und strahlt gleichfalls aus der soeben erwähnten Richtung ein, dann erhält man ein Durchlicht-Interferenzmikroskop vom zyklischen Typ, wie ihn PHILPOT, SAWIN sowie ULLRICH und LOCHTE-HOLTGREVEN beschrieben haben (vgl. S. 127 f).

Auf S. 67/68 (ausführlicher in Abschn. II, 23) war das Universal-Interferenzmikroskop von KRUG und LAU erwähnt worden, das sich von der Durchlicht- zur Auflichtbeobachtung und umgekehrt umschalten ließ. Ferner waren auf den S. 51 und 68 (ausführlicher in Abschn. II, 37) Auflicht-Anordnungen mit *einem* Objektiv erwähnt worden, die keine materielle Vergleichsfläche benötigen und die auch für Durchlichtbeobachtungen brauchbar sind. HORN [1959b] hat ein Universal-Interferenzmikroskop mit drei Objektiven angegeben (Abb. 39), das bei Auflichtbeobachtung ebenfalls keine materielle Vergleichsfläche besitzt. Das einfallende Licht 13 (Abb. 39) wird im Trennkörper 9 geteilt. Der eine Anteil gelangt über das Objektiv 10 auf das Auflichtobjekt 11 und läuft zurück über 10, 9 und den Spiegel 14; im Vereinigungswürfel 3 wird er mit dem anderen Anteil vereinigt, der über die

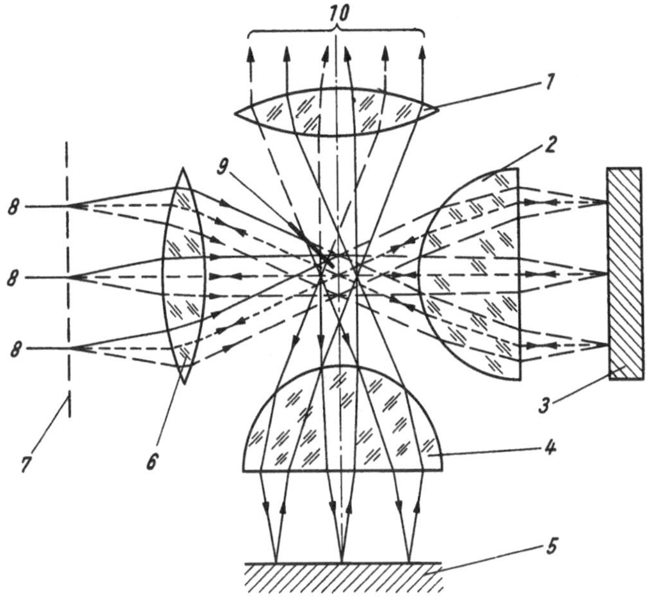

Abb. 40. Auflicht-Interferenzmikroskop von HORN.

1 – Tubuslinse; *2* – Objektiv; *3* – Vergleichsfläche; *4* – Objektiv; *5* – Objekt; *6* – Kollimator; *7* – Beugungsgitter; *8* – einfallendes Licht; *9* – beiderseits verspiegelte Fläche; *10* – zum Okular.

Objektive 8 und 6, den Würfel 5 (der aus Symmetriegründen ebenfalls teildurchlässig ist) und den Spiegel 4 dorthin gelangt. Die nicht materielle Ebene 7 nimmt dabei die Stelle der Vergleichsfläche ein. In dieser Ebene kann ein Durchlichtobjekt angebracht werden, wobei der Spiegel 11 dann eben sein muß. Durch eine etwas andere Anordnung der Bauelemente (Abb. 39 ist ein vereinfachtes Schema) erreicht HORN, daß die Ebenen für Auflicht- und Durchlichtobjekte parallel sind und übereinander liegen.

Die materielle Vergleichsfläche, die im Auflicht fehlt, ist hier bei Durchlichtbeobachtung vorhanden; dies gilt aber auch für einige andere Durchlicht-Interferenzmikroskope, z. B. die von DYSON (Abb. 31, S. 69) und RIENITZ (Abb. 37, S. 74).

Als letzte in der Gruppe der Interferenzmikroskope, deren Vergleichsstrahlengang vom Objekt unbeeinflußt bleibt, werden drei Verfahren behandelt, bei denen die Strahlenteilung durch Beugung erfolgt, die Wiedervereinigung dagegen durch Brechung. Bei ihnen wird das wenig bekannte Prinzip der achromatischen Interferenzen benutzt, das von RAYLEIGH (J. W. STRUTT) stammt [STRUTT 1889]. Während die Interferenzen im weißen Licht (Glühlicht) gewöhnlich nur aus wenigen farbigen Interferenzstreifen bestehen, ergeben sich beim Benutzen des RAYLEIGHschen Prinzips viele schwarze und weisse Interferenzstreifen.

Am einfachsten ist vielleicht die Auflicht-Anordnung von HORN [1952a] zu erklären (Abb. 40), die den Auflicht-Interferenzmikroskopen vom LINNIKschen Typ

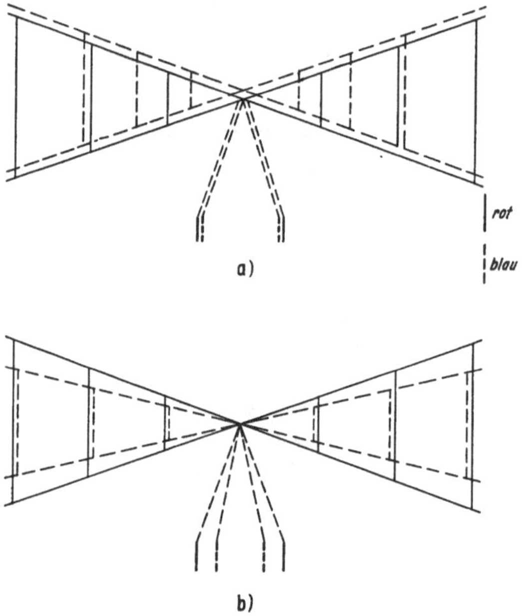

Abb. 41. Zur Erklärung der achromatischen Interferenzen (schematisch).

a) Gleiche Lage der (spaltförmigen) Lichtquellenbilder und damit gleiche Keilwinkel der Wellenfronten für alle Farben. Die Interferenzstreifen haben daher für verschiedene Farben verschiedene Abstände und überlagern sich zu den farbigen Weißlicht-Interferenzen.

b) Abstände der Lichtquellenbilder und damit die Keilwinkel der Wellenfronten proportional der Wellenlänge. Die Interferenzstreifen haben daher für alle Farben gleiche Abstände und überlagern sich zu schwarz-weißen (achromatischen) Interferenzen.

ähnelt. Das von einem Spalt ausgehende Licht wird durch eine Kollimatorlinse parallel gemacht (8) und dann an einem Gitter 7 gebeugt. Zur Vereinfachung wurden nur wenige Strahlen gezeichnet. Das geradlinig durch das Gitter 7 hindurchgehende Licht (das Beugungsspektrum 0. Ordnung, klein gestrichelt) wird durch die Kollimatorlinse 6 im Zentrum der Anordnung vereinigt, strebt dann wieder auseinander, durchsetzt das Objektiv 2 und wird nach Reflexion an dem ebenen Spiegel 3 in sich zurückgeworfen; es wird ausgeschaltet, weil es die Entstehung der achromatischen Interferenzen behindern würde.

Das vom Gitter 7 nach oben gebeugte Licht (Beugungsspektrum + 1. Ordnung, ausgezogen gezeichnet) wird durch die Kollimatorlinse 6 ebenfalls konvergent gemacht. Der beiderseits verspiegelte Spiegel 9 lenkt es jedoch vor der Vereinigung nach unten um. Durch das Objektiv 4 fällt das Licht unter einem bestimmten Winkel auf das Objekt 5, wird von diesem reflektiert, nach erneutem Durchsetzen des Objektivs 4 wieder vereinigt und bildet schließlich nach Durchgang durch die Tubuslinse 1 das Objekt in der Zwischenbildebene des Mikroskops ab. Das nach unten gebeugte Licht (— 1. Ordnung, lang gestrichelt gezeichnet) durchläuft einen entsprechenden Weg über das Objektiv 2 und die Vergleichsfläche 3.

Als sekundäre Lichtquellen wirken, von der Zwischenbildebene aus gesehen, die Stellen, an denen die + 1. bzw. die — 1. Beugungsordnung zum letzten Mal konvergieren; die erste ist reell, die zweite virtuell. Da die Beugung wellenlängenabhängig ist, entsteht an diesen Stellen kein einzelnes Spaltbild, sondern ein farbiges Beugungsspektrum. Da das rote Licht am stärksten gebeugt wird, liegt es bei beiden Spektren außen, während das blaue Licht innen liegt. Damit sind aber gerade die Bedingungen für das Entstehen der achromatischen Interferenzen erfüllt. Haben nämlich, wie es meist der Fall ist, die beiden sekundären Lichtquellen für alle Farben den gleichen Abstand, dann ist der virtuelle Keilwinkel, unter dem die Wellenfronten miteinander interferieren, für alle Wellenlängen gleich. Die gegenseitigen Abstände der Interferenzstreifen sind dann wellenlängenabhängig. Die Streifen fallen nur in der nullten Ordnung vollständig zusammen und kommen mit höher werdender Ordnungszahl immer mehr „außer Tritt" (Abb. 41a). Daraus ergeben sich die wenigen farbigen Interferenzstreifen. Sind jedoch die Abstände der sekundären Lichtquellen den Wellenlängen proportional, dann sind für die kürzeren Wellenlängen die Keilwinkel geringer,

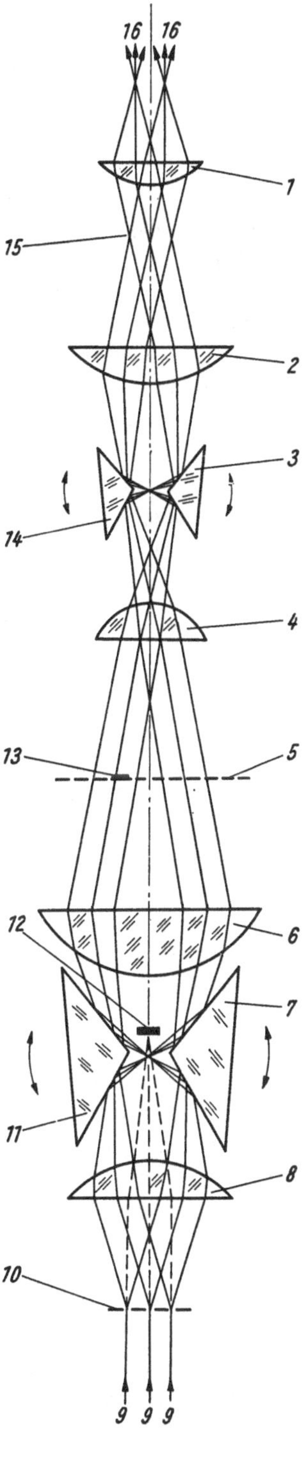

Abb. 42. Durchlicht-Interferenzmikroskop von HORN.

1 – Okular; *2* – Objektiv; *3* – Prisma mit zwei reflektierenden Flächen; *4* – Mikroskopobjektiv; *5* – Objektebene; *6* – Kondensor; *7* – reflektierendes Prisma; *8* – Objektiv; *9* – einfallendes Licht; *10* – Beugungsgitter; *11* – reflektierendes Prisma; *12* – Schirm zum Ausblenden der nullten Beugungsordnung; *13* – Objekt; *14* – reflektierendesPrisma; *15* – Zwischenbildebene, in der die Interferenzerscheinung entsteht; *16* – zum Auge.

und zwar gerade so, daß sich für alle Wellenlängen der gleiche Abstand der Interferenzstreifen ergibt. Es fallen also stets alle Farben auf der gleichen Stelle zusammen, und daraus ergeben sich die „achromatischen", abwechselnd schwarzen und weißen Interferenzstreifen (Abb. 41b). Im monochromatischen Licht ergibt sich der gleiche Anblick wie bei den anderen Interferenzmikroskopen.

Abb. 42 zeigt ein Durchlicht-Interferenzmikroskop von HORN [1952b und 1959a], bei dem das gleiche Prinzip benutzt wird; HORN [1954] hat außerdem ein ähnliches Durchlicht-Interferenzmikroskop mit zwei Objektiven und zwei Kondensoren beschrieben. Durch jeweils gleichsinnige Schwenkung der Prismenpaare 11 und 7 bzw. 14 und 3 lassen sich die Abstände von Objekt- und Vergleichsstrahl in der Objektebene verändern. Das Objekt 13 wird von HORN als klein gegenüber dem Gesichtsfelddurchmesser vorausgesetzt, weshalb das Verfahren hier behandelt wurde. Bei dem erwähnten Interferenzmikroskop mit zwei Objektiven ist die Objektgröße nicht beschränkt. Wenn durch eine geeignete Vorrichtung die Beugungsspektren umgekehrt werden, so daß sich nunmehr das rote Ende innen und das blaue außen befindet, ergeben sich im weißen Licht besonders wenige, stark voneinander unterschiedene Interferenzstreifen [HORN 1954 u. 1959a], die zum Zuordnen bei Streifenversetzungen oder zum Erkennen geringer Phasenunterschiede besonders gut geeignet sind.

22. Vergleichswellenfront vom Objekt beeinflußt

Der Bau von Interferenzmikroskopen hoher und höchster Apertur bereitet nicht geringe Schwierigkeiten. Wie im Abschnitt 21 gezeigt worden war, sind diejenigen Interferenzmikroskope am günstigsten in bezug auf Kontrast der Interferenzen, Verwendbarkeit weißen Lichts und vor allem hinsichtlich der einfachen Deutung des Interferenzbildes (welche Formprüfungen über größere Bereiche wesentlich erleichtert), bei denen ein virtueller oder quasi virtueller Keil benutzt wird und das Interferometer sich vor dem Mikroskop befindet. Dadurch wird jedoch meist die erreichbare Apertur eingeschränkt. Eine Ausnahme bilden lediglich die beiden Verfahren von DYSON (S. 53 und 68). Bei dem Durchlichtverfahren ist jedoch die Objektgröße beschränkt, wenn der Vergleichsstrahlengang unbeeinflußt bleiben soll. Außerdem sind in beiden Verfahren die Lichtverluste hoch, weil das Licht mehrfach teildurchlässige Flächen passiert, und auch die zentrale Ausblendung der Apertur bringt gewisse Nachteile mit sich (vgl. Abschn. III, 235, 6). Die Interferenzmikroskope mit je einem Objektiv in jedem Teilstrahlengang des Interferometers lassen zwar höchste Aperturen zu, jedoch wirft das genaue Abgleichen beider Teilstrahlengänge eine Reihe von Problemen auf, die im Abschnitt 212 erwähnt worden sind.

Bei den Verfahren, die im folgenden behandelt werden sollen, wird auf eine völlige Trennung von Objekt- und Vergleichsstrahlengang in der Weise, daß nur der erste das Objekt im Gesichtsfeld durchsetzt, verzichtet. Beide Anteile berühren vielmehr das Gesichtsfeld, wobei es zwei Möglichkeiten gibt. Die erste ist die, daß das ganze Gesichtsfeld von beiden Anteilen durchsetzt wird, jedoch von jedem in anderer Weise (denn sonst kommen keine Interferenzen zustande); die zweite Möglichkeit ist, daß jeder Anteil nur einen bestimmten Teil des Gesichtsfeldes berührt, der von dem getrennt ist, der dem anderen Anteil zugeordnet ist.

Die Deutung und Auswertung der Interferenzbilder ist bei diesen Verfahren naturgemäß meist nicht mehr so einfach wie in den Fällen, in denen der Vergleichsstrahlengang die Objektebene nicht berührt. Sie kann jedoch der exakten Niveauebenendeutung, die dort meist möglich ist[1]), in manchen Fällen recht nahe kommen; in anderen Fällen ist sie streng möglich, wenn das Objekt nur einen gewissen Teil des Gesichtsfeldes bedeckt. Näheres wird an den geeigneten Stellen berichtet werden.

Der Vorteil dieser Anordnungen liegt darin, daß sie meist mit verhältnismäßig einfachen Mitteln zu verwirklichen sind, weniger Ansprüche an die Starrheit des mechanischen Aufbaus stellen, die Interferenzen leichter zu justieren sind[2]) oder leichter hohe Aperturen erreicht werden können. Welche von diesen Vorteilen im speziellen Falle vorliegen, wird aus der Behandlung der einzelnen Verfahren hervorgehen. Diese Gesichtspunkte haben jedenfalls zu einer großen Gruppe von Instrumenten geführt, die etwa ebenso groß wie die Gruppe 21 ist. Die Mittel, die hier angewandt wurden, sind wesentlich vielfältiger als dort, wodurch eine stärkere Unterteilung notwendig wird.

Eine erste Einteilung läßt sich nach folgendem Gesichtspunkt treffen: entweder befindet sich das Objekt (bzw. die Objektebene) im Vergleichsstrahlengang im Beobachtungsfokus, oder es ist in diesem defokussiert, so daß es dort nicht mehr sichtbar ist.[3])

221. Objekt im Beobachtungsfokus des Vergleichsstrahlenganges

Bei diesen Verfahren erscheint das Objekt in beiden miteinander interferierenden Anteilen entweder gleich scharf, oder es wird in einem von ihnen durch Abbildungsfehler mehr oder weniger undeutlich gemacht. Im ersten Falle erscheint es gleichgültig, welchen Strahlengang man als Objekt- und welchen man als Vergleichsstrahlengang bezeichnet. Für die Systematik spielen diese beiden Möglichkeiten keine Rolle; hier sind andere Gesichtspunkte wichtiger.

Die Haupteinteilung ergibt sich aus der Lage, die Objekt- und Vergleichswellenfront im Objektraum reell oder virtuell gegeneinander einnehmen. Bisher sind folgende Möglichkeiten verwirklicht worden:

1. Objekt- und Vergleichsstrahlengang durchsetzen das Objekt eine ungleiche Zahl von Malen; sie sind senkrecht zur optischen Achse nicht oder nur geringfügig gegeneinander verschoben (Abschn. 2211).
2. Objekt- und Vergleichsstrahlengang sind senkrecht zur optischen Achse um eine gewisse Strecke gegeneinander verschoben (Abschn. 2212).

[1]) Abgesehen von den Einflüssen der Apertur und der Objektneigung, durch die die Niveauebenen etwas verzerrt werden können (vgl. Abschn. III, 34 u. 37).

[2]) Z. B. ist hier keine Kompensation für verschiedene Objektträgerdicken nötig, weil beide Anteile den Objektträger durchsetzen.

[3]) Im Interferenzbild ist sein Einfluß jedoch meist noch zu bemerken (siehe unten).

3. Das Objekt befindet sich im Zentrum des Gesichtsfeldes; der Vergleichsstrahlengang durchsetzt ein ringförmig das Objekt umgebendes Gebiet, das noch ganz innerhalb des Gesichtsfeldes liegt[1]) (Abschn. 2213).
4. Die eine Hälfte des Gesichtsfeldes wird optisch auf die andere „geklappt" (Abschn. 2214).
5. Das Objekt wird im einen Teilstrahlengang von der Oberseite, im anderen dagegen von der Unterseite betrachtet (Doppelte Umklappung, Abschn. 2215).

Zwei weitere Gesichtspunkte, die naturgemäß andere Bereiche umfassen als die soeben erwähnten, seien noch erwähnt. Bei den Verfahren 1, 2 und 5 durchsetzen Objekt- und Vergleichsstrahlengang das ganze Gesichtsfeld; bei den Verfahren 3 und 4 durchsetzen beide Strahlengänge getrennte Teile desselben. Ferner sind die Verfahren 1 bis 4 nicht zyklisch (vgl. S. 39), das Verfahren 5 dagegen, das nur auf Durchlichtobjekte angewandt werden kann, notwendigerweise zyklisch.

2211. Objekt- und Vergleichswellenfront seitlich unverschoben

Bei den Verfahren mit Strahlenteilung durch teildurchlässige Flächen ist zunächst die Durchlicht- oder Auflichtbeobachtung der Interferenzen zu nennen, die in geeigneten dünnen durchsichtigen Objekten selbst entstehen. Bekanntlich reflektiert jede Fläche, in der zwei durchsichtige Medien mit verschiedenem Brechungsindex aneinandergrenzen, einen Teil des auffallenden Lichts, während ein anderer Teil hindurchgeht. Die Interferenzen im Objekt kommen in Durchlicht durch Zusammenwirken des Anteils, der das Objekt einmal durchsetzt, mit demjenigen, der einmal in ihm hin- und herreflektiert wurde, zustande (vgl. Abb. 50a, S. 96). Sie werden kaum benutzt, denn sie sind sehr kontrastarm, weil wegen des geringen Reflexionsvermögens der Grenzflächen der erste Anteil wesentlich intensiver als der zweite ist. Die Interferenzen im Auflicht entstehen durch Zusammenwirken des an der Oberfläche reflektierten Anteils mit dem an der Unterseite reflektierten (vgl. Abb. a S. 6). Die Intensitäten beider Anteile sind wesentlich weniger voneinander verschieden, so daß die Interferenzen hier kontrastreich sind. Die Intensitäten der Anteile, die das Objekt noch öfter als erwähnt durchsetzen, nehmen sehr rasch ab, so daß die beobachteten Interferenzen im wesentlichen von zwei Strahlen gebildet werden.

Je nachdem, ob das Objekt nahezu planparallel oder keilförmig ist, beobachtet man Interferenzfarben (waagerechten Schnitt) im weißen Licht, oder Interferenzstreifen. Die Deutung der Interferenzerscheinungen ist, obwohl der Vergleichsstrahlengang hier vom Objekt beeinflußt wurde, im wesentlichen die gleiche wie im Durchlicht-Interferenzmikroskop mit ungestörtem Vergleichsstrahlengang: die Interferenzstreifen sind Linien gleicher optischer Dicke.[2]) Die Tatsache, daß das Objekt auch den Vergleichsstrahlengang beeinflußt, macht sich hier erst in zweiter

[1]) Bei den Verfahren von DYSON (S. 53 u. 68) umgibt der Vergleichsstrahlengang den Objektstrahlengang in gleicher Weise, jedoch erstens außerhalb des Gesichtsfeldes, und zweitens ist die Objektebene im Vergleichsstrahlengang defokussiert.

[2]) Bei dem genannten Durchlicht-Interferenzmikroskop kann noch ein konstanter, von der Einstellung des Interferometers abhängiger Gradient hinzukommen.

Näherung bemerkbar: wenn das Objekt stärker geneigte Flächen hat, kann der Strahl, der das Objekt durchsetzt hat, an anderer Stelle austreten als der, an welcher der von ihm abgespaltene Strahl reflektiert wurde. Auf diese Weise kann eine etwas andere optische Dicke vorgetäuscht werden als in Wirklichkeit vorhanden ist. Dies gilt um so mehr, je schräger die Strahlen einfallen. Aber auch wenn das Objekt planparallel wäre, würde der Gangunterschied mit der Strahlneigung zunehmen. Beide Ursachen führen dazu, daß die Interferenzen bei stärkeren Vergrößerungen, d. h. größeren Aperturen, blasser werden, wie bereits HARTING [1866, Bd. 2, S. 48] bemerkte, und die Meßgenauigkeit abnimmt.

Eine Veränderung des Interferenzbildes ist hier nur in sehr geringen Grenzen durch Neigen des Objekts oder Ändern der Wellenlänge des beleuchtenden Lichts möglich. Dies kann ein schwerwiegender Nachteil sein, denn man sieht bei richtiger, dem Objekt angepaßter Einstellung der Interferenzen, wie sie bei den meisten Interferenzmikroskopen möglich ist, meist wesentlich mehr als in einem mehr oder weniger zufällig zustandegekommenen Interferenzbild; außerdem kann man bei variablem Interferenzbild verschiedene Möglichkeiten durchprobieren. Ein Vorteil ist dagegen die große Einfachheit des Verfahrens.

Die Interferenzen im Objekt sind von den Mikroskopikern häufig beobachtet und beschrieben worden; auch quantitative Angaben sind aus ihnen gewonnen worden. Da nicht alle Autoren hier genannt werden können, seien nur einige markante Beispiele erwähnt. Alle diese Untersuchungen wurden wegen des besseren Kontrasts im Auflicht durchgeführt.

Der erste, der Interferenzerscheinungen im Mikroskop beobachtete, war ROBERT HOOKE [1665]. Er behandelt in seiner berühmten „Micrographia" von 1665 die nach NEWTON benannten Interferenzfarben an dünnen Glimmerblättchen einige Jahre bevor NEWTON sie beschrieben hat. Sie scheinen ihn sehr beeindruckt zu haben, denn die „Observatio 9", in der er diese Erscheinungen beschreibt, trägt im Inhaltsverzeichnis die Überschrift: „Of fantastical colours".

HARTING [1866] erwähnt in seinem bekannten Werk „Das Mikroskop" die Interferenzen im Objekt an verschiedenen Stellen: in verwitterten Linsenflächen (Bd. 1, S. 298), in Schmetterlingsschuppen (Bd. 1, S. 317 und Bd. 2, S. 48), in verdunstenden dünnen Schichten von Terpentinöl (Bd. 2, S. 48).

FAURÉ-FRÉMIET und Mitarbeiter haben dieses Verfahren auf die verschiedensten Probleme der Zytologie angewandt [FAURÉ-FRÉMIET und CHOUCROUN 1928; FRANÇOIS-FRANCK und FAURÉ-FRÉMIET 1928; FAURÉ-FRÉMIET 1930 (mit farbigen Zeichnungen); FAURÉ-FRÉMIET, BESSIS u. THAUREAUX 1948/49].

MARCELIN [1931] beschreibt in einem Buch eine ganze Reihe eigener und fremder Beobachtungen und Messungen mittels der Interferenzen im Objekt, z. B. die Bestimmung des Moleküldurchmessers der Oleinsäure und des Glimmers durch ihn selbst (l. c. S. 144 bzw. 147) oder die Beobachtungen von PERRIN an den schwarzen Flecken auf dünnen Seifenhäutchen ($V = 300\times$). Er veröffentlicht in diesem Buch auch eine Reihe farbiger Interferenzaufnahmen verschiedener Autoren und Zeiten. Die älteste ist eine Aufnahme von Paratoluidin in Lösung, die sein Bruder R. MARCELIN im Jahre 1914 herstellte.

SKERTCHLY [vgl. STOVES 1957, S. 99] untersuchte Filmabdrücke von Textilfasern im Auflicht.

Eine interessante Abwandlung der Beobachtung von Interferenzen im Objekt ist das „Leptoscop“ von WAUGH [1942]. Dies ist nichts anderes als ein Auflicht-Vergleichsmikroskop, in dem zwei Interferenzerscheinungen miteinander verglichen werden. In dem einen Mikroskop werden die Objekte, dünne organische Häutchen oder Zellhüllen (envelopes), beobachtet. Die Helligkeit, mit der sie im Gesichtsfeld erscheinen, hängt von dem Gangunterschied der an der Vorderseite reflektierten Strahlen gegenüber den an der Rückseite reflektierten ab. Diese Helligkeit wird mit einem „Standard“ verglichen, und zwar einem Barium-Stearat-Film, der nach einem speziellen Verfahren treppenförmig mit Stufen bekannter Höhe aufgebaut wird. Nach genauem Abgleichen aller doppelten Teile des Vergleichsmikroskops wird geprüft, welche Stufe des Standards die gleiche Intensität wie das Objekt aufweist, woraus sich dessen optische Dicke ergibt. WAUGH gibt an, diese auf ± 12 Å bestimmen zu können; er arbeitet mit Vergrößerungen zwischen $200\times$ und $500\times$.

Den systematisch nächsten Schritt beschreibt LOCQUIN [1948/49]. Er verspiegelt das Objekt auf beiden Seiten teildurchlässig. Wenn dies nicht möglich ist, wenden MERTON [1947a] und LOCQUIN [1948/49] folgendes Verfahren an. Das Objekt wird auf eine ebene, teildurchlässig verspiegelte Glasplatte gelegt und mit einem Kollodiumhäutchen bedeckt, das mit einer dünnen Platin- oder Silberschicht versehen ist. Dies geschieht in feuchtem Zustand, damit sich das Häutchen beim Eintrocknen dem Objekt anlegt. Bleibt das Kollodiumhäutchen erhalten (MERTON), dann legt es sich wie ein Zeltdach über einzelne Teilchen oder Fasern, deren Höhe aus der Zahl der sie umgebenden Interferenzstreifen ermittelt wird. LOCQUIN benutzt dagegen offenbar durchsichtige, flachere Objekte und löst das Kollodium heraus, so daß nur noch ein dünner Metallfilm dem Objekt auf der Oberseite anliegt. Damit lassen sich noch Niveauunterschiede der Objektoberfläche in der Größenordnung von 10 Å feststellen. Beide Verfahren werden offenbar im Durchlicht benutzt, was nunmehr gut möglich ist, denn durch die teildurchlässigen Schichten wird der Intensitätsunterschied zwischen den beiden miteinander interferierenden Anteilen verringert, so daß die Interferenzen im Durchlicht gut sichtbar sind.

Diese Verfahren bilden gewissermaßen ein Übergangsglied zwischen der Beobachtung der Interferenzen im Objekt und den sogleich zu besprechenden Interferenzmikroskopen, bei denen das Objekt, meist in einem Einbettungsmittel, zwischen zwei teildurchlässig verspiegelten Planplatten eingeschlossen wird. Dieser Übergang rechtfertigt nachträglich die Tatsache, daß die Beobachtung der Interferenzen im Objekt hier ebenfalls zur Interferenzmikroskopie gerechnet, also das Objekt selbst gewissermaßen als „Interferometer“ angesehen wurde. Diese Eingliederung findet ihre Parallele in der Eingliederung der Polarisationsmikroskopie in die Interferenzmikroskopie, die einige Seiten später behandelt werden wird.

LOCQUIN [1948/49] brachte ein durchsichtiges Objekt zwischen einer teildurchlässig verspiegelten und einer unverspiegelten Glasplatte an und beobachtete im

Durchlicht. Durch diese Maßnahme werden die Interferenzen zwar etwas kontrastreicher als bei *zwei* unverspiegelten Platten, aber wesentlich besserer Kontrast ist mit zwei teildurchlässig verspiegelten Platten zu erzielen (Abb. 43 ohne die Zonenplatte 6). LOCQUIN [l. c.] erwähnt dieses Verfahren ebenfalls; zuerst

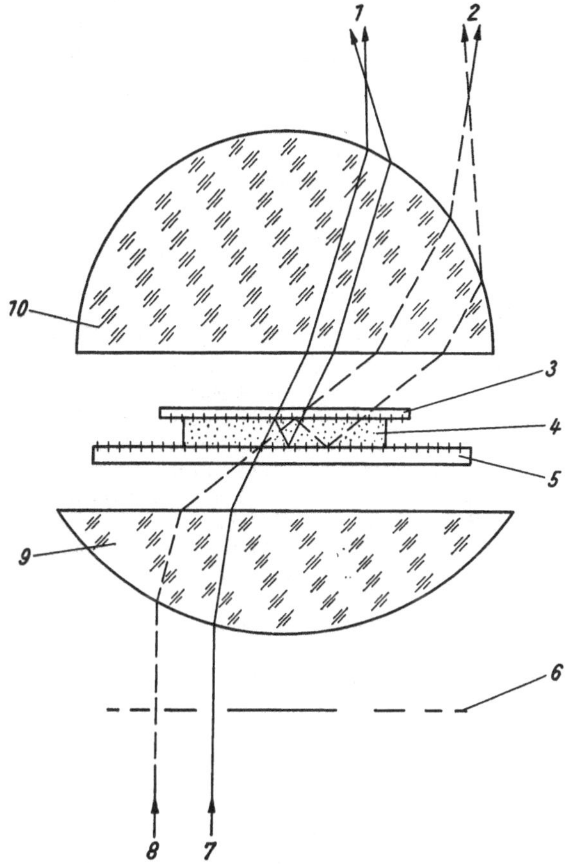

Abb. 43. Durchlicht-Interferenzmikroskop von FREDERIKSE (ohne Teil 6) bzw. MERTON. *1, 2* – zum Okular; *3* – Deckglas; *4* – Objekt; *5* – Objektträger; *6* – Zonenplatte; *7, 8* – einfallendes Licht; *9* – Kondensor; *10* – Objektiv.

wurde es offenbar jedoch von FREDERIKSE [1933a, 1935a u. b] benutzt. FREDERIKSE ist vielleicht durch Zufall auf diesen Gedanken gekommen, denn er versuchte vorher, durch Fokussieren auf Strichmarken, die in die teildurchlässigen Schichten eingeritzt waren, die Dicke biologischer Objekte zu bestimmen [FREDERIKSE 1933b]. Seine Platten sind etwas schwächer als halbdurchlässig verspiegelt. Er benutzt Präparatdicken von 15—20 μ und mehr, so daß er im monochromatischen oder im Quecksilbermischlicht (ungefiltertes Licht der Quecksilberspektrallampe) arbeiten muß. Die Platten stehen leicht keilförmig zueinander, so daß Interferenzstreifen beobachtet werden. FREDERIKSE bemerkt auch, daß

Strahlen, die unter verschiedenen Winkeln einfallen, verschiedene Gangunterschiede erleiden (Strahlen 7 und 8 in Abb. 43). Er benutzt daher eine geringe Beleuchtungsapertur.

Trotz einiger interessanter Ergebnisse an lebendem Material geriet diese Methode nach FREDERIKSES frühem Tod (1936) wieder in Vergessenheit, so daß MERTON sie ohne Kenntnis der Arbeiten FREDERIKSES erneut entwickelte [MERTON 1947a]. Er stellt jedoch, im Gegensatz zu diesem, die Platten meist parallel, beobachtet also im allgemeinen im sogenannten „Interferenzkontrast". Die Firma Hilger & Watts Ltd., London, brachte auf Grund der Arbeiten von MERTON die zum Durchführen dieses Verfahrens nötigen Teile als „Hilger accessory Equipment for Interference Contrast Microscopy" auf den Markt [HILGER und WATTS 1952]; hierzu zählen mit Rhodium¹) teildurchlässig verspiegelte Objektträger und Deckgläser, eine Quecksilber-Spektrallampe sowie Filter. MERTON hat dieses Verfahren bald verbessert, worüber sogleich berichtet werden wird.

Einige Autoren [MELLORS, KUPFER und HOLLENDER 1953; PAYNE 1954, S. 152; FRANÇON 1954a, S. 104; BARER 1955, S. 3/54; HALE 1958, S. 9 u. 12] bezeichnen die Verfahren von FREDERIKSE und MERTON als Vielstrahlverfahren. In beiden Fällen wurde jedoch eine wesentliche Bedingung zum Erzeugen von Vielstrahlinterferenzen, das hohe Reflexionsvermögen der Schichten, nicht eingehalten. FREDERIKSE [1935a] benutzt visuell etwas schwächer als halbdurchlässig verspiegelte Platten und für die Photographie, um kurze Belichtungszeiten zu erzielen, noch geringere Werte der Reflexion. MERTON [1947a] verwendet Schichten mit einem Reflexionsvermögen von 40 bis 50% und bemerkt, der Vielstrahleffekt sei für sein Verfahren nicht wesentlich. Lediglich in der Patentschrift [MERTON 1947c] erwähnt er Mehrfachreflexion. FREDERIKSE und MERTON benutzen also die Interferenz nur weniger Strahlen, die sich von den Zweistrahlinterferenzen nicht wesentlich unterscheidet. Das schließt natürlich nicht aus, daß mit diesen Anordnungen auch Vielstrahlinterferenzen erzielt werden können, wenn neben dem hohen Reflexionsvermögen auch die übrigen dazu notwendigen Bedingungen (vgl. S. 88) erfüllt sind. Einige Autoren, die auf S. 89f genannt werden, haben sich darum bemüht, jedoch zeigen ihre Aufnahmen meist nicht die typischen, extrem schmalen Vielstrahlinterferenzen, wie sie vor allem im Auflicht erzielt werden [TOLANSKY 1948, 1955 a u. 1960].

BUNN hat 1932 ebenfalls zwei leicht keilförmig zueinander stehende teildurchlässige Platten benutzt, um das Wachstum von Kristallen aus Lösungen zu beobachten [BUNN 1949]; dieses Verfahren wurde außerdem von BERG 1938 [BUNN 1949] und HUMPHREYS-OWEN [1949] benutzt. Nur HUMPHREYS-OWEN erwähnt jedoch ausdrücklich ein Mikroskop und gibt auch den Abbildungsmaßstab seiner Aufnahmen an ($M = 10:1$ und $20:1$); bei den übrigen Autoren ist nicht ersichtlich, ob ein Mikroskop benutzt wurde.

Es war bereits erwähnt worden, daß Strahlen, die das Interferometer in verschiedenen Richtungen durchsetzen (z. B. die Strahlen 7 und 8 in Abb. 43), verschiedene Gangunterschiede erleiden, was den Kontrast des Interferenzbildes vermindert. FREDERIKSE hatte, wie oben bemerkt wurde, eine geringe Beleuchtungsapertur als Abhilfe gewählt. Diese vermindert jedoch die Auflösung. BARER [1955, S. 3/54] schlug vor, eine ringförmige Kondensorblende, wie sie beim Phasen-

¹) Rhodium wurde wegen seiner chemischen und mechanischen Widerstandsfähigkeit gewählt.

kontrastverfahren üblich ist, zu benutzen. MERTON hat andere Wege beschritten. Zunächst brachte er unmittelbar unter dem Objektträger eine Mattscheibe mit der matten Seite nach oben an, oder er mattierte die Unterseite des Objektträgers [MERTON 1947a]. Auf dieser mattierten Fläche wurde die Lichtquelle abgebildet. Der größte Teil des Lichts bewegt sich nach MERTON in Richtung der optischen Achse und bewirkt damit kontrastreiche Interferenzen. Ein geringer Anteil wird nach der Seite gestreut und verhindert ein zu starkes Abnehmen des Auflösungsvermögens. MERTON erzielte mit Objektiven von 4 mm Brennweite noch gute Ergebnisse.

Eine zusätzliche Überlegung führte jedoch zu besseren Verfahren. Wenn ein parallel zur optischen Achse einfallender Strahl im Interferometer in zwei Anteile mit einem bestimmten Gangunterschied aufgespalten wird, so gibt es bei nicht zu geringem Plattenabstand noch weitere, unter bestimmten diskreten Winkeln zur optischen Achse einfallende Strahlen, deren aufgespaltene Anteile den gleichen Gangunterschied plus einem ganzzahligen Vielfachen der Wellenlänge aufweisen. Wenn also nur diese Strahlen zugelassen werden, wird der Kontrast auch bei größerer Beleuchtungsapertur nicht vermindert. Man hat jedoch hier keinen kontinuierlich ausgefüllten Beleuchtungsaperturkegel mehr, sondern ineinandergeschachtelte Hohlkegel.

Die erste Lösung, die MERTON [1947b] zur Realisierung einer solchen Beleuchtung fand, bestand in einem zweiten Plattenpaar, das er zwischen dem Kondensor und den Platten, die das Objekt aufnehmen, anbrachte. Ein solches Plattenpaar filtert durch Interferenz die gewünschten Richtungen heraus, ist jedoch schwierig zu handhaben. MERTON [1947b u. c] fand jedoch noch eine einfachere Lösung: er erreichte die Ausfilterung in der gewünschten Weise, indem er in der unteren Brennebene des Kondensors eine Zonenplatte (6 in Abb. 43) anbrachte. Eine solche ist jedoch nur für monochromatisches Licht brauchbar, und zwar bei gegebener Wellenlänge nur für einen bestimmten Plattenabstand, d. h. für eine bestimmte Interferenzordnung. In der Praxis hat es sich jedoch herausgestellt, daß sie noch in einem gewissen Bereich von Ordnungszahlen mit Erfolg benutzt werden kann. MERTON [1947b] hat noch brauchbare Ergebnisse in der 140. Ordnung bei Quecksilberlicht erzielt, was einem Plattenabstand in Luft von 38 μ und in Wasser von 29 μ entspricht. Er erwähnt auch [l. c.] Zonenplatten, die für zwei Wellenlängen brauchbar sind.

Wie aus Abb. 43 ersichtlich ist, durchläuft der zwischen den beiden Platten einmal hin- und herreflektierte Strahl bei schrägem Lichteinfall einen anderen Objektbereich als der einmal hindurchgehende. Dadurch wird der Gangunterschied zwischen beiden nicht von einem Objektpunkt, sondern von einem gewissen Objektbereich bestimmt. Dieser ist um so größer, je schräger das Licht einfällt und je größer der Plattenabstand ist. Das gleiche gilt für das sogleich zu behandelnde Vielstrahl-Interferenzverfahren. Da jedoch hier wegen der Dicke der Objekte der Plattenabstand nicht so klein gemacht werden kann, wie es bei der Untersuchung von Oberflächen gelegentlich möglich ist (s. u.), sind die Anwendungsmöglichkeiten des Verfahrens von FREDERIKSE und MERTON beschränkt.

Bisher war bei der Behandlung des reellen Keils im Auflicht (S. 42 f) und im Durchlicht (S. 82 f) stets nur die Interferenz zweier Anteile erwähnt worden. Es sind jedoch weit mehr Anteile vorhanden, da jeder einzelne Strahl an der Grenzfläche in einen reflektierten und einen hindurchgelassenen Anteil aufgespalten wird. Abb. 44 zeigt dies für den Auflicht-Fall; im Durchlicht würden die Strahlen auf der Unterseite des Keils in gleicher Weise austreten. Die Intensität dieser Strahlen nimmt jedoch mit zunehmender Zahl der Reflexionen im Innern des Keils meist sehr rasch ab, so daß praktisch nicht mehr als zwei Anteile wirksam sind, wenn nicht das Reflexionsvermögen der Keilflächen sehr hoch und bei

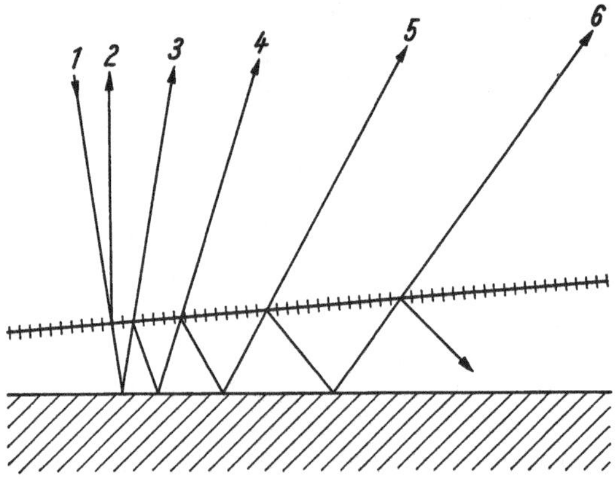

Abb. 44. Vielstrahl-Auflichtanordnung von Tolansky.

1 – einfallender Strahl; *2* bis *6* – ein- bzw. mehrmals reflektierte Teilstrahlen abnehmender Intensität.

durchlässigen Schichten außerdem die Absorption sehr gering ist. Wenn dies jedoch der Fall ist, dann sind die Intensitäten auch der sehr oft hin- und herreflektierten Strahlen noch genügend groß, um wirksam zu werden; mit dem Auge kann man unter günstigen Bedingungen mehr als 80 Lichtquellenbilder deutlich erkennen [Tolansky 1948, S. 32].

Wenn eine so große Zahl von Anteilen zusammenwirkt, ergibt sich eine bedeutende Verschärfung der Interferenzstreifen. Diese *Vielstrahl-Interferenzen* sind wesentlich schmaler als die Zweistrahlinterferenzen, deren Intensitätsverlauf bekanntlich sinusförmig ist. Dieses seit langem bekannte Prinzip ist vor allem von Tolansky und Mitarbeitern auf die mikroskopische und nichtmikroskopische Untersuchung von Oberflächen und dünnen Schichten angewandt worden. [Tolansky 1948, 1955a u. 1960].

Zum Erzeugen der scharfen Vielstrahl-Interferenzen sind einige Bedingungen einzuhalten, die Tolansky [1948, S. 21] folgendermaßen formuliert hat:

„1. Die Oberflächen müssen mit einer hochreflektierenden Schicht geringster Absorption bedeckt sein.

2. Diese Schicht muß (auf ihrer Oberseite) die Oberfläche genau wiedergeben (contour) und eine äußerst gleichmäßige Dicke besitzen.
3. Es müssen monochromatisches Licht oder höchstens einige monochromatische Wellenlängen größeren Abstandes benutzt werden.
4. Die Oberflächen, zwischen denen die Interferenzen entstehen, dürfen höchstens einige Lichtwellenlängen voneinander entfernt sein.
5. Es sollte paralleles Licht benutzt werden (Toleranz 1—3°).
6. Das Licht sollte vorzugsweise senkrecht einfallen.“

Die Bedingungen zum Erzeugen der Vielstrahlinterferenzen sind also sehr kritisch, was vielfach nicht beachtet worden ist; Beispiele wurden auf S. 86 erwähnt (vgl. auch Abschn. II, 45). Dadurch ergeben sich oft breitere Interferenzstreifen, die praktisch den Zweistrahlinterferenzen gleich sind; in bestimmten Verspiegelungsbereichen kann auch unter besonderen Umständen die Intensitätsverteilung der Interferenzstreifen unsymmetrisch werden [Holden 1951; Barrell und Preston 1951; Blanke und Lohmann 1957]. Manche industriellen Vielstrahl-Interferenzmikroskope (s. u.) sind auch mit weniger stark verspiegelten Interferenzplatten ausgerüstet, damit auch Zweistrahlinterferenzen erzeugt werden können.

Mit den scharfen Vielstrahl-Interferenzstreifen lassen sich Streifenauslenkungen wesentlich genauer messen als mit den breiteren Zweistrahl-Interferenzen; es ergeben sich so Meßgenauigkeiten von einigen Ångström-Einheiten [Tolansky 1948, S. 160]. Das verlangt aber genauestes Einhalten der oben genannten Bedingungen, sonst erstrecken sich die Mehrfachreflexionen über einen gewissen Objektbereich, so daß die Interferenzstreifen über diesen Bereich mitteln. (Vgl. dazu Abschn. II, 45). Dies kann bei ungünstigen, d. h. nicht sehr ebenen Objekten, bei größerem Abstand der Keilflächen oder bei nicht parallelem Beleuchtungsstrahlengang eintreten. Vor allem die letztere Bedingung schränkt die mikroskopische Anwendbarkeit des Verfahrens ein. Tolansky [1948, S. 29] erwähnt keine stärkeren Vergrößerungen als $M = 400:1$, und Faust [1952], der sich speziell mit der Anwendung der Vielstrahlinterferenzen in der Mikroskopie beschäftigt hat, weist darauf hin, daß die Auflösung wegen der parallelen Beleuchtung geringer als sonst üblich ist.

In der Durchlicht-Interferenzmikroskopie hat das Vielstrahlverfahren wenig Anwendung gefunden. Tolansky selbst und seine Mitarbeiter [z. B. Tolansky 1948, 1955 a u. 1960] haben verschiedentlich die Oberflächen durchsichtiger Objekte im Durchlicht untersucht, wobei diese die untere Keilfläche bildeten (vgl. auch Mohr und Zorll [1952/53]). Von anderen Autoren sind jedoch nach den Vorbildern von Frederikse und Merton durchsichtige Objekte zwischen teildurchlässigen Planparallelplatten untersucht worden. Während Frederikse und Merton, entgegen der Ansicht mancher Autoren, noch keine Vielstrahlinterferenzen benutzt haben (vgl. S. 86), liegen solche wohl bei den im folgenden genannten Autoren vor. Ambrose [1948] erwähnt neben der Untersuchung von Konzentrationsgradienten in Flüssigkeiten auch die von biologischen Dünnschnitten. O. W. RICHARDS [1949 u. 1951] untersucht Zellen und erhält dabei verhältnismäßig breite Interferenzstreifen. FAUST [1954] mißt mit diesem Verfahren Textilfasern aus. Die typischen schmalen Vielstrahlinterferenzen sind jedoch bisher nur bei noch dünneren Objekten veröffentlicht worden, offenbar weil sich nur bei diesen eine der wesentlichen Bedingungen, nämlich die des äußerst geringen Abstandes der Platten (vgl. S. 89), einhalten läßt. So haben WEBER und v. FRAGSTEIN [1954] Trägerfolien für die Elektronenmikroskopie untersucht und BACHMANN [1958] sowie BACHMANN und SITTE [1959] Ultradünnschnitte; in diesen Fällen wurden sehr scharfe Streifen erhalten. Die letztgenannten Autoren sowie HALLÉN und INGELSTAM [1952] verwenden neben der Durchlicht- auch Auflichtbeleuchtung; mit der letzteren ähnelt ihr Verfahren im Prinzip der Abdruckfilm-Immersionsmethode von ZEHENDER (S. 45/46). Theoretische Untersuchungen über die Vielstrahlinterferenzen bei durchsichtigen Objekten zwischen zwei teildurchlässigen Platten liegen vor von FRANÇON [1951b u. 1952d], NOMARSKI [1952a] und OSTERBERG [1955, S. 419ff]; störende Streifenauslenkungen, die zu Fehldeutungen führen können, beschrieb GLAUERT [1951], während LINDBERG [1957] sie erklärte.

Von den industriellen Vielstrahl-Interferenzmikroskopen sind nur die beiden Instrumente der Firma C. E. Johansson Aktiebolaget von vornherein neben der Auflicht- auch für die Durchlichtbeobachtung benutzbar. Für die Untersuchung von Oberflächen verschiedenster Art (meistens technische Oberflächen) wird das Vielstrahl-Verfahren dagegen häufig benutzt. SUGG [1953] erwähnt ein solches Instrument einfacher Art, das wohl nicht industriell hergestellt wird. Dagegen stellt die Industrie folgende Geräte her:

1. CEJ Multipel-Interferenzmikroskop Multimi der Firma C. E. Johasnson Aktiebolaget, Eskilstuna, Schweden [NN 1953a u. b; EDENHOLM und INGELSTAM 1954; HAIDEKKER 1954; NN 1955]. Dieses Instrument hat die Vergrößerungen $V = 50\times$ und $V = 100\times$ und ist von der Auflicht- zur Durchlichtbeobachtung umschaltbar. Es wird heute nicht mehr hergestellt, sondern ist abgelöst worden durch das unter 2. aufgeführte verbesserte Gerät.
2. CEJ-Multipel-Interferenzmikroskop Multimi Nr. 3000 der gleichen Firma [EDENHOLM und INGELSTAM 1960] (Abb. 45). Dieses Gerät ist ebenfalls von der Auflicht- zur Durchlichtbeobachtung umschaltbar; außerdem ist noch eine Zweistrahl-Auflichteinrichtung nach Art der Abb. 11 vorhanden.
3. Interferenz-Tester der Firma C. Reichert Optische Werke A. G., Wien [GABLER 1952, 1953a—c, 1954 u. 1956a u. b] (Abb. 46). Dieser ist ein einfaches Zusatzgerät für Auflichtmikroskope.
4. Kleines Interferenzmikroskop der Firma VEB Carl Zeiss JENA [KIRCHNER 1956; MEIER 1957] mit einer Gesamtvergrößerung von $V = 136\times$ (Objektiv $V = 8\times$).
5. Großes Interferenzmikroskop der Firma VEB Carl Zeiss JENA [LIPPERT 1959] (Abb. 47).
6. Surface Finish Microscope der Firma Hilger & Watts Ltd., London (Abb. 48).

Während die bisher besprochenen Vielstrahl-Interferenzmikroskope einen reellen Keil besitzen, hat RÄNTSCH [1949 b] in einer Patentanmeldung 7 Auflicht-Anordnungen angegeben, bei denen Mehrstrahlinterferenzen mit einem virtuellen Keil

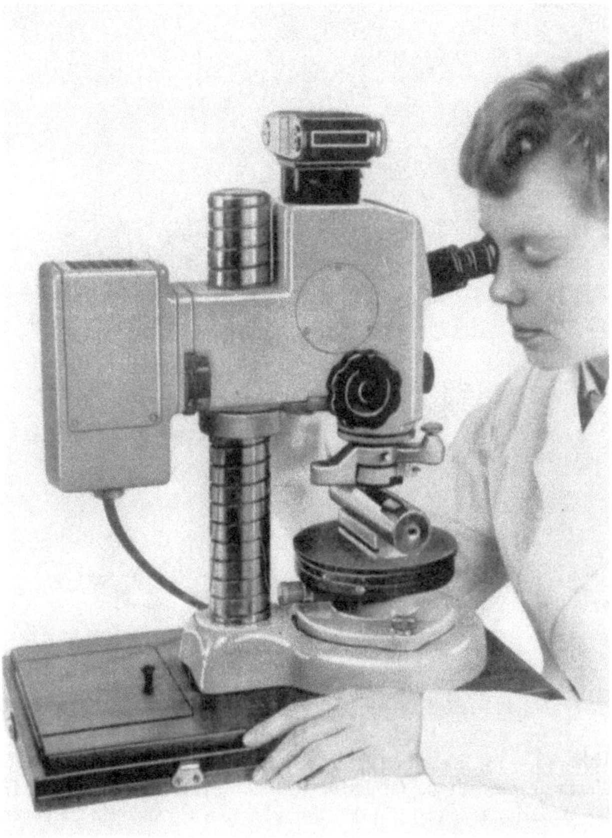

Abb. 45. CEJ-Multipel-Interferenzmikroskop Multimi Nr. 3000 der Firma C. E. Johansson Aktiebolaget, Eskilstuna, Schweden. Optisches Schema: wahlweise eine Auflicht-Vielstrahl-Anordnung nach Abb. 44, eine entsprechende Durchlicht-Anordnung oder eine Auflicht-Zweistrahl-Anordnung nach Abb. 11. Beleuchtungsaperturen 0,10, 0,20 und 0,30, Gesamtvergrößerung von 50× bis 450×. Die Vergleichsfläche für die Vielstrahl-Anordnung ist wahlweise mit Reflexionsvermögen von 0,4, 0,6 und 0,9 erhältlich.

erzeugt werden. Das Prinzip des Verfahrens soll an der einfachsten Anordnung erläutert werden (Abb. 49), die mit der Abb. 20 identisch ist bis auf die Tatsache, daß die teildurchlässige Fläche des Trennwürfels 4 um 90° gedreht worden ist.

Der reflektierte Anteil des an der teildurchlässigen Fläche aufgespaltenen Lichts gelangt direkt über die Tubuslinse 7 in das Okular. Der hindurchgegangene

Anteil wird von dem Vergleichsspiegel 1 reflektiert und gelangt über die teildurchlässige Fläche auf das Objekt 3, wo er wiederum reflektiert wird. Auf dem Rückweg gelangt ein Teil in das Okular, während der Rest nochmals an der teildurchlässigen Fläche reflektiert wird und den skizzierten Weg über die Vergleichsfläche und das Objekt erneut durchläuft, wobei wieder ein Teil von ihm abge-

Abb. 46. Interferenz-Tester der Firma C. Reichert Optische Werke A. G., Wien. Objektiv 18/0,25 auf Schlittenwechsler für das Metallmikroskop „MeF" der gleichen Firma. Es sind stark und wenig verspiegelte Prüfaufsätze (Vergleichsflächen) erhältlich, die eben (optisches Schema Abb. 44), konvex oder konkav (optisches Schema Abb. 8a oder b, wobei 3 sphärische Linsen darstellen) sein können. Die Krümmungsradien in den beiden letzten Fällen betragen wahlweise 3,0 und 1,5 mm.

spalten wird. Objekt und Vergleichsfläche werden auf diese Weise reell aufeinander abgebildet, und es entsteht eine große Anzahl von Teilstrahlen, wenn die Daten der teildurchlässigen Fläche in geeigneter Weise gewählt werden. Die Anordnungen von Räntsch können jedoch nur im hochmonochromatischen Licht benutzt werden, da die Gangunterschiede zwischen den einzelnen Teilstrahlen beträchtlich sind.

Nach dieser kurzen Einfügung soll nun die Behandlung des reellen Keils fortgesetzt werden. Als nächste Art der Strahlenteilung folgt die Teilung durch

Doppelbrechung. Die in diese Gruppe fallenden Interferenzmikroskope sind nichts anderes als die Polarisationsmikroskope. (Abb. 50c). Die Aufspaltung der Strahlen erfolgt hier im doppelbrechenden Objekt, ebenso wie bei den auf S. 82ff behandelten Interferenzen im Objekt (Abb. 50a). Die Gangunterschiede kommen hier jedoch nicht durch verschieden häufiges Durchlaufen des Objekts zustande, wie es dort der Fall war. Sie ergeben sich vielmehr durch die verschiedene Brechung, die die beiden aufgespaltenen und verschieden polarisierten Anteile erleiden; die stärker gebrochene Wellenfront wird gewissermaßen stärker durch das Objekt

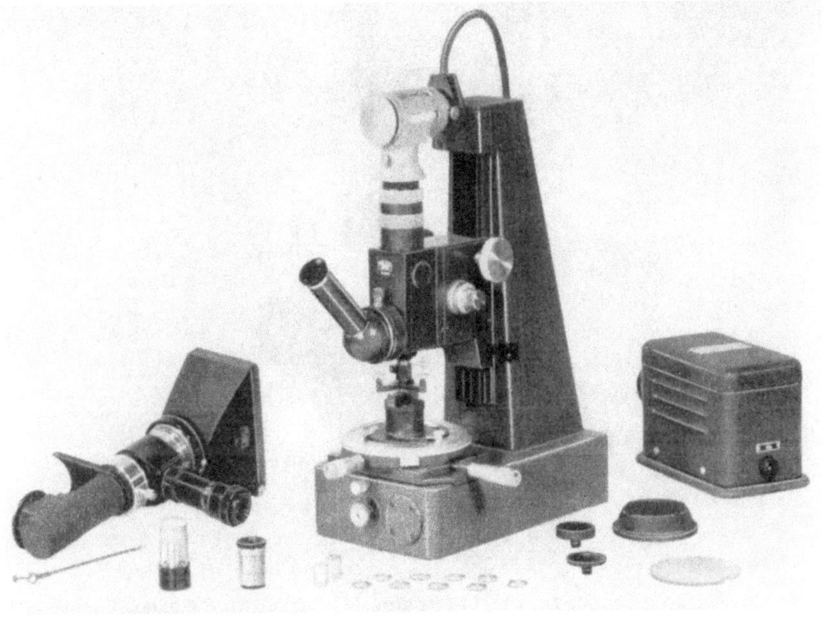

Abb. 47. Großes Interferenzmikroskop des VEB Carl Zeiss JENA. Optisches Schema Abb. 44. Objektive 10/0,30 und 20/0,40. Gesamtvergrößerung von 70× bis 340×. Vergleichsflächen mit hohem und geringem Reflexionsvermögen auswechselbar. Links die Photoeinrichtung, die statt des Beobachtungstubus aufgesetzt werden kann.

deformiert als die weniger stark gebrochene. Die Wiedervereinigung der Strahlen erfolgt hier durch die Brechung im Objektiv.

Da die Brechungsindizes der beiden in doppelbrechenden Objekten entstehenden Anteile sich verhältnismäßig wenig voneinander unterscheiden, ist das Polarisationsmikroskop weniger empfindlich als etwa die Interferenzen im Objekt bei einem nicht doppelbrechenden Objekt gleicher Form; bei diesem durchläuft der eine Anteil die doppelte Objektdicke mehr als der andere. Daß die ausgefeilte Technik der Polarisationsmikroskopie noch Tausendstel einer Ordnung zu messen gestattet, darf nicht darüber hinwegtäuschen, daß eine Ordnung hier einer wesentlich größeren Objektdicke entspricht als bei den meisten Interferenzverfahren.

Es läßt sich noch eine weitere Parallele anführen. Statt der Interferenzen im Objekt können auch Interferometer benutzt werden, bei denen die Strahlenteilung ebenso wie dort durch teildurchlässige Flächen erfolgt. Abb. 50b zeigt

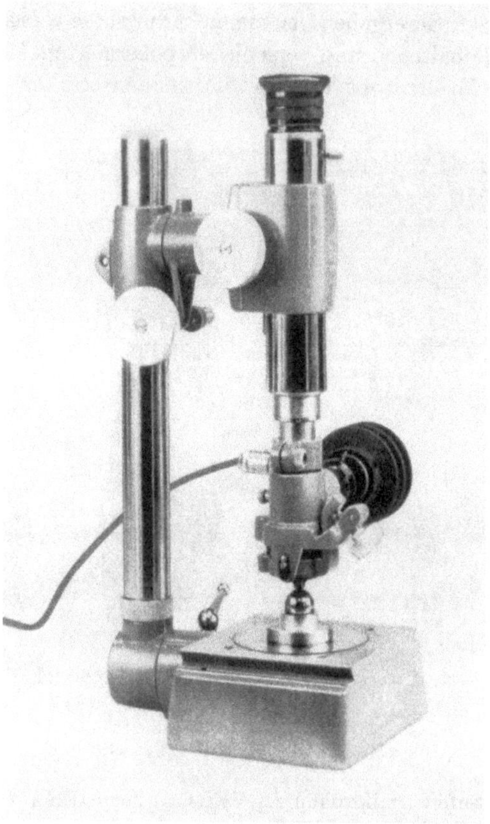

Abb. 48. Surface Finish Microscope der Firma Hilger and Watts Ltd., London. Optisches Schema Abb. 44. Objektivapertur 0,28, Gesamtvergrößerung 125×. Ebene Vergleichsflächen mit Reflexionsvermögen 0,45 oder 0,65 sowie halbkugelförmige oder zylindrische Vergleichsflächen mit Reflexionsvermögen 0,45 und je 6 verschiedenen Krümmungsradien erhältlich.

eine solche Anordnung nach dem Schema des Interferenzmikroskops von Sirks (Abb. 28, S. 66). Im Gegensatz zu der Benutzung durch Sirks befindet sich das Objekt hier in beiden Teilstrahlengängen; es liegt also ein sogenanntes Shearing-Verfahren vor, wie es in Abschnitt 2212 behandelt werden wird. Die entsprechende Parallele zum Polarisationsmikroskop (Abb. 50c) ist ein Interferenzmikroskop, bei dem die Strahlenteilung ebenfalls durch Doppelbrechung erfolgt (Abb. 50d).

Das Objekt kann dann nichtdoppelbrechend sein. Die Anordnung Abb. 50d ist das Interferenzmikroskop von LEBEDEFF (Abb. 54 bis 56, S. 101—103), das im folgenden Abschnitt 2212 behandelt werden wird; es ist gleichfalls ein Shearing-Verfahren.

Daß das Polarisationsmikroskop nach ROSENBERG [1953] nicht die Phasenstruktur an sich, sondern nur ihre Abhängigkeit vom Charakter[1]) des polarisierten Lichts zeigt, spricht nicht gegen diese Einordnung. Es ist in der Mikroskopie der Phasenstrukturen stets nötig,

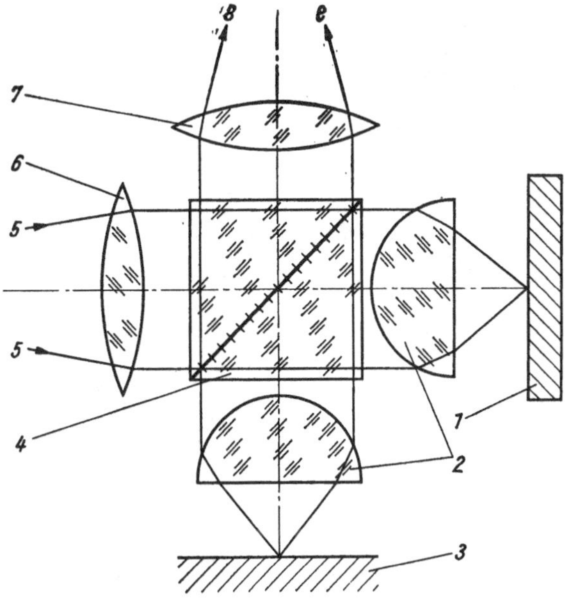

Abb. 49. Auflicht-Interferenzmikroskop von RÄNTSCH.

1 – Vergleichsfläche; *2* – Objektive; *3* – Objekt; *4* – Trennwürfel; *5* – einfallendes Licht; *6* – Kollimator; *7* – Tubuslinse; *8* – zum Okular.

die Abhängigkeit des beobachteten Bildes von der Wellenlänge des benutzten Lichts zu berücksichtigen. Die Wellenlänge im doppelbrechenden Objekt ist jedoch von der Polarisationsrichtung abhängig. Daß ferner nach WOLTER [1951a] doppelbrechende Strukturen mit der gleichen Anordnung und gleichzeitig mit nichtdoppelbrechenden Phasenstrukturen sichtbar gemacht werden können, wobei sie sich von diesen durch ihre Farbe unterscheiden, spricht ebenfalls nicht gegen die Einordnung der Polarisations- in die Interferenzmikroskopie. Die erstgenannten Strukturen werden nämlich mittels eines Polarisatiosmikroskops mit Polarisationsdektor, die letztgenannten mittels Phasenkontrast sichtbar gemacht (vgl. Abschn. 31, Die kombinierten Verfahren).

2212. Objekt- und Vergleichswellenfront seitlich gegeneinander verschoben

Bei den hier zu besprechenden Anordnungen werden die vom Objekt beeinflußten Wellenfronten verdoppelt (in einem Falle auch vervielfacht), so daß zwei Anteile gleicher oder nahezu gleicher Form entstehen. Diese werden senkrecht

[1]) D. h. von Form und Lage der Schwingungsellipse.

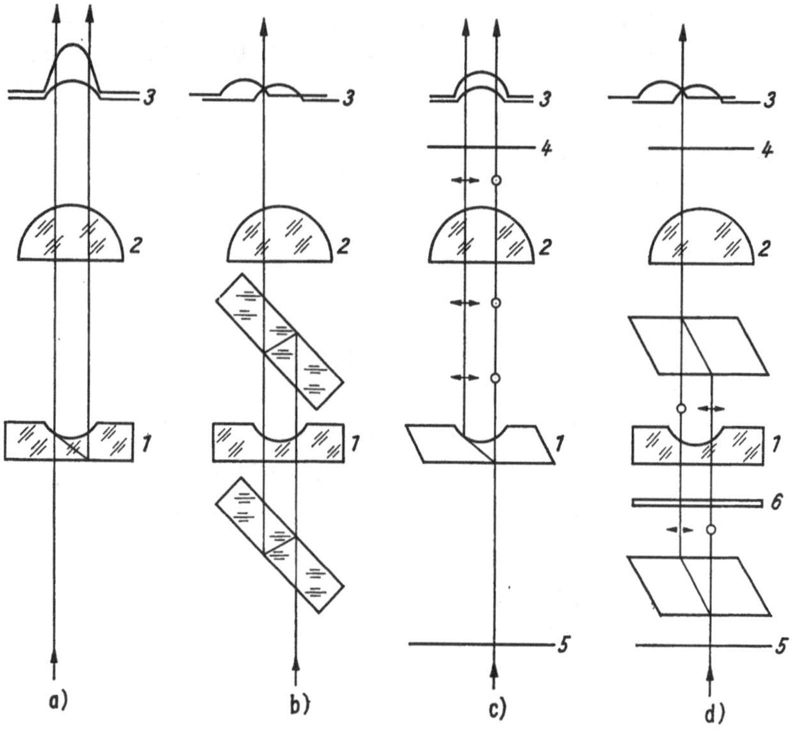

Abb. 50. Zur Einordnung des Polarisationsmikroskops unter die Interferenzmikroskope (schematisch).

a) Interferenzen im Objekt, b) Interferenzmikroskop von SIRKS (vgl. Abb. 28), c) Polarisationsmikroskop, d) Interferenzmikroskop von LEBEDEFF (vgl. Abb. 54).
1 – Objekt (bei c) doppelbrechend); 2 – Objektiv; 3 – die beiden Teilwellenfronten in der Bildebene; 4 – Analysator; 5 – Polarisator; 6 – Halbwellenlängenplatte.

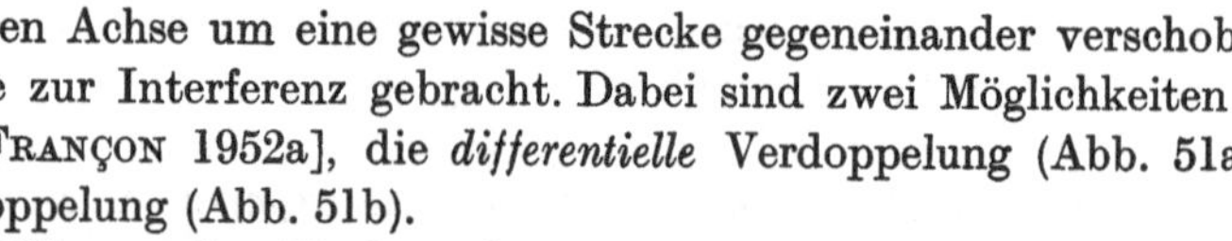

Abb. 51. Die beiden Arten der Verdoppelungsverfahren (schematisch).
a) differentielle Verdoppelung (Verschiebung geringer als das Auflösungsvermögen), b) totale Verdoppelung.

zur optischen Achse um eine gewisse Strecke gegeneinander verschoben und in dieser Lage zur Interferenz gebracht. Dabei sind zwei Möglichkeiten zu unterscheiden [FRANÇON 1952a], die *differentielle* Verdoppelung (Abb. 51a) und die *totale* Verdoppelung (Abb. 51b).

Bei der differentiellen Verdoppelung wird die Strecke, um die die beiden Teilwellenfronten seitlich gegeneinander verschoben sind, kleiner als das Auflösungsvermögen des benutzten Beobachtungssystems gewählt. Die Objekte zeigen daher keine Doppelkonturen. Dennoch sind an den Stellen, an denen die Wellenfronten nicht senkrecht zur optischen Achse liegen, die Gangunterschiede groß genug, um durch die Interferenz Helligkeitsunterschiede oder im weißen Licht Interferenzfarben zu erzeugen (Vgl. Farbtafel XIX, Abb. 3). Ebenso wie in der Polarisationsmikroskopie verschiebt man außerdem oft die beiden Wellenfronten *in* Richtung der optischen Achse soweit gegeneinander, daß der Gangunterschied der vom Objekt unbeeinflußtenl Teile der Wellenfronten im weißen Licht die empfindliche Interferenzfarbe vioett, die „teinte sensible", hervorruft; geringe Phasenänderungen nach der einen oder der anderen Seite, die durch das Objekt hervorgerufen werden, ergeben dann Interferenzfarben, die sich besonders deutlich von dem violetten Untergrund abheben.

Die Deutung des Interferenzbildes ist hier völlig anders als die oben häufig erwähnte Niveauliniendeutung. Aus den Helligkeitsänderungen bzw. den Interferenzfarben läßt sich die differentielle, in der Richtung der Verschiebung der Teilwellenfronten gemessene Phasenänderung des Objekts ablesen.

Bei der totalen Verdoppelung (Abb. 51b) werden die beiden Teilwellenfronten soweit seitlich gegeneinander verschoben, daß von jedem Objekt Doppelkonturen sichtbar sind. Wenn ein Objekt einen geringeren Durchmesser hat als die Verschiebungsstrecke der Wellenfronten beträgt und sich keine weiteren Objekte in seiner unmittelbaren Nachbarschaft befinden, dann wird dem Bild dieses Objekts die ungestörte Umgebung untergeschoben (Vgl. Farbtafel XIX, Abb. 4). Hier ist also in kleinen Bereichen des Gesichtsfeldes eine Niveauliniendeutung in gleicher Weise möglich, wie sie bei den meisten Verfahren des Abschnitts 21 im ganzen Gesichtsfeld möglich war. Es ist auch bei vielen Anordnungen möglich, die beiden Teilwellenfronten gegeneinander zu neigen und somit vom waagerechten Schnitt, der durch die Parallelstellung beider gegeben ist, zum schrägen Schnitt überzugehen.

Ebenso wie bei der differentiellen Verdoppelung können auch hier beide Wellenfronten in Richtung der optischen Achse um ein geringes Stück gegeneinander verschoben werden; die beiden Teilbilder des Objekts liegen dann nicht mehr in der gleichen Ebene (vgl. Abb. 51a und b), und es tritt auch zwischen den ungestörten Teilen der Wellenfronten ein Gangunterschied auf.

Bei der totalen Verdoppelung kann eine der beiden Teilwellenfronten das Objekt auch unscharf wiedergeben, wie es z. B. durch Abbildungsfehler möglich ist (s. u.). Wenn die Objekte in der erwähnten Weise klein sind und größere Abstände haben, dann ist wenigstens in dem anderen Objektbild die Niveauliniendeutung möglich.

Schwierig wird die Deutung des Interferenzbildes, wenn die Objekte so ausgedehnt sind, daß ihre Bilder sich überlagern. Sind beide Bilder scharf, dann kann man die entstehenden Interferenzstreifen als Niveau*differenz*linien bezeichnen, d. h. als Linien gleicher Niveaudifferenz zwischen jeweils zwei um die Verschiebungsstrecke voneinander entfernen Objektpunkten. Dies gilt für den Fall der nicht gegeneinander verkippten Teilwellenfronten; werden diese gegeneinander gekippt, dann ist die Deutung zu modifizieren.

Während die Niveauliniendeutung meist als anschaulich empfunden wird, vielleicht weil sie von der Kartographie her bekannt ist, gilt dies für die Niveaudifferenzliniendeutung nicht mehr. In einigen wenigen Fällen kann das Niveaudifferenzlinienbild eines Objekts einfacher als das Niveaulinienbild sein. Z. B. ergeben sich bei einer Kugeloberfläche im ersten Falle näherungsweise äquidistante gerade Streifen, im zweiten Falle konzentrische Kreise, deren Radien nach einem bestimmten Gesetz zunehmen. Abweichungen von der Kugelform sind im ersten Falle sogleich daran zu erkennen, daß die Interferenzstreifen nicht mehr gerade sind, während im zweiten Falle erst mühsam nachgeprüft werden muß, ob das Abstandsgesetz der Radien noch erfüllt ist.

Meist ist jedoch eine so einfache Deutung nicht möglich. Außerdem ist zu bedenken, daß aus einer Differenz häufig nicht eindeutig auf die absoluten Größen,

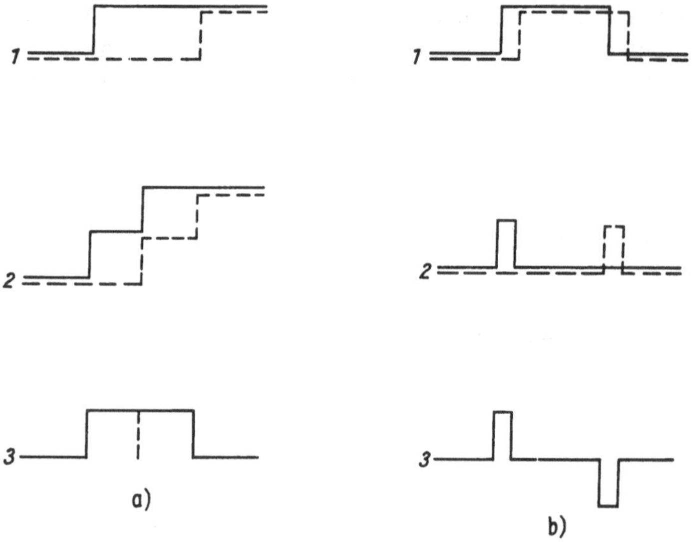

Abb. 52. Mangelnde Eindeutigkeit der Verdoppelungsverfahren in speziellen Fällen. Es wird an zwei Beispielen a) und b) gezeigt, daß jeweils zwei verschiedene, seitliche verschobene Objektwellenfronten *1* und *2* die gleiche resultierende Wellenfront *3* ergeben können.

aus denen sie erzeugt wurde, geschlossen werden kann. In Abb. 52a und b sind zwei verschiedene Möglichkeiten dargestellt, bei denen zwei verschiedene Paare 1 und 2 seitlich verschobener gleicher Wellenfronten die gleiche Phasendifferenz 3 ergeben können; während im Falle a das Objekt 2 von dem Objekt 1 noch durch die mittlere Kante (in 3 gestrichelt) unterschieden werden kann, fehlt ein solches Unterscheidungsmerkmal im Fall b. Man kann jedoch in Zweifelsfällen gelegentlich Aufklärung über die Gestalt des Objekts erhalten, wenn man sein Azimut ändert, d. h. es um die optische Achse dreht, während die Verschiebungsrichtung in bezug auf das Mikroskop fest bleibt.

Schließlich ist noch zu erwähnen, daß man nicht mehr von Niveaudifferenzlinien sprechen kann, wenn die beiden Objektbilder einander überlagern und das eine, wie oben erwähnt, etwa durch Abbildungsfehler unscharf ist. Eine einwandfreie quantitative Deutung des Interferenzbildes ist dann nicht mehr möglich. Es kann jedoch, vor allem bei sehr differenzierten Objekten, als Vorteil empfunden werden, wenn die störende Doppelkonturen gemildert werden. Dann lassen sich nämlich zum mindesten noch Phasenunterschiede im Objekt sichtbar machen, obgleich in größeren Bereichen die Ungleichmäßigkeit des Untergrundes stört (Vgl. Abb. 5, Tafel XIX). Am häufigsten werden jedoch bei totaler Verdoppelung kleine Objekte mit einem gewissen gegenseitigen Abstand beobachtet, so daß die Niveauliniendeutung möglich ist.

Es gibt nur wenig Verdoppelungsverfahren, oder „Shearing"-Verfahren, wie sie im Englischen genannt werden, mit Strahlenteilung durch teildurchlässige Flächen. Bates [1947] hat ein Untersuchungsobjekt, beispielsweise einen Spiegel, mit einer spaltförmigen Lichtquelle beleuchtet und *hinter* dem Objekt ein Mach-Zehnder-Interferometer angebracht. Durch geeignete Justierung des letzteren erreichte er, daß die von dem Spiegel reflektierten Wellenfronten in zwei Anteile aufgespalten und seitlich gegeneinander verschoben wurden. Er nannte diese Anordnung Shearing-Interferometer. Dieses Prinzip hat er auch auf das Mikroskop angewandt, jedoch gibt es keine ausführliche Beschreibung seiner Anordnung, sondern nur kurze Erwähnungen durch andere Autoren [Barrell 1949; Barer 1955]. Nach diesen wurde der Beleuchtungsspalt in der unteren Brennebene des Kondensors angebracht und das Interferometer in ein Okular eingebaut. Dieses war das erste in der Reihe der Interferenzokulare, die eine elegante Lösung des Problems, ein normales Mikroskop in möglichst einfacher Weise in ein Interferenzmikroskop umzuwandeln, darstellen. Nach Barer [l. c.] benutzt Bates totale Verdoppelung, und zwar erscheint ein Objektbild im „bright-contrast" (heller als die Umgebung), das andere im „dark-contrast" (dunkler als die Umgebung).

Nomarski hat nach dem Vorbild des „Duplicateur Michelson" von Lenouvel und Lenouvel [1938] ein Michelson-Interferometer benutzt, dessen Spiegel sich in der hinteren Brennebene des Objektivs befinden (Abb. 53) [Nomarski und Weill 1955]. Der eine der Spiegel ist etwas aus der zur optischen Achse senkrechten Stellung herausgedreht und bewirkt damit eine Drehung des einfallenden Strahls, die einer seitlichen Verschiebung des Objekts bzw. seines Bildes äquivalent ist. Dies folgt z. B. aus dem Dualitätsprinzip von Lohmann [1953 u. 1954]. Beleuchtet wird hier ebenfalls mit einem Spalt, der sich in der unteren Brennebene des Kondensors befindet und parallel zur Drehachse des gedrehten Spiegels verläuft. Nomarski empfindet jedoch die Justierung des Michelson-Interferometers als zu schwierig und wendet sich daher seinen (auf S. 108ff behandelten) doppelbrechenden Anordnungen zu, mit denen das gleiche erreicht wird.

Gärtner [1958] benutzte statt des Michelson-Interferometers einen reellen Keil, der im Bilde der hinteren Brennebene des Objektivs angebracht war; diese ist bei den stärkeren Objektiven nicht zugänglich und wird daher durch ein Hilfssystem etwa im Maßstab 1:1 abgebildet. Er benutzte entweder einen festen Keil, der durch Aufdampfen von Lithiumfluorid gewonnen wurde, oder einen Keil mit variablem Keilwinkel, der aus den beiden einander zugekehrten Flächen zweier Prismen gebildet war. Wiederum wurde ein Spalt im Kondensor benutzt. Mit dem festen Keil erreichte GÄRTNER differentielle Verdoppelung, mit dem variablen wahlweise differentielle oder totale Verdoppelung verschiedener Größe.

NOMARSKI [1952 b] (vgl. FRANÇON [1954 a, S. 108f]) hat praktisch die gleiche Anordnung schon früher zum Patent angemeldet. Er wählt jedoch eine höhere Verspiegelung der Keilflächen und erzeugt damit Vielstrahlinterferenzen am Keil. Das Bild des Lichtquellenspalts legt er auf die Stelle stärksten Intensitätsabfalls an der Flanke eines der Interferenzstreifen. Der Keil muß sich nicht notwendig in der Brennebene des Objektivs befinden; wichtig ist nur, daß der Lichtquellenspalt genau an dem Ort abgebildet wird, an dem die Interferenzen dieses Keils lokalisiert sind, was sich mittels eines Hilfsmikroskops, wie es beim Phasenkontrastverfahren üblich ist, nachprüfen läßt.

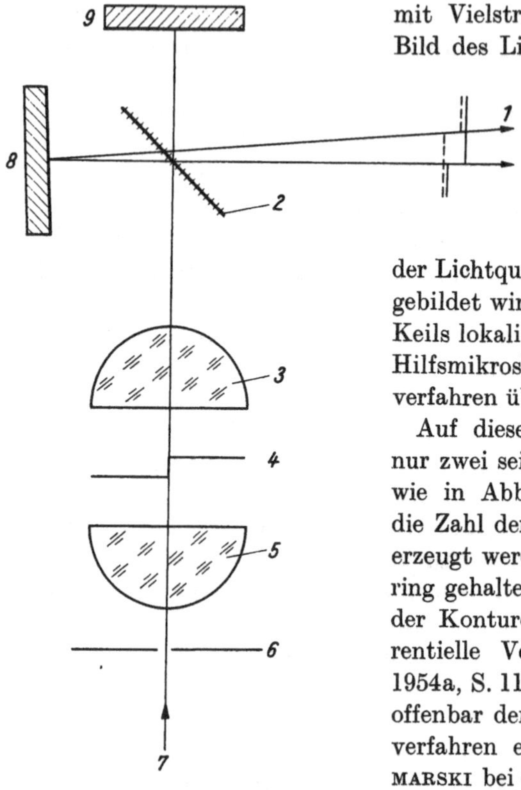

Abb. 53. Durchlicht-Interferenzmikroskop von NOMARSKI.
1-Zwischenbildebene mit seitlich verschobenen Wellenfronten; 2 - teildurchlässige Fläche; 3 - Objektiv; 4 - vom Objekt beeinflußte Wellenfront; 5 - Kondensor; 6 - Spaltblende; 7 - einfallendes Licht; 8 und 9 - ebene Spiegel.

Auf diese Weise erhält NOMARSKI nicht nur zwei seitlich verschobene Wellenfronten wie in Abb. 51 a, sondern ebensoviele wie die Zahl der Teilstrahlen beträgt, die im Keil erzeugt werden. Der Keilwinkel wird so gering gehalten, daß noch keine Verbreiterung der Konturen erfolgt, daß also noch differentielle Verdoppelung vorliegt [FRANÇON 1954a, S. 110/11]. Das Interferenzbild ähnelt offenbar dem von differentiellen Zweistrahlverfahren erzeugten, ist jedoch nach NOMARSKI bei der angegebenen Flankenlage des Lichtquellenbildes besonders empfindlich gegen geringe Phasenänderungen. Diese Deutung gilt aber nur für größere Objekte [FRANÇON l. c.].

Bei kleinen Objekten ergibt sich eine ähnliche Wirkung wie beim Phasenkontrastverfahren [FRANÇON l. c]. Hier wird nur die Phase des direkten Lichts in definierter Weise verändert, weil dieses auf eine bestimmte Stelle des Keils fällt. Das gebeugte Licht breitet sich jedoch, weil das Objekt klein ist, über den ganzen Keil aus und wird im Mittel daher keine Phasenänderung gegenüber dem direkten Licht erfahren.

NOMARSKI [1952b] bemerkt auch, daß statt der geraden Interferenzstreifen in der hinteren Brennebene auch solche anderer Form, z. B. kreisförmige, benutzt werden können. Er erwähnt eine Anordnung zum Erzeugen NEWTONscher Ringe an der Stelle des Keils, zu der im Kondensor eine ringförmige Blende variablen Durchmessers benutzt wird. Es können jedoch zum Beleuchten auch mehrere konzentrische Ringblenden oder ein zweites, ebenfalls Ringe erzeugendes Interferometer benutzt werden. Besonders elegant ist die Lösung mit einer Ringblende und einem Spiegelobjektiv, bei dem das Interferometer aus einer dünnen, auf den Hohlspiegel des Spiegelobjektivs aufgedampften Schicht besteht. SMITH [1947] erwähnt eine Shearing-Anordnung mit einem reellem Keil, bei dem jedoch die Strahlenteilung durch Doppelbrechung erfolgt. Die Wiedervereinigung kann in derselben Weise erfolgen.

Bemerkenswert ist, daß es bei keiner der erwähnten Shearing-Anordnungen möglich war, von der spalt- oder ringförmigen Beleuchtung abzugehen und die volle Beleuchtungsapertur zu benutzen. Dies ist heute nur bei einigen Anordnungen der allerdings wesentlich größeren Gruppe der Fall, bei der die Strahlenteilung durch Doppelbrechung erfolgt.

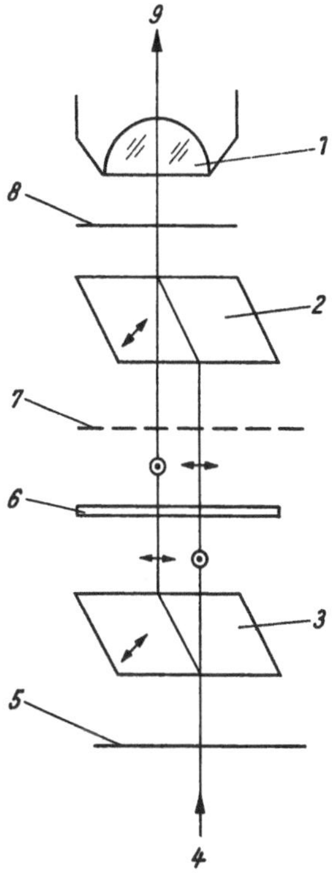

Abb. 54. Durchlicht-Interferenzmikroskop von LEBEDEFF.
1 – Objektiv; 2 und 3 – Kalkspat- oder Quarzplatten; 4 – einfallendes Licht; 5 – Polarisator; 6 – Halbwellenlängenplatte; 7 – Objektebene; 8 – Analysator; 9 – zum Okular.

Der erste, der überhaupt ein Verdoppelungsverfahren unter dem Mikroskop benutzt hat, war LEBEDEFF [1930]. Das von ihm benutzte Interferometer (Abb. 54) ist von JAMIN im Jahre 1868 angegeben worden. Es besteht aus zwei planparallelen, gleich dicken Kalkspat- oder Quarzplatten, die unter 45° zur optischen Achse geschnitten und gleich orientiert sind. Das Licht tritt durch einen Polarisator 5 ein, dessen Schwingungsrichtung um 45° gegen die Zeichenebene gedreht ist und wird in der ersten Kristallplatte 3 in einen ordentlichen und einen außerordentlichen Anteil aufgespalten; der erste schwingt, wie in Abb. 54 angedeutet, senkrecht zur Zeichenebene, der zweite in derselben. Durch eine Halbwellenlängenplatte 6, die die Phasen beider Anteile um eine halbe Wellenlänge gegeneinander verschiebt, werden die beiden Schwingungsrichtungen miteinander vertauscht. Der bisherige außerordentliche Strahl geht daher nunmehr als ordentlicher Strahl durch die obere Kristallplatte hindurch, während der ordentliche zum außerordentlichen wird. Damit wird Gleichheit des Gangunterschieds erreicht. Der Analysator 8, der mit dem Polarisator 5 gekreuzt ist, bewirkt, daß die beiden genannten Anteile miteinander interferieren.

Die Abb. 55 und 56 zeigen den äußeren Anblick des LEBEDEFFschen Instruments; sie sind die ältesten bisher bekannten Abbildungen eines Interferenzmikroskops. Das Mikroskop ist ein sogenanntes „Theodolitmikroskop“, das von der Firma C. Fuess in Berlin von 1910 ab hergestellt wurde (vgl. LEUTWEIN [1955]). Es ist ein Polarisationsmikroskop mit synchroner Nicoldrehung und kippbarem Tisch, der als Vorläufer des FEDOROWschen Universaldrehtischs anzusehen ist [LEUTWEIN l. c.].

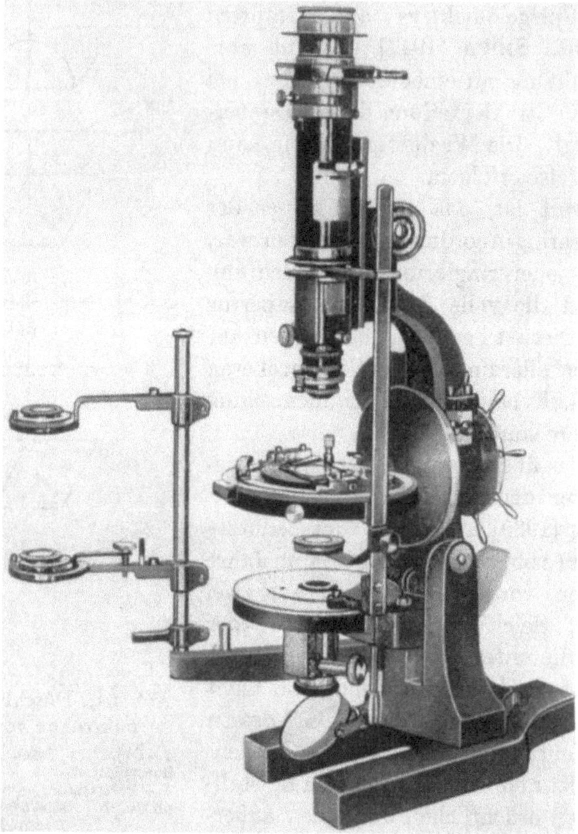

Abb. 55. Durchlicht-Interferenzmikroskop von LEBEDEFF. Die älteste bisher bekannte Abbildung eines Interferenzmikroskops (1930). Optisches Schema nach Abb. 54. Die beiden Kristallplatten sind aus dem Strahlengang geschwenkt. Die Halbwellenlängenplatte ist unterhalb des Objekttischs sichtbar.

LEBEDEFF bemerkt, er benutze ein Mikroskop, um mit dünneren Kristallplatten auszukommen. Die seitliche Verschiebung der beiden Strahlenanteile ist nämlich recht gering; sie beträgt beim Kalkspat 0,11 d und beim Quarz 0,0059 d, wobei d die Dicke jeder der beiden Platten ist. Ohne Mikroskop sind also beträchtliche Dicken erforderlich, wenn eine gut sichtbare Verschiebung erreicht werden soll, und außerdem sind die Anforderungen an die Ebenheit der Platten hoch. Für das Mikroskop dagegen sieht LEBEDEFF eine Verschiebung von 0,06 mm, wie sie mit Quarzplatten von 10 mm Dicke zu erzielen ist, als ausreichend an. Er benutzte Objektive von 32 und 22 mm Brennweite und Vergrößerungen bis $V = 100\times$. Nimmt man als geringste Apertur 0,1 an, so ergibt sich ein Auflösungsvermögen von etwa 5 μ. LEBEDEFF benutzte also totale Verdoppelung, denn die Verschiebung ist mehr als zehnmal größer als die Auflösung. Die Verdoppelungsmethode ist also eine zwangsläufige Folge der benutzten Anordnung,

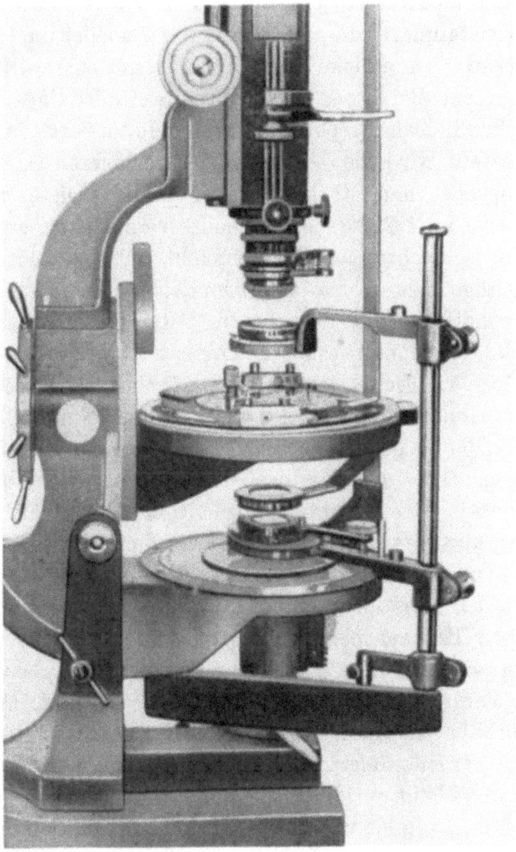

Abb. 56. Durchlicht-Interferenzmikroskop von LEBEDEFF, Teilansicht.

weil diese nur geringe Verschiebungen (im Vergleich zum Durchmesser des Gesichtsfeldes) zuläßt. SIRKS und PRINGSHEIM konnten dagegen bei ihren ähnlichen Anordnungen (Abb. 28 u. 29), die größere Verschiebungen zulassen, bei nicht zu großen Objekten ohne Verdoppelung auskommen und erwähnen diese daher auch nicht.

Das Verfahren von LEBEDEFF hat zwei Nachteile: Die Halbwellenlängenplatte erfüllt ihre Funktion streng nur für eine einzige Wellenlänge, und außerdem sind bei schief einfallenden Strahlen die Schwingungsrichtungen des ordentlichen und des außerordentlichen Strahls nicht mehr um 45° zur Schwingungsrichtung des Analysators gedreht. Das bedeutet Beschränkung auf monochromatisches Licht und geringe Beleuchtungsaperturen. Dazu kommt noch, daß die relativ dicken Kristallplatten keine hohe Beobachtungsapertur zulassen. DYSON [1953b] hat diese Schwierigkeit überwunden, indem er an die obere Kristallplatte eine Glashalbkugel zur Vergrößerung des Arbeitsabstandes des Objektivs ankittete. Diese Anordnung ist sicher ähnlich wie der obere Teil der Abbildung 31 zu denken, wobei 3 dann die Kristallplatte darstellt, während 2 wieder die Glashalbkugel ist. Damit gelingt es DYSON, 5 mm dicke Kristallplatten mit einem Objektiv von 4 mm Brennweite zu benutzen. Bei dieser kurzen Brennweite ist eines der beiden Bilder wegen der unterschiedlichen Brechung soweit defokussiert, daß es nicht mehr sichtbar ist. Eingestellt wird also — wegen der geringeren Abbildungsfehler — auf das von den ordentlichen Strahlen erzeugte Bild. Dieses Verfahren gehört eigentlich in den Abschnitt 2223, jedoch sollte es als Ergänzung hier erwähnt werden. Über die Beleuchtungsapertur macht DYSON keine Angaben; er erwähnt jedoch einige neue polarisationsoptische Hilfsmittel, die das Ausmessen der Phasendifferenzen erleichtern. Von dem LEBEDEFFschen Verfahren kann auch das *Polarisations-Interferenzmikroskop* von NEUGEBAUER [NEUGEBAUER 1955; v. FRAGSTEIN 1956] abgeleitet werden. Bei diesem werden ebenfalls je eine Kalkspatplatte vor Kondensor und Objektiv benutzt, jedoch ist die eine Platte gegenüber der Anordnung in Abb. 54 um 180° um die optische Achse gedreht. Die Halbwellenlängenplatte entfällt hier, denn der aus der unteren Kristallplatte austretende ordentliche Strahl läuft als ordentlicher in der oberen weiter, und entsprechend der außerordentliche als außerordentlicher. Dadurch entsteht hier, anders als bei LEBEDEFF, ein Gangunterschied zwischen beiden Strahlenanteilen, der durch eine dritte, in Lichtrichtung vor den beiden anderen angebrachte Kalkspatplatte kompensiert wird. Die Kalkspatplatten sind je 0,3 mm dick, wodurch eine Seitenversetzung von 30 μ erreicht wird. Das Gerät wurde bis zu Vergrößerungen von 1000—1200 $\times$ benutzt. Mit Viertelwellenlängenplatte und drehbarem Analysator wurden Dickenmessungen mit einer Genauigkeit bis zu 5 Å vorgenommen. Die Anordnung von NEUGEBAUER kann auch als Interferenzokular gebaut werden. Sie hat dann gegenüber dem sogleich zu behandelnden Interferenzokular von FRANÇON den Vorteil, daß in dem einen Teilstrahlengang kein Astigmatismus entsteht, weil dieser nur aus ordentlichen Strahlen besteht. Die Kompensationsplatte wird dabei natürlich wieder vor dem Objekt angebracht.

FRANÇON hat in einer Reihe von Arbeiten [FRANÇON 1951a, 1952a bis c, 1953a u. b, 1954a S. 113, 1954b, 1957a, 1958] ein anderes Prinzip entwickelt. Der Hauptbestandteil desselben ist eine SAVARTsche Doppelplatte. Diese besteht aus zwei Kristallplatten mit gleicher Achsenlage wie in Abb. 54, jedoch ist die eine Platte gegenüber der anderen um 90° gedreht, wobei die optische Achse die Drehachse darstellt. Eine solche SAVARTsche Doppelplatte ist in Abb. 57a schematisch dargestellt. Aus dieser Abbildung geht hervor, daß ein ordentlicher Strahl der ersten Platte in der zweiten zum außerordentlichen wird und z. B. horizontal (in der Zeichnung) abgelenkt wird, während ein in der ersten Platte nach oben abgelenkter außerordentlicher Strahl nun als ordentlicher Strahl nicht mehr abgelenkt wird. Das in die Doppelplatte eintretende Licht wird also in zwei um die Strecke A_2O_2 seitlich

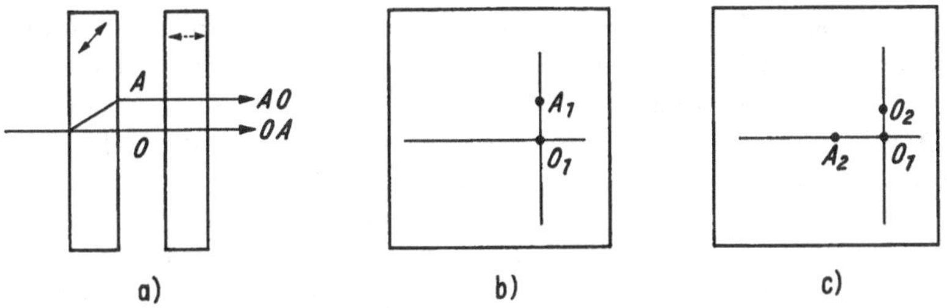

Abb. 57. Die Wirkung der SAVARTschen Doppelplatte (schematisch nach FRANÇON [1954a]).
a) von der Seite gesehen. Die optische Achse der rechten Platte ragt um 45° aus der Zeichenebene heraus. O = ordentlicher Strahl, A = außerordentlicher Strahl.
b) die erste Platte von oben; der ordentliche Strahl O_1 und der außerordentliche Strahl A_1 sind voneinander getrennt.
c) die zweite Platte von oben; der außerordentliche Strahl A_1 ist zum ordentlichen Strahl O_2 geworden und wird daher nicht verschoben, während der ordentliche Strahl O_1 zum horizontal verschobenen außerordentlichen Strahl A_2 wird.

verschobene Anteile aufgespalten, von denen jeder einmal die Rolle des ordentlichen und einmal die Rolle des außerordentlichen Anteils gespielt hat.

Bei dieser Anordnung wird die Halbwellenlängenplatte entbehrlich. Das Objekt befindet sich jedoch nicht zwischen den Platten, sondern vor ihnen. Eine besonders vorteilhafte Anordnung ist das FRANÇONsche Interferenzokular [FRANÇON l. c.], wie es im oberen Teil der Abb. 58 schematisch dargestellt ist. Die SAVARTsche Doppelplatte 3 wird zwischen der Feldlinse 4 und der Augenlinse 1 des Okulars angebracht. Erforderlich sind ferner ein Polarisator 11 vor und ein Analysator 2 hinter der Doppelplatte. Beide können entweder gekreuzt sein oder parallel stehen. In der unteren Brennebene des Kondensors muß außerdem noch ein Spalt senkrecht zu der Verschiebungsrichtung der Strahlen in der Doppelplatte angebracht sein.

Beide Teilbilder sind astigmatisch, und zwar in gleicher Weise. Dieser Astigmatismus wird durch die irreguläre Brechung der außerordentlichen Strahlen hervorgerufen, und seine Gleichheit rührt daher, daß beide Anteile einmal

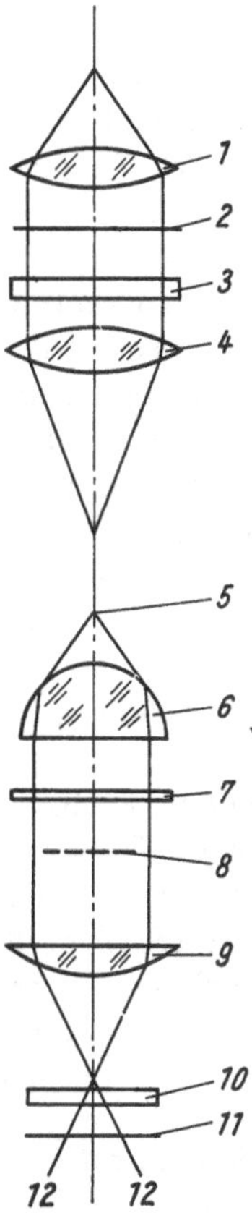

Abb. 58. Interferenzokular von FRANÇON (mit Kompensation).
1 – Augenlinse; 2 – Analysator; 3 – SAVARTsche Doppelplatte; 4 – Feldlinse. Die Teile 1 bis 4 bilden das Interferenzokular. 5 – Ebene, in der die Interferenzstreifen, die von der SAVARTschen Doppelplatte 10 erzeugt werden, durch Kondensor 9 und Objektiv 6 abgebildet werden; 6 – Objektiv; 7 – Objekt; 8 – Ebene, in der die von der SAVARTschen Doppelplatte 10 erzeugten Interferenzstreifen vom Kondensor 9 abgebildet werden; 9 – Kondensor; 10 – SAVARTsche Doppelplatte; 11 – Polarisator; 12 – einfallendes Licht.

diese Rolle gespielt haben. Wegen der geringen Öffnung des Strahlenbündels im Okular ist er jedoch zu vernachlässigen, auch wenn z. B., wie bei FRANÇON, eine 6,8 mm dicke Doppelplatte aus Quarz benutzt wird. Die Verschiebung ist jedoch auch bei dieser Dicke noch differentiell.

Eine SAVARTsche Doppelplatte erzeugt zwischen gekreuzten oder parallelen Polarisatoren parallele Interferenzstreifen im Unendlichen. Im Interferenzokular können diese demnach in der Austrittspupille des Okulars beobachtet werden. In diese wird auch der Spalt abgebildet, der parallel zu diesen Streifen stehen muß. Derjenige Anteil der farbigen Interferenzstreifen im weißen Licht, der durch den Spalt zur Wirkung kommt (während der Rest der Interferenzerscheinung ausgeblendet wird), bestimmt die Grundfarbe im Gesichtsfeld, d. h. den Gangunterschied zwischen den beiden Teilwellenfronten. Man kann diesen also entweder durch Verschieben des Spalts senkrecht zu seiner Richtung oder durch Neigen der Doppelplatte ändern. Interferenzfarben, die bei geringen Phasenänderungen besonders deutliche Änderungen des Farbtons zeigen, sind bei gekreuzten Polarisatoren grau und purpur. Die erste gibt ein dem Phasenkontrast ähnliches Bild, die zweite ist die bekannte „teinte sensible" der Polarisationsmikroskopie. Ein Beispiel für die letztere Einstellung ist die Abb. 5 der Farbtafel XIX. Durch eine zweite SAVARTsche Doppelplatte, die etwa aus insgesamt 2 bis 3 mm dicken Quarzplatten besteht und die zwischen Augenlinse und Auge angebracht wird[1]), erzielt man Interferenzstreifen. Diese kann man als Linien gleichen Gangunterschieds zwischen den wie in Abb. 51a leicht seitlich verschobenen Teilwellenfronten ansehen, die aber, anders als dort, etwas gegeneinander gekippt sind. FRANÇON [1957a] hat später eine verbesserte SAVARTsche Doppelplatte angegeben, bei der die im Unendlichen liegenden Interferenzstreifen gerade sind, was bei der ursprünglichen Doppelplatte nicht streng der Fall war.

JOHANSSON und AFZELIUS [JOHANSSON und AFZELIUS 1956; JOHANSSON 1957; INGELSTAM 1957a] haben einen isotropen Kompensator angegeben, mit dem im FRANÇONschen Interferenzokular Messungen der durch das Objekt verursachten Phasenänderungen vorgenommen werden können. Sie benutzen eine dickere SAVARTplatte, um totale Verdoppelung zu erreichen. Der Kompensator besteht aus einem drehbaren Glaskeil mit einem Loch in der Mitte, der sich unterhalb der SAVARTplatte befindet. Die in dem Loch sichtbare Interferenzfarbe dient als Bezugsnormal. Durch Drehen des Keiles stellt man diese Farbe zunächst auf dem einen Teilbild des zu messenden Objektdetails ein und dann auf dem anderen. Aus dem Winkel, um den der Keil von der einen zur anderen Stellung gedreht werden muß, ergibt sich die Phasendifferenz. Um verschiedene Meßbereiche zur Verfügung zu haben, kann man den Keil gegen andere mit anderen Keilwinkeln auswechseln. Die Autoren geben die im günstigsten Fall, d. h. bei relativ großen und gleichförmigen Objektdetails, erreichbare Meßgenauigkeit mit $\pm$ 10 Å an.

Das vorliegende Interferenzokular hat den großen Vorteil, daß es praktisch an jedem normalen Mikroskop benutzt werden kann. Ein Nachteil ist jedoch

---

[1]) Der Analysator befindet sich dann unmittelbar vor dem Auge.

die Einschränkung der Beleuchtungsapertur durch den Spalt. FRANÇON hat daher später [FRANÇON 1955, 1957 a u. 1958] die verschiedenen Möglichkeiten einer „Kompensation" untersucht. Darunter ist die Einführung eines zweiten polarisationsoptischen Bauteils zu verstehen, das die Benutzung der vollen Beleuchtungsapertur ermöglicht. Eine solche Kompensation ergibt sich z. B., wenn beim Auflicht-Mikroskop eine dünne SAVARTsche Doppelplatte vor der Frontlinse des Objektivs angebracht wird, so daß diese zweimal durchsetzt wird. Ein nach diesem Prinzip konstruiertes Objektiv erreichte eine numerische Apertur von 0,85 bei einer Vergrößerung von 60 ×. Das Interferenzokular entfällt dabei natürlich. Beim Interferenzokular dagegen läßt sich eine Kompensation erreichen, wenn man eine zweite SAVARTplatte zwischen Kondensor und Objekt oder ein WOLLASTON-prisma in der unteren Brennebene des Kondensors anbringt. Weitere Anordnungen sind in den genannten Abhandlungen beschrieben.

Die offenbar vorteilhafteste Anordnung, die auch der neueren industriellen Ausführung des Interferenzokulars (s. u.) zugrunde liegt, ist jedoch die folgende[1]: Der Kompensator besteht aus einer zweiten SAVARTschen Doppelplatte (10 in Abb. 58) und wird unterhalb des Kondensors 9 angebracht. Die von ihr erzeugten Interferenzstreifen befinden sich dann in der Ebene 8, die unterhalb der Objektebene 7 liegt. Sie werden weiter durch das Objektiv 6 des Mikroskops in einer Ebene abgebildet, die sich etwas oberhalb der Objektivbrennebene 5 befindet. Durch Verschieben des Interferenzokulars 1—4 kann man diese Streifen virtuell mit denen zusammenfallen lassen, die von der zweiten SAVARTschen Doppelplatte 3 erzeugt werden. Sind die Streifenabstände und -richtungen gleich, dann ist die Kompensation vollständig. Beim Objektivwechsel braucht lediglich der Kondensor mit der SAVARTplatte etwas verschoben zu werden. Dadurch ändert sich der Abbildungsmaßstab der von der ersten SAVARTplatte 10 erzeugten Streifen und kann auf diese Weise wieder auf das erforderliche Maß gebracht werden. Damit trotz der Verschiebung des Kondensors wieder KÖHLERsche Beleuchtung eingestellt werden kann, sind Hilfslinsen vorgesehen. Die industrielle Ausführung dieses verbesserten Interferenzokulars ist in Abb. 61 dargestellt.

Bei dem FRANÇONschen Verfahren werden die Strahlen in der Bildebene (bzw. virtuell in der Objektebene) seitlich gegeneinander verschoben. Nach dem bereits mehrfach erwähnten Dualitätsprinzip von LOHMANN [1953 u. 1954] ist eine seitliche Verschiebung der Strahlen in der Objektebene äquivalent einer Verkippung der Strahlen gegeneinander in der Brennebene des Objektivs. Man kann also eine neue interferenzmikroskopische Anordnung gewinnen, wenn man das FRANÇONsche System „dualisiert", d. h. die SAVARTsche Doppelplatte in der Bildebene durch ein WOLLASTONprisma oder eine ähnliche Anordnung in der Brennebene des Objektivs ersetzt, wodurch die erwähnte Verkippung hervorgerufen wird. Je nach dem Kippwinkel erhält man differentielle oder totale Verdoppelung. Auf diese Weise hat LOHMANN [l. c.] ohne Kenntnis seiner Vorgänger die neue Anordnung gewonnen, denn vor ihm haben bereits unabhängig voneinander SMITH in einem 1947

---

[1]) Briefliche Mitteilung von Herrn Prof. FRANÇON vom 2. 3. 1959.

angemeldeten Patent, das 1950 erteilt wurde [SMITH 1947], und NOMARSKI in einem 1952 angemeldeten Patent [NOMARSKI 1952 c] dieses System beschrieben.

Die einfachste Form dieser Anordnung besteht aus einem WOLLASTONprisma (zwischen Polarisator und Analysator) in der hinteren Brennebene des Objektivs und einem Spalt im Kondensor (Abb. 59, wobei das WOLLASTONprisma 7 durch den Spalt zu ersetzen ist). In dieser Form ist das System von NOMARSKI [NOMARSKI 1952 c, 1955 a; NOMARSKI und WEILL 1955] sowie von LOHMANN [1953 u. 1954] beschrieben worden; auch BORDET [1953] und GÄRTNER [1958] haben, unter Bezugnahme auf die Veröffentlichungen NOMARSKIS, derartige Anordnungen hergestellt.

Es ist hier, ebenso wie beim Interferenzokular von FRANÇON, zweckmäßig, nach einer Kompensationsmöglichkeit zu suchen, mittels der der Spalt überflüssig wird und die volle Beleuchtungsapertur benutzt werden kann. Eine solche Kompensation ergibt sich durch ein zweites WOLLASTONprisma in der unteren Brennebene des Kondensors (Abb. 59). In dieser Form ist das System von SMITH [1947 u. 1955] NOMARSKI [1952c], HUXLEY [1952, 1954 u. 1957] (der sich auf SMITH bezieht) sowie von BORDET [1953] (der sich auf NOMARSKI bezieht) beschrieben worden. Beim Auflichtmikroskop, bei dem das Licht durch eine teildurchlässige Fläche oberhalb von Objektiv und WOLLASTONprisma zugeführt wird, ergibt sich die Kompensation dadurch automatisch, daß das Prisma zweimal durchsetzt wird [NOMARSKI 1955 a; NOMARSKI und WEILL 1955]. SMITH [1947] hat aus dieser letztgenannten Anordnung ein Durchlicht-Interferenzmikroskop gemacht, indem er unter der Objektebene ein System nach Abb. 67b anbrachte, wobei das Objekt zweimal vom Licht durchsetzt wird.

Ob die Verschiebung differentiell oder total ist, hängt, wie bereits erwähnt, von der Verkippung der Strahlen ab, die sich aus der Größe des Keilwinkels der doppelbrechenden Keile, aus denen die WOLLASTONprismen zusammengesetzt sind, ergibt; die Brennweite des Objektivs beeinflußt selbstverständlich ebenfalls die Größe der Verschiebung. Wenn die beiden WOLLASTONprismen sich in zwei Ebenen befinden, die aufeinander abgebildet werden („konjugierte Ebenen"), dann sind die beiden Objektbilder einander parallel wie in Abb. 51 a; man

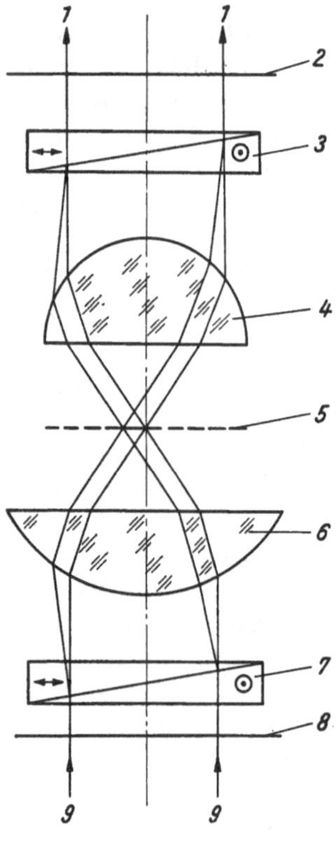

Abb. 59. Durchlicht-Interferenzmikroskop von SMITH und NOMARSKI.

1 – zum Okular; 2 – Analysator; 3 – WOLLASTONprisma; 4 – Objektiv; 5 – Objektebene; 6 – Kondensor; 7 – WOLLASTONprisma; 8 – Polarisator; 9 – einfallendes Licht.

beobachtet dann im „Interferenzkontrast" oder „waagerechten Schnitt". Wird dagegen eines der Prismen aus dieser Lage in Richtung der optischen Achse verschoben, dann werden die beiden Objektbilder gegeneinander verkippt, so daß sie einen Keil bilden; man beobachtet dann Interferenzstreifen, d. h. den „schrägen Schnitt". Die Auslenkungen dieser Interferenzstreifen geben also die Phasendifferenz zwischen den beiden seitlich gegeneinander verschobenen und außerdem verkippten Objektbildern an.

Bei stärkeren Vergrößerungen ergeben sich zwei Schwierigkeiten. Erstens sind hier die Brennebene des Objektivs und häufig auch die des Kondensors nicht mehr zugänglich, und zweitens wird ein ebenes Objekt in der Brennebene des Kondensors, wie z. B. ein WOLLASTONprisma, stark gekrümmt in der Brennebene des Objektivs abgebildet. Es sind jedoch Mittel gefunden worden, mit denen beide Schwierigkeiten unwirksam gemacht werden können. NOMARSKI benutzt entweder ein WOLLASTONprisma, bei dem die Achse des oberen Keils nicht wie bei dem Prisma 3 in Abb. 59 horizontal liegt, sondern in der Zeichenebene gedreht [NOMARSKI 1955a; NOMARSKI und WEILL 1955], oder eine Kombination von zwei WOLLASTONprismen [NOMARSKI 1955a]; beide Anordnungen können oberhalb der Brennebene des Objektivs angebracht werden und wirken doch so, als ob sie sich in dieser befänden. SMITH [1955] schlägt zur Behebung der zweiten Schwierigkeit vor, gekrümmte Prismen oder eine Hilfslinse zu verwenden. HUXLEY [1954 u. 1957] hat einen Kompensator entworfen, der aus 4 Kalkspatprismen besteht und bei dem die Grenzfläche zwischen dem ersten und dem zweiten Prisma sphärisch ist. Dieser Kompensator wird hinter dem Objektiv angebracht und dient gleichzeitig beiden erwähnten Zwecken.

NOMARSKI [1955a] hat ferner aus dem WOLLASTONprisma zwei Systeme entwickelt, bei denen der Kippwinkel und damit die Verschiebung der Objektbilder nach Belieben verändert werden können. Eine solche Vorrichtung erscheint sehr vorteilhaft, denn man kann mit ihr die Verschiebung den Eigenarten des Objekts anpassen. GÄRTNER [1958] erreichte das gleiche, wie auf S. 100 bereits erwähnt wurde, mit Hilfe eines variablen reellen Keils. SMITH [1947] schlug zum Ausgleich der Dispersion der WOLLASTONprismen vor, Glasprismen auf letztere aufzusetzen oder statt der WOLLASTONprismen ROCHONprismen zu benutzen. Verbesserte Formen des WOLLASTONprismas, die bei höheren Aperturen benutzt werden können, sind von FRANÇON und SERGENT [1955a u. b] und von FRANÇON [1957b] angegeben worden.

SMITH [1947] hat in seinem oben erwähnten Patent weitere Anordnungen angegeben, darunter eine mit einem reellen Keil unter Benutzung von doppelbrechendem Material. Eine von diesen Anordnungen soll hier näher behandelt werden, weil sie die Grundlage für ein industrielles Interferenzmikroskop gebildet hat (s. u.) (vgl. auch SMITH [1955]). SMITH bringt auf den einander zugekehrten planen Flächen von Kondensor- und Objektivfrontlinse je eine schräg zur optischen Achse geschnittene Kristallplatte an (Abb. 60). Es können zwei gleich dicke Platten aus gleichem Material sein, jedoch ist es dann erforderlich, zwischen beiden noch eine Halbwellenlängenplatte anzubringen. Da diese, wie bereits bei der

Besprechung des Interferenzmikroskops von LEBEDEFF (S. 101f) erwähnt wurde, streng nur für eine einzige Wellenlänge den Gangunterschied um eine halbe Wellenlänge verändert, ergeben sich Schwierigkeiten bei nichtmonochromatischem Licht sowie bei größeren Aperturen. Es ist daher vorteilhafter, die Platten aus verschiedenen Materialien herzustellen, deren Doppelbrechungen entgegengesetztes Vorzeichen haben. Quarz und Kalkspat sind zwei solche Materialien, und da Kalkspat eine wesentlich stärkere Doppelbrechung hat, ist die Platte aus diesem Material entsprechend dünner und wird daher zweckmäßig vor dem Objektiv angebracht; auf diese Weise lassen sich sogar Immersionsobjektive herstellen. Da jedoch die Brechungsindizes von Quarz und Kalkspat verschieden sind, ist noch eine Kompensation durch eine Linse aus doppelbrechendem Material erforderlich, die in der unteren Brennebene des Kondensors angebracht wird. Eine solche ist in Abb. 71 bei dem ebenfalls von SMITH entwickelten Doppelfokussystem dargestellt (Linse 9).

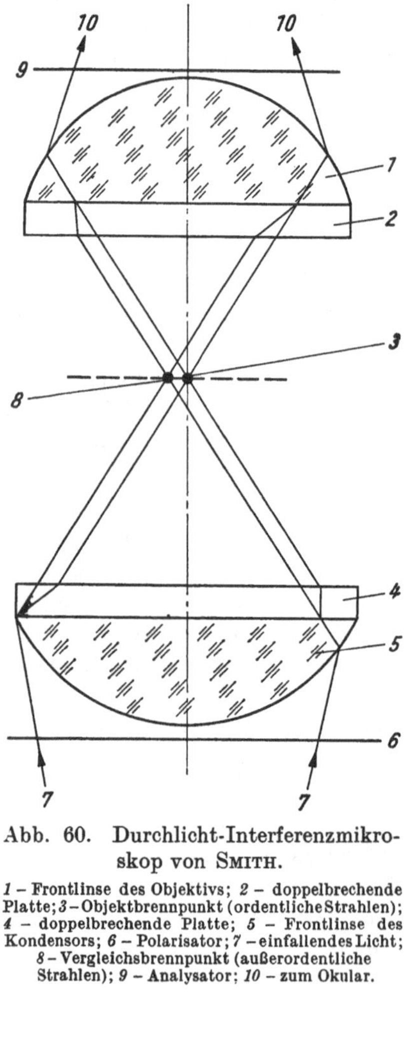

Abb. 60. Durchlicht-Interferenzmikroskop von SMITH.

1 – Frontlinse des Objektivs; *2* – doppelbrechende Platte; *3* – Objektbrennpunkt (ordentliche Strahlen); *4* – doppelbrechende Platte; *5* – Frontlinse des Kondensors; *6* – Polarisator; *7* – einfallendes Licht; *8* – Vergleichsbrennpunkt (außerordentliche Strahlen); *9* – Analysator; *10* – zum Okular.

Die Verdoppelung ist bei dem System von SMITH total. Das eine Teilbild ist scharf, weil es von den ordentlichen Strahlen der Kristallplatte 2 gebildet wird, wie aus Abb. 60 ersichtlich ist. Das andere Teilbild dagegen wird von den außerordentlichen Strahlen gebildet; es ist daher stark astigmatisch und außerdem etwas defokussiert. Abb. 5 der Farbtafel XIX ist mit einem solchen System nach SMITH aufgenommen worden.

AXELRAD [1954] hat eine Verdoppelung des Bildes erreicht, indem er eine unter 45° zur Achse geschnittene Quarzplatte vor dem Objektiv anbrachte. Über die Art der Beleuchtung fehlen Angaben. AXELRAD benutzte diese Anordnung, um den Einfluß zu überprüfen, den ein undurchsichtiger Schirm nach der SOMMERFELDschen Theorie der Beugung auf das in seiner unmittelbaren Nähe vorbeigehende Licht ausübt.

Die Anordnungen, bei denen die Strahlenteilung durch Doppelbrechung erfolgt, haben den Nachteil, daß die Deutung des Interferenzbildes schwierig wird, wenn das Objekt selbst doppelbrechend ist; dies tritt, auch bei biologischen Objekten, nicht selten ein. Eine Reihe von Vorteilen wurde bereits erwähnt, so der relativ einfache und stabile Aufbau und die Möglichkeit, die volle Beleuchtungsapertur benutzen zu können. Ein weiterer Vorteil besteht darin, daß hier alle Hilfsmittel der Polarisationsmikroskopie, wie Kompensatoren und andere Anordnungen, benutzt werden können, mit denen sich die Phasen einfach, häufig sogar ohne Eichung, und durch die Benutzung der Halbschattenmethode sehr genau messen lassen.

Diese Vorteile haben zu der Entwicklung folgender Interferenzmikroskope geführt, die von der Industrie hergestellt werden bzw. wurden:

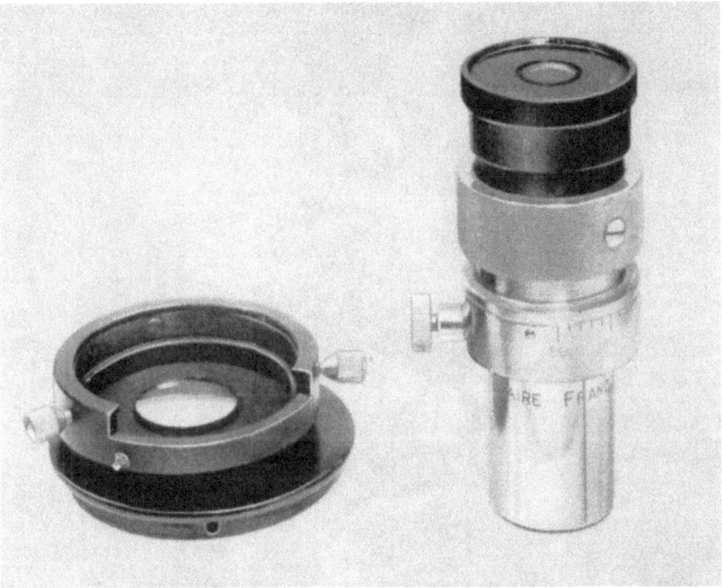

Abb. 61. Oculaire interférentiel FRANÇON der Firma Barbier, Bénard et Turenne, Paris. Optisches Schema Abb. 58. Rechts das Okular (Teile 1 bis 4 der Abb. 58), links die SAVARTsche Doppelplatte 10 (Abb. 58). (Aufn. Prof. M. FRANÇON, Paris).

1. Interferenzokular nach FRANÇON der Firma Barbier, Bénard et Turenne (BBT), Paris. Differentielle Verschiebung, alte Ausführung mit Spalt im Kondensor.
2. Interferenzokular nach FRANÇON der Firma Optique et Précision de Levallois, Paris. Gleiche Ausführung wie 1.).
3. Beide Ausführungen sind durch das neue Interferenzokular nach FRANÇON (Abb. 61) ersetzt worden, das von der Firma Barbier, Bénard et Turenne, Paris, hergestellt wird. Die Verschiebung ist differentiell; außerdem ist eine zweite SAVARTsche Doppelplatte vorgesehen, die am Kondensor angebracht wird und die Benutzung der vollen Beleuchtungsapertur gestattet.

4. Durchlicht-Interferenzmikroskop der Firma C. Baker of Holborn Ltd., London (Abb. 62) [BAKER of HOLBORN 1957; HALE 1958]. Dieses Instrument enthält sowohl ein Shearing-System nach SMITH (Abb. 60) als auch, dagegen austauschbar, ein ebenfalls von SMITH entworfenes Doppelfokussystem (Abb. 71).

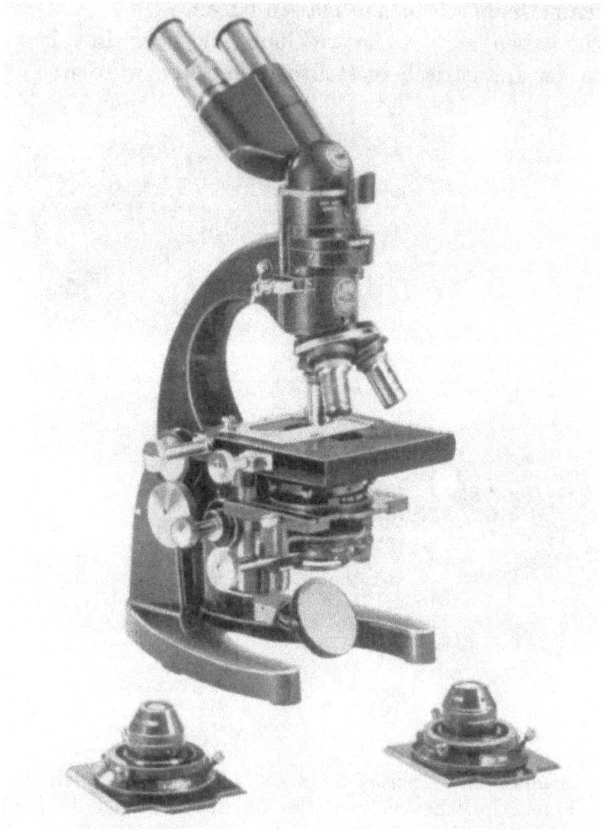

Abb. 62. Double-refracting Interference Microscope for transmitted Illumination der Firma C. Baker of Holborn Ltd., London. Zwei austauschbare Systeme: Shearing System (optisches Schema Abb. 60) und Double Focus System (optisches Schema Abb. 71). Zu jedem System gehören 3 Objektive 10/0,25, 40/0,70 und 100/1,30 (Wasserimmersion) sowie 3 dazu passende Kondensoren. Zubehör: Halbschattenokular (halfshade eyepiece) und Streifenokular (fringe-field eyepiece).

Die Verdoppelung ist total; das zweite Bild ist, wie oben erwähnt, stark astigmatisch. Die Phasenmessung erfolgt mittels einer Viertelwellenlängenplatte und eines darüber angebrachten drehbaren Analysators. Für genauere Messungen ist ein Halbschattenokular erhältlich. Interferenzstreifen (schräger Schnitt) können mit einem Streifenokular erzeugt werden, das nach dem Prinzip des in der Polarisationsmikroskopie benutzten WRIGHTschen Okulars gebaut ist.

5. Interferenzkontrastmikroskop (microscope à contraste interférentiel) nach NOMARSKI der Firma Barbier, Bénard et Turenne, Paris [BESSIS und THIÉRY 1957]. Durchlicht-Mikroskop mit differentieller Verschiebung nach dem Schema der Abb. 59. Bei den stärkeren Objektiven werden die oben erwähnten WOLLASTONprismen mit schrägstehender Achse benutzt. Die Objektive befinden sich, wie üblich, auf einem Revolver; die WOLLASTONprismen sind in der Objektivfassung untergebracht. Unterhalb des Kondensors befindet sich ein Revolver mit WOLLASTONprismen, deren jedes einem der Objektive

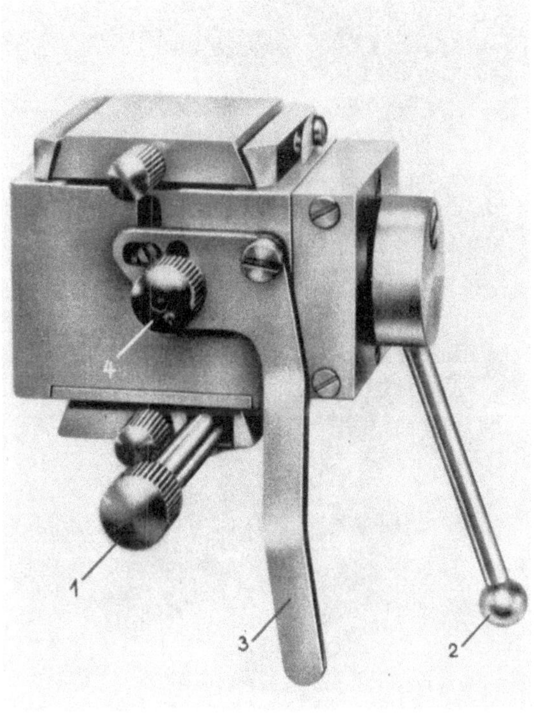

Abb. 63. Polarisationsinterferometer bzw. Interferenzkontrast-Einrichtung der Firma C. Reichert Optische Werke AG., Wien. (Beide Einrichtungen in ähnlicher Ausführung). Optisches Schema ähnlich Abb. 59, nur für Auflicht modifiziert. Die untere Schwalbenschwanzführung dient zum Aufsetzen auf den Opak-Illuminator, die obere (im Bild mit einem Abdeckschieber) zum Einschieben des Objektivs. Das Polarisationsinterferometer bewirkt totale, die Interferenzkontrasteinrichtung differentielle Verdoppelung. Mit dem Hebel 3 wird das modifizierte WOLLASTONprisma in Richtung der optischen Achse verschoben, wodurch bei der ersten Einrichtung der Streifenabstand geändert bzw. bei der zweiten der Interferenzkontrast eingestellt wird. Der Hebel 2 dient zum Ändern der Phasendifferenz beider Teilbündel (Verschieben des Prismas senkrecht zur optischen Achse). Die Rändelschrauben 1 bzw. 4 dienen zum Festklemmen der Einrichtung im Opakilluminator bzw. des Hebels 3.

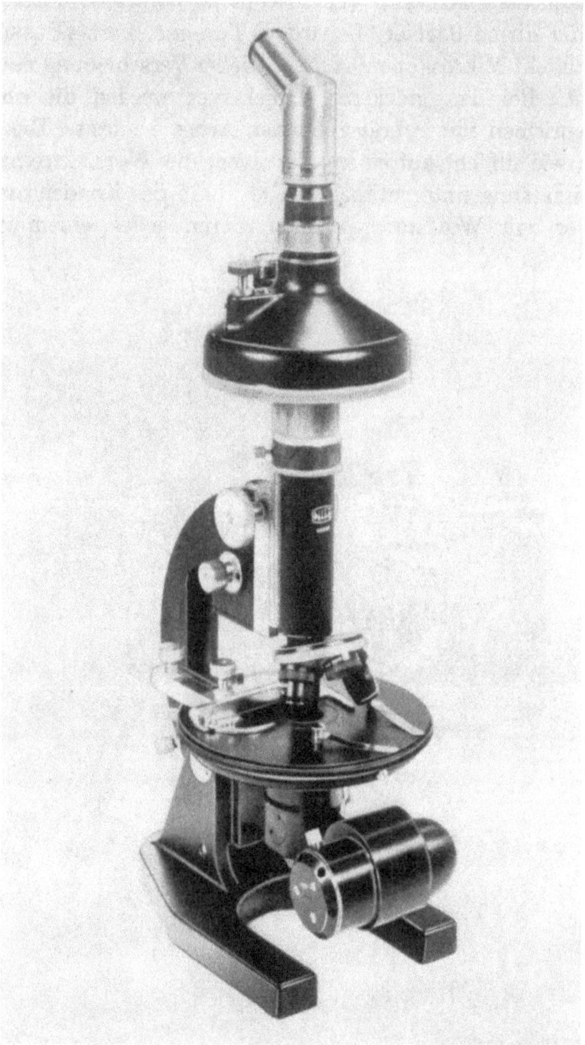

Abb. 64. Nife-Interferenzmikroskop Typ MCI der Firma Svenska Ackumulator Aktiebolaget Jungner, Stockholm. Durchlicht-Mikroskop mit Kondensorspalt und Interferenzokular entsprechend Abb. 58 (1 bis 4), jedoch mit totaler Verdoppelung und isotropem Kompensator (drehbarer Glaskeil) nach JOHANSSON und AFZELIUS für Messungen der Phasendifferenz. Das große Rändelrad am unteren Ende der Interferometereinheit dient zum Drehen des Glaskeils. Objektive von 3,3× bis 100×.

angepaßt ist. Darunter ist ein SOLEIL-Kompensator angebracht, mit dem die Phasendifferenz der beiden Teilbilder geändert werden kann.

6. Interferenzeinrichtung nach NOMARSKI, die von der Firma Microscopes Nachet, Paris, für eigene und fremde Auflichtmikroskope hergestellt wird. Sie besteht

aus einem WOLLASTONprisma, das hinter dem Objektiv angebracht wird. Es gibt zwei Ausführungen, für differentielle und für totale Verdoppelung.

7. Eine entsprechende Einrichtung nach NOMARSKI stellt die Firma C. Reichert Optische Werke AG, Wien, her (Abb. 63), und zwar als Polarisationsinterferometer für totale Verdoppelung und als Interferenzkontrasteinrichtung für differentielle.
8. Nife-Interferenzmikroskop Typ MCI der Firma Svenska Ackumulator Aktiebolaget Jungner, Stockholm (Abb. 64) für Durchlicht [HALE 1958]. Es enthält ein Interferenzokular nach dem auf S. 106 beschriebenen Prinzip von JOHANSSON und AFZELIUS.
9. Interferenz-Okulare der Firma W. Schrader, Wenden bei Braunschweig. Vergrößerung 10×, differentielle Verdoppelung. Typ O I enthält zwei WOLLASTONprismen und erzeugt Interferenzkontrast. Typ O II enthält zusätzlich ein weiteres WOLLASTONprisma zum Erzeugen von Interferenzstreifen.

2213. Vergleichsstrahlen umgeben die Objektstrahlen

Hier ist nur eine Anordnung zu erwähnen, die SMITH [1955] angegeben hat (Abb. 65). Sowohl Strahlenteilung als auch Strahlenvereinigung erfolgen bei dieser durch je ein Beugungsgitter, das sich in der Brennebene des Kondensors bzw. des Objektivs befindet. Diese Gitterpaare können Amplituden- oder Phasengitter sein; als Gitterformen erwähnt SMITH äquidistante gerade Linien, Zonenplatten (konzentrische Kreise, deren Radien proportional den Wurzeln aus den ganzen Zahlen sind), äquidistante Kreise und Spiralen. Beide Gitter werden aufeinander abgebildet. Das untere spaltet das einfallende Licht auf. Die Strahlen nullter Ordnung werden durch den Kondensor 4 in der Mitte des Gesichtsfeldes vereinigt, in der das Objekt 3 angebracht wird. Die Strahlen erster Ordnung vereinigen sich dagegen außerhalb der Mitte. Das obere Gitter 9 dient zum Vereinigen der getrennten Anteile.

Die gegenseitige Lage von Objekt- und Vergleichsstrahlengang in der Objektebene hat, zum mindesten bei den kreis- und spiralenförmigen Beugungsgittern, Ähnlichkeit mit der bei dem Interferenzmikroskop von DYSON (Abb. 31 S. 69). Dort war jedoch die Objektebene im Vergleichsstrahlengang defokussiert, was hier nicht der Fall ist, und der letztere hatte einen größeren Abstand von der optischen Achse, als hier möglich ist. Dieser Abstand muß nämlich nach SMITH sehr klein gehalten werden, wenn der Kontrast nicht durch die gebeugten Strahlen vermindert werden soll, die nicht zur Interferenz beitragen.

Der Gangunterschied zwischen Objekt- und Vergleichsstrahlengang läßt sich bei der Anordnung von SMITH nur unter großen Schwierigkeiten verändern. SMITH erwähnt als theoretisch mögliche Lösung ein Gitter, das in eine doppelbrechende Kristallplatte geritzt ist und dessen Lücken mit einem Kitt ausgefüllt sind, dessen Brechungsindex gleich einem der beiden des doppelbrechenden Materials ist; die Kittschicht wird mit einem Deckglas abgedeckt. Durch geeignete Furchenform des Gitters („blazing“) oder durch einen Gangunterschied von einem ungeradzahligen Vielfachen der halben Wellenlänge zwischen Spalten und Stegen des Gitters wird die nullte Ordnung bei der Beugung an dem letzteren unterdrückt. Nunmehr wird das Licht der Polarisationsrichtung, der ein vom Brechungsindex des Kittes verschiedener Brechungsindex entspricht, nur gebeugt, während für die andere Polarisationsrichtung keine Gitterwirkung vorhanden ist und dieses Licht daher den Objektstrahlengang bildet. Der Gangunterschied zwischen den beiden Anteilen kann nunmehr mittels eines Kompensators verändert werden.

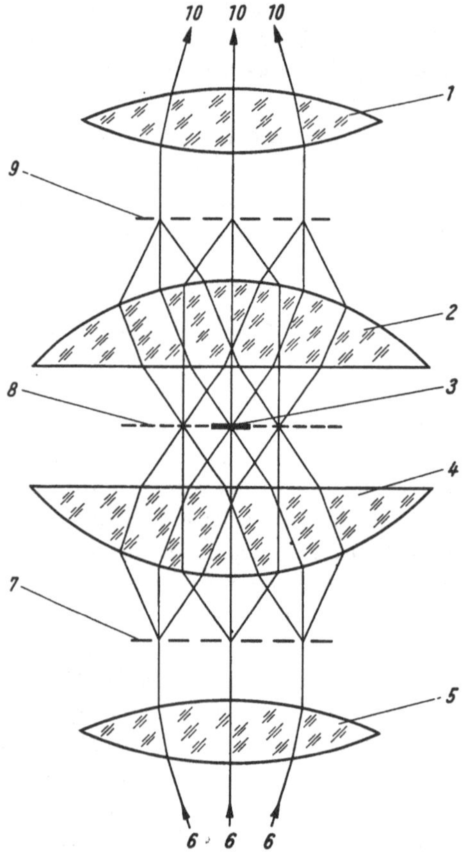

Abb. 65. Durchlicht-Interferenzmikroskop von Smith.

1 – Tubuslinse; *2* – Objektiv; *3* – Objekt; *4* – Kondensor; *5* – Kollimator; *6* – einfallendes Licht; *7* – Beugungsgitter; *8* – Objektebene; *9* – Beugungsgitter; *10* – zum Okular.

Es ist noch zu erwähnen, daß bereits Sagnac [1911] vorgeschlagen hat, zwei Amplitudengitter an den gleichen Stellen zu benutzen. Zum Unterschied von Smith bildet Sagnac die Gitter jedoch „auf Lücke“ ab, so daß sich ein Dunkelfeldverfahren ergibt, das er „strioscopie“ nennt (vgl. S. 28). Er scheint jedoch dieses Verfahren ebensowenig praktisch durchgeführt zu haben wie die beiden anderen von ihm vorgeschlagenen Verfahren der „microstrioscopie interférentielle“ (S. 47 und 128), die im Gegensatz zu diesem echte interferenzmikroskopische Systeme sind.

2214. Objekt- und Vergleichswellenfront einfach umgeklappt

Philpot hat in einem 1948 angemeldeten Patent [Philpot 1948] einige Verfahren angegeben, bei denen jeweils die eine Hälfte des Gesichtsfeldes auf die andere geklappt wird, wie es in Abb. 68a schematisch dargestellt ist. In den Abb. 66 und 67a sind zwei Ausführungsformen für Auflicht dargestellt, die als Interferenzokular hergestellt werden können. Die beiden an der teildurchlässigen Fläche des Prismas aufgespaltenen Strahlenanteile werden je einer Hälfte des Gesichtsfeldes zugeführt. Nach der Rückkehr vereinigen sie sich an der gleichen Fläche. Die Anordnung von Abb. 67 weist chromatische Fehler auf, weil das Licht hier im Prisma gebrochen wird; in das Prisma 4 der Abb. 66 treten die Bündel dagegen mit ungebrochenem Hauptstrahl ein, so daß dieser Fehler hier vermieden wird.

Philpot [l. c.] hat diese Anordnungen auch für Durchlicht benutzbar gemacht, indem er bei sonst gleichem Aufbau lediglich unterhalb des Objekts einen Kondensor anbrachte sowie in einer gewissen Entfernung von diesem einen Hohlspiegel, der die Lichtbündel in sich zurückwirft (Abb. 67b). Bedenklich ist, daß das Licht das Objekt zweimal durchsetzt; lichtablenkende Objektstellen können dann be-

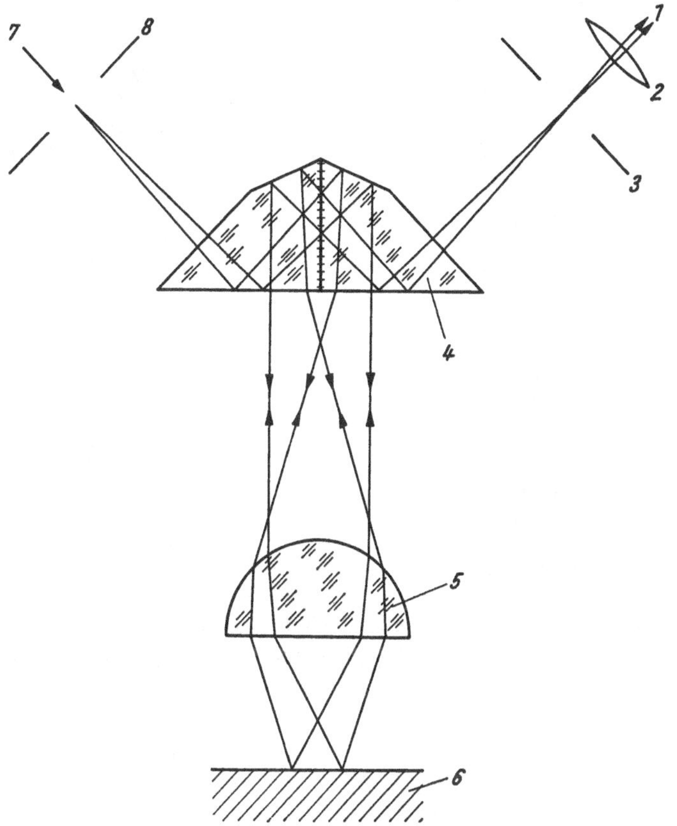

Abb. 66. Auflicht-Interferenzmikroskop von PHILPOT.

1 – zum Auge; *2* – Okular; *3* – Zwischenbildebene; *4* – Prisma mit teildurchlässiger Fläche; *5* – Objektiv; *6* – Objekt; *7* – einfallendes Licht; *8* – Blende.

wirken, daß die Strahlen auf ihrem Rückweg nicht mehr die gleichen Objektstellen durchsetzen, so daß die beobachteten Phasenverschiebungen nicht mehr eindeutig zugeordnet werden können. SMITH [1947] hat die gleiche Anordnung benutzt, um Auflicht-Interferenzmikroskope der verschiedensten Systeme in Durchlicht-Geräte umzuwandeln (vgl. S. 64 u. 108).

2215. Objekt- und Vergleichswellenfront doppelt umgeklappt

In diesem Abschnitt werden Verfahren behandelt, bei denen das Interferometer einen in sich geschlossenen Strahlengang bildet, der von den beiden miteinander interferierenden Strahlenanteilen gleichzeitig, aber in entgegengesetztem Sinne durchlaufen wird (vgl. Abb. 7a); die Aufspaltung und die Wiedervereinigung der beiden Anteile erfolgen an ein und derselben teildurchlässigen Fläche. Derartige

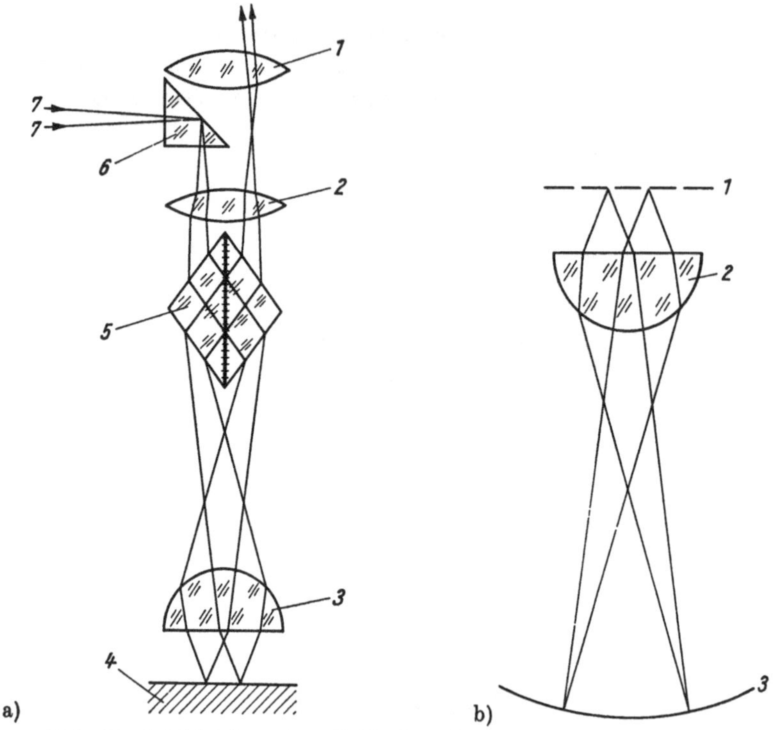

Abb. 67. Auflicht- bzw. Durchlicht-Interferenzmikroskop von PHILPOT.

a) Auflicht-Anordnung. *1* – Augenlinse; *2* – Feldlinse des Okulars; *3* – Objektiv; *4* – Objekt; *5* – Rhombusprisma mit teildurchlässiger Fläche; *6* – Beleuchtungsprisma; *7* – einfallendes Licht.
b) Ergänzungen für Durchlicht. *1* – Objektebene; *2* – Kondensor; *3* – Hohlspiegel.

Abb. 68. a) Einfache Umklappung (Liniensymmetrie), b) Doppelte Umklappung, d. h. doppelte Ausführung der Operation a) um zwei zueinander senkrechte Achsen (Punktsymmetrie). Schwarz und weiß symbolisieren Außen- und Innenfläche der Hand und sollen andeuten, daß im Fall b) (zyklische Verfahren) Ober- und Unterseite des Objekts im Bild sichtbar sind.

Interferometer sind zuerst von SAGNAC [1911] angegeben worden; PHILPOT [1948] nennt sie treffend „zyklische Interferometer". Diese Anordnungen sind naturgemäß nur für Durchlichtuntersuchungen benutzbar.

Ein zyklisches Interferometer läßt sich zu interferenzmikroskopischen Anordnungen ausbauen, bei denen das Objekt im einen Strahlengang von der einen Seite, im anderen von der anderen Seite betrachtet wird. Bei den einfachen Systemen dieser Art, die im Abschnitt 2222 behandelt werden, haben diese beiden Objektbilder die gleiche Lage im Gesichtsfeld und überdecken sich. Eine solche Anordnung ist daher zur Interferenzmikroskopie ungeeignet, wenn nicht eines der Bilder defokussiert wird, wie es dort beschrieben ist.

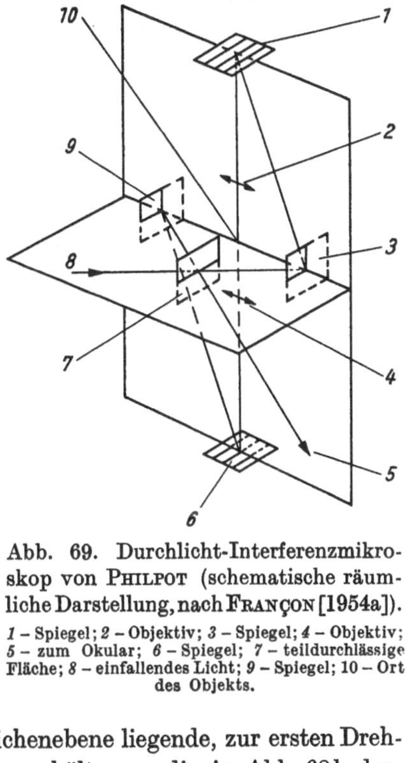

Abb. 69. Durchlicht-Interferenzmikroskop von PHILPOT (schematische räumliche Darstellung, nach FRANÇON [1954a]).

1 – Spiegel; *2* – Objektiv; *3* – Spiegel; *4* – Objektiv; *5* – zum Okular; *6* – Spiegel; *7* – teildurchlässige Fläche; *8* – einfallendes Licht; *9* – Spiegel; 10 – Ort des Objekts.

Man kann jedoch auf die Defokussierung verzichten, wenn man durch eine Änderung der optischen Anordnung dafür sorgt, daß die beiden Objektbilder in verschiedener Lage im Gesichtsfeld erscheinen. Bisher sind nur Anordnungen bekanntgeworden, bei denen die beiden Objektbilder punktsymmetrisch zueinander liegen, wie es in Abb. 68b schematisch dargestellt ist. Symmetriezentrum ist hier ein Punkt in der Mitte des Gesichtsfeldes. Man kann diese Punktsymmetrie auch als doppelte Umklappung von Objekt- und Vergleichswellenfront bezeichnen. Die einfache Umklappung, die zur Liniensymmetrie führt, ist in Abb. 68a dargestellt; wird eine erneute Umklappung um eine in der Zeichenebene liegende, zur ersten Drehachse senkrechte Achse vorgenommen, dann erhält man die in Abb. 68b dargestellte Lage. Im Gegensatz zu den Anordnungen der Abb. 66 und 67, bei denen eine einfache Umklappung erfolgte, ist hier das ganze ursprüngliche Gesichtsfeld sichtbar, und jedes Objektdetail erscheint daher zweimal.

PHILPOT hat eine solche doppelte Umklappung durch eine komplizierte räumliche Anordnung erreicht (Abb. 69), die er „spirocyclic" nennt (kurz erwähnt bei PHILPOT [1952], ausführlicher bei FRANÇON [1954a, S. 101]). Eine ebene Anordnung ist von PHILPOT [1948] und offenbar unabhängig von NOMARSKI [FRANÇON 1954a, S. 102] angegeben worden (Abb. 70). Sie unterscheidet sich von der einfachen Anordnung, bei der keine Umklappung stattfindet (vgl. Abschn. 2222), nur dadurch, daß die beiden Objektive 4 und 6 (Abb. 70), zwischen denen sich das Objekt befindet, nicht mehr nahe der Mitte des zyklischen Strahlengangs angebracht sind und vor allem durch die zusätzlich eingeführten Objektive 8 und 11. Diese bewirken eine Zwischenabbildung und damit die erwähnte doppelte Umklappung des einen Objektbildes. Die Einführung der Zwischenabbildung schafft nach PHILPOT [1948] im Gesichtsfeld günstigere Kohärenzverhältnisse als bei der erwähnten einfacheren Anordnung ohne doppelte Umklappung.

Die Anordnungen von PHILPOT und NOMARSKI unterscheiden sich nur in wenigen Einzelheiten voneinander; Abb. 70 ist nach den Angaben über die NOMARSKIsche Anordnung gezeichnet worden. NOMARSKI erwähnt, daß geringe Unterschiede in der Vergrößerung der Objektive 4 und 6 durch eine kleine Verschiebung des Ob-

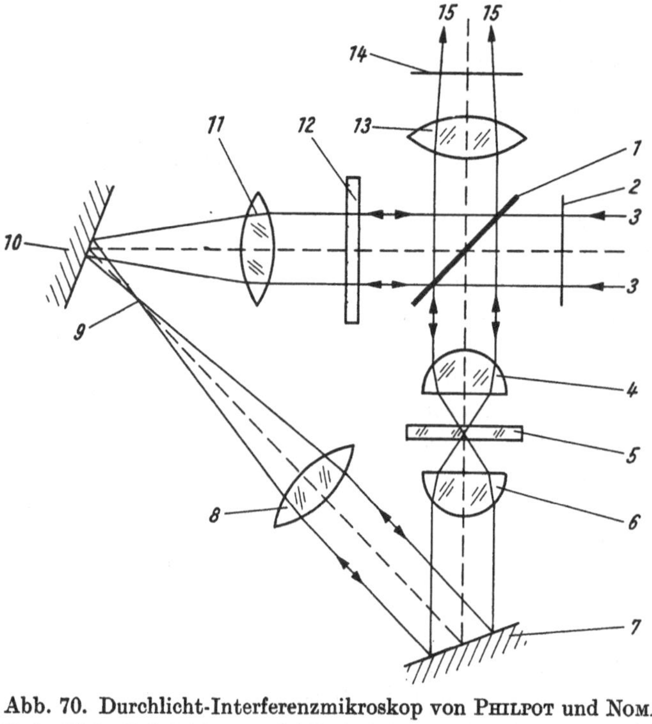

Abb. 70. Durchlicht-Interferenzmikroskop von PHILPOT und NOMARSKI.

1 – teildurchlässige Fläche; *2* – Polarisator; *3* – einfallendes Licht; *4* – Objektiv; *5* – Objekt; *6* – Objektiv; *7* – Spiegel; *8* – Objektiv; *9* – Zwischenabbildung; *10* – Spiegel; *11* – Objektiv; *12* – Halbwellenlängenplatte; *13* – Tubuslinse; *14* – Analysator; *15* – zum Okular. Die Teile *2*, *12* und *14* sind von NOMARSKI zum Ausschalten von Streulicht eingefügt worden.

jektivs 8 oder des Objektivs 11 ausgeglichen werden können. PHILPOT geht noch einen Schritt weiter und benutzt statt des Objektivs 6 einen normalen Mikroskopkondensor, der allerdings optisch hochwertig sein muß. Den damit eingeführten Vergrößerungsunterschied gleicht er durch ein entsprechend unsymmetrisches Zwischenabbildungssystem aus. Eine solche Anordnung läßt sich verhältnismäßig leicht in ein normales Durchlichtmikroskop einbauen, und man kann vor allem die üblichen Präparate mit Objektträger und Deckglas benutzen, während man bei zwei gleichen Objektiven gezwungen ist, das Objekt zwischen zwei Deckgläsern anzubringen.

Nomarski schaltet unerwünschtes Streulicht mittels des Polarisators 2, des dazu gekreuzt stehenden Analysators 14 und der Halbwellenlängenplatte 12 aus. Jeder der beiden miteinander interferierenden Anteile durchsetzt die Halbwellenlängenplatte einmal; seine Schwingungsrichtung wird also um 90° gedreht, und beide Anteile werden daher vom Analysator hindurchgelassen. Das an den Linsen reflektierte unerwünschte Streulicht durchsetzt dagegen die Halbwellenlängenplatte entweder nicht oder zweimal; es wird daher nicht oder um 180° in der Schwingungsrichtung gedreht und somit vom Analysator ausgeschaltet.

Bei genauem Überdecken der beiden gegenläufigen Strahlengänge wird im Gesichtsfeld waagerechter Schnitt („Interferenzkontrast") beobachtet, d. h. ohne Objekt ist das Gesichtsfeld gleichmäßig gefärbt. Durch Neigen eines der Spiegel 7 oder 10 können Interferenzstreifen erzeugt werden. Es ist jedoch ein Nachteil dieser Anordnung, daß die Phasendifferenz der beiden miteinander interferierenden Anteile, durch die z. B. beim waagerechten Schnitt die Intensität bzw. die Farbe des Untergrundes bestimmt ist, nur schwer geändert werden kann. Sie ist bei einer gegebenen teildurchlässigen Schicht 1 durch die Phasensprünge bestimmt, die das Licht bei der Reflexion bzw. beim Durchgang erleidet und kann nur diskontinuierlich geändert werden, wenn andere teildurchlässige Schichten mit anderen Daten benutzt werden [Philpot 1952]. Philpot [1952] erwähnt, daß die Phasenänderung mit polarisationsoptischen Hilfsmitteln kontinuierlich vorgenommen werden könnte, und Horn [1959a] schlägt vor, die beiden Teilstrahlen senkrecht zur optischen Achse soweit auseinander zu rücken, daß sie getrennt beeinflußt werden können. Keiner dieser Vorschläge scheint jedoch bis jetzt konkrete Formen angenommen zu haben.

Wenn das Objekt das Gesichtsfeld ganz oder zum größten Teil ausfüllt, so daß die Überdeckung der beiden Teilbilder stört, dann kann das eine von beiden nach Philpot [1952] durch achsiales Verschieben eines der Objektive defokussiert werden. Bei dieser Benutzungsart fällt die Anordnung jedoch unter die Verfahren, die im Abschn. 222 behandelt werden.

222. Objekt im Vergleichsstrahlengang nicht im Beobachtungsfokus

Die Verfahren, bei denen der Vergleichsstrahlengang ebenso wie der Objektstrahlengang vom Objekt beeinflußt wird, besitzen eine Reihe von Vorteilen, die auf S. 81 erwähnt worden waren. Solange das Objekt sich auch im Vergleichsstrahlengang im Beobachtungsfokus befindet, ist die Anwendbarkeit dieser Verfahren auf Objekte beschränkt, die nur einen Teil des Gesichtsfeldes einnehmen. Größere Objekte dagegen überdecken sich zum Teil. Wenn beide Teilbilder gleich scharf sind, kann dies, von wenigen Ausnahmen abgesehen, schwierig zu deutende Interferenzbilder ergeben, die noch dazu wegen der Doppelkonturen sehr unübersichtlich sind.

Von diesem Gesichtspunkt aus kann es daher ein Vorteil sein, wenn die Konturen eines der beiden Bilder verwischt werden, indem dieses defokussiert wird. Jeder Mikroskopiker weiß, daß ein mikroskopisches Bild immer undeutlicher und schließlich gänzlich unsichtbar wird, je mehr man das Objekt aus dem Fokus herausrückt. Die Ursache dafür ist, daß die von einem kleinen Objekt beeinflußten Wellenfronten in einer gewissen Entfernung von diesem sich nach dem Huygensschen Prinzip wieder glätten, wie dies schematisch in Abb. 66, Teil II, dargestellt ist. Die Verfahren, bei denen das Objekt im Vergleichsstrahlengang defokussiert wird, werden im folgenden nach englischem Vorbild [Smith 1955] Doppelfokusverfahren genannt.

Die Größe der Defokussierung ist in manchen Fällen durch das verwendete Interferenzsystem beschränkt; z. B. kann eine vor dem Objektiv anzubringende Kristallplatte nur eine bestimmte Dicke haben, wenn die Apertur nicht eingeschränkt werden soll. Daher findet man auch Systeme, bei denen das Bild im Vergleichsstrahlengang, das „Nebenbild", noch im Gesichtsfeld erkennbar ist, wenn man auf das Bild im Objektstrahlengang, das „Hauptbild" einstellt. Wenn bei solchen Systemen Haupt- und Nebenbild seitlich verschoben sind, dann wirkt das letztere leicht störend, wenn es sich mit dem Hauptbild überdeckt, weil die Interferenzfarbe des Hauptbildes an dieser Stelle geändert wird. (Vgl. Abb. 5, Farbtafel XIX). In diesem Falle ist es vorteilhafter, wenn Haupt- und Nebenbild zusammenfallen. Da das defokussierte Nebenbild eine größere Fläche als das Hauptbild einnimmt, erscheint dieses dann, ähnlich wie beim Phasenkontrastverfahren, von einem „Hof" umgeben, der jedoch nicht, wie beim Phasenkontrast, die Konturen verfälscht. Hier wird die Phase in jedem Punkt des Hauptbildes mit einem aus seiner Umgebung gebildeten Mittelwert verglichen, und das Objekt bietet nahezu den gleichen Anblick wie bei ungestörter Vergleichswellenfront, wie aus dem Vergleich der Abb. 6 der Farbtafel XIX mit der soeben genannten Abb. 5 derselben Tafel hervorgeht. Zum Messen wird man besser das Verdoppelungsverfahren benutzen, wenn es sich bei diesem erreichen läßt, daß Haupt- und Nebenbild sich nicht überdecken, aber zum Sichtbarmachen von Phasenstrukturen ist das Doppelfokusverfahren gut geeignet. Wenn es dagegen gelingt, das Nebenbild völlig zu defokussieren, so daß von ihm nichts mehr erkennbar ist, dann kann man bei genügend kleinen Objekten vielleicht auch Messungen vornehmen. Es scheinen jedoch noch Untersuchungen darüber zu fehlen, wie weit die Kohärenzverhältnisse durch das Objekt im Vergleichsstrahlengang geändert werden und damit die Meßergebnisse beeinflussen können.

Die gegenseitige Lage von Haupt- und Nebenbild kann bei den einzelnen Doppelfokusverfahren verschieden sein. Bisher sind folgende Möglichkeiten realisiert worden:

1. Haupt- und Nebenbild (bzw. Objekt- und Vergleichsstrahlengang) seitlich unverschoben. Hier sind nichtzyklische und zyklische Verfahren zu unterscheiden.
2. Haupt- und Nebenbild seitlich verschoben.
3. Haupt- und Nebenbild doppelt umgeklappt.

Diese Lagebeziehungen sind jedoch nur dann von Bedeutung, wenn das Nebenbild nicht vollständig defokussiert ist.

2221. Objekt- und Vergleichswellenfront seitlich unverschoben; nichtzyklische Verfahren

Das zuerst zu besprechende Verfahren von SMITH [1955] ist nahezu das gleiche wie das Verdoppelungsverfahren des gleichen Autors (Abb. 60); es ist in Abb. 71 dargestellt. Von dem Verdoppelungsverfahren unterscheidet es sich nur durch die Achsenlage der einachsigen Kristallplatten; während die Platten dort schräg zur Achse geschnitten wurden, liegt hier die Schnittrichtung parallel dazu. Die Platten selbst werden so orientiert, daß ihre Achsen einander parallel liegen.

In gleicher Weise wie bei dem Verdoppelungsverfahren kann man zwei gleich dicke Kristallplatten aus gleichem Material benutzen, benötigt dann aber eine Halbwellenlängenplatte, um den ordentlichen Strahl zum außerordentlichen zu machen und umgekehrt. Eine solche Vertauschung ist notwendig, damit beide Teilwellenfronten die gleiche Krümmung haben und ein homogen gefärbtes Gesichtsfeld ergeben, wenn sich kein Objekt im Strahlengang befindet. Wegen der erwähnten Nachteile der Halbwellenlängenplatte ist es jedoch vorteilhafter, die Platten aus verschiedenen Materialien zu wählen, deren Doppelbrechungen entgegengesetzte Vorzeichen haben. Die Unterschiede im Brechungsindex beider Materialien, beispielsweise Quarz und Kalkspat, machen dann die Einführung einer doppelbrechenden Hilfslinse 9 (Abb. 71) in der unteren Brennebene des Kondensors nötig.

Die Defokussierung ist bei diesem System nicht vollständig. Abb. 6 der Farbtafel XIX ist mit der SMITHschen Anordnung hergestellt worden, die übrigens neben der oben erwähnten Shearing- (= Verdoppelungs-) Anordnung von SMITH in dem Interferenzmikroskop der Firma C. Baker of Holborn Ltd., London, enthalten ist (Abb. 62).

In einem 1952 angemeldeten französischen Patent, dem eine Patentanmeldung 1951 in Holland vorangegangen war, hat sich die holländische Firma N. V. Optische Industrie „De oude Delft“ ein ähnliches Verfahren schützen lassen [De oude Delft 1952]. Hier werden ebenfalls zwei gleiche, parallel zur optischen Achse geschnittene Kristallplatten vor dem Kondensor bzw. vor dem Objektiv benutzt, jedoch sind die Achsen beider gekreuzt. Polarisator und Analysator sind ebenfalls gekreuzt, jedoch um 45° dagegen verdreht. Die bei dieser Anordnung ebenfalls erforderliche Halbwellenlängenplatte ist achromatisiert worden, so daß sich für zwei Wellenlängen des sichtbaren Bereichs eine Phasenverschiebung um genau eine halbe Wellenlänge ergibt und für den Rest die Abweichungen gering bleiben. In der Patentschrift werden zwei Möglichkeiten, dies zu erreichen, erwähnt: die Kombination einer rechts- und einer linksdrehenden Platte, oder die Benutzung zweier Halbwellenlängenplatten aus geeigneten, voneinander verschiedenen Materialien, die in ihrer Orientierung um 45° gegeneinander verdreht sind.

Eine andere Doppelfokusanordnung ist von SMITH [1947 u. 1955] und unabhängig von PHILPOT [1952] entwickelt worden (Abb. 72). Hier werden Aufspaltung und Wiedervereinigung durch zwei verkittete Linsen aus doppelbrechendem Material bewirkt, die in zwei einander konjugierten Ebenen von Kondensor und Objektiv angebracht werden. Nach PHILPOT ist die Konvexlinse senkrecht, die Konkavlinse parallel zur optischen Achse geschnitten; die Achsen der Konkavlinsen stehen rechtwinklig zueinander. Da die Außenflächen der Kombination parallel sind, hat sie nur für die außerordentlichen Strahlen eine Linsenwirkung.

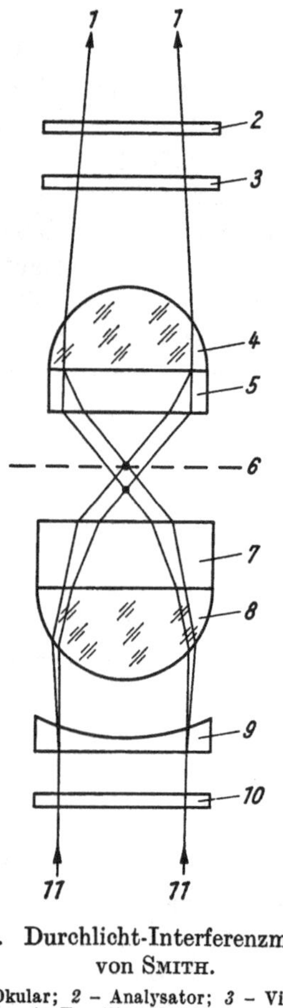

Abb. 71. Durchlicht-Interferenzmikroskop von SMITH.

1 – zum Okular; *2* – Analysator; *3* – Viertelwellenlängenplatte; *4* – Frontlinse des Objektivs; *5* – doppelbrechende Platte; *6* – Objektebene; *7* – doppelbrechende Platte; *8* – Frontlinse des Kondensors; *9* – doppelbrechende Hilfslinse; *10* – Polarisator; *11* – einfallendes Licht.

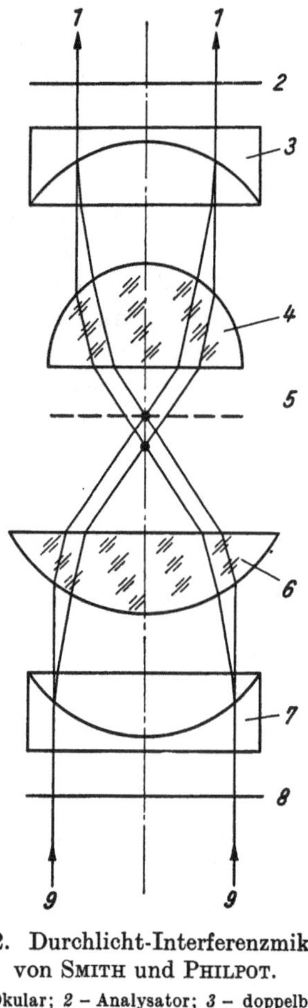

Abb. 72. Durchlicht-Interferenzmikroskop von SMITH und PHILPOT.

1 – zum Okular; *2* – Analysator; *3* – doppelbrechende Linsen; *4* – Objektiv; *5* – Objektebene; *6* – Kondensor; *7* – doppelbrechende Linsen; *8* – Analysator; *9* – einfallendes Licht.

Bei schwächeren Objektiven, bei denen die hintere Brennebene zugänglich ist, kann eine solche Kombination außerhalb des Objektivs angebracht werden. Stärkere Objektive erfordern jedoch spezielle Berechnung, wenn eine solche Kombination an geeigneter Stelle in das System mit einbezogen werden soll; wegen der Krümmung der Brennebene müssen dann die Außenflächen der Kombination ebenfalls gekrümmt sein, und zwar mit gleichen Radien. Für die Kondensoren gilt das gleiche sinngemäß.

Der Gangunterschied kann mittels eines Kompensators, etwa vom BABINET-SOLEIL-Typ, verändert werden. Mangelnde Zentrierung der Kombinationen ergibt Interferenzstreifen, die gekrümmt sind, wenn die Kombinationen sich nicht in einander konjugierten Ebenen befinden (PHILPOT); sie werden dagegen gerade, wenn dies der Fall ist, und ihre Verbreiterung bis zum waagerechten Schnitt (Interferenzkontrast) wird durch Zentrieren erreicht. Nach PHILPOT macht die Rotationsdispersion der parallel zur Achse geschnittenen Komponenten die Benutzung von monochromatischem Licht erforderlich.

Bei einer dritten Gruppe von Verfahren werden senkrecht zur Achse geschnittene Kristallplatten vor dem Objektiv in Verbindung mit einer Ringblende in der unteren Brennebene des Kondensors verwandt. Das hier benutzte Prinzip ist aus Abb. 73 zu ersehen: Das Licht wird in der Kristallplatte 7 in einen ordentlichen und einen außerordentlichen Anteil aufgespalten, die verschieden gebrochen werden[1]) und sich, wenn sie rückwärts verlängert werden, in verschiedenen Ebenen schneiden. Eine Ringblende im Kondensor ist nötig, weil der Gangunterschied der beiden Anteile von dem Winkel abhängt, unter dem die Strahlen auf die Kristallplatte auftreffen; daher kann nur ein eng begrenzter Bereich von Einfallswinkeln zugelassen werden. Wird die Platte vor dem Objektiv angebracht, dann erscheinen in der hinteren Brennebene desselben die isochromatischen Linien, die Kurven gleichen Gangunterschieds sind und bei der einachsigen, senkrecht zur Achse geschnittenen Kristallplatte aus konzentrischen Ringen bestehen. Die Farbe des

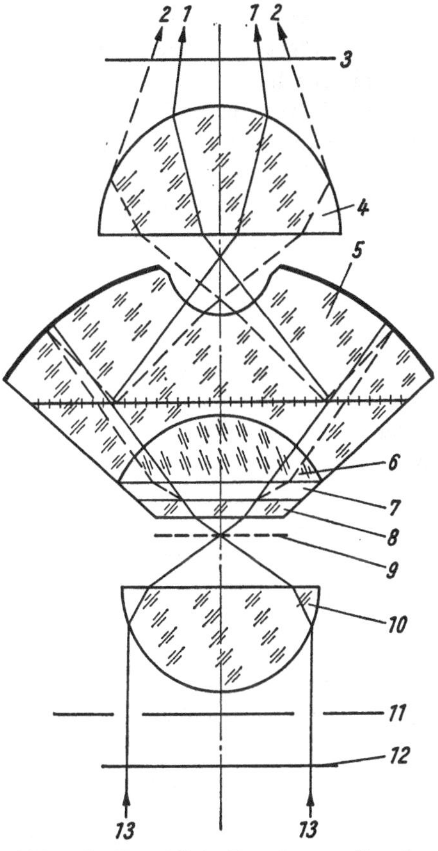

Abb. 73. Durchlicht-Interferenzmikroskop von FRANÇON.

1 – ordentliche, *2* – außerordentliche Strahlen (zum Okular); *3* – Analysator; *4* – Objektiv; *5* – Glaskörper; *6* – Plankonvexlinse; *7* – doppelbrechende Platte; *8* – Planparallelplatte (*6* und *8* haben den gleichen Brechungsindex wie *7* für den ordentlichen Strahl; *9* – Objektebene; *10* – Kondensor; *11* – Ringblende; *12* – Polarisator; *13* – einfallendes Licht.

[1]) Die Kristallplatte ist hier von Glas umgeben, das den gleichen Brechungsindex wie der ordentliche Strahl hat (s. u.).

Ringes, auf den die Ringblende abgebildet wird, bestimmt dann die Farbe des Untergrundes im Gesichtsfeld.

In dieser Form haben unabhängig voneinander BLAISSE im Jahre 1951 [FRANÇON 1954a, S. 120] und ein Jahr später FRANÇON [1952e u. f, 1954a, S. 120] die Anordnung beschrieben. Ein solches System hat jedoch den Nachteil, daß bei stärkeren Objektiven nur eine relativ dünne Kristallplatte vor dem Objektiv angebracht werden kann und daß dieses speziell für den (ordentlichen) Brechungsindex der Platte gerechnet werden muß, denn dieser liegt z. B. beim Kalkspat höher als der des üblichen Immersionsöls. FRANÇON hat in einer späteren Abhandlung [FRANÇON 1953c] gezeigt, wie diese Nachteile durch eine Zwischenabbildung ähnlich der von DYSON (Abb. 31) vermieden werden können.

Vor der Kristallplatte 7 (Abb. 73) befindet sich eine Planparallelplatte 8 und dahinter eine Plankonvexlinse 6; beide bestehen aus Glas, dessen Brechungsindex gleich dem ordentlichen Brechungsindex der Kristallplatte ist. Dadurch sowie durch die Tatsache, daß die konvexe Fläche der Linse 6 zum virtuellen Bild der Mitte der Objektebene konzentrisch ist, wird eine spezielle Korrektion für die Kristallplatte vermieden; außerdem kann die letztere so dick gewählt werden, daß das Nebenbild völlig defokussiert wird. Der darüberliegende Glasblock 5 aus gewöhnlichem Glas bewirkt, ebenso wie bei DYSON, die Zwischenabbildung; durch die konkave Fläche an seiner Oberseite vermeidet man die Notwendigkeit, das Objektiv immergieren zu müssen. Die ganze Anordnung kann als Zusatz an einem normalen Mikroskop angebracht werden.

Es sind noch einige Varianten zu erwähnen. Die Firma „De oude Delft" [1952] sowie FRANÇON [1952e] benutzen zwei senkrecht zur Achse geschnittene Kristallplatten mit entgegengesetzten Doppelbrechungen, von denen die eine vor dem Objekt und die andere dahinter angebracht wird. Der Betrag der Defokussierung wird durch die untere Kristallplatte nicht beeinflußt, aber es können andere Interferenzfarben gewählt werden. FRANÇON schlägt vor, die untere Platte in zwei Keile aufzulösen, so daß durch Verschieben des einen die Dicke der Platte und damit die Farbe des Untergrundes geändert werden kann. Außerdem werden bei geeigneter Abstimmung der Platten die Interferenzringe breiter, so daß die Ringblende ebenfalls breiter gewählt werden kann und die Anordnung lichtstärker wird. FRANÇON sowie „De oude Delft" erwähnen ferner die Benutzung zirkular polarisierten Lichts; dadurch fallen die dunklen neutralen Linien in dem Bild der isochromatischen Linien fort und die Lichtstärke wird dadurch ebenfalls gesteigert. „De oude Delft" verwendet hier auch eine senkrecht und eine parallel zur Achse geschnittene Kristallplatte mit einer der erwähnten achromatischen Halbwellenlängenplatten dazwischen. Die Ringblende im Kondensor bleibt bei allen diesen Varianten erforderlich. SMITH [1947] hat ein Doppelfokusverfahren beschrieben, bei dem die Strahlenteilung durch teildurchlässige Flächen, die Wiedervereinigung durch Brechung erfolgt; ferner erwähnt er l. c. zwei weitere Verfahren mit Teilung und Vereinigung an teildurchlässigen Flächen.

2222. Objekt- und Vergleichsstrahlengang seitlich unverschoben; zyklische Verfahren

Philpot [1948], Sawin [Rosenberg 1953] sowie Ullrich und Lochte-Holtgreven [1957] haben eine zyklische Anordnung angegeben (Abb. 74), die sich von der in Abb. 70 dargestellten nach Philpot-Nomarski nur durch das Fehlen des Umkehrsystems unterscheidet. Dadurch erscheinen die beiden von den entgegengesetzt umlaufenden Teilbündeln erzeugten Objektbilder in gleicher Lage und an

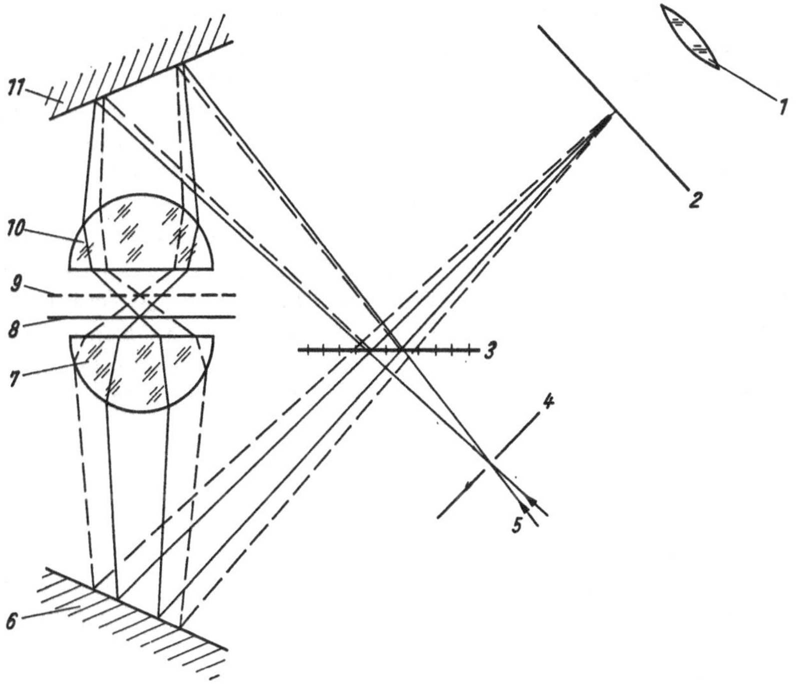

Abb. 74. Durchlicht-Interferenzmikroskop von Philpot, Sawin sowie Ullrich und Lochte-Holtgreven.

1 – Okular; *2* – Zwischenbildebene; *3* – teildurchlässige Fläche; *4* – Blende; *5* – einfallendes Licht; *6* – Spiegel; *7* – Objektiv; *8* – Objektebene; *9* – Vergleichsebene; *10* – Objektiv; *11* – Spiegel.
Die im Uhrzeigersinn umlaufenden Strahlen sind ausgezogen gezeichnet, die entgegengesetzt umlaufenden gestrichelt.

gleicher Stelle im Gesichtsfeld, wenn sie beide scharf eingestellt sind; dies ist dann der Fall, wenn die beiden Objektive 7 und 10 mit dem dazwischenliegenden Objekt in bezug auf den abbildenden Strahl die gleiche Entfernung von der teildurchlässigen Fläche 3 haben. In dieser Lage wird zwar nach Philpot auch das rückwärts gestreute Licht gesammelt, so daß eine Erhöhung des Auflösungsvermögens möglich wäre, aber die Phasendifferenzen sind in beiden Teilstrahlengängen gleich und heben sich daher auf. Durch Verschieben der Objektive aus dieser Symmetriestellung heraus kann das Objekt im einen Strahlengang defokussiert werden, so daß nunmehr die Phasendifferenzen, die durch das Objekt hervorgerufen werden, beobachtet werden können.

Die Änderung der Phasendifferenz ist hier ebenso schwierig wie bei den in Abschn. 2215 behandelten zyklischen Verfahren. Außerdem lassen sich offenbar im Gesichtsfeld keine geraden Interferenzstreifen erzeugen, wie es bei den oben erwähnten Anordnungen durch Neigen eines der Spiegel möglich war [Hale 1958, S. 17]; es ist nur waagerechter Schnitt möglich. Nach Philpot [1948] sind hier die Kohärenzverhältnisse im Gesichtsfeld ungünstiger als bei den Anordnungen des Abschnitts 2215. Ullrich und Lochte-Holtgreven beobachteten im Gesichtsfeld ein System von Ringen niedriger Ordnung, bei denen der zentrale Fleck recht breit war; die Ursache der Erscheinung wird nicht angegeben. Sie könnte in einer geringen Ungleichheit von Glasdicke und Brennweite der beiden, der Gravierung nach gleichen Objektive zu suchen sein (vgl. S. 58). Die letztgenannten Autoren haben auch zwei Objektive verschiedener Brennweiten benutzt, die unsymmetrisch im Strahlengang angebracht werden müssen.

Philpot [1948] hat ferner eine vereinfachte Form seines zyklischen Interferenzmikroskops beschrieben, bei der nur ein Objektiv benötigt wird. Er benutzt dazu die Anordnung Abb. 67a und bringt vor dem Objektiv zwei Rechtwinkelprismen an, von denen das eine das aus einer Objektivhälfte austretende Licht horizontal umlenkt, während das andere es in die andere Objektivhälfte reflektiert. Das Objekt wird hier zwischen den beiden Prismen im horizontalen Strahlengang angebracht, so daß die Objektebene mit der optischen Achse zusammenfällt. Dieses Verfahren ist selbstverständlich nur auf schwache Objektive und kleine Objekte anwendbar.

Interessant ist, daß bereits Sagnac [1911] ein Interferenzmikroskop mit defokussiertem Nebenbild angegeben hat; er nannte es, ebenso wie das im Abschnitt 212 beschriebene, vom Michelson-Interferometer abgeleitete Instrument, „microstrioscope interférentiel“. Sagnac benutzt die gleiche Anordnung wie in Abb. 74, jedoch ohne die Objektive im geschlossenen Strahlengang. In dieser Form hat er das Interferometer als erster angegeben. Zur mikroskopischen Beobachtung benutzt er ein sehr kleines Interferometer und bringt außerhalb desselben ein schwaches Mikroskop an. Bei symmetrischer Lage des Objekts im geschlossenen Strahlengang werden, wie bei der oben beschriebenen Anordnung, keine Phasendifferenzen beobachtet; wenn das Objekt dagegen nahe der Trennfläche angebracht wird, dann erscheint es im einen Strahlengang defokussiert, und die Verhältnisse sind die gleichen wie oben.

2223. Objekt- und Vergleichswellenfront seitlich verschoben

Hier ist nur zu erwähnen, daß bei einigen der im Abschnitt 2212 beschriebenen Verdoppelungsverfahren das Nebenbild mehr oder weniger stark defokussiert ist; es sind diejenigen, bei denen sich je eine doppelbrechende Kristallplatte hinter dem Kondensor bzw. vor dem Objektiv befindet. Die unterschiedliche Brechung des ordentlichen und des außerordentlichen Strahls sowie die stärkere Wirkung der vor dem Objektiv angebrachten Kristallplatte (im Vergleich zu einer in der Nähe der Bildebene befindlichen) bewirken die Defokussierung. Eine geringe Defokussierung ist z. B. bei der in Abb. 60 dargestellten Anordnung von Smith zu beobachten, die in dem Interferenzmikroskop der Firma Baker (Abb. 62) enthalten ist. FRANÇON [1952a u. h] erwähnt eine Anordnung mit zwei schräg zur Achse geschnittenen Quarzplatten; sind diese genügend dick, dann verschwindet das eine Bild völlig. Vor allem ist hier aber das auf S. 104 beschriebene Verfahren von DYSON zu nennen.

2224. Objekt- und Vergleichswellenfront doppelt umgeklappt

PHILPOT [1952] erwähnt, daß in seiner räumlichen zyklischen Anordnung (Abschn. 2215), die von ihm „spirocyclic" genannt wurde, das eine Objektbild defokussiert werden kann. Das gleiche dürfte, obwohl es nicht ausdrücklich erwähnt wird, auch bei der ebenen Anordnung von PHILPOT sowie der entsprechenden von NOMARSKI möglich sein, die im gleichen Abschnitt beschrieben wurden.

23. Flächen-, Linien- und Punktverfahren

Die Interferenzmikroskope, soweit sie bisher beschrieben worden sind, zeigen im Gesichtsfeld das von Interferenzen überlagerte Bild des Objekts. Weil sie eine gewisse Fläche des Objekts zeigen, kann man sie Flächenverfahren nennen; bei der Oberflächenprüfung ist dies z. B. einer der Vorzüge, die die Interferenzmikroskope gegenüber den Tast- und Lichtschnittverfahren besitzen, die nur einen Profilschnitt erkennen lassen. MENZEL [1956] bezeichnet daher die Interferenzverfahren als „flächenverdeutlichend", im Gegensatz zu den „kantenverdeutlichenden" Verfahren, zu denen er z. B. das Phasenkontrastverfahren rechnet.

Es gibt aber auch Verfahren, die ebenfalls zur Interferenzmikroskopie gerechnet werden können, bei denen die Phasenverschiebung des Objekts nur längs einer Linie oder nur in einem Objektpunkt (bzw. einem kleinen Objektbereich) gemessen wird. Diese Verfahren sollen Linien- bzw. Punktverfahren genannt werden.

Zu den Linienverfahren zählt die Beobachtung der Interferenzen mit einem Spektroskop. LINNIK [1933] war offenbar der erste, der dieses Verfahren des „kannelierten Spektrums" in der Interferenzmikroskopie angewandt hat. In seinem Interferenzmikroskop (Abb. 19) ersetzte er das Okular durch ein Spektralokular nach ABBE oder durch ein Taschenspektroskop, auf dessen Spalt das Objekt abgebildet wurde. Dies geschah offenbar aus folgenden Überlegungen heraus (vgl. SACHAREWSKI [1952, S. 212f]): Das Profil einer technischen Oberfläche läßt sich im Interferenzmikroskop nur dann einigermaßen genau ermitteln, wenn die Bearbeitungsspuren parallel verlaufen; außerdem darf das Profil über die Strecke, die von den Auslenkungen der Interferenzstreifen eingenommen wird, sich nicht wesentlich ändern [HELMCKE und RIENITZ 1956], denn die Interferenzstreifen sind stets schräge Schnitte, während das Profil ein Schnitt senkrecht zur Oberfläche ist. Wenn die Bearbeitungsspuren dagegen in verschiedenen Richtungen verlaufen, geben die Interferenzstreifen, die bei der obigen Methode im Spektrum beobachtet werden, das Profil dennoch wieder. Diese dunklen Streifen im Spektrum entstehen nämlich an den Stellen, an denen der Gangunterschied zwischen der auf den Spalt projizierten Objektstelle und der Vergleichsfläche ein ungeradzahliges Vielfaches der Hälfte dieser Wellenlänge beträgt. Bewegt man sich also auf dem Objekt längs der später auf den Spalt projizierten Linie, so ändert sich mit dem Gangunterschied auch die Wellenlänge, bei der Auslöschung eintritt; da beide einander proportional sind, geben die Auslenkungen der Interferenzstreifen das Profil wieder.

Von diesen Überlegungen ausgehend hat LINNIK später zwei „Mikroprofilometer" entwickelt [SACHAREWSKI 1952, S. 212f; KOLOMIJCOV 1959]. Das erste entspricht fast ganz seinem Interferenzmikroskop (Abb. 19), nur ist hier der Spalt bereits im Kondensor angebracht, so daß das Spektralokular ohne Spalt benutzt wird. Diese Anordnung wird zwar im weißen Licht benutzt und ergibt im Spektrum noch deutliche Interferenzen, wenn der Gangunterschied bereits so groß ist, daß diese im Gesichtsfeld nicht mehr sichtbar sind. LINNIK vermißt dabei aber offenbar die üblichen farbigen Weißlichtinterferenzen, die zum Erkennen des Gangunterschieds Null und zum Zuordnen nützlich sind. Er entwirft nämlich folgendes Mikroprofilometer: Der Aufbau ähnelt wieder dem Schema der Abb. 19. Der senkrechte Spalt wird beibehalten, nur werden der Vergleichsspiegel 1 durch einen Rechtwinkelspiegel ersetzt und oberhalb der Teilungsplatte eine zylindrische Tubuslinse eingeführt. Die Kante des ersteren bzw. die Achse der letzteren stehen parallel zum Spalt. Das Spektroskop fällt fort, und in der Bildebene werden ebenfalls einander parallele Profillinien beobachtet, die bei Verwendung weißen Lichts farbig erscheinen. KOLOMIJCOV [1956a, 1959] hat ein Mikroprofilometer mit Spalt und Zylinderlinse beschrieben, bei dem das in Abb. 39 dargestellte Prinzip benutzt wird. Es kann auch zum Prüfen der Innenflächen von Bohrungen benutzt werden. Die drei auf unendliche Bildweite korrigierten Objektive haben 7,4 mm Brennweite und eine Apertur von 0,3. Die Brennweite der Tubuslinse beträgt 250 mm, die Gesamtvergrößerung etwa 500×. Ein anderes von ihm angegebenes Mikroprofilometer [KOLOMIJCOV 1956b, 1959] besteht aus einer MACH-ZEHNDER-Anordnung ähnlich der in Abb. 7b dargestellten. Die Strahlen durchlaufen hier jedoch kein Rechteck, sondern einen Rhombus und fallen dabei flacher auf die beiden Spiegel 2 (Abb. 7b). Der eine dieser Spiegel ist der Prüfling, der andere die Vergleichsfläche. Vor und hinter diesen befindet sich je ein Objektiv, im gesamten Interferometer also vier. Diese Objektive haben eine Brennweite von 28 mm und sind für unendliche Bildweite korrigiert; die Brennweite der Tubuslinse beträgt 200 mm. Spalt und Zylinderlinse sind an geeigneten Stellen eingefügt. Dieses Gerät dient, ähnlich wie die *Abdruckfilm-Immersionsmethode* von ZEHENDER (S. 45f), zum Untersuchen etwas rauherer Oberflächen, für die das normale Interferenzmikroskop nicht mehr geeignet ist.

TOLANSKY hat die Interferenzstreifen im Spektrum, von ihm „fringes of equal chromatic order" genannt, ausführlich untersucht [TOLANSKY 1948, S. 96ff]. BARER [1952c] hat sie auf die Durchlicht-Interferenzmikroskopie angewandt; er erwähnt auch, daß auf diese Weise die Brechungs- und Absorptionseigenschaften des Objekts, z. B. anomale Dispersion in der Umgebung einer Absorptionsstelle, sichtbar werden. FAUST [1954] mißt mit diesem Verfahren Textilfasern aus. OSTERBERG [1955, S. 432] hat die kannelierten Spektren in der Durchlicht-Interferenzmikroskopie theoretisch behandelt.

Zu den Punktverfahren zählen die Zwei- und Dreispaltverfahren, die MENZEL in die Mikroskopie eingeführt hat [MENZEL 1952 u. 1957b; MENZEL und SCHMIDT 1954; PARIS 1955; K. SCHMIDT 1954; STROHMAIER 1953]. Er selbst nennt sie „Sondenverfahren" [MENZEL 1957b]. Zwei oder drei nebeneinanderliegende Spalte geringer Höhe werden in die Objektebene abgebildet. In einer gewissen Höhe darüber entstehen Interferenzstreifen, die entweder durch Höherstellen des Mikroskops oder bei unveränderter Objektiveinstellung in der Nähe der hinteren Brennebene desselben beobachtet werden können.

Die Zweispaltinterferenzen sind äquidistante gerade Streifen gleicher Dicke; die Dreispaltinterferenzen bilden in gewissen Einstellebenen, die in gleichem Abstand aufeinander folgen, den gleichen Anblick, während in den dazwischenliegenden Ebenen stets ein breiter und ein schmaler Streifen einander abwechseln. Diese letzteren Ebenen sind sehr genau einstellbar. Bringt man nun ein phasenverschiebendes Objekt in das Bild eines der Spalte, dann werden die Zweispaltinterferenzen seitlich, die charakteristischen Ebenen der Dreispaltinterferenzen dagegen in der Höhe verschoben. Durch Ausmessen dieser Verschiebungen kann die Phasenänderung festgestellt werden; die Meßgenauigkeit konnte bis auf $\lambda/150$ gesteigert werden [MENZEL und SCHMIDT 1954].

WESTMEYER [WESTMEYER 1960; v. ARDENNE und WESTMEYER 1959] hat eine Dreistrahlanordnung zum Ausmessen von Ultradünnschnitten beschrieben, bei der der Dreifachspalt sich unmittelbar unter dem Objekt befindet und die Interferenzerscheinungen nach Entfernen des Objektivs mit dem Okular allein beobachtet werden.

Eine Zweispaltanordnung benutzen auch HALLÉN und INGELSTAM [1952].

3. Ergänzungen

31. Die kombinierten Verfahren

Die verschiedenen Verfahren der Mikroskopie der Phasenstrukturen sind häufig untereinander oder mit anderen Verfahren kombiniert worden. Diese kombinierten Verfahren sind schwierig zu behandeln; es sei hier nur auf das Problem hingewiesen, unter welchen Bedingungen eine Kombination etwas Neues und nicht nur die Summe der Eigenschaften ihrer Komponenten darstellt. Da geeignete Gesichtspunkte bisher noch fehlen, werden in diesem Abschnitt nur die wichtigsten Tatsachen in loser Folge erwähnt.

Im Abschnitt 212 war erwähnt worden, daß BERTI [1951] die Theorie des Phasenkontrastverfahrens mit Hilfe der Theorie des Interferenzmikroskops behandelt hat. Er benutzte eine MACH-ZEHNDER-Anordnung mit je einem Objektiv in jedem Teilstrahlengang, um den Gang der Überlegungen zu erläutern; der eine Teilstrahlengang stellt das direkte Licht dar, der andere das gebeugte, wie es auch bei den folgenden Anordnungen von BENNETT, RÄNTSCH und LOHMANN der Fall ist. Es sind jedoch auch Interferenz- und Phasenkontrasteinrichtungen mit dem Ziel kombiniert worden, variablen Phasenkontrast zu erhalten.

Abb. 75 zeigt eine solche 1949 von BENNETT (amerikanisches Patent Nr. 2655077) entworfene Anordnung [HORN 1958]. Vor dem MACH-ZEHNDER-Interferometer befindet sich eine schräggestellte Ringblende 8 und dahinter ein Kondensor. Diese Ringblende wird über beide Teilstrahlengänge auf den undurchsichtigen Ringspiegel 12 abgebildet. In dem Teilstrahlengang, in dem sich das Objekt 4 befindet, wird also das direkte Licht durch diesen Ringspiegel ausgeblendet; es kann nur das vom Objekt gebeugte Licht bis zum Okular gelangen. Im anderen Teilstrahlengang wird dagegen das direkte Licht zugeführt, dessen Intensität sowie Phasendifferenz gegenüber dem gebeugten Licht durch geeignete Mittel beliebig geändert werden können. Ein Nachteil dieser Anordnung ist, daß die Neigung der beiden

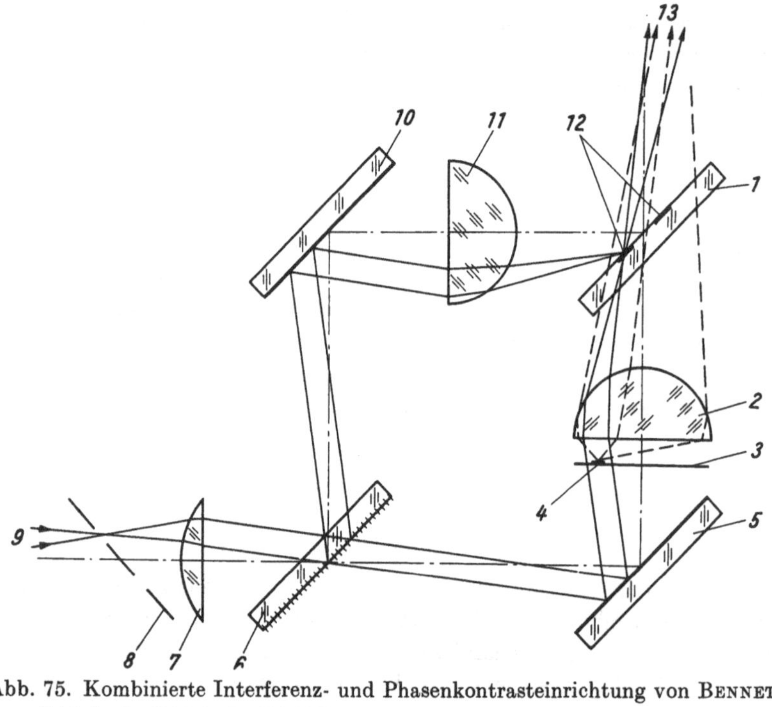

Abb. 75. Kombinierte Interferenz- und Phasenkontrasteinrichtung von BENNETT.
1 – Planparallelplatte; *2* – Objektiv; *3* – Objektebene; *4* – Objekt; *5* – Spiegel; *6* – Planparallelplatte mit teildurchlässiger Schicht; *7* – Kondensor; *8* – schräggestellte Ringblende; *9* – einfallendes Licht; *10* – Spiegel; *11* – Objektiv; *12* – Ringspiegel (voll verspiegelt), entsprechend *8*; *13* – zum Okular.

Teilstrahlenbündel nicht veränderlich ist, weil beide auf den Ringspiegel abgebildet werden müssen. Wäre dies möglich, dann würden Interferenzstreifen entstehen.

Dies ist jedoch bei zwei anderen Anordnungen der Fall, die einander im Prinzip ähnlich sind. RÄNTSCH benutzt in seiner 1949 (Deutsches Patent Nr. 822023) angegebenen Anordnung [HORN 1958] ein MACH-ZEHNDER-Interferometer, LOHMANN [1953 u. 1954] dagegen das Interferometer von JAMIN-LEBEDEFF (vgl. Abb. 54), das aus zwei Kalkspatplatten 3 und 5 (Abb. 76) sowie einer dazwischenliegenden Halbwellenlängenplatte 4 besteht. Anders als sonst üblich befindet sich das Interferometer in beiden Fällen hinter dem Objektiv, so daß in jedem Zweig des Interferometers ein Beugungsbild des Objekts entsteht (in Abb. 76 in der Brennebene 12). Wenn die Brennebene des Objektivs nicht zugänglich ist, wird eine Zwischenabbildung benutzt (RÄNTSCH). Das eine Beugungsbild bleibt ungeändert, während bei dem zweiten durch geeignete Blenden nur das direkte Licht hindurchgelassen wird. Dazu sind entsprechende Blenden (Ringblende bei RÄNTSCH, Spaltblende bei LOHMANN) in der unteren Kondensorbrennebene erforderlich. Phase und Amplitude des direkten Lichts können hier ebenso wie oben geändert werden, aber hier ist es außerdem möglich, durch geeignete Justierung Interferenzstreifen zu erzeugen; bei der Anordnung von LOHMANN geschieht dies durch Neigen der Kalkspatplatte 3. LOHMANN [l. c.] hat noch eine zweite *Interferometer-Phasenkontrast*-Anordnung beschrieben, bei der Trennung und Vereinigung durch je ein WOLLASTONprisma in der Nähe der Objekt- bzw. Bildebene erfolgen.

LOHMANN hat seine Anordnung durch Anwendung des von ihm entwickelten optischen Dualitätsprinzips [LOHMANN 1953 u. 1954] auf das Interferenzmikroskop gefunden. Ein Interferenzmikroskop mit ungestörtem Vergleichsstrahlengang läßt sich nämlich nach LOHMANN durch den Satz charakterisieren: „Vorübergehende Strahlentrennung in der Objektebene, nur *ein* Strahl vom Objekt modifiziert". Das Dualitätsprinzip besagt, daß „Objektebene" hier durch „Beugungsebene" ersetzt werden kann, woraus sich die beschriebene Anordnung ergibt.

BARER [1952d] und NOMARSKI [1952a] haben Interferenz- und Phasenkontrastmikroskopie in anderer Weise miteinander kombiniert. Sie gehen von dem Gedanken aus, daß die erste *größere* Phasenänderungen, die zweite jedoch sehr *kleine* sichtbar macht, so daß eine Kombination in einem Bilde beides zeigen würde. BARER benutzt die Interferenzanordnung von MERTON (Abb. 43) im waagerechten Schnitt (Interferenzkontrast), NOMARSKI die Auflicht-Anordnung von TOLANSKY (Abb. 44) im schrägen Schnitt; dahinter befindet sich ein Durchlicht- bzw. Auflicht-Phasenkontrastmikroskop, das bei NOMARSKI leicht modifiziert ist.

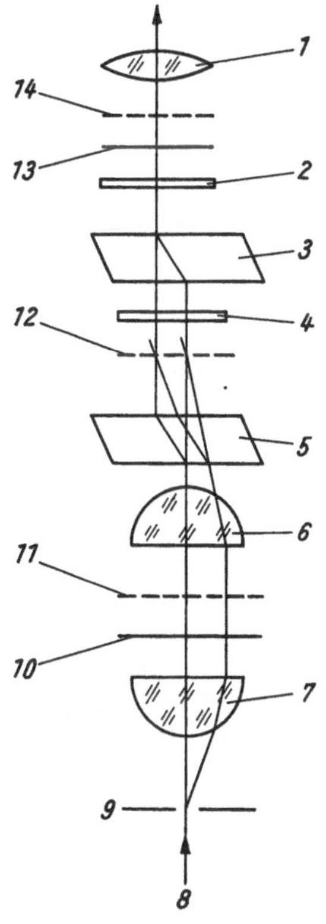

Abb. 76. Kombinierte Interferenz- und Phasenkontrasteinrichtung von LOHMANN.

1 – Okular; *2* – Viertelwellenlängenplatte; *3* – Kalkspatplatte; *4* – Halbwellenlängenplatte; *5* – Kalkspatplatte; *6* Objektiv; *7* – Kondensor; *8* – einfallendes Licht; *9* – Spaltblende; *10* – Polarisator; *11* – Objektebene; *12* – hintere Brennebene von *6*; *13* – Analysator; *14* – Zwischenbildebene.

Ein Phasenkontrastmikroskop, bei dem die Phasenplatte aus einer Interferenzfilterschicht besteht [Dufour 1952; Locquin 1952], kann dagegen nicht zu den kombinierten Verfahren gerechnet werden. Das heute übliche Phasenkontrastverfahren kann jedoch selbst als eine Kombination aus dem Phasenkontrastverfahren im strengen Sinne, bei dem nur eine Phasenänderung stattfindet, und dem Amplitudenkontrastverfahren angesehen werden (vgl. Tab. I im Anhang). Auch die farbigen Phasenkontrastverfahren sind meist aus einem positiven Phasenkontrast in einer Farbe und einem negativen in einer anderen kombiniert, so z. B. die Verfahren von Sailor, Brice und Zernike [1950] und Locquin [1952.] Gabler [1951] rechnet hierzu auch die Verfahren, bei denen sich im Kondensor an der Stelle der Ringblende ein Farbfilterring befindet, der innen und außen von einem Farbfilter anderer Farbe umgeben ist, ebenso wie bei dem Farbkontrastverfahren von Rheinberg [vgl. z. B. Gabler 1951]. Es sind die farbigen Phasenkontrastverfahren von Grigg [1950] und Barer [1949]. Die Umgebung des farbigen Ringes erzeugt nach Gabler einen Phasenkontrasteffekt anderen Vorzeichens als das durch den Ring hindurchgehende Licht, während nach Locquin [1952] nur das letztere Phasenkontrast erzeugt, dem von der Umgebung des Ringes her ein andersfarbiges Hellfeld überlagert wird, weshalb er diese Verfahren „semi-contraste“ nennt. Schließlich ist noch das Ultra-Anoptralkontrastverfahren von Soran und Diaconeasa [1957a u. b] zu erwähnen, das offenbar eine Kombination von Phasenkontrast und Dunkelfeld darstellt.

Die Untersuchung doppelbrechender Objekte in einem Interferenzmikroskop (ohne doppelbrechende Elemente) unter Zuhilfenahme eines Polarisators hat Barer [1952e] beschrieben. Entsprechende Untersuchungen im Phasenkontrastmikroskop, bei denen entweder ein Polarisator oder ein Analysator benutzt wurde, haben Barer [1952e] sowie H. und H. Ziegenspeck [1952] beschrieben. Die letztgenannten nennen dieses Verfahren in Analogie zum Dichroismus „Diinterferenz“; beim ersteren werden verschiedene Wellenlängen, beim letzteren verschiedene Polarisationsrichtungen unterdrückt. Diese Verfahren können wohl kaum als kombinierte Verfahren angesehen werden, denn wenn bei doppelbrechenden Objekten kein Polarisator oder Analysator benutzt wird, ist die Phasenänderung durch das Objekt nicht eindeutig. Wenn dagegen Smithson [1947/49] Polarisator und Analysator am Phasenkontrastmikroskop benutzt, dann ist dies eine echte Kombination.

Wolter [1951a] benutzt ein Phasenkontrastmikroskop mit Polarisator und Analysator sowie einer 4 mm starken Quarzplatte, die in Verbindung mit dem Polarisator als „Polarisationsdetektor“ wirkt. Auf diese Weise werden Amplitudenstrukturen sowie doppelbrechende und nicht doppelbrechende Phasenstrukturen gleichzeitig und durch Farben voneinander unterscheidbar sichtbar gemacht. Wolter [1951a] hat ferner das Phasenkontrast- und das Schlierenverfahren miteinander kombiniert.

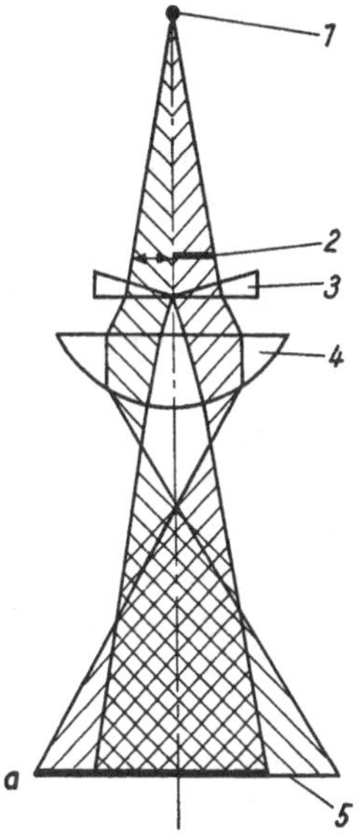

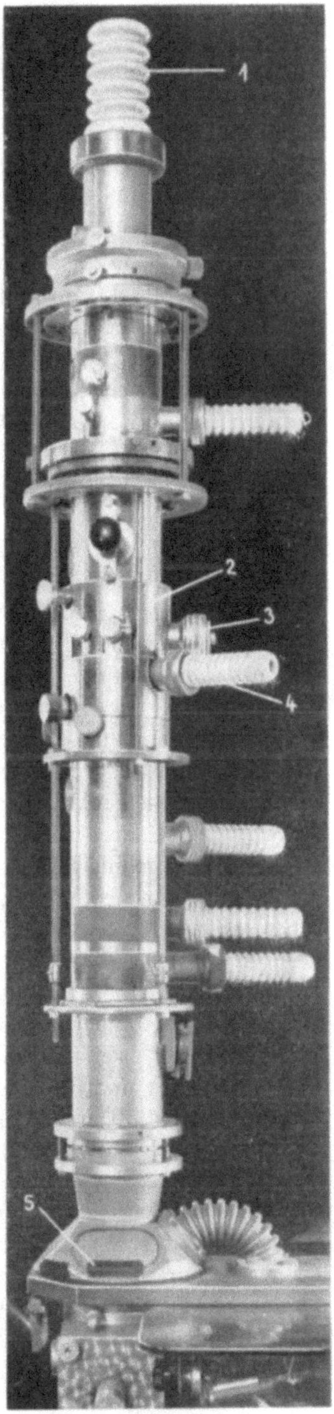

b

Abb. 77. Elektronen-Interferenzmikroskop von MÖLLENSTEDT und BUHL.

a) Lichtoptischer Vorversuch und zugleich vereinfachtes Schema des Elektronen-Interferenzmikroskops b) (rechts). Die Ziffern bezeichnen in beiden Abbildungen die gleichen Teile. *1* – Licht- bzw. Strahlenquelle; *2* – Objekt; *3* – Biprisma; *4* – Objektiv; *5* – Bildebene. (Aufn. Prof. Dr. G. MÖLLENSTEDT u. Dr. R. BUHL, Tübingen).

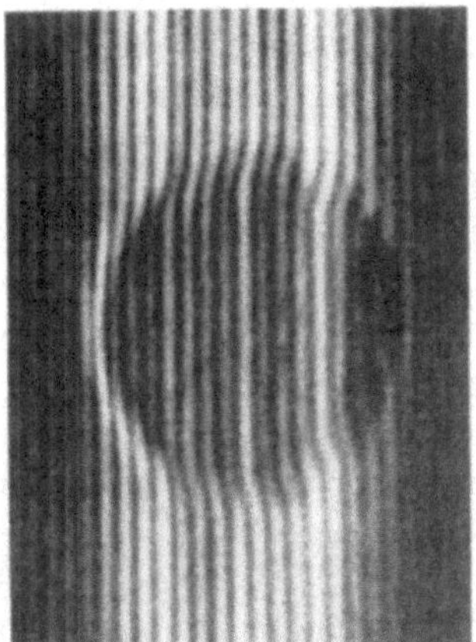

Abb. 78. Aluminiumscheibe, 244 Å dick, im Elektronen-Interferenzmikroskop. Strahlspannung 47 KV, elektronenoptische Vergrößerung 1000×, Gesamtvergrößerung 15500×. Die Aluminiumscheibe wurde durch ein Loch in einer Kollodiumfolie auf einen Kohlenstoffträger aufgedampft. (Präparation und Aufnahme Dr. R. BUHL, Tübingen.)

32. Die Erweiterung auf die nicht sichtbaren Strahlungen

Für den ultravioletten und den infraroten Spektralbereich sind bereits mehrere Phasenkontrastmikroskope beschrieben worden [BENNETT, JUPNIK, OSTERBERG und RICHARDS 1951, S. 150; BARER 1952f; PAYNE 1952b]. BARER [1951] hat das MERTON-Verfahren (S. 87) mit dem Spiegelmikroskop von BURCH im nahen UV und IR durchgeführt. Interferenzmikroskope für diese Gebiete wurden ferner von NOMARSKI [1955b] vorgeschlagen, und zwar Anordnungen entsprechend den Abb. 53 und 59 mit Spiegeloptik.

Auch in der Elektronenmikroskopie werden bereits eine Reihe von Verfahren der Mikroskopie der Phasenstrukturen durchgeführt. Die Dunkelfeldmikroskopie ist hier seit langem bekannt (vgl. z. B. MAHL und GÖLZ [1951]). Ein elektronenoptisches Schlierenverfahren hat MARTON [1948] angegeben. Phasenkontrastverfahren haben LOCQUIN [1955 u. 1956b] sowie KANAYA und KAWAKATSU [1958] angegeben; der erstere benutzt als „Phasenplatte" eine schwach aufgeladene Metallsonde, die beiden letzteren dünne Kollodium- oder Kohlehäutchen.

Zur Elektronen-Interferenzmikroskopie liegen ebenfalls bereits eine Reihe von Untersuchungen vor. RANG [1954] hat vor einigen Jahren eine zusammenfassende Darstellung der ersten Versuche auf diesem Gebiet gegeben. Er erwähnt die erste Beobachtung von Elektroneninterferenzen im Objekt durch MITSUISHI, NAGASAKI und UYEDA im Jahre 1951, der zahlreiche weitere folgten. Diese Interferenzen entstehen dadurch, daß Teile des Elektronenstrahls unter dem BRAGGschen Winkel auf die Netzebenen eines Kristalls fallen, dadurch aus ihrer Richtung durch Reflexion an diesen abgelenkt werden und mit anderen nicht oder ebenfalls abgelenkten Anteilen interferieren. MARTON hat 1952 als erster darauf hingewiesen, daß man nach diesem Prinzip Elektronen-Interferometer bauen könnte, aber dieses Verfahren ist sehr schwierig durchzuführen und hat noch zu keinem praktischen Ergebnis geführt.

Dagegen gelang es MÖLLENSTEDT und BUHL [MÖLLENSTEDT und BUHL 1957; BUHL 1959], ein Elektronen-Interferenzmikroskop mittels eines elektronenoptischen Biprismas herzustellen. Dieses Biprisma [MÖLLENSTEDT und DÜKER 1955 u. 1956; DÜKER 1955; MÖLLENSTEDT und KELLER 1957] besteht aus einem metallisierten Quarzfaden von etwa 1 μ Durchmesser, der eine Spannung von einigen Volt gegenüber zwei je etwa 2 mm entfernten geerdeten Spaltbacken besitzt.

MÖLLENSTEDT und BUHL haben zuerst ein lichtoptisches Interferenzmikroskop aufgebaut, um die Durchführbarkeit des vorgesehenen Prinzips zu prüfen. Es ist in Abb. 77a dargestellt; die Strahlrichtung verläuft hier, ebenso wie in der Elektronenmikroskopie, von oben nach unten. 1 ist eine spaltförmige Lichtquelle, 2 das Objekt, das sich nur vor der einen Hälfte des Biprismas 3 befindet. Dieses Biprisma spaltet das einfallende Licht in die beiden verschieden schraffierten Teilbündel auf, die durch das Objektiv 4 in der Bildebene 5 vereinigt werden, in der auch die Abbildung des Objekts erfolgt. Hier werden also zwei nebeneinanderliegende Bereiche der Objektebene ähnlich wie bei dem Interferenzmikroskop von HORN (Abb. 42) aufeinander abgebildet.

Abb. 77b zeigt den äußeren Anblick des Elektronen-Interferenzmikroskops. Die gleichen Ziffern stellen die gleichen Teile wie in Abb. 77a dar. Es wurden nur die wichtigsten Teile beziffert, denn auf Einzelheiten des Strahlenganges kann an dieser Stelle nicht näher eingegangen werden; es sei nur erwähnt, daß sich zwischen Objektiv und Bildebene, wie in der Elektronenmikroskopie allgemein üblich, noch ein Projektiv befindet. Abb. 78 zeigt eine Aufnahme, die mit diesem Mikroskop gewonnen wurde; das Objekt ist eine runde Aluminiumscheibe von 244 Å Dicke, die durch ein Loch in einer Kollodiumfolie auf eine Kohlenstoff-Trägerschicht aufgedampft ist. Aus der Verschiebung der Interferenzstreifen kann das mittlere innere Potential der Aufdampfschicht bestimmt werden.

4. Nachtrag

Während der Korrektur wurden noch folgende Tatsachen bekannt:

S. 45: Hodam [1959] benutzt eine Interferenzlupe ($V = 6\times$, $M = 12:1$) mit reellem Keil für das Schwärzungsreliefverfahren (S. 231). Die dem Objekt zugewandte Fläche der Vergleichsfläche ist eben, die abgewandte zur Verringerung von Reflexen konvex.

S. 52: In dem zitierten Patent der Précision Mécanique [1949] ist noch eine Durchlichtanordnung erwähnt, die aus Abb. 14 hervorgeht, wenn dort 4 durch die 2 entsprechende Frontlinse eines zweiten Objektivs ersetzt wird.

S. 65: Zwei weitere Abwandlungen des Michelson-Interferometers mit zwei Objektiven: Kolomijcov [1959] erwähnt ein dem Twyman-Interferometer analoges Gerät zum Prüfen von Kugeln oder Innenflächen von Kugellagern sowie ein weiteres zum Ermitteln des Durchmessers von Kugeln.

S. 96: Françon [1959] unterscheidet die laterale Verdoppelung entsprechend Abb. 51 von der longitudinalen Verdoppelung (Doppelfokus-Verfahren, S. 121ff).

S. 108: Das Verfahren von Nomarski (Abb. 59) wird ferner bei Nomarski und Weill [1954] ausführlich beschrieben. Dyson [1958] hat eine entsprechende Auflicht-Anordnung mit rotierender Mattscheibe zum Ausmessen der Dicke dünner Schichten entwickelt.

S. 123 u. 126: Das erwähnte Patent der Firma "De oude Delft" ist offenbar identisch mit einem amerikanischen Patent, in dem Blaisse als Erfinder angegeben ist [Blaisse 1951].

S. 126: Ein weiteres Doppelfokus-Verfahren beschreibt Françon [1959].

S. 131ff: Meyer-Arendt [1960] beschreibt eine Anordnung für variablen Phasenkontrast, die unter die beschriebenen Anordnungen von Bennett, Räntsch und Lohmann einzuordnen ist.

Nicht von der Klassifikation dieser Abhandlung erfaßte Verfahren:

Burch [1953] beabsichtigt, durch Streulicht erzeugte Interferenzen gleicher Neigung für die Interferenzmikroskopie zu verwenden. Cosyns (persönliche Mitteilung) hat unabhängig davon diesen Gedanken durchgeführt. Nomarski [1960] beschreibt Systeme ähnlich den auf S. 121ff beschriebenen Doppelfokusverfahren, bei denen jedoch die Vergleichswellenfront nur einen punktförmigen Teil der Objektebene durchsetzt und daher meist vom Objekt nicht beeinflußt wird.

II. SPEZIELLE PROBLEME DER INTERFERENZMIKROSKOPIE

1. Allgemeine Bemerkungen

In den vorhergehenden Abschnitten sind die bisher bekannt gewordenen Verfahren und Geräte der Interferenzmikroskopie in systematischer Form rein prinzipiell behandelt worden. Selbstverständlich ergeben sich für jedes dieser Verfahren eine Anzahl konstruktiver und instrumenteller Probleme, wenn man es für die Praxis verwendbar machen will. Es ist nicht beabsichtigt, diese Probleme für alle Verfahren zu behandeln, sondern vielmehr sollen einige im Institut für Optik und Spektroskopie erprobte optische Schaltungen der Interferenzmikroskopie eingehend diskutiert werden. Hierbei kann gezeigt werden, wie auch einzelne spezielle, für den Gesamtkomplex der Interferenzmikroskopie typische Probleme gelöst werden können. Diese instrumentellen Probleme und auch die Anwendungsgebiete der verschiedenen Geräte sind am einfachsten zu behandeln, wenn man sie nach den Gesichtspunkten der Auflicht- und der Durchlichtmikroskopie teilt; ein solcher Einteilungsgrund ergibt sich von der Praxis her, indem man von der Art der zu untersuchenden Objekte ausgeht, die ja entweder durchsichtige (transparente) oder undurchsichtige (opake) sind. Die beiden Gruppen von Objekten erfordern eine ganz unterschiedliche Bauart der Mikroskope und auch bereits bei der normalen Mikroskopie eine unterschiedliche Beobachtungstechnik. Während jedoch in der normalen Mikroskopie zunächst die Durchlichtmikroskopie gepflegt wurde, da sie instrumentell einfacher zu behandeln ist und die Technik der Auflichtmikroskopie erst viel später entwickelt werden konnte, war dies bei der Interferenzmikroskopie umgekehrt. Hier hat man sich mit den reflektierenden Objekten zuerst beschäftigt, da sich für die Messung der Rauhigkeit technischer Oberflächen[1]) zunächst eine interferenzoptische Lösung darbot, die rein meßtechnisch auch einfach zu bewältigen ist. Die Durchlichtinterferenzmikroskopie hat sich erst viel später entwickelt; sie ist verwandt mit der Phasenkontrastmikroskopie und hat dieser gegenüber den Vorteil einer einfacheren numerischen Meßmöglichkeit.

Für beide Arten von Beobachtungstechnik ergaben sich in der Interferenzmikroskopie eine große Anzahl rein meßtechnischer Probleme, die zwar an den

---

[1]) Über die Verfahren und Probleme der Messung und Prüfung der Oberflächenmikrogeometrie vgl. z. B. D. Becker, G. Dornheim, H. Kortum, F. Söldner [1959], A. Wiemer u. R. Lehmann [1956, 1957] sowie die Monographien von H. Schorsch [1958] und R. Lehmann [1960].

im Institut entwickelten Geräten und Anordnungen behandelt werden sollen, deren Ergebnisse aber von allgemeiner Bedeutung sind. In diesem Zusammenhang müssen auch die modernen Auswerteverfahren für Interferogramme ausführlich dargelegt werden, damit aus den Interferenzverfahren das Optimum herausgeholt werden kann.

2. Instrumentelle Probleme

21. Auflicht-Interferenzmikroskopie

Unter den Interferenzmikroskopen für Auflicht (z. B. für Oberflächenuntersuchungen, Schwärzungsreliefmessungen u. dgl.) bieten diejenigen mit *einem* Objektiv (Teil I, Abb. 8 bis 18) spezielle Vorteile. Einen einfachen Aufbau bei ganz klaren optischen Verhältnissen, wie getrenntem Vergleichs- und Beobachtungsstrahlengang, erreicht man z. B. durch die Anwendung des MICHELSON-Prinzips in Form eines „Mikro-MICHELSON" unter dem Mikroskop-Objektiv. Im Gegensatz zu den MICHELSON-Mikrointerferometern mit zwei Objektiven ist das Interferometer aus dem Strahlengang des Mikroskops herausgenommen. Dadurch werden Schwierigkeiten vermieden, welche die Auswahl zweier identischer Mikroobjektive mit sich bringt. Nur wenn die Glasdicken dieser beiden Objektive genau übereinstimmen, kann der Gangunterschied für das gesamte Gesichtsfeld gleichgemacht werden; bei dem geringsten Dickenunterschied entstehen Ringe gleicher Neigung, d. h., wenn für Gesichtsfeldmitte auf Gangunterschied Null eingestellt ist, liegen die Punkte gleichen Gangunterschiedes auf konzentrischen Kreisen [KINDER 1937a]. Es ist daher kaum möglich, mit solchen Interferenzmikroskopen Formprüfungen im Mikrobereich durchzuführen, da auch ein ebenes Areal niemals ganz gerade Streifen liefern kann. Das einobjektivige Gerät ist dagegen zu solchen Formprüfungen sehr gut geeignet. Man kann auch anführen, daß bei einobjektivigen Geräten die Zentrierfehler des Objektivs auf die Interferenzerscheinung ohne Einfluß sind, sich bei zweiobjektivigen dagegen stark bemerkbar machen.

Weitere Vorteile bieten die Möglichkeiten der Konstruktion einfacher Bauelemente, der Anordnung für Innenmessungen, der Entwicklung von sogenannten Interferenzlupen usw.

Als Nachteil kann gelten, daß es erhebliche Schwierigkeiten macht, eine hohe Mikroskopapertur zu erzielen und daß man sich daher im allgemeinen mit mittleren und schwächeren Vergrößerungen zufriedengeben muß; wir werden verschiedene Vorschläge zur Aperturerhöhung kennenlernen, doch kann bereits als sicher gelten, daß Aperturen über $A = 0{,}65$ mit Würfel technisch kaum überschreitbar sind. Trotzdem kann angeführt werden, daß die erreichbaren Aperturen und Vergrößerungen für eine sehr große Zahl von Untersuchungen und

Abb. 1. Schema des Auflichtinterferenzmikroskops nach KRUG u. LAU (Mikro-MICHELSON-Prinzip).

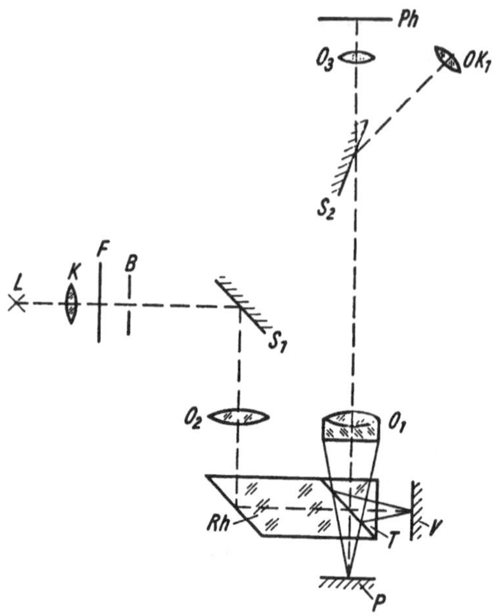

Abb. 2. Seitenansicht des Interferenzmikroskops nach Abb. 1.

Problemen völlig ausreichend sind und daß auch bisher keine industriellen Auflichtinterferenzmikroskope mit $A > 0{,}65$ bekannt geworden sind, gleichgültig, welche Schaltung zugrundegelegt wurde (s. auch Teil I, Abschn. 211, 212).

211. Mikro-Michelson

Die bereits in Abschn. I, 212 behandelte Prinzipschaltung eines „Mikro-Michelson“ wurde für die Praxis nach Abb. 1 ausgeführt [Krug und Lau 1951a u.

Abb. 3. Vorderansicht des Interferenzmikroskops nach Abb. 1.

b]. Der wesentliche Teil des Interferenzmikroskops besteht aus dem mit dem Teilungswürfel T vereinigten rhombischen Glaskörper Rh [s. auch Landwehr 1952] im Objektraum des Mikroskopobjektivs O_1; die Beleuchtung erfolgt durch die Hg-Metalldampflampe L, die Beleuchtungsoptik K, O_2, S_1, wobei noch ein Interferenzfilter F (für 546 nm) und eine Irisblende B in den Strahlengang eingeschaltet sind. Die Beobachtung erfolgt im Okular OK_1; durch Wegdrehen des Spiegels S_2

erfolgt Abbildung über das Fotoobjektiv O_3 auf die Fotoplatte *Ph*. Man beobachtet also durch Teilung des Aperturkegels gleichzeitig mit dem Prüfling *P* die Vergleichsfläche *V* und die durch die Koexistenz der beiden Teilbündel hervorgerufene Interferenzerscheinung. Durch entsprechende Justiermöglichkeiten können nun virtuelle Keilplatten und virtuelle Planparallelplatten verschiedener Dicke

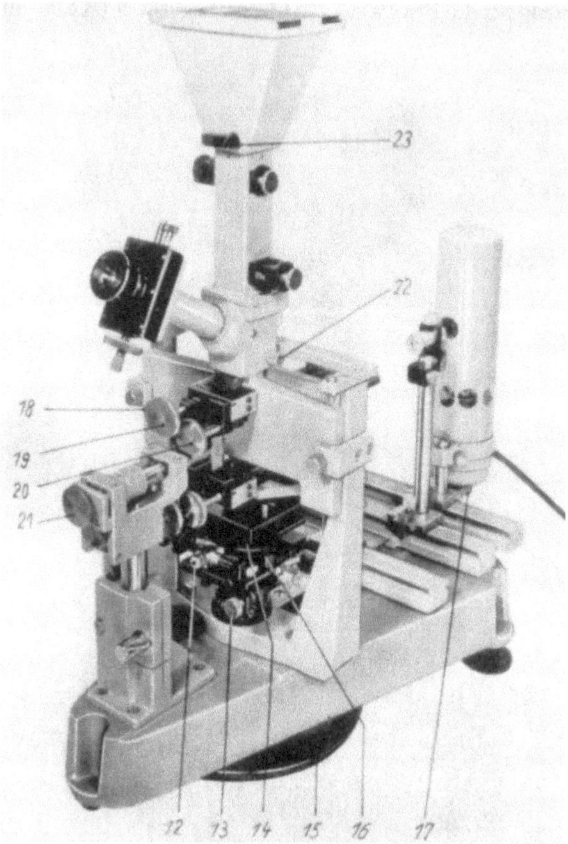

Abb. 4. Experimentier-Mikrointerferometer nach KRUG.

hergestellt oder, was dasselbe ist, die Interferenzerscheinungen beliebig verändert werden; hierfür werden Beispiele an späterer Stelle genügend besprochen.

Bei der praktischen Ausführung des Gerätes (Abb. 2 und 3) wurde darauf Wert gelegt, daß sowohl die auswechselbare Vergleichsplatte für sich fokussierbar und in zwei Ebenen schwenkbar ist, als auch mittels des Objekttisches die analogen Justierungen ausgeführt werden können. Weiterhin sollte durch besonders stabilen Aufbau eine hinreichende Konstanz und Erschütterungsfreiheit der Interferenzerscheinung gewährleistet sein. Es wurde auch ein Spezial-Experimentiergerät nach diesen Vorschlägen konstruiert (Askania-Werke, Berlin), das eine weitgehende Variation der Justierung aller Teile zuließ (Abb. 4). Die wichtigsten Justierungen sind folgende: Vergleichsplattenjustierung (19, 20, 21), Objekttischjustierung (13, 14), Koordinatenverschiebung des Tisches (12, 16), Fokussierungsrad (15). Lampe (17), Filter und Blende sind längs und quer zur optischen Achse verschiebbar. Mit Hebel 22 erfolgt die Umstellung des Spiegels für den Wechsel von photographischer zu visueller Beobachtung; am Phototubus sind zwei verschieden starke Photoobjektive fest eingebaut und wechselweise einzuschieben, der Verschluß befindet sich bei 23.

Die eben beschriebenen Geräte hatten eine numerische Apertur von 0,22 und haben sich bei den verschiedensten Aufgaben sehr bewährt; sie gehörten zu den ersten in kleinen Serien hergestellten Geräten (Vergr. 60×, 150×, 300×). Sie konnten späterhin recht vereinfacht werden und führten zu den weiter unten beschriebenen Konstruktionen.

212. Interferenzanordnung und Taumeltisch als Bauelemente für normale Mikroskopstative

Das Mikro-MICHELSON-Prinzip beim Interferenzmikroskop hat sich für viele Zwecke so gut bewährt, daß schon bald versucht wurde, ein Bauelement dieser Art für handelsübliche Mikroskope zu entwickeln. Eine von TRUMPOLD [1959] modifizierte Anordnung dieser Art, die auch industriell hergestellt wurde, sieht eine ähnliche Justierung der Vergleichsflächen vor, wie sie in Abschnitt 211 beschrieben wurde. Im Institut für Optik und Spektroskopie [RIENITZ u. BENDER 1958] wurde von dem Gedanken ausgegangen, daß der Objekttisch ohnehin in der Interferenzmikroskopie vielseitig justierbar sein muß und daher die Justiermittel dort vorgesehen werden sollen, während sie in der eigentlichen Interferenzanordnung weitgehend gespart werden können.

Die Einrichtung zur Auflicht-Interferenzmikroskopie ist in Abb. 5 schematisch dargestellt (vgl. auch Abb. 6). Anstatt des Objektivrevolvers oder des Auflichtkondensors wird sie mit der Schlittenführung 1 in den Tubuskopf des Lu-Stativs eingeschoben. In ihr ist das aus zwei Achromaten 2 bestehende Objektiv der Apertur 0,22 gefaßt, das für die Tubuslänge unendlich gerechnet ist. Darüber befindet sich eine der Tubuslänge des Stativs angepaßte Tubuslinse 16. Die Eigenvergrößerung der Gesamtheit Objektiv-Tubuslinse beträgt 6×. Mit dem Binokulartubus (Vergrößerung 1,5×) und zwei Okularen 10× ergibt sich eine Gesamtvergrößerung von 90× und ein Gesichtsfelddurchmesser von 1,8 mm.

Unterhalb des Objektivs ist der Trennwürfel von 9 mm Kantenlänge angebracht. Das obere der beiden Rechtwinkelprismen 10, aus denen er besteht, ist mit dem Gehäuse fest verbunden. Das untere Rechtwinkelprisma 11 ist dagegen mit seiner Fassung längs der Hypotenusenflächen beider Prismen um einige zehntel Millimeter verschiebbar. Eine der beiden Flächen ist teildurchlässig verspiegelt; zwischen ihnen befindet sich Zedernholzöl. Diese Versuchsanordnung gestattet, den Trennwürfel so zu justieren, daß in beiden Zweigen des Interferometers gleiche Glaswege vorhanden sind. Zur Beleuchtung dient eine mittels der Rändelschraube 15 verschiebbare Kondensorlinse 14 mit der Aperturblende 13. Die Vergleichsfläche 8 hat einen schwalbenschwanzförmigen Querschnitt. Senkrecht zur Zeichenebene ist sie in ihrer Führung verschiebbar. Dies hat zwei Gründe. Erstens soll das Reflexionsvermögen der Vergleichsfläche nicht allzusehr von dem des Prüflings abweichen. In der Praxis kommt man mit einem hohen, einem mittleren und einem geringen Reflexionsvermögen aus. Die Vergleichsfläche, die in der Aufsicht die Form eines langgestreckten Rechtecks hat, ist

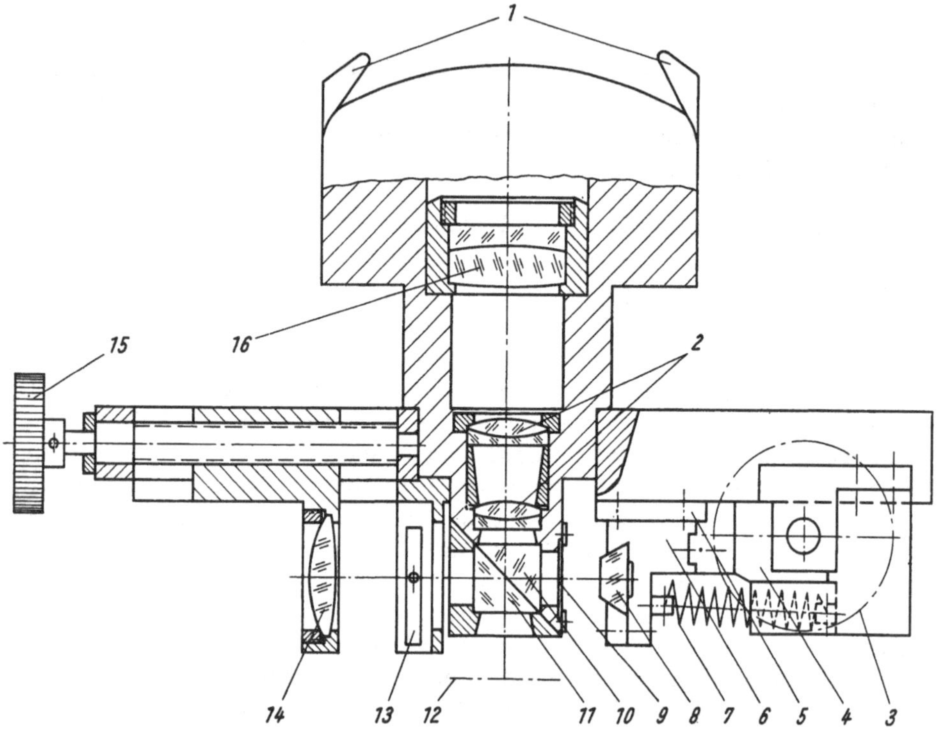

Abb. 5. Schnitt durch eine Interferenzanordnung als Bauelement für normale Mikroskope.

daher in drei entsprechende Bereiche eingeteilt, von denen der im Augenblick benötigte durch Verschieben in das Gesichtsfeld gebracht wird. Die Fläche selbst besteht aus Schwarzglas, so daß im unverspiegelten Bereich kein störender Reflex von der Rückseite auftritt. Der Bereich hoher Reflexion wird von genügend dick aufgedampftem Aluminium gebildet. Der zwischen beiden liegende Bereich mittleren Reflexionsvermögens wird dadurch erzielt, daß dieser Teil mit Aluminium in geringerer Schichtdicke bedampft wird. Daher ist dort das Reflexionsvermögen geringer. Der zweite Grund ist der, daß sich, trotz aller Sorgfalt, geringe Beschädigungen oder Staubpartikel auf der in gleicher Weise wie das Objekt vergrößerten Vergleichsfläche nicht vermeiden lassen. Ihre Länge wurde daher größer als nötig gewählt, um durch Verschiebung die günstigen Stellen auswählen zu können. Im Bedarfsfall kann sie leicht ausgewechselt werden (s. Abschn. 37).

Die Vergleichsflächenhalterung 6 ist in einem Schlitten 5 geführt, damit die Vergleichsfläche auf den gleichen Abstand vom Trennwürfel wie die Objektebene 12 eingestellt werden kann. Dies ist nötig, weil sonst Defokussierungsphänomene auftreten können, die das Interferenzbild verfälschen [Maréchal und Naudin 1951, Rienitz 1952; Mykura 1954]. Der Abstand soll auf etwa 0,1 μ genau einstellbar sein. Dazu wurde folgender einfacher Weg gewählt: Durch Drehen der

Abb. 6. Ansicht eines Gerätes mit Bauelement nach Abb. 5 und Taumeltisch nach Abb. 7.

Rändelschraube 3, deren Spindel senkrecht zur Zeichenebene verläuft, wird ein flacher Keil 4 in der gleichen Richtung verschoben. Gegen diesen wird von der Feder 7 das keilförmige Ende der Vergleichsflächenhalterung 6 gezogen. Diese Halterung wird also beim Drehen der Schraube 3 in der gewünschten Richtung verschoben. Die Halterung der Spindel und damit auch die der Vergleichsfläche kann mit zwei in Langlöchern verschiebbaren Schrauben grob eingestellt werden. Zwischen Trennwürfel und Vergleichsfläche befindet sich ein Schieber 9, der das Abdecken der Vergleichsfläche und damit normale Auflicht-Beobachtung ermöglicht.

Der Gang der Justierung ist folgender: Zunächst wird die Objektoberfläche bei abgedeckter Vergleichsfläche scharf eingestellt. Dann wird die Vergleichsfläche freigegeben, der Bereich mit dem passenden Reflexionsvermögen ausgewählt und die Vergleichsfläche durch Drehen der Rändelschraube 3 so lange verschoben, bis Interferenzen sichtbar sind. Gut geeignet als Anhaltspunkt für die richtige Einstellung sind Staubpartikel, Kratzer oder der Rand der Vergleichsfläche; auf diese wird eingestellt. Dabei setzt man ein Interferenzfilter für grünes Licht vor die Mikro-Leuchte, weil dann mehr Interferenzstreifen als im weißen Licht sichtbar sind. Diese Anordnung liefert zwar nicht soviel Interferenzstreifen wie eine Hg-Lampe mit Interferenzfilter, ist aber für die meisten Zwecke ausreichend. Etwas besser als das einfache ist ein Doppelinterferenzfilter. Es erfordert jedoch eine hellere Leuchte. Die Einstellung auf den Gangunterschied Null wird durch Entfernen des Filters im weißen Licht kontrolliert; weißes Licht ist daneben noch für andere Zwecke, wie Zuordnen der Interferenzstreifen bei Dickensprüngen oder Unterschieden geringer Unebenheiten im waagerechten Schnitt, erforderlich. Die Objekte können in beliebiger Reihenfolge gewechselt werden. Dabei wird zum Grobeinstellen nicht die Rändelschraube am Tubusträger, sondern die an dem Schwalbenschwanz für den Objekttisch befindliche benutzt, weil bei dieser Schraube die Stellung der Interferenzeinrichtung gegenüber der Mikro-Leuchte nicht geändert wird. Die Interferenzstreifen werden mit Hilfe der Feinbewegung des Lu-Stativs aufgesucht und verschoben und liegen nun stets im Tiefenschärfenbereich.

Der normale Objekttisch ist für die Interferenzmikroskopie nicht brauchbar. Es ist nämlich oft nötig, das Objekt zu neigen, um die jeweils zu untersuchende Fläche nahezu senkrecht zur optischen Achse zu stellen. Geschieht dieses nicht, dann können die Interferenzstreifen zu eng sein und sind dann schwer wahrnehmbar, oder es gelangt überhaupt kein Licht von dieser Fläche in das Objektiv. Andererseits stellt man bei gegebener Lage des Objekts Abstand und Richtung der Interferenzstreifen dadurch ein, daß man die Vergleichsfläche um zwei zur optischen Achse und zueinander senkrechte Achsen schwenkt. Bei der vorliegenden Anordnung ist auf diese doppelte Justierung verzichtet worden; hier wird lediglich das Objekt geschwenkt. Man muß dabei beachten, daß beim Übergang von einer Einstellung zur anderen das Objekt unter Umständen perspektivisch verkürzt erscheinen kann [Helmcke und Rienitz 1956], was beim Schwenken der Vergleichsfläche natürlich nicht eintritt. Bei der hier benutzten Apertur ist der Betrag der Verkürzung jedoch noch recht gering und daher meistens zu vernachlässigen. Ebenso macht der begrenzte Tiefenschärfenbereich des Mikroskops keine Schwierigkeiten; auch bei den größtmöglichen Neigungswinkeln liegt (bei nicht zu unebenen Objekten) die Oberfläche noch im Tiefenschärfenbereich.

Diese Überlegungen führten zur Konstruktion des sogenannten Taumeltisches, dessen Aufbau aus den Schemata in Abb. 7 ersichtlich ist. Er wird von dem Arm 4 gehalten und statt des normalen Objekttisches mittels der Schwalbenschwanzführung 15 und zweier Klemmschrauben 16 an die entsprechende Führung der Tischgrobbewegung des Lu-Stativs angeschlossen (Abb. 6 u. 8). Der obere Teil des Taumeltisches wird von dem Kreuzschlitten 1 gebildet, der eine Verschiebung des Objekts in zwei zueinander senkrechten Richtungen gestattet. Darunter ist eine Kalotte 2 befestigt, deren Mittelpunkt 15 mm über der Tischoberfläche

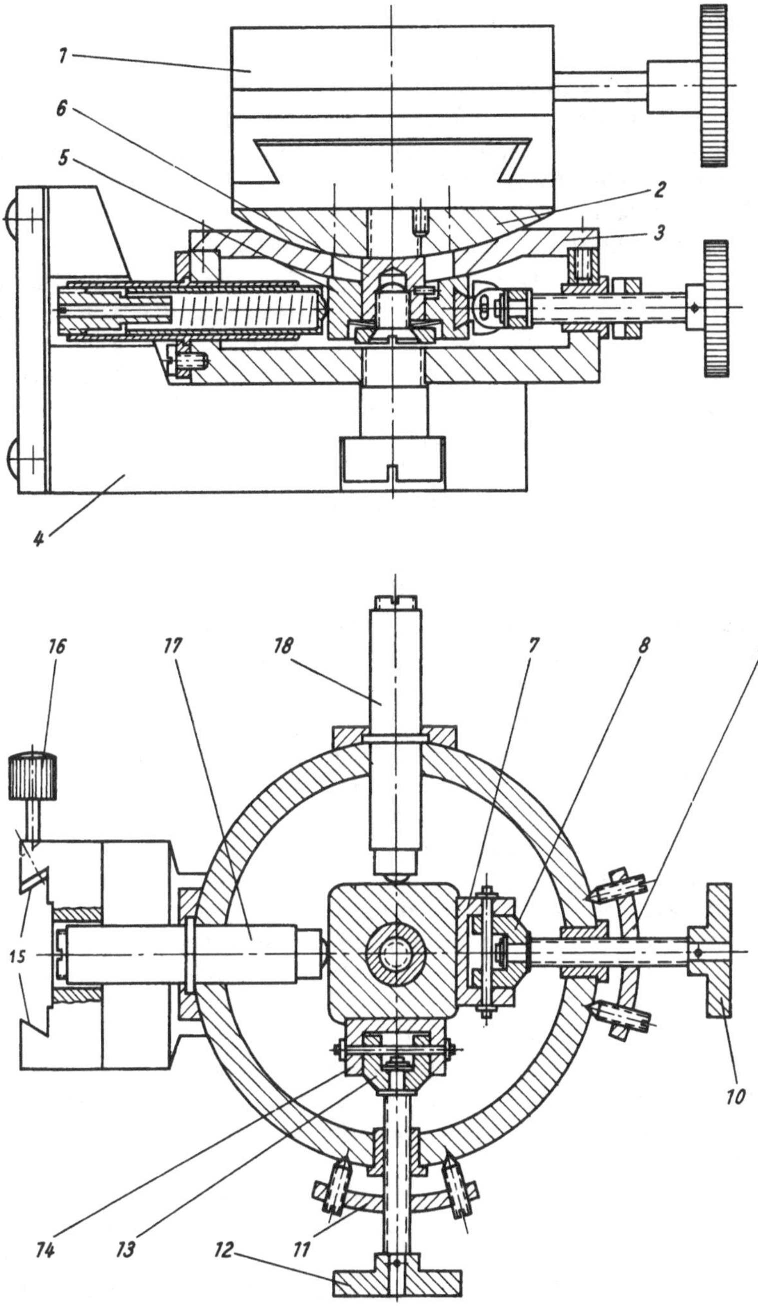

Abb. 7. Konstruktiver Aufbau des Taumeltisches.

liegt. Sie bewegt sich so in der Pfanne 3, daß dieser Mittelpunkt, um den die Schwenkung (Taumelbewegung) erfolgt, in der optischen Achse liegt. Der Abstand von 15 mm wurde gewählt, um auch bei relativ hohen Untersuchungsobjekten noch keine allzu große Streifenauswanderung beim Schwenken, die proportional dem Abstand des Drehmittelpunkts von der Objektoberfläche ist, zu erhalten.

Die Schwenkbewegung wurde in folgender Weise erzielt: An der Kalotte 2 ist mit einem Stift 6 ein Gleitstein 5 befestigt, der auf der Unterseite der Pfanne 3 läuft. Der Durchbruch in der Pfanne ist so gehalten, daß eine Schwenkbewegung um $\pm$ 5° ermöglicht wird. Dieser Stein kann mittels zweier um 90° versetzter Rändelschrauben 10 und 12 mit Gegenfedern 17 und 18 bewegt werden. Durch Betätigen dieser beiden Schrauben können Abstand und Richtung der Interferenzstreifen verändert werden, da eine Schwenkung um jede beliebige, zur optischen Achse senkrechte Schwenkachse erzielt wird. Damit beide Schrauben unabhängig voneinander auf den Gleitstein wirken, sind als Zwischenglieder Führungsschlitten 7 und 14 und Kupplungsstücke 8 und 13 vorgesehen. Abdrucksegmente 9 und 11 verhindern den toten Gang der Schrauben.

Eine Abänderung dieses Taumeltisches erfolgte durch Schmidt und Engelbrecht [1958].

213. Die Interferenzlupe

Da viele Probleme der Interferenzmikroskopie mit schwacher Vergrößerung gelöst werden können, wurde versucht, eine sogenannte Interferenzlupe, insbesondere für die Schwärzungsreliefuntersuchungen (s. Abschn. 51), zu entwickeln [Rienitz u. Bender 1958].

Für die Interferenzlupe (Abb. 8) werden das gleiche Stativ und der gleiche Taumeltisch verwandt. Die ebenfalls auswechselbare Interferenzeinrichtung ist wesentlich einfacher gehalten. Sie besteht lediglich aus einem festen Trennwürfel und einer entsprechend größeren Vergleichsfläche gleicher Art) wie schon beschrieben) die nur in einer Ebene zum Angleichen des Reflexionsvermögens verschiebbar ist. Eine Verschiebung senkrecht dazu ist wegen der großen Tiefenschärfe nicht nötig.

Eine gewöhnliche Lupe ist als Beobachtungsinstrument ungeeignet, weil wegen des geringen Arbeitsabstandes Wärmeausdehnungen durch die Atemluft des Beobachters empfindlich stören. Es wurde daher der monokulare Zeiss-Feldstecher „Turmon" in Verbindung mit der Vorsatzlinse + 8,35 dpt als sogenannte Fernrohrlupe mit großem Arbeitsabstand gewählt. Beide werden mit einer entsprechenden Halterung in der Ringschwalbe des Tubuskopfes befestigt. Die Anordnung hat einen Gesichtsfelddurchmesser von 12 mm und eine Vergrößerung von 18,5 ×.

Das Aufsuchen der Interferenzen ist etwas schwieriger als beim Interferenzmikroskop. Zunächst wird durch Drehen des „Turmon"-Okulars wieder die Vergleichsfläche scharf eingestellt. Wegen der geringen Vergrößerung sind die Streifen sehr eng und nicht mehr sichtbar, wenn die Objektoberfläche nicht sehr genau ausgerichtet worden ist. Dies geschieht so, daß man mit Hilfe einer Lupe ein Bild der Blende der Mikro-Leuchte in der Bildebene entwirft. Auf eine Kondensorlinse wurde wegen der geringen Apertur verzichtet. Man wird im allgemeinen zwei Bilder sehen, die von dem Objekt bzw. der Vergleichsfläche entworfen werden. Durch Schwenken des Taumeltisches werden sie zur Deckung gebracht. Dann werden, möglichst im monochromatischen Licht, mittels Feineinstellung die Interferenzen gesucht, was wegen der großen Tiefenschärfe etwas mühsam ist.

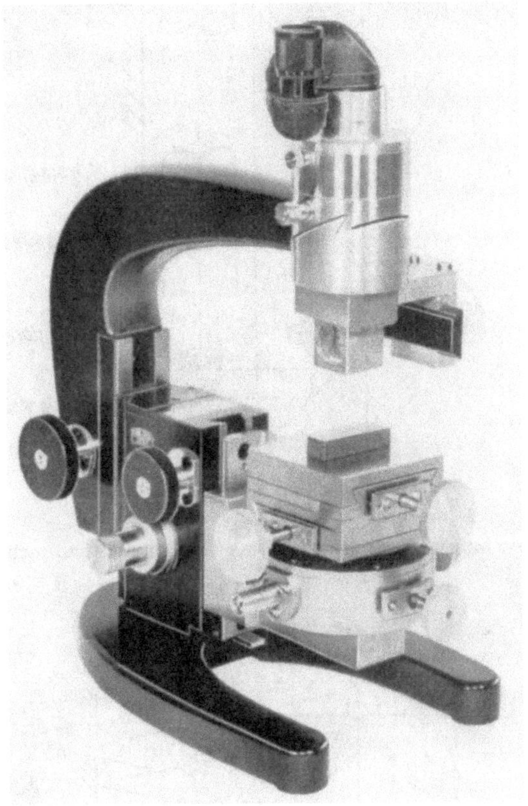

Abb. 8. Interferenzlupe und Taumeltisch auf handelsüblichem Mikroskopstativ.

214. Interferenzmikroskop zur Beobachtung von Innenflächen

Nach dem Prinzip des Mikro-Michelson läßt sich sehr bequem ein Gerät aufbauen, das zur Prüfung der Oberflächenbeschaffenheit von Bohrungen und anderen Innenflächen dienen kann. Der Aufbau und die Anwendung gehen ohne weiteres aus Abb. 9 hervor; es ist lediglich zu beachten, daß gegenüber der Schaltung Abb. 1 der Prüfling und die Vergleichsfläche vertauscht sind. Bei dieser Konstruktion ist die nach einer Idee von Steglich vorgesehene Würfelverschiebung in Richtung der Hauptachse (Abb. 10) bemerkenswert: während nämlich durch diese Verschiebung auf die Bohrungswand fokussiert werden kann, bleibt

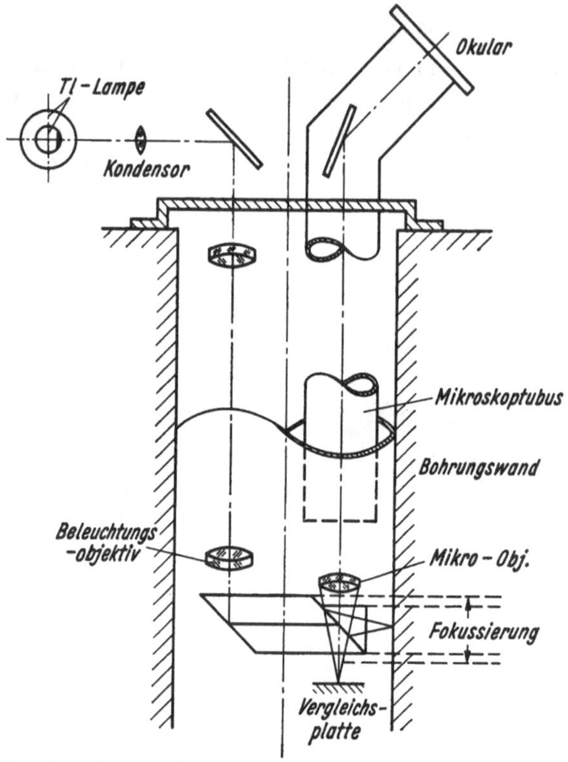

Abb. 9. Schema einer interferenzmikroskopischen Anordnung für Innenflächen nach KRUG.

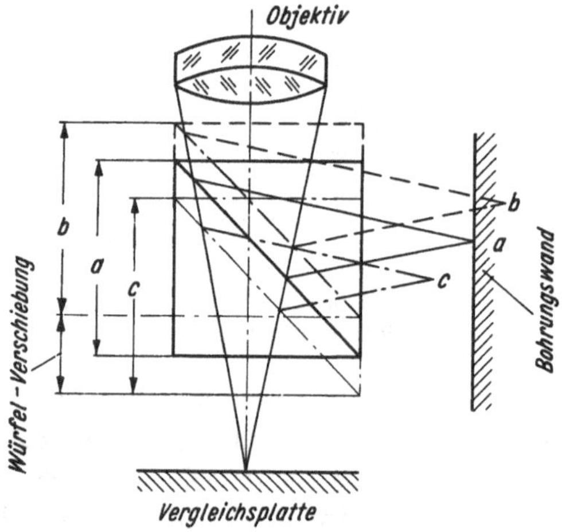

Abb. 10. Fokussierung der Anordnung nach Abb. 9.

die Fokussierung auf die Vergleichsfläche erhalten. Die von uns vorgeschlagene praktische Ausführung (MIG 50, Askania-Werke, Berlin) zeigt drei verschiedene Anwendungsformen: a) als Bohrungsmeßgerät (Abb. 11), b) als transportables

Gerät, das auf Werkstücke (Flächen oder Achsen) angelegt werden kann (Abb. 12), c) auf Stativ montiert, als Interferenzmikroskop in üblicher Verwendungsart (Abb. 13). Für das Gerät errechnete K. Steglich ein monochromatisch korrigiertes Mikroobjektiv von 0,5 Apertur für $\lambda = 535$ nm (Thalliumlampe), das für eine 550fache Vergrößerung ausgelegt war.

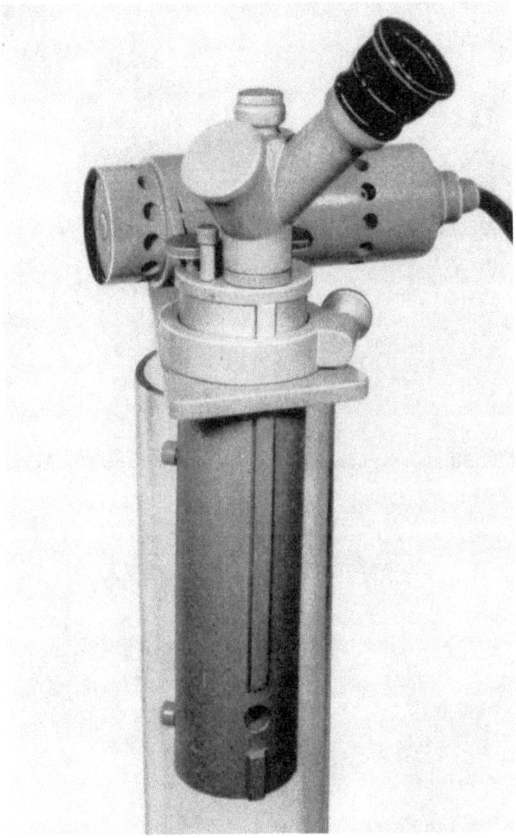

Abb. 11. MIG 50 als Bohrungsmeßgerät.

Es sei bemerkt, daß bisher sehr selten Geräte beschrieben wurden, die einem ähnlichen Zweck dienen (Rühle 1943; Trumpold 1959 a u. b]. Für Formprüfungen bei Bohrungen verschiedener Art, z. B. Lehrringe, ist früher eine sehr zweckmäßige Lösung beschrieben worden [Holeček 1942], deren Abwandlung für interferenzmikroskopische Oberflächenprüfung allerdings sehr schwierig sein dürfte.

215. Weiterentwicklung für starke Vergrößerungen

Bei der Weiterentwicklung des Interferenzmikroskops mit einem Objektiv für möglichst starke Vergrößerungen treten verschiedene Schwierigkeiten auf. Vor allem

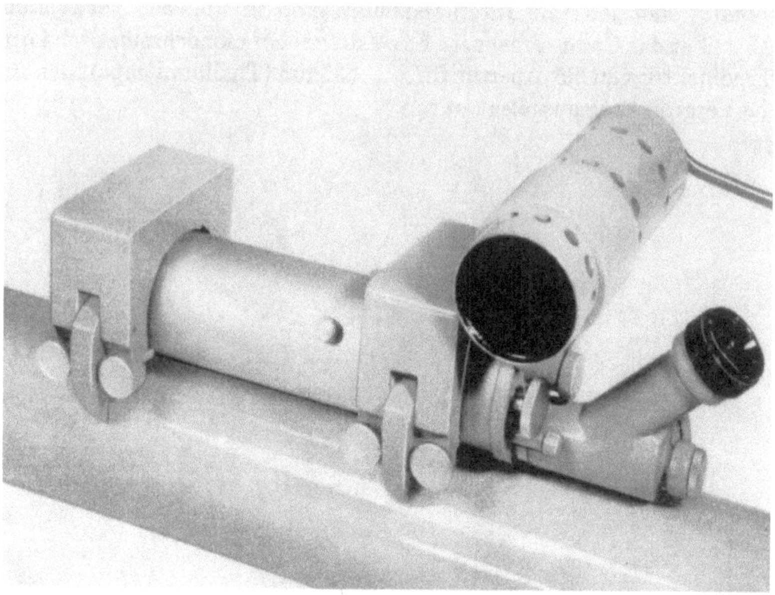

Abb. 12. MIG 50 als tragbares Interferenzmikroskop für Achsenprüfung.

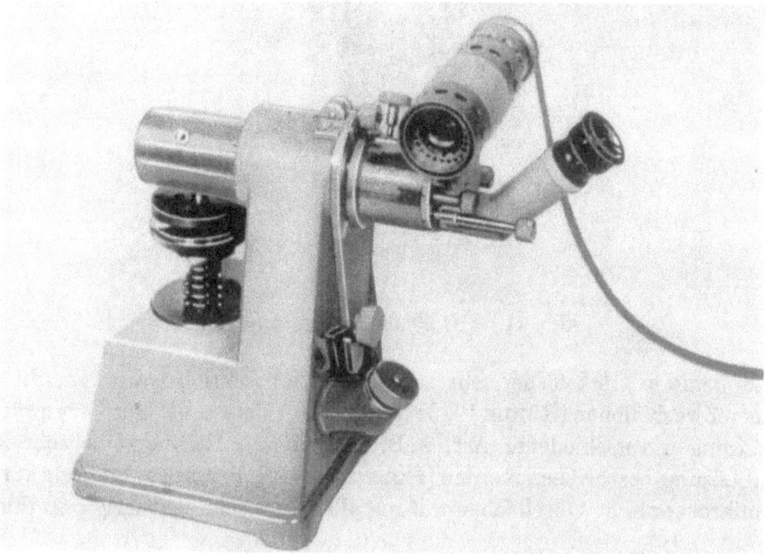

Abb. 13. MIG 50 als normales Interferenzmikroskop auf Stativ.

ist es der große freie Objektabstand, der zur Unterbringung des Trennkörpers notwendig ist und besondere Probleme aufwirft. Der Trennwürfel, der bei kleinen Aperturen ($A < 0{,}2$) leicht unterzubringen ist und auch optisch keine merklichen Komplikationen verursacht, wirkt bei höheren Aperturen „überkorrigierend". Daher müssen die Objektive eigens berechnet werden; hierbei sind hochbrechende Gläser für den Trennkörper vorteilhaft, da sie bei gleichem Objektabstand eine größere Apertur zulassen. Verlegt man sich auf die Rechnung von Monochromaten, wie dies STEGLICH beim Interferenzmikroskop für Innenflächen (Abschn. 214) getan hat, dann hat man gewisse Erleichterungen, da man sich von den Farbfehlern unabhängig macht.

Es wird nun für das einobjektivige Interferenzmikroskop mit Trennwürfel im Aperturkegel eine gewisse obere Grenze für die Apertur gegeben sein; diese dürfte in der Praxis etwa bei $A = 0{,}6$ bis $0{,}7$ liegen. Überlegt man sich den Vorteil einobjektiviger Konstruktionen, dann lohnt es sich, die möglichen Wege der Weiterentwicklung zu untersuchen.

Ist A die anzustrebende Apertur, n der Brechungsindex des Trennwürfels, a seine Kantenlänge und z der Abstand des Würfels von der Objektebene, dann ergibt sich das in Abb. 14 dargestellte Diagramm nach der Formel

$$A = \frac{0{,}5}{1 + \frac{z}{a}} \cdot n\,.$$

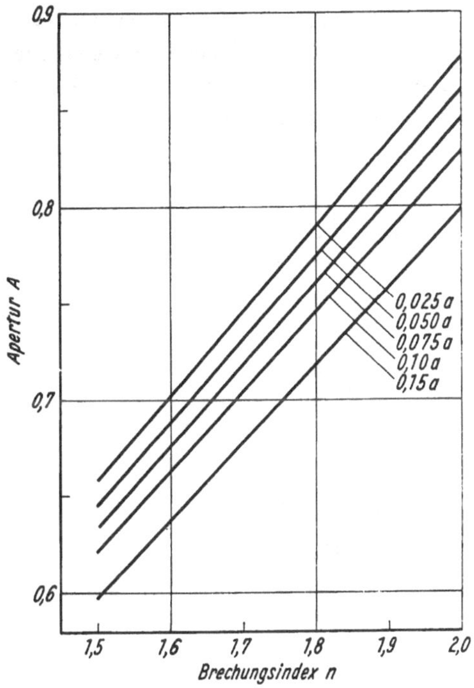

Abb. 14. Erreichbare Apertur A, bei gegebenem Brechungsindex n und Objektivabstand z in Bruchteilen der Trennwürfel-Kantenlänge a.

Daraus läßt sich für eine bestimmte Glassorte (Brechzahl n) und einen vorgegebenen Objektabstand z (in Bruchteilen der Würfelkantenlänge a angeben, welche Apertur A erreicht werden kann. Da die Würfelkantenlänge a den Objektivdurchmesser bestimmt (oder umgekehrt), da ferner auch die Brechzahl n nicht beliebig gewählt werden kann, wird sich der praktische Geltungsbereich des Diagramms sehr einschränken. Es ergibt sich, daß z. B. für $n = 1{,}7343$ (SF 10) und $A = 0{,}777$ kein Teilungswürfel mehr möglich ist. Im besonderen können folgende Möglichkeiten zur Weiterentwicklung dieser Art von Interferenzmikroskopen bzw. Mikroobjektiven vorgeschlagen werden:

a) Mikroobjektive mit großem freiem Objektabstand führen zu vielgliedrigen Systemen, wie sie für diesen Zweck Köhler und Pradel entwickelt haben (Abb. 15). Der Trennwürfel wird in diesem Falle aus hochbrechendem Glas gefertigt und zusammengesprengt, da es hochbrechende Kitte nicht gibt. Die Grenze für solche Systeme dürfte bei etwa $A = 0{,}7$ liegen. Einzelne Exemplare mit $A = 0{,}5$ sind bereits mit Erfolg erprobt worden [Helmcke u. Rienitz 1959].

b) Nimmt man Optik von großem Durchmesser und vergrößert Brennweiten, Schnittweiten usw., dann gelangt man bei gleichem Objektabstand leichter zu Objektiven großer Apertur, erhält aber auch große Tubuslängen und sonstige Dimensionen; dieser Weg wurde später von Pradel ebenfalls beschritten.

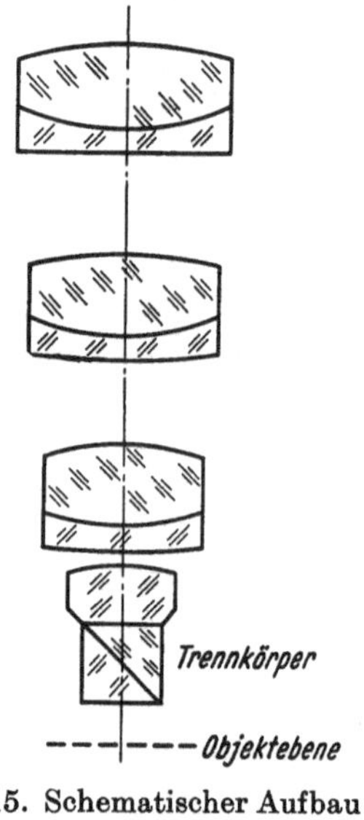

Abb. 15. Schematischer Aufbau eines Mikroobjektivs mit großem Objektabstand.

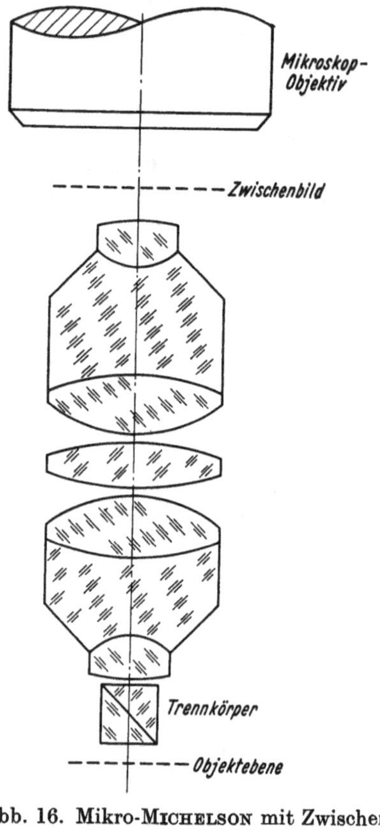

Abb. 16. Mikro-Michelson mit Zwischenabbildung für normale Mikroskope.

c) Durch eine Zwischenabbildung (etwa 1 : 1) kann man zu einer verhältnismäßig einfachen Konstruktion kommen, die zu einer Apertur von etwa 0,6 führen kann. Ein dreigliedriges symmetrisches System (Abb. 16) zwischen Trennkörper und Mikroobjektiv erzeugt eine Zwischenabbildung des Objekts. Dadurch ist es möglich, ein beliebiges Mikroskop zu benutzen, dessen Objektiv-Apertur allerdings nicht größer sein kann als die des Zwischensystems.

d) Nach einem Vorschlag von Hodam gelangt man zu einer einfachen Lösung des Problems durch die Kombination eines Spiegelobjektivs mit dem Trennkörper (Abb. 17). Der Hauptspiegel und der Fangspiegel lassen eine verhältnismäßig hohe Apertur erreichen; die Tubuslinse dient zur Korrektion auf endliche Bildweite. Gegenüber der unter c) genannten Optik besteht hier der Vorteil der Achromasie, der einfachen Korrigierbarkeit sowie der geringen Anzahl optischer Teile; allerdings ist die Zentrierung schwieriger. Weiterhin ist bei dieser Konstruktion zu bedenken, daß durch den Fangspiegel eine ringförmige Aperturblende entsteht, die recht komplizierte Verhältnisse bei der Deutung des entstehenden Interferenzstreifensystems bewirkt und nicht immer eine ganz eindeutige Tiefenmessung ermöglicht, wie aus theoretischen Überlegungen[1]) hervorgeht. Die Verwendung im Interferenzkontrast, also waagerechten Schnitt, ist jedoch nicht beeinträchtigt.

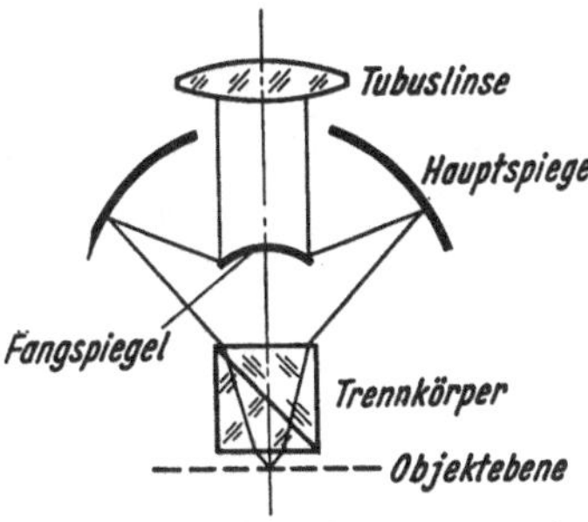

Abb. 17. Mikro-Michelson mit Spiegeloptik.

Aus obiger Analyse ergibt sich, daß beim Mikro-Michelson numerische Aperturen von 0,65 sehr wohl erreichbar sind; allerdings ist zu bedenken, daß sich an der Teilungsfläche infolge der Richtungsunterschiede nicht für alle Strahlen Amplitudengleichheit erzielen läßt, was sich in einer gewissen Kontrastverminderung bemerkbar machen dürfte.

22. Durchlicht-Interferenzmikroskopie

Unter den bisher bekannten Interferenzmikroskopen für Durchlicht, die im Gegensatz zu den Auflichtmikroskopen eine sehr wenig einheitliche Linie in der Schaltung zeigen, müssen diejenigen ein besonderes Interesse beanspruchen, bei denen Beobachtungs- und Vergleichsstrahlengang völlig getrennt sind, wo also letzterer nicht vom Objekt beeinflußt ist. Solche Geräte lassen sich naturgemäß am besten mit nur einem Objektiv aufbauen, da ein zweites Objektiv, wenn es nicht genau mit dem ersten identisch ist, die Interferenzen bereits beeinflußt. Bei vielen einobjektivigen Schaltungen ist der Strahlengang jedoch so beschaffen, daß immer ein Teil des Objekts den Vergleichsstrahlengang beeinflußt und daher eine absolute Meßmöglichkeit in Frage gestellt ist (s. Teil I, Abschn. 22).

Nimmt man, ähnlich wie beim Mikro-Michelson, das Interferometer aus dem inneren Strahlengang des Mikroskops heraus, dann kann man sehr übersichtliche Verhältnisse schaffen; hierzu ist eine Mikro-Mach-Zehnder-Anordnung vor dem Objektiv sehr geeignet. Dabei ist allerdings die Erreichung einer höheren Apertur ($A > 0{,}4$) für die Beleuchtung sehr schwierig. Die erreichten Aperturen sind jedoch für einen großen Problemkreis (nicht allzu dicke Objekte, s. Abschn. 242) gut ausreichend.

---

[1]) Teil III, Abschn. 235, 6.), mit Hinweis auf Abschn. 34.

Will man hohe Aperturen erreichen und die Nachteile der gegenseitigen Beeinflussung der Strahlengänge vermeiden, dann ist die MACH-ZEHNDER-Schaltung mit mehreren Objektiven immer noch die übersichtlichste und am besten beherrschbare [s. KRUG u. LAU 1951b, HORN 1958], wie Abb. 34 u. 35, Teil I zeigen.

221. Mikro-MACH-ZEHNDER

Die ursprüngliche Form eines Durchlicht-Interferenzmikroskops mit einem Mikro-MACH-ZEHNDER unter dem Objektiv wird aus der in Abb. 1 dargestellten Schaltung des einobjektivigen Interferenzmikroskops erhalten [KRUG und LAU

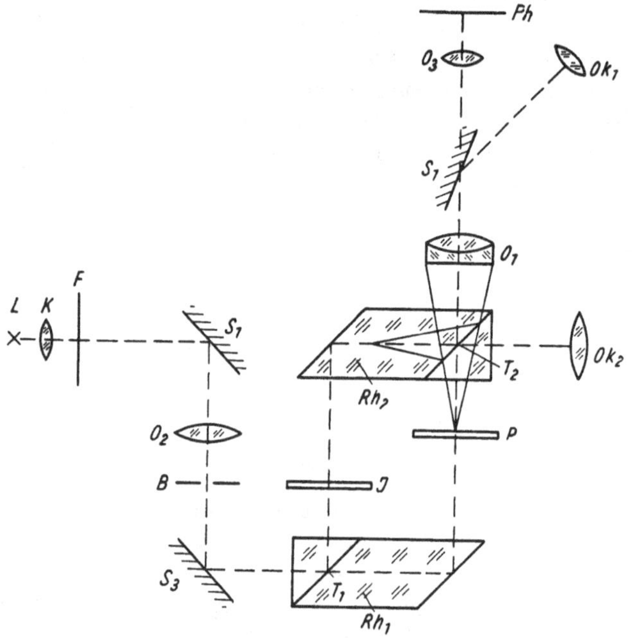

Abb. 18a. Schema des Durchlicht-Interferenzmikroskops nach KRUG u. LAU (Mikro-MACH-ZEHNDER-Prinzip).

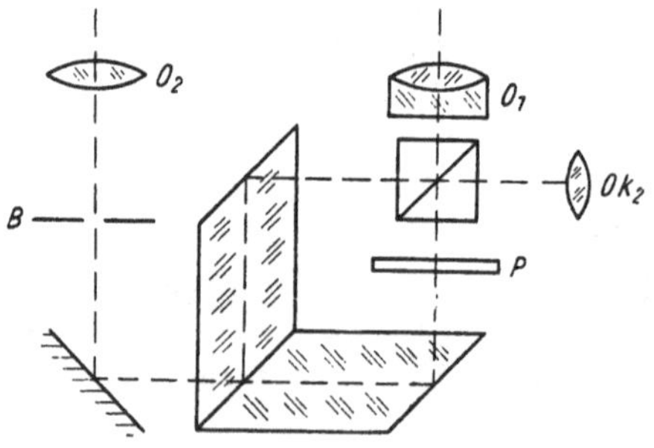

Abb. 18b. Schema des Mikro-MACH-ZEHNDER neue Bauart.

1951a—c]. Zu diesem Zweck wird das Justieraggregat mit Vergleichsfläche herausgenommen und an dessen Stelle ein Bauelement nach Schaltung Abb. 18a eingeschoben; hierzu ist noch eine kleine Änderung im Beleuchtungsstrahlengang erforderlich. Auf diese Weise ist das Gerät nach Abb. 1 mit wenigen Handgriffen von der einen in die andere Schaltungsart überzuführen. Zur notwendigen Kompensation der Objektdicke von P ist eine Justierplatte J vorgesehen. Die angegebene Schaltung ergibt nicht die idealsten Justierbedingungen für MACH-ZEHNDER-Interferometer, wenn man konstruktiv einfache Verhältnisse anstrebt. Diese ursprüngliche Form der Prismenkörper, später von DYSON für interferometrische Messungen von Oberflächenabdrücken wieder vorgeschlagen [DYSON 1955], ist daher bald

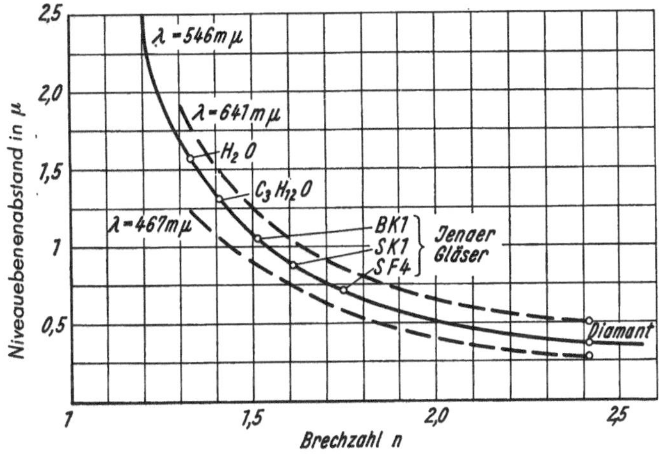

Abb. 19. Niveauebenenabstand in Abhängigkeit von n und λ ($1\,\mathrm{m}\mu = 10^{-6}\,\mathrm{mm}$).

variiert worden und führte zu der konstruktiv besser realisierbaren Schaltung Abb. 18b, die auch zur Konstruktion eines geschlossenen Bauelementes bestens geeignet ist.

Der Strahlengang im Mikro-MACH-ZEHNDER ist ganz symmetrisch, die Interferenzerscheinung ist lediglich vom Objekt beeinflußt und kann auch durch eine Lupe oder ein Übersichtsokular Ok_2 beobachtet werden. Zur Streifenjustierung sind später auch noch gewisse Justiermittel in den Vergleichsstrahlengang eingebaut worden, die gleichzeitig zur Kompensation dickerer Objekte dienen und die weiter unten noch beschrieben werden.

Aus dem Schaltbild ergibt sich der Gangunterschied bei eingelegtem Objekt von der Brechzahl n mit $n\,d - d$, da für den objektfreien Teilstrahlengang $n = 1$ ist. Der Gangunterschied muß sich jeweils um eine ganze Wellenlänge λ oder ein Vielfaches $m \cdot \lambda$ ändern, um von einer Auslöschung zur anderen zu gelangen; dann gilt $m \cdot \lambda = d(n - 1)$ oder für $m = 1$ einfach $d = \lambda/(n - 1)$. Der Niveauebenenabstand ist also außer von λ noch vom Objekt (n) abhängig, wie Abb. 19 zeigt;

so ist z. B. für $n = 1{,}5$ der Niveauebenenabstand 2λ, so daß hier die Empfindlichkeit viermal geringer als bei Auflichtinterferenzen ist, wo der Abstand $\lambda/2$ beträgt.

222. Neuere Ausführungsformen

Es sind Ausführungsformen vorgeschlagen und zum Teil bereits labormäßig gebaut worden, die von der in Abschn. 221 beschriebenen ausgehen und diese teilweise modifizieren.

Eine von SCHULZ angegebene Form zeigt Abb. 20. Diese Form bezweckt die Erreichung einer relativ größeren Beleuchtungsapertur und eine anpassungs-

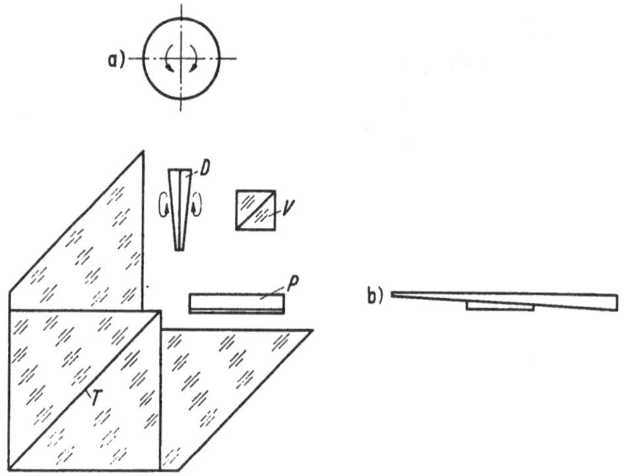

Abb. 20. Schema der Interferenzschaltung nach G. SCHULZ.
Strahlenteilungsfläche *T*, Strahlungsvereinigungsfläche *V*, Drehdoppelkeil *D*; a) dessen Seitenansicht, Paralleldoppelkeil *P*; b) dessen Seitenansicht.

fähigere Justierung. Das erste ist durch eine entsprechende Dimensionierung der Glaskörper erreicht; in der eben genannten Abbildung erhält man z. B. eine Beleuchtungsapertur von 0,25. Das zweite wird durch Einführung zusätzlicher Justiermittel erreicht. Diese sind hier ein Drehdoppelkeil *D* und ein Paralleldoppelkeil *P*. Der Drehdoppelkeil besteht aus zwei schwachen Glaskeilen gleichen Keilwinkels, die um die optische Achse so gegeneinander drehbar sind, daß sie zusammen einen Keil kontinuierlich veränderlichen Keilwinkels bilden. Durch jene Drehung wird der *Abstand* der Interferenzstreifen geändert, während ihre Richtung und der Gangunterschied im wesentlichen (im Prinzip) konstant bleiben. Außerdem ist der Drehdoppelkeil noch als Ganzes um die optische Achse drehbar, wodurch entsprechend nur die Streifen*richtung* geändert wird unter Konstanthaltung von Streifenabstand und Gangunterschied. Der *Gangunterschied* endlich läßt sich (unter Konstanthaltung von Streifenabstand und -richtung) ändern durch den Paralleldoppelkeil. Dieser besteht aus zwei schwachen Glaskeilen gleichen Keilwinkels, die so gegeneinander parallel verschiebbar sind, daß sie

Abb. 21. Vollständiges Gerät (nach Abb. 20) im Laboraufbau.

1 – Lichtquelle; *2* – Filter; *3* – Kollektor; *4* – justierbare Aperturblende; *5* – Kondensor; *6* – Interferenzanordnung; *7* – die vier aneinandergekitteten Prismen; justierbar gegenüber dem Grundrahmen der Interferenzanordnung; *9* – Würfel für Strahlenvereinigung; *10* – Drehdoppelkeil; *11* – zur unabhängigen Veränderung von Streifenabstand und -richtung (2 Freiheitsgrade); *12* und *13* – zur Verkippung von *10*; *14* – Paralleldoppelkeil; *15* – Bedienungsrad für *14*; *16* – Mikroskopobjektiv; *17* – Mikroskop.

Abb. 22. Interferenzanordnung von Abb. 21, vergrößert (Bezeichnung siehe dort).

zusammen eine Planparallelplatte kontinuierlich veränderlicher Dicke bilden. Um störend auftretende Parallelversetzungen der beiden kohärenten Bilder zu kompensieren, kann man den vorher erwähnten Drehdoppelkeil noch um eine beliebige Achse senkrecht zur optischen Achse schwach verkippen. Abb. 21 zeigt das vollständige Gerät im Laboraufbau, Abb. 22 die Interferenzanordnung davon vergrößert.

Eine weitere, von SCHULZ vorgeschlagene Form zeigt Abb. 23. Diese Form bewirkt eine weitere Steigerung der Beleuchtungsapertur, u. zw. durch Abgehen von den bisher verwendeten Rechtwinkel-Prismen. Statt dessen werden schiefwinklige Prismen eingeführt, und zwar unter extremaler Ausnutzung desjenigen Raumes, der auf Grund der gewünschten Apertur gerade noch zur Verfügung steht. Die Schaltung ermöglicht eine Beleuchtungsapertur von 0,40 für $n = 1{,}5$. Bedenkt man, daß hier für die Beobachtungsapertur die in Abschn. 242 dargelegten Gesichtspunkte gelten und daß die Beleuchtungsapertur in der Durchlichtmikroskopie meist um einiges kleiner sein kann als die Beobachtungsapertur[1]), so läßt sich mit dieser Konstruktion ein recht leistungsfähiges Gerät aufbauen. Dieses gestattet für Objektdicken $\geqq 5\,\mu m$ ($n = 1{,}3$) sogar, die für diese Objekte überhaupt günstigste Apertur zu erreichen [SCHULZ 1954b], d. h. eine Beleuchtungsapertur $> 0{,}40$ wäre für die genannten Objekte sogar ungünstiger (wegen der dann fehlenden Tiefenschärfe).

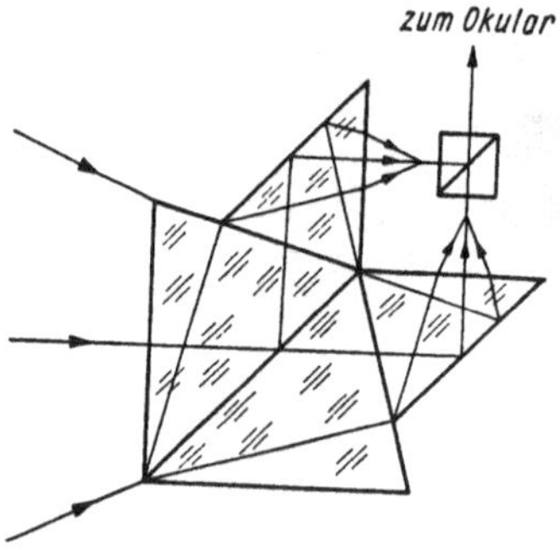

Abb. 23. Eine Form zur weiteren Steigerung der Apertur nach G. SCHULZ.

Trotzdem ist es natürlich wichtig, auf eine möglichst hohe Beleuchtungsapertur hinzuarbeiten; hierzu ist eine Lösung von RIENITZ vorgeschlagen worden (Abb. 24). Hier wird unter Verwendung von einem schiefwinkligen Vereinigungskörper, durch den sich auch die Beobachtungsapertur erhöht (s. Abschn. 251), und einem mit dem Kondensor verkitteten mehrteiligen Trennkörper eine neuartige Durchlicht-Schaltung aufgebaut, die zu verhältnismäßig hohen Beleuchtungs- und Beobachtungsaperturen führt ($A \sim 0{,}65$); die Glaswege (einschließlich Objektträger und Deckglas) sind in beiden Strahlwegen des Interferometers gleich.

Während bei den bisherigen Durchlicht-Anordnungen lediglich *eine* teildurchlässige Fläche im Trennkörper vorhanden ist, sehen wir bei dieser Anordnung drei solche Flächen. Die mittlere (*2—2*) hat die bisherige Funktion der Aufteilung der später miteinander interferierenden Strahlen. Durch die obere (1—1) tritt das Licht ein, und gleichzeitig wird der eine der an Fläche 2—2 aufgespaltenen Anteile an ihr reflektiert; durch die Doppelfunktion dieser Fläche wird die hohe Beleuchtungsapertur ermöglicht. Die Fläche 3—3 ist nach einem Vor-

[1]) Dies geht auch aus Teil III, Abschn. 34 hervor (Bedingungen $\mathfrak{B}_3$ bzw. $\mathfrak{B}_1$ mit Aperturverhältnissen nach Abb. 6).

schlag von SCHULZ ebenfalls teildurchlässig verspiegelt, und zwar zur Intensitätsangleichung und Symmetrierung der Anordnung.

Man kann den Glaskörper verkürzen, wenn man ihn längs der Linie 2—4—5 abschneidet; dann muß allerdings die Fläche 2—4 belegt werden, um die Intensitätsgleichheit mit dem durch die Fläche 4—1 eintretenden Lichtanteil herzustellen. Die Kondensorlinse ist dann direkt an Fläche 2—4—5 anzubringen.

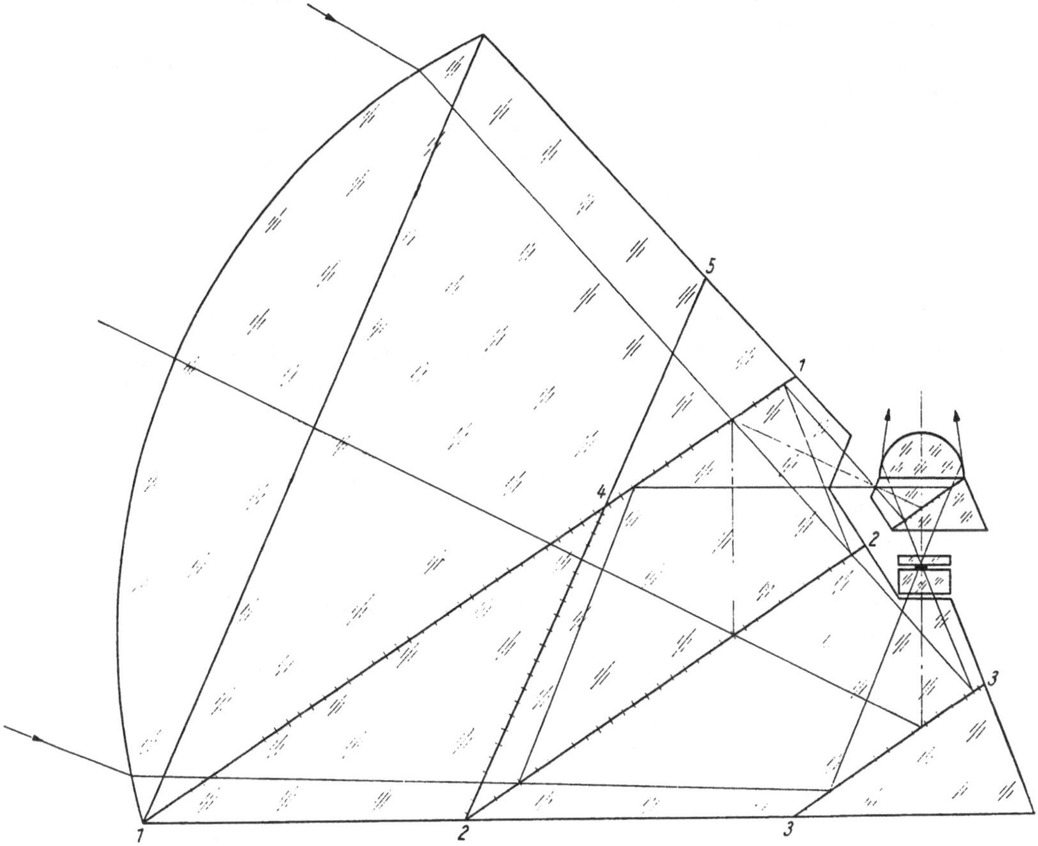

Abb. 24. Durchlicht-Anordnung nach RIENITZ.

223. Interferenzmikroskop mit vier Objektiven

Die im Abschnitt I, 212 erwähnte Schaltung eines Durchlicht-Interferenzmikroskops mit zwei KÖSTERSschen Prismen und vier Objektiven [KRUG und LAU 1951b] wurde bisher nur als Laborgerät ausgeführt. Die Erprobung des Gerätes soll über die zweckmäßigste Form Aufschluß bringen, auch in bezug auf die Justiereinrichtungen. Daher sind die Objektive nach allen Richtungen verschiebbar angeordnet und auch die Prismen sind beweglich. Außerdem sind die beiden Teile der KÖSTERSschen Prismen nicht an der Berührungsfläche miteinander verkittet; in dem Zwischenraum befindet sich eine dünne Ölschicht, so daß die beiden Hälften gegeneinander verschoben werden können; dies dient zum Einstellen des Gangunterschiedes. Ferner soll an diesem Gerät ermittelt werden, welche Anforderungen an die Gleichheit der Objektive zu stellen sind und wie diese zweckmäßig ausgewählt werden können. Um verschiedene Vergrößerungen einstellen zu können, ist für spätere Ausführungen eine Revolveranordnung vorgesehen, mit der verschiedene Sätze von je vier Objektiven rasch miteinander ausgetauscht werden können.

Gegenüber der von dieser Schaltung abgeleiteten Anordnung von Horn (vgl. Abb. 35, Teil I) erhoffen wir von diesem Gerät weitere Anwendungsmöglichkeiten und eine höhere Leistung, insbesondere deswegen, weil es zweckmäßig erscheint, die Beleuchtungsapertur in weiteren Grenzen variieren zu können (vgl. [Schulz 1954b], sowie Teil III Abschn. 33).

23. Kombinierte Geräte

Kombinierte Geräte können bis zu einem gewissen Grade als Universal-Interferenzmikroskope bezeichnet werden, da sie nach einfacher Umschaltung oder Auswechslung einzelner Teile von einem Auflicht-Interferometer in ein Durchlicht-Interferometer verwandelt werden können. Eine ähnliche Möglichkeit ist vom Universal-Mikroskop her bekannt, bei dem wahlweise vom Auflicht zum Durchlicht übergegangen werden kann. Es gibt viele Forschungsgebiete und Untersuchungsprobleme, bei denen ein möglichst schneller Übergang von einer zur anderen Beobachtungsart erwünscht ist; dies gilt im biologischen Arbeitsgebiet ebenso wie in der Oberflächenmeßtechnik, bei der ja heute die Lack- und Filmabdruckverfahren eine bedeutende Rolle spielen. Auch andere kompliziertere Kombinationsaufgaben sind denkbar, und zwar ebenso für das normale wie für das Interferenzmikroskop.

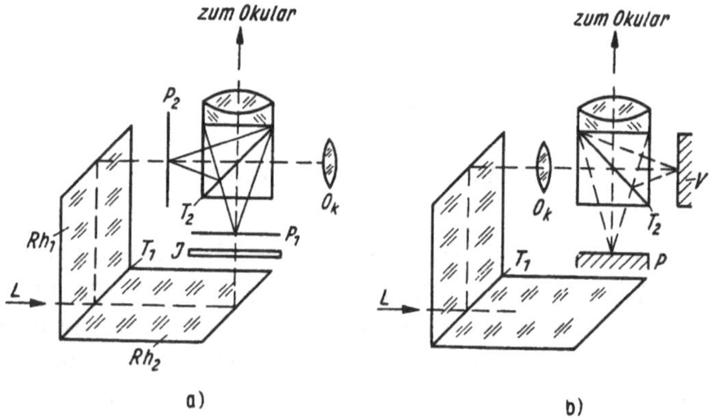

Abb. 25. Universal-Interferenzmikroskop nach Krug u. Lau.
a) Durchlicht; b) Auflicht.

Es ist selbstverständlich, daß die Umschaltung beim normalen Mikroskop konstruktiv wesentlich einfacher zu lösen ist als beim Interferenzmikroskop; hier ist es erforderlich, zwei grundsätzlich verschiedene Schaltungen zu kombinieren. Die erste Lösung, die hierfür bekannt geworden ist, wurde für eine Umschaltung vom Mikro-Michelson zum Mikro-Mach-Zehnder ausgelegt [Krug und Lau 1951b u. c]. Als Grundlage dienen die in den Abschnitten 211 und 221 angegebenen Schaltungen. Wir gehen bei der Behandlung des Interferometers von der Mikro-Mach-Zehnder-Schaltung aus (Abb. 25a), die zur Untersuchung durchsichtiger Objekte P_1 und P_2 benutzt wird; die konstruktiven Einzelheiten, wie die Justiervorrichtungen J, das Übersichtsokular O_k und der Beleuchtungsstrahlengang sind in der bisherigen Weise ausgeführt. Es ist nun möglich, den Trennkörper T_2 konstruktiv mit dem Okular O_k derartig zu vereinigen, daß dieses System um 180° gedreht werden kann; hierdurch wird das Gerät in ein Auflicht-Interferenzmikroskop (Mikro-Michelson) übergeführt (Abb. 25b), in dem O_k einen Teil des Beleuchtungssystems bildet. In das drehbare System T_2, O_k kann auch eine Aufnahme für P_2 einbezogen werden, die dann in Auflichtschaltung als Aufnahme für die Vergleichsfläche V dienen kann.

Unter Beibehaltung der meisten Bauteile jeder der beiden Grundschaltungen ist hier der Übergang vom Auflicht zum Durchlicht und umgekehrt beinahe ebenso einfach wie beim normalen Mikroskop.

Eine Steigerung der Apertur nach Vorschlägen von Abschnitt 215 (Beobachtungsapertur) und 222 (Beleuchtungsapertur) erscheint möglich. Allerdings wird bei einem kombinierten Gerät (Auflicht-Durchlicht) die obere Aperturgrenze aus Platzgründen im allgemeinen tiefer liegen. Trotzdem dürften damit viele Arbeitsgebiete der mikroskopischen Forschung befriedigend bearbeitet werden können.

24. Aperturfragen

Auf die mit der Mikroskopapertur zusammenhängenden Probleme ist im Verlaufe dieser Betrachtungen schon wiederholt eingegangen worden. Eine ausführliche theoretische Behandlung erfolgt im Verlaufe des Teils III. Dort steht mit im Vordergrund der Einfluß der gesamten Aperturverhältnisse auf die Interferenzen, woraus sich praktische Vorschläge für die Gestaltung dieser Aperturverhältnisse ergeben und außerdem die an den Meßwerten anzubringenden Korrekturen entnehmen lassen. Eine Ergänzung dieser Ausführungen über die eigentlichen Interferenzen-Probleme hinaus ist bereits an anderer Stelle erfolgt [Schulz 1954b]. Hier sollen nur einige Ergebnisse der eben erwähnten Abhandlungen herausgezogen und vom instrumentellen Standpunkt aus beleuchtet werden.

Allgemein hat die Apertur beim Interferenzmikroskop eine ganz andere, viel größere Bedeutung als beim normalen Mikroskop. Ihre Funktionen sind bei dem ersteren auch verwickelter. Während man nämlich z. B. beim normalen Mikroskop die Apertur vergrößert, wenn man genauer beobachten will, ergibt sich beim Interferenzmikroskop durch Vergrößerung der Apertur häufig eine Herabsetzung der Genauigkeit. — Es ist zweckmäßig, diese Dinge getrennt für Auflicht- und Durchlicht-Interferenzmikroskopie zu behandeln.

241. Auflicht

Von großem Interesse ist in der interferenziellen Meßtechnik die Größe des Niveauebenenabstandes, d. h. der Tiefenabstand der niveaulinienerzeugenden Ebenen. Jede Dickenmessung, Niveaumessung oder Tiefenmessung nimmt diesen Abstand als Grundlage. Dabei geht man meist von der Voraussetzung aus, die in Hauptstrahlrichtung durchlaufene Dicke (auf Wegunterschied in Luft umgerechnet) ändere sich von Streifen zu Streifen um 1 Wellenlänge λ. Für Auflicht gilt dann für den Dickenunterschied Δd zwischen zwei Streifen der Niveauebenenabstand $\lambda/2$, da das Licht infolge Reflexion den Dickenunterschied zweimal durchläuft.

Diese Dickenmessung wird jedoch durch den Einfluß der Apertur ungenau, und zwar aus verschiedenen Ursachen (s. Teil III, Abschn. 34). Ein Teil dieser Ursachen läßt sich durch geeignete Justierung beseitigen (l. *c.*, Bedingungen $\mathfrak{B}_3$), ein Teil jedoch nicht. Unter jenen Bedingungen erhält man dann folgenden Wert für die Dicke d [Schulz 1954a]:

$$d = m \cdot \frac{\lambda}{2} \cdot \frac{2}{1 + \cos u},$$

wo m die Interferenzordnung und u die „wirksame Apertur" ist. Dieser Begriff wird in Abschnitt 232 von Teil III eingeführt; er darf in gewissen Fällen gleich dem Öffnungswinkel gesetzt werden, der zu der vorliegenden numerischen Apertur gehört. Den Abstand $\frac{\lambda}{2}$ kann man also als Grenzwert des Niveauebenenabstandes ansehen. Der oben auftretende Faktor

$$f = \frac{2}{1 + \cos u}$$

kann streng nie = 1 werden, da die wirksame Apertur u stets > 0 ist. Bei Nichtberücksichtigung von f erhält man also immer einen zu großen Streifenabstand, d. h. einen zu kleinen Wert für die Dicke. Eine Kurve für f als Funktion von u zeigt Abb. 24 in Teil III, S. 283. Es ergibt sich, daß z. B. für $\sin u = 0{,}65$ (was einer üblichen Beobachtungsapertur für stark vergrößernde Interferenzmikroskope entspricht) $f = 1{,}14$ wird. Dies würde also einen Fehler von 14% bedeuten.

Der Einfluß der Apertur macht sich auch noch beim Kontrast der Interferenzstreifen unangenehm bemerkbar (s. Teil III, Abschn. 35). Die Zahl der noch scharfen Streifen bzw. der zur Messung brauchbaren Ordnungen verringert sich mit zunehmender Apertur sehr stark, wie aus Teil III (S. 288, obere Kurve von Abb. 27) hervorgeht (nach Schulz [1954a], entsprechendes auch schon bei Kinder [1937a]). Demnach würde sich für das bereits oben angeführte Objektiv von $\sin u = 0{,}65$ eine Zahl von 4 brauchbaren Interferenzordnungen ergeben (d. h. je 2 zu beiden Seiten des Nullstreifens). Dadurch wird natürlich auch der Meßbereich begrenzt, da bei $4 \times 0{,}3\,\mu = 1{,}2\,\mu$ Furchentiefe die Interferenzerscheinung anfängt, unscharf zu werden bzw. für etwas seitlich von der nullten Ordnung liegende Interferenzstreifen bei einer Oberflächenerhebung von wenigen Zehnteln μ keine genaue

Messung mehr möglich ist. Es ist daher eine Messung mittels Interferenzen gleicher Dicke bei hohen Aperturen durchaus nicht immer vorteilhaft.

242. Durchlicht

Für die Auflichtschaltung hatten wir als Grenzwert des Niveauebenenabstandes den Wert $\lambda/2$ erhalten. Für die Durchlichtschaltung dagegen ergibt sich der entsprechende Grenzwert zu $\frac{\lambda}{n-1}$; er ist also vom Brechungsindex des zu untersuchenden Objekts abhängig (s. Abb. 19). Aus Gründen der Tiefenschärfe ist es nun gar nicht möglich, für jedes Objekt (Dicke d, Brechungsindex n) die Apertur beliebig zu steigern, wenn man die Dicke (oder den Brechungsindex) und deren örtliche Änderungen genau studieren will [Schulz 1954b]. Eine nach der Berekschen Formel für die Tiefenschärfe berechnete Kurve für die Verhältnisse beim Durchlicht-Interferenzmikroskop zeigt Abb. 26. Ist z. B. für $n = 1{,}3$ die Objektdicke $d = 5\,\mu$, dann hat es keinen Zweck, die Apertur A über 0,4 zu steigern, da die Messungen dann an Genauigkeit abnehmen.

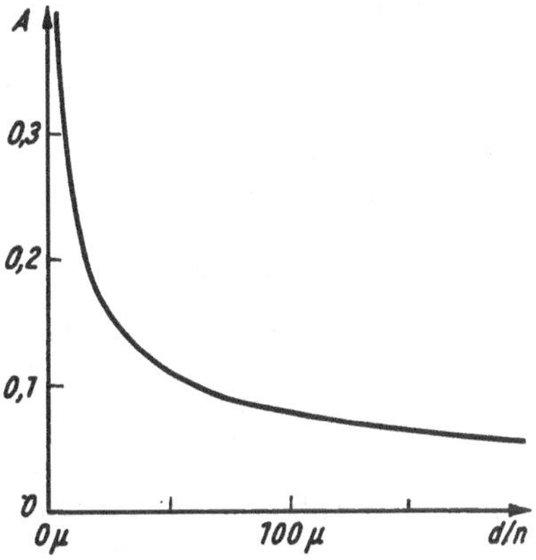

Abb. 26. Förderliche Apertur A und Schichtdicke d/n beim Durchlicht-Interferenzmikroskop.

Hier muß also stets die Apertur dem betreffenden Objekt angepaßt werden. Die mit den unter Abschnitt 222 beschriebenen Mikroskopen erreichbaren Aperturen reichen demnach für eine Objektdicke von $5\,\mu$ aus und geben bei dieser Dicke sogar die zweckmäßigste Apertur ab; ein großer Problemkreis kann damit erfaßt werden, und die mit diesen Geräten erzielbaren Meßergebnisse sind dadurch ausgezeichnet, daß bei der dort vorhandenen sauberen Trennung von Beobachtungs- und Vergleichsstrahlengang der letztere völlig unbeeinflußt vom Objekt ist, wodurch eine ganz einwandfreie Auswertung ermöglich wird.

25. Probleme des Trenn- bzw. Vereinigungskörpers

Die Trennflächen oder Teilflächen von Interferometern (auch oft als Teilungswürfel oder sonstige Körper ausgeführt) haben den Zweck, den Strahlengang aufzuspalten bzw. ihn wieder zu vereinigen, was durch teildurchlässige Schichten erfolgt; daraus ergeben sich eine Reihe von Problemen, insbesondere dann, wenn sich solche Körper wie beim Auf- und Durchlichtinterferometer nach Krug und Lau vor dem Objektiv, also im divergenten Strahlengang befinden. Mit solchen Problemen hat sich vor allem Rienitz beschäftigt.

Zunächst kann gezeigt werden, daß man die durch den Trennkörper beschränkte Apertur des Objektivs vergrößern kann, wenn man von der Würfelform abgeht.

Weiterhin zeigt sich, daß gegenüberliegende Flächen der Trennwürfel absolut parallel sein müssen, um die störende Dispersion zu vermeiden, die zur Verfälschung der Zuordnung von Interferenzstreifen führt.

Um Astigmatismus im Strahlenweg zu vermeiden, müssen die Brechungsindizes der einzelnen Teile eines Trennkörpers weitgehend gleich sein; ebenso muß darauf geachtet werden, daß die Brechzahlen der Kittschicht nicht kleiner sind als die der benutzten Gläser.

Auch über den Einfluß von sphärischen Fehlern auf die Abbildung und die Interferenzerscheinung müssen Überlegungen angestellt werden. Weiterhin muß man sich Gedanken über den zweckmäßigsten Weg des genauen Abgleichs der Glaswege machen.

251. Die Verkürzung des Trennkörpers

Wir wollen im folgenden immer vom Trennwürfel bzw. Trennkörper sprechen, auch wenn er, wie z. B. in der zur Durchlichtbeobachtung benutzten Mach-Zehnder-Anordnung, nicht der Trennung, sondern der Vereinigung der beiden kohärenten Strahlenbündel dient (Vereinigungskörper). Ferner wollen wir davon absehen, daß er in der in Abb. 18a angegebenen Mach-Zehnder-Schaltung mit einem Rhombus-Prisma fest verbunden ist und ihn uns wie in den anderen Anordnungen als Würfel vorstellen.

Die Lage des Trennwürfels vor dem Objektiv begrenzt dessen Apertur und damit das Auflösungsvermögen des Mikroskops. Es wird angestrebt, durch günstige Lage und Gestalt des Trennwürfels ein Maximum an Apertur zu erreichen. Zu diesem Zweck ist der Trennwürfel zunächst einmal möglichst klein zu machen, d. h. die Kantenlänge soll nicht wesentlich größer sein als der Durchmesser d der Frontlinse des Objektivs. Ferner soll eine Frontlinse verwendet werden, deren Unterseite eben und auf der der Trennwürfel aufgekittet ist. Um eine möglichst große Beobachtungsapertur zu erreichen, muß der Trennkörper so gestaltet werden, daß man das Objekt möglichst nahe an das Objektiv heranbringen kann. Zu diesem Zweck läßt sich etwa der Trennwürfel in Abb. 27a etwas „deformieren“, indem man aus dem Quadrat einen Rhombus macht, wie es später in Abb. 27b in etwas anderer Form durchgeführt worden ist. Diese Deformation läßt sich nur so weit durchführen, bis der obere der von links her einfallenden Strahlen parallel zur ebenen Fläche der Frontlinse horizontal läuft. Der Aperturgewinn, der auf diese Weise erzielt wird, ist relativ gering. Hinsichtlich der Beleuchtungsapertur ist er nur beim Durchlicht, d. h. also bei der Benutzung des Trennkörpers im Mach-Zehnder-Interferometer, auszunutzen. Beim Michelson-Interferometer, bei dem also das Licht von rechts in den Trennkörper einfallen würde, wäre die Beleuchtungsapertur eingeschränkt. Man könnte diese Einschränkung dadurch umgehen, daß man das Licht über eine weitere teildurchlässige Fläche von oben her durch das Objektiv einfallen ließe. Aber da, wie erwähnt, der Aperturgewinn gering ist, dürfte sich dieser Aufwand nicht lohnen, weil er mit einem Intensitätsverlust verbunden ist.

Im Durchlicht kann man dagegen noch einen Schritt weitergehen und damit die erreichbare Apertur abermals vergrößern, so daß sich eine Anwendung dieses Prinzips sehr wohl lohnt. In Abb. 27b ist ein in der beschriebenen Weise deformierter Trennkörper dargestellt. Zunächst wird das gestrichelt gezeichnete Stück noch als zum Trennkörper gehörig betrachtet. Man kann nun beim MACH-ZEHNDER-Interferometer die Konvergenzpunkte der beiden Teilstrahlenbündel in den Trennkörper hinein verlegen, wie es dort dargestellt ist. Das bedeutet eine weitere Annäherung an das Objektiv und damit die erwähnte Vergrößerung der Apertur. Im Objektstrahlengang muß jedoch das Objekt im Konvergenzpunkt angebracht werden. Dieses läßt sich leicht erreichen, wenn man sich die in Abb. 27b

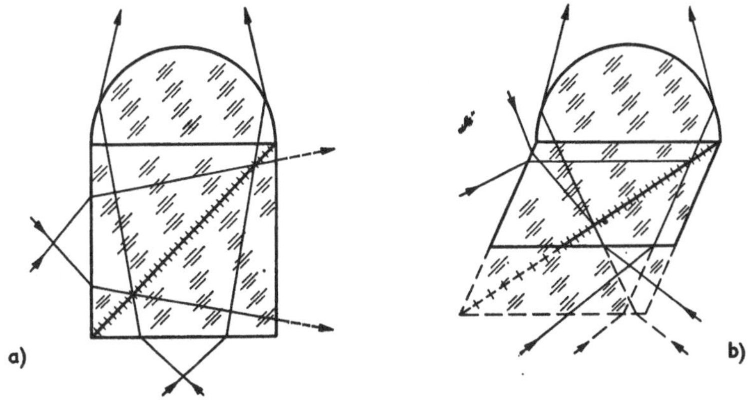

Abb. 27. Verkürzung des Trennkörpers.

gestrichelt gezeichnete planparallele Platte vom Trennkörper abgeschnitten und im Objektstrahlengang unterhalb des Objekts angebracht denkt. Ein Teil dieses Glasweges wird ohnehin für Objektträger und Deckglas verbraucht, der Rest kann dem Trennkörper zugeschlagen werden (s. auch Abschn. 254, wo gezeigt wird, daß eine solche Aufteilung erlaubt ist). Dann liegt der Konvergenzpunkt, wie aus den ausgezogenen Strahlen ersichtlich, außerhalb des Trennkörpers. Auf diese Weise lassen sich bei einem Brechungsindex des Trennkörpers von $n = 1{,}5$ Aperturen von etwa 0,65 erreichen, bei $n = 1{,}8$ etwa 0,75.[1])

Die beschriebene Anordnung ist zum Patent angemeldet worden.

252. Der Dispersionsfehler

Wenn zwei einander gegenüberliegende Flächen eines der Rhomboeder oder des Trennwürfels einander nicht genau parallel sind, tritt Dispersion ein [RIENITZ 1952].[2]) Man kann sich den fehlerhaften Glaskörper durch einen idealen mit zueinander ge-

[1]) Der neuartige Trennkörper (bzw. Vereinigungskörper) ist zusammen mit der auf Seite 103 beschriebenen Anordnung nach RIENITZ zum Patent angemeldet worden.

[2]) Entsprechende Erscheinungen sind im weißen Licht auch an keilförmigen Objekten zu beobachten [RIENITZ 1952], wie auch die Abbildungen auf Tafel XI des Anhangs zeigen.

nau parallelen Flächen und ein davorgesetztes, sehr flaches Prisma ersetzt denken, um dies einzusehen. Betrachten wir die Wirkung dieses Fehlers auf die vom unfiltrierten Quecksilberlicht erzeugten Interferenzen. Wir wollen der besseren Übersicht wegen, und weil sie bei visueller Beobachtung allein in Frage kommen, nur die beiden hellsten Spektrallinien, die grüne und die blaue, berücksichtigen. Wir denken uns die Lichtquelle als eben; diese Idealisierung hat keinen Einfluß auf das Ergebnis unserer Betrachtungen. Von dieser Lichtquelle gehe senkrecht zur Oberfläche ein Lichtstrahl aus, der aus grünem und blauem Licht gemischt sei. Nachdem er das Interferometer durchsetzt hat, in dessen einem Zweig sich ein Dispersion hervorrufender Fehler befindet, werden die aus diesem Zweig kommenden grünen und blauen Komponenten des Strahls wegen der Dispersion unter etwas verschiedenen Winkeln austreten. Denken wir uns die mischfarbige Lichtquelle aus einer grünen und einer blauen bestehend, deren Ebenen zusammenfallen sollen. Da vom Mikroskop aus gesehen der grüne und der blaue Strahl unter etwas verschiedenen Winkeln austreten, können wir sagen, daß wir von dort aus die Bilder der auf diesen Strahlen senkrecht stehenden ebenen Lichtquellen nicht mehr zusammenfallen sehen, sondern um eine in den Ebenen beider liegende Achse um den Winkel gegeneinander verdreht, den die Strahlen miteinander bilden. Dies folgt aus dem Satz, daß ein Normalensystem bei Brechung und Reflexion immer ein Normalensytem bleibt. Die beiden Lichtquellen bilden also einen Keil miteinander. Der den anderen Zweig des Interferometers entlanglaufende Strahl soll keine Dispersion erleiden, und infolgedessen fallen hier das grüne und das blaue Bild der Lichtquelle zusammen. Dieses wollen wir das „grünblaue" Bild der Lichtquelle nennen, zum Unterschied von dem aus dem anderen Zweig des Interferometers stammenden grünen und dem blauen Bild. Die Linien, in denen das grünblaue Bild das grüne und das blaue schneidet, werden im allgemeinen Falle eine andere Richtung haben als die, in der sich die beiden letzteren schneiden. Wir haben also für das grüne und für das blaue Licht je einen von dem anderen verschiedenen Keil, und infolgedessen wird die Lage der parallel zur Keilkante verlaufenden Interferenzen für jede Farbe eine andere sein. Man kann nun durch Betätigen entsprechender Justierungen etwa das grünblaue Bild beliebig im Raume schwenken. Auf die dabei auftretenden Erscheinungen und ihre einfache Erklärung mittels eines Vektorgerüstes soll hier nicht näher eingegangen werden. Hier sei nur gesagt, daß sich dabei eine Verdrehung der grünen gegen die blauen Interferenzstreifen ergibt, die bei einer gewissen Streifenlage ein Maximum erreicht. Ohne Filter macht sie sich dadurch bemerkbar, daß schräg über die farbigen Interferenzstreifen des Quecksilbermischlichtes hellgrüne Streifen laufen (Abb. 28). Bei gleicher Streifenlage ist die Verdrehung um so größer, je weiter die Interferenzstreifen auseinanderliegen. Bringt man vor der Lichtquelle ein Filter an, das aus einer grünen und einer blauen Hälfte besteht, und bildet es mit dem Kondensor in die Objektebene ab, so daß die Grenze zwischen den beiden Farben im Mikroskop einigermaßen scharf gesehen werden kann, so beobachtet man an dieser Grenze einen Knick zwischen den Interferenzen im grünen und denen im blauen Licht (Abb. 29).

Liegt die Schnittlinie des grünen und des blauen Bildes parallel mit den Linien, in denen das grünblaue Bild das grüne und das blaue schneidet, so haben die grünen und die blauen Interferenzen die gleiche Richtung. Verschiebt man in dieser Stellung einen der im ungefilterten Quecksilberlicht zu beobachtenden farbigen Interferenzstreifen im Gesichtsfeld des Mikroskops, so beobachtet man.

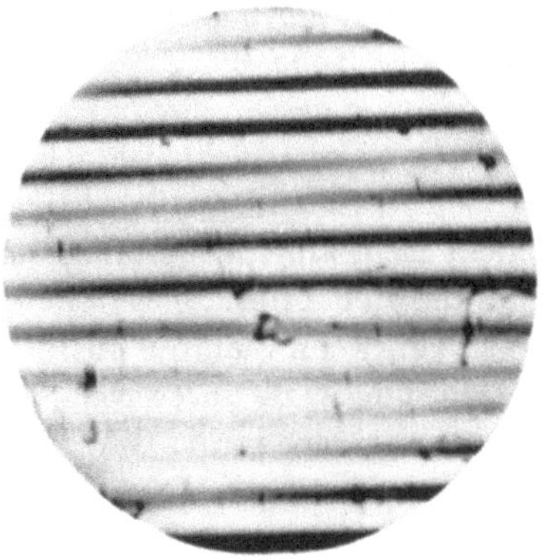

Abb. 28
Dispersionseffekt bei Hg-Licht ohne Filter.

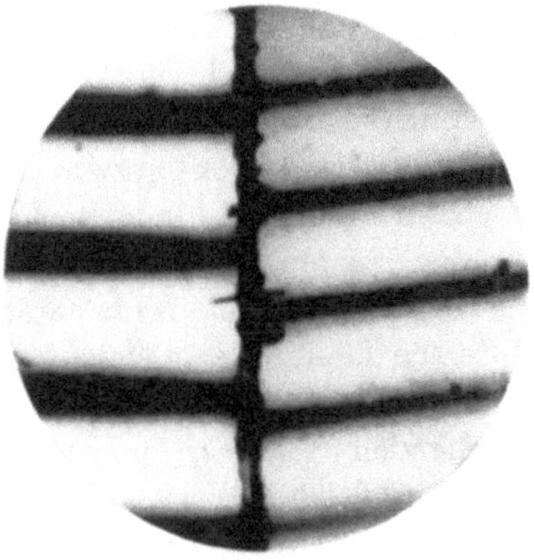

Abb. 29
Dispersionseffekt bei Hg-Licht mit 2 Filtern.

daß er dabei seine Farbe ändert, was bei einem fehlerfreien Strahlengang nicht eintritt. Mit dem erwähnten Doppelfilter, dessen Farbgrenze senkrecht zu den Interferenzstreifen angebracht wird, sieht man, daß bei dieser Verschiebung die grünen Interferenzen mit anderer Geschwindigkeit wandern als die blauen. Betrachten wir zur Erklärung zunächst Abb. 30a, die einen fehlerfreien Strahlengang

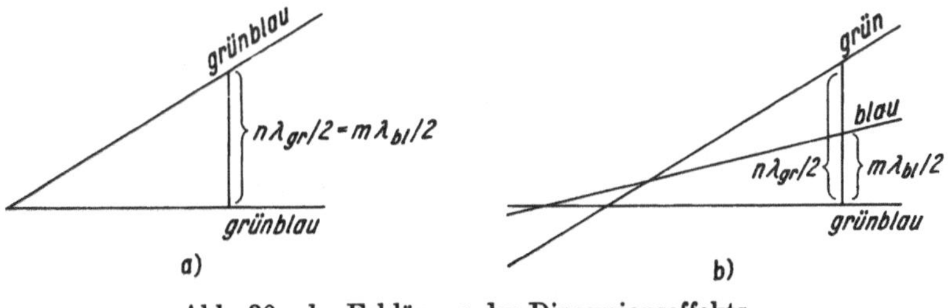

Abb. 30a, b. Erklärung des Dispersionseffekts.

zeigt. In letzterem fallen die grünen und die blauen Bilder der Lichtquelle aufeinander. Wir haben also nur zwei grünblaue Bilder, die einen Keil bilden und zwischen denen die Interferenzen erfolgen. Die Stelle, an der ein grüner und ein blauer Interferenzstreifen aufeinanderfallen, ist dadurch gekennzeichnet, daß dort der Keil im Auflicht gerade die Höhe $n \cdot \lambda_{grün}/2 = m \cdot \lambda_{blau}/2$ hat, wobei n und m gewisse ganze Zahlen sind. Wird diese Stelle durch Neigen der einen Fläche, d. h. Verkleinern oder Vergrößern des Keilwinkels, seitlich verschoben, so bleibt diese Zahlenbeziehung und damit die gegenseitige Lage der grünen und der blauen

Streifen ungeändert. Das gleiche gilt für alle übrigen Stellen des Interferenzbildes. Die im ungefilterten Licht beobachteten Mischfarben, die von der gegenseitigen Lage der beteiligten verschiedenfarbigen Interferenzstreifen abhängen, ändern sich also bei einer Verschiebung im Gesichtsfeld nicht.

Anders liegen die Verhältnisse in Abb. 30b, die die oben geschilderte Lage der Bilder der Lichtquelle bei Vorliegen von Dispersion in einem Zweig des Interferometers zeigt. Fallen hier an einer Stelle ein grüner und ein blauer Interferenzstreifen zusammen, d. h. hat dort der eine Keil die Höhe $n \cdot \lambda_{grün}/2$ und der andere Keil die Höhe $m \cdot \lambda_{blau}/2$, so wird diese Beziehung gestört, wenn etwa das grünblaue Bild etwas geneigt wird. Der Streifen $n \cdot \lambda_{grün}/2$ verschiebt sich, wie man sich an Hand der Abbildung leicht veranschaulicht, mit anderer Geschwindigkeit als der Streifen $m \cdot \lambda_{blau}/2$, so daß sie nun nicht mehr aufeinanderfallen. Dies ist die Ursache für die beobachtete Farbänderung der Interferenzstreifen im ungefilterten Licht. Der gleiche Effekt tritt auch ein, wenn man die Justierung im anderen Strahlengang, bei der Michelson-Schaltung z. B. durch Neigen des entsprechenden Spiegels, ändert. Das grüne und das blaue Bild verschieben sich dabei in gleicher Weise gegen das grünblaue, d. h. die gegenseitige Lage des grünen und des blauen Bildes bleibt ungeändert.

Dieser Dispersionseffekt stört im monochromatischen Licht nicht. Man beobachtet in der Interferenzmikroskopie jedoch oft mit ungefiltertem Licht, und zwar erstens wegen der größeren Helligkeit und zweitens, um bei Versetzung der Interferenzstreifen gegeneinander an einer Unstetigkeitsstelle des Prüflings durch die verschiedenen Farben eine Zuordnung der einzelnen Interferenzstreifen diesseits und jenseits der Unstetigkeit zueinander zu finden, was im monochromatischen Licht nicht möglich ist. Wenn aber ein bestimmter Streifen, wie oben beschrieben, an verschiedenen Stellen des Gesichtsfeldes verschiedene Farben zeigt, dann wird die Zuordnung falsch ausgeführt und die Messung fehlerhaft. Ist die übrige Interferenzanordnung fehlerfrei, der Trennkörper jedoch nicht, dann wird der Fehler bei Auflichtbeobachtung verdoppelt, weil hierbei das zusätzliche flache Prisma zweimal durchsetzt wird. Zeigt der Prüfling selbst Dispersion, was bei Durchlichtobjekten meistens der Fall sein wird, dann tritt der gleiche Fehler auf. Er hat jedoch nunmehr seine Ursache nicht mehr im Apparativen und soll daher hier nicht behandelt werden.

Die Ursache für diesen Fehler wird in den meisten Fällen nicht im falschen Schliff zu suchen sein, sondern in einer ungenauen Verkittung der beiden zum Trennwürfel zusammengesetzten Rechtwinkelprismen. Darauf ist also bei der Herstellung des Trennkörpers besonders zu achten. Um die zulässige Toleranz für die Parallelität der Trennkörperflächen bzw. der Flächen der anderen Glaskörper des Interferometers quantitativ zu ermitteln, werde der dazu führende Gedankengang kurz skizziert. Man kennt die Dispersion des benutzten Glasmaterials, d. h. den Unterschied der Brechungsindizes für die grüne und die blaue Quecksilberlinie und kann daraus ermitteln, wie groß die Abweichung von der Parallelität, d. h. der Keilwinkel des zusätzlichen flachen Prismas bei einem bestimmten Winkel zwischen dem grünen und dem blauen Bild der Lichtquelle ist. Ferner kann man den Durchmesser des Gesichtsfeldes mit Hilfe eines Objektmikrometers ausmessen. Die Meßgenauigkeit wird visuell in der Interferenzmikroskopie mit 1/10 Streifenbreite angesetzt. Die Farbe eines Interferenzstreifens im ungefilterten Licht wird sich nicht wesentlich ändern, wenn der Winkel zwischen dem grünen und dem blauen Bild der Lichtquelle so flach gehalten wird, daß längs des ganzen Gesichtsfeldes der Anstieg nicht größer ist als 1/10 Streifenbreite. Eine Streifenbreite beträgt nun bei Auflicht eine halbe Wellenlänge, bei Durchlicht eine ganze. Nennt man den Durchmesser des Gesichtsfeldes d, so kann man sagen, daß der (kleine) Winkel α zwischen dem grünen und dem blauen Bild der Lichtquelle folgender Bedingung unterliegt:

$$\alpha \sim \frac{\lambda_{blau}}{10\,d}.$$

Die blaue Wellenlänge wurde gewählt, weil die blauen Interferenzstreifen sich schneller verschieben als die grünen.

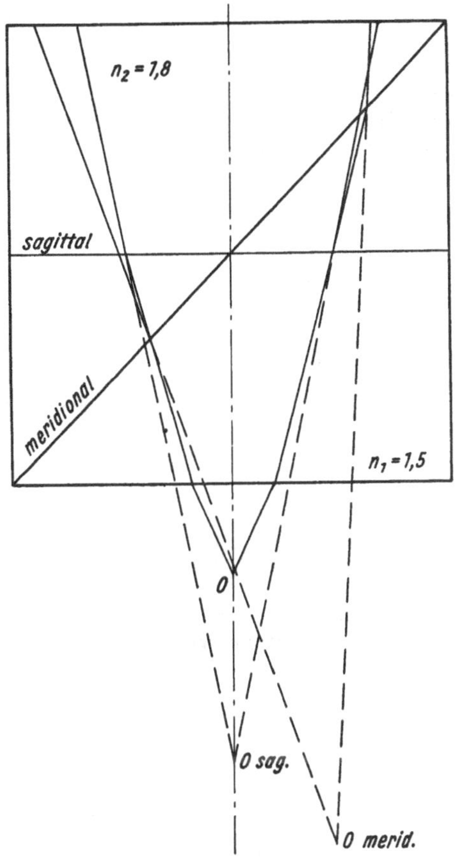

Abb. 31. Astigmatismus bei Trennkörper.

Die für den Dispersionsfehler geforderte Toleranz der Parallelität ist mit derjenigen in Einklang zu bringen, die sich aus der Forderung einer möglichst guten Abbildung des Prüflings ergibt, denn das zusätzliche Prisma erzeugt Astigmatismus.

253. Astigmatismus durch ungleiche Brechungsindizes

Bestehen die beiden Rechtwinkelprismen, aus denen der Trennwürfel zusammengesetzt ist, aus Gläsern mit verschiedenen Brechungsindizes, dann tritt Astigmatismus ein. Man kann sich dies leicht veranschaulichen, indem man einmal den Strahlengang im Meridionalschnitt des Würfels zeichnet, bei dem die Trennlinie zwischen beiden Gläsern die Diagonale ist, und andererseits den Sagittalschnitt, bei dem die Trennlinie parallel zur oberen Kante verläuft. In Abb. 31 ist dies für den krassen Fall $n_1 = 1,5$ und $n_2 = 1,8$ dargestellt. Die Verschiebung des Bildpunktes hat in beiden Fällen verschiedene Werte, außerdem ergibt sich im Meridionalschnitt eine Seitenversetzung. Weil dieser Fehler dadurch leicht vermieden werden kann, daß man die beiden Teile des Trennkörpers aus dem gleichen Material herstellt, werde darauf nicht näher eingegangen, sondern lediglich an Hand von Aufnahmen ein solcher Fehler demonstriert. Abb. 32 zeigt ein Stück einer mit Rissen behafteten Metalloberfläche, wie es sich in der Auf-

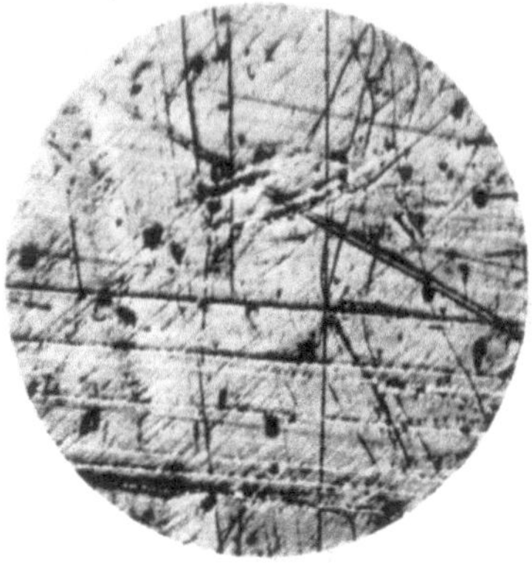

Abb. 32. Oberflächenbild bei fehlerfreiem Trennkörper.

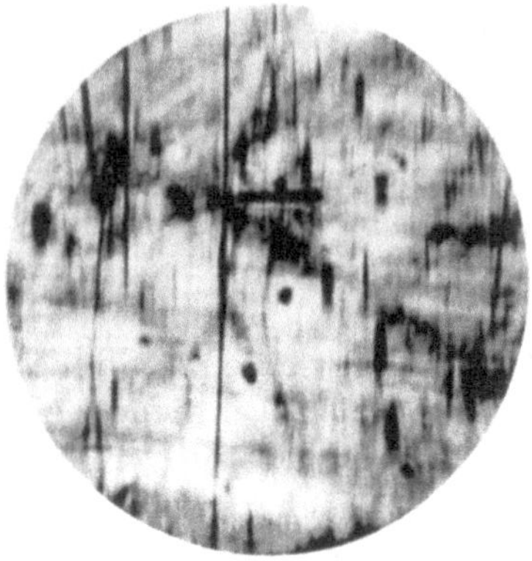

Abb. 33. meridionale Bildebene.

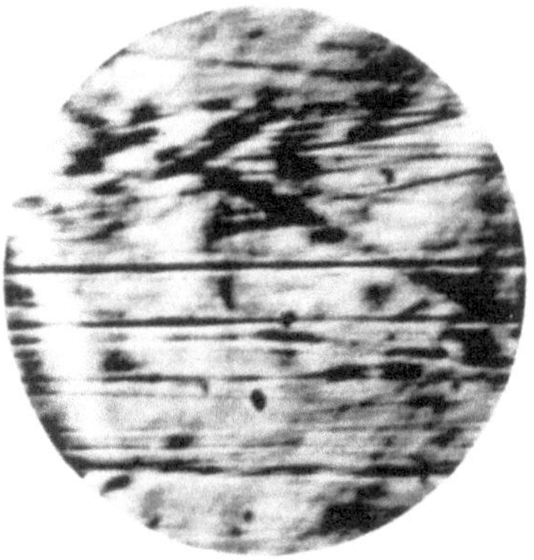

Abb. 34. sagittale Bildebene.

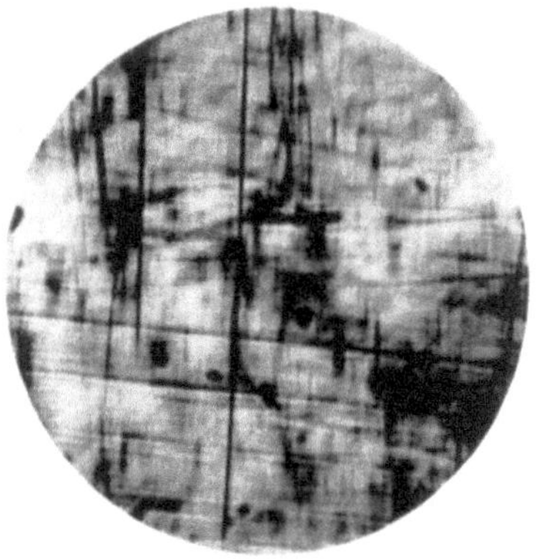

Abb. 35. gemischte Einstellung.

Abb. 32 bis 35. Oberflächenbild bei fehlerfreiem bzw. astigmatischem Trennkörper.

lichtschaltung mit einem fehlerfreien Trennwürfel darbietet. Der senkrechte Ast des nahezu durch die Mitte gehenden Kreuzes liegt im Meridionalschnitt, der waagerechte im Sagittalschnitt. Abb. 33 und 34 sind mit einem astigmatischen Trennwürfel hergestellt worden, und zwar wurde einmal auf die meridionale Bildebene und das zweite Mal auf die sagittale eingestellt. Man sieht in der ersteren nur die senkrechten, in der zweiten nur die waagerechten Risse scharf. Die schräg verlaufenden werden fast gar nicht wiedergegeben. Der Unterschied beider Einstellungen betrug fast einen Millimeter, der Durchmesser des Gesichtsfeldes ca. 1,5 mm. Abb. 35 wurde zur Hälfte bei der einen Einstellung und zur anderen Hälfte bei der anderen aufgenommen. Vergleicht man den Mittelpunkt des beschriebenen Kreuzes mit dem in Abb. 32, dann erkennt man an der in der letzteren Abbildung knapp darüberliegenden geringen Auslenkung des senkrechten Balkens nach links, daß der letztere gegenüber dem waagerechten Balken etwas nach unten verschoben ist. Dies ist die oben erwähnte Seitenversetzung des Bildes im Meridionalschnitt.

Der Astigmatismus tritt naturgemäß nur in dem Zweig ein, in dem der Abbildungsstrahlengang beide Teile des Trennkörpers durchsetzen muß. Im anderen Strahlengang, der unter Reflexion an der Trennfläche lediglich den einen Teil passiert, erhält man eine einwandfreie Abbildung.

254. Sphärische Fehler

Zu Abschn. 251 muß ergänzt werden, daß bei dem verkürzten Trennkörper mit der unter das Objekt gerückten Planparallelplatte infolge der verschiedenen Reihenfolge der Glaskörper in beiden Strahlengängen des Interferometers möglicherweise verschiedene sphärische Fehler auftreten können, die jedoch für das Zustandekommen der Interferenzen sowie die Korrektion des Objektivs belanglos sind.

In Abb. 36 wird ein nicht homozentrisches Strahlenbündel *12345* so in den Trennkörper eingestrahlt, daß es sich innerhalb desselben zu dem homozentrischen Bildpunkt *E* vereinigt, von dem aus die Strahlen homozentrisch in das darüberliegende Objektiv gelangen. Diese Verhältnisse mögen bei Durchlicht im Vergleichsstrahlengang vorliegen. In dem das Objekt enthaltenden anderen Strahlengang wird, um das Objekt näher an das Objektiv bringen zu können, eine planparallele Platte von dem Würfel abgeschnitten und um eine beliebige Strecke nach unten verschoben. Die dadurch bewirkte Änderung des Strahlenganges ist gestrichelt gezeichnet worden. Während der Strahl *1* im ersten Falle bei *B* in den Trennkörper hineingebrochen wird, wird er nun bereits bei *A* unter dem gleichen Winkel in die Planparallelplatte hineingebrochen und verläßt diese bei *D* wieder in seiner ursprünglichen Richtung, nur seitlich dagegen verschoben. Da die verschobene Planparallelplatte der vom Trennkörper abgeschnittenen genau gleich sein soll, ist die Strecke *AD* gleich und parallel der Strecke *BC*. Das gleiche gilt für das Paar *AB* und *DC*. Der Strahl stößt also im zweiten Falle auf die untere Grenze des verkürzten Trennkörpers in dem gleichen Punkt *C*, den er im ersten Fall passieren würde und wird derart in den Trennkörper hineingebrochen, daß er nunmehr völlig den gleichen Weg durchläuft wie im ersten Fall. Dies ist eine geometrisch-optische Tatsache, die für jeden Strahl gilt und die von irgendwelchen sphärischen Fehlern des Bündels in keiner Weise beeinflußt wird. Durch das Verschieben der Planparallelplatte erhält ein Bildpunkt im Objektstrahlengang zwar einen anderen sphärischen Fehler als der entsprechende im Vergleichsstrahlengang, sofern er dadurch in einem anderen Medium, im vorliegenden

Falle Luft, zu liegen kommt; im Trennkörper jedoch nehmen in beiden Fällen die Strahlen genau den gleichen Verlauf, so daß vom Objektiv her gesehen keine Verschiedenheit der sphärischen Aberration in beiden Zweigen des Interferometers vorliegt. Für das Interferenzbild spielt nun die absolute Größe der Bildfehler in beiden Zweigen des Interferometers keine Rolle, sondern nur ihre Differenz. Ist diese

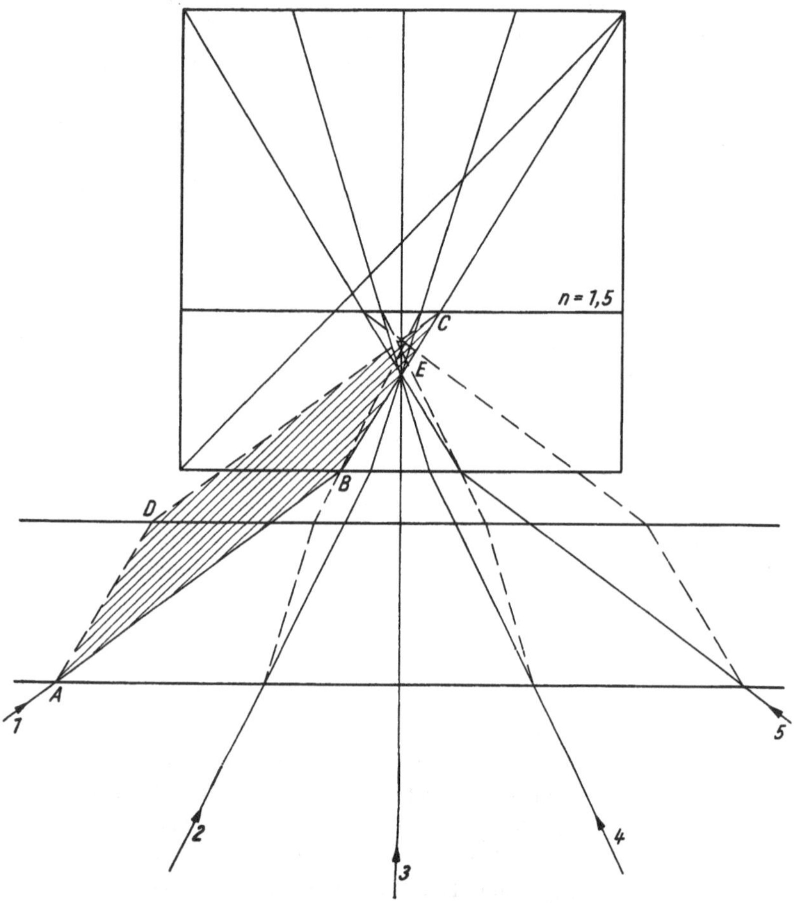

Abb. 36. Sphärischer Fehler beim Trennkörper.

Null, dann bedeutet das, daß die beiden zur Interferenz kommenden Wellenflächen die gleiche Gestalt haben; ist sie ungleich Null, dann ist die Deformation der Wellenflächen in beiden Zweigen des Interferometers verschieden. In beiden Fällen beobachtet man keine Veränderung der Interferenzerscheinung, wenn man die Wellenflächen vor dem Eintritt in das Interferometer beliebig deformiert. Es kommt also nur auf den Unterschied in der Form der Wellenflächen an.

Die soeben geschilderten Verhältnisse im Interferometer spielen für die Berechnung des Objektivs keine Rolle. Ebenso wie eine Deformation der Wellenflächen vor dem Eintritt in das Interferometer die Interferenzerscheinung beeinflußt, wird diese auch nach dem Verlassen desselben durch das Objektiv nicht verändert. Das Objektiv ist demnach nur unter dem Gesichtspunkt zu berechnen, eine einwandfreie Abbildung des Objekts durch den verkürzten Trennwürfel hindurch zu gewährleisten.

Wie ferner aus dem oben Gesagten hervorgeht, wird durch das Verschieben der Planparallelplatte die Apertur des in das Objektiv gelangenden Strahlenbündels in keiner Weise geändert. Sie ist nach wie vor in beiden Zweigen des Interferometers gleich.

255. Abgleich der Glaswege

Es ist wichtig, in beiden Teilstrahlengängen des MICHELSON- bzw. MACH-ZEHNDER-Interferometers sehr genau gleiche Glaswege zu haben, wenn im weißen Licht beobachtet werden soll. Ist dies nicht der Fall, dann entstehen zwar wesentlich mehr, jedoch blassere Interferenzstreifen [SETHI 1924; BIRCHBY 1924 u. 1927]. Dies macht sich vor allem bei größeren Beobachtungsaperturen bemerkbar, und daher ist ein genauer Abgleich der Glaswege erforderlich. Eine Möglichkeit haben RIENITZ und BENDER [1958] angegeben. Die beiden Teile des Trennwürfels werden nicht miteinander verkittet, sondern mit einer dicken Ölschicht aneinandergeklebt und mittels einer Justiervorrichtung gegeneinander verschiebbar gemacht, so daß der Abgleich direkt beobachtet werden kann. Der Trennkörper ist abgeglichen, wenn bei voller Beleuchtungsapertur die Interferenzfarben im weißen Licht am kräftigsten erscheinen. Nach SCHULZ kann man den Abgleich auch außerhalb des Gerätes vornehmen, solange der Kitt noch nicht erhärtet ist. Man beobachtet dazu die Interferenzen, die innerhalb des Würfels entstehen, wobei dieser selbst als kleines MICHELSON-Interferometer wirkt. Natürlich muß man hierbei beachten, daß die endgültige Lage solange erhalten bleiben muß, bis der Kitt erhärtet ist. Durch diese Methoden wird es vermieden, den Abgleich mit einem verschiebbaren Doppelkeil vornehmen zu müssen, der eine zusätzliche optische Fläche in den Strahlengang bringt.

3. Meßtechnische Probleme

31. Beobachtung im weißen Licht

Die Interferenzen im weißen Licht unterscheiden sich von denen im monochromatischen Licht dadurch, daß die Zahl der sichtbaren Streifen bedeutend herabgesetzt ist und nur wenige Ordnungen umfaßt. Der Grund ist der, daß die diese Zahl bestimmende Kohärenzlänge durch das breite Frequenzband des weißen Lichtes stark eingeengt ist. Die Einengung tritt nicht nur bei rein weißem Licht ein, sondern periodisch auch bei sogenanntem Mischlicht (z. B. Hg-Lampe ohne Filter). Bei rein weißem Licht ist nur die *nullte* Ordnung farblos, während die Nachbarordnungen verschieden gefärbt erscheinen, und zwar infolge der Wellenlängenabhängigkeit des Streifenabstandes. Dies ermöglicht die Identifikation eines bestimmten Streifens. Man kann diesen Streifen durch das Gesichtsfeld des Interferenzmikroskops hindurch verfolgen, auch wenn infolge einer Schichtstufe der Zusammenhang des Streifens unterbrochen ist.

Der Vorteil der Beobachtung im weißen Licht wird z. B. in Abb. 37 deutlich. Diese zeigt einen Glimmerkristall (Spaltstufe) im monochromatischen Licht (a) und im weißen Licht (b). Die Höhe dieser Spaltstufe ist zufällig so, daß die Interferenzstreifen im monochromatischen Licht ein ganzes Vielfaches von $\lambda/2$ sind; dadurch ist der Sprung nicht meßbar, und man kann ihn sogar leicht übersehen. Im weißen Licht ist der Sprung deutlich zu sehen und gleichzeitig dient das weiße Licht zum Zuordnen der Streifen; die Messung selbst muß im monochromatischen Licht vorgenommen werden, da λ im weißen Licht nicht gut definiert ist. Dies gilt natürlich immer bei Streifensprüngen im monochromatischen Licht.

a) b)

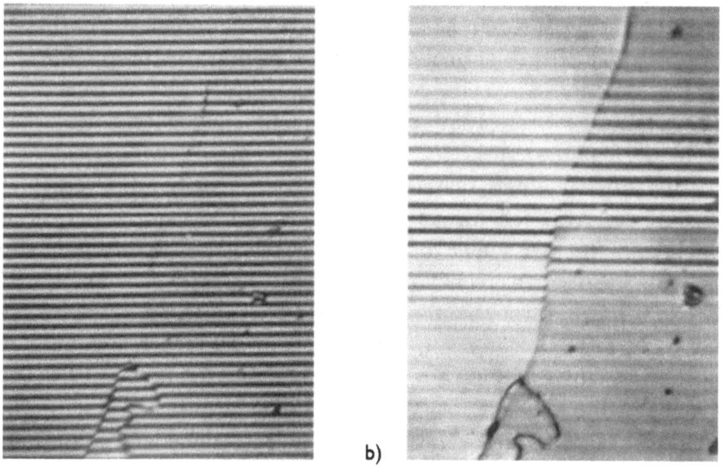

Abb. 37. Glimmerkristall im Durchlicht-Interferenzmikroskop.
a) im monochromatischen; b) im weißen Licht.

Zwei weitere Phänomene, die bei Beobachtungen mit weißem Licht auftreten können, zeigt Abb. 38. Das eine Bild (a) stellt einen CdS-Kristall (aufgenommen mit der MACH-ZEHNDER-Anordnung nach Abb. 18b) dar. Oberhalb des Kristalls sind die Interferenzen im weißen Licht sichtbar, wie sie auch ohne Objekt beobachtet werden. Da der Kristall ein Teil des sichtbaren Lichtes absorbiert, wird die Zahl der Interferenzstreifen innerhalb desselben vergrößert, denn jede Einschränkung des benutzten Spektralbereiches vergrößert die Zahl der Streifen. Verschiebt man mit Hilfe der Justiervorrichtung die Interferenzstreifen im Bild nach oben, so verblassen sie zunächst auf dem Kristall, und es tauchen darunter neue Interferenzstreifen auf, deren Auslenkungen ein Vielfaches von denen der ersten Streifen betragen (Abb. 38b). Die erstgenannten Streifen sollen Primärstreifen genannt werden, die letzteren Sekundärstreifen. In Abb. 39 wird das Zustandekommen dieser Erscheinung erklärt. Wir stellen uns eine Wellenfront vor, die an der teildurchlässigen Fläche des MACH-ZEHNDER-Interferometers aufgespalten wird und zum Teil den Vergleichsstrahlengang, zum Teil den Objektstrahlengang durchläuft. Im letzteren geht ein Teil am Objekt vorbei. In Abb. 39a ist ein solcher Strahl ausgezogen gezeichnet. Senkrecht auf ihm steht die Wellenfront *0*. Ein anderer Teil durchsetzt den Kristall einmal (gestrichelt gezeichnet), wobei der

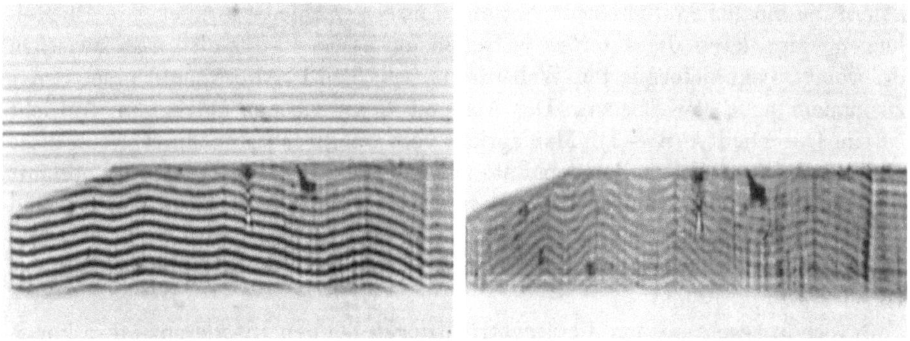

a) b)

Abb. 38. CdS-Kristall im Durchlicht-Interferenzmikroskop.
a) Primärstreifen; b) Sekundärstreifen. [RIENITZ 1952]

Teil *1* der erwähnten Wellenfront etwas verzögert wird. Ein weiterer Teil (punktiert) wird im Kristall einmal hin und her reflektiert; die zugehörige Wellenfront 2 wird dadurch noch stärker verzögert. Denkt man sich diese drei Teilwellenfronten *0*, *1* und *2* zerschnitten, so erkennt man, daß die Nullstreifen, Primär- und Se-

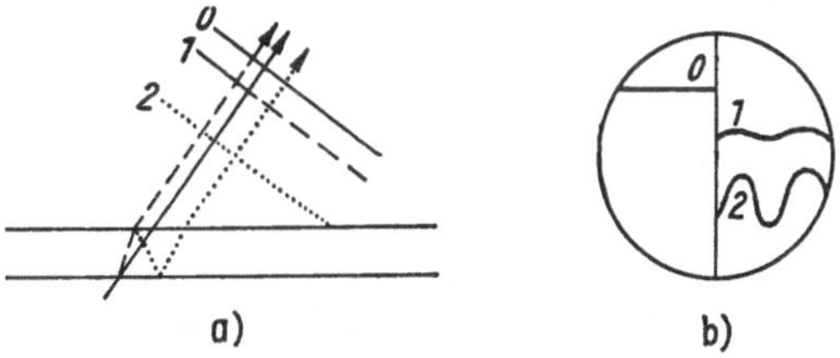

a) b)

Abb. 39. Erklärung der Sekundärstreifen.

kundärstreifen in dieser Reihenfolge hintereinander liegen. In Abb. 39b ist schematisch dargestellt, wie die Erscheinung bei einem CdS-Kristall aussehen würde, der die ganze rechte Hälfte des Gesichtsfeldes ausfüllt. Auf der Luftseite liegen die Nullstreifen, während auf dem Kristall darunter zunächst die Primär- und dann die Sekundärstreifen liegen. Auf der rechten Hälfte von Abb. 38b sind noch die Primärstreifen zu sehen, die von den Sekundärstreifen zum Teil überdeckt werden. Weil die Sekundärstreifen den Kristall dreimal durchsetzen, sind die Auslenkungen der Sekundärstreifen größer als die der Primärstreifen und machen daher die Dickenunterschiede im Kristall besser sichtbar. Infolge des hohen Brechungsindex des CdS ist auch das Reflexionsvermögen sehr groß, so daß die Sekundärstreifen deutlich zu erkennen sind. Im monochromatischen Licht würden sich Primär- und Sekundärstreifen überdecken, so daß die letzteren kaum zu bemerken wären.

32. Schräger und waagerechter Schnitt

Liegt ein Objekt vor, bei dem ein Teil als ebene Bezugsfläche gelten kann, dann liefern die möglichen Justiervorrichtungen zwei verschiedene Arten von Einstellungen. Man kann die Interferenzstreifen auffassen als Schnittlinien zwischen der vom Objekt deformierten Wellenfront (vgl. Teil I, Abb. 1) und einer Schar zueinander paralleler Ebenen. Der Abstand dieser Ebenen beträgt im Auflicht $\lambda/2$, im Durchlicht $\lambda/(n - 1)$. Man spricht vom waagerechten Schnitt, wenn diese Ebenenschar parallel zu der genannten ebenen Bezugsfläche am Objekt verläuft und vom schrägen Schnitt, wenn diese Ebenen zu dieser Fläche geneigt sind [Helmcke u. Rienitz 1956]. Handelt es sich um vergleichsweise flache Objekte, dann liefert der waagerechte Schnitt ein dem Phasenkontrast ähnliches Bild, das Interferenzkontrastbild.

Die schon beschriebenen Justiervorrichtungen bei den Interferenzmikroskopen im Durch- und Auflicht gestatten einen gut beherrschbaren Übergang vom schrägen zum waagerechten Schnitt; dies ist besonders in letzter Zeit für das Schwärzungsrelief-Verfahren von grundsätzlicher Bedeutung geworden, da dieser Übergang eine direkte Beziehung zwischen den eindimensionalen und zweidimensionalen photometrischen Verfahren herstellt (s. auch Abschn. 5). Weiterhin besteht eine gewisse Analogie zwischen dem Interferenzkontrast- und dem Phasenkontrastbild; diese Übergänge und speziellen Verhältnisse werden nun am Beispiel der Oberfläche einer photographischen Schicht erläutert und diskutiert [Rienitz 1953].

Da die Oberfläche einer photographischen Platte sehr wenig reflektiert, muß im Vergleichsstrahlengang ebenfalls ein nur wenig reflektierender Spiegel benutzt werden. Die Übereinstimmung beider Reflexionsvermögen ist, wie Räntsch [1952] gezeigt hat, jedoch nicht sehr kritisch, und man erhält noch guten Kontrast der Interferenzstreifen bei einiger Verschiedenheit. Im vorliegenden Falle wurde eine polierte unverspiegelte Glasfläche als Vergleichsfläche benutzt.

Die Abb. 40—44 zeigen das Interferenzbild eines 12 μ breiten Striches. Neben dem Strich ist eine kleine Unebenheit der Schichtoberfläche zu sehen. Man erkennt deutlich, daß die noch nicht geschwärzte Umgebung des Striches ein anderes Niveau hat als die Schichtoberfläche. Die Frage, ob die geschwärzten Stellen höher oder tiefer als die Umgebung der Schicht liegen, wurde mit Hilfe von Interferenzen im weißen Licht entschieden. Zu diesem Zweck wurde an einer Stelle die Schicht entfernt, so daß hier die Interferenzen auf dem Glas der Platte beobachtet wurden. Da die Interferenzen sich beim Übergang vom Glas auf die Schicht in allen untersuchten Fällen in der gleichen Richtung verschoben wie beim Übergang von den ungeschwärzten zu den geschwärzten Stellen, ist daraus zu schließen, daß die letzteren höher liegen. Auf dem Strich selbst sind die Interferenzen in der Schwärzung nicht mehr zu erkennen, man bemerkt jedoch, daß der Anstieg bereits außerhalb der Schwärzung erfolgt. Bei der Unebenheit neben dem Strich schwingen die Interferenzstreifen nach der anderen Seite aus, sie liegt also tiefer als die Schichtoberfläche.

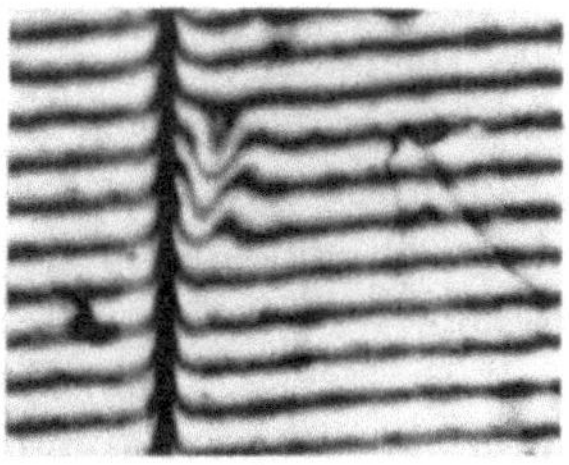

Abb. 40

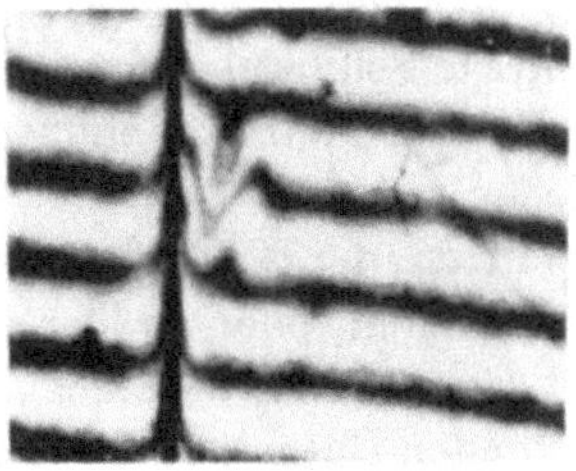

Abb. 41

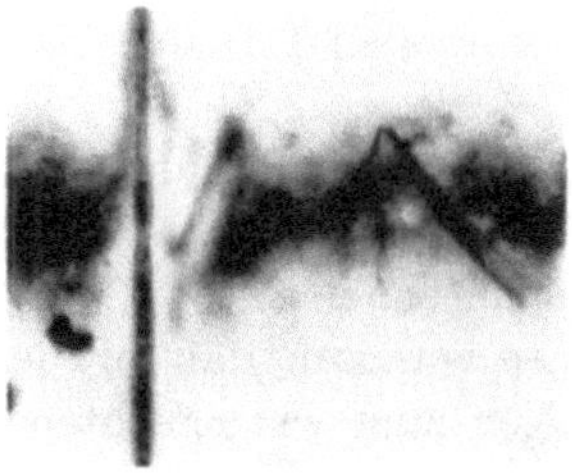

Abb. 42

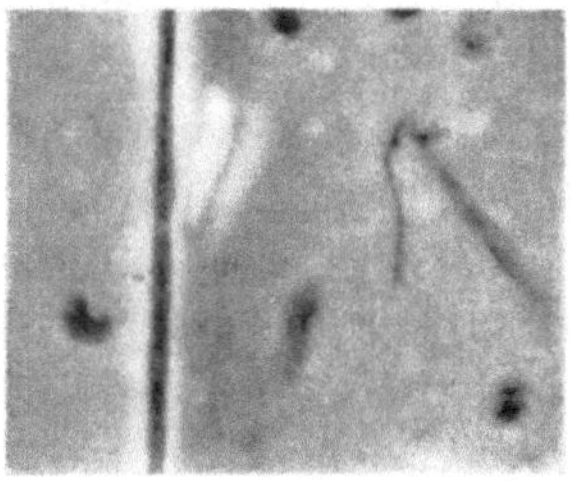

Abb. 43

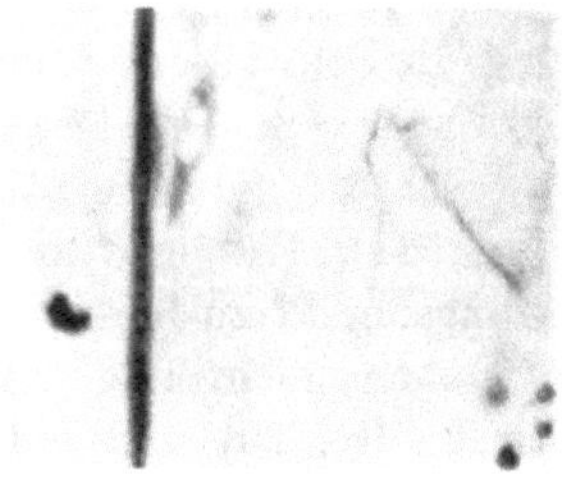

Abb. 44

Abb. 40 bis 44. Interferenzbild der Oberfläche einer photographischen Schicht. Übergang vom schrägen zum waagerechten Schnitt.

Die Abbildungen zeigen, wie mit fortschreitender Verkleinerung des Winkels zwischen der gedachten, die Höhenschichtlinien erzeugenden Ebenenschar und der Schichtoberfläche die Interferenzstreifen immer weiter auseinanderrücken und schließlich bei Abb. 43 und 44 der Winkel 0° und somit Interferenzkontrast erreicht ist.

Bemerkenswert ist, daß man sich aus den Abbildungen 40 bis 42 schlecht eine Vorstellung von der Form der Vertiefung machen kann. Die Höhenschichtlinien erzeugenden Ebenen schneiden hier schräg zur Schichtoberfläche, was ungewohnt ist. Es sind daher in diesem Falle umständliche Auswerteverfahren oder zum mindesten längere Überlegungen notwendig. Abb. 43 zeigt, wie bei sehr kleinem Winkel sich schon das Bild abzuzeichnen beginnt, das der Interferenzkontrast zeigt, nämlich der gewohnte Schnitt parallel zur Oberfläche. Durch Betätigung der Justierung kann man die Ebenenschar heben oder senken und somit die Unebenheit abtasten.

Der schräge Schnitt besitzt jedoch auch Vorteile gegenüber dem waagerechten Schnitt. Beide ergänzen einander, und in der Praxis wird man sich daher beider bedienen. So ist z. B. aus Abb. 44 nicht zu ermitteln, ob der dunkle Fleck inmitten der Vertiefung bedeutet, daß diese bis zur nächsten dunklen Ebene hinabreicht, oder ob hier wieder eine Erhöhung vorliegt. Gewiß läßt sich dies u. U. aus dem Interferenzkontrastbild visuell feststellen, wenn man z. B. die erzeugenden Ebenen senkt und beobachtet, ob der Fleck sich verbreitert oder kleiner wird. Der schräge Schnitt gibt dagegen bei geringem Streifenabstand wie in Abb. 40 genügend Sicherheit dafür, daß die Unebenheit stetig abfällt, denn sonst würden die Streifen im untersten Teil der Auslenkung wieder eine Tendenz nach oben zeigen.

Bei Auflicht ist der Abstand der erzeugenden Ebenen $\lambda/2$, d. h. bei dem hier benutzten Licht der grünen Quecksilberlinie $\lambda = 0{,}546\ \mu$ rund $0{,}3\ \mu$, und dies ist auch die größte Tiefe dieser Unebenheit.

Die vorliegenden Aufnahmen beweisen, daß mit dem Interferenzmikroskop ein stetiger Übergang vom schrägen zum waagerechten Schnitt möglich ist. Das Interferenzkontrastverfahren zeigt gegenüber dem Phasenkontrastverfahren einige wichtige Vorteile, die kurz erläutert werden sollen. Beim Interferenzkontrast ist es möglich, wie die Abbildungen zeigen, durch Betätigen der Justiervorrichtung die Schwärzung (dunkle Interferenzstreifen) an eine beliebige Stelle des Objekts zu legen. Das Phasenkontrastverfahren ist dagegen auf zwei Möglichkeiten beschränkt, den negativen und den positiven Phasenkontrast [Köhler und Loos 1941]. Es gestattet nicht, verschiedenartige Schnitte durch das Untersuchungsobjekt zu legen. Ferner liefert es in keinem Falle bei dickeren Objekten Höhenschichtlinien. Am wirkungsvollsten ist es bei kleinen Phasendifferenzen (z. B. $\lambda/20$) und arbeitet bei Objekten von einigen Wellenlängen Dicke unbefriedigend [Frey-Wyssling 1952; Barer 1952b]. Aus der erstgenannten Arbeit geht auch hervor, daß das Phasenkontrastverfahren hier recht unempfindlich ist, denn der an den gezeigten Stärkekörnern beobachtete „prächtige Phaseneffekt“ erwies sich als weitgehend unabhängig von der Objektdicke und auch nur wenig von massiven Änderungen des Einschlußmediums abhängig. Das Interferenzkontrastverfahren zeigt maximalen Kontrast allerdings bei größeren Dicken, nämlich $\lambda/4$ für Auflicht und $\lambda/2 \cdot (n - 1)$ für Durchlicht; dafür liefert es jedoch gleichguten Kontrast für alle ungeradzahligen Vielfachen dieser Dicken und dazwischen bei stetig ansteigenden Objekten noch Höhenschichtlinien, die die Höhe des Objekts abzulesen gestatten. Vor allem aber ist das Interferenzkontrastverfahren frei von dem beim Phasenkontrast oft störenden, in der englischen Literatur „halo“ oder „zone of action“ genannten Effekt [Barer 1952 b; Wolter 1950 a, b].

Er beruht darauf, daß der Phasenkontrast streng nur für eine bestimmte Objekt- oder Strukturgröße durchgeführt werden kann, die von der Größe des Phasenplättchens abhängt. Ist das Objekt größer, dann fallen die Beugungsmaxima erster Ordnung noch zum Teil auf das Phasenplättchen, und damit ergeben sich am Rande des Objekts Aufhellungen und Verdunklungen, die keineswegs den wirklichen Strukturen und den wirklichen Grenzen des Objekts entsprechen. Beim Interferenzkontrastverfahren ist dagegen erfüllt, was Barer [1952 b] bei der Besprechung der Fehler des Phasenkontrastverfahrens sagt: „In einem idealen System sind der Objektstrahl und der Vergleichsstrahl völlig unabhängig voneinander, und der letztere wird durch das Objekt nicht beeinflußt"; gerade diese Eigenschaft ist die Stärke der hier beschriebenen Geräte.

33. Formprüfungen

Die Interferenzbilder eignen sich unter gewissen Voraussetzungen vorzüglich zur Prüfung der Form der beobachteten Objekte. Insbesondere ist es das einobjektivige Interferenzmikroskop (Abb. 1), das hierfür zu empfehlen ist, wie bereits in Abschn. 2, S. 139, erwähnt wurde. Hier wurde dargelegt, daß eine zusätzliche Beeinflussung der Wellenfronten durch Fehler der Optik nicht möglich ist, da das Interferometer aus dem Strahlengang herausgenommen wurde. Weiterhin wurde darauf hingewiesen, daß nicht nur ebene Vergleichsflächen verwendet werden können, sondern auch andersartige Flächen, die dem jeweiligen Zweck angepaßt werden können (s. auch Teil I, Abschn. 212 S. 51).

Die Ableitung der wahren Form des Objekts aus dem Interferenzbild muß mit einigen Überlegungen geschehen, wie z. B. in Abb. 45 gezeigt werden kann. Betätigt man die Justiervorrichtungen derart, daß man vom waagerechten Schnitt zu verschiedenen Graden des schrägen Schnittes übergeht, dann ergeben sich verschiedene Anblicke des gleichen Objekts. Nur der waagerechte Schnitt zeigt das Höhenschnittbild in der uns von der Landkarte her gewohnten Weise, und nur hier läßt sich in einfacher Weise die Höhe durch Auszählen der Streifen bestimmen.

Ein Gerät, das eigens zur Formprüfung mit Mikrointerferenzen konstruiert ist, hat Landwehr [1952] beschrieben.

Welche Schnittlage bei der Formprüfung gewählt wird, hängt davon ab, was im einzelnen geprüft werden soll; in Abb. 46 sind übereinander drei verschiedene Zylinderflächen *a*, *b*, *c* dargestellt, und zwar rechts im waagerechten Schnitt, links im schrägen Schnitt. Die Parallelität der Streifen im waagerechten Schnitt der Fläche *a* zeigt, daß die Scheitellinie dieser Fläche gerade ist; die Scheitellinie der Fläche *b* dagegen ist konvex gekrümmt, was daran zu erkennen ist, daß die Interferenzstreifen in der Mitte einen größeren Abstand haben als an den Rändern. Im schrägen Schnitt wäre die Geradheit oder Krümmung der Scheitellinie nur an dem gleichmäßigen bzw. nicht gleichmäßigen Abstand der Interferenzstreifen zu erkennen. Bei Fläche *c* ist die Scheitellinie unregelmäßig. Die gleichmäßige Krümmung der Flächen ist dagegen aus dem schrägen Schnitt

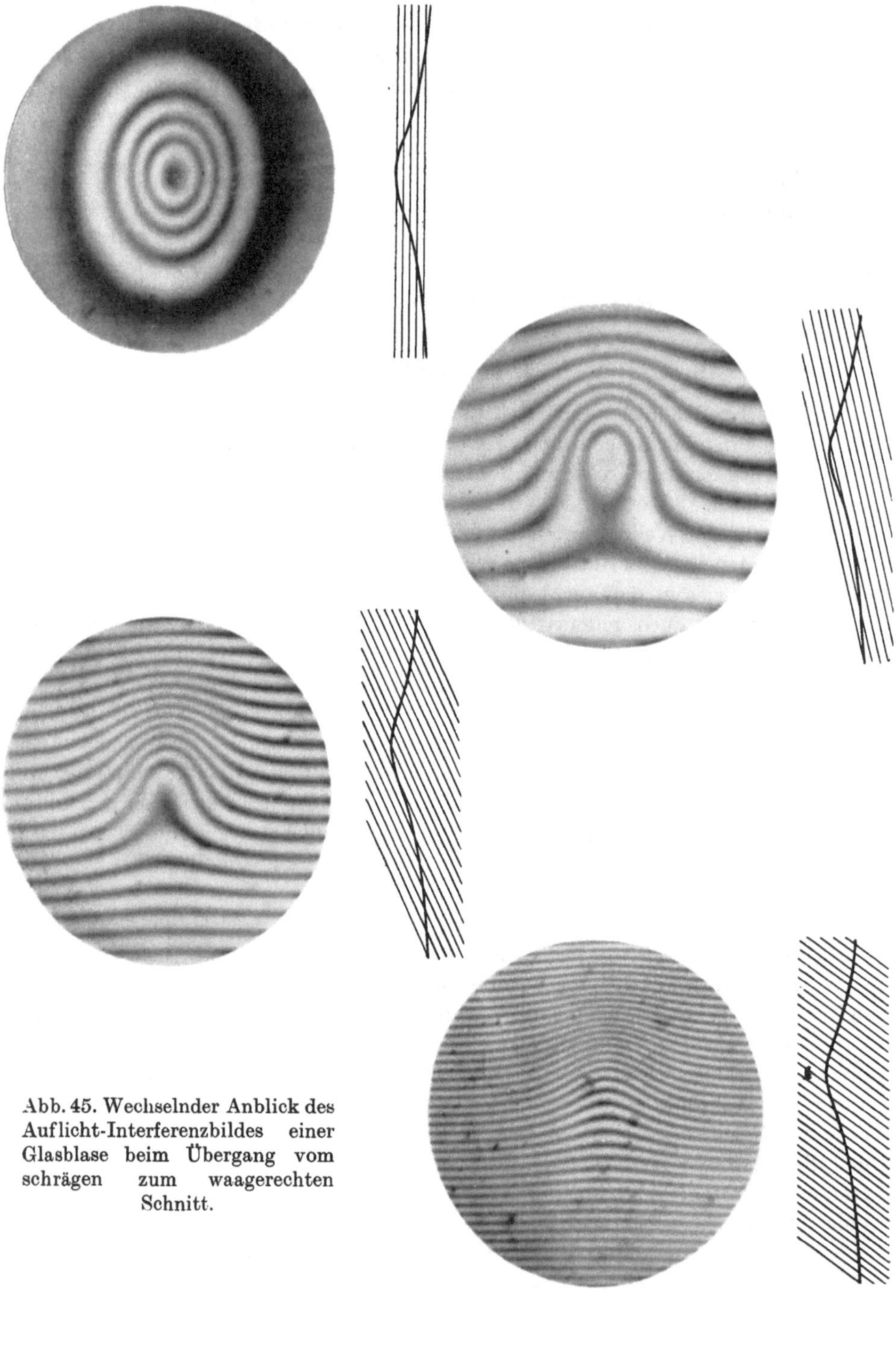

Abb. 45. Wechselnder Anblick des Auflicht-Interferenzbildes einer Glasblase beim Übergang vom schrägen zum waagerechten Schnitt.

besser zu sehen. Hier erkennt man, daß die Fläche *a* in der Nähe der Scheitellinie eine deutliche Ungleichmäßigkeit aufweist, während die Fläche *b* gleichmäßig gekrümmt ist. Im waagerechten Schnitt wäre dieser Fehler sehr mühsam zu erkennen. Man müßte nachprüfen, nach welchem Gesetz die Abstände der Interferenzstreifen sich ändern. Diese Ergebnisse können bei einiger Übung ohne weitere Messung gleichsam auf den ersten Blick erhalten werden.

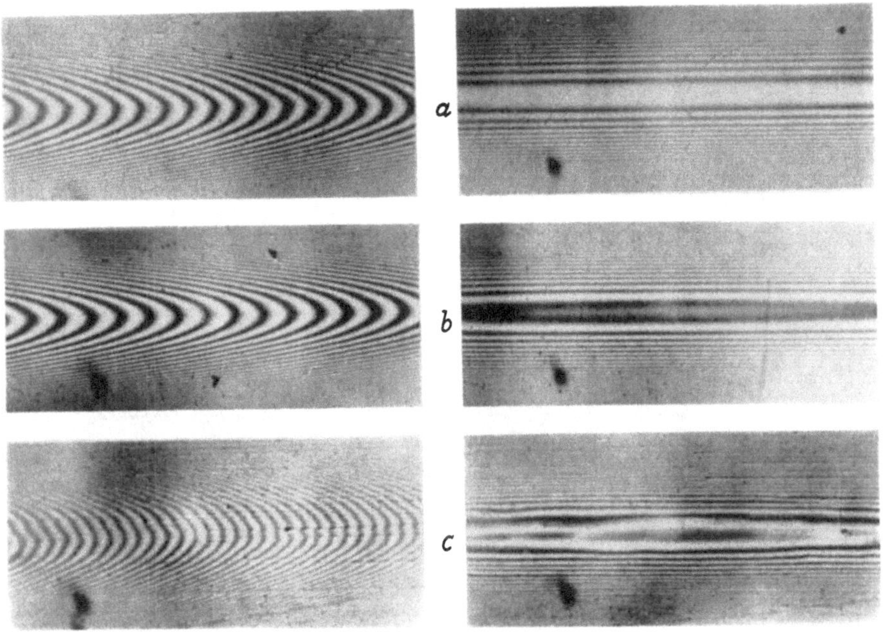

Abb. 46. Interferenzbild verschiedener Zylinderflächen im schrägen (links) und im waagerechten Schnitt (rechts).

Daß man bei Formprüfungen mit der Fokussierung vorsichtig sein muß, soll in Abb. 47 erläutert werden [Rienitz 1952]. Hierbei wird von *1* bis *6* fortschreitend gezeigt, wie sich die Interferenzbilder bei verschiedenen Fokussierungsstadien ändern; in Abb. 1 befindet man sich unterhalb der Brennlinie des Glasfadens, in Abb. 4 in der Brennlinie und in Abb. 6 oberhalb derselben. Auf Tafel XVI (Anhang) ist dieses Beispiel in der Praxis durchgeführt. Die sechs Glasfädenaufnahmen entsprechen etwa den hier gezeigten sechs Fokussierungsstadien. Man beachte, daß der Krümmungssinn der Streifen sich bei Durchfokussierung umkehrt. Bei genauer Fokussierung auf die Brennlinie sind beide Krümmungen gleichzeitig sichtbar; das letztere ist in der photographischen Aufnahme nicht sehr deutlich zu erkennen.

Weitere Beispiele zur Formprüfung finden sich insbesondere in Abschn. 44 bei der Behandlung der Dupligramme sowie in Abschn. 39 bei der Behandlung des Mehrfach-Abdruckverfahrens. Ein leicht auswertbares Interferenzbild und damit eine rasche Formprüfung ergeben sich, wenn die Bedingungen der Interferenzen so gewählt werden, daß die Streifen streng als Niveaulinien gedeutet werden können. Bei geneigten Flächen ist dies nach Teil III, Abschn. 34 nur unter gewissen Voraussetzungen möglich, außerdem sind die Hinweise des Abschn. 36, S. 125 zu beachten. Über die Formprüfung asphärischer Flächen hat LANDWEHR [1959] Untersuchungen durchgeführt.

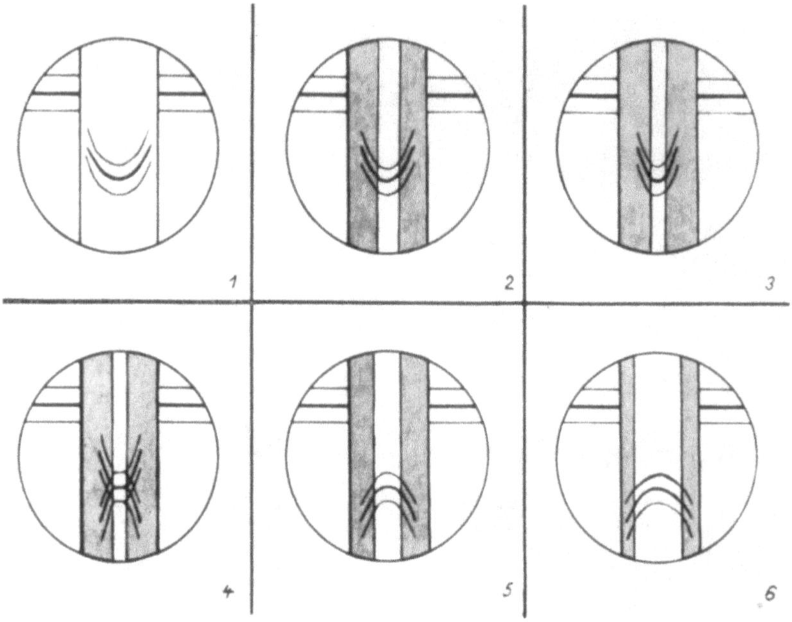

Abb. 47. Fokussierungseffekte im Interferenzbild eines Glasfadens (schematisch).

34. Bestimmung von Dicke und räumlicher Gestalt

Genaue Dickenmessungen beliebig geformter dünner Objekte waren in vielen Fällen bisher schwierig oder unmöglich; deshalb soll hier ein neues Verfahren ausführlich beschrieben werden.

Spezielle Verfahren zur Dickenmessung dünner Objekte mittels Lichtinterferenzen sind z. B. von MÖNCH, BÖTTGER u. ZORLL [1954] angegeben worden; hier handelt es sich um Dickenstufen innerhalb des gleichen Stoffes bzw. um aufgedampfte Schichten. Ist das Objekt dagegen beiderseits unregelmäßig oder besitzt keine Fläche, die auf eine ebene Fläche in inniger Berührung auflegbar bzw. ansprengbar ist, dann kann nach den genannten Verfahren eine Dickenmessung unmöglich werden, insbesondere wenn Durchlichtinterferenzen (solche, die beim Durchgang von Licht durch das Objekt entstehen) nicht herangezogen werden können; letzteres ist bei undurchsichtigen Objekten der Fall oder bei durchsichtigen mit unbekanntem Brechungsindex. Bei manchen durchsichtigen Objekten sind überdies Interferenzen im weißen Licht (s. Abschn. 31) nicht verwendbar (Teilabsorption oder starke Krümmung der Dispersionskurve $n(\lambda)$, z. B. bei *CdS*-Kristallen [SCHULZ 1954c]), wodurch eine Identifizierung der einzelnen Ordnungen und daher eine Messung nicht erfolgen kann (s. Abb. 38).

In all diesen Fällen führt das sog. Zwei-Seiten-Verfahren [SCHULZ 1956a, b], ein neues Lichtinterferenz-Verfahren, zum Ziel; es liefert u. a. an Hand eines Bildes die Dicke des untersuchten Objekts und die beiderseitige Oberflächenform (räumliche Gestalt) zugleich.

Das Kernstück der für dieses Verfahren benötigten Anordnung besteht aus zwei 3 mm dicken planen Glasplatten *A* und *B* (Abb. 48), die aneinandergesprengt sind und senkrecht stehen. Die Berührungsfläche beider Platten definiert die

Abb. 48. Glasplatten für Zwei-Seiten-Anordnung.

(senkrecht stehende) Ebene *E*. Dabei ist der Bereich *a* der Oberfläche von *A* (Abb. 49) ein Teil von *E*, ebenso ist der Bereich *b* der Oberfläche von *B* ein Teil von *E*. Mit der Anordnung *AB* (Abb. 48 und 49) ist das zu messende dünne Objekt *O* fest, jedoch justierbar verbunden (Abb. 50, die Verbindungsteile selbst sind nicht gezeichnet). Die Justierung erfolgt so, daß das dünne Objekt *O* möglichst „in" der Ebene *E* und möglichst nahe an *AB* liegt. Die Justierung selbst wird dadurch ermöglicht, daß das Objekt an seinem Rande in geeigneter Weise gefaßt wird (die Art der Fassung richtet sich nach dem jeweiligen Objekt).

Die ganze Anordnung *ABO* wird nun als Zusatzeinrichtung zum KRUG-LAUschen Interferenzmikroskop in Auflichtschaltung [KRUG u. LAU 1951a u. b] verwendet. Sie könnte allerdings, bei entsprechend anderer Dimensionierung, grundsätzlich auch in jedem anderen MICHELSON-Interferometer Verwendung finden. Dabei ist nun der seitliche Spiegel durch die Anordnung *ABO* (Abb. 50) ersetzt, während *V* hier eine ebene Glasoberfläche ist und als Vergleichsfläche dient (s. Abb. 51, die Anordnung *ABO* erscheint hier von der Seite gesehen). Mikroskopisch scharf abgebildet werden *V* und gleichzeitig die Umgebung der Ebene *E* im Bereich um *b* und *O* (d. h. im Bereich der beiden Pfeilspitzen

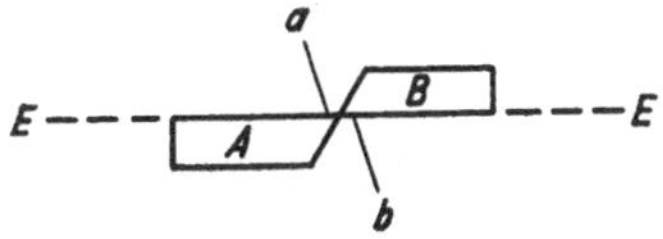

Abb. 49. Anordnung nach Abb. 48 von oben gesehen.

in Abb. 51). V ist gegenüber der festen Trennfläche T justierbar (kippbar und parallel verschiebbar). Die Anordnung ABO als ganze ist ebenfalls gegenüber der festen Trennfläche T justierbar, und zwar parallel verschiebbar in allen Richtungen, unabhängig von V. Außerdem kann ABO (als Ganzes) auch um die senkrechte Achse S (vgl. Abb. 50) justierbar gedreht werden. Dadurch wird ermöglicht, daß man von *beiden Seiten* aus messen kann, wie im folgenden beschrieben wird.

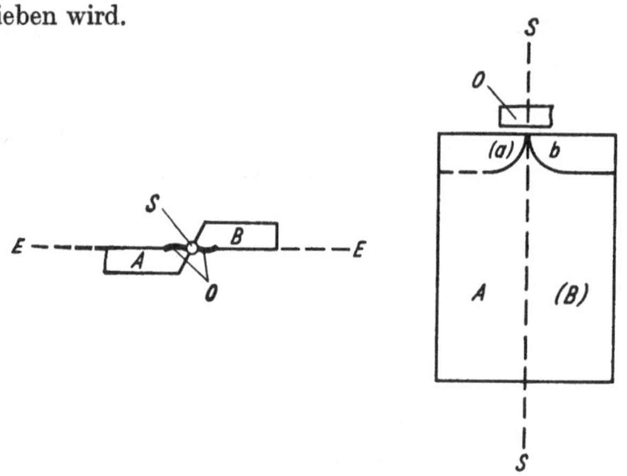

Abb. 50. Platten AB mit Objekt O von oben bzw. von vorn gesehen.

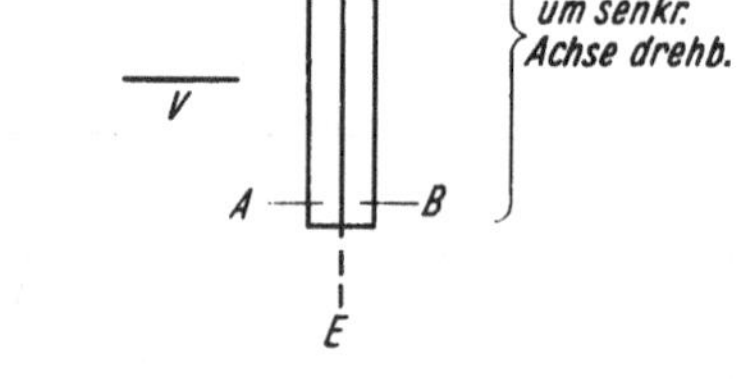

Abb. 51. Zwei-Seiten-Anordnung, schematisch (nach G. SCHULZ).

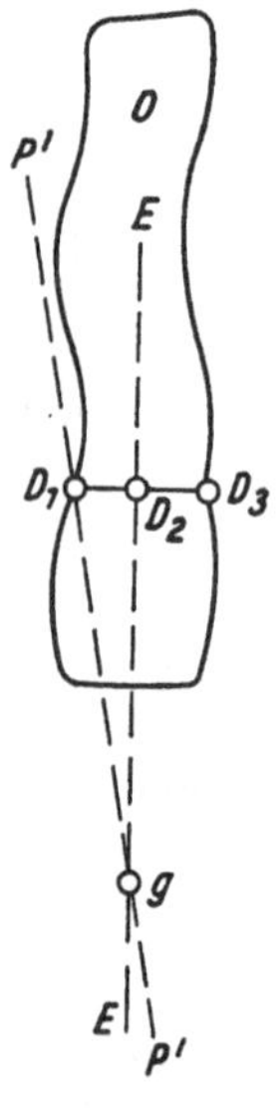

Abb. 52. Dickenmessung an einer bestimmten Stelle.

Die *Dickenmessung an einer einzelnen Stelle* kann nun wie folgt durchgeführt werden. Man betrachte Abb. 52 (stark vergrößert gegenüber Abb. 51, jedoch im gleichen Schnitt wie diese dargestellt). Die betreffende Stelle des Objekts O ist $D_1 D_2 D_3$. D_2 ist der Schnittpunkt der Strecke $D_1 D_3$ mit der Ebene E. Die

„Referenzebene" V ist das durch die Trennfläche T (Abb. 51) erzeugte Bild von P im Objekt-Raum. V und E schneiden sich in der Geraden g. — Die Justierung erfolgt nun so, daß V durch D_1 hindurchgeht, wobei D_1 und ein Stück von g innerhalb des Gesichtsfeldes liegen müssen. Dort erscheinen dann (bei allgemein richtiger Justierung) die Weißlicht-Interferenzen gleicher Dicke, von denen nur wenige Ordnungen sichtbar sind. Der kontrastreichste, ungefärbte Streifen verläuft dabei längs g, geht aber auch durch D_1 hindurch (Abb. 53). Die Weißlicht-Interferenzen erscheinen dabei also sowohl auf der Oberfläche des Objekts O als auch auf der Oberfläche der Platte B, und zwar auf letzterer Oberfläche im Bereich b der Ebene E.

Zu messen ist nun (Abb. 53) die Strecke d und, im gleichen Maßstab, der Streifenabstand s auf der Platte B. Diese Messung kann entweder visuell mit Okularmikrometer oder auch auf Grund entsprechender photographischer Aufnahmen geschehen. Den genauen Wert von s erhält man nach Umschalten auf monochromatisches Licht unter Belassung der gesamten Lagejustierung.

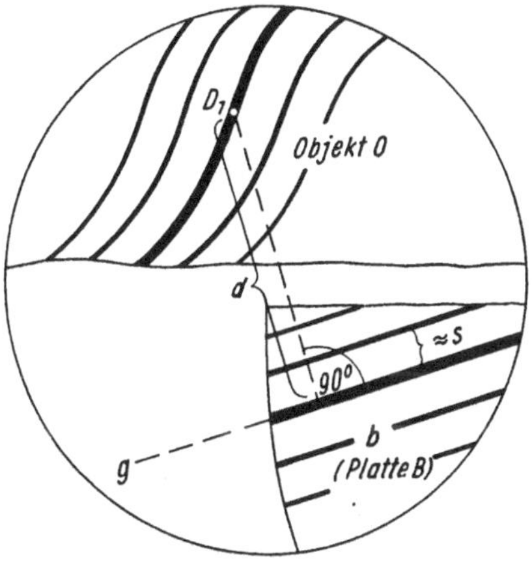

Abb. 53. Gesichtsfeld im Mikroskop bei Messung nach Abb. 52.

Die gesuchte Dicke ist nun (Abb. 52)

$$D_1 D_3 = D_1 D_2 + D_2 D_3 .$$

Dabei ist, wie man sich leicht überlegt

$$D_1 D_2 = \frac{d}{s} \cdot \frac{\lambda}{2} ,$$

wenn λ die Wellenlänge des verwendeten monochromatischen Lichtes bedeutet.

Auf dieselbe Weise bestimmt man, nach Drehung der Anordnung ABO um die Achse S (Abb. 50) um 180°, die Strecke $D_2 D_3$ (Abb. 52). Bei der Drehung bleibt O relativ zu AB natürlich lagekonstant. So erhält man nach Addition die gesuchte Gesamtdicke $D_1 D_3$.

Bei dieser Dickenmessung vergleicht man also das Objekt O sozusagen mit einem ebenen Normal der Dicke null, nämlich mit der Ebene E, welche durch die oben beschriebene Glasplattenanordnung realisiert ist. Die Messung selbst wird dadurch ermöglicht, daß man die gesuchte Dicke $D_1 D_3$ in die beiden Teildicken $D_1 D_2$ und $D_2 D_3$ zerlegt, die einzeln meßbar sind (die eine dieser Teildicken ist in Abb. 51 durch die beiden verbundenen Pfeile versinnbildlicht).

Über die verschiedenen Möglichkeiten, wie man die Messungsergebnisse und die Voraussetzung für einwandfreie Messungen kontrollieren bzw. gewisse kleine Korrekturen anbringen kann, sollen hier keine Einzelheiten gebracht werden. Der Einfluß der Schwerkraft auf die Dickenmessung (evtl. wechselnder Durchhang des Objekts) ist übrigens durch die senkrechte Lage von E und S (Abb. 50

und 51) ausgeschaltet. — Die bisherigen visuellen Dickenmessungen waren mit einem Fehler von etwa ± 0,1 bis 0,2 μ behaftet; eine Steigerung der Genauigkeit erscheint durchaus möglich, besonders bei photographischer Durchführung. Mit bedeutend größerer Genauigkeit lassen sich noch die *örtlichen Unterschiede* der Dicke messen.

Um die *Dicke an allen Stellen gleichzeitig* zu erhalten, muß man diese zunächst an einer Stelle (bzw. zur Kontrolle an zwei) bestimmt haben (s. o.). — Dann justiert man die Referenzebene V nicht geneigt (Abb. 52), sondern *parallel* zur Ebene E. In dieser Stellung wird photographiert (Abb. 54, Wellenlänge λ). Darauf wird, wie schon oben einmal erläutert, die Anordnung ABO um 180° um die Achse S gedreht. Nachdem nun P' wieder parallel zu E justiert ist, wird in dieser Stellung ebenfalls photographiert. Ausschnitte dieser beiden Aufnahmen sind auf Abb. 55 oben zu sehen. Von jeder der beiden Platten werden dann mittels Sabattiereffekt Äquidensiten [s. Abschn. 43; Krug und Lau 1957] erster Stufe erzeugt und auf je eine weitere Platte einfach kopiert. Letztere beiden Platten zeigen somit dunkle Äquidensiten auf durchsichtigem Grund, wobei die eine von beiden die Vorder-, die andere die Rückseite des Objekts darstellt (Abb. 55 unten). Diese letzteren beiden Platten werden dann, Schicht auf Schicht, zur Deckung gebracht, so daß einander entsprechende Stellen zusammenfallen, und photographiert (im Vergrößerungsapparat). Das Ergebnis zeigt Abb. 56. Dort stellen die starken Äquidensiten die Interferenzen der Vorder-, die abgeschwächten die der Rückseite des Objekts dar. Jene Abschwächung ist, zusammen mit einer geringen Unschärfe, erwünscht zur Erhöhung der plastischen Wirkung und kann photographisch leicht erzielt werden.

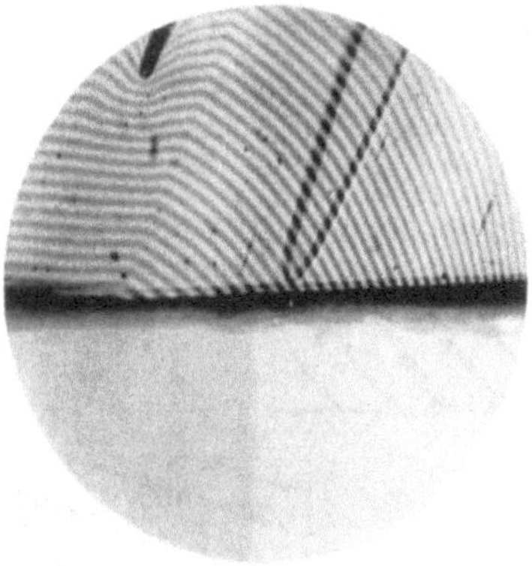

Abb. 54. Oben: Vorderseite des Objekts (CdS-Kristall), unten: Bereich b der Platte B.

Abb. 56 gibt nun die Dicke an allen Stellen zugleich. Jeder Äquidensite der Vorderseite entspricht ein bestimmter Abstand von der Ebene E, den man sich an diese Äquidensite angeschrieben denken kann, wobei jener Abstand sich von einer Äquidensite bis zur übernächsten um eine Ordnung, d. h. um $\lambda/2$, ändert. — Für die Äquidensiten der Rückseite gilt das gleiche. Die Summe beider Abstände stellt in jedem Punkt die gesuchte Dicke dar, die an der Stelle $D_1 D_3$ (vgl. Abb. 52) den nach dem Obigen bekannten Wert besitzt.

Abb. 56 vermittelt ein anschauliches Bild der gesamten beiderseitigen Oberflächenstruktur. Es stellt sozusagen die übereinandergedeckten Niveaulinienbilder der beiden „Oberflächengebirge" dar. Man kann dabei nicht nur, wie eben erläutert, an jeder Stelle die Dicke ablesen, sondern sieht auch sofort, ob eine Dickenänderung mehr von der Vorderseite oder mehr von der Rückseite herrührt,

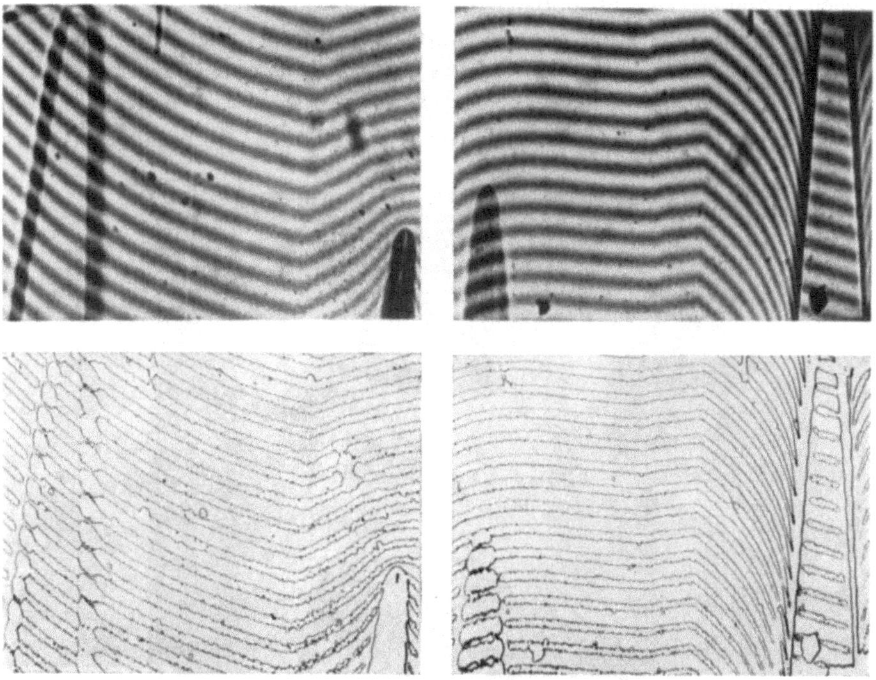

Abb. 55. Gewinnung einer Zwei-Seiten-Aufnahme
Oben links: Ausschnitt von Abb. 54 (um 180° gedreht), oben rechts: entsprechender Teil der Rückseite, unten: jeweils zugehörige Äquidensiten.

und zwar zahlenmäßig zu welchen Anteilen. Diese Möglichkeit hätte man weder bei der Durchlicht- noch bei der sonst üblichen einfachen Auflicht-Interferenzschaltung (ohne jene Ebene *E*), weil dabei die Lage von *V* (Abb. 52) bei der Vorderseiten-Aufnahme mit der bei der Rückseiten-Aufnahme in keiner meßbaren Beziehung stände.

Übrigens ist es oft zweckmäßig, die Ebene *E* im Mittel ein wenig gegen das Objekt *O* geneigt zu justieren, wie es auch für Abb. 56 geschehen ist. Man erhält dadurch nämlich im allgemeinen ein durchschnittlich dichteres Streifensystem, wodurch die Übersichtlichkeit oft erhöht wird, desgleichen auch die anschaulichplastische Wirkung. Man kann sich nämlich auf diese Weise vorstellen, daß man etwas schräg auf das Objekt und durch dieses hindurch sieht, wobei die Äquidensiten auf den Ober-

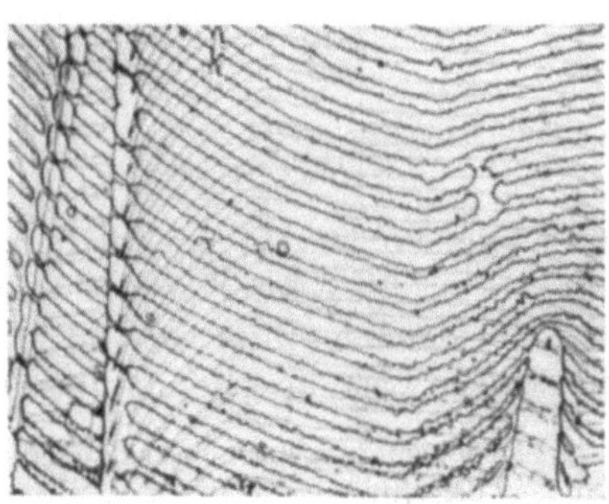

Abb. 56.
Zwei-Seiten-Aufnahme des Objekts.

flächen verlaufen.[1]) — Im übrigen findet man leicht heraus, wie man aus dem beiderseitigen Äquidensitenverlauf (Parallelität, Schnittwinkel, Krümmung usw. der Äquidensiten) die Form des Objekts quantitativ erkennen kann.

Erwähnt sei noch folgendes. Bei durchsichtigen Objekten können außer den geschilderten Interferenzstreifen auch noch andere sichtbar werden, bei denen

Abb. 57. Bauelement nach Abb. 58 am Interferenzmikroskop nach Abb. 2 u. 3.

das an der Vorderseite reflektierte mit dem an der Rückseite reflektierten Licht interferiert. Diese Interferenzen kann man aber, falls sie stören, im allgemeinen zum Verschwinden bringen, und zwar durch geeignete Breite $\pm \Delta\lambda$ des (evtl. aus weißem Licht ausgefilterten) Spektralbereichs und durch geeignete Größe der

[1]) Erscheinen dem Betrachter dabei die Dickenänderungen mit falschem Vorzeichen, so hat man das Bild nur um 180° zu drehen, wie es in Abb. 55 und 56 (gegenüber Abb. 54) geschehen ist. Das richtige Vorzeichen läßt sich unter dem Interferenzmikroskop sofort ermitteln, und zwar durch Parallelverschiebung der Referenzebene in bekannter Richtung.

Apertur [SCHULZ 1954 b], wobei der Gangunterschied der gewünschten Interferenzen (Abb. 54) möglichst klein zu halten ist; letzteres kann durch geeignete Parallelverschiebung der Referenzebene geschehen.

Die technische Ausführung einer Zwei-Seiten-Anordnung als Zusatzgerät zum Interferenzgerät nach KRUG und LAU (vgl. Abb. 2 und 3) zeigen die Abbildungen

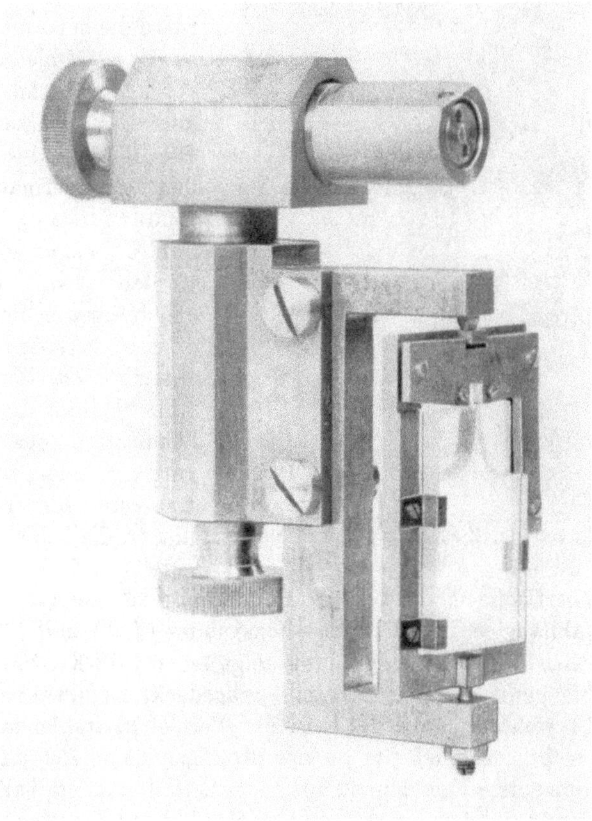

Abb. 58. Zwei-Seiten-Anordnung als Bauelement.

57, 58, 59. Man erkennt in Abb. 57 das statt des normalerweise eingeschobenen Vergleichsplattenaggregats benutzte Bauelement (Abb. 58). Die natürliche Größe der Glasplattenkombination aus Abb. 48 ist aus dem maßstäblichen Vergleich in Abb. 59 ersichtlich.

35. Messung des Brechungsindex

Das Durchlicht-Interferenzmikroskop ist sehr gut geeignet, den Brechungsindex eines Objekts (Flüssigkeit, Kristall u. dgl.) zu bestimmen; nach Abschn. 221

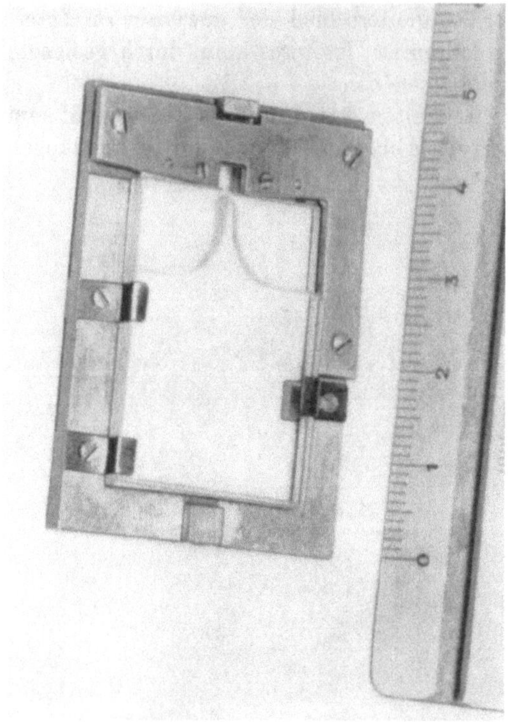

Abb. 59. Glasplatten der Zwei-Seiten-Anordnung.

ergab sich die Dicke d eines Objekts im Durchlicht-Interferenzmikroskop zu $d = m\lambda/(n-1)$. Ist die Dicke durch andere Messungen bekannt, dann ist n sofort zu ermitteln; ebenso erhält man Brechzahlunterschiede, wenn die bekannte Dicke d über das ganze Objekt konstant ist.

Ist die Dicke jedoch unbekannt, dann kann man zur Bestimmung des Brechungsindex folgendermaßen verfahren [Schulz 1954 c]. Da es sich um zwei Unbekannte (n, d) handelt, werden zwei Bestimmungsgleichungen benötigt, d. h. man erzeugt von dem Objekt zwei Interferenzstreifensysteme nach Abb. 60, die im Prinzip die Schaltung des Durchlicht-Interferometers nach Krug und Lau darstellt. Das Licht wird hier in die beiden Teile *1* und *2* geteilt und der Teil *2* wieder an der Objektoberfläche in die beiden Teile *2'* und *2''* zerlegt; dadurch entstehen zwei unabhängige Interferenzstreifensysteme (*1*, *2'*) und (*2'*, *2''*), wie aus Abb. 61 ersichtlich ist. Diese Abbildung zeigt einen CdS-Kristall. Bei *a* ist der Vergleichsstrahlengang, d. h. der Lichtteil *1*, abgedeckt, so daß allein das Streifensystem (*2'*, *2''*) sichtbar ist. Bei *b* ist der Vergleichsstrahlengang nicht abgedeckt; man sieht zusätzlich das andere Streifensystem (*1*, *2'*). Dieses letztere kann man sich nun entstanden denken aus dem durch den Kristall allein bedingten System und einem zusätzlich im ganzen Gesichtsfeld überlagerten virtuellen Keil (neben dem Kristall, in Luft, ist dieser allein sichtbar). Dieser Keil ist bei der Ermittlung des Gangunterschiedes von (*1*, *2'*) natürlich in Abzug zu bringen. Tut man dies, so erhält man aus den beiden Interferenzstreifensystemen die beiden Gangunterschiede

$$(1, 2')\ : m\lambda = n\,d - d,$$
$$(2', 2'') : M\lambda = 3\,n\,d - n\,d = 2\,n\,d.$$

Daraus kann man $n = \dfrac{1}{1 - 2\,\dfrac{m}{M}}$ ableiten.

Setzt man nun n innerhalb eines kleineren Bereichs als konstant voraus, dann

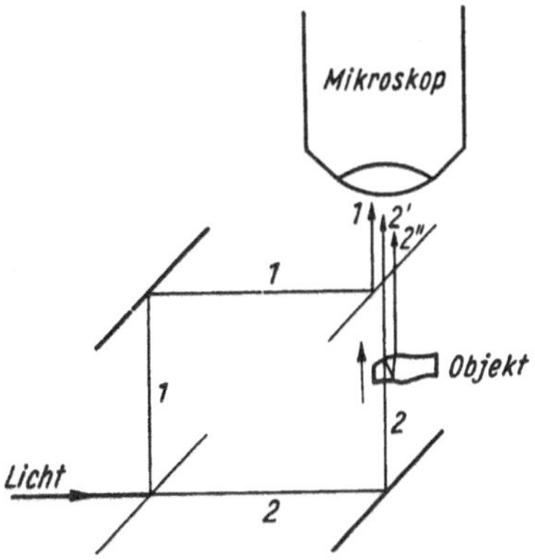

Abb. 60. Messung des Brechungsindex (schematisch).

kann man hier m durch Δm und M durch ΔM ersetzen:

$$n = \frac{1}{1 - 2\,\frac{\Delta m}{\Delta M}}:$$

hier ist also Δm die Differenz von m zwischen zwei Punkten, das zugehörige ΔM die Differenz von M zwischen denselben Punkten. Diese Punkte sind zweckmäßig als Schnittpunkte eines (*1*, *2'*)-Streifens mit verschiedenen (*2'*, 2'')-Streifen zu wählen. Diese Ordnungsdifferenzen Δm und ΔM lassen sich nun experimentell leicht bestimmen, am genauesten mit Äquidensiten (s. Abschn. 43).

Bei der Justierung ist so vorzugehen, daß die beiden Interferenzstreifensysteme sich gegenseitig durchkreuzen. Die Bestimmung des Brechungsindex kann dann auf der photographischen Aufnahme rein graphisch erfolgen (Abb. 62). Die weißen Punkte sind die Schnittpunkte der beiden Systeme; sie werden auf die Senkrechte zur Streifenrichtung des überlagerten virtuellen Luftkeils (vom Streifenabstand s) projiziert (p), wobei sich leicht ergibt $\Delta m : \Delta M = p : s$. Für genaue Werte sind natürlich Mittelwerte von p und s zu bilden (über eine Reihe von Interferenzordnungen).

Die Methode wurde angewendet auf CdS-Mikrokristalle, die im Institut für Festkörperforschung der DAdW hergestellt wurden (Anisotropie vernachlässigt). Es wurden Genauigkeiten bis zu einem mittleren Fehler von $\pm$ 2% erreicht. Die Mittelwerte von insgesamt 36 solcher n-Bestimmungen bei fünf Kristallen betragen

$$n_{535\,m\mu} = 2{,}67 \pm 0{,}05 \text{ (mittlerer Fehler)},$$
$$n_{546\,m\mu} = 2{,}60 \pm 0{,}02,$$
$$n_{644\,m\mu} = 2{,}40 \pm 0{,}05.$$

Die erhaltenen n-Werte liegen teilweise zwischen den (untereinander abweichenden) Werten anderer Autoren [Landolt-Börnstein 1935, Gottesmann u. Ferguson 1954]. Die Methode bietet gegenüber der mit der

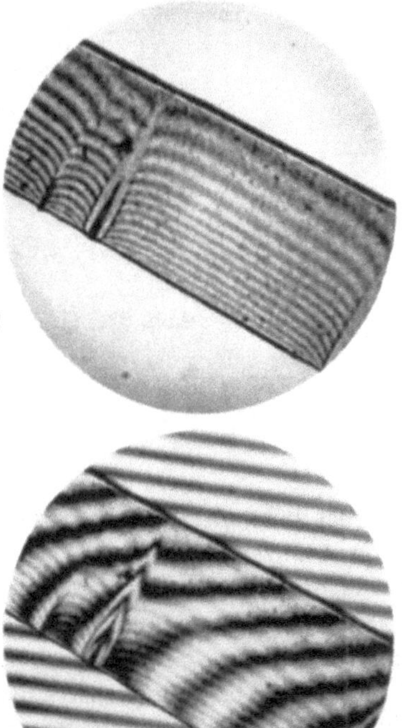
a

b

Abb. 61. CdS-Kristall.
a) Interferenzen im Objekt; b) beide Streifensysteme überlagert.

BECKEschen Linie arbeitenden Einbettungsmethode den Vorteil, daß sie nicht auf die zum Teil schwierige Beschaffung geeigneter Flüssigkeiten angewiesen ist, und daß außerdem das Objekt nicht durch Eintauchen in eine Flüssigkeit in Mitleidenschaft gezogen wird. Sie ist übrigens nicht auf hochbrechende Stoffe mit großem Reflexionsvermögen beschränkt, denn das Interferenzstreifensystem (2′, 2″) läßt sich stets auch getrennt in der Auflichtschaltung des Interferenzmikroskops unter Abdeckung des Vergleichsstrahlenganges erzeugen.

Abb. 62. Graphische Ermittlung des Brechungsindex aus der Interferenzaufnahme.

36. Große Keilwinkel

Es ist bekannt, daß die Interferenzstreifen am Keil, selbst bei kleinen Keilwinkeln, meist nur dann als „Interferenzen gleicher Dicke" gelten können, wenn der Lichteinfall senkrecht erfolgt. Die hierfür benutzte Formel $d = m \cdot \lambda/2$ für die Keildicke gilt daher nicht unbedingt, insbesondere nicht für Stellen am Objekt, die gegen das mittlere Niveau einen erheblichen Keilwinkel α haben; es treten dann Verschiebungen der Streifen auf, die bewirken, daß die Keildicke nach der üblichen Formel zu klein gemessen wird. Verschiedene Autoren haben daher versucht, einen Korrektionsfaktor anzugeben, der die obige Formel für endliche Keilwinkel α verbessern soll und für $\alpha \to 0$ gegen 1 geht [RÜHLE 1943; MYKURA 1954]. Diese Ergebnisse sind später unter Berücksichtigung einer endlichen Apertur bearbeitet [LANDWEHR 1958] und weitgehend ergänzt worden [SCHULZ 1959].

Zunächst soll hier an einem zahlenmäßigen Beispiel gezeigt werden, daß es beim Interferenzmikroskop nicht angeht, den Einfluß des Keilwinkels zu vernachlässigen. Wir betrachten zu diesem Zweck die Härteeindrücke, die beim Mikrohärte-Prüfverfahren in die Oberfläche des Prüflings eingedrückt und zwecks Ermittlung der Mikrohärte ausgemessen werden. Die sogenannte VICKERS-Pyramide ist eine Diamantpyramide von 136° Öffnungswinkel (Flächenwinkel), so daß der mit einer bestimmten Prüflast P erzielte Abdruck etwa die in Abb. 63 dargestellte Form hat. Der Keilwinkel beträgt demnach 22°. Zwischen der Eindring tiefe und der Diagonale D besteht die Beziehung $D = 7t$. Die VICKERS-Härte H ist das Verhältnis der Prüflast P zur Eindruckoberfläche $O = D^2/1{,}8544$ [KLINGELNBERG 1953] und läßt sich daher einfach ableiten. Die Messung der Diagonale kann im Meßmikroskop erfolgen, es gibt jedoch auch Prüfgeräte, die unmittelbar nach dem Eindruckvorgang die Eindringtiefe optisch ablesen lassen.

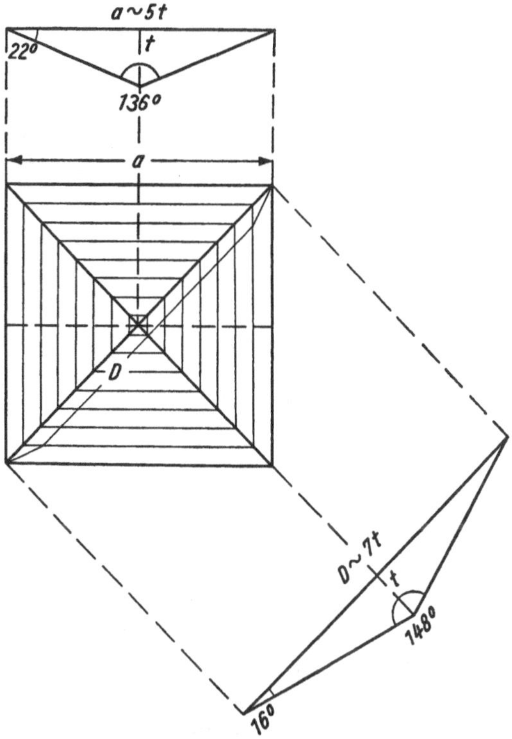

Abb. 63. Maße eines Eindrucks mittels VICKERS-Pyramide.

Betrachtet man solche VICKERS-Härteeindrücke (z. B. auf einer Endmaßfläche) im Interferenzmikroskop, dann zeigt sich der in Abb. 64 wiedergegebene Anblick, der insbesondere bei stärkeren Prüflasten eine gewisse Deformation der Oberfläche (Aufwulstung) erkennen läßt. Die im Pyramideneindruck sichtbaren Interferenzstreifen lassen es naheliegend erscheinen, die Eindringtiefe t durch Auszählen der Streifen zu messen ($t^* = m \cdot \lambda/2$); dadurch könnte die etwas problematische Diagonallängenbestimmung durch eine exakte Interferenzmessung ersetzt werden. Solche Versuche wurden bereits 1942 von KRUG an dem damals neuartigen Zeiss-Interferenzmikroskop [RÄNTSCH 1944] in der Physikalisch-Technischen Reichsanstalt durchgeführt; ähnlich dem obigen Bild wurden eine Anzahl VICKERS-Eindrücke mit verschiedener Prüflast P in ein Endmaß eingedrückt. Im Interferenzmikroskop wurde nun die Streifenzahl m geschätzt, und zwar in der Weise, daß die in der Pyramidenspitze in einen Punkt zusammenschrumpfende Ordnung als nullte Ordnung gezählt wurde; zwischen der vorletzten

Ordnung und dem Pyramidenrand konnte dann ziemlich genau der Ordnungsbruchteil geschätzt werden. Sodann wurde die Eindringtiefe $t^* = m \cdot \lambda/2$ berechnet (s. Tabelle). Nunmehr wurde die Diagonallänge D einmal im Meßmikroskop gemessen und einmal mit $D^* = 7\,t^*$ gerechnet. Es zeigt sich, daß die Diagonallängen nicht übereinstimmen, sondern daß $D^* < D$ ist, also t^* interferenziell zu klein gemessen wird; die wahre Eindringtiefe t ergibt sich aus $D/7$.

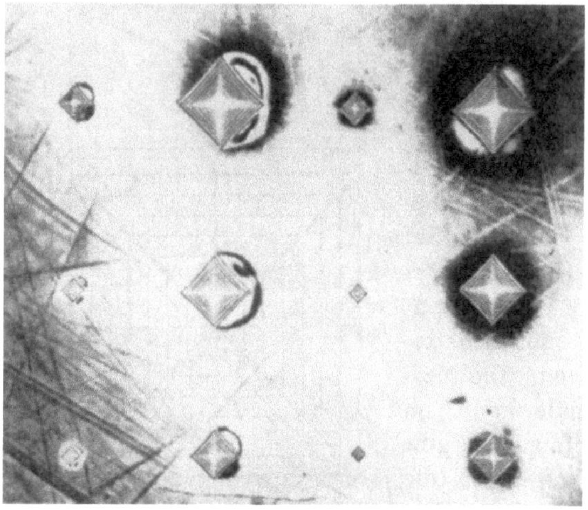

Abb. 64. Härte-Eindrücke auf einer Endmaßfläche.

Über die maßstäblichen Verhältnisse orientiert die Abb. 63; der VICKERS-Eindruck hat einen Flächenwinkel von 136° und einen Kantenwinkel von 148°. Der für die Interferenzen maßgebliche Keilwinkel beträgt 22°, wofür eine Beobachtungsapertur von $A > 0{,}60$ notwendig ist. Rechnet man aus der Tabelle $t{:}D/2 = \tan\alpha$, dann gelangt man ungefähr richtig zu $\alpha = 16°$ (Winkel zwischen Kante und Bezugsebene), während die Benutzung der interfe-

P	m	t^*	D^*	D	$t = D/7$
100 g	6,0	1,6 μ	11,2 μ	13,5 μ	2,0 μ
90	5,0	1,4	9,6	11,5	1,7
80	4,6	1,2	8,4	10,0	1,5
70	4,2	1,2	8,4	10,0	1,5
60	4,0	1,1	7,7	9,0	1,3
50	3,7	1,0	7,0	8,5	1,2
40	3,4	0,9	6,6	8,0	1,2
30	2,5	0,7	4,9	6,0	0,9
20	2,2	0,6	4,3	5,0	0,7
10	1,5	0,4	2,9	3,0	0,4
5	1,0	0,3	1,9	2,0	0,3

renziell erhaltenen Eindringtiefe t^* zu geringeren Werten führt ($\alpha \sim 12°$). Trotzdem werden Versuche, Eindringtiefe oder Keilwinkel interferenziell zu ermitteln, immer wieder gemacht, ohne sich über die physikalischen Verhältnisse klar zu sein [UHLIG 1958], also ohne die nötigen Korrektionen anzubringen; selbst Patentanmeldungen, die eine Ermittlung der VICKERS-Härte auf Grund interferenzieller Messungen der Eindringtiefe zur Grundlage haben, aber ohne weiteres die Formel $t = m \cdot \lambda/2$ benutzen, sind bekannt geworden.

In Teil III, Abschn. 34, wird das Problem der Messung der Keildicke bei größeren Keilwinkeln und Aperturen theoretisch ausführlich behandelt. Danach ist es nur unter ganz bestimmten Justierbedingungen möglich, einen Korrektionsfaktor anzugeben, der bei genauen Dickenmessungen anzuwenden ist und von verschiedenen Parametern (z. B. Keilwinkel und Apertur) abhängt. Insbesondere zeigt sich dabei, daß es auch eine Bedingung gibt, bei der die gemessene Keildicke unabhängig vom Keilwinkel wird, und unter der bei verschwindender Apertur jener Korrektionsfaktor sogar = 1 gesetzt werden darf (trotz endlicher Keilwinkel). In diesem Falle ist dann auch die gemessene Eindringtiefe unabhängig vom Keilwinkel und nach der Formel $t = m \cdot \lambda/2$ möglich. Bei Abb. 65 (Beobachtungsapertur $A_1 = 0{,}95$, Beleuchtungsapertur $A_2 = 0{,}2$) sind diese Bedingungen nicht eingehalten, da die Interferenzstreifen nicht ineinander übergehen. Die Justierbedingungen, die der Tabelle entsprechen, sind leider nicht mehr genau feststellbar.

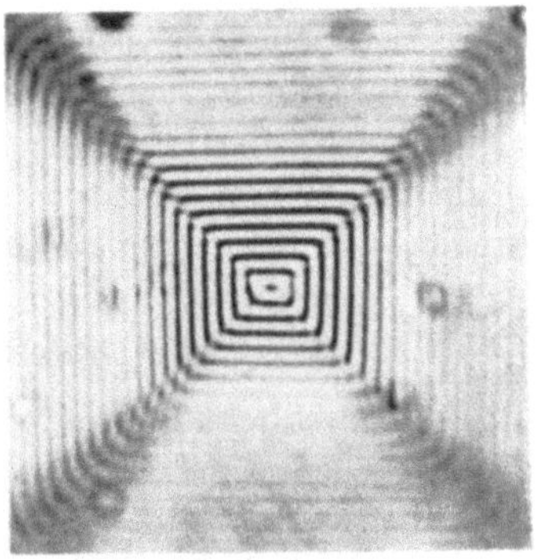

Abb. 65. Anblick eines Mikrohärte-Eindrucks im stark vergrößernden Interferenzmikroskop (Aufnahme: R. SCHULZE, Wetzlar).

Ganz ähnlich liegen die Verhältnisse bei der Bestimmung von Krümmungsradien R aus den Radien der Interferenzringe r mit verschiedenen Ordnungszahlen m und n; aus der bekannten Formel

$$R = \frac{r_m^2 - r_n^2}{(m-n)\lambda}$$

ergeben sich bei größerer Apertur um so größere Krümmungsradien, je höhere Ordnungen benutzt werden; vereinfacht man die Formel auf

$$R = \frac{r_m^2}{m\lambda},$$

dann ergibt sich z. B. bei der Ausmessung einer kleinen Lagerkugel bei Vergrößerung 675 ×, $A = 0{,}65$ und $\lambda = 535$ nm für verschiedene Ringdurchmesser r ein Krümmungsradius zwischen 40 und 58 μ:

m	r	R
2	6,5 μ	39,5 μ
3	8,8	46,4
4	10,6	52,8
5	12,4	55,0
6	13,6	57,5

Hier ändert sich der Keilwinkel stetig und damit auch die wirksame Apertur, da für verschiedene Keilwinkel eine verschiedene Vignettierung des reflektierten Büschels eintritt. Die Ringe sind Niveaulinien in einem gegenseitigen Abstand, der von der Ordnungszahl m und der in dieser Ordnung wirksamen Apertur abhängt. Selbst bei kleineren Aperturen sind die Korrektionen schon beachtlich [LANDWEHR 1958], wenn es sich um große Ordnungszahlen handelt. Ohne die Beachtung besonderer Justierbedingungen und Kenntnis der Korrekturen ist es also nicht möglich, Krümmungsradien, Keilwinkel und Keildicken aus den Interferenzstreifen in Interferenzmikroskopen abzuleiten.

37. Auflicht-Interferenzmikroskopie ohne Vergleichsfläche

Beim Durchlicht-Interferenzmikroskop (Abschn. 22) wird eine „virtuelle Vergleichs-Wellenfront" für die Messung benutzt, während beim Auflicht-Mikroskop (Abschn. 21) stets eine reelle Vergleichsfläche, also z. B. eine plangeschliffene und feinpolierte Metallfläche oder eine ebensolche (verspiegelte) Glasfläche benutzt wird. Dieses letztere Verfahren hat manche Nachteile; so werden z. B. Unsauberkeiten auf der Vergleichsfläche, wie Staub und durch Abwischen bedingte Kratzer, mit der Objektfläche gleichzeitig abgebildet. Dies ist äußerst störend, da eine genaue Untersuchung des Prüflings nur dann möglich ist, wenn man sich dauernd (etwa durch Abdecken der Vergleichsfläche) davon überzeugt, ob die Einzelheiten tatsächlich dem Prüfling angehören. Darüber hinaus muß noch berücksichtigt werden, daß auch eine feinpolierte Vergleichsfläche noch Oberflächenstrukturen aufzuweisen hat und daß ja nur die Differenz der Niveauunterschiede zwischen Prüfling und Vergleichsfläche gemessen wird. Diese Differenz entspricht um so mehr den Fehlern des Prüflings, je mehr man die Fehler der Vergleichsfläche vernachlässigen kann. Im Hinblick auf die modernen Auswerteverfahren der Interferenzen mit Äquidensiten (siehe Abschnitt 43) ist dies von grundsätzlicher Bedeutung, da noch 30 Å Dickenunterschied gemessen werden können. Man kann sich einen Ausweg dadurch vorstellen, daß man durch spezielle optische Schaltungen die Vergleichsfläche nicht abbildet, also dafür sorgt, daß diese Fläche nicht in die Brennebene des Objektivs gelangt. Eine durch Oberflächenrauhigkeit bedingte Deformation der Wellenfront wird sich nach dem HUYGENSschen Prinzip stets in einigem Abstand wieder ausgeglichen haben (Abb. 66) und bietet dann eine ideale virtuelle Vergleichsfläche. Dies kann z. B. durch folgende Schaltungen erzielt werden:

a) Nach dem Schema in Abb. 67 werden zwei trapezförmige Prismen verwendet, die mit rechtwinkligen Prismen verkittet sind; auf diese Weise sind zwei Trennflächen vorhanden. Zwei Planspiegel S_1 und S_2 vervollständigen das Interferometer. Nimmt man die Optik K als Kondensor und O als Mikroobjektiv an, dann ist der symmetrische Strahlenverlauf aus dem Schema gut zu ersehen. Statt des Spiegels S_2 ist das Prüfobjekt zu denken, auf das O durch Spiegelung des Aperturkegels fokussiert wird; andererseits ist O auf die virtuelle Vergleichsfläche V (eine ebene Wellenfront) fokussiert, bildet also den Spiegel S_1 nicht ab. Bringt man an die Stelle von V ein durchsichtiges Objekt, dann kann die Schaltung ebenso

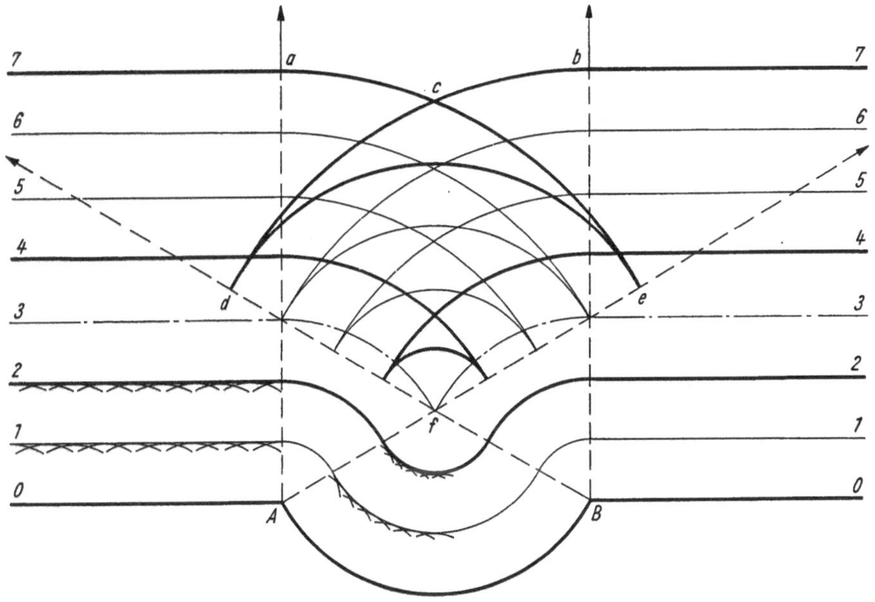

Abb. 66. Das HUYGENSsche Prinzip bei deformierten Wellenfronten.

Die deformierte Wellenfront *OABO* schreitet in den Stadien *1*—*7* fort; hierbei wird die Deformation geringer (*7acb7*) und gleicht sich schließlich völlig aus. Die Wellenfronten *cdec* verlieren mit steigender Entfernung von *f* an Intensität.

als Durchlicht-Interferenzmikroskop benutzt werden, allerdings mit reeller Vergleichsfläche S_2. Es ist zu bemerken, daß bei einem solchen Gerät nur eine kleine Beleuchtungsapertur zu erzielen ist.

b) Eine Möglichkeit, sowohl für Durchlicht als auch für Auflicht ohne reelle Vergleichsfläche zu arbeiten, ergibt sich bei Verwendung einer Schaltung nach Abb. 68. Das Schema a) zeigt die normale Mikro-MACH-ZEHNDER-Schaltung, deren Elemente aus lauter 90°-Prismen aufgebaut sind; das Schema b) erhält man aus a) einfach durch Drehung der Teilungswürfel um 180°, und man sieht, daß dies dann im Prinzip Abb. 67 entspricht. Auch hier ist nur eine kleine Beleuchtungsapertur zu erzielen. Die Schaltung kann als Grundlage für ein kombiniertes Gerät (s. Abschn. 23) benutzt werden.

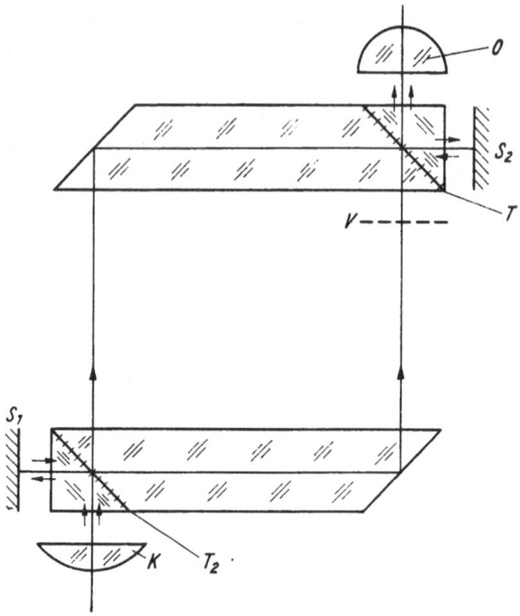

Abb. 67. Auflicht-Interferenzmikroskop ohne reelle Vergleichsfläche (nach RIENITZ).

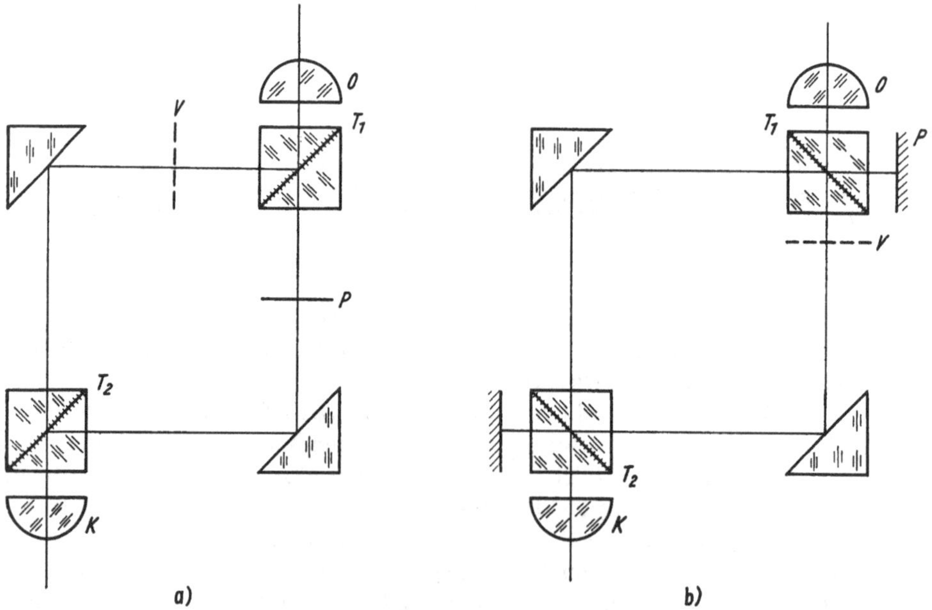

Abb. 68. Kombiniertes Auf-Durchlichtmikroskop ohne reelle Vergleichsfläche (nach KRUG).

c) Eine in der Praxis sicherlich gut verwendbare Schaltung, da sie durch besondere Formgebung des Glaskörpers zu recht brauchbaren Aperturen führt, ist von SCHULZ [1960] vorgeschlagen worden: Abb. 69 zeigt das Schema der Interferenzschaltung. Das Licht, dessen Weg durch Pfeile angedeutet ist, trifft zunächst auf die Teilungsfläche *1*. Von dort geht ein Teil (das Objektstrahlenbündel) zur Objektoberfläche *2*, wird dort reflektiert und gelangt zur Vereinigungsfläche *4*. Ein anderer Teil des Lichtes (das Vergleichsstrahlenbündel) geht von der Teilungsfläche *1* zum Spiegel *3*, wird dort reflektiert und gelangt zur Vereinigungsfläche *4*. Hier erfolgt die Vereinigung von einem Teil des Objektstrahlenbündels mit einem Teil des Vergleichsstrahlenbündels, wobei der eine der eben genannten Teile reflektiert, der andere hindurchgelassen wird. Durch die Vereinigung kommen die genannten Teile zur Interferenz, die hinter der Vereinigungsfläche *4* beobachtet wird; es erscheinen auf der Objektoberfläche *2* die Interferenzen gleicher Dicke. Wesentlich ist nun dabei, daß die Wege *1*—*2*—*4* und *1*—*3*—*4* einander gleich, dabei jedoch die Wege *2*—*4* und *3*—*4* voneinander verschieden sind. Dies ermög-

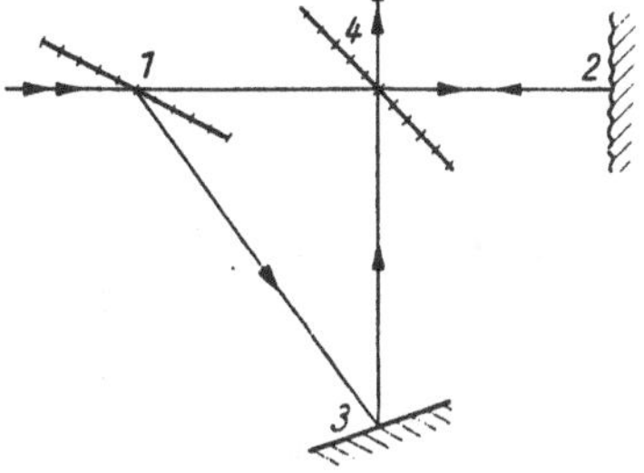

Abb. 69. Schema einer Anordnung mit getrennten Teilungs- und Vereinigungsflächen (nach SCHULZ.)

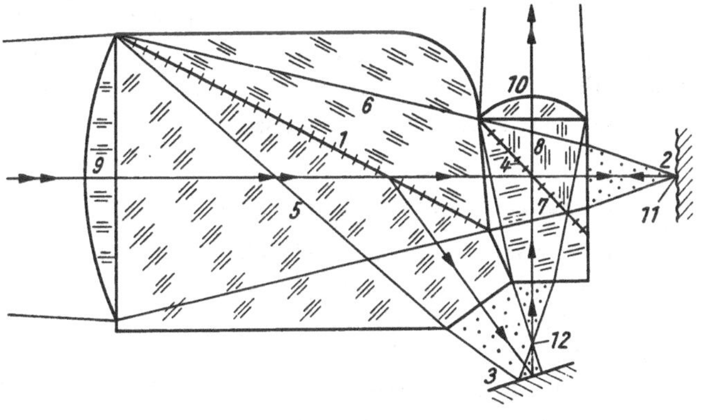

Abb. 70. Interferenzmikroskop ohne reelle Vergleichsfläche (nach G. SCHULZ).

licht, beim Gangunterschied null (z. B. auch im weißen Licht) zu arbeiten, *ohne* daß der Spiegel *3* oder eine andere Fläche *zusammen* mit der *Objektoberfläche 2* abgebildet wird. — Natürlich sind die Lichtwege auch in umgekehrter Richtung möglich, wobei Teilungs- und Vereinigungsfläche ihre Rollen vertauschen. Ebenso ist das Dreieck *1*—*3*—*4* selbstverständlich in den verschiedensten Formen denkbar.

Die Einfachheit und Gedrungenheit der Interferenzschaltung (nur je *eine* Reflexion — außer an der Fläche *1* bzw. *4*) ermöglicht es nun, diese Schaltung *zwischen* Kondensor und Objektiv eines Mikroskops anzubringen, z. B. auch bei Beleuchtungsaperturen von 0,4. Die Abbildungen 70 und 71 zeigen das Prinzip zweier Ausführungsformen. Dort haben die Ziffern *1* bis *4* dieselbe Bedeutung wie oben. Mit *5* bis *8* bzw. *5* bis *7* sind vier bzw. drei aneinandergekittete Prismen bezeichnet (in der letzten Abbildung ist *6* evtl. auch eine entsprechende Keilschicht aus geeignetem Öl oder Kanadabalsam). Die Flächen *1* und *4* sind teildurchlässig verspiegelt. *Vor* Durchsetzen der Prismen geht das Licht durch den Kondensor *9*, *nach* ihrem Durchsetzen durch das Mikroskopobjektiv *10*. Fokussiert wird auf die Objektoberfläche *2*, die mikroskopisch abgebildet wird. Dabei ist dasjenige Strahlenbündel, welches durch den Mittelpunkt des Gesichtsfeldes geht, teilweise punktiert bezeichnet. Es wird also gleichzeitig mit dem Punkt *11* auf der Objektoberfläche *2* der Punkt *12* in der Luft abgebildet.

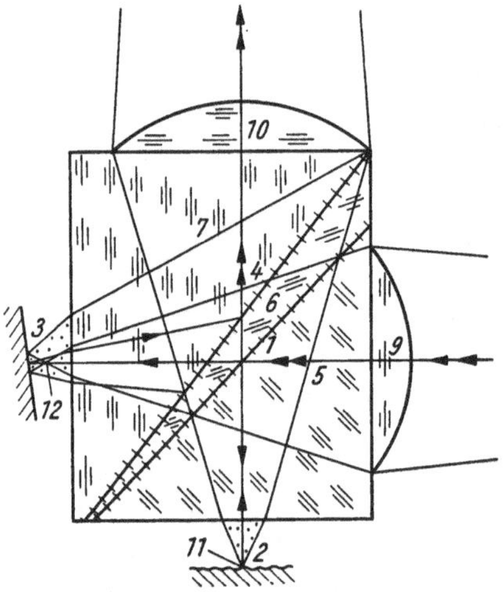

Abb. 71. Interferenzmikroskop ohne reelle Vergleichsfläche (nach G. Schulz), in einer anderen Ausführung.

Die oben mitgeteilten Schaltungen (Abb. 69—71) lassen verschiedene Modifikationen zu und sind zum Patent angemeldet worden.

38. Steigerung der Meßgenauigkeit im Auflicht

Wenn die Art der Interferenzen (z. B. Zwei- oder Mehrstrahl) und die Auswertungsmethode gegeben sind, dann hängt die Meßgenauigkeit (abgesehen vom Keilwinkel) nur noch vom Abstand der niveaulinienerzeugenden Ebenen (n.E.) ab; sie ist ihm umgekehrt proportional, und es liegt daher nahe, sie dadurch zu vergrößern, daß man diesen Abstand verkürzt. Da er proportional der Wellenlänge λ ist, könnte man λ verringern, indem man aus dem Sichtbaren ins UV geht. Dadurch könnte gegenüber der Mitte des sichtbaren Bereichs etwa der Faktor 2 gewonnen werden. Ein Durchlicht-Interferenzmikroskop für UV mit Spiegeloptik ist von Nomarski [1955b] vorgeschlagen worden; ein Auflicht-Interferenzmikroskop für dieses Wellenlängengebiet scheint bisher nicht bekannt zu sein. Mit dem UV läßt sich auch eine größere laterale Auflösung als im sichtbaren Licht erzielen.

Eine andere Möglichkeit, die Meßgenauigkeit im Auflicht zu steigern, besteht in der Immersion der zu untersuchenden Oberfläche. Dadurch verringert sich der Abstand der Niveauebenen um den Faktor $1/n$ gegenüber Luft, wenn n der Brechungsindex des Immersionsmittels ist. Da in der Auflicht-Interferenzmikroskopie mit ihrem meist anorganischen Untersuchungsmaterial fast stets die Immersionsmittel mit den höchsten Brechungsindizes anwendbar sind, die sich wegen ihrer Unverträglichkeit mit organischem Material in der Durchlicht-Mikroskopie verbieten, so dürfte auch dadurch eine Steigerung der Meßgenauigkeit etwa bis zum Faktor 2 möglich sein.

Dieses Verfahrens bediente sich eine ganze Reihe von Autoren [Fauré-Fremiet und Choucroun 1928; Fauré-Fremiet 1930; Burrels 1950/52; Dyson 1951 u. 1953a; Wolter 1954a; Tolansky und Omar 1952; Kohaut 1954]. Selbstverständlich kann das im folgenden zu schildernde *Positiv-Negativ-Verfahren*[1]) [Rienitz 1957] mit dem genannten Verfahren kombiniert werden, wodurch die Meßgenauigkeit sich weiter erhöht.

Das Positiv-Negativ-Verfahren ist grundsätzlich auf jedes der bereits in einer ganzen Anzahl verschiedener Ausführungen vorhandenen Auflicht-Interferenzmikroskope vom Michelson-Typ anwendbar. Von der zu untersuchenden Oberfläche O (Abb. 72) wird zunächst ein Abdruck A angefertigt. Damit ist jedoch keiner der üblichen Lackabdrücke gemeint, wie sie auch in der Interferenzmikroskopie zur Untersuchung der Oberflächenrauhigkeit schwer zugänglicher oder auch sehr rauher Werkstückflächen — etwa nach dem Zehender-Verfahren [Zehender 1952 u. 1954] — benutzt werden. Sie geben zwar die abgedrückte Fläche in kleinen Bereichen sehr gut wieder und sind also zum Ermitteln der Oberflächenrauhigkeit, d. h. des Oberflächenprofils in kleinen Bereichen, durchaus zu verwenden. Wenn jedoch eine exakte Formprüfung über das ganze Gesichtsfeld des Mikroskops erfolgen soll, so ist zu bedenken, daß sich so dünne Filme nicht ohne Deformationen befestigen lassen oder sich vielleicht schon nach dem Herstellen des Abdrucks verworfen haben können. Es wird daher ein Abdruckverfahren benötigt, das die Form der Fläche auch noch in diesen Bereichen getreu wiedergibt, d. h. also kein Film-, sondern ein Blockabdruckverfahren [Mahl und Gölz 1951].

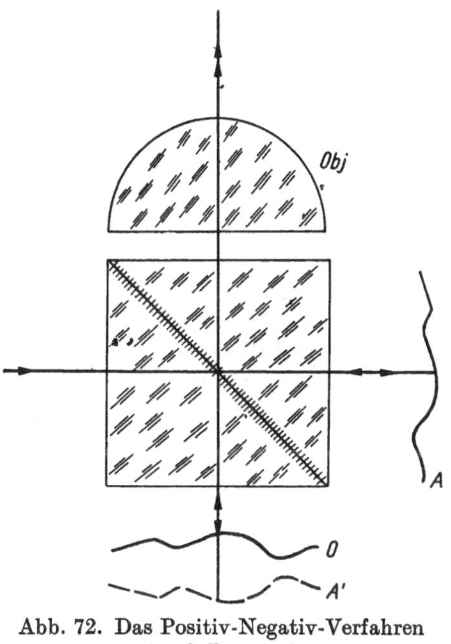

Abb. 72. Das Positiv-Negativ-Verfahren (nach Rienitz).

Ein solcher Abdruck A ist ein genaues Negativ der Originalfläche O; alle ihre Erhebungen sind in Vertiefungen umgewandelt worden und umgekehrt. Gleichzeitig stehen Original und Abdruck, wenn man senkrecht auf ihre einander ent-

[1]) Nicht zu verwechseln mit dem in Abschn. 43 behandelten Äquidensitenverfahren.

sprechenden Oberflächen blickt, spiegelbildlich zueinander, wie leicht zu veranschaulichen ist. Es liegt aber kein Spiegelbild im üblichen Sinne vor: Hielte man die Originalfläche vor einen Spiegel, dann würden Erhebungen auch im Spiegelbild Erhebungen bleiben, die Spiegelbildlichkeit bezieht sich also nur auf die Konturen. Die Interferenzmikroskope vom MICHELSON-Typ (in Abb. 72 ist z. B. die Anordnung von KRUG und LAU [1951a, b] dargestellt) haben nun den Vorteil, daß bei ihnen diese Spiegelbildlichkeit aufgehoben werden kann. Wie aus Abb. 72 ersichtlich ist, wird die zu untersuchende Fläche O ohne Reflexion, die Vergleichsfläche A dagegen nach einer Reflexion an der teildurchlässigen Fläche des Trennwürfels T im Mikroskop abgebildet. Bringt man daher statt der sonst üblichen ebenen Vergleichsfläche einen Abdruck A der Originalfläche an, so werden beide Oberflächen bei der Betrachtung durch das Mikroskop nicht mehr spiegelbildlich gesehen und können mit Hilfe entsprechender Justiervorrichtungen zur Deckung gebracht werden. Dann liegen die Erhebungen der Originalfläche über den entsprechenden Einsenkungen im virtuellen Bild A' des Abdrucks A (Abb. 72) und umgekehrt, und jede Höhe erscheint nun verdoppelt. Hier wird also stets genau der Faktor 2 an Empfindlichkeit gewonnen.

Da die Ermittlung und Erprobung eines geeigneten Blockabdruckverfahrens längere Zeit in Anspruch nimmt, wurde zum Prüfen der Durchführbarkeit des Verfahrens sowie zum Sammeln erster Erfahrungen ein etwas anderer Weg beschritten: Bruchflächen in spröden Materialien passen meist sehr genau aufeinander, und daher wurden statt Original und Abdruck zwei entsprechende, nahezu senkrecht zur Oberfläche liegende Bruchflächen einer 5,5 mm starken Glasplatte benutzt. Abb. 73 zeigt das Ergebnis; a) ist die eine Bruchfläche, b) die dazu spiegelbildliche andere. Beide sind mit einer ebenen Vergleichsfläche im oben erwähnten Auflicht-Interferenzmikroskop von KRUG und LAU bei annähernd gleicher Streifenlage aufgenommen worden. Die dunklen streifenförmigen Gebilde sind offenbar stark zur optischen Achse geneigte Bruchflächen. Sie sind dunkel, weil das an ihnen reflektierte Licht wegen ihrer großen Neigung nicht mehr in das Objektiv gelangt. In c) sind beide Flächen in Deckung miteinander verglichen worden; in d) wurde dagegen die eine Fläche etwas verschoben, so daß an den beiden Stufen etwas oberhalb der Mitte die Zusammensetzung des Sprunges der Interferenzstreifen in c) aus den Sprüngen an jeder der beiden Flächen erkennbar ist. Auch in c) und d) ist eine ähnliche Einstellung der Interferenzstreifen wie in a) und b) gewählt worden. Damit die Größe des Sprunges der Interferenzstreifen an den Sprungflächen erkennbar ist, wurden die Interferenzen im weißen Licht benutzt.

Aus Abb. 73c ist ersichtlich, daß hier die Sprünge der Interferenzstreifen, in Ordnungen gerechnet, doppelt so groß sind wie an den entsprechenden Stellen der Abb. a) oder b); ihre lineare Ausdehnung bleibt dagegen die gleiche. Gleichzeitig liegen die Interferenzstreifen in c) enger beieinander; zwischen je zwei Interferenzstreifen der Abb. a) oder b) scheint noch ein weiterer eingeschaltet zu sein. Dies zeigt uns den Weg zu einer geeigneten, auf das Objekt bezogenen Deutung der Abb. c). Tatsächlich werden hier zwei Flächen miteinander ver-

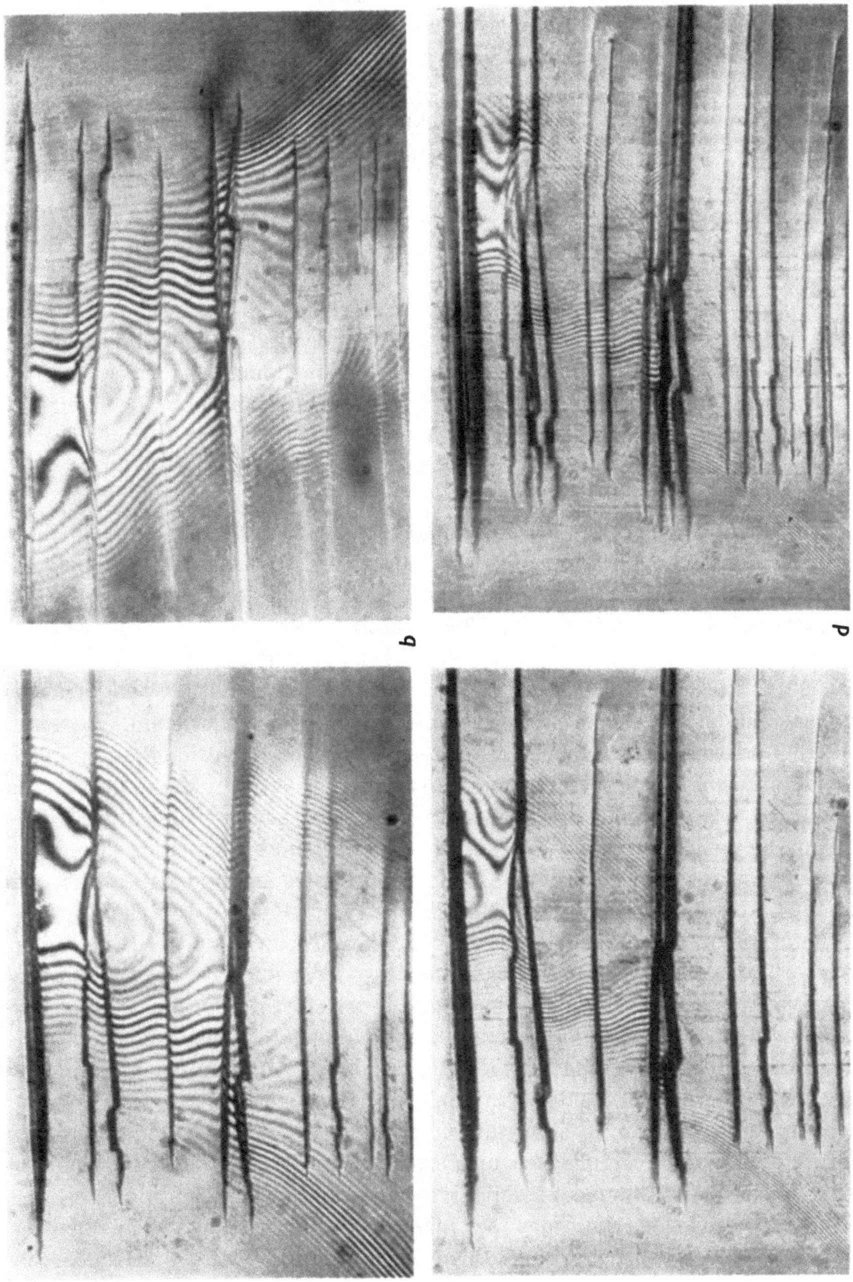

a b c d

Abb. 73a—d. Das Positiv-Negativ-Verfahren, durchgeführt an zwei Flächen eines Glasbruches.

glichen, von denen die eine ein Positiv und die andere ihr Negativ ist. Die in bezug auf das Objekt sinnvollste Deutung aber, obwohl sie physikalisch keineswegs realisiert ist, ist folgende: Man denke sich einfach die Originalfläche 0 (hier eine der beiden Bruchflächen) von einer Schar n. E. geschnitten, deren Abstand nicht wie beim MICHELSON-Interferometer mit ebener Vergleichsfläche eine halbe, sondern eine viertel Wellenlänge beträgt. Durch den halbierten Abstand der n. E. wird dann, wie oben gezeigt wurde, die Meßgenauigkeit verdoppelt.

39. Mehrfachabdruckverfahren

Das Positiv-Negativ-Verfahren enthält noch weitere Möglichkeiten, die im folgenden kurz angedeutet werden sollen [RIENITZ 1957]. Wir wollen dazu annehmen, daß die Abdrücke des Originals so beschaffen sind, daß von ihnen erneut Abdrücke — und von den letzteren *wiederum* — genommen werden können (Mehrfachabdrücke). Den von dem Original genommenen Abdruck wollen wir den 1. Abdruck nennen, den von diesem genommenen den 2. Abdruck usw. Der 2., 4., ... Abdruck entsprechen dann geometrisch dem Original, der 1., 3., ... sind dazu in jeder Hinsicht spiegelbildlich.

Zunächst soll die Frage der Phasensprünge behandelt werden. Wenn der 1. Abdruck bei dem obigen Verfahren aus einem anderen Material als das Original besteht oder verspiegelt ist, so sind im allgemeinen die an den Oberflächen beider während der Reflexion stattfindenden Phasensprünge verschieden. Ist der Phasensprung auf der ganzen Fläche gleich, wie es bei homogenem Material stets der Fall ist, so wirkt sich dies nicht weiter störend aus. Es resultiert lediglich eine Phasenverschiebung des gesamten Systems von Interferenzstreifen, die einer Annäherung oder Entfernung beider Flächen entspricht. Schwierigkeiten treten erst auf, wenn der Phasensprung örtlich verschieden ist, wie bei Metalloberflächen mit ihren Kornstrukturen. Hier kann aus den Auslenkungen der Interferenzstreifen nicht ersehen werden, ob sie durch Oberflächenunebenheiten oder durch Phasensprünge verursacht wurden. Die Interferenzstreifen sind daher hier, wie in Abschn. 38 erwähnt, nicht mehr Niveaulinien der Objektoberfläche.

Man kann die örtliche Verschiedenheit der Phasensprünge auf der Objektoberfläche in bekannter Weise bei der Phasenkontrast- oder auch bei der Interferenzmikroskopie dadurch beseitigen, daß man entweder statt des Originals einen Abdruck untersucht [MARX und DIEHL 1948; CUCKOW 1951] oder die Oberfläche des Originals mit einer gleichförmigen, etwa durch Aufdampfen gewonnenen Metallschicht überzieht. Beides ist auch bei dem *Positiv-Negativ-Verfahren* möglich; im ersten Falle muß man statt Original und 1. Abdruck den 1. und den 2. Abdruck miteinander vergleichen und erhält dann das reine Oberflächenrelief mit verdoppelter Meßgenauigkeit ohne örtlich variable Phasensprünge.

Interessanter ist jedoch die Frage, wie man umgekehrt nur die örtlich variablen „stoffeigenen" Phasensprünge ohne Beeinflussung durch das Oberflächenrelief erhalten kann (der Ausdruck „stoffeigene" wurde von GABLER und MITSCHE [1952] geprägt). Diese sind Charakteristika der verschiedenen, das Metall zusammensetzenden Kristallite, und daher könnte vielleicht die Metallographie einigen Nutzen aus dem folgenden Verfahren ziehen [vgl. CUCKOW 1951 sowie GABLER und MITSCHE 1952]. Eine völlig ebene Oberfläche ist bei metallographischen Schliffen nicht zu erhalten, weil sich wegen der unterschiedlichen Härte der verschiedenen Kristallite stets beim Schleifen und Polieren ein Oberflächenrelief herausbildet, das jedoch gewissermaßen optisch „eingeebnet" werden kann, indem man das Original und den 2. Abdruck miteinander vergleicht. Beide haben das gleiche Oberflächenrelief mit gleichem Vorzeichen und stehen nicht spiegelbildlich zueinander: kurz gesagt, sie sind geometrisch identisch. Sie können im normalen MICHELSON-Interferometer nicht zur Deckung gebracht werden; dazu ist vielmehr in einem der beiden Zweige des Interferometers noch ein Spiegel erforderlich (Abb. 74). Man kann beide Flächen einerseits so einstellen, daß die eine und das virtuelle Spiegelbild der anderen einander parallel verlaufen wie in Abb. 74; man erhält dann einen waagerechten Schnitt durch das Gebirge der örtlichen Phasenverschiebungen, d. h. meist helle Flecke auf dunklem Grund (oder umgekehrt) im monochromatischen und farbige im nichtmonochromatischen Licht. Andererseits kann man beide Flächen gegeneinander neigen und erhält dann einen schrägen Schnitt mit Interferenzstreifen. Bei der ersten Methode sind bekanntlich besser die Umrisse der phasenverschiebenden Strukturen, bei der zweiten besser die absolute Größe des Phasensprunges zu ermitteln, vgl. RIENITZ [1954].

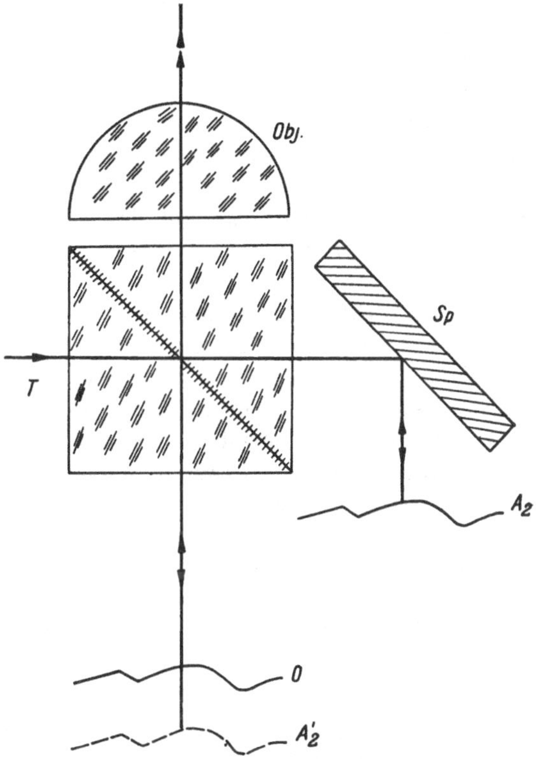

Abb. 74. Das Mehrfachabdruck-Verfahren (nach RIENITZ).

Es ist übrigens denkbar, daß man die lokalen Phasenverschiebungen durch Vergleich zwischen dem Original und dem 1. Abdruck untersuchen könnte, wenn der letztere völlig durchsichtig und optisch homogen wäre, so daß man sich der Auflicht-Interferenzen am reellen Keil bedienen könnte. Dazu käme aber noch, daß das Abdruckmittel bei relativ geringer Dicke eine sehr gute Flächentreue besitzen, d. h. sich nicht deformieren müßte, und daß ferner für die dem Objekt abgewandte Seite des Abdrucks ein hohes Maß von Ebenheit zu fordern wäre. Es wird jedoch schwierig sein, ein Abdruckverfahren mit diesen Voraussetzungen zu entwickeln, so daß die erstgenannte Methode wohl die bessere sein wird. Außerdem gestattet der virtuelle Keil beim MICHELSON-Interferometer im Gegensatz zum reellen Keil eine virtuelle Durchdringung der beiden zu vergleichenden Flächen und damit die beste Zuordnung zwischen Objekt und Interferenzerscheinung.

Mit der Methode, zwei geometrisch gleiche Abdrücke einander gegenüberzustellen, kann man auch die Abdrucktreue prüfen. Natürlich kann man, wie es BÜTTNER [1950], GRUBE und ROUZE [1954] u. a. getan haben, Original und Abdruck im Interferenzbild mit einer ebenen Fläche vergleichen. Eine völlig gleiche Lage der Interferenzen auf beiden Bildern ist jedoch sehr schwer zu erreichen, und bei geringer Verschiedenheit der Streifenlage kann die Vergleichsmöglichkeit schon sehr erschwert sein. Hinzu kommt, daß es sehr mühsam ist, zwei Interferenzbilder in allen Einzelheiten miteinander zu vergleichen, noch dazu, wenn sie spiegelbildlich dargeboten werden. Vor allem aber gibt *ein* Interferenzbild allein unter Umständen nicht alle Phasenverschiebungen wieder; man muß den Gangunterschied verändern, wenn man alles erfassen will [RIENITZ 1954].

Ist man sicher, daß das Original keine örtlich verschiedenen Phasensprünge aufweist, dann kann es in der oben geschilderten Weise mit dem 2. Abdruck verglichen werden; sonst sollten der 1. und der 3. Abdruck herangezogen werden. Hier werden zwar nicht zwei unmittelbar aufeinanderfolgende Flächen bzw. Abdrücke verglichen, aber wenn Original und 2. Abdruck einander geometrisch völlig gleich sind, dann muß der 1. Abdruck ein genaues Negativ des Originals sein. Dieses Vergleichsverfahren kann im Gegensatz zu dem oben beschriebenen unmittelbar am Mikroskop angewandt werden, wobei man den Vorteil hat, daß hier der Gangunterschied nach Wunsch geändert werden kann und dabei auch geringste Unterschiede sofort auffallen. Außerdem ergibt sich bei dem Verfahren der mehrfachen Abdrücke die Möglichkeit, zwischen einmaligen und durch das Verfahren bedingten Fehlern zu unterscheiden. Ein einmaliger Fehler im Abdruck darf bei idealem Verfahren in den folgenden Abdrücken seine Größe nicht ändern; ändert eine Struktur dabei ihre Gestalt, so liegt eine mangelnde Abdrucktreue des gewählten Verfahrens vor.

4. Auswertung der Interferenzbilder

41. Visuelle Messung

Die Interferenzbilder, wie sie sich im Okular des Interferenzmikroskops darbieten, beinhalten in ihren Einzelheiten Eigenschaften oder Meßgrößen der untersuchten Objekte (Oberflächen, Stoffe u. dgl.). Man muß diese Interferenzbilder zu lesen verstehen, um über die Eigenschaften (Oberflächenrauhigkeit, Brechzahlen o. dgl.) Aussagen machen zu können. Meist wird es sich bei den visuellen Beobachtungen um Abschätzungen der relativen Streifenversetzung oder um einen Überblick über die Oberflächenform handeln. Benutzt man ein Okular-

a

b

Abb. 75. Doppelfaden-Okularmikrometer (nach KRUG).
a) Gesamtansicht; b) Innenansicht.

mikrometer zur Ausmessung, dann können auch quantitative Messungen mit einiger Genauigkeit durchgeführt werden. Die visuelle Methode hat sich jedoch in der Praxis nicht sehr gut bewährt, da sich das ganze Streifensystem bei längerer Beobachtungszeit durch unvermeidbare Temperatureinflüsse unkontrollierbar verschiebt. Auch Spezialmikrometer mit zwei Meßtrommeln (Abb. 75a, b) vermeiden diese Fehler nicht unbedingt, obwohl durch die verhältnismäßig kurzen Trommelumdrehungen ein rascheres Erfassen der Versetzungen möglich ist. Aus diesem Grunde ist es für genaue Messungen erforderlich, das Interferenzbild photographisch festzuhalten, wobei natürlich darauf zu achten ist, daß nicht durch ausgedehnte Belichtungszeit Verschiebungen oder Verwaschungen entstehen. Die so erhaltenen Interferogramme bieten bessere Möglichkeiten zur Ausmessung als die visuellen Bilder. Wenn man bedenkt, daß der Helligkeitsverlauf senkrecht zur Streifenrichtung bei der Zweistrahlinterferenz sinusförmig ist, erscheint die Kantenschärfe zunächst gering. Das Auge empfindet diesen Helligkeitsverlauf jedoch steiler, so daß eine Schätzung auf $\pm$ 1/10 eines Streifenabstandes ohne weiteres möglich ist. Je nachdem, um welche Art von Interferometerschaltung es sich handelt, beträgt der Niveauebenenabstand $\lambda/2$ oder $\lambda/(n-1)$. Die Genauigkeit kann also bei Zehntelschätzung entsprechend 0,025—0,10 μ betragen. Bei Verwendung von Mehrstrahlinterferenzen ist die Genauigkeit um so höher, je mehr Teilstrahlen bei der Entstehung der Interferenzerscheinung mitwirken, je schmäler also die Streifen sind. Es können unter Umständen Meßwerte von 0,0005 μ und weniger erreicht werden [Tolansky 1948].

Bei der Ausmessung von Interferogrammen kommt man dadurch noch einen Schritt weiter, daß man die Aufnahmen auf hart arbeitenden Platten herstellt bzw. durch mehrmaliges Umkopieren auf hartem oder extrahartem Papier die Kantenschärfe vergrößert [Räntsch 1952]. Diese Verschärfung der Kontraste geht ohne Einbuße an Feinheiten vor sich, und es kann erwartet werden, daß eine Genauigkeitssteigerung um das 3fache möglich ist. Es darf dabei natürlich nicht vergessen werden, daß für einen guten Kontrast bereits bei der Aufnahme gesorgt werden muß. Hierbei ist für die Unterdrückung von Nebenlicht im Gerät zu sorgen, ferner ist das zweckmäßige Anpassen des Reflexionsvermögens des Vergleichsspiegels an den des Prüflings bzw. beim Mehrstrahlinterferenz-Verfahren die Einhaltung der Versuchsbedingungen (s. S. 88) zu beachten. Durch geeignete Wahl des Empfängers (Photoplatte) und der Belichtungszeit kann z. B. erreicht werden, daß die hellen Streifen schmaler sind als die dunklen oder umgekehrt.

42. Photometrierung

Aus dem bisher Gesagten geht bereits hervor, daß die Erkennbarkeit und Ausmeßbarkeit der Einzelheiten von Interferogrammen im wesentlichen davon abhängen, wie scharf die Konturen der Streifen auf dem Photo gezeichnet sind. Es liegt daher nahe, die Streifen mit einem Registrierphotometer auszumessen, also die Schwärzungsverteilung auf der Platte durch eine Kurve aufzuzeichnen. Dieses Verfahren ist zwar außerordentlich umständlich, wenn es sich darum handelt, ein Photogramm erschöpfend auszuwerten, die Mehrarbeit läßt sich jedoch verantworten, wenn es sich um genaueste Auswertung eines Interferogramms handelt. Da eine lückenlose Durchphotometrierung am Arbeitsaufwand überhaupt scheitert, muß man sich mit einer mehr oder weniger großen Anzahl von Schnitten durch das Interferogramm begnügen. Dabei kann jedoch nicht immer erwartet werden, daß die Registrierkurve das eigentlich Interessante des Photogramms deutlich hervortreten läßt. Dies wird in allgemeinen nur bei Ausmessung von Stufen in Kristallgittern oder aufgedampften Schichten, dünnen Häutchen u. dergl. der Fall sein. Verfahren dieser Art sind in letzter Zeit beschrieben worden [Mönch, Böttger u. Zorll 1954; Zorll 1952]. Die Genauigkeit ergab sich beim Messen von Schichtdicken zu etwa $\pm$ 1,5 Å.

43. Äquidensiten

Nicht bei allen Interferogrammen läßt sich die unter Abschn. 42 dargelegte Methode mit Erfolg anwenden; für die Auswertung von Oberflächen-Interferenzen wäre eine außerordentlich große Zahl von Photometrierungen (Schnitten) erforderlich, um sich ein einigermaßen gutes Bild von der Struktur zu machen; in diesen Fällen ist es zweckmäßiger, die Punkte gleicher Schwärzung miteinander verbunden zu sehen, als für einige bestimmte Schnitte genaue photometrische Einzelwerte zu erhalten. Diese Überlegungen führten zur Entwicklung von Verfahren für die Herstellung von Kurven gleicher Schwärzung oder Helligkeit, den sog. Äquidensiten. Die Äquidensiten können auf verschiedene Art gewonnen werden und gestatten eine Genauigkeitssteigerung in der Auswertung von Interferogrammen um mindestens eine Größenordnung. Die Äquidensitometrie [Krug u. Lau 1952; Lau u. Krug 1957] hat den Vorteil, daß sie nachträglich bei allen photographischen Platten angewandt werden kann, bei denen ein verwaschener oder kontinuierlicher Schwärzungsverlauf vorliegt. Die Äquidensitometrie ist also nicht auf die Auswertung von Interferogrammen beschränkt, sondern kann vielmehr auch bei Profilaufnahmen und Schattenprojektionen, astronomischen Aufnahmen und dergleichen mit Erfolg angewandt werden. Auch Mehrstrahlinterferogramme können unter besonderen Umständen nachträglich noch verschärft werden [Lau 1953; Krug 1959 a u. b; Krug u. Schusta 1958; Lau u. Krug 1958].

Als Beispiel sei gezeigt, wie sich das Verfahren bei der Messung der Oberflächenrauhigkeit von Endmaßoberflächen anwenden läßt. Abb. 76 zeigt zwei Interferogramme von Endmaßoberflächen; obwohl der im Beurteilen von Interferenzen erfahrene Fachmann sofort erkennt, daß die Rauhigkeit des unter b gezeigten Endmaßes größer ist als die des unter a gezeigten, so wird es doch nicht möglich sein, zahlenmäßige Angaben über die Rauhigkeit zu machen. Es liegt dies daran, daß die Rauhigkeiten unter $\lambda/20$ liegen, also das Oberflächengebirge niedriger ist als 0,025 μ. Abb. 77 zeigt die analogen Äquidensitenbilder: Die aus dem breiten Intensitätsverlauf herausgeblendeten schmalen Kurven gleicher Schwärzung können selbst wieder als Niveaulinien aufgefaßt werden, lassen jedoch viel feinere Details erkennen und gestatten somit eine bessere Ausmessung des Bildes; überdies erhält man von einem Streifen stets zwei Äquidensiten (zu beiden Seiten des Maximums) und dadurch eine bessere Beschreibung des Meßfeldes. Nimmt man für den Abstand zweier entsprechender Äquidensiten wieder $\lambda/2$ an, dann ergibt sich aus der Abb. 77a eine mittlere Oberflächenrauhigkeit von etwa 0,005 μ, aus Abb. 77b eine solche von 0,010 μ.

Über die photographische Herstellung von Äquidensiten [Lau und Krug 1957, Krug 1958] sei hier nur soviel angeführt, als zur Auswertung von Interferogrammen (Steigerung der Meßgenauigkeit) gebraucht wird, während weitere Einzel-

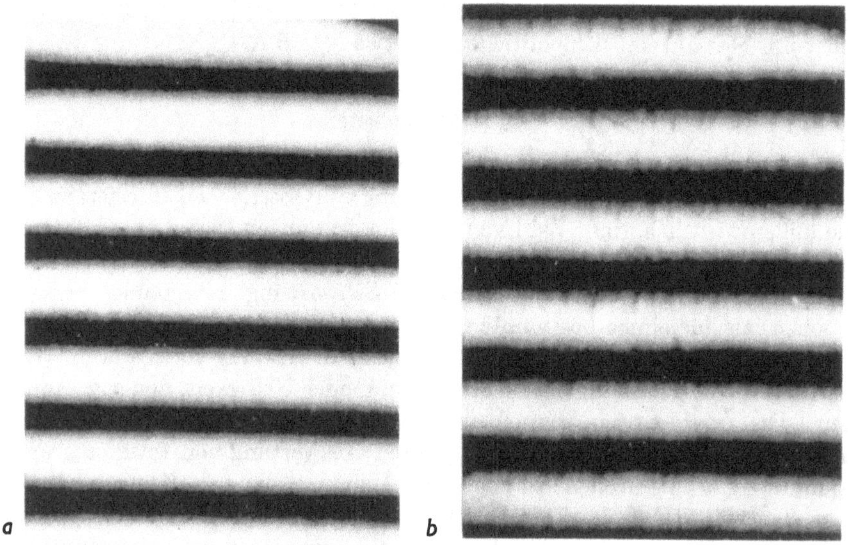

Abb. 76. Oberfläche zweier Endmaße verschiedener Qualität im Interferenzmikroskop.

heiten sowie die Anwendung des Verfahrens für andere Zwecke (Photometrie, Bildanalyse u. dgl. und die elektronischen Verfahren) aus der Literatur zu entnehmen sind. Das einfachste Verfahren besteht darin, Negativ und zugehöriges Positiv einer Aufnahme genau aufeinanderzulegen und hiervon eine Kopie anzufertigen.

Legt man idealisierte Schwärzungskurven zugrunde, dann ergeben sich die in Abb. 78 skizzierten Verhältnisse. Eine Schwärzungsverteilung, etwa ein Graukeil, sei durch die Gerade mit der Steigung γ_1 charakterisiert ($\gamma = \operatorname{tg} \alpha$, wobei α der von der Geraden mit der Abszisse eingeschlossene Winkel ist). Durch Kopie dieses Graukeils auf ein Plattenmaterial mit der Steigung γ_2 entsteht ein Positiv mit der Steigung $\gamma_1 \gamma_2$. Werden beide Komponenten genau zur Deckung gebracht, so erhält man bei transparenter Betrachtung und $\gamma_2 > 1$ eine im allgemeinen unsymmetrische Äquidensite, deren eine Flanke durch die Steigerung γ_1' die andere durch die Steigerung $\gamma^* = \gamma_1 \gamma_2 - \gamma_1$ bedingt ist. Es ist klar, daß man durch Variation von γ_1 und γ_2 jede beliebige Breite, Schärfe und Ausprägung (Tiefe) der Äquidensiten erhalten kann; diese kann man dann durch Variation der Belichtung an beliebige Stellen des Schwärzungsfeldes bringen.

Für die Praxis empfiehlt es sich, das Einplattenverfahren zu benutzen, bei dem Positiv und Negativ auf einer Platte gewonnen werden. Dieses Verfahren beruht auf dem Sabattiereffekt (einem partiellen Positiveffekt) und wird daher auch Sabattierverfahren genannt. Durch diffuse Nachbelichtung der anentwickel-

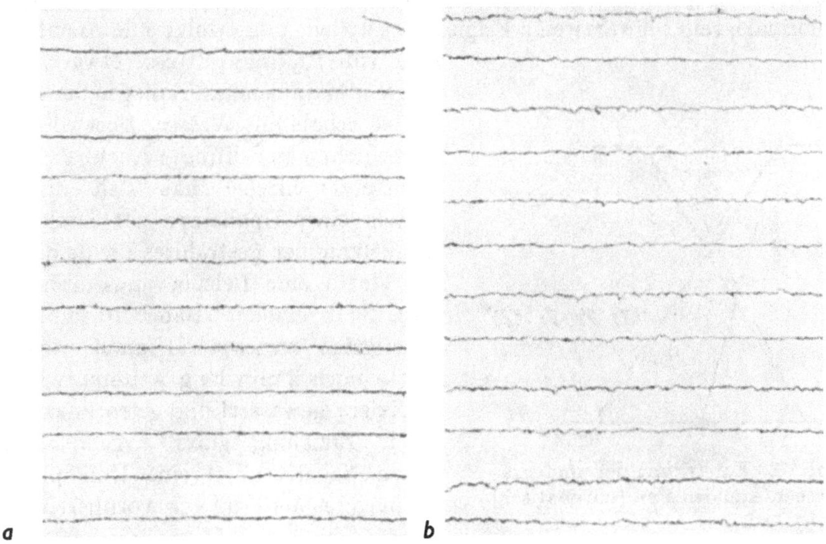

Abb. 77. Äquidensiten zu Abb. 76.

ten Platte wird das bereits vorhandene Bild auf die nicht von der Belichtung erfaßten Teile der Schicht gleichsam kopiert. Man erhält demnach Negativ und Positiv auf einer Platte, da die fertigentwickelte Platte neben der Primärschwärzung noch die Sabattierschwärzung aufweist. Die Platte verhält sich bei transparenter Betrachtung ähnlich wie die Kombination von Negativ und Positiv, d. h. es bildet sich bei Durchleuchtung eine Äquidensite aus. Das Verfahren ist einfacher als das Zweiplattenverfahren, vor allem erspart man sich die Mühe, für eine genaue Überdeckung der Bilder sorgen zu müssen; die Verhältnisse sind jedoch nicht so übersichtlich wie in Abb. 78 dargestellt, da die Nachbelichtung auch die Primärbelichtung beeinflußt. Will man zu genauen Werten für die Schwärzung gelangen, dann muß dies für die jeweilige Plattensorte eigens ausprobiert werden. Bei vielen Problemen (z. B. Analyse von Interferogrammen), wo es lediglich darauf ankommt, irgendeine scharfe Äquidensite aus der Schwärzungsverteilung herauszuheben, empfiehlt sich stets das Sabattierverfahren.

In der Praxis verfährt man dann folgendermaßen: Man benutze sehr hart arbeitende Platten, z. B. die Agfa-Printonplatte, und überdies hart arbeitende Entwickler, z. B. den Agfa 75 aus dem Agfa-Rezeptbuch:

Zitronensäure	5 g
Hydrochinon	25 g
Natriumsulfit	40 g
Trikaliumphosphat	110 g
Bromkalium	3 g
H_2O	1000 g

Der Entwickler ist einen Tag nach dem Ansatz unverdünnt zu benutzen. Die Erstbelichtung spielt eine große Rolle und entspricht etwa der, die nötig ist, um eine normale, rein schwarzweiße Kopie herzustellen; nun erfolgt eine Anentwicklung von 1 min, kräftiges, etwa $^1/_2$ min währendes Spülen und Einlegen der Platte in eine Schale mit Wasser. Dort wird nun die Schicht einer diffusen Nachbelichtung ausgesetzt; hierbei hat sich diffuses, mittels einer Opallampe zur Decke der Dunkelkammer gestrahltes Licht, das auf der Platte eine Beleuchtungsstärke von etwa 30 lx erzeugt (Dauer 10 min), am günstigsten erwiesen. Hierauf wird die Platte noch 2 min lang weiterentwickelt, ausfixiert, gewässert und getrocknet.

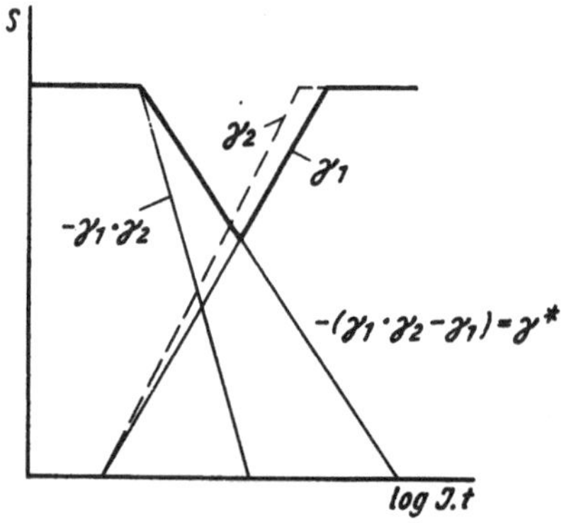

Abb. 78. Entstehung der photographischen Äquidensiten (schematisch).

Zur Erzielung guter Ergebnisse bei flauen Negativen ist eine Umkopierung auf härteres Material von vornherein notwendig.

Hat man das Äquidensitenbild gewonnen, dann ist es möglich, den Prozeß zu wiederholen und dadurch aus einer Äquidensite zwei Äquidensiten 2. Stufe zu gewinnen, daraus wieder vier Äquidensiten 3. Stufe usw. Man gelangt so zu Äquidensitenscharen, die das Meßfeld mehr oder weniger gleichmäßig überdecken, deren einzelne Kurven naturgemäß beim Fortschreiten zu höheren Stufen schmaler (feiner) werden. Hierbei ist zu beachten, daß meist Zwischenvergrößerung erforderlich ist.

44. Dupligramme

Während die bisher erwähnten Auswertungsverfahren hauptsächlich dort Anwendung finden, wo es sich darum handelt, kleinste relative Streifenverschiebungen (Stufen) oder kleinste Auslenkungen der Interferenzstreifen möglichst genau zu messen, gibt es bei der Bearbeitung von Interferogrammen noch andere Gesichtspunkte. Bei der Ebenheitsprüfung, der Formprüfung und der Messung von Krümmungsradien (Sphärometrie) handelt es sich meistens darum, die Abweichungen der Streifen von der Geraden, ihre Krümmung oder Pfeilhöhe zu messen und daraus mittels mathematischer Beziehungen die Form der Oberfläche, den Krümmungsradius oder die Abweichung von der Kugel genau zu bestimmen. Diese Methoden sind seit geraumer Zeit insbesondere in der Optik gebräuchlich. Obwohl sie theoretisch einwandfrei gelöst sind, erfordern sie fast stets einen nicht unerheblichen Arbeitsaufwand, insbesondere wenn Objektivfehler oder sonstige Linsenfehler numerisch abgeleitet werden sollen. Diese Tatsache stand bisher der allgemeinen Verbreitung der Interferenzverfahren in der Praxis entgegen.

Durch die Dupligrammetrie [Bauer u. Lau 1952; Lau 1954a, b u. 1955; Bauer 1954; Hiller 1955; Schalge 1958] wurde ein neuer Weg in der Auswertung der

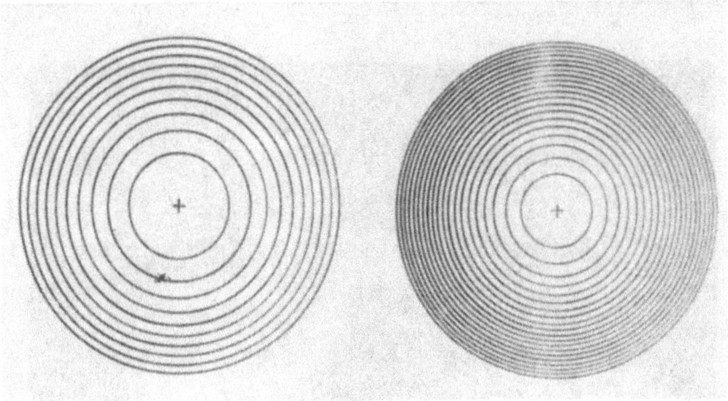

Abb. 79. Interferenzringsysteme (schematisch).
a) $r_n = \sqrt{n a}$; b) $r_n = \sqrt{n \cdot \frac{a}{2}}$.

Interferogramme beschritten. Das einfache geometrische Verfahren ermöglicht eine gleichsam automatische Auswertung von Interferogrammen der zuletzt bezeichneten Art.

Bei interferometrischen Methoden zur Bestimmung und Ausmessung sphärischer Flächen treten immer wieder konzentrische Ringsysteme auf, die nach einem sehr einfachen Gesetz aufgebaut sind. In Abb. 79 sind zwei derartige künstliche Ringsysteme abgebildet. Sie sind so konstruiert, daß die Radien r_n mit den Wurzeln aus ganzzahligen Vielfachen einer Konstanten a wachsen, also der Beziehung

$$r_n = \sqrt{n a} \tag{1}$$

genügen, wenn r_n der Ringradius und a eine Systemkonstante ist. In Abb. 79a ist die Konstante des Ringsystems a, während die Konstante in Abb. 79b den Wert $a/2$ hat. Man sieht unmittelbar, daß diese Ringsysteme eine verschiedene Dichte haben, die umgekehrt proportional zu der Konstanten ist. Ringsysteme nach diesem Schema treten übrigens z. B. bei Newtonschen Ringen nur in der Nähe des Zentrums auf. Streng sind sie nur verwirklicht bei der Ausmessung von parabolischen Flächen oder bei sphärischen Flächen in Bereichen, in denen ihre Abweichung vom Paraboloid zu vernachlässigen ist. Die Dupligramm-Methode besteht nun darin, daß man die Ringsysteme (z. B. photographisch) *verdoppelt* und je zwei Ringsysteme gleicher Bauart (eventuell auch ein photographisches Positiv und Negativ) übereinanderlegt, und zwar so, daß die Zentren der Ringsysteme einen Abstand $2\,p$ haben. In Abb. 80 sieht man die beiden Ringsysteme aus Abb. 79 als *Dupligramm* wiedergegeben. Man erkennt, daß sich durch die Schnittpunkte der konzentrischen Kreise eine Schar von Geraden (die Dupligrammstreifen) legen läßt, die senkrecht zu der Verschiebungsrichtung der beiden Ringzentren steht. Legen wir in die Figur ein rechtwinkliges Koordinatensystem, dessen X-Achse durch die beiden Ringzentren verläuft und dessen

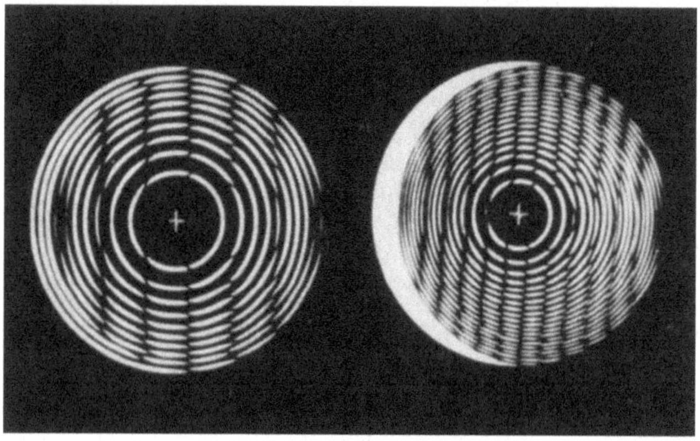

Abb. 80. Dupligramme zu Abb. 79.

0-Punkt in der Mitte zwischen beiden Zentren liegt, so ergibt eine elementare mathematische Analyse, daß der Abstand x_0 zwischen je zwei Dupligrammstreifen umgekehrt proportional zu der spezifischen Dichte ist, ferner auch umgekehrt proportional zu dem Abstand $2\,p$ der beiden Zentren voneinander. x_0 ist also proportional der Differenz a der Quadrate der Radien zweier benachbarter Zonen, ferner proportional einer Konstanten und umgekehrt proportional zu dem Abstand $2\,p$ der Mittelpunkte der mitwirkenden konzentrischen Kreissysteme, und zwar ist $x_0 = \frac{a}{4p}$. Diese Formel läßt sich sehr leicht ableiten und ist schon vor längerer Zeit diskutiert worden [A. Schuster 1924; Raman und Datta 1925/26; Datta 1926/27].

Der einfachste Fall für die Beobachtung solcher konzentrischen Kreissysteme sind die bekannten Newtonschen Ringe, die sich als Interferenzerscheinung ergeben, wenn man z. B. eine ebene Glasfläche in Kontakt mit einer sphärischen Fläche bringt und die entstehende Interferenzerscheinung in Auflicht beobachtet. Es sind bekanntlich Kurven gleicher Dicke des Luftabstandes der beiden Flächen.

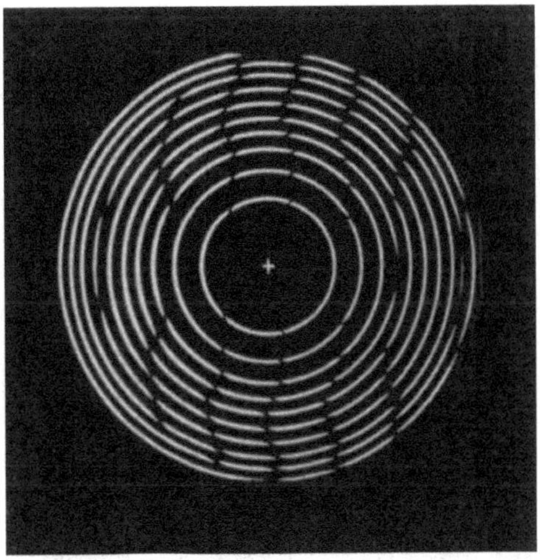

Abb. 81. Dupligramm 1. Art eines fehlerhaften Ringsystems.

Bei idealen sphärischen Flächen treten dann Ringsysteme auf, die mit großer Annäherung nach den oben skizzierten Gesetzen aufgebaut sind. Nimmt man nun an, daß die sphärische Fläche Fehler aufweist, daß also z. B. der Radius der Fläche sich unregelmäßig ändert, so tritt — dem veränderten Radius der Fläche entsprechend — eine andere spezifische Dichte der Ringe auf als bei der genauen Sphäre, und zwar je kleiner der Radius an der betreffenden Stelle ist, um so dichter sind die Ringe. In dem Dupligramm erscheinen dann als Dupligrammstreifen nicht mehr gerade Linien, sondern gekrümmte Kurven, die paarweise spiegelbildlich sind. In Abb. 81 ist ein Dupligramm eines Ringsystems wiedergegeben, in dem einige der mitwirkenden Radien gegenüber dem Wert nach Abb. 79 etwas abweichen. In diesem Fall ist also das fehlerhafte Ringsystem mit sich selber zur Deckung gebracht, und man erkennt unmittelbar aus der Kurvenform der Dupligrammstreifen und ihrer Abweichung von einer Geraden den Fehler der Radien innerhalb der die NEWTONschen Ringe erzeugenden Fläche. Derartige Dupligramme nennen wir solche der *ersten Art*. Sie liefern also nicht unmittelbar die Flächenform, sondern geben bereits die erzeugenden Radien an, die sich sonst nur durch Differentiation der Schnittkurve dieser Flächen ermitteln lassen.

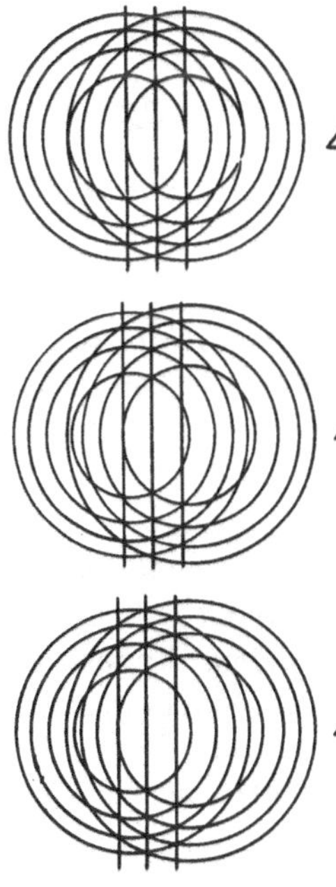

Abb. 82. Dupligramme 2. Art eines Ringsystems $\left(r_n = \sqrt{n\,a + \Delta a}\right)$.

Dupligramme der *zweiten Art* ergeben sich, wenn man als Dupligramm ein ideales Ringsystem in Verbindung mit einem abweichen den Ringsystem kombiniert, das etwas anders aufgebaut ist, das also z. B. eine „Phasendifferenz" Δa gegenüber der normalen Platte hat. Die Radien dieses Ringsystems sind dann gegeben durch die Beziehung

$$r_n = \sqrt{n\,a + \Delta a}\,. \qquad (2)$$

In Abb. 82 sind einige dieser Fälle wiedergegeben. Man sieht, daß die Geraden (Dupligrammstreifen) sich mit wachsender Phasendifferenz nach links verlagern, d. h. also, wir haben in diesem Fall die Möglichkeit, die Phasendifferenzen zweier Ringsysteme im linearen Maß zu ermitteln. Kombiniert man nun ein ideales Ringsystem mit dem in Abb. 81 wiedergegebenen fehlerhaften Ringsystem, so wird man an jeder Stelle nunmehr die

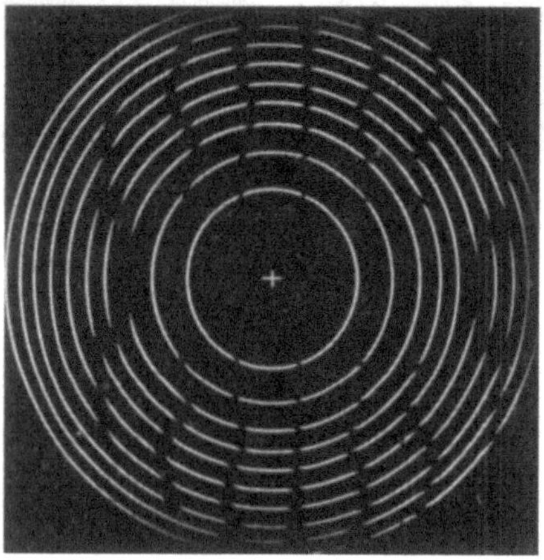

Abb. 83. Dupligramme 2. Art eines fehlerhaften Ringsystems.

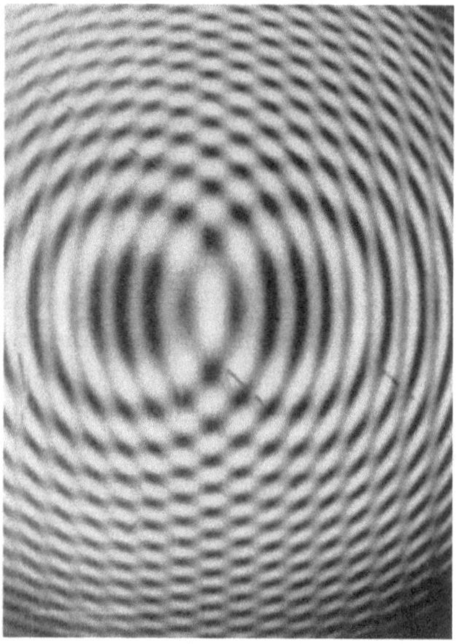

Abb. 84. Dupligramm 1. Art von NEWTONschen Ringen.

Phasenbeziehung zu dem idealen Ringsystem sehen (Abb. 83). Da die Phase jedoch bei Interferenzen gleicher Dicke (z. B. NEWTONschen Ringen) von der speziellen Form der zu untersuchenden Fläche abhängt, sieht man dann unmittelbar die Flächenform.

Es sei dies an einigen Aufnahmen, die mit NEWTONschen Ringen gemacht worden sind, näher erläutert. In Abb. 84 ist ein Dupligramm von NEWTONschen Ringen bei schwachem Andruck der beiden Flächen aufeinander wiedergegeben. Das Bild wurde dadurch erhalten, daß die Aufnahme zweimal hintereinander gemacht und die Platte dabei etwas verschoben wurde. Die Dupligrammstreifen erscheinen in dem Bild als eine Schar äquidistanter Geraden, ein Beweis, daß es sich bei diesen NEWTONschen Ringen um ein Ringsystem handelt, das nach Formel

$$r_n = \sqrt{n\,a}$$

entwickelt werden kann.

Mittels HAIDINGERscher Ringe wurden bereits früher [A. SCHUSTER 1924] ähnliche Figuren erhalten und eine eingehende mathematisch-geometrische Analyse vorgenommen. A. SCHUSTER hat dabei darauf hingewiesen, daß von der Mitte 0 der

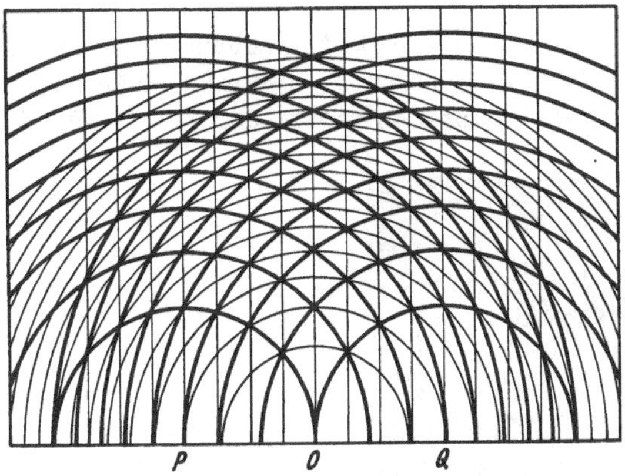

Abb. 85. Ringsystem nach A. SCHUSTER.

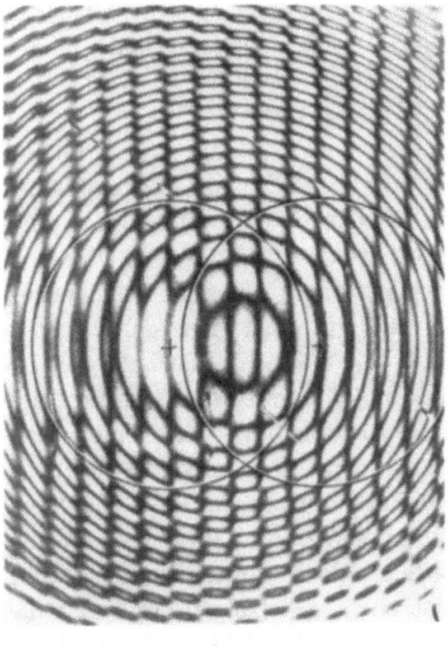

Abb. 86. Äquidensiten zu Abb. 84 zeigen die Dupligrammstreifen als Kurve gleicher Intensität.

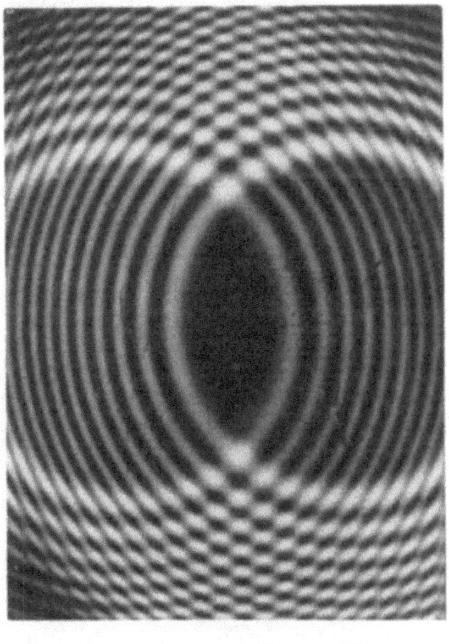

Abb. 87. Dupligramm 1. Art von NEWTONschen Ringen, die unter Belastung (Andruck) entstanden sind.

Verbindungslinie der beiden Zentren aus neue Kreissysteme entstehen. In Abb. 85 ist die SCHUSTERsche Figur wiedergegeben. Bei Zweistrahlinterferenzen, wie wir sie bei NEWTONschen Ringen haben, treten diese neuen Kreise als Linien gleicher Schwärzung auf. Es ergibt sich dies aus einer Überlegung, die bei Untersuchungen über die Intensitätsverteilung von Zweistrahlinterferenzen und die Äquidensiten [LAU, RIENITZ, ROOSE 1953] angestellt wurde. In Abb. 86 sieht man solche Kurven gleicher Schwärzung; sie sind nach dem Äquidensitenverfahren gewonnen.

Drückt man nun die beiden Glasflächen aufeinander — die Glasstücke wurden mit einem Gewicht von 12 kg belastet —, so erhält man unter ähnlichen Bedingungen Abb. 87. Hier erkennt man bereits, daß sich die Dupligrammstreifen bei

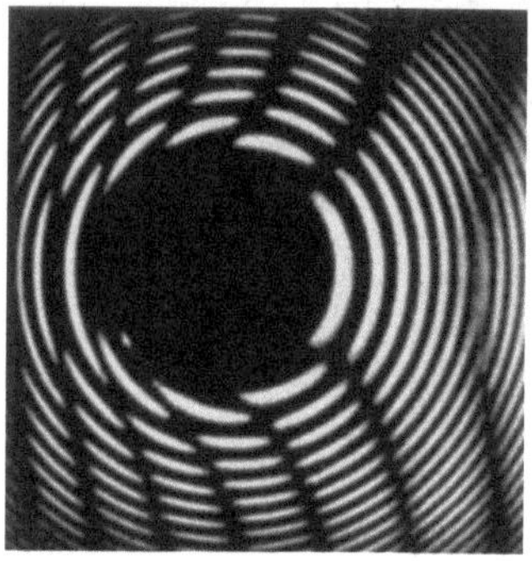

Abb. 88. Dupligramm 2. Art von NEWTONschen Ringen mit Andruck.

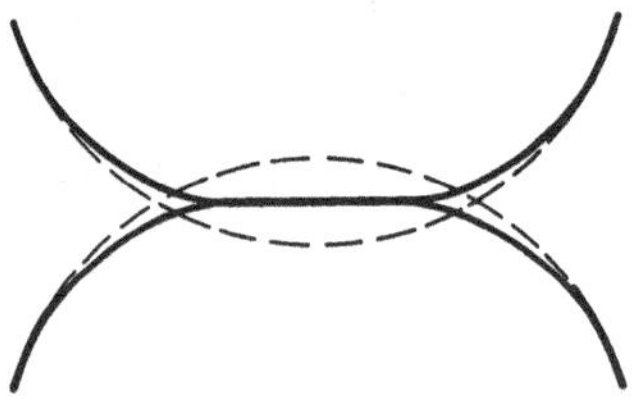

Abb. 89. Schema zweier Kugelflächen unter Andruck.

Annäherung zum Zentrum etwas ausweiten, d. h. die Radiusdifferenz zwischen den beiden Flächen wird geringer. Bei einem angedrückten System kann man auch ein Dupligramm zweiter Art erzeugen, man erhält so Abb. 88. Auf diesem Bild sieht man nun die Flächenabweichung unmittelbar. Es stellt sich heraus, daß die Fläche derartig deformiert ist, daß die Dupligrammstreifen sich um etwa eine Ordnung der Interferenzen verschieben, d. h. die Flächen außerhalb der Berührungsstelle sind derartig verändert, daß jede Fläche um etwa $\lambda/4$ in der Nähe der Berührungsstelle zurückgewichen ist. Die Berührungsfläche der beiden Glasflächen erstreckt sich über etwas mehr als zwei Ordnungen des ungestörten Interferenzsystems, d. h. daß jede Fläche in diesem Bereich etwa um $^1/_2$ Wellenlänge in der Mitte zusammengedrückt ist. Untersuchungen über NEWTONsche Ringe bei Andruck sind bereits früher ausgeführt worden, jedoch mußte die Auswertung immer durch Vermessung der Lage der Interferenzringe erfolgen, während das Dupligrammverfahren die Resultate sofort ergibt. In Abb. 89 wird die Form der deformierten Flächen noch einmal schematisch dargestellt. Durch das Zusammendrücken der Mitten wird keineswegs irgendwie eine Ausbeulung der Flächen an den Seiten erzeugt, sondern — im Gegenteil — diese Flächen werden noch etwas mitgenommen, so daß auch sie in demselben Sinne abweichen wie die Druckstelle selber. Bei der unelastischen Deformation beobachtet man dagegen ein Aufbeulen der Fläche neben der Druckfläche.

Das Verfahren beschränkt sich nun keineswegs auf sphärische Flächen. In Abb. 90 sind die Mikrointerferenzaufnahmen (670fache Vergrößerung) von einem Lagerzapfen in neuem (a) und abgenutztem Zustand (b) durch Herstellung von

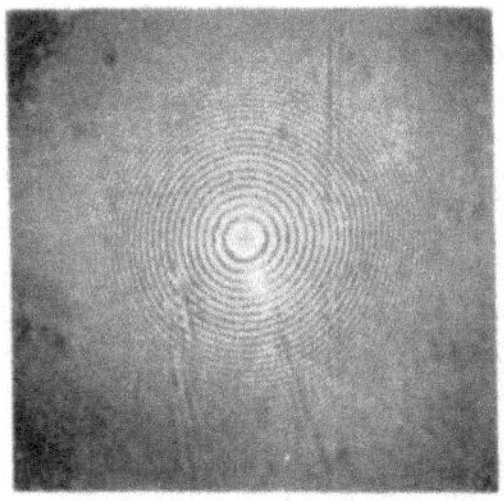
a
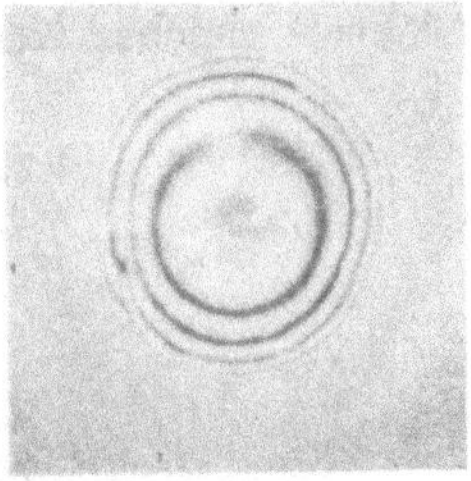
b

Abb. 90. Interferenzbild einer Lagerpinne.
a) neu; b) abgenutzt.

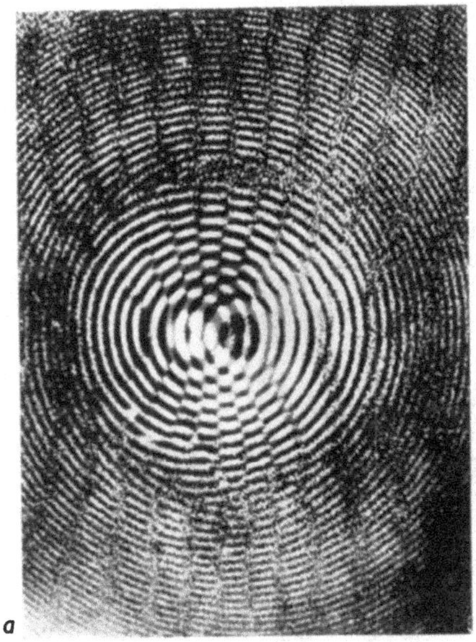
a
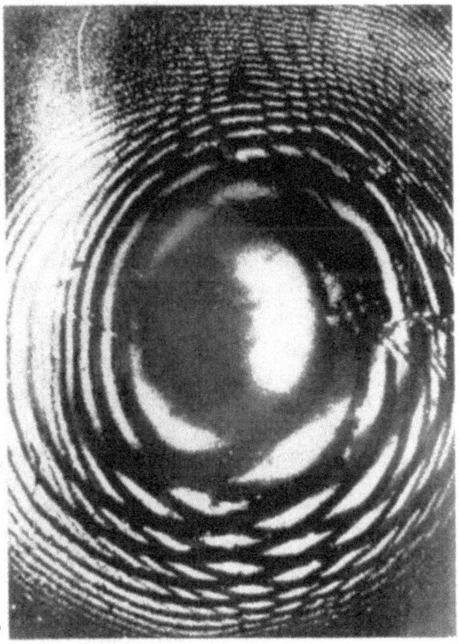
b

Abb. 91 a u. b Dupligramme zu Abb. 90.

Doppelkopien als Dupligramme 1. Art verarbeitet worden. Man sieht (Abb. 91 a), daß in der Mitte die Dupligrammstreifen hyperbelartig sind, d. h. die Interferenzlinien sind im wesentlichen äquidistant und nicht nach dem Gesetz der NEWTONschen Ringsysteme aufgebaut. Man hat also in der Mitte einen flachen Kegel vor sich, der sich auf einer Kugelfläche aufbaut. Dieser Kegel ist in Abb. 91 b abgearbeitet, und die Dupligrammstreifen zeigen eine Kugel an, die in eine Ebene übergeht.

Ein weiteres Beispiel zeigt eine von HANSEN stammende Mikrointerferenzaufnahme (Abb. 92a) einer auf chemischem Wege hergestellten Oberfläche einer Mattscheibe. Hier handelt es sich offenbar um konkave Stellen in der Oberfläche, die verschiedene Tiefen haben. Die Dupligrammaufnahme (Abb. 92b) demonstriert durch die äquidistanten Dupligrammstreifen, daß es sich um sphärische Einbuchtungen etwa gleicher Krümmung handelt.

a

b

Abb. 92. a) Interferenzbild der Oberfläche einer Mattscheibe, Aufnahme: G. HANSEN, Oberkochen. b) Dupligramm 1. Art zu a).

45. Informationsgehalt

Ein spezielles Problem der Interferenzmikroskopie stellt die Frage nach dem Informationsinhalt von Oberflächeninterferogrammen dar. Wenn man technische Oberflächen vor sich hat mit ihren mehr oder weniger uneinheitlichen und verworrenen Strukturen, sind die Verhältnisse bei der Entstehung der Interferenzerscheinungen nicht mehr einfach und eindeutig zu überblicken. Diese Verhältnisse werden bei Anwendung größerer Aperturen noch verwickelter; überdies verhalten sich die verschiedenen Interferenzanordnungen verschieden, je nachdem ob es sich um Mehrstrahl- oder Zweistrahlinterferometer handelt. Es ist außerordentlich schwierig, diese Fragen allgemein zu behandeln; man muß von Modellüberlegungen ausgehen und wird dann versuchen, von dort aus zu allgemeineren Schlußfolgerungen zu gelangen [Krug u. Lau 1958; Ingelstam 1959]. Hier wollen wir versuchen, die Frage zu beantworten, auf welche Weise die genauesten Aufschlüsse über die Topographie einer Oberfläche erhalten werden können.

Mit Genauigkeitsfragen in der technischen Auflicht-Interferenzmikroskopie hat man sich erst in den letzten Jahren eingehender beschäftigt [Ingelstam 1953; Schulz 1954a, b u. 1959; Mykura 1954; Krug 1955 u. 1956; Tolmon u. Wood 1956; Gates 1956; Kohaut 1957; Kind u. Schulz 1959]. Die Arbeiten, die in ihren Problemstellungen eng mit der Frage des Informationsgehaltes von Interferogrammen zusammenhängen, behandeln einerseits die Änderung des Niveauebenenabstandes (auch Linienwert genannt) von $\lambda/2$ bei großen Beobachtungsaperturen [Schulz 1954a, b u. 1959; Tolmon u. Wood 1956; Gates 1956; Kohaut 1957] und großen Keilwinkeln [Mykura 1954; Schulz 1959; Landwehr 1958], andererseits die Tatsache, daß Zweistrahl- und Mehrstrahlinterferenzen einen verschiedenen Informationsgehalt haben [Ingelstam 1953 u. 1959; Krug 1955 u. 1956; Kohaut 1957]. Die Messung beispielsweise der Rauhtiefe in der technischen Oberflächenprüfung mittels Interferenzmikroskop ist also keineswegs immer so durchführbar, daß man die Auslenkungsbruchteile einer Interferenzordnung mit der halben Wellenlänge des zur Erzeugung der Interferenzstreifen verwendeten Lichtes multipliziert ($d = m \cdot \lambda/2$), sondern es muß bei genauen Messungen oder größeren Rauhtiefen die Mikroskopapertur berücksichtigt werden; bei großen Aperturen (Teil III, Abschn. 34) vergrößert sich der Linienabstand, z. B. bei $A = 0{,}65$ um mehr als 10%, so daß bei Rechnung mit $\lambda/2$ die Niveauunterschiede zu klein gemessen werden. Auch bei großem Keilwinkel (l. c.) ist der Linienwert im allgemeinen verändert, d. h., es muß innerhalb des Bildes bei stark geneigten Flächen ein anderer Linienwert benutzt werden. Diese Zusammenhänge lassen sich theoretisch unter gewissen Bedingungen berechnen, und Fehldeutungen können bei der Auswertung der Interferogramme nicht unterlaufen, wenn man die entsprechenden Korrektionen für Apertur und Keilwinkel berücksichtigt. Der Informationsgehalt des Interferogrammes wird, wenigstens soweit Zweistrahlinterferenzen benutzt werden, durch den Keilwinkel oder die benutzte Apertur nicht unmittelbar verändert oder verfälscht, natürlich abgesehen davon, daß das seitliche Auflösungsvermögen und die Tiefenschärfe bei den Interferenzen — Teil III, Abschn. 31 — und bei der Abbildung sich mit der Apertur ändern und solange nicht kompliziertere Strukturen die Verhältnisse beeinflussen (z. B. durch Defokussierungseffekte). Man kann sich fragen, inwieweit der Informationsgehalt einer Interferenzerscheinung nicht überhaupt beschränkt ist; diese entsteht ja durch die von den beteiligten Flächen deformierten Wellenfronten. Die topographischen Details dieser Flächen können also nur soweit in den Streifen enthalten sein, als sie durch die vergleichsweise grobe Struktur der Lichtwellen und der Vergleichsfläche eindeutig zu erfassen sind; da jedoch die Aperturen A und das seitliche Auflösungsvermögen Δx der Interferenzmikroskope meist mittelmäßig sind ($A = 0{,}5$, $\Delta x = 2\lambda$), dürfte dieser Einfluß von untergeordneter Bedeutung sein.

Es ist bekannt, daß der breite sinusförmige Intensitätsverlauf der Streifen für die genaue Auswertung sehr hinderlich ist, das heißt, es wird bei der Messung Informationskapazität verschwendet. Daß die Intensitätsverteilung gerade sinusförmigen Verlauf hat, ist unwichtig; sie stört aber bei der Beobachtung mit dem Auge insofern, als sie den eigentlich wichtigen Informationsparameter, die Details der Streifenmodulation, verdeckt. Wenn man jedoch einen im übrigen beliebigen festen Intensitätswert, eine Äquidensite (s. 43. bzw. LAU und KRUG [1957]) in der Nähe der steilsten Gradation aus dem Streifen herausnimmt, erhält man eine schmale Niveaulinie, die dann die lokale Streifenauslenkung gut sichtbar macht;

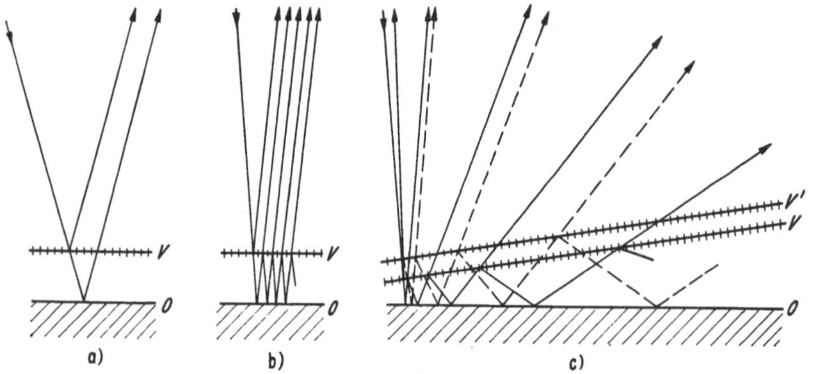

Abb. 93. Die Entstehung von Zwei- und Mehrstrahlinterferenzen (schematisch).

hierdurch ist es nach Ansicht der Verfasser möglich, den Informationsinhalt weitgehend auszuschöpfen, den das Zweistrahlinterferogramm über die Topographie einer Oberfläche aufweist.

Bei den Mehrstrahlinterferenzen liegen die Verhältnisse weit komplizierter. Das Zustandekommen der Zweistrahlinterferenz ist in Abb. 93a schematisch dargestellt. Der für die Interferenzerscheinung maßgebende Gangunterschied zwischen dem am Objekt und dem an der Vergleichsfläche reflektierten Strahl ist geometrisch eindeutig abzuleiten; jeder Objektpunkt wird mit der Vergleichsfläche des Interferometers verglichen, gleichgültig, welcher Lichteinfall, welcher Keilwinkel und welche Keildicke wirksam sind; auch der Einfluß der Oberflächenform oder der Beobachtungsapertur ist verhältnismäßig einfach zu übersehen und zu berücksichtigen. Bei den Mehrstrahlinterferenzen, die durch Mehrfachreflexionen zwischen mehr oder weniger stark verspiegelten Keilflächen entstehen, ergibt sich zunächst schon ein anderes Bild für verschieden große Keilwinkel (Abb. 93b, c): die Reflexionspunkte liegen um so weiter auseinander, je größer der Keilwinkel wird. Diese Abstände vergrößern sich weiter bei größerer Keildicke (Abb. 93c, gestrichelt) und natürlich auch für flacheren Lichteinfall. In jedem Falle allerdings führt die intensitätsmäßige Summation nach der AIRYschen

Formel zu den bekannten schmalen Interferenzlinien, wenn man von Spezialfällen absieht, bei denen eine sägezahnförmige Intensitätsverteilung [BLANKE u. LOHMANN 1957] entsteht; ihre Breite hängt lediglich vom Verspiegelungsgrad ab, und zwar in der Weise, daß die größere Anzahl von Reflexionen zu schmaleren Streifen führt. In Abb. 94 sind die Intensitätsverteilungen von Interferenzstreifen dargestellt: Kurve 1 gehört zu den Zweistrahlinterferenzen, Kurve 2 gilt für Mehrstrahlinterferenzen von Keilflächen mit geringerer, Kurve 3 für solche mit großer Reflexionsfähigkeit. Bei Mehrstrahlinterferenzen ist also die schmale Linie, welche lediglich den interessierenden Informationsparameter, die Streifenauslenkung, enthält, direkt gegeben; der Informationsgehalt dieser Linie ist jedoch verschieden groß, abhängig einerseits von der speziellen Oberflächenform des Objektes, andererseits von der Interferenzanordnung (Keilwinkel, Keildicke, Verspiegelungsgrad) und überdies noch von dem Beobachtungsgerät (Apertur, Auflösung und Vergrößerung), was sich bei Aufnahmen des gleichen Objektes unter verschiedenen Bedingungen durch verschiedenen Detailgehalt der Inter-

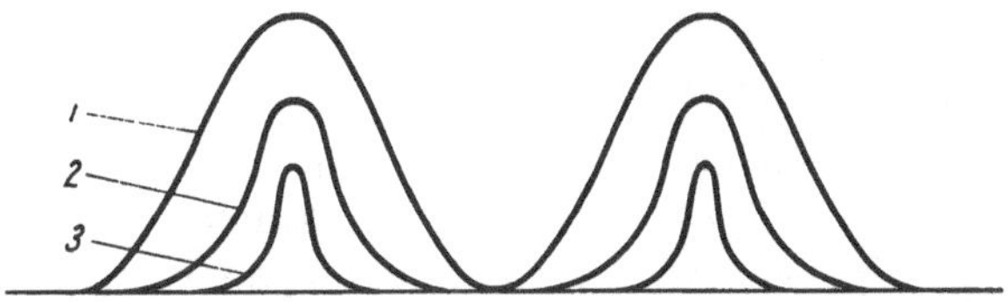

Abb. 94. Intensitätsverteilung bei Zwei- und Mehrstrahlinterferenzen.

ferenzstreifen äußern kann. Während also hier der Informationsgehalt je nach den Umständen wechselt, bleibt er bei den Zweistrahlinterferenzen im wesentlichen gleich; es ändert sich lediglich die Streifenlage unter dem Einfluß von Apertur und Keilwinkel, wofür die entsprechenden Korrektionen anzuwenden sind. Problematisch sind lediglich die kleinen Details wie z. B. schmale Rillen, deren richtige Ausmessung vom Auflösungsvermögen der Mikroskopoptik abhängt. Unsere Betrachtungen können daher nur auf genügend ausgedehnte, also richtig aufgelöste Strukturen angewandt werden.

Es konnte bereits an praktischen Beispielen [KRUG 1955 u. 1956] gezeigt werden, daß bei bestimmten Objekten die Wiedergabe der Oberflächenstruktur mit Mehrstrahlinterferenzen verfälscht werden kann, und zwar in dem Sinne, daß die Rauhigkeit zu gering gemessen wird. Das Zusammenwirken der vielen Teilstrahlen bei Mehrstrahl-Keilinterferenzen bewirkt intensitätsmäßig zwar eine Streifenverschärfung, die einzelnen Reflexionen werden jedoch von verschiedenen Stellen der Oberfläche beeinflußt, wodurch sich die Phasen der einzelnen Strahlen mischen und die Informationen der Einzelstellen verwischen; bei größerer Schärfe der Streifen (höherer Verspiegelungsgrad) wird dieser Informationsschwund noch merklicher, da noch mehr Strahlen mitwirken; ebenso bei größerem Keilwinkel, schrägem Lichteinfall und größerer Keildicke, da die einzelnen Reflexionspunkte sich dann auch über größere Flächen verteilen. Bei kugel- oder zylinderförmigen Oberflächen, wo Keilwinkel und Keildicke von Natur aus veränderlich sind, sind die Verhältnisse besonders ungünstig; man beschränke sich daher auf Objekte, bei denen sehr dünne flache Keile realisierbar sind. Um genaue Informationen über ein bestimmtes Flächenelement der Oberfläche zu erhalten, muß die Apertur A des Mikroskops so gewählt werden, daß λ/A dem topographischen Bereich entspricht, der am Zustandekommen der Mehrfach-Interferenzerscheinung mitwirkt. Ist die Auflösung größer, dann erhält man keineswegs bessere Informationen, da die dann sichtbaren Auslenkungen aus Punkten verschiedener Gebiete oder Oberflächen gemittelt sind (s. auch [Menzel 1956, u. 1959b; Wolter 1959b]).

Bei Mehrstrahlinterferogrammen technischer Oberflächen ist der spezielle Einfluß der Oberflächenstruktur noch nicht behandelt worden; so sind z. B. Streustrahlen der Nachbarbereiche, die bei Zweistrahlinterferenzen nicht mehr ins Mikroskopobjektiv gelangen, unter Umständen bei Mehrstrahlanordnungen in unkontrollierbarer Weise wirksam, da sie nach Mehrfachreflexion wieder in das Objektiv gelangen können; sie beeinflussen dann die Interferenzerscheinung. Abgesehen von diesen Eigentümlichkeiten, welche die Wiedergabe der feinsten Strukturen betreffen, kommen bei Mehrstrahlinterferenzen noch Komplikationen dadurch hinzu, daß die Mittelbildung der Phasen bei Keilinterferenzen vorzugsweise senkrecht zur Keilkante erfolgt (Abb. 93b, c). Dadurch tritt eine Art Astigmatismus in der Auflösung auf; je nach der zufällig gewählten Richtung der Keilkante werden bestimmte gerichtete Strukturen verschieden gut aufgelöst. Bei schief zur Keilkante einfallenden Strahlen komplizieren sich die Verhältnisse, da die Strahlenabwanderung dann bogenförmig erfolgt. Betrachtet man in Abb. 95 die Mehrstrahlinterferenzaufnahme eines gedrehten Metallzylinders [Lau 1953], dann ist folgendes bemerkenswert: Die Interferenzstreifen stehen quer zur Bearbeitungsrichtung, die Keilkante liegt jeweils parallel zur Mantellinie; die Auslenkungen sind trotz der Mehrstrahlinterferenzen ziemlich unabhängig von der Ordnungszahl, den wachsenden Keilwinkeln und Keildicken. Es liegt dies daran, daß die Lichtstrahlen der Mehrfachinterferenzen in den durch die Bearbeitung hier erzeugten langen Rillen, die senkrecht zu den Streifen stehen, durch Reflexion weiterwandern und daher alle Teilstrahlen bei der gleichen relativen Tiefe zum Nachbarelement zur Wirkung kommen können. Sie erhalten gegenüber den benachbarten Gebieten mit anderer Rillentiefe einen im wesentlichen konstanten Gangunterschied. Natürlich ist dieser Effekt sehr von der Form, Breite, Tiefe und Länge solcher Bearbeitungsspuren abhängig. Bei großen Aperturen wird

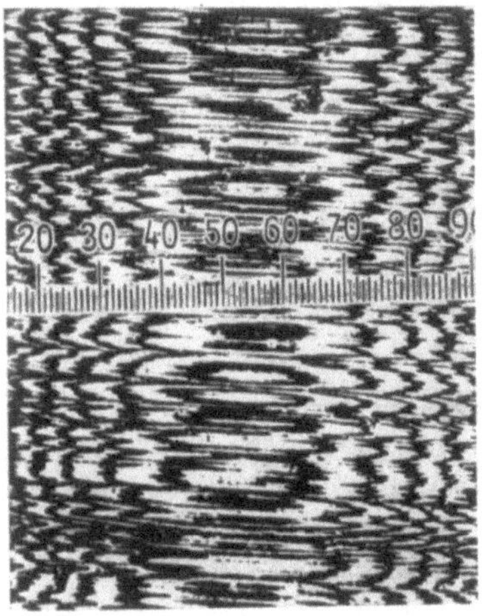

Abb. 95. Mehrstrahlinterferenzen auf einem gedrehten Metallzylinder. Aufnahme: G. Lippert, Jena.

auch diese Auflösung (bevorzugte Richtungen) gestört, weil die im Aperturkegel wirksamen Strahlen aller Winkel in verschiedene Richtungen z. T. bogenförmig abwandern. Bei einer Kugel mit kurzen Schleifspuren, die nicht durch einen Drehvorgang entstanden sind, findet trotz einer Vorzugsrichtung der Strukturen durch die Mehrstrahlinterferenz eine Mittelung statt, die eine gleichmäßige glatte Oberfläche vortäuscht. Schleifspuren haben offenbar keine gleichmäßige Tiefe und reißen im Gegensatz zu den Drehspuren unregelmäßig ab. Dies ergibt sich z. B. aus Abb. 96. Es handelt sich hierbei um ein Interferogramm einer Kugeloberfläche (a), das mit Äquidensiten behandelt ist (b). Der eine Teil von b) enthält Äquidensiten der Zweistrahlinterferenzen, der andere Äquidensiten der Mehrstrahlinterferenzen: das Interferenzbild (a) ist durch eine aufgelegte Vergleichsplatte gewonnen worden, von der ein Teil stark verspiegelt ist; die in diesem

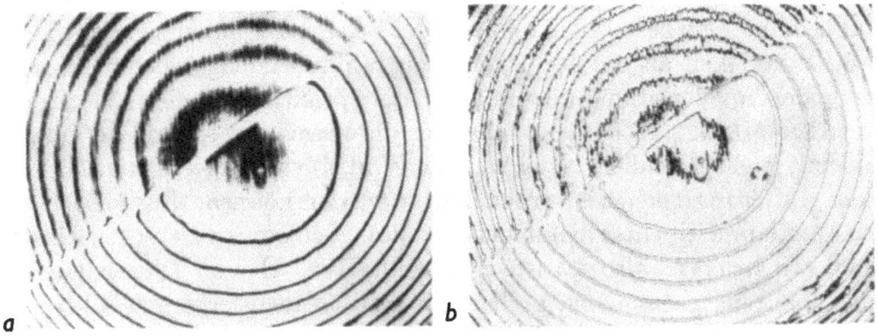

Abb. 96. a) Zwei- und Mehrstrahlinterferenzen auf einer geschliffenen Kugeloberfläche nach C. E. Johansson, Eskilstuna. b) Äquidensiten zu a).

Teil entstehenden Mehrstrahlinterferenzen täuschen hier eine glatte Oberfläche vor, während die in dem anderen Teil entstehenden Zweistrahlinterferenzen eine deutliche Struktur anzeigen. Man erkennt auch bei den Mehrstrahlinterferenzen nur eine Andeutung der Vorzugsrichtung dieser Bearbeitungsspuren; offenbar sind diese Strukturen so kleinräumig, daß sie von den Mehrfachlichtstrahlen überwandert werden. Da bei Kugelinterferenzen für jedes Flächenelement eine eigene Keilkante gedacht werden muß, kann eine einheitliche Vorzugsrichtung überhaupt nicht realisiert werden.

Die bisherige Diskussion über den Informationsgehalt von Zwei- und Mehrstrahlinterferenzen erfährt also insofern eine Erweiterung, als an einigen Beispielen gezeigt werden konnte, daß bei den Mehrstrahlinterferenzen eine Art Auflösungsastigmatismus auftritt. Dieser Astigmatismus erklärt sich durch die Vorzugsrichtung der Phasenmittelung senkrecht zur Streifenrichtung. Daher werden gerichtete Strukturen, die in Richtung der Strahlabwanderung liegen, wenigstens bei kleinen Aperturen noch gut wiedergegeben, wenn es sich um ausgedehnte Strukturen (z. B. Drehspuren) handelt. Bei Strukturen, die in Richtung der Streifen liegen, versagt das Mehrstrahlverfahren vollständig. Handelt es sich um gerichtete kleinräumige Schleifspuren, so versagt das Verfahren ebenfalls, auch wenn diese senkrecht zur Streifenrichtung liegen.

Um die verhältnismäßig schwierige Frage zu klären, wie der Informationsgehalt der Interferogramme insgesamt zu werten ist, hat zwischen den Verfassern und Herrn Prof. INGELSTAM (Stockholm) eine eingehende Diskussion stattgefunden, deren Ergebnis etwa folgendermaßen zusammengefaßt werden kann: die Gesamtheit der Informationen ist stark von der Form und der Mikrostruktur der Oberfläche abhängig, und zwar gilt dies nicht nur für Mehrstrahlinterferenzen, sondern wahrscheinlich in einem gewissen Umfange auch für Zweistrahlinterferenzen. Betrachtet man ein bestimmtes Modell, etwa einen Keil ohne Feinstruktur, dann werden die Informationen (z. B. über Schichtdicke oder Keilwinkel) durch beide Arten von Interferogrammen ermittelt werden können, da die eindeutig definierten Verhältnisse eine mathematisch richtige Behandlung in beiden Fällen ermöglichen. Hierbei werden die Mehrstrahlinterferenzen, durch ihren steileren Intensitätsverlauf bedingt, eine bessere Lokalisation der Streifenauslenkungen bewirken, also größere Genauigkeit als die normalen Zweistrahlinterferenzen liefern; durch Anwendung der Äquidensitometrie läßt sich jedoch praktisch die gleiche Meßgenauigkeit erzielen [MENZEL 1956]. Ähnlich liegen die Verhältnisse, wenn die Oberfläche des Modells leicht moduliert ist, so daß die Winkel- und Dickenvariationen innerhalb des Auflösungsbereiches vernachlässigt werden können. Das gleiche gilt für Stufen (Aufdampfschichten, Glimmerkristalle). Denkt man sich ein gleiches Modell mit Feinstruktur, also statistisch verteilte Winkel- und Dickenänderungen, wie dies ja streng genommen in allen physikalisch realisierbaren Fällen zutrifft, dann werden die Verhältnisse außerordentlich kompliziert und sind rein mathematisch nicht allgemein zu behandeln. Nach vorsichtiger Abschätzung der Gegebenheiten kann angenommen werden, daß die Mehrstrahlinterferenzen gegenüber den Einflüssen der Oberflächenfeinstruktur anfälliger in dem Sinne sind, daß diese Einflüsse auch über den Bereich des seitlichen Auflösungsvermögens hinausgreifen; dies um so mehr, je größer der Keilwinkel, die Keildicke und je größer die Zahl der Reflexionen ist, die am Zustandekommen der Interferenzerscheinung beteiligt sind. Bei den Zweistrahlinterferenzen dagegen wird die sicher aufgelöste Rillentiefe interferenziell richtig erfaßt, da die Interferenzen durch die umgebende Struktur bei richtiger Fokussierung nicht beeinflußt werden.

Nach Ansicht der Verfasser ist es vor allem der Defokussierungseffekt, der den Informationsgehalt der Zweistrahlinterferenzen herabsetzen kann, und zwar um so mehr, je feiner die zu untersuchenden Strukturen sind. Man kann sich dies folgendermaßen klarmachen: Die einzelnen Oberflächenpunkte liefern eine Mannigfaltigkeit von Amplituden- und Phasenbeziehungen, welche den Informationsinhalt des Interferogrammes bestimmen. *Innerhalb* der Auflösungsgrenze des Mikroskopes wird stets ein Phasen- und Amplituden*gemisch* wirksam sein; d. h. es ist über alle unaufgelösten Punkte gemittelt. Oberhalb dieser Auflösungsgrenze bewirkt die Wellenfront den Informationsgehalt, da sie durch die Oberflächenstruktur deformiert wird; hierbei bleiben in jedem Oberflächenpunkt die Phase und die Amplitude für sich erhalten; d. h. solange genau auf die Oberfläche fokussiert ist, wird kein Phasen-Amplitudengemisch zwischen zwei benachbarten und durch die Auflösung getrennten Bereichen eintreten.

Betrachten wir die Oberfläche O (Abb. 97) im Interferenzmikroskop, dann werden die in der Fokussierungsebene F liegenden Phasen- und Amplitudenverhältnisse im wesentlichen richtig wiedergegeben. Zum Beispiel werden die von den Punkten P_1, P_2 und P_3 reflektierten Strahlen R_1, R_2 und R_3 sich im betrachteten Fall erst außerhalb des Tiefenschärfenbereichs mischen. Die von den Punkten P_1 P_2 reflektierten Strahlen bilden z. B. im Punkt P_3' ein Phasen- und Amplitudengemisch, das bei Defokussierung von Ebene F nach Ebene D wirksam wird und auf den Oberflächenpunkt P_3 fälschlich bezogen werden kann. — In diesem Zusammenhang sei auch auf Ausführungen in Teil III, Abschn. 235, 9. hingewiesen.

Die Fokussierung ist um so empfindlicher, je feiner die Strukturen sind und je steiler die Reflexionsflächen. Daraus kann geschlossen werden, daß sorgfältig

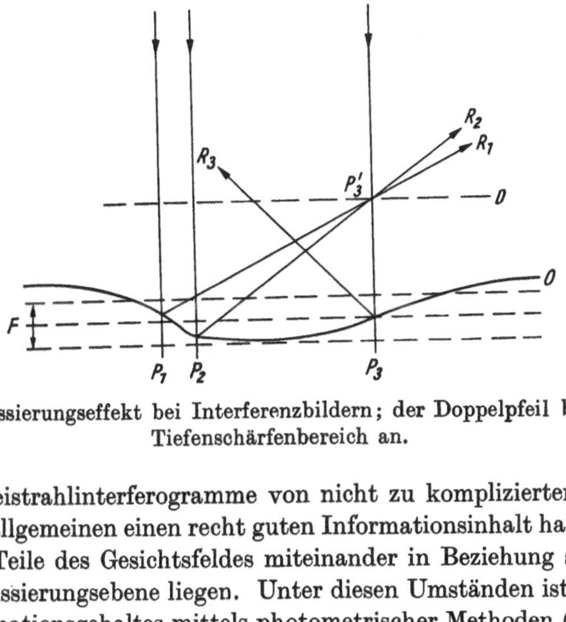

Abb. 97. Defokussierungseffekt bei Interferenzbildern; der Doppelpfeil bei F deutet den Tiefenschärfenbereich an.

fokussierte Zweistrahlinterferogramme von nicht zu komplizierten Oberflächenstrukturen im allgemeinen einen recht guten Informationsinhalt haben. Man wird natürlich nur Teile des Gesichtsfeldes miteinander in Beziehung setzen können, die in der Fokussierungsebene liegen. Unter diesen Umständen ist die Ausschöpfung des Informationsgehaltes mittels photometrischer Methoden (z. B. Äquidensiten) am genauesten. Jeder, der Erfahrung mit Interferenzbeobachtungen hat, weiß, wie schnell sich die Interferenzerscheinung einer feinen Oberflächenstruktur beim Fokussieren ändert (s. Abb. 47 sowie Tafel XVI im Anhang), und wird daher schon aus diesem Grunde bei der Beurteilung feiner Einzelheiten vorsichtig sein. Bei den Mehrstrahlinterferenzen sind die eben behandelten Gegebenheiten auch wirksam; da jedoch noch andere ungünstige Faktoren (Abhängigkeit vom Keilwinkel, Keildicke, Apertur, Zahl der Reflexionen, Astigmatismus) in der vorher beschriebenen Weise hinzukommen, ist es ratsam, daß diese Verfahren nur unter Voraussetzungen angewandt werden, die gut definierte Verhältnisse garantieren.

Der Einfluß der Tiefenschärfe auf den Informationsgehalt der Zweistrahlinterferenzen besteht in einer kombinierten Wirksamkeit der BEREKschen Tiefenschärfe der optischen Abbildung und der Tiefenschärfe der Interferenzen (Teil III, Abschn. 31). Der Kontrast der Interferenzen fällt dabei mit der Tiefe ab, und außerdem werden die Interferenzstreifen bei schiefen Reflexionen in zum Teil verwickelter Weise verschoben. Was durch solche Komplikationen an Informationsgehalt für die Intensitätsverteilung des optischen Bildes verlorengeht, kann natürlich durch kein photometrisches Verfahren, auch nicht durch die Äquidensiten, nachträglich wiedergewonnen werden. Solche Fälle müßten einmal numerisch durchgerechnet werden, um zu zeigen, wie weit solche „Verwirrungsbereiche“ im einzelnen über den eigentlichen lateralen und tiefenmäßigen Auflösungsbereich eines Mikroskops hinausgehen.

46. Erreichbare Genauigkeiten

Aus den vorgehenden Abschnitten ersieht man, daß sowohl die Deutung der Interferogramme als auch ihre quantitative Auswertung mannigfache Probleme aufwirft. Die Frage nach der erreichbaren Genauigkeit ist zunächst mit dem untersuchten Objekt eng verknüpft (s. etwa Abschn. 33, 36); im übrigen aber ist sie auch verknüpft mit der benutzten Schaltung des Interferenzmikroskops (Zwei-

Auflicht-Interferenzmikroskopie

Durchführbare Untersuchungen und dabei erreichbare Meßgenauigkeiten

<table>
<tr><th colspan="2" rowspan="2">Prinzip der Schaltung</th><th colspan="2">Durchführbare Untersuchungen</th><th colspan="2">Meßgenauigkeit</th></tr>
<tr><th>qualitativ</th><th>quantitativ</th><th>direkt</th><th>mit Äquidensiten</th></tr>
<tr><td colspan="2">Zweistrahl</td><td rowspan="2">Oberflächenrauhigkeit (vergleichsweise) Formprüfungen (nur mit einobjektivigen Geräten)</td><td>Dickenunterschiede Stufenmessungen (absolut) Messung ausgedehnter Strukturen (keine Rillen) Topographie von Oberflächen entsprechend Auflösungsvermögen</td><td>$\lambda/20$
$= 0{,}025\ \mu$
250 Å</td><td>$\lambda/200$
$= 0{,}003\ \mu$
20—30 Å</td></tr>
<tr><td rowspan="2">Mehrstrahl</td><td>industrielle Geräte</td><td>Stufenmessungen (absolut) Topographie leicht gewellter Oberflächen mit kleiner Apertur</td><td>$\lambda/100$
$= 0{,}005\ \mu$
$\sim$ 50 Å</td><td>$\lambda/500$
$= 0{,}001\ \mu$
$\sim$ 10 Å</td></tr>
<tr><td>Verfahren nach TOLANSKY [1948]</td><td>Formprüfungen (Abweichung von Normalen)</td><td>Stufenmessungen (absolut)</td><td>$\lambda/500$
$< 0{,}001\ \mu$
< 10 Å</td><td>$\lambda/1000$
$< 0{,}0005\ \mu$
< 5 Å</td></tr>
</table>

strahl- oder Mehrstrahlschaltung, ein- oder mehrobjektivig, wirksame Apertur usw.), nach dem Ziel der Untersuchung (qualitativ oder quantitativ) sowie nach dem Auswerteverfahren (visuell oder photometrisch). Bei den Mehrstrahlverfahren muß noch unterschieden werden zwischen industriellen Geräten (bei denen im allgemeinen verspiegelte Vergleichsplatten mit maximal 90% Reflexionsfähigkeit beigegeben werden und eine Verspiegelung des Objektes nicht erfolgt; daher sind nur verhältnismäßig wenig Teilstrahlen beteiligt, und die Streifen sind nicht extrem schmal) und den meist nur im Laboratorium möglichen Untersuchungen streng nach Tolansky [1948], bei denen Vergleichsfläche und Objekt hochgradig verspiegelt werden und daher eine große Zahl Teilstrahlen wirksam sind.

Wenn die notwendigen Korrektionen bzgl. Apertur und Keilwinkel bzw. die vorgeschriebenen Justieranweisungen berücksichtigt sind (s. Teil III, Abschn. 34), dann kann die Tabelle auf Seite 230 als angenäherte Übersicht über Anwendung und Meßgenauigkeit der Auflicht-Interferenzmikroskopie gelten. Hierbei sind Spezialverfahren, wie Immersionsmethode (s. Teil I, S. 61), sowie Mehrfachabdruckverfahren (Abschn. 39) u. dgl. nicht berücksichtigt. (S. a. Gerhard u. Lenk [1960].)

Für die Durchlicht-Interferenzmikroskopie läßt sich eine ähnliche Tabelle nicht anfertigen, da die Mehrstrahlverfahren nicht ohne weiteres auf Durchlichtbeobachtungen übertragbar sind (s. S. 89). Wenn ein Zweistrahl-Interferenzmikroskop benutzt wird, bei dem der Vergleichsstrahlengang vom Objekt nicht beeinflußt ist, können die vierfachen Beträge der oben angegebenen Meßgenauigkeiten gelten (z. B. für Dickenunterschiede im Objekt); hinsichtlich der Objektdicke und Apertur vgl. Abschn. 24, über die Genauigkeit der Brechzahlmessungen vgl. Abschn. 35.

5. Interferenzielle Photometrie und Analyse photographischer Bilder

51. Die photographische Schicht als Silbergebirge

Daß fertig entwickelte Platten nicht nur Transparenzunterschiede, sondern auch ein Relief (eine Plastik) zeigen, ist in Abschn. 32 bereits gezeigt worden. Die Niveauunterschiede der photographischen Schicht entstehen durch die verschiedenen Mengen von metallischem Silber an den belichteten Stellen; dadurch liegen die geschwärzten Stellen etwas höher (maximal bis zu 1 μ) als die ungeschwärzten. Dieses photographische Silbergebirge kann man im Interferenzmikroskop sehr gut sehen und die Höhenunterschiede messen. Da also die Größe der Niveauunterschiede im Zusammenhang mit der aufgenommenen Lichtmenge steht, ist die Grundlage für ein photometrisches Verfahren gegeben, das als Schwärzungsplastikverfahren, neuerdings als *Schwärzungsreliefverfahren* bezeichnet wird [Lau u. Krug 1957; Lau, Kind u. Roose 1958]. Grundsätzlich ist es gleichgültig, auf welche Weise das Schwärzungsgebirge ausgemessen wird, es hat sich jedoch bisher das Interferenzmikroskop am besten bewährt, da die Kurven der Interferenzbilder die Orte gleichen Niveaus miteinander verbinden, wodurch das Relief deutlich hervortritt und ausmeßbar wird. Durch geeignete Justiervorrichtungen kann waagerechter Schnitt (Abb. 98 a) oder beliebig schräger Schnitt (Abb. 98 b, c) erzeugt werden; die Bilder, ein Teil der Mikroaufnahme eines Mikrometerstrichs, können kontinuierlich ineinander übergeführt werden. Die im waagerechter Schnitt sichtbaren Streifen sind Kurven gleicher Schwärzung, also *Äquidensiten* (s. Abschn. 43), die im schrägen Schnitt sichtbaren Profillinien durch das Schwärzungsrelief sind mehr oder weniger überhöhte Schwärzungskurven oder photometrische Kurven in Richtung des Profilschnittes. Demnach liefert der Schrägschnitt die Photometerkurven (Scharen) bei *eindimensionalen* photometrischen Aufgaben (z. B. Spektralphotometrie), der waagerechte Schnitt liefert die Äquidensitenscharen bei *zweidimensionalen* photometrischen Problemen (z. B. Bildanalyse). Für die praktisch einwandfreie Anwendung des Verfahrens ist daher ein sehr gut justierbares, schwach (etwa 10 bis 15×) vergrößerndes Interferenzmikroskop erforderlich, wofür sich die in Abschn. 213 beschriebene Interferenzlupe besonders gut bewährt hat.

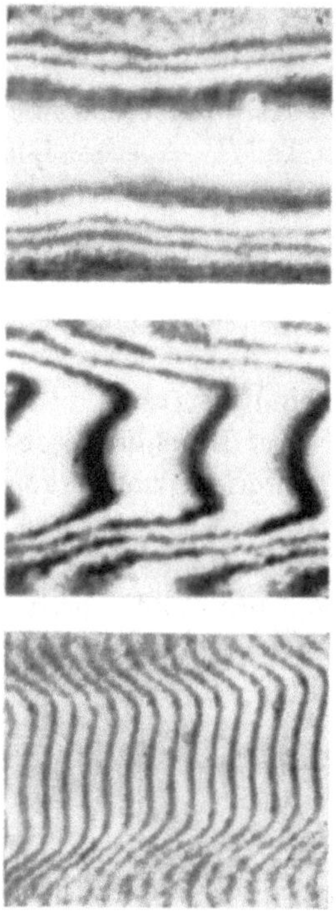

a b c

Abb. 98. Schwärzungsrelief einer photogr. Platte im Interferenzmikroskop. a) waagerechter; b) c) schräger Schnitt.

Als Fehlermöglichkeit bei dem Verfahren sei der Ross-Effekt genannt, der in Gelatineverlagerungen besteht; dieser zeigt sich insbesondere bei feinkörnigem Photomaterial, wird aber umso weniger merklich, je feiner die wiederzugebenden Details sind. Der Störeffekt tritt insbesondere bei bestimmten Plattensorten auf und bildet sich erst beim Trocknen der gewässerten Platte aus; die Untersuchungen ergeben, daß sich am besten Spektral-Hart-Platten eignen, die nach dem Wässern möglichst rasch getrocknet werden. Hierzu legt man die Platte in ein Alkoholbad, bis das Wasser vollkommen entwichen ist und trocknet sie mit heißem Föhn (Heißluftdusche); dadurch werden die glasklaren Stellen weiß und die Gelatineoberfläche ziemlich rauh. Wässert und trocknet man die Platte noch einmal, dann entsteht (wieder nach Trocknen mit Heißluftdusche) eine störungsfreie, glatte Oberfläche, wie sie im Interferenzmikroskop erwünscht ist.

52. Eindimensionale Photometrie

Um einen Vergleich mit der normalen Durchlichtphotometrie zu ermöglichen, sei zunächst in Abb. 99 die photographische Aufnahme eines Spektrums (a) gezeigt und dazu ihre Oberflächenstruktur im Interferenzbild (b). Man erkennt an dem interferenziellen Schrägschnitt die verschiedenen Schwärzungen durch unterschiedliche Auslenkungen der Interferenzstreifen. Eine Auslenkung der Streifen um eine Interferenzordnung bedeutet eine Erhöhung um den Betrag $\lambda/2$, der halben

Wellenlänge des verwendeten Lichtes. Unterhalb (c) sieht man den Schwärzungsverlauf des mittleren Teils der Aufnahme, wie er mit dem Zeiss-Schnellphotometer gewonnen wurde. Man erkennt ohne weiteres, daß der Verlauf dieser durch Messung erhaltenen Kurve der gleiche ist wie der bei den Interferenzkurven. Der Vorteil gegenüber dem photometrischen Transparentverfahren liegt darin, daß man in Schwärzungen vordringen kann, die dioptrisch überhaupt nicht mehr zu erfassen sind ($S > 2$). Dieses Verfahren ist deshalb bisher besonders zur Photometrie von Sternspektren angewandt worden [Schmidt und Engelbrecht 1958; H. Schmidt 1960].

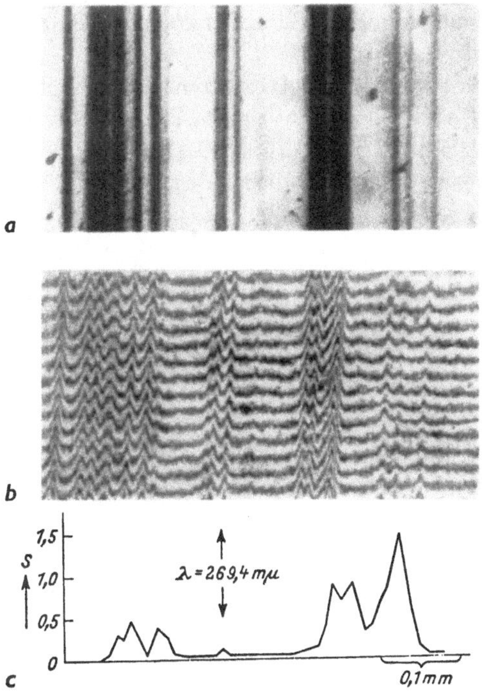

Abb. 99. Spektralphotometrie mittels Schwärzungsreliefverfahren.
a) Eisenspektrum; b) Interferenzbild als Schar von Photometerkurven; c) mittels Schnellphotometer erhaltene Kurve im mittleren Teil des Spektrums.

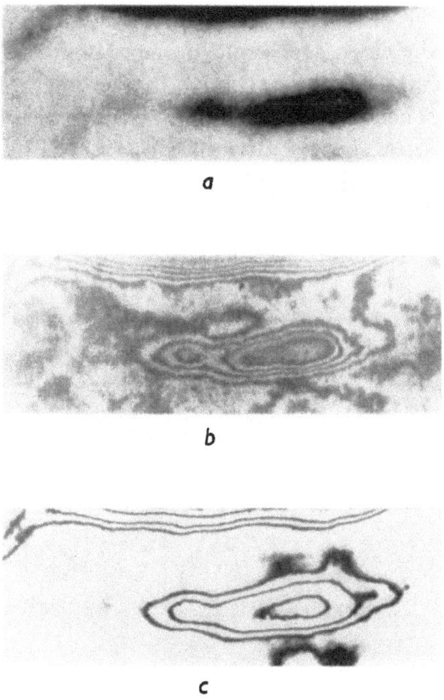

Abb. 100. a) Biologisches Mikrophoto (Chromosom).
b) Schwärzungsäquidensiten zu a).
c) Photogr. Äquidensiten zu a).

53. Zweidimensionale Photometrie

Geht man vom schrägen Schnitt der Interferenzkurven zum waagerechten Schnitt über, dann bewirken die entstehenden Niveaulinien eine zweidimensionale Photometrie ähnlich dem photographischen Äquidensitenverfahren; der Vorteil des Schwärzungsreliefverfahrens liegt z. B. darin, daß man bei einigermaßen starker Plastik (Abb. 100a) sofort Äquidensitenscharen erhält (Abb. 100b), die beim photographischen Verfahren (Abb. 100c) nur schrittweise gewonnen werden können; da die benachbarten Streifen stets die gleiche Höhendifferenz $\lambda/2$ haben, entspricht ihnen auch stets der gleiche Schwärzungsunterschied ΔS. Je nach der Feinkörnigkeit des Materials entspricht eine Interferenzordnung einer Schwärzungsstufe ΔS zwischen 0,6 und 1,0.

Man kann leicht einsehen, daß die Breite der Schwärzungsrelief-Äquidensiten ebenso wie die der photographischen vom örtlichen Schwärzungsgradienten abhängt.

Will man von kleineren Gebilden, die etwa nur eine Ordnung der Interferenzstreifen enthalten, Äquidensitenscharen gewinnen, dann empfiehlt es sich unter-Umständen, das Schwärzungsrelief mittels eines *Abschwächers* zu verstärken; dieser bewirkt im ersten Stadium eine Umwandlung des Silbers in komplexe Salze, die einen größeren Volumeneffekt haben.

Eine sehr wichtige Anwendung des Schwärzungsreliefverfahrens in der optischen Meßtechnik ist die Auswertung von Testobjekten photographischer Objektive [Hodam 1958, 1960 u. Hodam und Lau 1958; Lau 1957 u. 1958; Lau und Hodam 1959]. Hierzu gibt die Tafel VIII im Anhang ein anschauliches Beispiel.

III. EINE THEORIE DER ZWEISTRAHLINTERFERENZEN

1. Problemstellung und Überblick

In diesem Teil III soll eine Theorie der Zweistrahlinterferenzen entwickelt und auf praktische Fragestellungen angewendet werden. Diese Theorie ist nicht auf Interferenz*mikroskope* beschränkt, sondern behandelt allgemeiner eine gewisse Gruppe von Interferenzerscheinungen. Es sind solche, bei denen jeweils *zwei* kohärente Strahlenbündel, d. h. zwei kohärente Teile einer Welle, miteinander interferieren; dabei sollen Beugung und Aberrationen zu vernachlässigen sein.

Die Behandlung ist in verschiedener Hinsicht möglichst umfassend gehalten, macht jedoch nicht den Anspruch auf erschöpfende Darstellung. Das Schwergewicht liegt auf den monochromatischen Interferenzerscheinungen, die mit den Interferenzen am Keil zusammenhängen oder daraus ableitbar sind. Solche Interferenzerscheinungen entstehen, um nur einige Beispiele zu nennen, in MICHELSON-Interferometern und verwandten Geräten (Interferenzkomparatoren, dem Interferenzmikroskop nach LINNIK, dem Interferenzmikroskop nach KRUG und LAU), jedoch auch beim FRESNELschen Spiegelversuch, ferner in MACH-ZEHNDER-Interferometern und anderen Geräten mit ähnlichen Schaltungen. Unter entsprechenden Bedingungen treten Interferenzen auf, die auch „Interferenzen gleicher Dicke“ genannt werden, obgleich die Bezeichnung mit Vorbehalt zu verwenden ist, da sie nur unter vereinfachenden Annahmen richtig ist. Die „Interferenzen gleicher Neigung“ dagegen werden hier nicht näher behandelt, obgleich sie sich in den allgemeinen Rahmen der Theorie ebenfalls mit einordnen.

Diese Theorie der Zweistrahlinterferenzen wird in Abschn. 2 entwickelt. Dabei bringt Abschn. 21 die Grundlagen, in deren Mittelpunkt das „Prinzip der übereinstimmenden Ordnungen“ (Abschn. 212) und der Begriff der „Lichtquellenbild-Transformation“ (Abschn. 213) stehen. — Will man nun brauchbare Interferenzen beobachten, so sind im allgemeinen gewisse Einschränkungen nötig; zwei besonders wichtige werden hier behandelt: Einschränkungen über die Größe der Lichtquellenbilder (in Abschn. 22, Lichtquellenbilder im Endlichen) und Einschränkungen über die Größe der Apertur (in Abschn. 23, bei örtlich konstanter Apertur). Überhaupt erweist sich die Apertur für die Interferenzen als besonders wesentlich, d. h. genauer der „wirksame Aperturkegel“, ein Begriff, der in Abschn. 232 eingeführt wird und mit im Vordergrund der Theorie steht. — Abschn. 3 behandelt dann einige Beispiele für spezielle Fragen, die in der Praxis auftauchen und von der dargestellten Theorie beantwortet werden.

Die einzelnen Interferometer werden nicht systematisch nacheinander behandelt; vielmehr treten nur einige (unter Bevorzugung von Interferenzmikroskopen) als Beispiele zur Veranschaulichung des Gebrachten innerhalb der einzelnen Abschnitte auf. Diese Darstellungsform wurde deshalb gewählt, weil hier das Hauptgewicht darauf liegen soll, was für die Interferenzen charakteristisch ist. Dabei zeigt sich, daß die Verfolgung von Strahlenverläufen in verschiedenen, mehr oder weniger komplizierten optischen Schaltungen hierfür unzweckmäßig ist, weil zwei äußerlich völlig verschiedene Schaltungen im wesentlichen doch genau die gleiche Interferenzerscheinung zeigen können. Als *charakteristisch* erweisen sich vielmehr die Lichtquellenbild-Transformation $\mathfrak{T}$ und der wirksame Aperturkegel $\mathfrak{A}$ (bzw., in Abschn. 22, die Ausdehnung der Lichtquellenbilder). Wie man bei einem speziellen Gerät $\mathfrak{T}$ und $\mathfrak{A}$ findet und mit ihnen operiert, ist jeweils an entsprechenden Beispielen demonstriert, soweit es nötig erschien. — Die mathematische Darstellung wurde den gewählten Voraussetzungen möglichst angepaßt und hält sich, um allgemeiner verständlich zu bleiben, durchgehend im Reellen. Das bedeutet, daß hier andere Darstellungsmethoden angewendet wurden als z. B. in der Kohärenztheorie, wie sie unter anderem von Hopkins entwickelt wurde. —

Auf diese Weise soll eine möglichst einfache und anschauliche Darstellung der Zweistrahlinterferenzen und der dabei auftretenden verschiedenen Effekte erreicht werden. Hierzu trägt auch eine Reihe vereinfachender Annahmen bei, z. B. über spektrale Eigenschaften, Kohärenzlänge und Polarisationszustand der Strahlung; diese Annahmen werden im Text an den entsprechenden Stellen erwähnt.

Der eben skizzierte Charakter der Darstellung weicht von der sonst z. B. in Physikbüchern meist üblichen Darstellung der Lichtinterferenzen ab. Einerseits nämlich dürfen die Voraussetzungen hier einfacher angenommen werden: Während z. B. sonst die Lichtwellen als *Transversal*wellen dargestellt werden müssen, kann man dies für die hier zu beschreibenden Erscheinungen als unwesentlich ansehen; es genügt als Voraussetzung der Wellencharakter allgemeiner. Andererseits jedoch müssen die Voraussetzungen hier komplizierter gewählt werden, wenn man die entsprechenden Erscheinungen angemessen beschreiben will: Während es sonst z. B. meist genügt, eine einzige (ebene oder Kugel-)Welle zu betrachten, müssen hier statt dessen unendlich viele Wellen berücksichtigt werden, die von einer ausgedehnten Lichtquelle innerhalb eines Richtungskegels bestimmter Form einfallen. — Diese Unterschiede sind bedingt durch die unterschiedliche Fragestellung. In der *reinen* Physik steht im Mittelpunkt das Licht selbst mit seinen physikalischen Eigenschaften. *Hier* dagegen ist das Ziel, dieses Licht mit seinen (als bekannt vorausgesetzten) Grundeigenschaften zu verwenden, um Aussagen über damit bestrahlte *Objekte* zu gewinnen.

2. Allgemeine Ableitung und Darstellung der Theorie

21. Grundlagen

211. Verschiedene Möglichkeiten

Jede theoretische Behandlung einer physikalischen Erscheinung stellt nur eine Näherung dar; denn man kann nie sämtliche Einflüsse, die grundsätzlich vorhanden sind, mit beliebiger Genauigkeit berücksichtigen. Lediglich der *Grad* jener Näherung ist im einzelnen verschieden. Er richtet sich unter anderem nach der erstrebten Genauigkeit. Man hat daher oft verschiedene Möglichkeiten einer theoretischen Behandlung, je nach dem gewünschten Genauigkeitsgrad. Bei Interferenzerscheinungen liegen diese Möglichkeiten meist zwischen einer exakten Lösung der Wellengleichungen und Methoden, die im wesentlichen der geometrischen Optik entstammen.

Klar ist natürlich, daß man hier mit der *reinen* geometrischen Optik allein nicht auskommt; denn es muß ja mindestens der *Periodizitäts*charakter des Lichtes irgendwie berücksichtigt werden. Tut man dies in der einfachsten Form, dann gelangt man zu Vorstellungen, die man unter dem Namen „Prinzip der Strahlen gleicher Richtung" [Schulz 1953] zusammenfassen kann. Dieses Prinzip arbeitet mit den Lichtstrahlen der *geometrischen Optik*, die durch geradlinige Ausbreitung, Reflexions- und Brechungsgesetz definiert sind. Diesen Lichtstrahlen wird nur noch zusätzlich die Eigenschaft einer Periodizität bestimmter Wellenlänge zugeschrieben. Es interferiert dabei ein Lichtstrahl nur mit sich *selbst*, also nach seiner Aufteilung an teildurchlässig spiegelnden Flächen an *dem* Ort, wo sich die Teilstrahlen wieder treffen. Die Interferenz von Lichtstrahlen dagegen, die dasselbe Lichtemissionszentrum in *verschiedenen* Richtungen verlassen, bleibt dabei unberücksichtigt[1]); daher der Name „Prinzip der Strahlen *gleicher* Richtung". Dieses Prinzip ist an vielen Stellen der Literatur zu finden. 1907 ist es bereits von Lummer in Müller-Pouillets Lehrbuch der Physik angewendet [Lummer 1907, S. 767], inhaltlich ausführlicher formuliert anscheinend erstmalig durch Hansen [1931].

Auf den ersten Blick allerdings erscheint seine Berechtigung fraglich, wenn man folgendes bedenkt. Nachgewiesenermaßen besteht Winkelkohärenz; d. h. ein Lichtemissionszentrum sendet innerhalb eines verhältnismäßig großen räumlichen Winkels kohärente Wellenfronten aus, und grundsätzlich interferieren dabei auch solche Strahlen miteinander, die dieses Emissionszentrum in *verschiedenen* Richtungen verlassen (vgl. z. B. bei Wawilow [1954, S. 92]). Die alleinige Berücksichtigung der Strahlen *gleicher* Richtung erscheint von diesem Gesichtspunkt aus völlig unbegründet. Trotzdem läßt sich in bestimmten Fällen beweisen, daß das Prinzip der Strahlen gleicher Richtung eine erste Näherung darstellt [Schulz 1953], die teilweise schon recht brauchbare Ergebnisse liefert. — Für

[1]) Unberücksichtigt übrigens auch dann, wenn sie z. B. durch eine Linse parallel gemacht werden.

unsere Zwecke jedoch erweist sich dieses Prinzip zur Entwicklung der Grundlagen als ungeeignet; denn wir wollen ja auch die Abhängigkeit der Interferenzen von der *Apertur* untersuchen und müssen daher *alle* Richtungen berücksichtigen, auch in bezug auf ihre Kohärenzverhältnisse.

Nun könnte man natürlich eine exakte Lösung der Wellengleichungen versuchen, dürfte aber damit im allgemeinen wegen der Kompliziertheit der Lösung nicht zum Ziel kommen.

Wir müssen also einen Mittelweg suchen, der einerseits genauere Ergebnisse, liefert als bei Anwendung des Prinzips der Strahlen gleicher Richtung, andererseits jedoch einfachere Lösungsmethoden ermöglicht als bei einer exakten Lösung der Wellengleichungen. Ein solcher Mittelweg bietet sich dar durch Anwendung des „Prinzips der übereinstimmenden Ordnungen" [Schulz 1953], und dieses werden wir als Grundlage unserer Theorie verwenden.

212. Das Prinzip der übereinstimmenden Ordnungen

Dieses Prinzip trägt mehr *wellen*optischen Charakter, im Gegensatz zu dem Prinzip der Strahlen gleicher Richtung, das im wesentlichen der *geometrischen* Optik entstammt. Das Prinzip der übereinstimmenden Ordnungen berücksichtigt nämlich noch die oben erwähnte *Winkelkohärenz* der Wellenfronten. Es entsteht durch eine Verallgemeinerung der Vorstellungen, die meist zur Erklärung des Fresnelschen Spiegelversuchs (s. z. B. Grimsehl [1952, S. 89]) herangezogen werden.

Im einzelnen geht dieses Prinzip von folgenden Grundvorstellungen und Voraussetzungen aus:

Wir betrachten Licht (oder eine diesem hier äquivalente Strahlung). Die Lichtquelle besteht aus unendlich vielen, in ihrer Phase voneinander unabhängigen Lichtpunkten, die einen gewissen Raum- oder Flächenbereich dicht besetzen und Kugelwellen aussenden. Die einzelnen Lichtpunkte sind miteinander inkohärent, die von einem Lichtpunkt ausgehende Wellenfront dagegen über alle *Richtungen kohärent*. Die Kohärenz*länge* eines solchen Wellenzuges ist dabei allein durch die spektrale Zusammensetzung des Lichtes bestimmt, d. h. bei (streng) monochromatischem Licht würde unendliche Kohärenzlänge bestehen.

Die Lichtquelle wird nun durch ein gewisses optisches System $\mathfrak{S}$ aberrationsfrei abgebildet. — Diese Abbildung enthält irgendwie eine Aufspaltung eines Strahlenbündels in *zwei* miteinander kohärente Teile. Jene Aufspaltung kann verschiedener Natur sein. Sie kann z. B. rein räumlichen Charakter haben wie etwa beim Fresnelschen Spiegelversuch: *Ein* Teil einer von der Lichtquelle ausgehenden Kugelwelle geht zum einen Spiegel und wird dort reflektiert, ein *anderer* Teil zum anderen Spiegel und wird dort in eine etwas andere Richtung reflektiert. Jene Aufspaltung kann sich jedoch z. B. auch mehr auf die Amplituden beziehen und durch teildurchlässig spiegelnde Flächen bewirkt werden, z. B. in Michelson- oder in Mach-Zehnder-Schaltungen[1]): *Ein* Teil des auf eine teildurchlässig spiegelnde

[1]) S. z. B.: Teil I, Abschn. 212; Teil II, Abschn. 21 bzw. 22; Teil III, Abb. 1 bzw. 16

Fläche auftreffenden Strahlenbündels wird von dieser hindurchgelassen, ein *anderer* reflektiert. — Infolge der erwähnten Aufspaltung erzeugt das optische System $\mathfrak{S}$ jedenfalls *zwei* miteinander kohärente Bilder von der Lichtquelle, d. h. im allgemeinen von jedem ihrer Lichtpunkte. Diese beiden kohärenten Bilder decken sich im allgemeinen örtlich nicht. Der (optische) Raum, in dem jene beiden verschiedenen Bilder liegen, heiße $\mathfrak{R}$; er wird als unbegrenzt angesehen (weiteres über $\mathfrak{R}$ auch in Abschn. 213).

Es wird dann von der Lichtquelle und dem optischen System $\mathfrak{S}$ selbst abgesehen, und es werden nur noch die von den einzelnen Lichtpunktbildern in $\mathfrak{R}$ ausgehenden Kugelwellen betrachtet (man denke z. B. wieder an den FRESNELschen Spiegelversuch). Diese Kugelwellen sind natürlich durch die vorhandenen Blenden (bzw. ihre Bilder in $\mathfrak{R}$) entsprechend begrenzt zu denken. Sie können dabei auch in ebene Wellen ausarten; dies tritt dann ein, wenn die Lichtpunktbilder in $\mathfrak{R}$ im Unendlichen liegen. Die beiden miteinander kohärenten Bilder eines Lichtpunktes sollen „kohärentes Punktpaar" heißen (in $\mathfrak{R}$). Von den beiden Punkten eines solchen kohärenten Punktpaares gehen die Wellen zeitlich mit *gleicher* Phase aus, oder allgemeiner, mit konstanter Phasen*differenz*; d. h. diese zeitliche Phasendifferenz zwischen den beiden Wellenzentren ist für jedes kohärente Punktpaar dieselbe und ist höchstens noch wellenlängenabhängig.

Die Beugung des Lichtes (z. B. an Blendenrändern) bleibt unberücksichtigt.

In einen gewissen Teilraum von $\mathfrak{R}$ gelangt nun Licht jeweils von den *beiden* Punkten kohärenter Punktpaare. Dort entsteht unter Umständen eine Interferenzerscheinung. Um hierüber Bestimmteres auszusagen, definieren wir weiter: P sei ein beliebiger (im Endlichen oder Unendlichen liegender) Punkt jenes Teilraumes. In jedem solchen P besteht in bezug auf jedes der entsprechenden kohärenten Punktpaare ein bestimmter Gangunterschied g und damit bei bestimmter Wellenlänge λ auch eine bestimmte Ordnung

$$m = \frac{g}{\lambda},$$

welche im allgemeinen nicht ganzzahlig ist. Dieses m ist also die „zugehörige" Ordnung, die zu P, dem betreffenden kohärenten Punktpaar und der ins Auge gefaßten Wellenlänge λ gehört. In jedem Punkte P gibt es somit im allgemeinen unendlich viele zugehörige Ordnungen, weil es ja unendlich viele kohärente Punktpaare gibt. In g und m ist übrigens die oben erwähnte konstante Phasendifferenz mit einbezogen zu denken. —

Nun können wir Bestimmteres über die Interferenzerscheinung aussagen und das Prinzip der übereinstimmenden Ordnungen formulieren:

„In P entsteht genau dann eine Interferenzerscheinung, wenn dort die Gesamtheit aller zugehörigen Ordnungen hinreichend übereinstimmt. Die dort tatsächlich zur Beobachtung gelangende Ordnung ist ein gewisser Mittelwert aller dieser Ordnungen." —

Dieses Prinzip dient nun als Grundlage für die weitere theoretische Behandlung. Dabei kann es auch vorkommen, daß der obige Raum $\mathfrak{R}$, in dem die Interferenzerscheinung theoretisch betrachtet wird, noch durch ein weiteres optisches System 𝔅 angeschaut oder photographiert, d. h. abgebildet wird (der interessierende Teil von ℜ ist aberrationsfrei). Oft wird es sich dabei um ein vergrößerndes System handeln, z. B. Lupe (bei Interferenzkomparatoren) oder Mikroskop (bei Interferenzmikroskopen). Auch das Auge kann man unter Umständen in die Betrachtungen mit einbeziehen und als 𝔅 oder als einen Teil von 𝔅 ansehen.

Die Voraussetzungen in diesem Abschnitt 212 enthalten natürlich implizit noch entsprechende vereinfachte Annahmen über die Polarisationszustände des Lichtes.

213. Lichtquellenbild-Transformation

Für die theoretische Behandlung erweist es sich als äußerst zweckmäßig, mit einem Begriff zu operieren, der nun eingeführt werden soll. Es ist der Begriff der „Lichtquellenbild-Transformation“ 𝔗. Man gelangt dazu auf folgende Weise.

In dem (im vorigen Abschnitt 212 eingeführten) Raum ℜ liegen die beiden miteinander kohärenten Bilder der Lichtquelle, die sich im allgemeinen räumlich

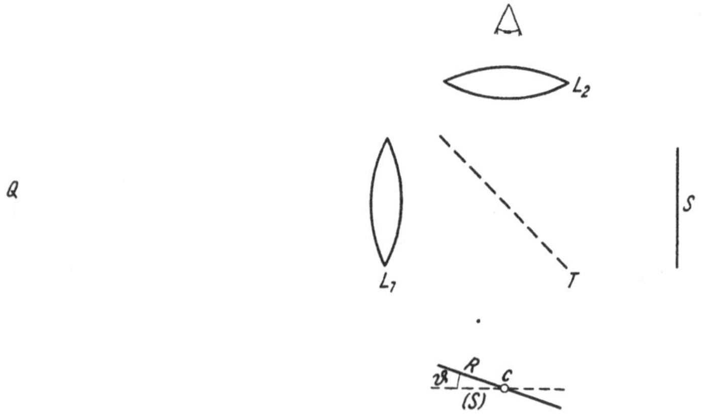

Abb. 1. Eine Michelson-Schaltung (schematisch).

nicht decken. Wollte man das eine von ihnen mit dem anderen räumlich zur Deckung bringen (so daß dann keine orts- oder richtungsabhängigen Gangunterschiede mehr vorhanden wären), dann wäre also in ℜ eine gewisse (geometrische) Transformation des einen Lichtquellenbildes nötig. Diese wollen wir Lichtquellenbild-Transformation 𝔗 nennen.

Zwei Beispiele für 𝔗 mögen zur Erläuterung dienen. Beim Fresnelschen Spiegelversuch (s. z. B. Grimsehl [1952, S. 89]) ist 𝔗 eine reine Drehung, und zwar ist die Drehachse die Kante zwischen den beiden Spiegeln, und es muß um den Winkel gedreht werden, der das Doppelte des Winkels ist, um den der eine Spiegel gegen den anderen geneigt ist. Führte man diese Transformation mit dem einen Lichtquellenbild durch, so käme es mit dem anderen zur Deckung, wie man sich leicht überzeugt.

Als zweites Beispiel betrachten wir eine Michelson-Schaltung, s. Abb. 1. Das Licht gelangt von der Lichtquelle Q durch die Linse L_1 auf die teildurchlässig spiegelnde Fläche T und wird dort geteilt: *Ein* Teil wird zunächst hindurchgelassen und gelangt über den Spiegel S nach Reflexion an T durch die Linse L_2 hindurch ins Auge (der von T in Richtung Q zurückgehende Teil des Lichtes interessiert nicht), ein *anderer* Teil wird von T zunächst reflektiert und gelangt über den Spiegel R durch T und L_2 hindurch ins Auge. — (S) ist das Spiegelbild von S in bezug auf T. Gegenüber der Lage von (S) ist R um die Achse c um den Winkel ϑ gedreht. Das in Abschn. 212 eingeführte System $\mathfrak{S}$ besteht in diesem Falle aus L_1, T, R und S. Von Q und $\mathfrak{S}$ selbst wird nun abgesehen, und es werden die durch $\mathfrak{S}$ erzeugten kohärenten Bilder von Q, d. h. Q' und Q'', betrachtet, s. Abb. 2. Diese Abbildung zeigt also hier den Raum $\mathfrak{R}$. In $\mathfrak{R}$ wäre nun die Transformation $\mathfrak{T}$ notwendig, um Q' mit Q'' zur Deckung zu bringen, wobei $\mathfrak{T}$ hier wiederum eine reine Drehung darstellt, und zwar mit der Drehachse c und dem Drehwinkel $2\,\vartheta$.[1])

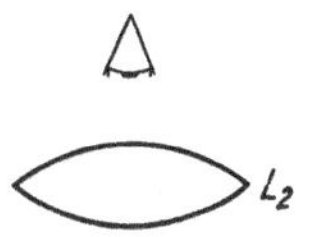

Welche Formen kann $\mathfrak{T}$ nun zeigen? Die allgemeinste Form ist keinesfalls die, bei der die beiden Lichtquellenbilder kongruent sind. Vielmehr können auch gewisse Verzerrungen auftreten, z. B. wenn in dem zu dem einen Lichtquellenbild gehörigen Strahlengang ein Glasprisma mit unsymmetrischem Strahlengang eingeschaltet ist. In solchen Fällen, wo in den beiden Strahlengängen in bezug auf den Brechungsindex keine Symmetrie besteht, treten allerdings im allgemeinen Aberrationen auf, und unsere Betrachtungen haben hier nur soweit Gültigkeit, als man diese Aberrationen dabei noch vernachlässigen kann. Sind dagegen beide Lichtquellenbilder kongruent, so kann man $\mathfrak{T}$ stets aus einer Parallelverschiebung, Drehung und Spiegelung zusammensetzen. Läßt man die Spiegelung außer acht, so bleiben Parallelverschiebung und Drehung. Die Parallelverschiebung kann man nun stets zerlegt denken in eine Komponente *parallel* zur Drehachse (jener Drehung) und in eine Komponente *senkrecht* dazu. Letztere Komponente läßt sich mit der Drehung stets zu einer neuen Drehung vereinigen, bei der die Drehachse gegenüber der alten parallel verschoben ist. Dies wollen wir auch stets tun; wir erhalten damit also eine Drehung und eine Parallelverschiebung parallel zur Drehachse, was man zusammen als „Schraubung" bezeichnet (s. z. B. bei BIEBERBACH [1944, S. 104]).

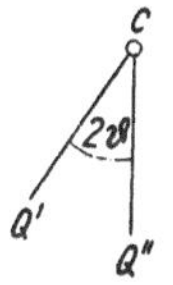

Abb. 2
Beobachtung des Raumes $\mathfrak{R}$ von Abb. 1.

Ein Spezialfall der Schraubung ist dann also die reine Drehung; bei dieser ist die zuletzt genannte Parallelverschiebung = 0. Eine anderer Spezialfall der Schraubung ist die reine Parallelverschiebung; bei dieser findet keine zusätzliche Drehung statt. Die vorhin behandelten beiden Beispiele sind reine Drehungen; bei Interferenzen gleicher Neigung (s. z. B. GRIMSEHL [1952, S. 98]) dagegen liegt eine reine Parallelverschiebung vor.

---

[1]) Der Ausdruck „reine Drehung" in bezug auf die Lichtquellenbilder findet sich nach Mitteilung von Herrn Dipl.-Ing. HERTEL auch schon bei KAHL und BENNETT [1952] („pure rotation"), und zwar bei Behandlung des MACH-ZEHNDER-Interferometers.

$\mathfrak{T}$ kann man nun im allgemeinen als schon durch das abbildende System $\mathfrak{S}$ völlig bestimmt und von der Lichtquelle selbst unabhängig ansehen. So ist z. B. bei der Schraubung $\mathfrak{T}$ definiert durch Angabe der Lage der Drehachse, des zugehörigen Drehwinkels und der Größe der Parallelverschiebung parallel zur Drehachse (alles natürlich in $\mathfrak{R}$), und dies alles wird ja schon durch $\mathfrak{S}$ festgelegt. Allerdings können Lage und Größe der Lichtquelle insofern etwas von Einfluß sein, als manchmal die exakte Transformation theoretisch zu kompliziert wird und man zu einem Näherungsansatz für $\mathfrak{T}$ greifen muß, der nur in einem gewissen engen Raumbereicnh och zulässig ist. Liegt dann die Lichtquelle in einem anderen Raumbereich, kann der Näherungsansatz für $\mathfrak{T}$ dann natürlich auch etwas anders sein.

Im wesentlichen ist also $\mathfrak{T}$ durch $\mathfrak{S}$ bestimmt, und $\mathfrak{T}$ ist stets in dem durch $\mathfrak{S}$ erzeugten Raum $\mathfrak{R}$ ausgeführt zu denken. Bei einem anderen $\mathfrak{S}$ mit einem anderen $\mathfrak{R}$ ist das $\mathfrak{T}$ daher auch im allgemeinen ein anderes. Würde man beispielsweise in Abb. 1 die Linse L_2 nicht schon zu $\mathfrak{B}$[1]), sondern noch mit zu $\mathfrak{S}$ rechnen, würde dadurch die Form von $\mathfrak{T}$ eine andere, kompliziertere. Sie wäre dann nämlich nicht mehr streng eine reine Drehung, weil die räumliche Abbildung durch eine Linse keine Ähnlichkeitsabbildung ist. In diesem Fall wird man also, weil es sonst komplizierter würde, L_2 nicht mit zu $\mathfrak{S}$, sondern zu $\mathfrak{B}$ rechnen, wie es in Abb. 2 auch geschehen ist. Jedenfalls hat man es manchmal in geringem Umfang in der Hand, wo man die Grenze zwischen $\mathfrak{S}$ und $\mathfrak{B}$ hinlegt.[2]) Dabei wird man sie natürlich im allgemeinen so legen, daß $\mathfrak{T}$ möglichst einfach wird; denn mit Hilfe von $\mathfrak{T}$ erfolgt die Beschreibung der auftretenden Interferenzerscheinung, wie wir im weiteren Verlauf (z. B. auch in Abschn. 23) noch sehen werden.

Ergänzend sei noch festgestellt, daß nicht immer alle Teile von $\mathfrak{S}$ die Transformation $\mathfrak{T}$ beeinflussen, z. B. in Abb. 1 nicht die Linse L_1, wie man leicht sieht.

22. Die Interferenzen bei sehr kleinen Lichtquellenbildern

221. Die Voraussetzungen

Wir wollen nun Interferenzerscheinungen im einzelnen untersuchen. Dies soll zunächst, in Abschn. 22, für eine gewisse Klasse von Interferenzerscheinungen geschehen, deren Voraussetzungen wir jetzt formulieren wollen. Das Besondere dieser Voraussetzungen besteht in der Kleinheit der Lichtquelle (bzw. ihrer Bilder). Das Ergebnis unserer Untersuchungen wird die speziellen Bedingungen enthalten, unter denen hier eine Interferenzerscheinung auftritt. In diesen Bedingungen werden wir unter anderem auch die bekannte POHLsche Kohärenzbedingung [POHL 1948, S. 67] wiederfinden, hier jedoch noch in gewisser Weise ergänzt. — Im einzelnen gehen wir von folgenden Voraussetzungen aus:

[1]) Definiert in Abschn. 212, vorletzter Absatz.

[2]) Natürlich vorausgesetzt, daß die Abbildung der Lichtquelle durch $\mathfrak{S}$ und die Abbildung des interessierenden $\mathfrak{R}$-Teils durch $\mathfrak{B}$ nach wie vor als aberrationsfrei betrachtet werden dürfen (d. h. mit genügender Annäherung). Über hiermit zusammenhängende Fragen siehe bei KIND und SCHULZ [1959].

Wir legen das Prinzip der übereinstimmenden Ordnungen zugrunde und alle hierzu in Abschn. 212 bereits gemachten Voraussetzungen. Ferner spezialisieren wir: Die beiden miteinander kohärenten Lichtquellenbilder in $\mathfrak{R}$ sind sehr klein, und zwar so, daß sie nicht über zwei (in $\mathfrak{R}$ gedachte) Kugeln vom Radius $d\varrho_0$ hinausragen; von beiden Punkten eines kohärenten Punktpaares gehen die Wellen mit zeitlich *gleicher* Phase aus (d. h. die in Abschn. 212 erwähnte zeitliche Phasendifferenz zwischen den beiden Wellenzentren ist hier $= 0$); die Lichtquellenbild-Transformation $\mathfrak{T}$ ist eine reine Drehung (Drehachse c, Drehwinkel 2ϑ, $0 < 2\vartheta < \pi$); es wird nur monochromatisches Licht betrachtet (Wellenlänge λ).

Um bei diesen Voraussetzungen ein anschauliches Beispiel vor Augen zu haben, können wir etwa an den FRESNELschen Spiegelversuch (vgl. z. B. GRIMSEHL [1952, S. 89]) denken. $\mathfrak{T}$ ist dort stets eine reine Drehung, wie bereits in Abschn. 213 näher erläutert (c ist also die Kante zwischen den beiden Spiegeln und ϑ der Winkel, um den der eine Spiegel gegen den anderen geneigt ist). Die Lichtquelle können wir uns dabei z. B. realisiert denken durch ein in kleinem Raum eingeschlossenes leuchtendes Gas oder ein (selbst-)leuchtendes Flächenstück eines kleinen festen Körpers. Die Lichtquelle kann natürlich auch z. B. erst noch abgebildet werden, bevor ihr Licht auf die Spiegel fällt. Jedenfalls sind die Kohärenzverhältnisse hier übersichtlich und können den von uns gemachten Voraussetzungen genügend entsprechen. Demgegenüber liegen die Dinge bei dem normalerweise verwendeten Spalt und auch bei einer Lochblende nicht so einfach. Die Phasen in den einzelnen Punkten dort sind nicht völlig unabhängig voneinander, aber auch nicht völlig abhängig, so daß in dieser Hinsicht ein gewisser Zwischenstand besteht, der unter anderem von der Entfernung der Lichtquelle vom Spalt bzw. von der Lochblende abhängt. Ebenso ist die von uns vorausgesetzte Winkelkohärenz dort unter Umständen nicht in dem nötigen Maße erfüllt; denn rein geometrisch-optisch gibt es dort keine Winkelkohärenz, und erst bei genügender Verkleinerung von Spalt bzw. Lochblende tritt sie (infolge Beugung) immer mehr in Erscheinung. Diese Verhältnisse sind also recht kompliziert; wir wollen uns daher statt dessen an die vorher beschriebenen Fälle halten, obgleich beide Gruppen in vieler Hinsicht große Ähnlichkeit miteinander zeigen dürften.

Übrigens können die hier gemachten Voraussetzungen z. B. auch bei der MICHELSON-Schaltung in Abb. 1 und 2 vorliegen, wie man durch Vergleich leicht findet. Allerdings sind in der Praxis dort die Lichtquellenbilder Q' und Q'' (falls sie überhaupt im Endlichen liegen) meist nicht so klein, wie für unsere jetzigen Voraussetzungen nötig; daher sollen die bei MICHELSON-Interferometern praktisch wichtigen Erscheinungen erst später (Abschn. 23 und 3), unter etwas veränderten und ihrer Praxis besser angepaßten Voraussetzungen, behandelt werden. Dessen ungeachtet bestehen jedoch zwischen Abschn. 22 und 23 gewisse Zusammenhänge und Übergangserscheinungen, die auch für die Praxis der Interferometer eine Bedeutung haben können. Auf diese Zusammenhänge, die mit Aperturfragen verknüpft sind, wird teilweise in Abschn. 232 und 235 (dort unter 5.) eingegangen.

222. Ort und räumliche Ausdehnung der Interferenzerscheinung

Nun bestimmen wir (unter den in Abschn. 221 gemachten Voraussetzungen) den Ort der Interferenzerscheinung, d. h. den Raumbereich, in dem Interferenzen auftreten. Wir betrachten dazu Abb. 3.

Diese Abbildung zeigt einen Teil des Raumes $\mathfrak{R}$. L' und L'' sind die „Mittelpunkte" der beiden miteinander kohärenten Lichtquellenbilder (d. h. die Mittelpunkte der in Abschn. 221 erwähnten Kugeln vom Radius $d\varrho_0$). Die Punkte M′ und M'' liegen in der geringen räumlichen Entfernung $d\varrho$ von L' bzw. L'' und bilden ein beliebiges kohärentes Punktpaar. Es ist

$$d\varrho \leqq d\varrho_0 .$$

Die beiden miteinander kohärenten Lichtquellenbilder könnten miteinander zur Deckung gebracht werden durch Drehung des einen von ihnen um die Drehachse c

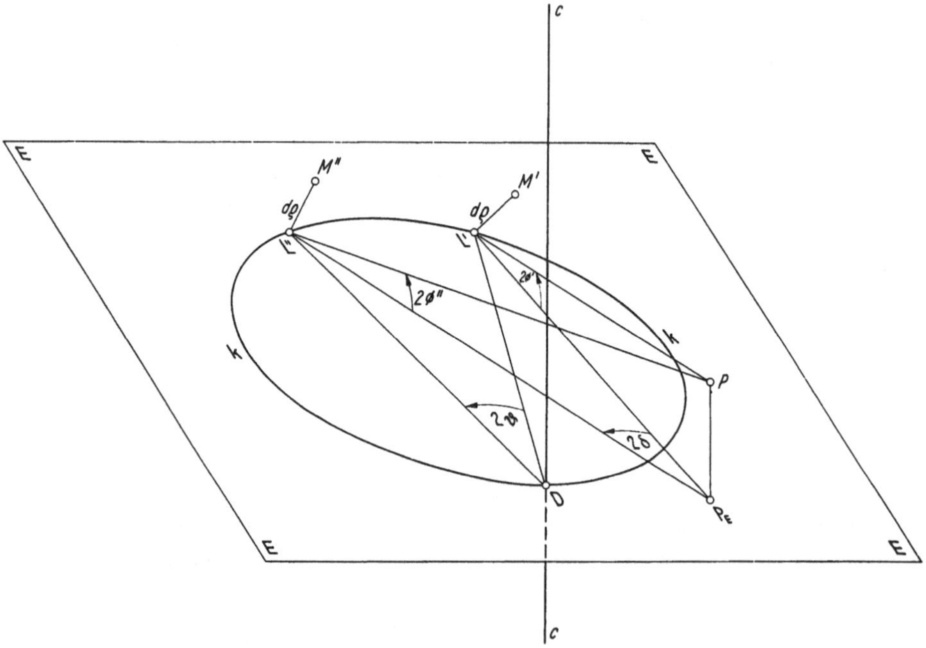

Abb. 3. Bestimmung des Ortes der Interferenzerscheinung bei geringer Ausdehnung der Lichtquellenbilder.

um den Drehwinkel $2\,\vartheta$. Nach dieser Drehung würde dann M' mit M'' zusammenfallen. E ist die Ebene durch L' und L'' senkrecht zu c. Sie wird von c im Punkt D geschnitten. P ist ein beliebiger Punkt, der auf das Vorhandensein einer Interferenzerscheinung untersucht werden soll. Die Gesamtheit aller Punkte P, in denen Interferenzen sichtbar sind, bildet dann den gesuchten Ort der Interferenzerscheinung.

P_E ist der Fußpunkt von P in der Ebene E. In dieser Ebene sind die beiden Winkel $2\,\vartheta$ und $2\,\delta$ gezeichnet, während die Winkel $2\,\Phi'$ und $2\,\Phi''$ in Ebenen senkrecht zu E gezeichnet sind.

Als Entfernung $\overline{M'P}$ betrachten wir die Strecke $\overline{L'P}$, die wir um die Projektion von $\overline{M'L'}$ auf die Gerade $L'P$ vermindert bzw. vermehrt haben. Das entsprechende gilt für die Entfernung $\overline{M''P}$. Aus diesen beiden Entfernungen erhält man (durch Differenzbildung) den Gangunterschied und nach Teilung durch λ die Ordnung m im Punkte P, die von dem kohärenten Punktpaar M', M'' herrührt. Dieses kohärente Punktpaar ist ein beliebiges, d. h. der Radiusvektor von L' nach M' kann grundsätzlich jede beliebige Richtung und jede beliebige Länge $\leqq d\varrho_0$ besitzen. Zunächst wollen wir annehmen, daß jede dieser Möglichkeiten auch tatsächlich vorkommt, d. h. daß die Lichtquellenbilder selbst Kugeln vom Radius $d\varrho_0$ sind.

Es werden nun im Punkte P alle die Ordnungen m miteinander verglichen, die von allen diesen möglichen kohärenten Punktpaaren herrühren. Wir wenden dann das Prinzip der übereinstimmenden Ordnungen an, indem wir fordern, alle jene Ordnungen im Punkte P sollen höchstens um σ voneinander abweichen. Wie groß man $\sigma > 0$ wählen will, hängt von den Anforderungen an den Kontrast der Interferenzerscheinung ab[1]); meist wird es ein echter Bruch mittlerer Größe sein. Der Einfachheit halber nehmen wir σ als konstant, d. h. ortsunabhängig an.[2])

Die wesentlichen Einzelheiten des hierauf fußenden Lösungsganges sind in einer bereits zitierten Arbeit [Schulz 1953] angegeben. Hier sollen nur die Hauptpunkte des Ergebnisses mitgeteilt werden. Dieses Ergebnis liefert einen gewissen Raumbereich B (in $\mathfrak{R}$), der jeden Punkt P enthält, in dem sich alle dort wirksamen Ordnungen um höchstens σ unterscheiden. Jener Raumbereich B bildet den gesuchten Ort der Interferenzerscheinung.

B ist in Abb. 4 qualitativ dargestellt (für relativ großes der Abb. 3 entsprechendes ϑ), wobei k der Kreis durch L', L'' und D ist. Läßt man σ gegen 0 gehen, wird die Ausdehnung des Raumbereiches B immer geringer, und er zieht sich immer mehr auf den Kreis k und die Gerade c zusammen. D. h. in der unmittelbaren Umgebung dieser beiden Linien, insbesondere ihres Schnittpunktes D, ist der relativ stärkste Kontrast der Interferenzerscheinung zu erwarten.[3])

Quantitativ ist in Abb. 4 links die schraffierte Fläche bestimmt durch die Beziehung (1), in der Mitte die schraffierte Fläche durch (2) und rechts die schraf-

---

[1]) Vgl. Abschn. 35.

[2]) Das bedeutet, daß eine Kontrastverminderung durch Verschiedenheit der Amplituden infolge Verschiedenheit der Entfernungen unberücksichtigt bleibt. Ihre Berücksichtigung würde hier auch kein sehr wesentlich verschiedenes Ergebnis liefern, wie wir bald sehen werden.

[3]) Von diesem Gesichtspunkt aus ist auch die bekannte Tatsache plausibel, daß beim Fresnelschen Spiegelversuch keiner der beiden Spiegel an ihrer gemeinsamen Kante hervorragen darf; denn das würde, wegen der Kleinheit von ϑ dort, die kontrasttragende Drehachse c zu weit hinausschieben.

fierte Fläche durch (3); a) stellt den Bereich zwischen L' und L'' dar, welcher D enthält, b) den, welcher D nicht enthält.

$$\text{a)}\ 2\,|\sin(\Phi' - \Phi'')| \leqq \frac{\sigma\lambda}{d\varrho_0} \quad \text{bzw.} \quad \text{b)}\ 2\,|\sin(\Phi' + \Phi'')| \leqq \frac{\sigma\lambda}{d\varrho_0}, \tag{1}$$

$$\text{a)}\ 2\,|\sin(\vartheta - \delta)| \leqq \frac{\sigma\lambda}{d\varrho_0}{}^{1)} \quad \text{bzw.} \quad \text{b)}\ 2\,|\cos(\vartheta - \delta)| \leqq \frac{\sigma\lambda}{d\varrho_0}, \tag{2}$$

$$\text{a)}\ \cos(2\,\Phi') \cdot 2\,|\sin(\vartheta - \delta)| \leqq \frac{\sigma\lambda}{d\varrho_0}. \tag{3}$$

Wenn

$$\frac{\sigma\lambda}{d\varrho_0} \geqq 2$$

ist, erhält man im *ganzen* Raum Interferenzen. In diesem Falle ist natürlich eine Abb. 4 überflüssig.

Sind die Lichtquellenbilder selbst keine Kugeln vom Radius $d\varrho_0$, sondern kleiner als diese Kugeln, so ist der Raumbereich der Interferenzerscheinung ent-

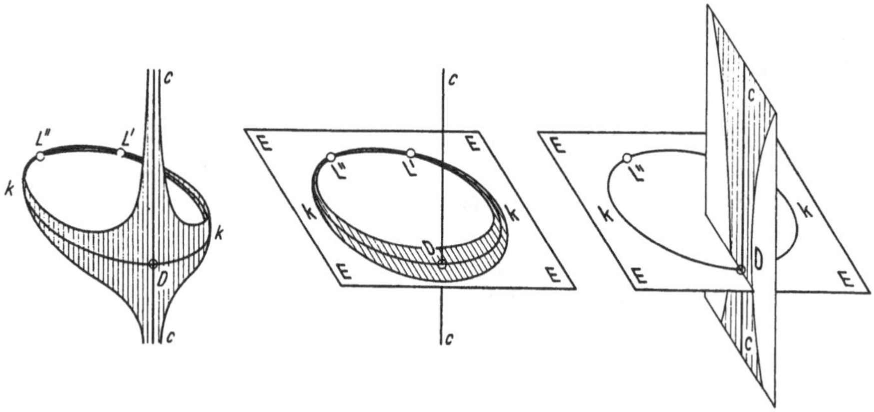

Abb. 4. Raumbereich B, in dem eine Interferenzerscheinung entsteht. Links: Schnitt von B mit dem durch k gehenden Kreiszylinder. Mitte: Schnitt von B mit der Ebene E. Rechts: Schnitt von B in der Umgebung von c mit der Mittelebene von $L'\,L''$. Die Schnittflächen sind schraffiert.

sprechend *vergrößert* gegenüber dem in Abb. 4 dargestellten B. — Andererseits ist dieser Raumbereich natürlich noch durch die jeweiligen Blenden (bzw. ihre Bilder in $\mathfrak{R}$) entsprechend *begrenzt* zu denken. Beim FRESNELschen Spiegelversuch wären dies z. B. die Spiegelberandungen.

---

[1]) Ein Spezialfall dieser Beziehung ist im wesentlichen die POHLsche Kohärenzbedingung; diese lautet nämlich [POHL 1948, S. 67]: $2\,y \cdot \sin u_P \ll \frac{\lambda}{2}$, und es entsprechen hier einander $\vartheta - \delta \approx u_P$, $d\varrho_0 \approx y$.

23. Die Interferenzen bei örtlich konstanter Apertur[1])

231. Die Voraussetzungen

Nun betrachten wir etwas veränderte Voraussetzungen. Dabei erhalten wir alle Voraussetzungen des Abschnitts 221 (dort im 2. Abs.) aufrecht mit Ausnahme derjenigen, daß die Lichtquellenbilder sehr klein sein sollen. Diese Voraussetzung lassen wir fallen und ersetzen sie durch eine Gruppe anderer. — Im einzelnen setzen wir dabei insgesamt voraus: Wir legen das Prinzip der übereinstimmenden Ordnungen zugrunde und alle hierzu in Abschn. 212 bereits gemachten Voraussetzungen. Von beiden Punkten eines kohärenten Punktpaares sollen die Wellen mit zeitlich *gleicher* Phase ausgehen. Die Lichtquellenbild-Transformation $\mathfrak{T}$ sei eine reine Drehung (Drehachse c, Drehwinkel $2\,\vartheta$, $0 < \vartheta < \pi$). Es wird nur monochromatisches Licht betrachtet (Wellenlänge λ). Ort und Ausdehnung der Lichtquellenbilder selbst können an sich beliebig und brauchen im einzelnen nicht bekannt zu sein; statt dessen sehen wir eine bestimmte Apertur[2]) als gegeben an, genauer einen bestimmten „wirksamen Aperturkegel" $\mathfrak{A}$. Was wir darunter zu verstehen haben, werden wir im nächsten Abschnitt 232 sehen. Dieses $\mathfrak{A}$ setzen wir als örtlich konstant und als Kreiskegel voraus, dessen Achse zur Drehachse c senkrecht steht. Die Intensitätsverteilung auf die einzelnen $d\Omega$ innerhalb $\mathfrak{A}$ sehen wir als gleichförmig an.[3])

Hierdurch gelingt unter anderem eine zweckdienliche Erfassung des ausgedehnten Gebietes der Interferenzen am einfachen Keil, der Grundlage der Interferenzen gleicher Dicke. Der Keil kann dabei reell oder virtuell sein. Wenn wir bei den folgenden Erörterungen ein anschauliches *Beispiel* vor Augen haben wollen, können wir etwa an einen virtuellen Luftkeil einer Michelson-Schaltung denken, s. z. B. Abb. 1. Der Keil wird dort gebildet durch den Spiegel R und das punktierte Bild des Spiegels S; der Keilwinkel ist ϑ, die Keilkante c. Überhaupt ist in Schaltungen nach Abb. 1 $\mathfrak{T}$ (Abschn. 213) stets eine reine Drehung (sofern R und das Bild von S nicht gerade einander parallel liegen); die Drehachse ist c, der Drehwinkel 2ϑ. Unsere Voraussetzung der reinen Drehung ist jedoch auch in anderen Interferometern, z. B. in Mach-Zehnder-Schaltungen[4]), meist erfüllt, d. h. nach richtiger Justierung (s. Abschn. 235). Unsere Ausführungen sind also auch z. B. auf solche Schaltungen anwendbar. — Im einzelnen kann es sich nun etwa um Interferenzmikroskope handeln, z. B. das Auflicht- oder das Durchlicht-Interferenzmikroskop nach Krug und Lau, das Interferenzmikroskop

---

[1]) Vgl. Schulz [1954a].

[2]) Wir identifizieren also *nicht*, wie es teilweise üblich ist, „Lichtquelle" oder „Lichtquellenbild" mit „Aperturblende", sondern wir unterscheiden diese Dinge begrifflich streng voneinander. Dies schon deswegen, weil in der Lichtquelle bzw. ihrem Bild im allgemeinen ganz andere Kohärenzverhältnisse vorliegen als in der Aperturblende; eine Theorie über Interferenzen jedoch soll dem natürlich möglichst überall Rechnung tragen.

[3]) Die Bedeutung hiervon wird in der Fußnote bei Gleichung (18) (Abschn. 233) deutlich werden.

[4]) S. z. B. Teil I, Abschn. 212.

nach LINNIK[1]) oder teilweise auch das nach RÄNTSCH[2]), allgemeiner um Interferenzmikroskope, die in Teil I unter Abschn. 21 aufgeführt sind; jedoch werden auch andere in Teil I aufgeführte Interferenzmikroskope hier miterfaßt, z. B. das nach PHILPOT (Abb. 66) oder teilweise nach NOMARSKI (Abschn. 2212). Weiterhin beziehen sich unsere Voraussetzungen auch auf andere Interferenzanordnungen und -geräte, z. B. Interferenzkomparatoren.

Gewisse Erweiterungen der hier in Abschn. 231 gemachten Voraussetzungen werden wir in Abschn. 235 besprechen.

Erfahrung und Überlegung zeigen nun, daß unter den gemachten Voraussetzungen im *Unendlichen* im allgemeinen keine Interferenzerscheinung entsteht. „Im allgemeinen" bedeutet hier: wenn keine weiteren einschränkenden Bedingungen vorliegen. Solche einschränkenden Bedingungen wären z. B.: Kleinheit der Lichtquellenbilder (s. Abschn. 22); oder eine solche (ϑ-abhängige) Beschränkung der Spiegelgröße (Abb. 1), daß die Gangunterschiede an den Spiegelrändern nur um Beträge voneinander abweichen, die sehr klein gegen λ sind. — Solche zusätzlichen einschränkenden Bedingungen wollen wir jetzt nicht annehmen. Wir dürfen uns daher hier von vornherein auf die Punkte P beschränken, die im *Endlichen* liegen.

232. Der wirksame Aperturkegel

Zur Untersuchung und Beschreibung der entstehenden Interferenzerscheinung erweist sich die Einführung eines mit der Apertur verknüpften Begriffs als zweckmäßig. Diesen wollen wir „wirksamen Aperturkegel" $\mathfrak{A}$ nennen; er ist dasjenige aperturbedingte Gebilde, das bei der Entstehung der Interferenzen wirksam ist, wie sich später zeigen wird. Zu diesem $\mathfrak{A}$ kommen wir auf folgende Weise:

Der in $\mathfrak{R}$ liegende Punkt P habe die in Abschn. 212 beschriebene Bedeutung, liege jedoch jetzt nicht im Unendlichen. L' und L'' seien ein beliebiges kohärentes Punktpaar, wobei sowohl von L' als auch von L'' Licht nach P gelangen soll; s. Abb. 5 („Schärfeebene" mit c usw. dort zunächst fortgedacht). Dabei seien die Lichtrichtungen: $(L' \to P, L'' \to P)$ oder auch $(P \to L', P \to L'')$; im letzteren Fall ist P in bezug auf L' und L'' „virtuell". Sofern nun in P das L'-Licht und auch das L''-Licht tatsächlich *beobachtbar* ist[3]), denken wir uns genau auf der Mitte[4]) zwischen L' und L'' den Punkt L. Die Gerade LP nennen wir dann den vom kohärenten Punktpaar L', L'' herrührenden „Licht-Mittelstrahl". Die Gesamtheit aller dieser Licht-Mittelstrahlen in P nennen wir nun den „wirksamen Aperturkegel" $\mathfrak{A}$. Dieses $\mathfrak{A}$ ist also im Raum $\mathfrak{R}$ definiert, d. h. in dem Raum,

---

[1]) Unter demInterferenzmikroskop nach LINNIK wollen wir hier immer die ursprüngliche Ausführungsform verstehen, in der die Interferenzstreifen durch Kippung von Objekt- bzw. Vergleichsfläche erzeugt werden [RÄNTSCH 1949a, S. 288]; vgl. dabei Abschn. 212 von Teil I des vorliegenden Buches.

[2]) S. dazu auch weiter unten hinter 2. in Abschn. 235.

[3]) Das ist nicht immer so; denn durch das System $\mathfrak{B}$ (vgl. Abschn. 212, vorletzter Absatz) kann noch ein Teil des Lichtes ausgeblendet werden.

[4]) Weshalb gerade die *Mitte* zweckmäßig ist, wird sich später zeigen; es hängt dies mit dem Weg zusammen, den wir in Abschn. 233 einschlagen werden.

in dem wir uns die Lichtquellenbild-Transformation $\mathfrak{T}$ denken und auch die Interferenzerscheinung theoretisch betrachten.

Wie in Abschn. 231 bereits erwähnt, wollten wir für Abschn. 23 dieses $\mathfrak{A}$ als unabhängig von der Lage von P annehmen, und es sollte ein Kreiskegel sein. Seine Achse wollen wir „mittlere Lichtrichtung" nennen, seinen halben Öffnungswinkel „wirksame Apertur" u. $\mathfrak{A}$ ist dann vollständig definiert durch Angabe der mittleren Lichtrichtung (d. h. der Richtung einer gewissen Geraden) und Angabe von u $(0 < u < \pi/2)$. Die Konstanz von $\mathfrak{A}$ bedeutet hier also, daß sowohl die mittlere Lichtrichtung als auch u für alle P gleich sind. — Allgemeiner jedoch ist $\mathfrak{A}$, um es noch einmal zu betonen, nur als Gesamtheit aller Licht-Mittelstrahlen in P definiert und braucht dabei keineswegs ein *Kreis*kegel oder örtlich konstant zu sein.

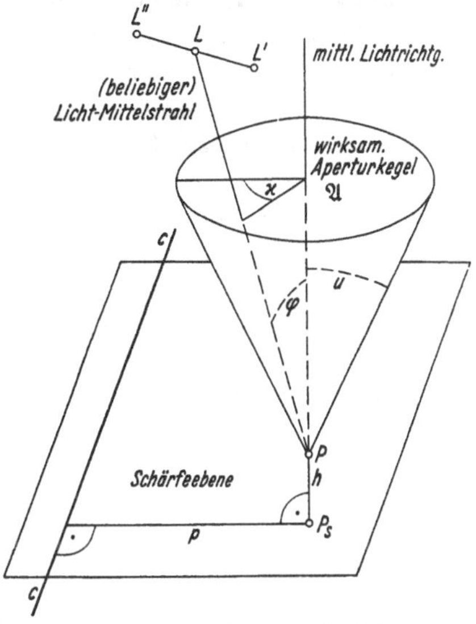

Abb. 5. Schärfeebene und wirksamer Aperturkegel.

Welche Struktur hat $\mathfrak{A}$ nun praktisch in Interferometern? Um das zu untersuchen, greifen wir einige charakteristische Fälle heraus, und zwar besonders einige Fälle in Interferenzmikroskopen (dort sind die Aperturen ja meist relativ groß). Als $\mathfrak{B}$ wollen wir dabei im wesentlichen das Mikroskop selbst ansehen, so daß $\mathfrak{N}$ der Raum ist, der durch dieses betrachtet wird. In Abb. 1 beispielsweise wäre dann L_2 als Mikroskopobjektiv ein Bestandteil von $\mathfrak{B}$ (dazu wäre noch ein Okular zu denken), während $\mathfrak{N}$ der Raum ist, in dem sich die Drehachse c befindet. In $\mathfrak{N}$ greifen wir den Punkt P heraus (vgl. Abb. 5), und in P müssen wir nun außer dem Kegel $\mathfrak{A}$ noch drei weitere Kegel unterscheiden, durch die $\mathfrak{A}$ wesentlich geformt wird:

1. den Kegel, der die Gesamtheit aller Geraden $L'P$ umfaßt; er ist hier begrenzt durch das Bild der Beleuchtungsapertur-Blende, das zu dem *einen* Lichtquellenbild gehört[1]);
2. den Kegel, der die Gesamtheit aller Geraden $L''P$ umfaßt; er ist hier begrenzt durch das Bild der Beleuchtungsapertur-Blende, das zu dem *anderen* Lichtquellenbild gehört;
3. den Kegel, der die Gesamtheit aller Geraden umfaßt, längs deren durch P evtl. gehendes Licht tatsächlich beobachtbar ist; er ist hier begrenzt durch das Bild der *Beobachtungs*apertur-Blende (zum Mikroskopobjektiv gehörig, etwa eine besondere Blende in seiner hinteren Brennebene).

[1]) In der eben angeführten Abb. 1 würde die Beleuchtungsapertur-Blende etwa zwischen Q und L_1 liegen, und das hier gemeinte Bild von ihr wäre dann das durch L_1, T und R erzeugte. Das im folgenden unter 2. gemeinte Bild dagegen wäre dann dasjenige, welches man sich durch L_1, T und (S) erzeugt denken kann.

Damit nun $\mathfrak{A}$ unabhängig von der Lage von P in $\mathfrak{R}$ ist, müssen die drei erwähnten Blendenbilder also in $\mathfrak{R}$ im Unendlichen liegen. Diese Voraussetzung ist erfüllt, wenn sich die Aperturblenden bzw. ihre Bilder in der hinteren Brennebene des Mikroskopobjektivs befinden.[1]) In dieser Ebene, allgemeiner im Unendlichen des Raumes $\mathfrak{R}$, wollen wir daher die einzelnen Aperturblenden bzw. ihre Bilder betrachten. Dabei werden wir deren Einfluß auf den Kegel $\mathfrak{A}$ untersuchen.

Wir betrachten zunächst Abb. 6. Hier sehen wir im Unendlichen von $\mathfrak{R}$ die Bilder der Aperturblenden, die die Kegel 1., 2. und 3. begrenzen. Die beiden punktierten Blendenbilder gehören also zur Beleuchtungsapertur. Die Lage *dieser* Bilder hängt im allgemeinen von der Lichtquellenbild-Transformation $\mathfrak{T}$ ab; dabei gehen sie ineinander über, wenn $\mathfrak{T}$ sich der Identität unbegrenzt nähert (d. h. z. B. in der vorletzten Fußnote, wenn R in (S) übergeht). Das gestrichelte Blendenbild gehört zur Beobachtungsapertur. Seine Lage ist unabhängig von $\mathfrak{T}$. L' und L'' sind ein beliebiges kohärentes Punktpaar, wobei die Gerade $L'P$ zum Kegel 1. gehört und durch $[L']$ gekennzeichnet ist, während die Gerade $L''P$ zum Kegel 2. gehört und durch $[L'']$ gekennzeichnet ist. In Abb. 6 werden nun die Kegel 1. und 2. vollständig von 3. erfaßt; das bedeutet, daß in P sowohl das L'- als auch das L''-Licht tatsächlich beobachtbar ist; d. h., zu jedem kohärenten Punktpaar L', L'' innerhalb 1. und 2. existiert der Punkt L.[2]) Die Gerade LP ist dabei in Abb. 6 durch $[L]$ gekennzeichnet. Die Gesamtheit aller $[L]$-Geraden bildet nun den Kegel $\mathfrak{A}$. Seine Begrenzung (im Unendlichen von $\mathfrak{R}$) ist auf Abb. 7 dargestellt, zusammen mit denen der Kegel 1., 2. und 3. $\mathfrak{A}$ erscheint hier als *Kreis*kegel.

Unter gewissen zusätzlichen Bedingungen kann man $\mathfrak{A}$ somit als Kreiskegel ansehen, dessen Größe nur durch die Beleuchtungsapertur bestimmt ist. Unter jenen Bedingungen verstehen wir hier insbesondere folgende:

Bedingungen $\mathfrak{B}_1$: Die Beleuchtungsapertur-Blende ist kreisförmig. In der hinteren Brennebene des Mikroskopobjektivs liegen ihre (kreisförmigen) Bilder. Außer der Beleuchtungsapertur-Blende existiert keine aperturbegrenzende Blende (d. h. die Beobachtungsapertur-Blende ist entsprechend größer). Die Lichtquellenbilder liegen in bezug auf den Objektraum $\mathfrak{R}$ im Unendlichen, d. h., sie liegen in der hinteren Brennebene des Mikroskopobjektivs. Gleichen Winkeln zwischen Lichtstrahlen in $\mathfrak{R}$ entsprechen (mit genügender Annäherung) gleiche Strecken in der genannten hinteren Brennebene.

Die Erfüllung dieser Bedingungen gewährleistet unter anderem, daß man $\mathfrak{A}$ als Kreiskegel ansehen darf. Zur Verdeutlichung dessen stellen wir noch fest, wie sich eine teilweise Nichterfüllung auswirkt. Dabei gehen wir die oben genannten Bedingungen $\mathfrak{B}_1$ der Reihe nach durch: Für nicht-kreisförmige Beleuch-

[1]) Jene Lage ist praktisch besonders zweckmäßig, wie auch weiter unten in Abschn. 235 aus 5. und in Abschn. 37 aus 2. hervorgeht.

[2]) Vgl. oben den zweiten Absatz dieses Abschnittes 232.

tungsapertur-Blende entnehmen wir aus Abb. 6 und 7, daß dann auch 𝔄 kein Kreiskegel sein wird. Liegen die Bilder der Beleuchtungsapertur-Blende nicht in der hinteren Brennebene des Mikroskopobjektivs (d. h. nicht im Unendlichen von 𝔑), dann sind Betrachtungen anzustellen, wie sie weiter unten angeführt sind (Abschn. 235, 6. mit 5. und Abb. 17); man erkennt, daß dann 𝔄 im allgemeinen kein Kreiskegel mehr sein kann, wobei allerdings kleinere Abweichungen der Blendenbild-Ebene von der hinteren Brennebene nicht allzu störend sein dürften. Wirkt auch die *Beobachtungs*apertur-Blende teilweise aperturbegrenzend, so macht man sich leicht klar (siehe auch den folgenden Absatz), daß auch dann 𝔄 im allgemeinen kein Kreiskegel mehr ist. Liegen die Lichtquellenbilder in 𝔑 nicht

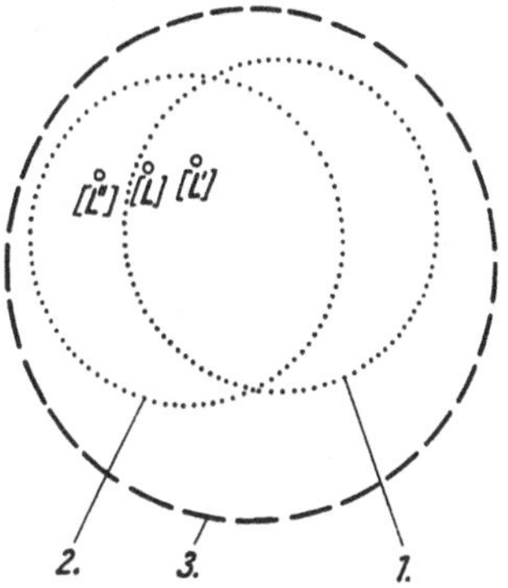

Abb. 6. Im Unendlichen des Raumes 𝔑 (insbesondere: Teil der hinteren Brennebene des Mikroskopobjektivs).

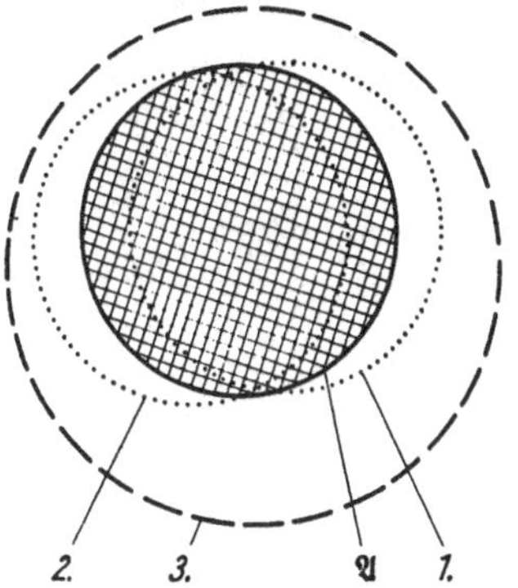

Abb. 7. Begrenzungen der mit der Apertur zusammenhängenden Kegel für den Fall der Abb. 6.

im Unendlichen, d. h. von der Drehachse *c* und einem betrachteten Punkt *P* nicht weit genug entfernt, dann halbiert die Gerade *LP* den Winkel zwischen *L'P* und *L''P* meist nicht (vgl. weiter unten Abb. 9); d. h. in Abb. 6 wird [*L*] meist nicht auf der Mitte zwischen [*L'*] und [*L''*] liegen, und zwar für verschiedene *L* verschieden, so daß Abb. 7 dann für 𝔄 keine Kreisform mehr liefern wird. Die letzte der genannten Bedingungen $\mathfrak{B}_1$ endlich fordert, daß man den betreffenden räumlichen Winkelbereich in 𝔑 (genügend genau) in eine *ebene* Fläche *ähnlich* abbilden kann, d. h. in die auf Abb. 6 dargestellte Fläche. In *Strenge* ist das natürlich grundsätzlich nicht erfüllbar, aber mit hier genügender Annäherung doch noch für verhältnismäßig große Winkel in 𝔑. Diese Bedingung besagt nun z. B., daß eine nach Abb. 6 und 7 erhaltene *Kreis*form für das gekreuzt schraffierte Gebiet sich auch auf die zugehörigen Winkel in 𝔑 überträgt, d. h., daß dann 𝔄 in 𝔑 wieder ein Kreiskegel ist. Andernfalls wäre 𝔄 entsprechend deformiert, wie man sich sofort klarmacht. Eine solche Deformation von kreisförmigem Aperturkegel zu nicht-kreisförmigem wirksamen Aperturkegel tritt allerdings nur dann ein, wenn die Transformation $\mathfrak{T}$ sich nicht der Identität nähert (s. 3 Absätze weiter); andernfalls (etwa bei verschwindend kleinem Keilwinkel) darf also dann der letzte Satz in $\mathfrak{B}_1$ fortfallen.

Wir betrachten nun wieder Abb. 7. Dort denken wir uns jetzt die Kegel 1. und 2. allmählich vergrößert. Dabei ergeben sich zuerst noch keine Besonderheiten, solange nämlich die Kegel 1. und 2. noch völlig innerhalb 3. liegen. Wenn dann jedoch 3. von 1. oder 2. etwas abzuschneiden beginnt, werden die Verhältnisse zunächst unübersichtlicher. $\mathfrak{A}$ bleibt dann nämlich nicht mehr ein Kreiskegel, wie man sich leicht klarmacht. Außerdem tritt verstärkt „inkohärentes" Licht in Erscheinung, weil es dann innerhalb des Kegelpaares 1., 2. viele kohärente Punktpaare gibt, bei denen z. B. L' nicht mehr innerhalb des Kegels 3.) liegt, während dies für L'' noch der Fall ist: Das L''-Licht tritt dann als inkohärentes Licht bei der Beobachtung auf, es erzeugt dabei selbst keine Interferenzen und wirkt auf solche nur kontrastverringernd. — Übersichtlicher wird die Lage erst wieder, wenn die Kegel 1. und 2. so groß geworden sind, daß jeder von ihnen 3. ganz umfaßt, s. Abb. 8.

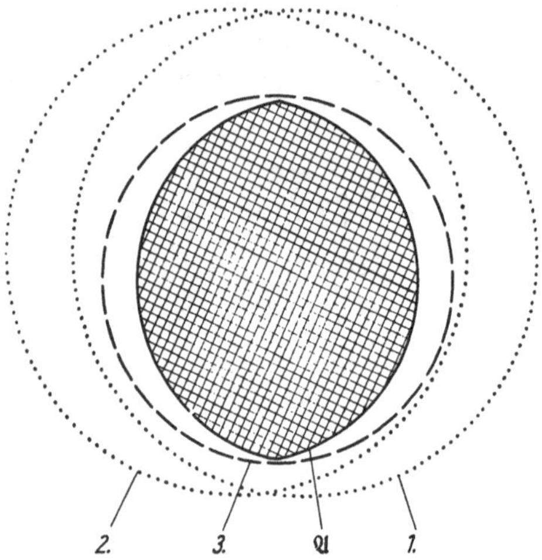

Abb. 8. Begrenzungen der mit der Apertur zusammenhängenden Kegel, Kegel 1. und 2. gegenüber Abb. 6 sehr vergrößert.

Hier betrachten wir nun im einzelnen den folgenden Fall: Es gelten im wesentlichen die gleichen Bedingungen wie $\mathfrak{B}_1$, nur wirke statt der Beleuchtungsapertur-Blende die Beobachtungsapertur-Blende allein aperturbegrenzend, und letztere sei kreisförmig. Genauer, wir betrachten die folgenden Bedingungen:

Bedingungen $\mathfrak{B}_2$: Die Beobachtungsapertur-Blende ist kreisförmig. Diese Blende (bzw. ihr Bild) liegt in der hinteren Brennebene des Mikroskopobjektivs. Außer der Beobachtungsapertur-Blende existiert keine aperturbegrenzende Blende (d. h. die Beleuchtungsapertur-Blende ist entsprechend größer). Die Lichtquellenbilder liegen in bezug auf den Objektraum $\mathfrak{R}$ im Unendlichen, d. h. sie liegen in der hinteren Brennebene des Mikroskopobjektivs. Gleichen Winkeln zwischen Lichtstrahlen in $\mathfrak{R}$ entsprechen (mit genügender Annäherung) gleiche Strecken in der genannten hinteren Brennebene.

Das hierbei entstehende $\mathfrak{A}$ ist in Abb. 8 gekreuzt schraffiert. Es ist kein Kreiskegel mehr. Nur in dem Grenzfall verschwindenden Drehwinkels $2\,\vartheta$ wird $\mathfrak{A}$ wieder ein Kreiskegel (vgl. dazu auch den folgenden Absatz). In diesem Grenzfall tritt auch kein (oder weniger) inkohärentes Licht auf. Sonst jedoch — s. Abb. 8 — muß inkohärentes Licht verstärkt auftreten, und zwar um so mehr, je mehr $\mathfrak{A}$ von der Kreiskegelform abweicht. Die „Achse" von $\mathfrak{A}$ fällt hier jedoch, unabhängig von den Achsenrichtungen der Kegel 1. und 2., stets mit der Achse des Kegels 3. zusammen. Diese Tatsache zeichnet die Bedingungen $\mathfrak{B}_2$ (Abb. 8) nun gegenüber $\mathfrak{B}_1$ (Abb. 7) aus. Daher könnte es in manchen Fällen auch vorteilhaft sein, Verhältnisse entsprechend Abb. 8 zu realisieren und dabei den Nachteil einer größeren Menge inkohärenten Lichtes mit in Kauf zu nehmen. Sonst jedoch dürften Verhältnisse entsprechend Abb. 7 empfehlenswerter sein.[1])

Unabhängig von all diesem läßt sich jedoch noch eine allgemeine Aussage machen. Sie betrifft den Fall, daß sich die Transformation $\mathfrak{T}$ der Identität beliebig nähert (ist sie z. B. eine reine Drehung, so hieße dies: Drehwinkel $\to 0$ bei fester Drehachse). In jenem Fall muß jedes L' seinem L'' immer näher rücken. Das bedeutet, der wirksame Aperturkegel $\mathfrak{A}$ nähert sich in jenem Falle stets beliebig genau dem Gebilde, das man sonst normalerweise „Aperturkegel" nennt. Dieser braucht natürlich kein Kreiskegel zu sein; er ist es beim Interferenzmikroskop dabei im allgemeinen nur dann, wenn das Bild der Beleuchtungsapertur-Blende völlig innerhalb der Beobachtungsapertur-Blende liegt (vgl. Abb. 7), oder wenn das Umgekehrte der Fall ist (vgl. Abb. 8). Allgemeiner ist die Aperturblende natürlich der *gemeinsame Teil* aller die Apertur begrenzenden Öffnungen bzw. ihrer Bilder. Diese Aperturblende (d. h. ihr Bild in $\mathfrak{R}$) begrenzt also mit beliebiger Annäherung den wirksamen Aperturkegel, wenn sich $\mathfrak{T}$ beliebig der Identität nähert. Da nun $\mathfrak{T}$ oft sehr nahe der Identität ist (etwa bei sehr kleinem Keilwinkel[2])), kann man also oft die wirksame Apertur mit der sonst „Aperturwinkel" genannten Größe praktisch gleichsetzen.

Wie sind nun in Abschn. 22 die Aperturverhältnisse? Hier ist $\mathfrak{A}$ offenbar örtlich *nicht* konstant, d. h. abhängig von der Lage von P. Wir finden $\mathfrak{A}$ in jedem P auf folgende Weise. Zu jedem in Frage kommenden kohärenten Punktpaar M', M'' denken wir uns den Punkt in der Mitte dazwischen und verbinden ihn durch eine Gerade mit P. Die Gesamtheit aller dieser durch P gehenden Geraden ist dann $\mathfrak{A}$. Man sieht: Falls die Lichtquellenbilder Kugeln vom Radius $d\varrho_0$ sind, ist $\mathfrak{A}$ für kleine ϑ angenähert ein Kreiskegel, aber die „mittlere Lichtrichtung" ist auf jeden Fall örtlich verschieden, nämlich immer durch die Mitte zwischen den beiden Lichtquellenbildern hindurchgehend. — Diese Betrachtungen zu Abschn. 22 verlieren verständlicherweise ihren Sinn, wenn P selbst z. B. in der Mitte zwischen den beiden sehr kleinen Lichtquellenbildern liegt.

233. Die räumliche Struktur der Interferenzerscheinung

Nun gehen wir zur näheren Bestimmung der Interferenzerscheinung unter den in Abschn. 231 (1. Abs.) erwähnten Voraussetzungen über. Dazu betrachten wir die beiden miteinander kohärenten Lichtquellenbilder und ihre einzelnen kohärenten Punktpaare, natürlich im Raum $\mathfrak{R}$. Jedes derartige Punktpaar fassen wir

---

[1]) Dies auch aus Gründen, die weiter unten in Abschn. 34 dargelegt sind. Dort führt nämlich die Einhaltung von $\mathfrak{B}_1$ (noch besser von $\mathfrak{B}_3$) zur Erzielung eines praktisch ϑ-unabhängigen Niveauebenenabstandes.

[2]) Genauer, wenn die Slevogtschen Bedingungen A bis C [Slevogt 1954] genügend genau erfüllt sind.

als Brennpunkte einer Schar von Hyperboloiden[1]) auf; dabei herrscht auf jedem solchen Hyperboloid ein bestimmter Gangunterschied g und damit eine bestimmte Ordnung

$$m = \frac{g}{\lambda}.$$

Durch jeden beliebigen Punkt P geht dann von jedem kohärenten Punktpaar her ein bestimmtes Hyperboloid bestimmter Ordnung m hindurch. Wir betrachten dann in P die Gesamtheit aller durch P hindurchgehenden Hyperboloide und deren Ordnungen m. Wir fordern darauf, daß sich alle diese m in P hinreichend wenig voneinander unterscheiden sollen. Dies ist eine Anwendung des Prinzips der übereinstimmenden Ordnungen.

Im einzelnen gehen wir von Abb. 9 aus. L' und L'' sind ein beliebiges kohärentes Punktpaar und die Brennpunkte des betrachteten Hyperboloids. Sein Schnitt

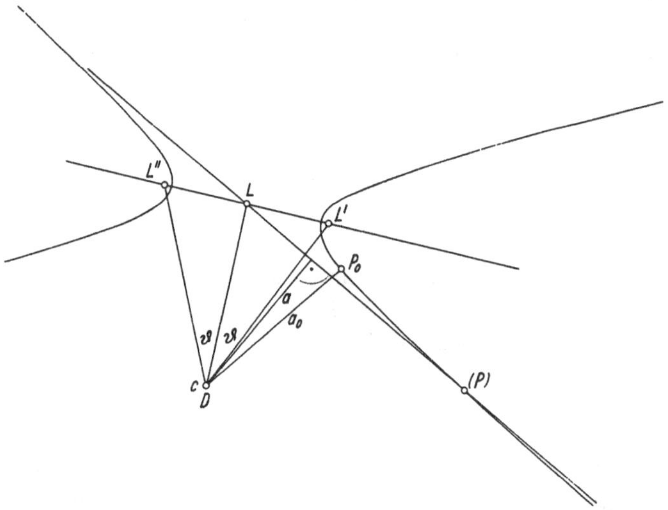

Abb. 9. Schnitt des Hyperboloids der Ordnung m mit der Zeichenebene.

mit der Zeichenebene ist die gezeichnete Hyperbel. Auf dem Hyperboloid liegt der Punkt P. Die zugehörige Ordnung ist

$$m = \frac{1}{\lambda}\left|\overline{L'P} - \overline{L''P}\right|.$$

Die durch D senkrecht zur Zeichenebene verlaufende Gerade c ist die Drehachse, ϑ der halbe Drehwinkel, wobei

$$0 < \vartheta < \frac{\pi}{2}.$$

Ferner ist

$$\overline{P_0 D} = a_0$$

[1]) Über Entartungserscheinungen siehe weiter unten.

der Abstand des Hyperboloids von der Geraden c. Der Punkt P auf dem Hyperboloid liegt im allgemeinen nicht in der Zeichenebene, ebenso nicht der Licht-Mittelstrahl PL. Denkt man sich nun P zusammen mit dem Licht-Mittelstrahl PL durch Rotation um die Gerade $L'L''$ in die Zeichenebene hineingeklappt, so entsteht dort der Punkt (P) mit der Geraden $(P)L$. Diese Gerade hat von der Geraden c den Abstand a. a hängt natürlich von der Lage von (P) auf der Hyperbel ab. Die nähere Durchrechnung zeigt dabei folgendes: a bleibt innerhalb der Grenzen

$$a_0 \cdot \cos\vartheta < a < a_0 \cdot \frac{1}{\cos\vartheta}, \tag{4}$$

wenn man in gewissen Fällen für die Lage von (P) einen bestimmten engen Bereich in Scheitelumgebung ausschließt. Das wollen wir nunmehr auch tun; über die Berechtigung hiervon und Einzelheiten dazu siehe an anderer Stelle [SCHULZ 1954a]. a_0 ergibt sich nun zu

$$a_0 = \frac{m\lambda}{2\sin\vartheta}. \tag{5}$$

Wegen (4) und (5) setzen wir

$$a = m\,C, \tag{6}$$

wobei dann

$$C = \frac{\lambda}{2\sin\vartheta} \text{ mit Unsicherheitsfaktor zwischen } \cos\vartheta \text{ und } \frac{1}{\cos\vartheta}. \tag{7}$$

Dieser Unsicherheitsfaktor hängt von der speziellen Versuchsanordnung ab, d. h. von Lichtquellenbild-Entfernung und -Ausdehnung usw. Er fällt kaum ins Gewicht, wenn ϑ genügend klein ist. Ist ϑ dagegen größer, lohnt es sich, zwei Grenzfälle zu kennen, nämlich: Liegen die Lichtquellenbilder, d. h. L, im Unendlichen, so gilt

$$C = \frac{\lambda}{2\sin\vartheta} \text{ genau } (L \text{ in } \infty)^{1)}; \tag{8}$$

andererseits, bleibt L im Endlichen fest und rückt dabei P immer mehr gegen das Unendliche, so geht

$$C \to \frac{\lambda}{2\,\mathrm{tg}\,\vartheta} = \frac{\lambda}{2\sin\vartheta} \cdot \cos\vartheta \; (P \to \infty)\,.^{1)} \tag{9}$$

Alle diese Betrachtungen beruhen auf *Hyperboloiden* (bzw. ihren Entartungsflächen) als Orten konstanten Gangunterschieds. In gewissen Fällen können jedoch an deren Stelle auch *Ellipsoide* treten. Diese dürfen wir hier jedoch unberücksichtigt lassen [SCHULZ 1954a, S. 180].

Die praktische Justierung ist nun zweckmäßig[2]) im allgemeinen so durchzuführen, daß die Drehachse c (Keilkante) senkrecht zur mittleren Lichtrichtung liegt (s. Abb. 5). Auf diese Lage haben wir uns daher hier beschränkt. Die Ebene

[1]) Die Beweise von (8) und (9) sind der Kürze halber fortgelassen. In dem zu (8) führenden Fall „L in ∞" ist der im Endlichen gebliebene Teil des Hyperboloids ausgeartet in zwei Ebenenstücke im Abstand $a = m\,C$ von der Drehachse c. In dem zu (9) führenden Fall „$P \to \infty$" nähert sich die Gerade $(P)L$ immer mehr der Hyperbelasymptote.

[2]) Zur Begründung s. in Abschn. 235 unter 7.

durch c senkrecht zur mittleren Lichtrichtung wollen wir „Schärfeebene“ nennen; in dieser Ebene sind nämlich die Interferenzen am schärfsten, wie wir später sehen werden.

Wir fahren nun in unserer Ableitung fort und betrachten das bisherige Teilergebnis, nämlich Gleichung (6) (mit den Beziehungen (7) bis (9)). Gleichung (6) ist eine Beziehung zwischen a und der Ordnung m. Gesucht ist aber eine Beziehung zwischen der Lage von P und der Ordnung m. Es fehlt also noch eine Beziehung zwischen a und der Lage von P. a hängt nun insgesamt von P und von der Richtung der Geraden LP ab. Die Rechnung liefert dabei folgende Beziehung

$$a = |p \cos \varphi + h \sin \varphi \cos \varkappa| \; ; \tag{10}$$

die Bedeutung der Größen p, h, φ und $\varkappa$ ist dabei aus Abb. 5 zu entnehmen: $p \geqq 0$ und $h \lessgtr 0$ sind die rechtwinkligen Koordinaten von P; dabei bedeutet $|h| = \overline{PP_s}$ den Abstand von P von der Schärfeebene und p den Abstand des Fußpunktes P_s von der Geraden c. Die Winkel φ und $\varkappa$ bestimmen die Richtung der Geraden LP; $\varkappa$, dessen Schenkel parallel zur Schärfeebene verlaufen, liegt zwischen den Grenzen 0 und 2π; φ ist der Winkel zwischen dem Licht-Mittelstrahl und der mittleren Lichtrichtung und liegt in den Grenzen

$$0 \leqq \varphi \leqq u \,,$$

wobei

$$0 < u < \pi/2 \,.$$

Nun können wir, auf Grund der Gleichungen (6) und (10), die gesuchte Beziehung zwischen der Lage von P und der Ordnung m hinschreiben:

$$m = \frac{1}{C} |p \cos \varphi + h \sin \varphi \cos \varkappa| \,. \tag{11}$$

Dies ist also die Ordnung m, die im Punkte $P(p, h)$ durch alle die kohärenten Punktpaare erzeugt wird, deren Licht-Mittelstrahlen dort die Richtung $(\varphi, \varkappa)$ haben.

Wir bestimmen jetzt den Ort der Interferenzerscheinung, indem wir das Prinzip der übereinstimmenden Ordnungen anwenden. Dabei könnten wir z. B. den größten und den kleinsten Wert von m in (11) hinschreiben und fordern, daß diese beiden sich um höchstens σ voneinander unterscheiden sollen. Als noch zweckmäßiger erweist es sich hier jedoch, und es läuft im wesentlichen auf dasselbe hinaus, die *folgenden* beiden Größen (im Hinblick auf (11)) hinzuschreiben:

$$m_{\varphi=0} = \frac{1}{C} p \,; \tag{12}$$

$$m_{\min} = \frac{1}{C} (p \cos u - |h| \sin u) \,. \tag{13}$$

Diese beiden (eben definierten) Größen sollen sich nun um höchstens σ voneinander unterscheiden; d. h.

$$m_{\varphi=0} - m_{\min} \leqq \sigma \,. \tag{14}$$

In allen den Punkten P, wo diese Bedingung erfüllt ist, werden dann Interferenzen auftreten, wenn man σ geeignet wählt. Über die Wahl von σ siehe Abschn. 222. Durch Einsetzen von (12) und (13) in (14) erhalten wir

$$p\,(1 - \cos u) + |h| \sin u \leqq \sigma\, C\,. \tag{15}$$

Diese Gleichung zwischen p und h definiert den Raumbereich, in dem Interferenzen auftreten, also den Ort der Interferenzerscheinung.

Welche Ordnung gelangt nun in den einzelnen Punkten P dieses Raumbereichs tatsächlich zur Beobachtung? Diese Ordnung ist ein gewisser Mittelwert aller Ordnungen m nach Gleichung (11), wo bei konstantem p und h über die einzelnen Richtungen $(\varphi, \varkappa)$ zu mitteln ist. Für diesen Mittelwert setzen wir hier vereinfachend

$$\overline{m} = \iint\limits_{(\Omega)} \frac{1}{C}\,(p \cos\varphi + h \sin\varphi \cos\varkappa)\,\frac{d\Omega}{\Omega}\,; \tag{16}$$

dabei ist

$$\Omega = 2\,\pi\,(1 - \cos u) \tag{17}$$

der gesamte vom wirksamen Aperturkegel eingeschlossene Raumwinkel und

$$d\Omega = \sin\varphi\; d\varphi\; d\varkappa \tag{18}$$

[1]) ein Raumwinkelelement davon. Die Ausführung der Integration in (16) liefert

$$\overline{m} = \frac{p}{C} \cdot \frac{1 + \cos u}{2}\,. \tag{19}$$

Diese Gleichung liefert eine Beziehung für die Ordnung in Abhängigkeit vom Ort, d. h. sie sagt uns, welche Ordnung wir innerhalb des Raumbereichs (15) tatsächlich beobachten werden.

Die Beziehungen (15) und (19) gewähren nun den gesuchten Überblick über die räumliche Struktur der Interferenzerscheinung. Er ist in Abb. 10 dargestellt. Für σ ist dort überall ein gleicher, fester Wert angenommen, und zwar der Wert 2/3; u ist $= 25°$ gesetzt. Die Abbildung stellt einen Schnitt dar durch den Raumbereich, in dem Interferenzen auftreten. Der Schnitt ist senkrecht zur Drehachse c (Keilkante) gelegt. Die dick ausgezogenen Linien bezeichnen die Flächen konstanter Ordnung; sie sind so weit gezeichnet, wie Interferenzen beobachtbar sind. Die gestrichelte Linie stellt also die Grenze des Ortes der Interferenzerscheinung dar, deren Kontrast von der Mitte c nach den Rändern zu immer mehr abnimmt. Diese Abbildung stellt somit die Interferenzerscheinung „von der Seite" dar, d. h. die dick ausgezogenen Linien sind nicht die Interferenzstreifen selbst, sondern bezeichnen die Flächen konstanter Ordnung. — Eine Besprechung im einzelnen erfolgt in den Abschnitten 31 ff.

---

[1]) Die Intensitätsverteilung auf die einzelnen $d\Omega$ wollten wir als gleichförmig annehmen; dies wirkt sich z. B. in Gleichung (16) so aus, daß jedes gleich große $d\Omega$ das gleiche Gewicht $\frac{d\Omega}{\Omega}$ erhält.

Hier soll nur noch eine Feststellung über die für die Interferenzerscheinung *charakteristischen* Größen getroffen werden. Charakteristisch sind hier (in (15) und (19)) nur die Lichtquellenbild-Transformation $\mathfrak{T}$, der wirksame Aperturkegel $\mathfrak{A}$ und — in meist geringem Umfang — gewisse durch die Lichtquellenbilder bedingte Kohärenzverhältnisse. $\mathfrak{T}$ und $\mathfrak{A}$ legen nämlich ($\mathfrak{T}$ durch die Lage der Drehachse, $\mathfrak{A}$ durch die mittlere Lichtrichtung) die Lage des p-h-Koordinatensystems (relativ zum Gesichtsfeld) fest, vgl. Abb. 5; ferner enthält $\mathfrak{A}$ die Größe u; $\mathfrak{T}$ enthält ϑ,

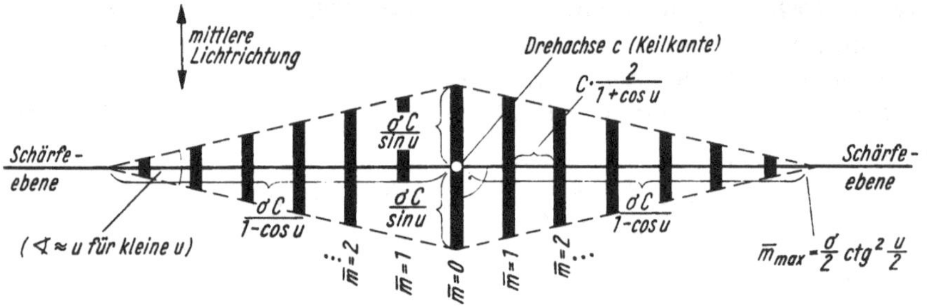

Abb. 10. Räumliche Struktur der Interferenzerscheinung, Schnitt $\perp c$ durch den Raumbereich, in dem Interferenzen auftreten.

wodurch die Größe C im wesentlichen bereits bestimmt ist (s. (7) bis (9)). Nur gewisse durch die Lichtquellenbilder (insbesondere durch ihre Entfernung) bedingte Kohärenzverhältnisse haben auf C noch einen zusätzlichen Einfluß, wie aus (7) bis (9) ersichtlich ist; dieser Einfluß verschwindet dabei mit abnehmendem ϑ immer mehr.

234. Die örtliche Intensitätsverteilung der Interferenzen

Im vorigen Abschn. 233 waren wir durch Einführung der Größen σ und $\overline{m}$ zu einer Näherung gekommen, die ihren Ausdruck in Abb. 10 fand. Wir wollen jetzt an eine noch strengere Lösung des Problems herangehen durch Bestimmung der Lichtintensität als Funktion des Ortes.

Zunächst betrachten wir zwei miteinander interferierende harmonische Wellenzüge, die längs der gleichen Geraden in der gleichen Richtung verlaufen. Sie sollen sich nur dadurch voneinander unterscheiden, daß die Phase des einen um $2\pi m$ größer ist als die des anderen. Die Intensität ist dann proportional zu (s. z. B. bei Hund [1947, S. 66])

$$1 + \cos 2\pi m .$$

Nun kommen wir zu dem uns interessierenden allgemeineren Fall. Dort können die beiden Wellenzüge mit dem Phasenunterschied $2\pi m$ *verschiedene* Amplituden und *verschiedene* Richtungen haben. Sie sollen im Punkte $P(p, h)$ miteinander interferieren, und ihr Licht-Mittelstrahl soll die Richtung $(\varphi, \varkappa)$ besitzen. Nun betrachten wir die Zusammensetzung aller dieser Paare von Wellenzügen mit der Licht-Mittelstrahl-Richtung $(\varphi, \varkappa)$. Die Intensität in P ist dann, wie die Rechnung ergibt, proportional zu

$$b + \cos 2\pi m ;$$

hier ist $b \geqq 1$ und hängt nur von Amplitudenverhältnissen und Richtungsunterschieden innerhalb der einzelnen Paare von Wellenzügen ab, *nicht* dagegen von m. Die eben erwähnte cos-Form gilt wieder unter der Voraussetzung *harmonischer* Wellenzüge.[1])

Nun müssen wir noch über alle Richtungen $(\varphi, \varkappa)$ integrieren. Zuletzt fügen wir noch einen Summanden $J \geqq 0$ hinzu. Er berücksichtigt das *nicht* interferenzfähige Licht, das nur von *einem* der beiden Punkte eines kohärenten Punktpaares herstammt, während das damit kohärente Licht vom anderen Punkt dieses Punktpaares nicht mehr zur Beobachtung gelangt, weil es vorher ausgeblendet wurde. Die so erhaltene Größe ist die uns hier interessierende „Intensität" I:

$$I = \iint\limits_{(\Omega)} (b + \cos 2\pi m) \frac{d\Omega}{\Omega} + J \,. \tag{20}$$

Dabei nehmen wir an, daß die Größen b und J unabhängig vom Ort $P(p, h)$ innerhalb des betrachteten Bereichs sind. Wir führen dann die Abkürzung ein:

$$\iint\limits_{(\Omega)} b \frac{d\Omega}{\Omega} + J = A \;; \tag{21}$$

dabei ist also $A \geqq 1$ dann ebenfalls ortsunabhängig. Aus (20), (21), (11) und (18) folgt

$$I = A + \frac{1}{\Omega} \iint\limits_{(\Omega)} \cos\left\{\frac{2\pi}{C}(p\cos\varphi + h\sin\varphi\cos\varkappa)\right\} \sin\varphi \, d\varphi \, d\varkappa \,. \tag{22}$$

Dies ist die Intensität I als Funktion des Ortes $P(p, h)$. Sie besteht aus dem konstanten Glied A und dem ortsabhängigen Integralglied. Die Größe C sehen wir als (nur von λ und ϑ abhängige) Konstante an, wobei ihr genauer Wert — innerhalb gewisser Grenzen — unsicher sein *kann*; siehe die Beziehungen (7) bis (9).

Die Integration von (22) führen wir zunächst für den Fall $h = 0$ aus, fragen also nach dem Intensitätsverlauf in der Schärfeebene.

$$I = A + \frac{1}{\Omega} \iint\limits_{(\Omega)} \cos\left(\frac{2\pi}{C} p \cos\varphi\right) \sin\varphi \, d\varphi \, d\varkappa \,,$$

$$I = A + \cos\left(2\pi \frac{p}{C\dfrac{2}{1+\cos u}}\right) \cdot \frac{C}{\pi p (1 - \cos u)} \sin \frac{\pi p (1 - \cos u)}{C} \,. \tag{23}$$

Der örtliche Intensitätsverlauf besteht also hier bis auf eine Konstante $A \geqq 1$ aus einer cos-Funktion mit der p-Periode $C \dfrac{2}{1 + \cos u}$, wobei diese cos-Funktion moduliert ist durch einen Faktor der Form $\dfrac{1}{x} \sin x$. Dieser Intensitätsverlauf I ist in Abb. 11 dargestellt; u ist dort wieder $= 25°$ gesetzt.

---

[1]) Über Experimentelles hierzu s. z. B. eine Arbeit von Lau, Rienitz und Roose [1953].

Die Integration für $h \neq 0$ dagegen[1]) ist nicht mehr elementar durchführbar. Man erhält nach einigen Umformungen

$$I = A + \frac{1}{1 - \cos u} \int_0^u \sin\varphi \cos(s\cos\varphi)\, J_0(t\sin\varphi)\, d\varphi$$

mit der BESSELschen Funktion

$$J_0(t\sin\varphi) = 1 - \frac{(t\sin\varphi/2)^2}{(1!)^2} + \frac{(t\sin\varphi/2)^4}{(2!)^2} - \frac{(t\sin\varphi/2)^6}{(3!)^2} + \cdots$$

und den Ortskoordinaten

$$s = 2\pi\frac{p}{C},$$
$$t = 2\pi\frac{h}{C},$$

in deren Maßstab der Streifenabstand nach Abschnitt 31 im wesentlichen (bis auf Korrekturfaktoren) $= 2\pi$ wird. — Wir beschränken uns nunmehr auf kleine

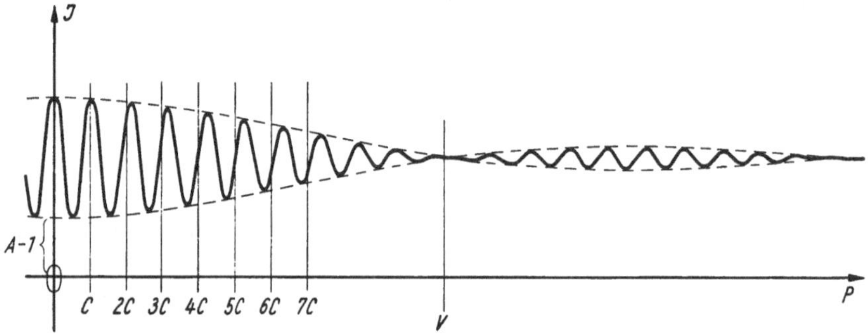

Abb. 11. Intensitätsverlauf I in der Schärfeebene.

u, d. h. ersetzen im Integranden $\sin\varphi$ durch φ und $\cos\varphi$ durch $1 - \varphi^2/2$. In diesem Fall ist eine überschaubare Zurückführung auf tabellierte Funktionen möglich. Als Ergebnis erhält man

$$I = A + K \cdot \cos(s - \Phi), \tag{23a}$$

wobei die Größen K und Φ von s, t und u abhängen, dabei aber vom Ort (s, t) nur schwach. Der räumliche Intensitätsverlauf besteht also auch hier wieder, entsprechend zu (23), im wesentlichen aus einer modulierten cos-Funktion. Die Abweichungen von der reinen cos-Form sind dabei durch K und Φ bestimmt. Diese Größen hängen nun, wie sich zeigt, von den drei Größen s, t und u nicht *einzeln* ab, sondern nur von den zwei Produkten

$$s \cdot u^2 = w,$$
$$t \cdot u = z.$$

[1]) Die Arbeiten zu den folgenden Ausführungen dieses Abschnitts 234 wurden gemeinsam mit Herrn Dipl.-Math. MINKWITZ vom Verf. durchgeführt. Da diese Arbeiten erst kurz vor Erhalten der Korrekturen abgeschlossen waren, konnten die Ergebnisse hier nur noch in Kurzform eingefügt und an einigen anderen Stellen entsprechende Verweise hierauf angebracht werden. Eine ausführliche Veröffentlichung erscheint an anderer Stelle [SCHULZ u. MINKWITZ, im Druck].

Zur Darstellung von K und Φ ist es also vorteilhaft, statt der Ortskoordinaten s und t die dazu (je nach der Größe von u) verschieden proportionalen Ortskoordinaten w und z zu verwenden. Man erhält dann

$$K = \left| \sqrt{\left(\frac{2\,U_1}{w}\right)^2 + \left(\frac{2\,U_2}{w}\right)^2} \right|, \tag{23b}$$

$$\Phi = \frac{w}{2} - \arccos\frac{2\,U_1}{wK} = \frac{w}{2} - \arcsin\frac{2\,U_2}{w\,K}, \tag{23c}$$

wobei U_1 und U_2 Lommelsche Funktionen von w und z sind [Watson 1958, S. 537]:

$$U_1 = \sum_{\mu=0}^{\infty} (-1)^{\mu} \left(\frac{w}{z}\right)^{2\mu+1} \sum_{\nu=0}^{\infty} \frac{(-1)^{\nu}\,(z/2)^{2\mu+2\nu+1}}{\nu!\,(2\mu+\nu+1)!}, \tag{23d}$$

$$U_2 = \sum_{\mu=0}^{\infty} (-1)^{\mu} \left(\frac{w}{z}\right)^{2\mu+2} \sum_{\nu=0}^{\infty} \frac{(-1)^{\nu}\,(z/2)^{2\mu+2\nu+2}}{\nu!\,(2\mu+\nu+2)!}.\text{[1]} \tag{23e}$$

Dabei sind w und z hier also:

$$w = s\,u^2 = 2\pi\frac{p}{C}\,u^2 = \frac{4\pi}{\lambda}\,p\,u^2 \sin\vartheta, \tag{23f}$$

$$z = t\,u = 2\pi\frac{h}{C}\,u = \frac{4\pi}{\lambda}\,h\,u \sin\vartheta \tag{23g}$$

(das in (23f) und (23g) jeweils rechts stehende Gleichheitszeichen gilt, wenn die Lichtquellenbilder im Unendlichen liegen, vergl. (8)).

Die die Interferenzerscheinung charakterisierenden Größen K und Φ sind in den Abbildungen 12 und 13 dargestellt. Bei den dazu nötigen Rechnungen genügte es im wesentlichen, die bereits von Lommel [1886] tabellierten Werte der Funktionen $2\,U_1/w$ und $2\,U_2/w$ zu verwenden. Zur Darstellung der Orte mit konstantem K dagegen wurde auf die Ergebnisse von Rechnungen von Berek zurückgegriffen. Dies ist möglich, weil sich zeigen läßt [Schulz u. Minkwitz, im Druck], daß zwischen der von Berek behandelten Beugungsfigur bei aberrationsfreier Abbildung [Berek 1927] und den von uns behandelten Keilinterferenzen eine weitgehende, wenn auch nur formale, Analogie besteht; z. B. entspricht der Intensität bei Berek zwar nicht unsere Intensität, aber das Quadrat ihrer „Einhüllenden", d. h. unser K^2. Die Bereksche Abbildung konnte daher, nach entsprechender Umdeutung der dort vorkommenden optischen Größen, hier direkt übernommen werden: siehe Abb. 14.[2])

Die in Abb. 13 dargestellte Größe Φ bestimmt nun die Orte konstanter mittlerer Ordnung $\tilde{m}$, wenn man

$$2\pi\,\tilde{m} = s - \Phi \tag{23h}$$

---

[1]) Formal entsprechende Ausdrücke bereits bei Landwehr [1959a]; siehe auch den letzten Absatz von Abschnitt 35.

[2]) Die Abbildung selbst wurde kopiert aus [Grimsehl 1952, S. 217].

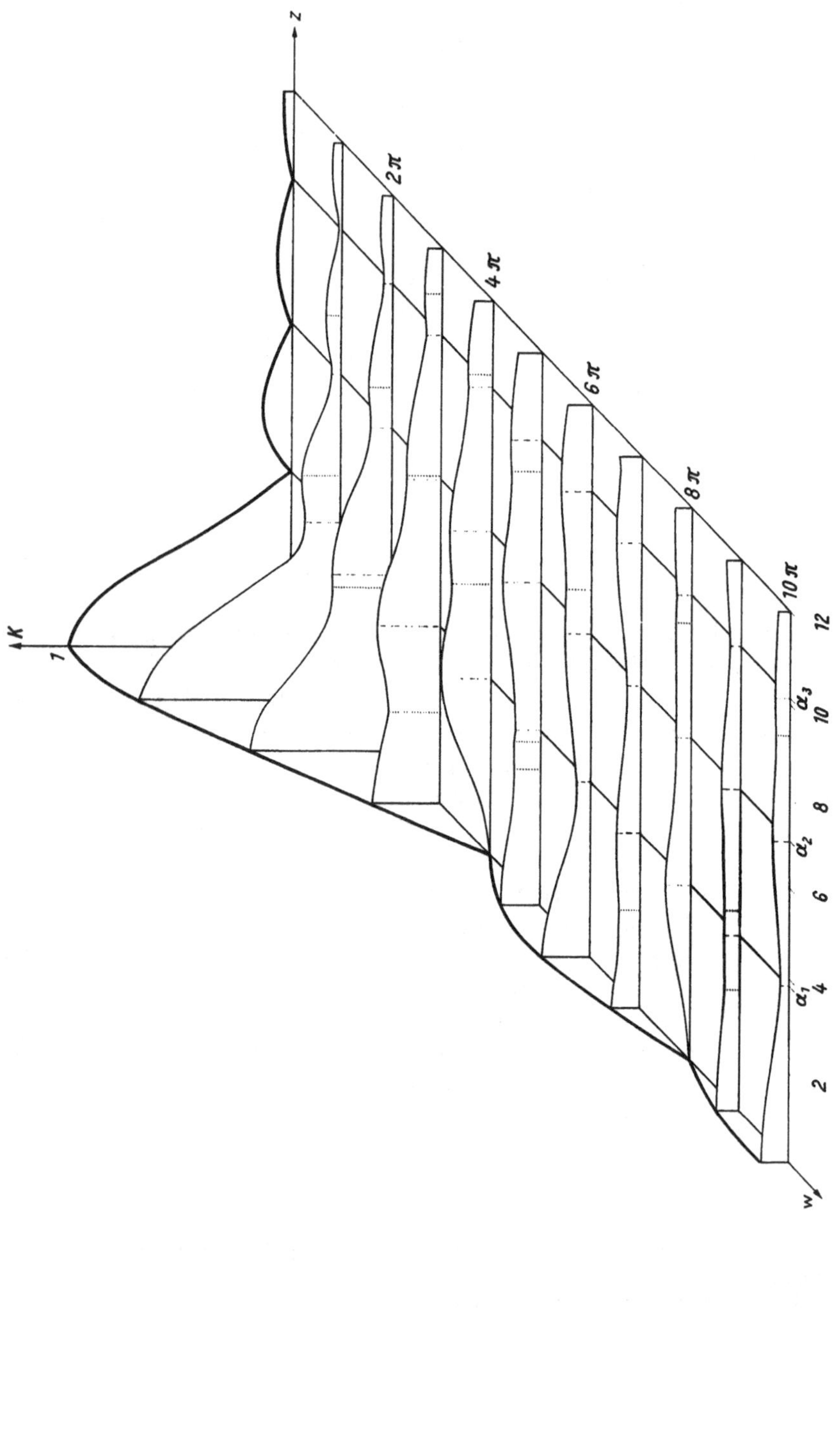

Abb. 12. K (Kontrast für $A = 1$ nach Abschnitt 35) als Funktion von w und z ((23f), (23g)).

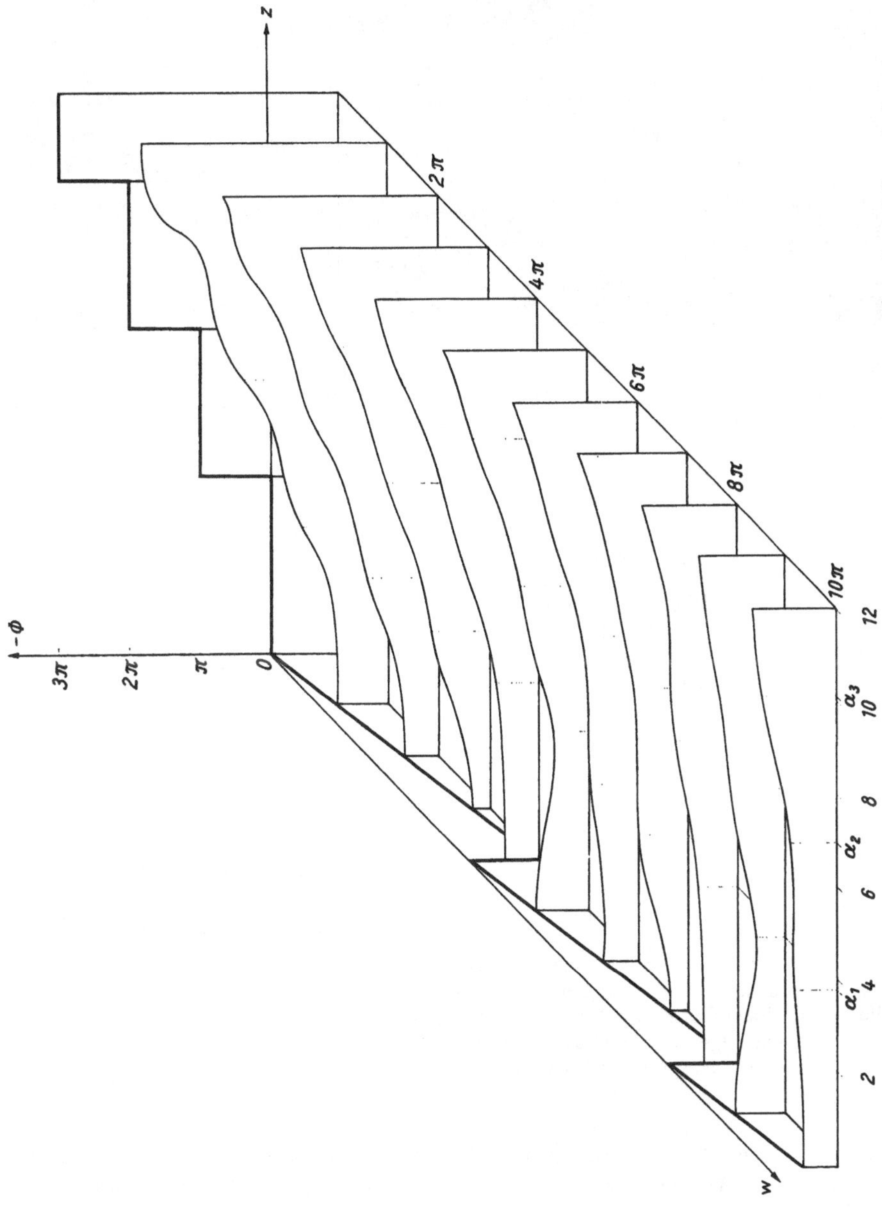

Abb. 13. — Φ als Funktion von w und z ((23f), (23g)). Der — Φ-Wert der gezeichneten Grundebene beträgt — π.

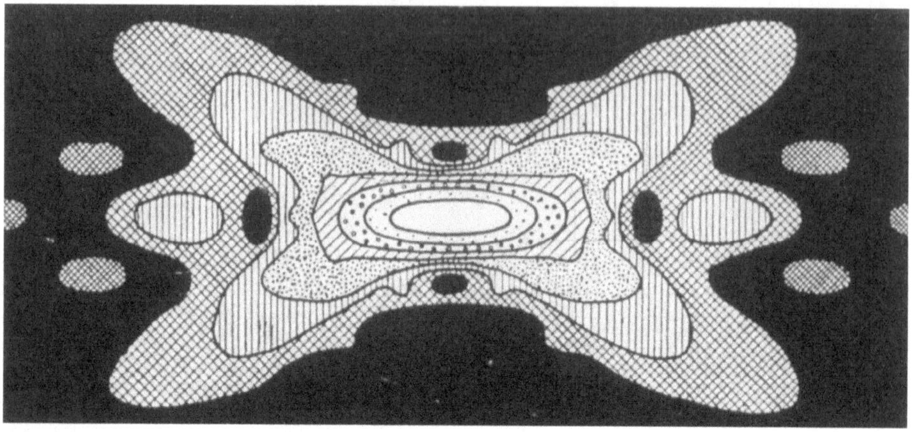

Abb. 14. K in der w-z-Ebene (vgl. Abb. 12), wobei die w-Achse waagerecht und die z-Achse senkrecht durch den Bildmittelpunkt geht; die K-Werte sind bei den verschiedenen Schattierungen, in Bildmitte beginnend:

$1 \geqq K > 0{,}866$ (weiß),
$0{,}866 > K > 0{,}707$,
$0{,}707 > K > 0{,}500$,
$0{,}500 > K > 0{,}316$,
$0{,}316 > K > 0{,}224$,
$0{,}224 > K > 0{,}158$,
$0{,}158 > K > 0{,}100$,
$0{,}100 > K \geqq 0$ (schwarz);

der Maßstab ist derart, daß der Abstand des ersten (schwarzen) Minimums auf der w-Achse von der Bildmitte 4π beträgt.

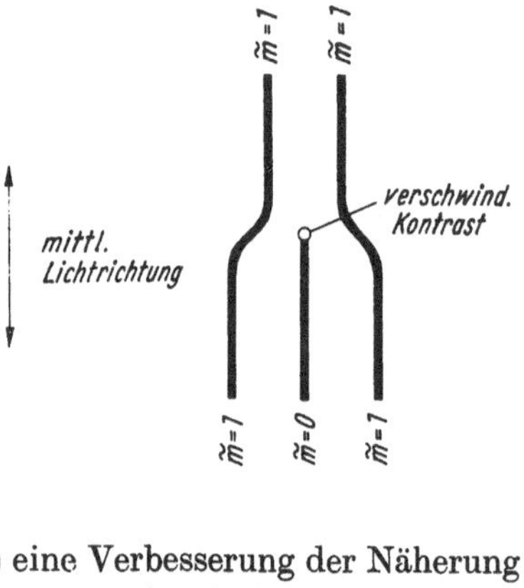

Abb. 15. Schnitt $\perp c$ durch die Flächen konstanter mittlerer Ordnung $\tilde{m}$ in der Umgebung der (ersten) Stelle verschwindenden Kontrastes bei der 0. Ordnung (Übergangsbögen nur qualitativ, da im s-t- bzw. p-h-Maßstab ohnehin wesentlich u-abhängig).

definiert. $\tilde{m}$ stellt dabei (zumindest für kleine u) eine Verbesserung der Näherung $\bar{m}$ von Abschn. 233 dar. Es ließe sich also eine entsprechende Verbesserung der Näherung von Abb. 10 zeichnen, was in Abb. 15 teilweise durchgeführt ist. Dort springt an der Stelle verschwindenden Kontrastes $\tilde{m}$ von 0 auf $^1/_2$, entsprechend dem Springen von $-\Phi$ in Abb. 13 von 0 auf π.

235. Erweiterung der Voraussetzungen

Die den letzten Abschnitten zugrunde liegenden Voraussetzungen, die in Abschn. 231 (1. Abs.) zusammengefaßt sind, sind noch in mancher Hinsicht erweiterungsfähig. 9 solcher Erweiterungen wollen wir im folgenden kurz besprechen (und zwar jede ohne Berücksichtigung der anderen 8, wenn nichts Gegenteiliges erwähnt ist).

1. Bisher hatten wir die in Abschn. 212, 5. Abs. erwähnte zeitliche Phasendifferenz zwischen den beiden Wellenzentren = 0 angenommen. *Erweiterung:* Diese Phasendifferenz ist $\gtrless 0$. Der Fall > 0 bzw. < 0 tritt z. B. bei Vorhandensein einer einseitig wirkenden planparallelen Glasplatte ein. Ferner kann jene Phasendifferenz auch infolge unsymmetrischer Wirkung teildurchlässig spiegelnder Flächen $\neq 0$ sein. Als Beispiel können wir an ein MACH-ZEHNDER-Interferometer denken. Beobachtet man hier senkrecht zur Lichteintrittsrichtung, d. h. in Abb. 16 bei B_1 und nicht bei B_2, so wird das Licht $T_1 S_1 T_2$ dreimal reflektiert, das Licht $T_1 S_2 T_2$ nur einmal reflektiert und zweimal hindurchgelassen. Die Folge ist jene erwähnte Phasendifferenz (wir wollen hier annehmen, diese Phasendifferenz sei genügend unabhängig von der Lichtstrahlrichtung im einzelnen). Die Wirkung einer Phasendifferenz $\neq 0$ gegenüber dem Fall $= 0$ ist nun bei streng monochromatischem Licht nicht erheblich. Man hat nämlich dann einfach die Gangunterschiede um eine additive Konstante, die jener Phasendifferenz entspricht, zu verändern. Das gleiche gilt für die Ordnungen. Ist die Konstante für die Ordnungen dabei eine ganze Zahl, so ist die Interferenz*erscheinung* sogar genau die gleiche geblieben (wir wollten ja streng monochromatisches Licht betrachten). Ist sie keine ganze Zahl, so erscheinen z. B. bei Abb. 10 die Streifen im wesentlichen lediglich etwas parallel verschoben, und zwar höchstens um eine halbe Ordnung dieser Streifen. Im letzteren Falle ist dann der kontrastreichste Streifen, welcher nach wie vor auf der Drehachse liegt, kein heller, sondern ein dunkler Streifen.

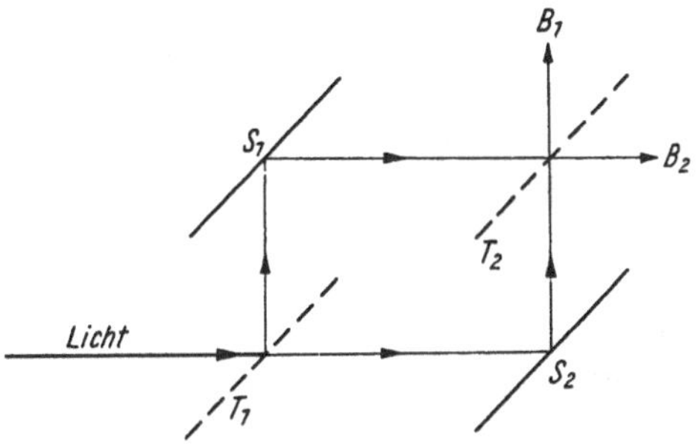

Abb. 16. MACH-ZEHNDER-Schaltung, schematisch. T_1, T_2: teildurchlässig spiegelnd; S_1, S_2: spiegelnd; B_1, B_2: Beobachtung.

Wesentlich andere Wirkungen kann man dagegen erhalten, wenn man jene Phasendifferenz $\neq 0$ bei *endlicher* Kohärenzlänge betrachtet, wie es HERTEL [1956a u. 1956b] getan hat. Dabei kann es nämlich auch vorkommen, daß gar keine Interferenzen mehr zu sehen sind (wenn der Betrag jener Phasendifferenz sehr groß ist).

2. Die Lichtquellenbild-Transformation $\mathfrak{T}$ hatten wir als reine Drehung angenommen (Drehwinkel $2\,\vartheta$). *Erweiterung:* $\mathfrak{T}$ ist eine Schraubung (Abschn. 213.

5. Abs.). Hierbei tritt zusätzlich zur Drehung noch eine Parallelverschiebung parallel zur Drehachse auf. Es ist nun zu erwarten, daß diese Parallelverschiebung den Kontrast der Interferenzen (im Endlichen) stark verringert, und zwar um so mehr, je größer sie ist. Das ist schon deswegen plausibel, weil die Umgebung des Gangunterschiedes 0 im allgemeinen den stärksten Kontrast zeigt (natürlich abgesehen von der Erweiterung 1.), hier aber der Gangunterschied 0, für alle in Frage kommenden kohärenten Punktpaare gemeinsam, gar nicht existiert. Da man im allgemeinen möglichst starken Kontrast anstrebt, wird man also meist versuchen, die Parallelverschiebung parallel zur Drehachse durch entsprechende Justierung $= 0$ oder ≈ 0 zu machen, so daß sie dann nicht mehr in Erscheinung tritt. Die Beschränkung der Schraubung auf die reine Drehung in den Voraussetzungen nach Abschn. 231 war also gerechtfertigt. Eine Schraubung mit Parallelverschiebung $\neq 0$ parallel zur Drehachse (und $\vartheta \neq 0$) kann grundsätzlich z. B. in (entsprechend eingestellten) Schaltungen nach Abb. 16 auftreten, wie sich leicht beweisen läßt, in Schaltungen nach Abb. 1 dagegen nicht. Ein anderer Spezialfall der Schraubung, die reine Parallelverschiebung, führt zu den bekannten Interferenzen gleicher Neigung. Diese sollen in diesem Buch nicht weiter behandelt werden, da sie in der Interferenzmikroskopie bisher weniger Bedeutung haben dürften, abgesehen vielleicht vom Interferenzmikroskop nach Räntsch.

Auf dieses Interferenzmikroskop nach Räntsch wollen wir nun in diesem Absatz noch kurz eingehen. Zur Einführung sei verwiesen auf die betreffenden Ausführungen in Teil I, ferner auf Räntsch selbst [1949a, z. B. S. 292]. — Bei jenem Gerät erfolgt durch Kippung einer Planplatte eine Parallelverschiebung der Lichtquellenbilder gegeneinander in demjenigen Raum, in dem sich die teildurchlässig spiegelnde Trennfläche befindet. Diesen Raum wollen wir hier „Teilungsflächenraum" nennen. In bezug auf jenen Raum liegt die Objektoberfläche im Unendlichen, und dort erscheinen dann die Interferenzen. Diese sind in bezug auf den Teilungsflächenraum, wo $\mathfrak{T}$ eine Parallelverschiebung ist, Interferenzen gleicher *Neigung*. Das gilt streng nur für den Spezialfall, daß die Objektoberfläche ein Planspiegel ist, der senkrecht zur optischen Achse in der Brennebene des Objektivs liegt. — Weist dagegen die Objektoberfläche örtlich verschiedene Neigungen auf, so können dort auch Interferenzen gleicher *Dicke* auftreten, wie in Abschn. 34 deutlich werden wird. Ihre Grundlage sind die Interferenzen am einfachen Keil, welche dort auftreten, wo $\mathfrak{T}$ eine reine Drehung ist. Voraussetzung dazu ist hier, daß die obenerwähnte Planplatte nicht gekippt ist, d. h. keine Parallelverschiebung im Teilungsflächenraum vorliegt. Auf jenen Fall im Interferenzmikroskop nach Räntsch sind unsere Ausführungen, z. B. auch in Abschn. 33 und 34, anwendbar. — Liegt in diesem Gerät dagegen eine *Kombination* der beiden eben erwähnten Fälle vor (Planplatte gekippt, Objektoberfläche mit örtlich verschiedenen Neigungen), so werden die Verhältnisse unübersichtlicher. Eine genauere theoretische Untersuchung hiervon steht anscheinend noch aus. Eine Schraubung jedenfalls liegt dabei im allgemeinen nicht vor; denn es handelt sich zwar um eine Kombination zwischen Parallelverschiebung und Drehung, aber in optisch verschiedenen Räumen (Parallelverschiebung im Teilungsflächenraum, Drehung im Objektraum).

3. In der Erweiterung 2. war die Lichtquellenbild-Transformation $\mathfrak{T}$ noch eine Schraubung. Darüber hinausgehende *Erweiterung:* Die beiden Lichtquellenbilder in $\mathfrak{R}$ sind nicht mehr notwendig kongruent (z. B. das eine gegenüber dem anderen vergrößert oder verzeichnet). Es handelt sich hier also um im allgemeinen kompliziertere Formen von $\mathfrak{T}$. Solche können z. B. auftreten, wenn in einer MICHELSON-Schaltung (vgl. z. B. Abb. 1) einer der beiden Spiegel nicht mehr eben ist, oder wenn sich in einer MACH-ZENHDER-Schaltung an einer Stelle ein entsprechend geformtes Objekt (mit einem von der Umgebung verschiedenen Brechungsindex) befindet. Diese komplizierten Formen von $\mathfrak{T}$ lassen sich wenigstens in vielen Fällen auf einfachere $\mathfrak{T}$-Formen zurückführen, d. h. aus solchen zusammensetzen, siehe hierzu den Schluß der Erweiterung 9.

4.) In spektraler Hinsicht hatten wir (streng) monochromatisches Licht, d. h. unendliche Kohärenzlänge, angenommen. *Erweiterung:* Das Licht besitzt eine gewisse spektrale Energieverteilung (ein Extremfall hiervon ist weißes Licht; Behandlung z. B. durch HANSEN und KINDER, siehe dazu etwa bei SCHÖNROCK [1944, S. 408]). — Jene Erweiterung bedeutet im allgemeinen, daß mehrere diskrete λ-Werte vorliegen oder ein Kontinuum unendlich vieler λ vorhanden ist. Die rechnerische Durchführung davon kann man so beginnen, daß man jene verschiedenen λ-Werte gleich bei der Anwendung des Prinzips der übereinstimmenden Ordnungen berücksichtigt. Man hat dann in der in Abschn. 212 stehenden Gleichung $m = \frac{g}{\lambda}$ für einen Punkt P nicht nur die jeweiligen g der verschiedenen kohärenten Punktpaare zu berücksichtigen, sondern außerdem auch die verschiedenen λ. Dies führt zu einer noch größeren Schwankung der m-Werte. Alle diese m-Werte müssen dann wiederum hinreichend übereinstimmen. Liegt dabei ein λ-Kontinuum vor, führt dies zu einer praktisch endlichen Kohärenzlänge. Man kann jedoch auch in manchen Fällen von einer solchen endlichen Kohärenzlänge *rechnerisch ausgehen:* Dabei kann man dann, wie es HERTEL [1956a u. 1956b] getan hat, vereinfachend solche Wellenzüge betrachten, die endliche Länge und längs dieser Länge eine konstante Amplitude haben, während die an sich verschiedenen λ-Werte durch *eine*, nämlich die mittlere Wellenlänge ersetzt werden. Dieses Verfahren dürfte bei Spektrallinien, deren Breite man nicht vernachlässigen will, meist sehr geeignet sein. Bei *breiteren* Spektralbereichen dagegen, z. B. auch bei weißem Licht, dürfte wahrscheinlich das zuerst genannte Verfahren das angemessene sein.

5. Den wirksamen Aperturkegel $\mathfrak{A}$ hatten wir als örtlich konstant angenommen. *Erweiterung:* $\mathfrak{A}$ ist nicht notwendig örtlich konstant. Ein solcher Fall, wo $\mathfrak{A}$ nicht konstant ist, lag bereits in Abschn. 22 vor, wie wir im letzten Absatz von Abschn. 232 erörtert hatten. Nicht-Konstanz von $\mathfrak{A}$ kann jedoch auch unter Voraussetzungen ähnlich denen in Abschn. 231 vorliegen, wenn nämlich das Bild der Aperturblende in $\mathfrak{R}$ nicht im Unendlichen, sondern im Endlichen liegt, s. z. B. Abb. 17. Zur Vereinfachung wollen wir dabei den Drehwinkel $2\,\vartheta$ so klein annehmen, daß

𝔄 praktisch durch das gezeichnete Bild der Aperturblende selbst begrenzt wird (s. Abschn. 232, und zwar dort den vorletzten Absatz). Man sieht: 𝔄 ist nicht mehr überall ein Kreiskegel, besonders jedoch ist die auf die Blendenmitte orientierte „mittlere Lichtrichtung" örtlich verschieden (siehe die Pfeile in Abb. 17). Dies bedeutet eine entsprechende „Verbiegung" des Interferenzen-Raumbereiches gegenüber Abb. 10; denn man kann sich den „verbogenen" Raumbereich von Abb. 17 näherungsweise zusammengesetzt denken aus einer Reihe „gerader"

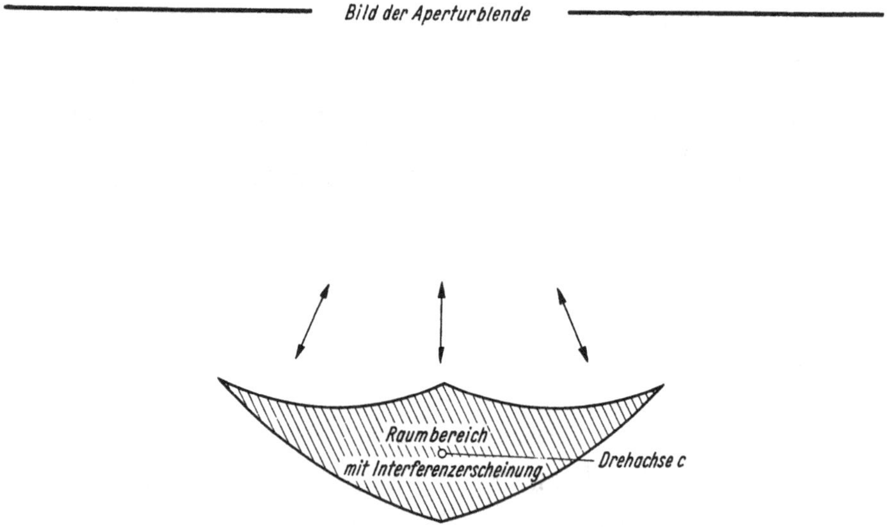

Abb. 17. Bild der Aperturblende in ℜ im Endlichen; Darstellung qualitativ.

Stücke von Abb. 10, die verschiedene Orientierung haben, entsprechend der verschiedenen „mittleren Lichtrichtung". Nunmehr erkennen wir auch die nähere Verwandtschaft zwischen Abb. 17 und Abb. 4 Mitte: In beiden ist die „mittlere Lichtrichtung" örtlich nicht konstant, sondern durch eine Stelle im Endlichen orientiert, und in beiden ist daher der Interferenzen-Raum entsprechend „verbogen". Solche „verbogenen" Verhältnisse nach Abb. 17 sind natürlich weniger erstrebenswert, und wir erkennen auch von dieser Seite her, daß das Bild der Aperturblende im allgemeinen zweckmäßig im Unendlichen zu liegen hat. Weiteres hierzu ist in Abschn. 37 aus 2. zu entnehmen.

6. Nach Abschn. 231 hatten wir 𝔄 als Kreiskegel angenommen. *Erweiterung:* 𝔄 ist nicht notwendig ein Kreiskegel. Dies kann z. B. bei Verhältnissen entsprechend 5. vorkommen, wie dort bereits erwähnt. Nicht-kreiskegelförmiges 𝔄 kommt aber auch noch in anderen Fällen vor, nämlich z. B. bei solchen Interferenzkomparatoren, bei denen spaltförmige Blenden die Apertur begrenzen. Entsprechend ist dann auch 𝔄 spaltförmig begrenzt. Dabei kann man hier 𝔄 direkt als durch jenes Bild der spaltförmigen Aperturblende begrenzt ansehen; denn hier liegen im allgemeinen nur besonders kleine Keilwinkel vor, wo die Betrachtungen des

vorletzten Absatzes von Abschn. 232 anwendbar sind. $\mathfrak{A}$ ist dann also nichtkreisförmig begrenzt; in der Rechnung wirkt sich das so aus, daß z. B. in Gleichung (16) bzw. (22) an Stelle des kreisförmig begrenzten Ω der entsprechend anders begrenzte Raumwinkel einzusetzen ist, so daß die Integrationsgrenzen sich entsprechend ändern, wobei dann statt φ und $\varkappa$ zweckmäßig oft andere Integrationsvariable einzuführen sind. — In Abschn. 232 hatten wir untersucht, wie $\mathfrak{A}$ durch die beiden Bilder der Beleuchtungsapertur-Blende und durch die Beobachtungsapertur-Blende geformt wird. Dabei hatte die Beobachtungsapertur-Blende eine einfache Form (Kreisfläche), und trotzdem konnten für $\mathfrak{A}$ unter Umständen schon recht unübersichtlich-komplizierte Verhältnisse eintreten. Nun gibt es Interferenzmikroskope, bei denen schon die Beobachtungsapertur-Blende selbst komplizierter ist (im Prinzip ringförmig durch Ausblendung der Mitte, s. z. B. Teil I). Um so mehr ist dann natürlich $\mathfrak{A}$ kompliziert. Dadurch erscheint in diesen Fällen eine genaue Dickenmessung, wie sie später in Abschn. 34 behandelt wird, für wechselnde größere Keilwinkel erschwert.

7. Nach Abschn. 231 hatten wir die mittlere Lichtrichtung als senkrecht zur Drehachse c angenommen. *Erweiterung:* c ist (in bezug auf die mittlere Lichtrichtung) beliebig orientiert. Steht c nicht senkrecht zur mittleren Lichtrichtung, so ist (gegenüber der senkrechten Lage) eine Schwächung des Kontrastes zu erwarten. Das ist schon aus Gründen, ähnlich denen bei 2., plausibel: Die Umgebung des Gangunterschiedes 0 für alle in Frage kommenden kohärenten Punktpaare, d. h. hier die Drehachse c mit Umgebung, läßt den stärksten Kontrast erwarten. Wenn nun aber c nicht senkrecht zur mittleren Lichtrichtung steht, liegt damit c auch im allgemeinen nicht mehr in der Ebene, die optisch scharf abgebildet wird. Die anderen Teile von c sind umso unschärfer und kontrastärmer, je mehr c gegen jene Ebene geneigt ist. Man wird also, wenn möglich, eine solche Kontrastminderung zu vermeiden suchen, indem man c senkrecht zur mittleren Lichtrichtung justiert. Unsere Beschränkung auf diese Lage von c zur mittleren Lichtrichtung in Abschn. 231 mag daher als gerechtfertigt erscheinen. — Beziehungen, die (innerhalb gewisser Grenzen) für beliebige Lagen von c zur mittleren Lichtrichtung gelten, sind weiter unten (32) und (33).

8. Die Intensitätsverteilung innerhalb $\mathfrak{A}$ hatten wir als gleichförmig angenommen; d. h. insbesondere, wir hatten bei der Integration in Gleichung (16) und (22) jedem gleichgroßen $d\Omega$ das gleiche Gewicht $\frac{d\Omega}{\Omega}$ erteilt. *Erweiterung:* Jene Gleichförmigkeit ist nicht notwendig vorhanden. In diesem Falle ändern sich dann in (16) und (22) jene Gewichte und damit das Ergebnis entsprechend. Als Beispiel betrachten wir den Fall einer cos-förmigen Intensitätsverteilung. Genauer, wir nehmen an, die Intensität für ein $d\Omega$ innerhalb $\mathfrak{A}$ sei proportional zu $\cos\varphi \cdot d\Omega$, wobei φ der Winkel zwischen der zu diesem $d\Omega$ gehörigen Richtung und der mittleren Lichtrichtung ist, vgl. Abb. 5. Für Gleichung (16) z. B. bedeutet das dann folgendes: $d\Omega$ wird durch $\cos\varphi\, d\Omega$ ersetzt, während der Normierungsfaktor $\frac{1}{\Omega} = \frac{1}{\iint\limits_{(\Omega)} d\Omega}$ durch den neuen Normierungsfaktor $\frac{1}{\iint\limits_{(\Omega)} \cos\varphi\, d\Omega}$ ersetzt wird.

Führt man die entsprechenden Integrationen aus, so zeigt sich, daß im Ergebnis (19) dann der Faktor $\frac{1 + \cos u}{2}$ durch den Faktor $\frac{2 - 2\cos^3 u}{3 \sin^2 u}$ ersetzt zu denken ist. Für Abb. 10 (und daraus später abgeleitete Verhältnisse) bedeutet das somit ein Ersetzen des Faktors $\frac{2}{1 + \cos u}$ durch den Faktor $\frac{3 \sin^2 u}{2 - 2 \cos^3 u}$. Diese letzteren beiden Faktoren sind in Abb. 24 dargestellt. Man sieht, daß sie sich für kleinere u kaum unterscheiden.

9. Die nun folgende Eweiterung wollen wir an einem speziellen Beispiel besprechen. Auf andere Fälle sind diese Betrachtungen dann sinngemäß anzuwenden. Wir betrachten eine MICHELSON-Schaltung und gehen dabei aus von Abb. 1 bzw. 2. Wir erinnern uns, daß wir *Zwei*strahlinterferenzen behandeln wollten.

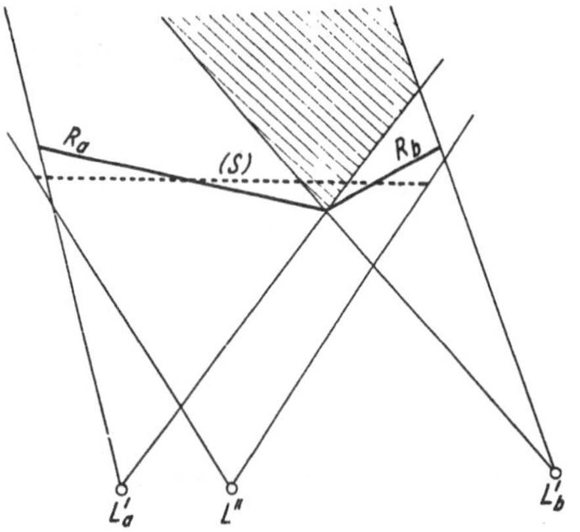

Abb. 18. R gegenüber Abb. 1 aus R_a und R_b bestehend.

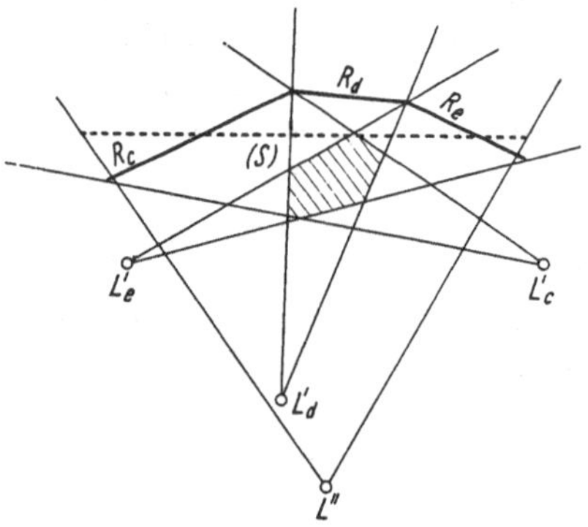

Abb. 19. R gegenüber Abb. 1 aus R_c, R_d und R_e bestehend.

Bei diesen handelt es sich um *zwei* miteinander kohärente Bilder der Lichtquelle und jeweils *zwei* miteinander kohärente Bilder eines Lichtpunktes. Diese beiden Bilder könnten durch eine Transformation $\mathfrak{T}$ miteinander zur Deckung gebracht werden. In Abb. 1 und 2 war $\mathfrak{T}$ eine reine Drehung (Drehachse c, Drehwinkel $2\,\vartheta$). Nun kann man aber auch versuchen, *mehrere verschiedene* $\mathfrak{T}$ *nebeneinander* zu betrachten, z. B. dann, wenn R gegenüber Abb. 1 aus mehreren Ebenenstücken $\mathrm{R}_a, \ldots$ besteht, s. Abb. 18 und 19. Man hat es dann nicht jeweils mit einem kohärenten Punktpaar L', L'' zu tun (L' infolge R, L'' infolge (S)); vielmehr hat man statt L' *mehrere* Lichtpunktbilder $L'_a, \ldots$ (L'_a infolge R_a, L'_b infolge $R_b, \ldots$). Insgesamt liegen also jeweils *mehr als zwei* miteinander kohärente Bilder eines Lichtpunktes vor, nämlich in Abb. 18 L'_a, L'_b und L'' und in Abb. 19 L'_c, L'_d, L'_e und L''. Es handelt sich hier also gar nicht um *Zwei*strahlinterferenzen, so daß die ausführliche Behandlung dieses Falles nicht mehr in den Rahmen dieser Theorie fällt und daher zu unterbleiben hat. Es gelangt nämlich in einen gewissen Teilraum (in Abb. 18 und 19 schraffiert) tatsächlich von jedem jener kohärenten Bilder Licht dahin, wenn nur entsprechende Verhältnisse betreffend Apertur usw. vorliegen. Betrachtet man dagegen nur diejenigen Teilräume, in die nur Licht von L'' und L'_a bzw. nur Licht von L'' und L'_b usw. hingelangt, hat man es nur wieder mit *Zwei*strahlinterferenzen zu tun. Es liegen dann verschiedene Interferenzen-Systeme mit verschiedenem $\mathfrak{T}$ nebeneinander vor (entsprechend der verschiedenen Lage von L'_a, L'_b usw.), und jedes einzelne Interferenzen-System ist in seiner Struktur durch diese Theorie bestimmt. Dabei sind in manchen Fällen noch gewisse gemeinsame Eigenschaften dieser Systeme ableitbar, die wir hier aber nur kurz streifen wollen. Wir wollen dabei als Beispiel die Lage der Schärfeebene der einzelnen Interferenzen-Systeme in Abb. 19 betrachten, und zwar einmal für den Fall der Abbildung 7, dann für den Fall der Abbildung 8.[1]) Hier läßt sich, unter gewissen zusätzlichen Annahmen, zeigen: Im Fall der Abbildung 7 fällt die Schärfeebene jedes Interferenzen-Systems mit der Ebene des zu ihm gehörigen Spiegels R_c bzw. R_d bzw. R_e zusammen, d. h., die Zweistrahlinterferenzen sind auf der Objektoberfläche R_c, R_d, R_e am schärfsten. Im Fall der Abbildung 8 dagegen (wieder unter Zusatzannahmen) fallen alle jene Schärfeebenen mit der Ebene von (S) zusammen, d. h. es liegt eine gemeinsame Schärfeebene vor. Auf die Beweise soll hier nicht eingegangen werden. — Diese Betrachtungen lassen sich entsprechend verallgemeinern auf *beliebig viele* Ebenenstücke $R_a, \ldots$ nebeneinander. — Man kann dann sogar den Grenzfall betrachten, daß daraus eine Fläche mit *stetig* veränderlicher Neigung geworden ist (z. B. bei NEWTONschen Ringen oder interferenziellen Oberflächenprüfungen). Die Ergebnisse solcher Betrachtungen sind natürlich mit einem gewissen Vorbehalt aufzunehmen; denn es handelte sich ja, wie schon dargelegt, nicht immer um reine *Zwei*strahlinterferenzen. Die Berechtigung dieses Vorbehaltes äußert sich auch darin, daß die Berücksichtigung der Krümmung etwas durchaus anderes liefern kann als die alleinige Berücksichtigung der Neigung: siehe bei MYKURA [1954] und bei SCHULZ [1959], dort insbesondere Abschn. 3. In vielen Fällen jedoch geben jene (vorher erwähnten) Ergebnisse den experimentellen Sachverhalt recht gut wieder. Man kann dadurch zum Teil auch kompliziertere Transformationen $\mathfrak{T}$ erfassen, die mit Hilfe einer gekrümmten Fläche definiert werden, indem man ein solches $\mathfrak{T}$, wie eben beschrieben, aus beliebig vielen $\mathfrak{T}$ nebeneinander zusammengesetzt denkt, die jeweils einem kleinen ebenen Flächenstück entsprechen. Dabei wird also eine kompliziertere Transformation $\mathfrak{T}$ aus einfacheren, nämlich aus reinen Drehungen innerhalb entsprechend kleiner Bereiche, zusammengesetzt.

---

[1]) Bei Abb. 19 handelte es sich um eine MICHELSON-Schaltung, bei Abb. 7 und 8 um ein Interferenzmikroskop; d. h., wir betrachten in diesem Augenblick Interferenzmikroskope mit MICHELSON-Schaltungen, also etwa das von LINNIK oder das Auflicht-Interferenzmikroskop von KRUG und LAU, s. z. B. Teil I (und zwar dort Abschn. 212) bzw. II (Abschn. 21).

3. Spezielle Fragen

31. Der Ort der Interferenzerscheinung und ihre räumliche Ausdehnung in den verschiedenen Richtungen

Die in Abschn. 2 entwickelte Theorie gestattet nun, eine Reihe spezieller Probleme der Interferenzoptik zu behandeln und dabei eine Anzahl praktisch interessierender Fragen zu beantworten. Die nun folgenden Abschnitte sollen einige Beispiele hierfür bringen. Es wird dabei im wesentlichen auf Abschn. 2 zurückgegriffen. Als erstes, in diesem Abschnitt 31, wollen wir Ort und Ausdehnung der Interferenzerscheinung behandeln, und zwar unter den in Abschn. 231 (1. Abs.) erwähnten Voraussetzungen.

Der Raumbereich, in dem Interferenzen beobachtbar sind, ist hierbei (in der entsprechenden Näherung) durch Abb. 10 bestimmt. Seine Begrenzung ist dort durch die gestrichelte Linie dargestellt. Jeder Schnitt durch jenen Raumbereich senkrecht zur Drehachse c (Keilkante, falls einfacher Keil) stellt danach den gleichen Rhombus dar mit der „Mitte“ c und den Diagonalen der Länge

$$\frac{2\,\sigma\,C}{1-\cos u} \quad \text{bzw.} \quad \frac{2\,\sigma\,C}{\sin u},$$

letztere Diagonale parallel zur mittleren Lichtrichtung. Dabei ist σ meist ein echter Bruch mittlerer Größe; C ist im wesentlichen durch Wellenlänge λ und Drehwinkel $2\,\vartheta$ (bzw. Keilwinkel) bestimmt, siehe die Beziehungen (7), (8) und (9); u ist die wirksame Apertur. (Siehe hierzu auch Abb. 27 weiter unten.) Analytisch ist jener Raumbereich in Abb. 10 definiert durch die in Abschn. 233 gefundene Beziehung (15):

$$p\,(1-\cos u) + |h|\sin u \leqq \sigma\,C\,.$$

Dabei sind p und h die Ortsvariablen (Definition hinter Gleichung (10) an Hand von Abb. 5). Die Länge der dick ausgezogenen Linien in Abb. 10 bezeichnet die Tiefe des Interferenzen-Raumes bei den einzelnen Ordnungen, d. h. die jeweilige „*Tiefenschärfe der Interferenzen*“. Rechnerisch erhält man diese, in Abhängigkeit von $\overline{m}$, leicht durch Einsetzen von (19) in (15), wenn man dort nur das Gleichheitszeichen gelten läßt.[1])

Die eben beschriebene Raumbereich-Form ist nun selbstverständlich noch durch die als Gesichtsfeldblenden wirkenden Begrenzungen entsprechend eingeengt zu

---

[1]) Eine Tiefenschärfe der Interferenzerscheinung wurde auch schon von Kinder [1946, S. 435] bestimmt. Kinder geht dabei (vgl. dazu auch bei Hansen [1942]) von anderen Ausgangspunkten aus, wobei er eine Näherung erhält, in der die Tiefenschärfe als *unabhängig* von der Ordnung erscheint. Sein Wert würde mit dem hier für die 0. Ordnung angegebenen Wert im Grenzfall kleiner Apertur übereinstimmen, wenn man $\sigma = 1{,}22$ setzen würde. — Unsere „Tiefenschärfe“ hier stimmt also mit seiner, was die Abhängigkeit von Apertur und Streifenabstand betrifft, im wesentlichen überein; eine Abhängigkeit von der Ordnung dagegen erscheint dort nicht, und die Tiefenschärfe dort ist im allgemeinen größer als hier. Experimentelle Bestimmungen der Tiefenschärfe liegen von Hannes [1957] vor; er findet ebenfalls einen kleineren Wert als Kinder.

denken. Diese Begrenzungen können dabei an sich beliebig liegen. Z. B. kann hierbei das Bild der Gesichtsfeldblende innerhalb der Schärfeebene liegen und c durch die Mitte des Gesichtsfeldes gehen. Die Gesichtsfeldblende schneidet dann aus dem Raumbereich in Abb. 10 den entsprechenden mittleren Teil heraus (d. h. die anderen Teile sind dann nicht sichtbar, abgesehen von Übergangserscheinungen, die an den Blendenbild-Rändern auftreten und im einzelnen von den Aperturverhältnissen abhängen). Die Begrenzungen des Gesichtsfeldes können jedoch auch anders liegen, z. B. kann sich die Drehachse c stark seitwärts-außerhalb des Bildes der Gesichtsfeldblende befinden. Dann schneidet die Gesichtsfeldblende den entsprechend auswärts gelegenen Teil aus dem Raumbereich in Abb. 10 heraus. Oder c kann zwar dicht an der optischen Achse senkrecht vorbeigehen, aber stark außerhalb der Ebene des Bildes der Gesichtsfeldblende. Dann ist die Interferenzerscheinung aus jener Ebene entsprechend herausgehoben, usw.

Damit kennen wir also Lage, Form, Ausdehnung und Tiefe des Interferenzen-Raumbereichs. Zur Ergänzung sei noch auf den sechsten Absatz in Abschn. 34 hingewiesen.

In der Literatur findet man den Ort der Interferenzerscheinung bisher vielfach nach dem Prinzip der Strahlen gleicher Richtung bestimmt (s. Abschn. 211); auf Literaturhinweise im einzelnen soll hier verzichtet werden. Wir dagegen sind von dem genaueren Prinzip der übereinstimmenden Ordnungen ausgegangen (s. Abschn. 212).

Dabei hat uns dieses Prinzip durch die in Abb. 10 erhaltene Rhombusform natürlich auch nur eine Näherung geliefert, die noch weiter verbesserungsfähig ist, wenigstens für kleine wirksame Aperturen. Die entsprechende Verbesserung stellt Abb. 14 dar. Je nachdem, welchen K-Wert man als untere Grenze für die Beobachtbarkeit der Interferenzen noch zuläßt (siehe Abschn. 35), erhält man verschieden große Teile der abgebildeten Figur. Würde man diese K-Grenze sehr nahe 1 wählen, erhielte man als Näherung eine Ellipse mit dem Achsenverhältnis

$$\frac{w}{z} = \sqrt{12}$$

in der w-z-Ebene, d. h. mit dem Achsenverhältnis

$$\frac{p}{h} = \frac{s}{t} = \frac{\sqrt{12}}{u} \text{ [1]}$$

in der p-h- bzw. s-t-Ebene (vgl. (23f) und (23g)).

32. Die Ordnung in Abhängigkeit vom Ort

Wie groß ist nun die Ordnung in Abhängigkeit vom Ort? Wir beziehen uns dabei, genauer gesagt, zunächst auf die in Abschn. 233 mit Gleichung (16) ein-

[1]) Dieses Verhältnis in Übereinstimmung mit LOHMANN [INGELSTAM 1959, S. 11], dessen quadratische Näherung hier zwischen der linearen Näherung in Abb. 10 und der strengeren Darstellung in Abb. 14 liegt.

geführte mittlere Ordnung $\overline{m}$; die Abhängigkeit vom Ort untersuchen wir dabei innerhalb des nach Abschn. 31 begrenzten Raumbereichs (in diesem Abschnitt sind auch die hier außer $\overline{m}$ noch verwendeten Bezeichnungen erklärt). Als Voraussetzungen nehmen wir wieder die in Abschn. 231 erwähnten.

Die Ordnung $\overline{m}$ in Abhängigkeit vom Ort ist dann aus Abb. 10 zu entnehmen. Sie ist danach in jeder Ebene parallel zu c und zur mittleren Lichtrichtung konstant. Ihr Wert auf jeder Ebene ist proportional dem Abstand dieser Ebene von c. Der Abstand zweier solcher Ebenen, deren Ordnungen sich um 1 unterscheiden, beträgt dabei

$$C \cdot \frac{2}{1 + \cos u}.$$ [1]

Rechnerisch folgt dies aus der in Abschn. 233 gefundenen Gleichung (19),

$$\overline{m} = \frac{p}{C} \cdot \frac{1 + \cos u}{2},$$

welche für einen Spezialfall, nämlich in der Schärfeebene selbst, im wesentlichen bestätigt wird durch die strengere Lösung in Gleichung (23): Hier kann man nämlich den Faktor von 2π im cos-Argument als die tatsächlich zu beobachtende Ordnung auffassen; man sieht, es ist der gleiche Wert $\frac{p}{C} \cdot \frac{1 + \cos u}{2}$. Vgl. hierzu auch Abb. 11.

Zu einer auch außerhalb der Schärfeebene strengeren Lösung, wenigstens für kleine u, kommt man durch Betrachtung der mittleren Ordnung $\tilde{m}$. Diese war durch (23h) mit (23c) bis (23g) eingeführt und ist damit aus Φ (Abb. 13) bestimmbar, siehe z. B. Abb. 15. Die Flächen konstanter mittlerer Ordnung $\tilde{m} = 0, 1, 2, \ldots$ sind nun streng keine äquidistanten Ebenen mehr; sie wären es nach (23h) nur dann, wenn Φ örtlich konstant oder z. B. eine t-unabhängige lineare Funktion von s wäre. Das letztere allerdings ist in genügender Umgebung der Keilkante $w = z = 0$ nach Abb. 13. durchaus noch angenähert der Fall, und bei genügend kleinem u hat man daher in der Umgebung der Keilkante einen genügend großen örtlichen Bereich von $s = w/u^2$ und $t = z/u$, in dem man mit äquidistanten Ebenen rechnen kann, die mit den Ebenen $\overline{m} = 0, 1, 2, \ldots$ identisch sind, wie sich zeigt. — Aus diesem Grunde, und um die Betrachtungen nicht zu unübersichtlich zu gestalten, werden wir uns in den folgenden beiden Abschnitten 33 und 34 nur an diese $\overline{m}$-Näherung mit den äquidistanten Ebenen halten.

---

[1] Welche Ordnung man beobachtet, hängt also in gewissem Umfang von der wirksamen Apertur u ab, und zwar durch den Faktor $\frac{2}{1 + \cos u}$ [Schulz 1954a], der uns auch in den folgenden Abschnitten noch begegnen wird (vgl. auch Abb. 24). In einem Spezialfall stimmt mit diesem Faktor ein früher von v. Ignatowsky [1935] für den Köstersschen Interferenzkomparator bei sehr kleiner Blendenöffnung angegebener Wert überein. Ferner wurde bereits vor dem Kriege eine von Engelhard ebenfalls für den Interferenzkomparator entwickelte Blendenkorrektion in der Physikalisch-Technischen Reichsanstalt angewandt (nach einer Mitteilung von Herrn Dr. Engelhard an den Verf.).

33. Der Abstand der Interferenzstreifen in Abhängigkeit von Aperturverhältnissen und Keilwinkel

Wir bestimmen nun den Abstand (benachbarter) Interferenzstreifen unter verschiedenen Bedingungen, d. h. unter anderem, in Abhängigkeit von den Aperturverhältnissen (nämlich den Größen des wirksamen Aperturkegels $\mathfrak{A}$), vom Keilwinkel (allgemeiner vom Drehwinkel $2\,\vartheta$) und von der Wellenlänge λ. Das Ergebnis ist der (auf den Raum $\mathfrak{R}$ bezogene) Streifenabstand U als Funktion dieser Größen. Die Voraussetzungen sollen die in Abschn. 231 gemachten sein, wenn nichts anderes ausdrücklich erwähnt.

Wir gehen aus von Abb. 10, von der wir einen Ausschnitt vergrößert darstellen: siehe Abb. 20. In jenen Ausschnitt ist noch eine andere Ebene hineingezeichnet,

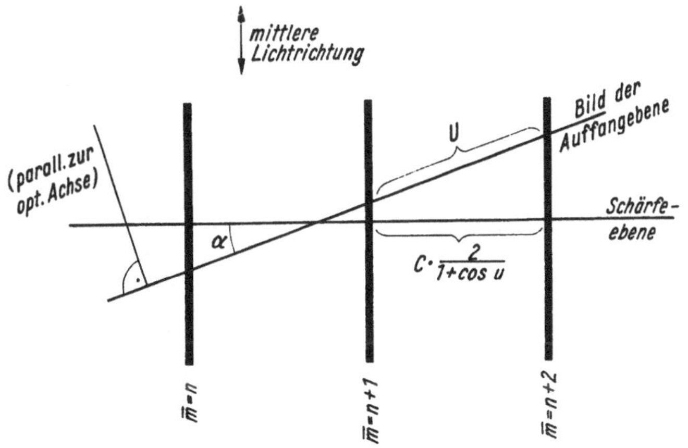

Abb. 20. Ermittlung des Streifenabstandes.

nämlich das Bild der „Auffangebene“, d. h. z. B. der Photoplatten-Oberfläche oder der Netzhaut; dieses Bild ist der Einfachheit halber senkrecht zur Zeichenebene, d. h. parallel zur Drehachse c, angenommen; senkrecht zu diesem Bild ist die optische Achse zu denken. (Liegt die Auffangebene selbst im Raum $\mathfrak{R}$, so tritt sie natürlich entsprechend an die Stelle ihres Bildes.) α ist der Winkel zwischen dem Bild der Auffangebene und der Schärfeebene, d. h. der Winkel zwischen der (senkrecht zu c stehenden) optischen Achse und der mittleren Lichtrichtung, wobei $0 \leqq \alpha < \pi/2$. Als „Streifenabstand“ ist nach Abb. 20 die dort mit U bezeichnete Größe anzusehen. Die zweite in dieser Abbildung abgeklammerte Strecke $\left(C\cdot\frac{2}{1+\cos u}\right)$ ergibt sich in ihrer Länge aus Abschn. 32. Wir erhalten somit

$$U = C\cdot\frac{2}{(1+\cos u)\cos\alpha}\,.$$

Dieser Wert wird für einen Spezialfall im wesentlichen bestätigt durch die strengere Lösung in Gleichung (23); dieser Spezialfall ist das Zusammenfallen von Schärfeebene und Bild der Auffangebene ($\alpha = 0$). Man kann dann nämlich in (23) den Nenner im cos-Argument als Streifenabstand auffassen, erhält hierfür also den gleichen Wert $C \cdot \frac{2}{1+\cos u}$. Vgl. hierzu auch Abb. 11. — Insgesamt erhalten wir also, unter Berücksichtigung von (7) bzw. (8) bzw. (9)

$$U = \frac{\lambda}{2 \sin \vartheta} \cdot \frac{2}{(1+\cos u)\cos\alpha} \text{ mit Unsicherheitsfaktor zw. } \cos\vartheta \text{ u. } \frac{1}{\cos\vartheta}; \quad (24)$$

$$U = \frac{\lambda}{2 \sin \vartheta} \cdot \frac{2}{(1+\cos u)\cos\alpha} \text{ genau (wenn Lichtquellenb. i. Unendl.);} \quad (25)$$

$$U \to \frac{\lambda}{2 \operatorname{tg} \vartheta} \cdot \frac{2}{(1+\cos u)\cos\alpha} \quad (\text{wenn } P \to \infty^{1})); \quad (26)$$

in diesen drei Beziehungen bedeuten: U den Streifenabstand, λ die Wellenlänge, ϑ den halben Drehwinkel (beim einfachen Luftkeil den Keilwinkel), u die wirksame Apertur und α den Winkel zwischen der mittleren Lichtrichtung und der optischen Achse (letztere senkrecht zur Drehachse stehend). Eine Darstellung von (25) zeigt Abb. 21, und zwar für den Grenzfall $u \to 0$; die u-Abhängigkeit durch den Faktor $\frac{2}{1+\cos u}$ dagegen ist in Abb. 24 dargestellt.

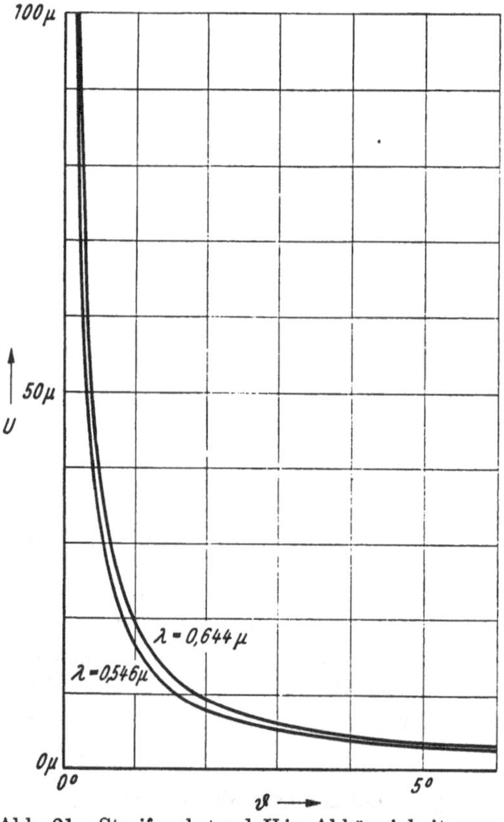

Abb. 21. Streifenabstand U in Abhängigkeit vom halben Drehwinkel ϑ (Keilwinkel beim einfachen Luftkeil), nach Gleichung (25) für $u \to 0$ und $\alpha = 0$, und zwar für 2 Spektrallinien ($\lambda = 0{,}546\ \mu$: grüne Quecksilberlinie, $\lambda = 0{,}644\ \mu$: rote Cadmiumlinie).

Wir benötigen hier für unsere Betrachtungen nur einen gewissen kleinen räumlichen Ausschnitt aus der gesamten Interferenzerscheinung. Dies berechtigt uns nun, unsere Voraussetzungen hier in etwas verallgemeinerter Weise zu deuten, und zwar im Sinne von 9. in Abschn. 235. Genauer, unsere jetzigen Betrachtungen dürfen wir auch auf Interferenzerscheinungen mit insgesamt komplizierterer (oder insgesamt gar nicht mehr angebbarer) Lichtquellenbild-Transformation $\mathfrak{T}$ beziehen. Gemeint sind solche Interferenzerscheinungen, wo *nicht* alle

[1]) D. h. in dem unmittelbar vor Beziehung (9) (Abschn. 233) erläuterten Falle.

Interferenzstreifen den gleichen Abstand haben und auf ihrer ganzen Länge gerade sind. Von einer solchen Interferenzerscheinung betrachten wir dann jeweils nur einen kleinen räumlichen Ausschnitt. Dieser Ausschnitt braucht dabei nur so groß zu sein, daß durch ihn mindestens zwei Interferenzstreifen hindurchgehen, und er *darf* nur so groß sein, daß man innerhalb dieses Ausschnitts von einer bestimmten Lichtquellenbild-Transformation sprechen kann, die durch eine bestimmte Drehachse und einen bestimmten Drehwinkel definiert ist. Dann erhalten wir innerhalb dieses Ausschnitts als gerade anzusehende Interferenzstreifen mit dem Streifenabstand U. Dieser Ausschnitt braucht also nicht das ganze Gesichtsfeld zu umfassen.

Den gemachten Ausführungen liegt eine Arbeit des Verf. [Schulz 1954a] zugrunde. Mit der Abhängigkeit des Streifenabstandes von der Apertur in Interferenzmikroskopen haben sich ebenfalls beschäftigt: Tolmon und Wood [1956], Gates [1956], Ingelstam [1957b] (vgl. auch eine Arbeit von Ingelstam und Johansson [1958]), Bruce und Thornton [1957], Landwehr [1958].

34. Niveauebenen, Interferenzen gleicher Dicke, Dickenmessung

Im Endlichen liegende Zweistrahlinterferenzen werden vielfach zur Dickenmessung herangezogen. Sie werden dann meist als „Interferenzen gleicher Dicke" gedeutet. Damit meint man, daß sie jeweils den Stellen gleicher Dicke folgen, wobei also jeder Streifen einer bestimmten Dicke entspricht. Diese Vorstellungen lassen sich auch oft mit Hilfe von Niveauebenen deuten. Man stellt sich dann vor, daß die Objektoberfläche von äquidistanten Ebenen geschnitten wird, wobei die Schnittkurven, die Niveaulinien, jene Interferenzen gleicher Dicke sind. Sie entsprechen den Niveau- oder Höhenschichtlinien auf Landkarten, z. B. Meßtischblättern. — Wir werden sehen, wie weit solche Vorstellungen berechtigt sind.

Meist nimmt man dabei auch noch an, daß die zwischen zwei benachbarten Interferenzstreifen erfolgende Änderung des Gangunterschiedes in Hauptstrahlrichtung $= \lambda$ (Wellenlänge) ist. Für einen virtuellen Luftkeil z. B. würde dies bedeuten, daß die Keildicke sich jeweils von Streifen zu Streifen um $\frac{\lambda}{2}$ ändert, weil das Licht infolge Reflexion ja die Dicke *zwei*mal durchläuft; der Wert $\frac{\lambda}{2}$ müßte dabei wenigstens für verschwindenden Keilwinkel gelten. — Auch diese Annahmen werden wir prüfen.

Wir knüpfen dabei direkt an Abschn. 33 an, übernehmen also auch die dort gemachten Voraussetzungen. Diese spezialisieren wir noch insofern, als wir einen virtuellen Luftkeil betrachten, d. h. ein *Stück* eines solchen Keils, entsprechend dem vorletzten Absatz von Abschn. 33. Auf andere Fälle mit „Interferenzen gleicher Dicke" sind diese Betrachtungen dann sinngemäß zu übertragen.

Ein virtueller Luftkeil tritt z. B. in Abb. 1 auf. Er wird gebildet durch die beiden Keilflächen (dort R und (S)), die den Keilwinkel ϑ einschließen. Einen solchen Keil denken wir uns in eine Abbildung entsprechend Abb. 20 hineingezeichnet,

s. Abb. 22. Als Niveauebenen sehen wir die dort parallel zu der einen Keilfläche gezeichneten Ebenen an [SCHULZ 1959]. Diese Keilfläche entspricht bei der interferenziellen Oberflächenprüfung der ebenen Vergleichsfläche bzw. Referenzebene; die andere Keilfläche entspricht dabei einem kleinen Stück der zu prüfenden

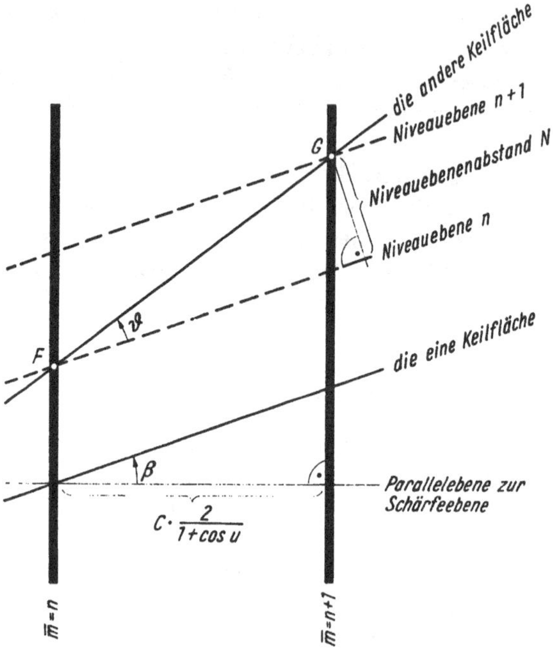

Abb. 22. Niveauebenen.

Oberfläche, d. h. einem Stück, welches man als eben ansehen darf. Der Abstand N zweier benachbarter Niveauebenen ist nach Abb. 22

$$N = \overline{FG} \cdot \sin \vartheta ,$$

wobei

$$\overline{FG} = C \cdot \frac{2}{1 + \cos u} \cdot \frac{1}{\cos (\beta + \vartheta)} ,$$

so daß

$$N = C \frac{\sin \vartheta}{\cos (\beta + \vartheta)} \cdot \frac{2}{1 + \cos u} . \tag{27}$$

Wir stellen fest, daß wir zur Bestimmung von N gar nicht die Lage des Bildes der Auffangebene und den Winkel α (Abb. 20) benötigten. α beeinflußt also zwar den Streifenabstand U, aber nicht den Niveauebenenabstand N. Nur der Winkel, unter dem die Niveauebenen-Schnitte dem Beobachter erscheinen, hängt selbstverständlich von α ab. Gemeint ist der Winkel, den die Niveauebenen mit dem Bild der Auffangebene bilden; er beträgt (s. Abb. 20 zusammen mit Abb. 22) offenbar $|\alpha - \beta|$ bzw. $|\alpha + \beta|$, und er ist $= 0$, wenn das Bild der Auffangebene parallel zu den Niveauebenen (oder parallel zur Referenzebene) liegt.[1])

Weiterhin stellen wir fest, daß in Abb. 22 die Schärfeebene nicht *zwischen* den beiden Keilflächen, sondern außerhalb liegt. Eine solche Lage ist auch durchaus möglich, d. h. die Interferenzen brauchen keineswegs *zwischen* den beiden Keilflächen am schärfsten zu sein. Der Grund ist der, daß die Lage der Schärfeebene nur durch die Keilkante (d. h. die Drehachse) und die mittlere Lichtrichtung bestimmt ist: Die Schärfeebene geht durch die Keilkante hindurch und liegt senkrecht zur mittleren Lichtrichtung. Die mittlere Lichtrichtung aber braucht natürlich keinesfalls immer senkrecht auf einer Ebene zwischen den Keilflächen zu stehen, wenn das Licht auf diese Flächen entsprechend schräg auffällt. (Daß der Ort größter Deutlichkeit der Interferenzen unter Umständen weit außerhalb des Keiles liegt, ist auch bereits früher festgestellt worden [v. LAUE 1928, S. 243].)

Wir wenden uns nun wieder dem Niveauebenenabstand selbst zu. Fest steht: Wenn die Niveaulinien jeweils den Stellen gleicher Dicke folgen, dann muß der Niveauebenenabstand N unabhängig vom Keilwinkel ϑ sein. Nur dann liegen wirkliche „Interferenzen gleicher Dicke" vor; denn sonst würde ja ein Interferenzstreifen (mit bestimmtem $\overline{m}$), wenn er in seinem Verlauf Stellen verschiedenen Keilwinkels durchzieht, *verschiedene* Dicken $\overline{m} \cdot N$ (*N verschieden*, d. h. keilwinkelabhängig) durchlaufen. — Es fragt sich nun also: Ist der Niveauebenenabstand N unabhängig vom Keilwinkel? Wenn ja, wie groß ist er (ist er insbesondere $= \frac{\lambda}{2}$)? Wenn nein, dann darf man also (bei wechselndem ϑ) nicht von „Interferenzen gleicher Dicke" sprechen, und die erwähnte Niveauebenen-Vorstellung ist dann gleichfalls unzulässig.

Wir bestimmen also N, und zwar weiter nach (27). Dazu holen wir uns C aus (7) bzw. (8) bzw. (9) und erhalten

$$N = \frac{\lambda}{2} \cdot \frac{1}{\cos(\beta + \vartheta)} \cdot \frac{2}{1 + \cos u} \text{ mit Unsicherheitsf. zw. } \cos\vartheta \text{ u. } \frac{1}{\cos\vartheta}; \qquad (28)$$

$$N = \frac{\lambda}{2} \cdot \frac{1}{\cos(\beta + \vartheta)} \cdot \frac{2}{1 + \cos u} \text{ genau (wenn Lichtquellenb. i. Unendl.)}^{2)}; \qquad (29)$$

$$N \to \frac{\lambda}{2} \cdot \frac{\cos\vartheta}{\cos(\beta + \vartheta)} \cdot \frac{2}{1 + \cos u} \qquad (\text{wenn } P \to \infty^{3)}); \qquad (30)$$

hier ist $(\beta + \vartheta)$ der Winkel zwischen der Schärfeebene und der Objektoberfläche, d. h. der Winkel zwischen der mittleren Lichtrichtung und der Normalen auf der

---

[1]) Die Bedeutung der Orientierung der Niveauebenen-Schnitte wird von RIENITZ diskutiert [HELMCKE u. RIENITZ 1956].

[2]) Ein Spezialfall hiervon ist mit einer längst bekannten Beziehung verwandt. Setzt man in (29) nämlich $\vartheta \to 0$, $u \to 0$, so erhält man $N \to \frac{\lambda}{2} \cdot \frac{1}{\cos\beta}$, also $\lambda \to 2N\sqrt{1 - \sin^2\beta}$, d. h. für den Gangunterschied $g = m\lambda$: $g \to 2 \cdot m N \cdot \sqrt{1 - \sin^2\beta}$. Man erkennt die Analogie mit der z. B. bei GRIMSEHL [1952, S. 97] stehenden Beziehung.

[3]) D. h. in dem unmittelbar vor Beziehung (9) (Abschn. 233) erläuterten Falle.

Objektoberfläche. N kann also ϑ-abhängig sein.[1]) Die Beziehungen (28) bis (30) selbst allerdings haben nur beschränkte Gültigkeit; denn ihnen liegt die Voraussetzung zugrunde, daß die mittlere Lichtrichtung senkrecht zur Drehachse c steht (Abschn. 231). Wenn dies nun auch für eine Stelle der Objektoberfläche O erfüllt ist, so ist es doch an einer danebenliegenden Stelle von O, mit anderer Neigung, im allgemeinen nicht mehr erfüllt. Dagegen kann unter den Bedingungen $\mathfrak{B}_1$ (Abschn. 232) speziell bei einer Fläche, deren Normalen alle zu einer einzigen Ebene parallel sind, (z. B. bei einer Zylinderfläche) jene Voraussetzung überall erfüllt bleiben, wie sich zeigt. Diese Fläche müßte dann in Abb. 22 überall senkrecht auf der Zeichenebene stehen, und dann wären die Beziehungen (28) bis (30) anwendbar.

Hat die zu untersuchende Objektoberfläche O nun jene Eigenschaft der Normalen-Parallelität zu einer einzigen Ebene *nicht*, d. h. ist die Form von O allgemeinerer Natur, dann muß eine weitere einschränkende Bedingung hinzutreten, damit die mittlere Lichtrichtung überall senkrecht auf der Drehachse c steht. Diese Bedingung ist die, daß der mittlere Lichteinfall auf diejenige Keilfläche, zu der die Niveauebenen parallel liegen, (d. h. auf die Vergleichsfläche) *senkrecht* erfolgt. Genauer gesagt, die Bedingungen $\mathfrak{B}_1$ werden wie folgt weiter eingeschränkt:

Bedingungen $\mathfrak{B}_3$: Es gelten die Bedingungen $\mathfrak{B}_1$ (Abschn. 232) und dabei zusätzlich die folgende Bedingung: Der durch den *Mittelpunkt* der Beleuchtungsapertur-Blende gehende Lichtstrahl trifft *senkrecht* auf die ebene Vergleichsfläche (also auch senkrecht auf die Niveauebenen); d. h. ein in Abb. 22 die untere Keilfläche senkrecht verlassender Lichtstrahl geht in Abb. 7 durch den Mittelpunkt desjenigen Bildes der Beleuchtungsapertur-Blende, das zu jener Keilfläche gehört.[2])

Für diesen Fall läßt sich leicht zeigen, daß dann die mittlere Lichtrichtung stets senkrecht auf der Objektoberfläche O steht (s. Abb. 23), also auch überall senkrecht zur Drehachse c liegt. Es ist daher Gleichung (29) anwendbar, wobei in diesem Falle

$$\beta + \vartheta = 0$$

ist, so daß

$$N = \frac{\lambda}{2} \cdot \frac{2}{1 + \cos u} \qquad (\text{unter } \mathfrak{B}_3)\,. \tag{31}$$

Hier ist also N ϑ-unabhängig. — Für andere Fälle dagegen — etwa wenn nur die Bedingungen $\mathfrak{B}_1$, aber nicht $\mathfrak{B}_3$ vorliegen — läßt sich über eine eventuelle ϑ-Abhängigkeit von N hier zunächst noch nichts Allgemeineres aussagen; denn dann liegt die mittlere Lichtrichtung meist nicht mehr senkrecht zur Drehachse c. Indessen läßt sich dann zeigen, daß wenigstens für kleinere Lichteinfalls-

[1]) Eine ϑ-abhängige Längenkorrektur ist nach Landwehr [1956, S. 567] bereits bei v. Ignatowsky [1935] angegeben; diese dürfte sich jedoch auf andere Bedingungen als hier beziehen.

[2]) Das läßt sich experimentell leicht erreichen [Schulz 1959].

winkel ε auf der Vergleichsfläche auch noch praktisch ϑ-Unabhängigkeit von N besteht, d. h. auch bei allgemeineren Formen von O. Für solche ε nämlich erhält man angenähert

$$N = \frac{\lambda}{2} \cdot \frac{1}{\frac{1}{\Omega} \iint\limits_{(\Omega)} \cos \varepsilon \, d\Omega} ; \qquad (32)$$

zu integrieren ist hier über denjenigen Raumwinkel Ω, der vom Bündel der auf die Vergleichsfläche einfallenden Lichtstrahlen ausgeschnitten wird. Da wir uns auf kreisförmige Beleuchtungs-apertur-Blende beschränkt hatten, ist die Integration leicht auszuführen; man erhält dabei aus (32)

$$N = \frac{\lambda}{2} \cdot \frac{1}{\cos \varepsilon_0} \cdot \frac{2}{1 + \cos u} \qquad (\text{unter } \mathfrak{B}_1), \quad (33)$$

wobei ε_0 auf der Vergleichsfläche der Einfallswinkel desjenigen Lichtstrahls ist, der durch die Mitte der Beleuchtungsapertur-Blende geht. — Auf die Beweise von (32) und (33) soll hier nicht eingegangen werden. Sie können unter der Voraussetzung geführt werden, daß man gewisse sphärische Dreiecke noch als ebene Dreiecke betrachten darf.

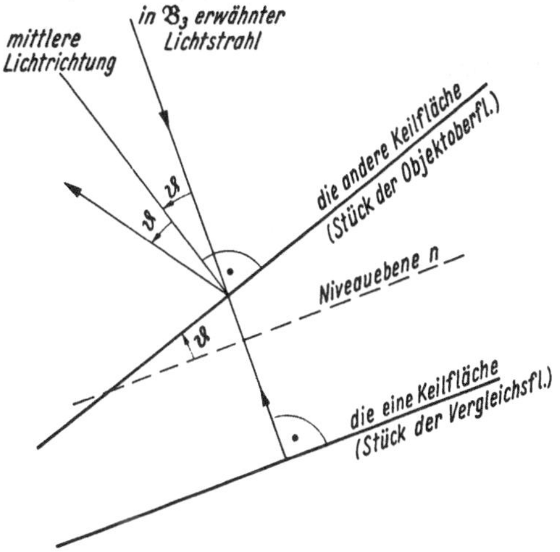

Abb. 23. Mittlere Lichtrichtung unter den Bedingungen $\mathfrak{B}_3$.

Eine entsprechende Voraussetzung ist nun zwar auch in (31) enthalten (nämlich der letzte Satz der in $\mathfrak{B}_3$ enthaltenen Bedingungen $\mathfrak{B}_1$); aber die dabei für (31) maßgebenden Winkel sind, wegen des im Mittel senkrechten Lichteinfalls auf die Vergleichsfläche, im allgemeinen kleiner, liefern also günstigere Näherungsverhältnisse. Das bedeutet, daß die Gültigkeit von (31) mit besserer Näherung (bei nicht verschwindenden ϑ) gewährleistet ist als die von (32) und (33). Daher sind die zu (31) führenden Bedingungen $\mathfrak{B}_3$ den Bedingungen $\mathfrak{B}_1$ vorzuziehen.

Hält man dagegen auch nicht die Bedingungen $\mathfrak{B}_1$ (Abb. 7) ein, sondern z. B. die Bedingungen $\mathfrak{B}_2$ (Abb. 8, Abschn. 232), dann ist eine noch stärkere ϑ-Abhängigkeit von N zu erwarten. Denn dann werden Gestalt und Größe des wirksamen Aperturkegels $\mathfrak{A}$ ϑ-abhängig. — Als Beispiel wollen wir (an Hand von Abb. 8) zwei Grenzfälle betrachten, für die N leicht angebbar ist. Der erste Fall ist der, daß ϑ verschwindet, der zweite der, daß sich ϑ seinem größtmöglichen Wert nähert, d. h. dem (in Abb. 8 durch 3.) bestimmten) Beobachtungsapertur-Winkel ω. Im ersten Falle nähert sich $\mathfrak{A}$ einem Kreiskegel mit $u = \omega$, im zweiten Fall schrumpft $\mathfrak{A}$ auf die mittlere Lichtrichtung, also eine einzige Gerade, zusammen. Es ist daher hier in beiden Grenzfällen erlaubt, $\mathfrak{A}$ als Kreiskegel anzusehen, und zwar erstens mit $u = \omega$, zweitens mit $u = 0$. Die mittlere Lichtrichtung ist in beiden Fällen die gleiche, und wir wollen sie senkrecht zu den Niveauebenen annehmen. Wir dürfen dann (29) anwenden, wo $\beta = 0$ wird, und erhalten im ersten Fall

$$N \to \frac{\lambda}{2} \cdot \frac{2}{1 + \cos \omega} \qquad (\text{unter } \mathfrak{B}_2 \text{ und } \vartheta \to 0) \tag{34}$$

und im zweiten

$$N \to \frac{\lambda}{2} \cdot \frac{1}{\cos \omega} \qquad (\text{unter } \mathfrak{B}_2 \text{ und } \vartheta \to \omega) \tag{35}$$

mit ω als Beobachtungsapertur-Winkel.[1])

Hält man endlich keine der Bedingungen $\mathfrak{B}_1$ bis $\mathfrak{B}_3$ ein, und zwar so, daß für verschiedene Teile der Objektoberfläche die Beleuchtungs- und die Beobachtungs-

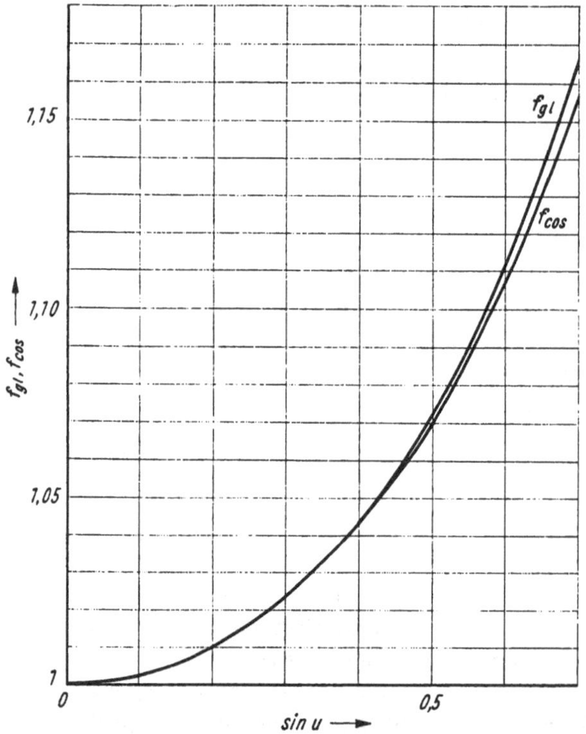

Abb. 24. Korrekturfaktoren f_{gl} und $f_{\cos}$ bei Dickenmessungen in Abhängigkeit von $\sin u$ (u: wirksame Apertur). $f_{gl} = \dfrac{2}{1 + \cos u}$ nach (31) bei gleichförmiger Intensitätsverteilung innerhalb $\mathfrak{A}$, $f_{\cos} = \dfrac{3 \sin^2 u}{2 - 2 \cos^3 u}$ bei cos-förmiger Intensitätsverteilung entsprechend 8. von Abschn. 235; $\mathfrak{A}$ (Abschn. 232) kreisförmig begrenzt.

[1]) Ist z. B. die Beobachtungsapertur $\sin \omega = 0{,}5$, so erhält man für N im ersten Fall nach (34) den Wert $1{,}07 \cdot \frac{\lambda}{2}$, im zweiten dagegen nach (35) den Wert $1{,}15 \cdot \frac{\lambda}{2}$.

apertur-Blende in wechselnder Weise aperturbegrenzend wirken, dann wird die Lage vollends unübersichtlich. Hier bestehen natürlich, dementsprechend, auch sehr unübersichtliche ϑ-Abhängigkeiten von N.

Wir erhalten somit folgendes *Ergebnis*. Die Vorstellung äquidistanter Niveauebenen ist, wenn Stellen mit verschiedenen Neigungswinkeln erfaßt werden sollen, im allgemeinen (ohne Vorliegen gewisser Voraussetzungen) unzulässig. Die Interferenzstreifen folgen dann nicht jeweils den Stellen gleicher Dicke, sind dann also auch keine „Interferenzen gleicher Dicke". Unter gewissen Voraussetzungen allerdings trifft dies doch zu, s. z. B. (31). Hier erscheint der Niveauebenenabstand N keilwinkelunabhängig, jedoch nie $= \frac{\lambda}{2}$ (halbe Wellenlänge). Vielmehr ist er noch um den aperturbedingten Faktor $\frac{2}{1 + \cos u} > 1$ vergrößert[2]), wobei u die wirksame Apertur ist. — Eine Dickenmessung, wenn man dabei N als konstant betrachten kann, hat dann also so zu erfolgen, daß man (längs der Objektoberfläche) die Zahl der beobachteten Interferenzstreifen auszählt (einschließlich Bruchteile) und mit N multipliziert. Die für N gefundenen Abweichungen vom dem sonst meist verwendeten Wert $\frac{\lambda}{2}$ sind durch cos-Funktionen gewisser Winkel bestimmt. Sind diese Winkel sehr nahe 0, so liegt N sehr nahe an $\frac{\lambda}{2}$, und in vielen Fällen der Praxis darf man es dann durch diesen Wert ersetzen. Bei größeren Beträgen jener Winkel jedoch werden die Abweichungen recht beachtlich, und es sind durchaus die obigen Erörterungen zu berücksichtigen. Dabei stellen die in (28) bis (35) hinter $\frac{\lambda}{2}$ stehenden Ausdrücke Korrekturfaktoren dar, die bei genaueren Dickenmessungen anzubringen sind. Eine

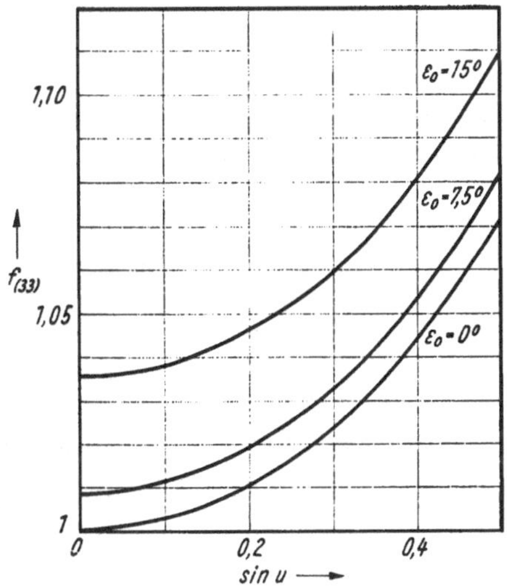

Abb. 25

Korrekturfaktor $f_{(33)} = \frac{1}{\cos \varepsilon_0} \cdot \frac{2}{1 + \cos u}$ bei Dickenmessungen nach (33). (Die unterste Kurve dieser Abbildung und die obere Kurve von Abb. 24 sind identisch.)

[2]) Dieser Faktor gilt, wenn (wie vorausgesetzt) der wirksame Aperturkegel ein *Kreis*kegel ist. Andernfalls vgl. 6.) in Abschn. 235.

Darstellung des Korrekturfaktors in (31) ist in Abb. 24 enthalten, während der entsprechende Korrekturfaktor in (33) auf Abb. 25 dargestellt ist. Am vorteilhaftesten erscheint die Anwendung von (31), und die Einhaltung der zugehörigen experimentellen Bedingungen $\mathfrak{B}_3$ ist in den entsprechenden Fällen zu empfehlen [Schulz 1959].

Mit den Verhältnissen bei größeren Keilwinkeln beschäftigten sich ebenfalls Krug[1]), Rühle [1943], Mykura [1954] und Landwehr [1958]. Rienitz [1952] beobachtete auch gewisse Fokussierungsphänomene an stark geneigten Flächen.

35. Kontrast und Schwebungen der Interferenzen

Wie ist nun der Kontrastverlauf der Interferenzen unter den in Abschn. 231 erwähnten Voraussetzungen? Diese Frage wollen wir nun behandeln, und zwar in Zusammenhang mit gewissen Schwebungserscheinungen, die die Interferenzen hier aufweisen. Diese Schwebungen, die nichts mit der Struktur des Spektrums zu tun haben (d. h. auch bei streng monochromatischem Licht, das wir hier ja voraussetzen, auftreten), sind durch die wirksame Apertur bedingt, wie wir erkennen werden.

Zunächst betrachten wir Abb. 10. Die Grenze des Interferenzen-Raumbereichs ist dort durch den Wert der in Abschn. 233 behandelten Größe σ bestimmt: Die Linearausdehnungen dieses Raumbereichs in der Zeichenebene sind proportional zu σ. Dabei kann man σ, zufolge der Beziehung (14), als ein gewisses Maß für den noch zugelassenen Kontrast ansehen: und zwar je größer σ, um so kleiner dieser Kontrast. Wir erkennen somit, daß hiernach der Kontrast von der Mitte c (Drehachse) nach den Rändern zu im wesentlichen immer mehr abnimmt, bis er auf den Rändern selbst einen so kleinen Wert angenommen hat, daß eine weitere Unterschreitung die Interferenzen nicht mehr sichtbar werden ließe. (Es ist also im allgemeinen zweckmäßig, auf die in Abb. 10 dargestellte *Schärfeebene* scharf einzustellen, z. B. zu akkommodieren.) — Soweit die Diskussion des Kontrastes an Hand von Abb. 10. Zu genaueren Angaben gelangen wir im folgenden auf andere Weise.

Wir beschränken uns dabei zunächst auf die Schärfeebene selbst und gehen von der strenger geltenden Gleichung (23) aus, welche in Abb. 11 dargestellt ist. Diese Abbildung zeigt den Verlauf der Intensität I als Funktion der Ortskoordinate p (p: Abstand von der Drehachse c); als Parameter sind die wirksame Apertur u und die Größe C aufzufassen. Wir erkennen: Der Kontrast nimmt zwar im großen und ganzen mit wachsendem p immer mehr ab, zeigt aber dabei gewisse Schwebungen. V ist die Stelle des erstmaligen Verschwindens des Kontrastes. Sie ist definiert durch das erstmalige Verschwinden des Modulationsfaktors $\frac{1}{x}\sin x$ $\left(\text{wobei } x = \frac{\pi\, p\,(1-\cos u)}{C}\right)$, d. h. durch $x = \pi$, also durch $p = \frac{C}{1-\cos u}$. Die Beziehung mit der eben vorher diskutierten Abb. 10 ist nunmehr leicht her-

[1]) Teil II, Abschn. 36.

gestellt: Setzt man dort $\sigma = 1$, erstreckt sich der dort dargestellte Interferenzen-Raumbereich bis zur Stelle im Abstand $\frac{C}{1 - \cos u}$ von c, also genau bis zu der Stelle V nach Abb. 11.

Auch der zahlenmäßige Verlauf des Kontrastes selbst ergibt sich (für die Schärfeebene) aus (23) [SCHULZ 1954a, dort Gleichung (21)]. Für die Definition jenes Begriffes „Kontrast" gibt es verschiedene Vorschläge. MICHELSON definiert ihn als [HANSEN 1955, S. 15]

$$K_M = \frac{\varphi_{\max} - \varphi_{\min}}{\varphi_{\max} + \varphi_{\min}},$$

HANSEN [1955, S. 15] als

$$K_H = \frac{\varphi_{\max} - \varphi_{\min}}{\varphi_{\max}};$$

dabei ist $\varphi_{\max}$ der (in beliebiger Einheit ausgedrückte) Lichtstrom beim Helligkeitsmaximum und $\varphi_{\min}$ der beim benachbarten Minimum der Interferenzstreifen. Nach (23) darf man nun (mit genügender Genauigkeit)

$$\varphi_{\max} = A + \frac{1}{x}|\sin x|,$$

$$\varphi_{\min} = A - \frac{1}{x}|\sin x|$$

setzen, wobei wieder

$$x = \frac{\pi p (1 - \cos u)}{C}. \tag{36}$$

Dann erhält man im ersten Falle

$$K_M = \frac{|\sin x|}{A x} \left(= \frac{|\sin x|}{x} \text{ für } A = 1 \right), \tag{37}$$

und im zweiten

$$K_H = 2 \frac{|\sin x|}{A x + |\sin x|} \left(= 2 \frac{|\sin x|}{x + |\sin x|} \text{ für } A = 1^{1)} \right); \tag{38}$$

in diesen beiden Gleichungen bedeuten also: K_M bzw. K_H den Kontrast, A: eine in Abschn. 234 eingeführte Konstante $\geqq 1$, x: die durch (36) definierte Ortskoordinate in der Schärfeebene, wobei p der Abstand von der Drehachse, u die wirksame Apertur und C eine den Streifenabstand bestimmende Größe (s. (7), (8), (9) und Abb. 20) ist. Eine Darstellung von (37) für $A = 1$ ist in Abb. 11 enthalten. K_M wird dabei durch die obere Hälfte der gesamten (gestrichelten) Einhüllenden dargestellt, wenn man sich die p-Achse parallel so weit nach oben verschoben denkt, daß sie die Einhüllende an der Stelle V schneidet. Eine gesonderte Darstellung von (37) für verschiedene A-Werte zeigt Abb. 26.

---

[1]) Mit diesem Wert $2 \frac{|\sin x|}{x + |\sin x|}$ stimmt der 1958 von HANSEN und KINDER angegebene Ausdruck überein [HANSEN u. KINDER 1958], wenn man das dortige sin-Argument $= x$ setzt. Dies letztere ist erlaubt (d. h. im Rahmen der dortigen Näherung, wo es sich um kleinere Aperturen handelt).

Eine Verallgemeinerung von (37) von der Schärfeebene auf den ganzen Raum erhält man für kleine u aus (23a), wo sich für den Konstrat entsprechend der Ausdruck ergibt

$$\frac{(A+K)-(A-K)}{(A+K)+(A-K)} = \frac{K}{A}\,.$$

Speziell für $A = 1$ stellt also die Größe K nach (23b) direkt den Kontrast dar. K als Raumfunktion ist in Abb. 12 dargestellt, während die Orte gleichen Kontrastes in Abb. 14 eingezeichnet sind.

Den Kontrast speziell auf einer der beiden Keilflächen hat auch schon Landwehr bestimmt, und zwar in Abhängigkeit von einer aperturbedingten Größe [Landwehr 1959a]. Diese Keilfläche entspricht (in unserer Bezeichnungsweise) der Ebene $h/p = s/t = \vartheta$ ($\vartheta \ll 1$) im Raum. Diesen bereits von Landwehr gerechneten Spezialfall liefern unsere Ergebnisse in übereinstimmender Weise, wie eine Umrechnung zeigt.

36. Die Zahl der beobachtbaren Ordnungen

Nun bestimmen wir die Zahl der beobachtbaren Ordnungen. Gemeint ist, genauer gesagt, die maximal beobachtbare Ordnung. Denn im allgemeinen sind ja (wegen Beschränkung der Gesichtsfeldgröße) nicht alle Interferenzstreifen

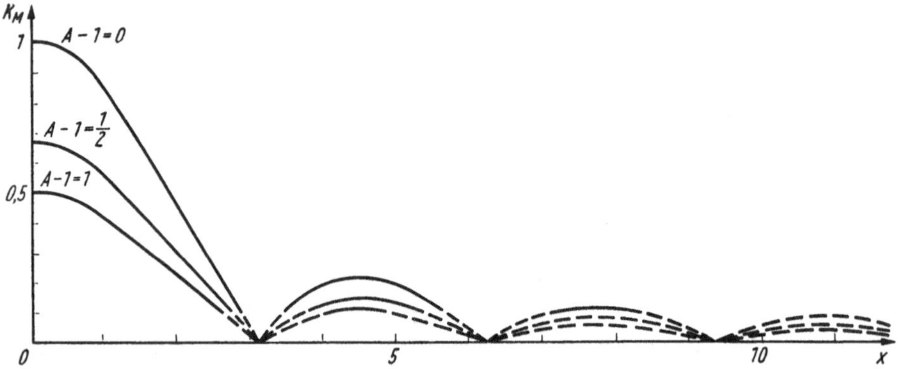

Abb. 26. Kontrast K_M nach (37), bei verschiedenem A (A unter anderem vom Amplitudenverhältnis und vom nichtinterferenzfähigen Licht abhängig). Für $K_M < {}^1/_{10}$ sind die Kurven gestrichelt.

gleichzeitig beobachtbar. Ist dies doch einmal der Fall, dann ist jedenfalls beim virtuellen Keil die Zahl der beobachtbaren Streifen doppelt so groß wie die maximal beobachtbare Ordnung; denn dort erscheinen die Streifen ja zu *beiden* Seiten der Keilkante. — Als Voraussetzungen wählen wir wieder die in Abschn. 231 gemachten.

Rein theoretisch, d. h. für beliebig kleinen Kontrast, ist die maximal beobachtbare Ordnung natürlich an sich beliebig groß, wie wir oben gesehen hatten

(s. z. B. Abb. 11). Aber praktisch liegt natürlich doch eine Grenze vor, die durch die Beobachtungsmittel bestimmt ist. Man muß sich also den Intensitätsverlauf in Abb. 11, der dort an sich beliebig weit führt, an einer gewissen Stelle abgebrochen denken. Diese Stelle kann durchaus jenseits von V liegen. Will man jedoch eine allgemeinere, einfache Norm haben, ist es vielleicht zweckmäßiger, wenn man, vorsichtiger, jene Stelle bei V oder noch davor annimmt. Daher wollen wir hier die Größe σ mit hineinnehmen und uns dabei an Abb. 10 halten. Dort liegt die maximal beobachtbare Ordnung $\overline{m}_{\max}$ offenbar an der so bezeichneten Stelle. Man erhält sie, wenn man in Gleichung (19) für p den Wert $\frac{\sigma C}{1 - \cos u}$ einsetzt. Es ergibt sich dann

$$\overline{m}_{\max} = \frac{\sigma}{2} \operatorname{ctg}^2 \frac{u}{2} \left(\approx \frac{2\sigma}{u^2} \text{ für hinreichend kleine } u\right). \tag{39}$$

Hier ist also $\overline{m}_{\max}$ die maximal beobachtbare Ordnung und u wieder die wirksame Apertur; zur Größe σ siehe im vorigen Abschnitt 35. Eine Darstellung von $2\,\overline{m}_{\max}$ für $\sigma = 2/3$ findet sich in Abb. 27. — Als Erster hat wohl KINDER [1937a] die Zahl der scharfen Streifen angegeben; seine Formel stimmt bei kleiner Apertur in erster Näherung mit (39) für $\sigma = 1/4$ überein. — Bricht man in (39) an der Stelle V ab, d. h. setzt man $\sigma = 1$, so erhält man

$$\overline{m}_{\max} = \frac{1}{2} \operatorname{ctg}^2 \frac{u}{2} \quad \text{(wenn Stelle } V \text{ in Abb. 11 zugrunde gelegt)}. \tag{40}$$

Um $\overline{m}_{\max}$ tatsächlich zu „beobachten", muß man natürlich dort auf die *Schärfeebene* genügend scharf eingestellt haben. In anderen Parallelebenen dazu wäre die maximal beobachtbare Ordnung dann entsprechend geringer; ihr veränderter Wert läßt sich an Hand von Abb. 10 bestimmen (wenn man die dortige Näherung zugrunde legt).

37. Einflüsse auf den Verlauf der Interferenzstreifen

Wir wollen nun erörtern, welche verschiedenen Dinge den im Gesichtsfeld erscheinenden Verlauf der Interferenzstreifen beeinflussen. Dabei wollen wir insbesondere Abweichungen von der Geradheit und Äquidistanz der Streifen untersuchen.

Wenn die in Abschn. 231 gemachten Voraussetzungen streng erfüllt sind und außerdem die Lichtquellenbilder im Unendlichen liegen, so sind nach Abschn. 233 die Interferenzstreifen streng gerade und haben gleichen Abstand voneinander; dies geht aus Abschn. 33 hervor. Erscheinen die Streifen von dieser Geradheit und Äquidistanz abweichend, etwa in Form von mehr oder weniger starken Auslenkungen bzw. Krümmungen, so kann das folgende Gründe haben.

1. Die Drehachse c bzw. der Drehwinkel $2\,\vartheta$ sind nicht für das ganze Gesichtsfeld konstant. Dies ist nach Abschn. 34 insbesondere dann der Fall, wenn die Objektoberfläche nicht völlig eben ist.[1]) Dabei geschieht der Schluß vom Streifen-

[1]) Über die Verhältnisse bei nicht ideal ebener Vergleichsfläche s. Teil II, Abschn. 37.

verlauf auf die Oberflächenform zweckmäßig mit Hilfe des Niveauebenenbildes. — Jene Nicht-Konstanz kann aber auch dann eintreten, wenn eins der *anderen* Teile, die für die Lichtquellenbild-Transformation $\mathfrak{T}$ verantwortlich sind, Abweichungen von der Idealform aufweist. So könnte etwa in der MACH-ZEHNDER-Schaltung (s. z. B. Abb. 16) einer der vier Spiegel schwach gekrümmt sein, so daß sich die Einstellung auf Gangunterschied Null nicht für das ganze Gesichtsfeld gleichzeitig erreichen läßt. Oder im Interferenzmikroskop nach LINNIK[1]) könnten die beiden Objektive, die an sich völlig identisch sein sollen, geringe Abweichungen von dieser Identität aufweisen.

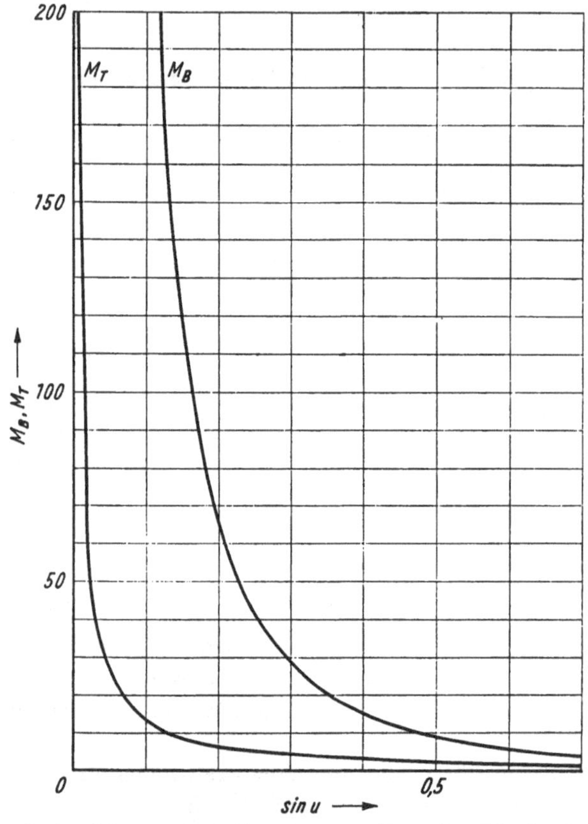

Abb. 27. Maximale Ausdehnungen des Interferenzen-Raumbereichs in der Rhombusnäherung nach Abschn. 31 für $\sigma = 2/3$, in Streifenabständen $2\,C/(1 + \cos u)$ (Abschn. 33) gemessen. Maximale Breite

$$M_B = \frac{2\,\sigma\,C/(1 - \cos u)}{2\,C/(1 + \cos u)} = \frac{2}{3}\,\mathrm{ctg}^2\,\frac{u}{2} = 2\,\overline{m}_{\max}$$

nach (39); maximale Tiefe

$$M_T = \frac{2\,\sigma\,C/\sin u}{2\,C/(1 + \cos u)} = \frac{2}{3}\,\frac{1 + \cos u}{\sin u}\,.$$

[1]) S. z. B. Teil I, Abschn. 212.

2. Der wirksame Aperturkegel $\mathfrak{A}$ ist nicht über das ganze Gesichtsfeld konstant. Dieser Fall tritt ein, wenn das Bild der Aperturblende nicht (oder nicht genügend) im Unendlichen liegt. Dies war in Abschn. 235 an Hand von Abb. 17 bereits teilweise behandelt worden, und an diese Behandlung wollen wir uns jetzt anschließen. Der genannte Fall tritt beim Interferenzmikroskop z. B. dann ein, wenn als Aperturblende ein solcher Teil der Objektivfassung wirkt, der verhält-

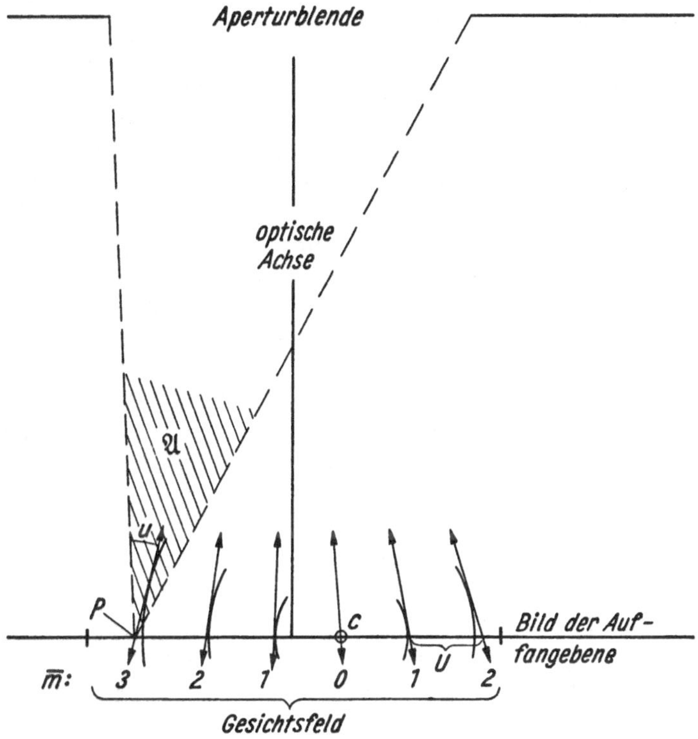

Abb. 28. Streifenabstand U bei Lage der Aperturblende im Endlichen.

nismäßig nahe dem Objekt, d. h. nicht genügend nahe der objektabgewandten Brennebene des Objektivs liegt. Zur Veranschaulichung betrachten wir Abb. 28. Hier ist ein die optische Achse enthaltender Schnitt durch die Mitte des Gesichtsfeldes und die Mitte der Aperturblende (bzw. ihr Bild) dargestellt, der von der (den Streifen 0. Ordnung tragenden) Drehachse c senkrecht durchstoßen wird. Die Gesichtsfeldebene enthält das Bild der Auffangebene (etwa der Photoplatten-Oberfläche, vgl. Abschn. 33, 2. Abs.). $\mathfrak{A}$ wollen wir hier durch die Aperturblende selbst begrenzt ansehen (das Entsprechende war auch schon für Abb. 17 angenommen worden, und zwar infolge Kleinheit des Drehwinkels $2\,\vartheta$). Das dann in Abb. 28 für den Punkt P maßgebende $\mathfrak{A}$ ist schraffiert angedeutet. Wir wollen jetzt innerhalb des Gesichtsfeldes davon absehen, daß $\mathfrak{A}$, außer in der Mitte, in Strenge kein Kreiskegel ist, und daß der von $\mathfrak{A}$ ausgeschnittene Raumwinkel örtlich nicht konstant ist. Wir wollen also innerhalb des Gesichtsfeldes mit einer konstanten wirksamen Apertur u rechnen. Dann bleibt jedoch die Tatsache bestehen, daß dort die (durch Pfeilrichtungen angedeutete, durch die Aperturblenden-Mitte gehende) mittlere Lichtrichtung *nicht* konstant ist. Das bedeutet aber, daß der Streifenabstand ebenfalls nicht konstant ist, und zwar aus folgendem Grunde. Nach Abb. 10 enthalten die Flächen $\bar{m} = 0, 1, 2, \ldots$ jeweils die mittlere Lichtrichtung, und die Abstände dieser Flächen von c unterscheiden sich (bei konstantem C) jeweils um die gleiche Konstante. Das bedeutet für den Schnitt von Abb. 28, daß die Linien $\bar{m} = 0, 1, 2, \ldots$ Stücke derjenigen Geraden enthalten, die durch die Aperturblenden-Mitte gehen und die gezeichneten Kreisbögen berühren. Diese Kreisbögen sind um den Durchstoßungspunkt von c mit Radien von jeweils konstanter Differenz gezogen. Der Streifenabstand U ist nun, entsprechend zu Abb. 20, durch die Schnittpunkte der $\bar{m}$-Linien mit der Auffangebene bestimmt. Er ist somit, im Gegensatz zu Abb. 20, hier offensichtlich keine Konstante. Die Interferenzstreifen sind also hier nicht äquidistant, auch wenn alle maßgebenden Flächen vollkommen eben sind. Würde z. B. in Abb. 28 die Aperturblende um den 10fachen Gesichtsfeldradius über dem Gesichtsfeld (Bild der Auffangebene) liegen, dann wäre der Streifenabstand unmittelbar am (linken und rechten) Rande des Gesichtsfeldes um etwa $\frac{1}{2}$ % größer als in der Mitte. — Entsprechend kann man auch Abweichungen von der Geradheit der Streifen finden. — In Abb. 28 haben wir $\mathfrak{A}$ noch als Kreiskegel mit konstantem Öffnungswinkel angesehen. Es gibt aber Fälle, wo auch das nicht mehr möglich ist. Es ist nämlich denkbar, daß nicht, wie in Abb. 28, immer die gleiche Blende aperturbegrenzend wirkt, sondern verschiedene Blenden in verschiedenen Entfernungen, s. Abb. 29. Hier wirkt z. B. für die Mitte des Gesichtsfeldes nur die obere Blende aperturbegrenzend, am Rande dagegen auch die untere. Dies führt dazu, daß $\mathfrak{A}$ am Rande wesentlich kleiner als in der Mitte ist. Es bedeutet auch wieder Abweichungen von der Geradheit und Äquidistanz der Interferenzstreifen (der Streifenabstand hängt ja nach Abschn. 33 von der Größe von $\mathfrak{A}$ ab). — Es ist also zweckmäßig, daß alle aperturbegrenzenden Blendenbilder im Unendlichen liegen; denn sonst werden die Interferenzen, die ja möglichst eindeutige Schlüsse auf das *Objekt* gestatten sollen, durch die Aperturverhältnisse in wenig übersichtlicher Weise mit beeinflußt.

3. Die Größe C ist, verknüpft mit den Kohärenzverhältnissen, nicht für das ganze Gesichtsfeld konstant. Diese in Abschn. 233 eingeführte und z. B. in Abb. 10 und 11 auftretende Größe hatten wir eben noch als konstant angenommen. Das darf man aber, wenn die Lichtquellenbilder nicht vollständig im Unendlichen liegen, nicht ohne weiteres tun, wie aus den Gleichungen (7) bis (9) hervorgeht. Wenn nämlich, trotz konstantem wirksamen Aperturkegel $\mathfrak{A}$, die Entfernungen von den Lichtquellenbildern bis zu einem Punkt P des Gesichtsfeldes endlich und für verschiedene P verschieden sind, ergeben sich auch verschiedene Werte für die Größe a, s. Abb. 9. Hier treten, bei einem bestimmten Hyperboloid der Ordnung m, für verschiedene Entfernungen $\overline{LP}$ verschiedene a-Werte auf, d. h.

nach Gleichung (6) verschiedene C-Werte. C aber bestimmt im wesentlichen den Streifenabstand U, wie aus Abschn. 33 hervorgeht (dabei werden für verschwindende Apertur sogar beide Größen einander gleich, wenn das Bild der Auffangebene parallel zur Schärfeebene liegt). Somit sind für die Interferenzstreifen dann Abweichungen von der Äquidistanz und entsprechende Krümmungen zu erwarten.

4. Der Streifenabstand wird in der Weise bestimmt, daß eine gewisse Unsymmetrie in der Intensitätsverteilung eines Streifens von merklichem Einfluß ist.

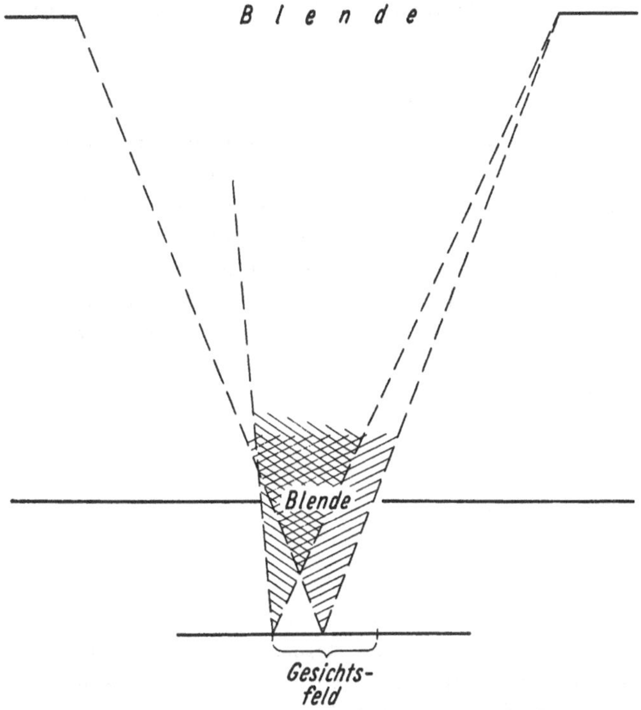

Abb. 29. Verschiedene aperturbegrenzende Blenden.

Mit dieser Unsymmetrie ist die Tatsache gemeint, daß in Abb. 11 die Intensitätsverteilung eines Streifens im allgemeinen nicht streng symmetrisch zu beiden Seiten des betreffenden Extremwertes verläuft. Dies hängt damit zusammen, daß in Gleichung (23) die cos-Funktion

$$\cos\left(2\pi \frac{\frac{p}{2}}{C\frac{2}{1+\cos u}}\right)$$

noch mit einem Modulationsfaktor der Form

$$\frac{1}{x}\sin x$$

multipliziert ist. Diesem Faktor entspricht nun in Abb. 11 die gestrichelte Einhüllende (während die erwähnte cos-Funktion für den „welligen" Charakter im *kleinen* verantwortlich ist). Die Einhüllende verläuft fast überall gegenüber der Abszissenachse geneigt. Diese Neigung jedoch bringt eine geringe Unsymmetrie in die Intensitätsverteilung eines Streifens, indem der Extremwert etwas verschoben wird. Diese Verschiebung erfolgt in Abb. 11 z. B. für das Maximum des 8. Streifens nach links; denn die unmittelbar links vom Maximum der erwähnten cos-Funktion liegenden cos-Werte werden hier mit einem etwas größeren Modulationsfaktor multipliziert als die rechts davon liegenden, da der Modulationsfaktor

$$\frac{C}{\pi\, p\,(1 - \cos u)} \sin \frac{\pi\, p\,(1 - \cos u)}{C}$$

hier von links nach rechts *abnimmt.* Die Größe jener Maximumsverschiebung ist aus Gleichung (23) bestimmbar.[1]) Sie tritt als Verschiedenheit im Streifenabstand höchstens dann merklich auf, wenn die erwähnte Einhüllende genügende Neigung hat. Eine weitere notwendige Bedingung für ihr Auftreten ist die Verwendung der Umgebung der *Extrem*werte der Intensität. Verwendet man nämlich den *Mittel*wert der Intensität (d. h. den Wert $I = A$), was ja mit Äquidensiten[2]) ohne weiteres möglich ist, dann erhält man hier einen *konstanten* Streifenabstand. Bei diesem Mittelwert $I = A$ nämlich ist nach (23) die erwähnte cos-Funktion jeweils $= 0$, und die zugehörigen p-Werte

$$\frac{1}{4} \cdot C \frac{2}{1 + \cos u}, \quad \frac{3}{4} \cdot C \frac{2}{1 + \cos u}, \quad \frac{5}{4} \cdot C \frac{2}{1 + \cos u}, \ldots$$

haben jeweils die *gleiche* Differenz

$$\frac{1}{2} \cdot C \frac{2}{1 + \cos u},$$

die man als halben Streifenabstand auffassen kann. — Falls man also den genauen Streifenabstand durch den örtlichen Abstand von einem Intensitäts*mittel*wert zum übernächsten definiert und durch solche Äquidensiten mißt, die diesen Intensitätswert $I = A$ anzeigen, dann treten die eben erörterten Unterschiede nicht auf. — Jedoch auch in den Fällen, wo sie auftreten, führen sie natürlich nur zu (relativ geringen) Abweichungen von der Äquidistanz der Streifen, nicht zu Abweichungen von ihrer Geradheit. Jene Abweichungen von der Äquidistanz haben mit der durch den Faktor $\frac{2}{1 + \cos u}$ bedingten Änderung des Streifenabstandes, wie sie z. B. in Gleichung (25) erscheint, selbstverständlich unmittelbar nichts zu tun.

5. Die in Abschn. 233 erhaltene Näherung, nach der die Orte konstanter mittlerer Ordnung 0, 1, 2, ... äquidistante Ebenen sind, reicht nicht mehr aus

[1]) Für $u = 25°$ (Abb. 11) erhält man z. B. folgende Maximumsverschiebungen (in Richtung auf den 0. Streifen hin): 1. Streifen: Maximumsverschiebung um etwa 0,1% des Streifenabstandes, 8. Streifen: Maximumsverschiebung um etwa 1,3% des Streifenabstandes.

[2]) S. Teil II, Abschn. 43.

(s. den letzten Absatz von Abschn. 32). Ob dies tatsächlich der Fall ist, läßt sich für kleine wirksame Aperturen unter den jeweiligen Bedingungen kontrollieren, wobei im Bedarfsfalle entsprechende Korrekturen angebracht werden können. Dazu hat man die die Interferenzstreifen enthaltenden Orte $\tilde{m} = 0, 1, 2, \ldots$ nach (23h) aus Φ (Abb. 13) zu bestimmen.

6. Im Gesichtsfeld tritt (etwa bei benachbarten Interferenzstreifen) örtlich verschiedene Absorption oder Lichtstreuung auf. Das ist z. B. der Fall, wenn eine Oberfläche, die im reflektierten Licht untersucht werden soll, diese Eigenschaft aufweist. Selbstverständlich wird hierdurch die beobachtete Intensitätsverteilung beeinflußt, wobei teilweise die Interferenzstreifen selbst verschoben erscheinen können.

7. Das die Interferenzerscheinung abbildende System $\mathfrak{B}$ (Abschn. 212, vorletzter Abs.) arbeitet nicht verzeichnungsfrei. Dann erscheinen natürlich im allgemeinen auch die Interferenzstreifen entsprechend gekrümmt. Dieser Punkt ist zwar trivial; er soll aber hier immerhin erwähnt werden für den Fall, daß man sich z. B. experimentell um völlig gerade und äquidistante Interferenzstreifen bemüht und die Ursachen kleiner beobachteter Abweichungen sucht, und zwar an Hand einer Zusammenstellung einiger Möglichkeiten dafür.

ANHANG

Bilder aus Anwendungsgebieten der Interferenzmikroskopie

1. Auflicht-Interferenzmikroskopie

Technische Oberflächen
Schwärzungsrelief photographischer Platten
Biologische Objekte

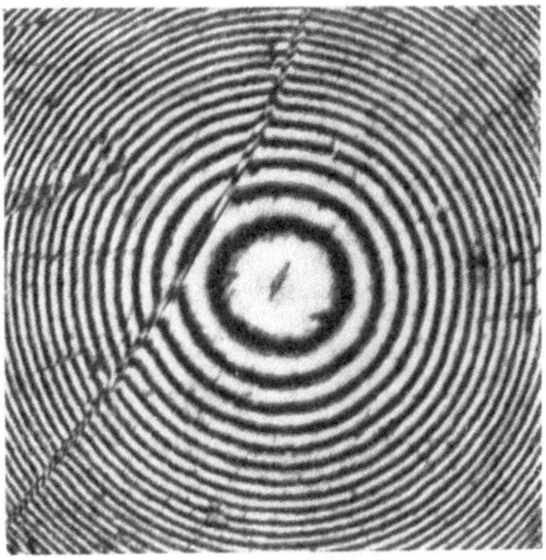

1. Normale Kopie.

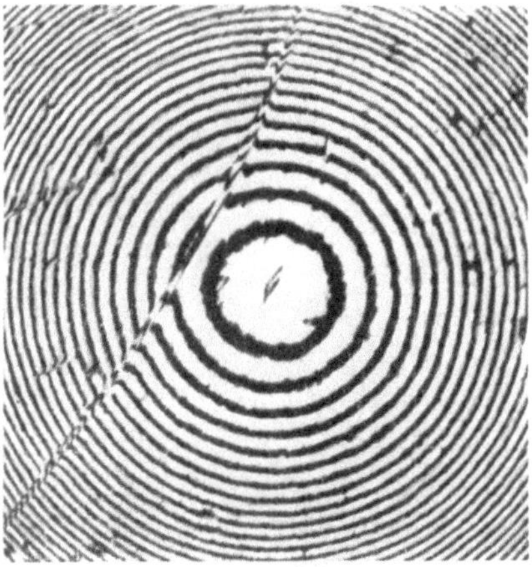

2. harte Kopie.

3. Äquidensiten (s. auch Teil II, Abschn. 43.).

Kugeloberfläche mit Ritzspur ($M = 375 : 1$)

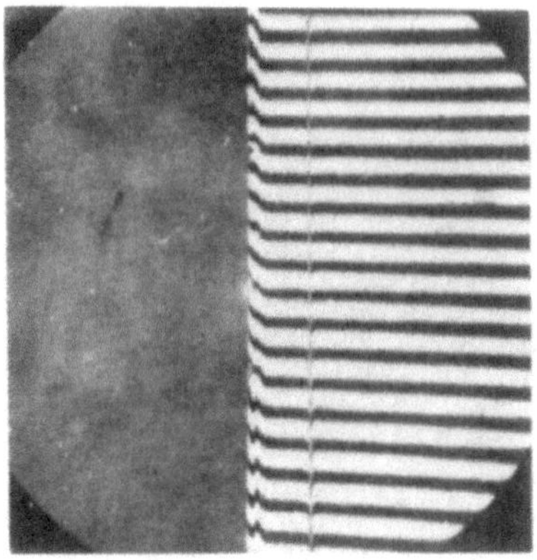

a)

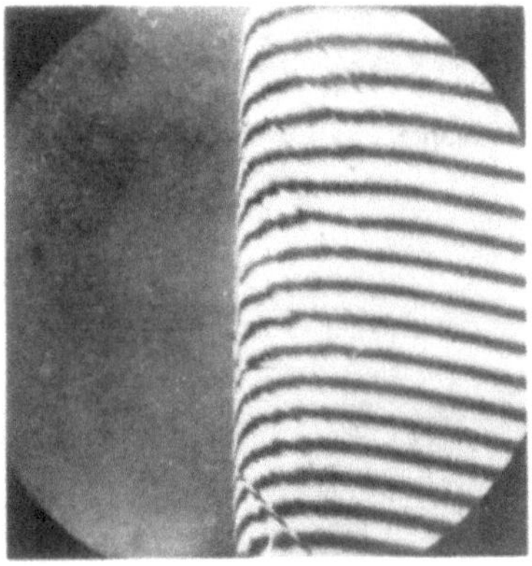

b)

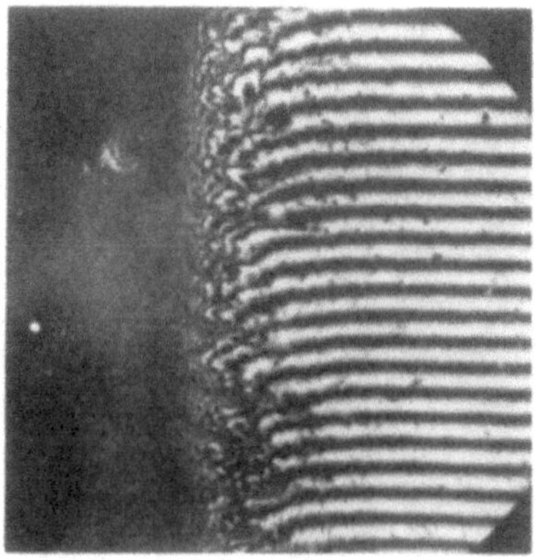

c)

Abb. 1, a, b, c Schneide einer Rasierklinge in verschiedenen Abnutzungsgraden ($M = 375:1$).

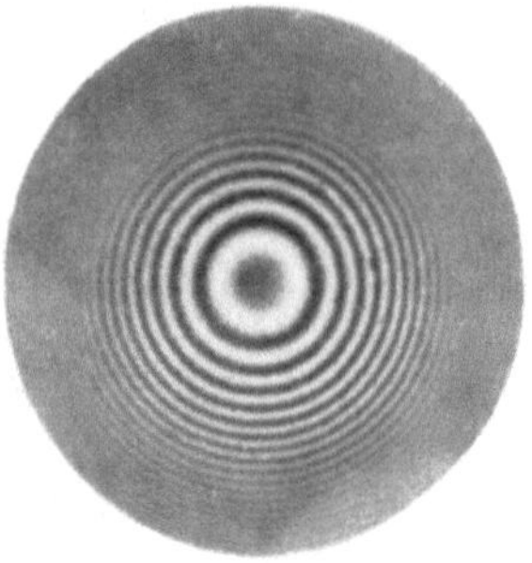

a) runde,

b) unrunde,

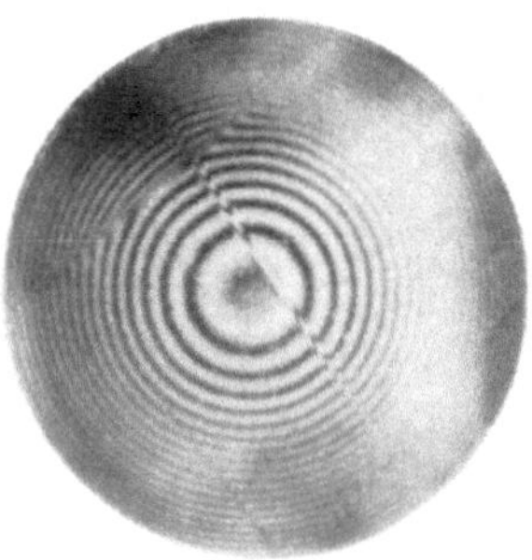

c) abgenutzte Kugel ($M = 375 : 1$)

Abb. 2. Kugeln.

Abb. 1. Kugellager-Außenringe.

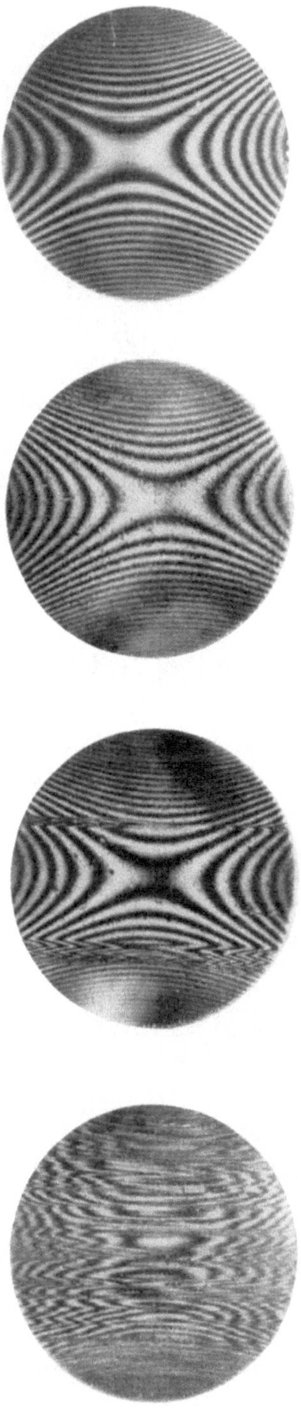

Abb. 2. Kugellager-Innenringe.

Interferenzaufnahmen der Oberfläche von Kugellagerringen in verschiedenen Abnutzungsgraden.

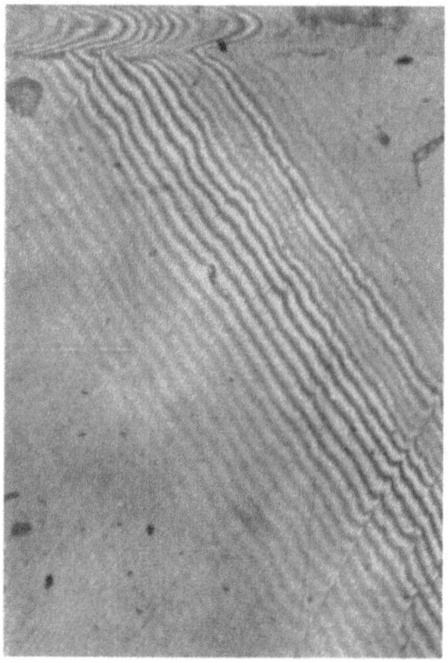

Abb. 1

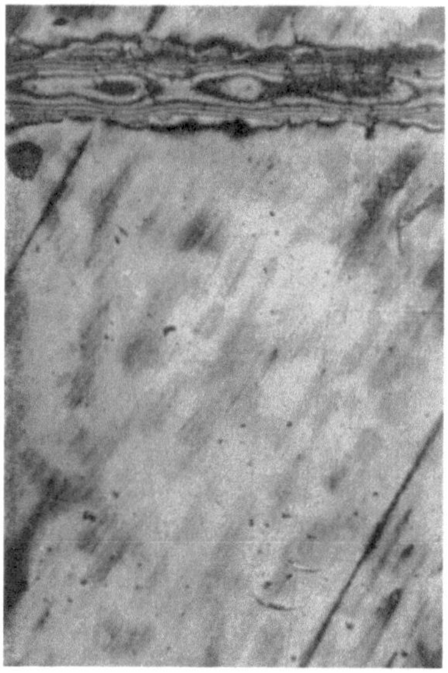

Abb. 2

Abb. 3

Angeschliffene Metallfläche mit Reliefpolitur ($M = 100 : 1$)

Abb. 1. schräger Schnitt, Abb. 2, 3 waagerechter Schnitt in verschiedenen Einstellungen, der die Kornstruktur besser erkennen läßt (oben eine tiefe Ritzspur).

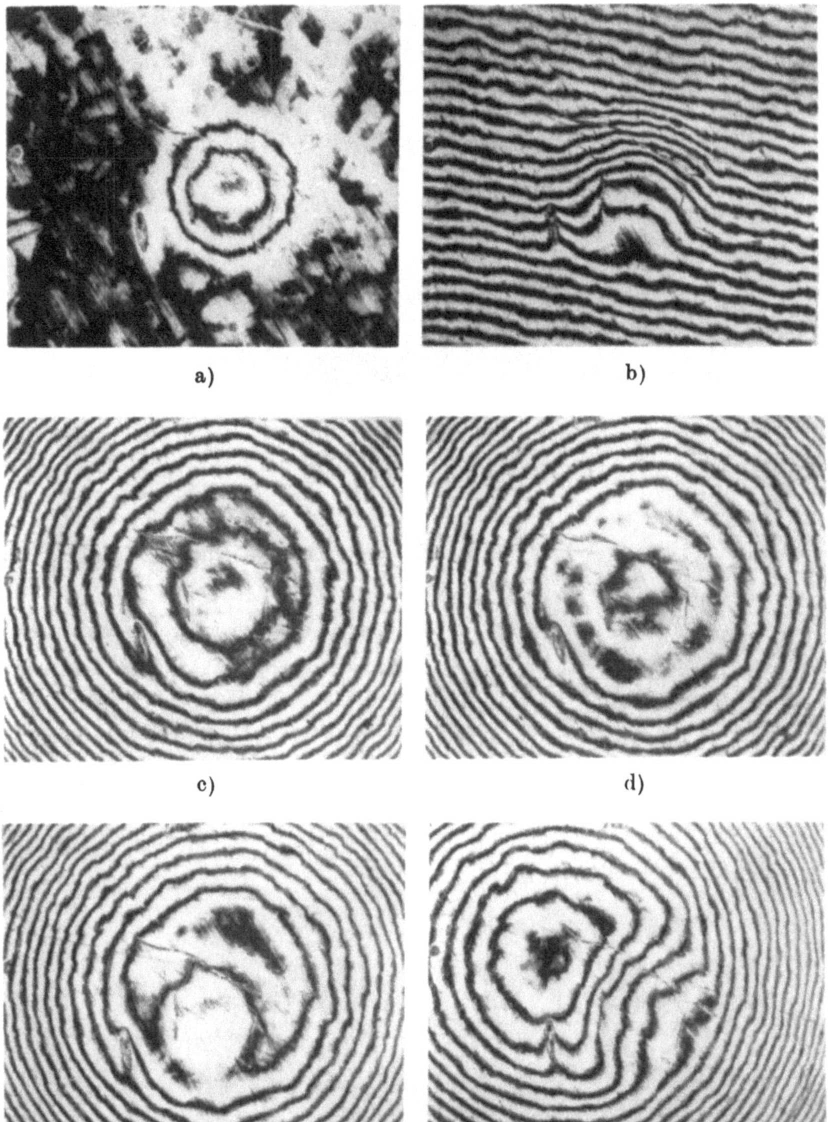

Kugeleindruck in einer Metalloberfläche ($M = 100 : 1$)

a) ebene Vergleichsfläche, waagerechter Schnitt; die Kornstruktur ist auf der Ebene, nicht jedoch im Kugeleindruck zu erkennen. b) ebene Vergleichsfläche, schräger Schnitt. c, d) sphärische Vergleichsfläche koaxial zentriert zum Kugeleindruck; hier ist die Kornstruktur im Eindruck erkennbar. e, f) sphärische Vergleichsfläche; nicht koaxial zentriert.

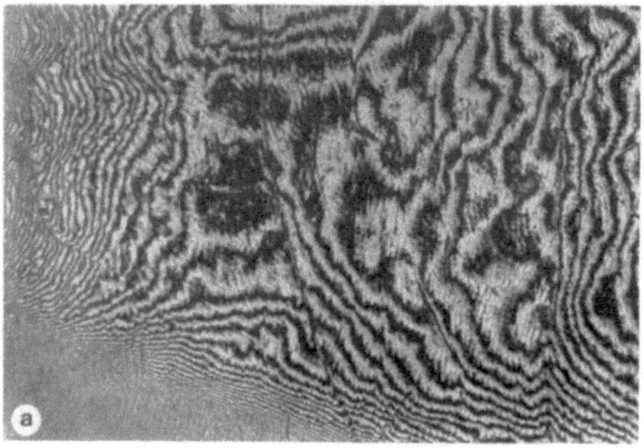

b

Schmelzoberfläche eines menschlichen Zahns ($M = 160 : 1$)

a) Interferenzen im monochromatischen Licht.

b) Lage einiger Konkav- und Konvexstellen (Konkav—, Konvex+, s. Abschn. 33, Teil II).

c) Interferenzen im weißen Licht (hier sind die Schmelzprismenenden außerhalb der Streifen erkennbar), aus HELMCKE u. RIENITZ [1959].

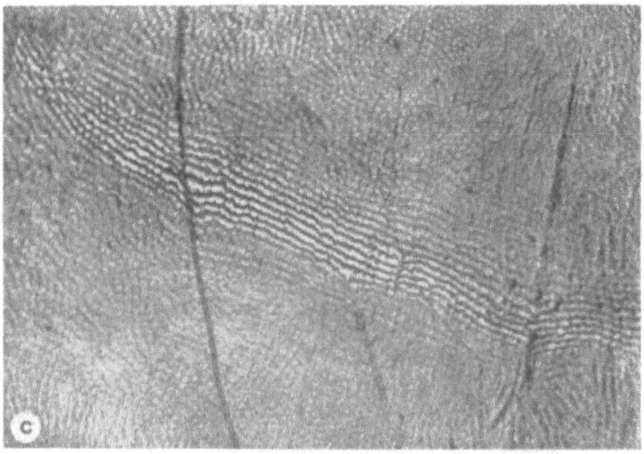

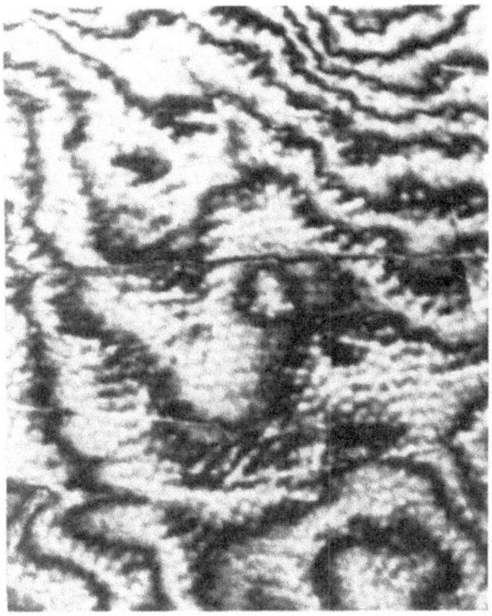

a)

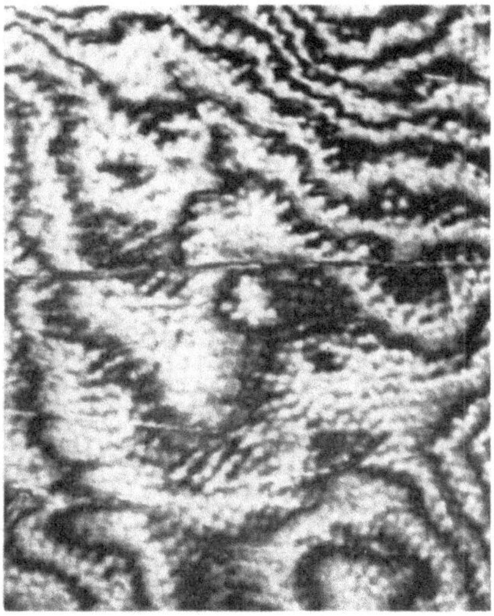

b)

c)

d)

Schmelzoberfläche eines menschlichen Zahns ($M = 220 : 1$)

a) und b) Interferenzen in verschiedenen Einstellungen durch Parallelverschieben der Vergleichsfläche;

c) und d) zugehörige Äquidensiten (s. auch Abschn. 43, Teil II); durch diese Methode läßt sich ein Objekt in sehr wenig voneinander verschiedenen Höhenlagen austasten (vgl. z. B. die Umrisse einzelner Prismen oder Prismengruppen), aus HELMCKE u. RIENITZ [1959].

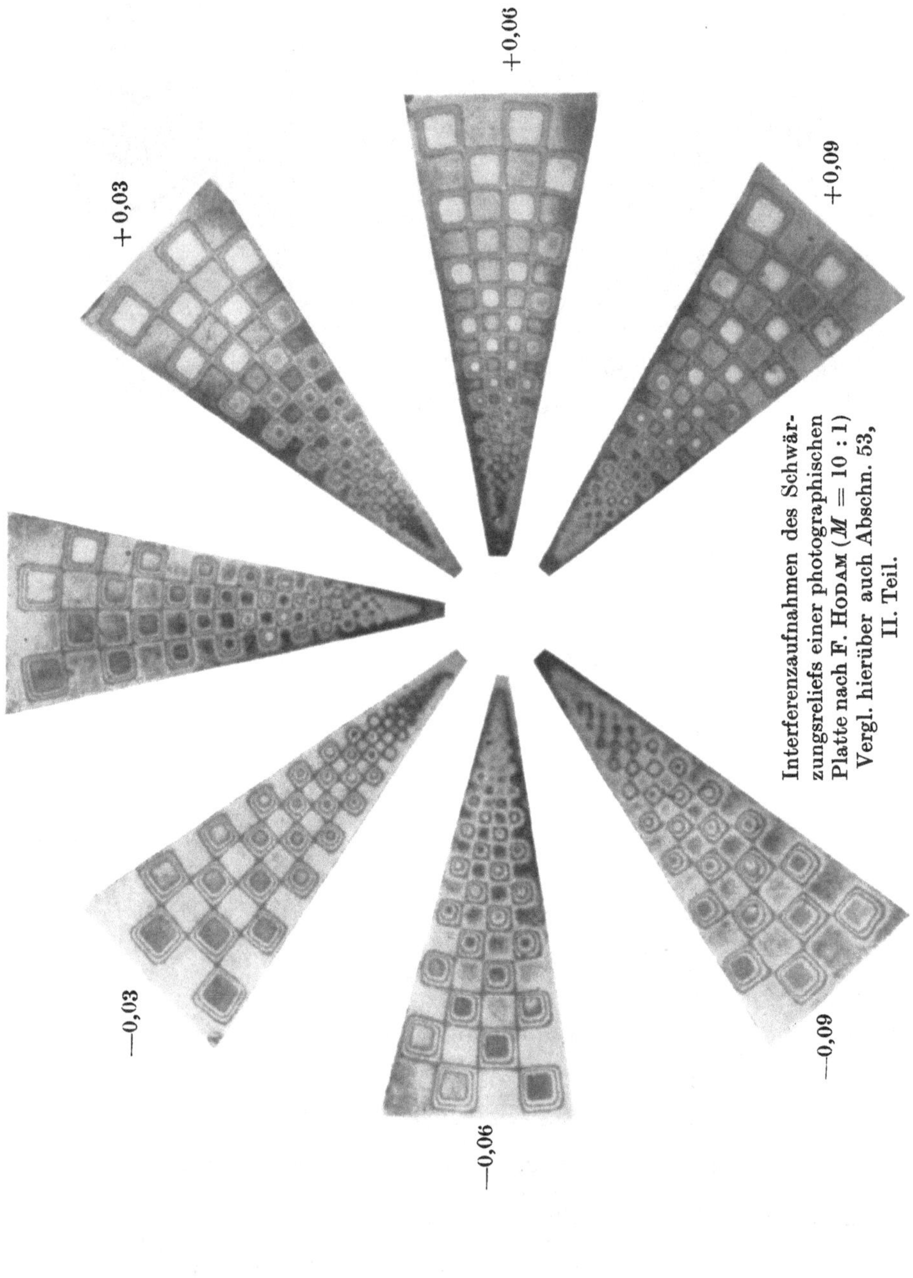

Interferenzaufnahmen des Schwärzungsreliefs einer photographischen Platte nach F. Hodam ($M = 10:1$) Vergl. hierüber auch Abschn. 53, II. Teil.

Wiedergabe eines sich verjüngenden Schachbrettmusters durch ein Photoobjektiv bei verschiedener Defokussierung desselben (± 0,09, ± 0,06, ± 0,03 und 0 mm).

2. Durchlicht-Interferenzmikroskopie

Flüssigkeiten
Kristalle
Biologische Objekte

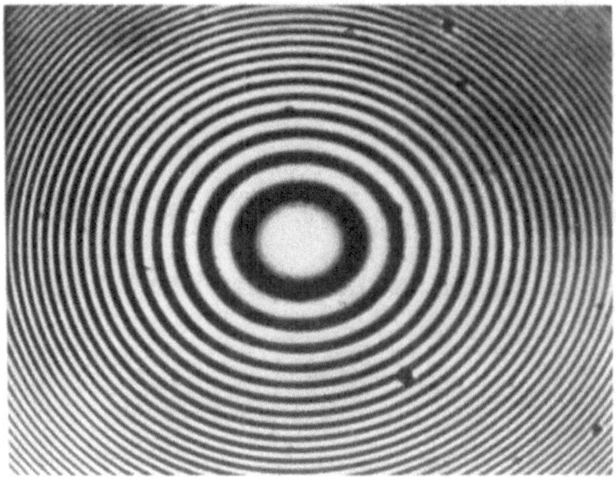

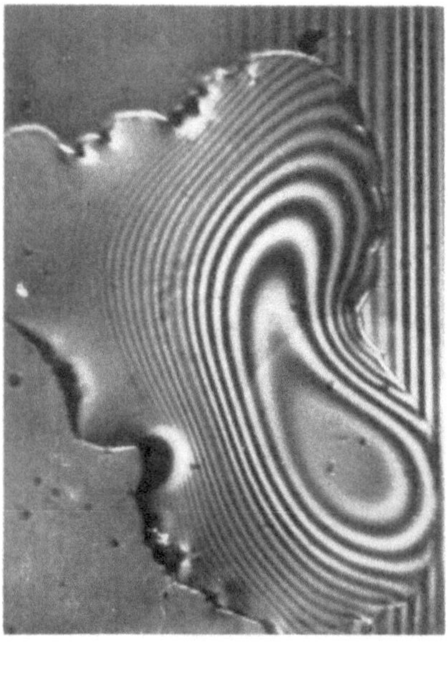

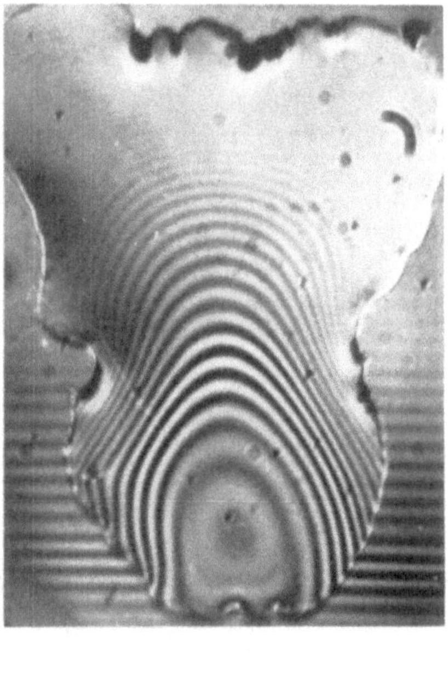

Glyzerintropfen auf Glasplatte ($M = 30:1$).

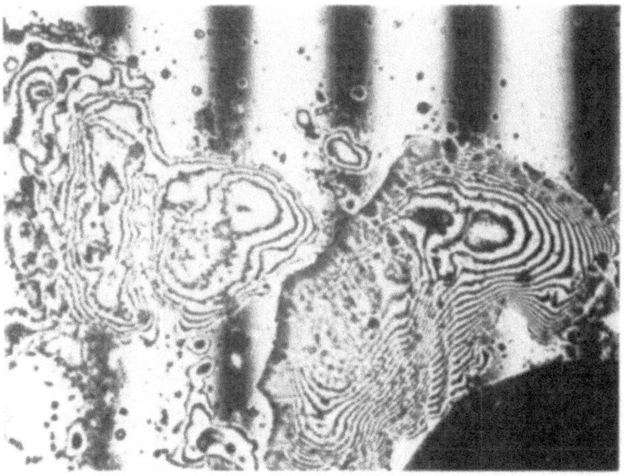

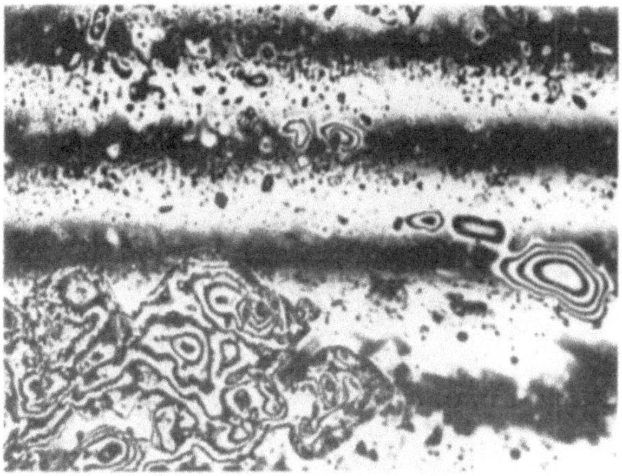

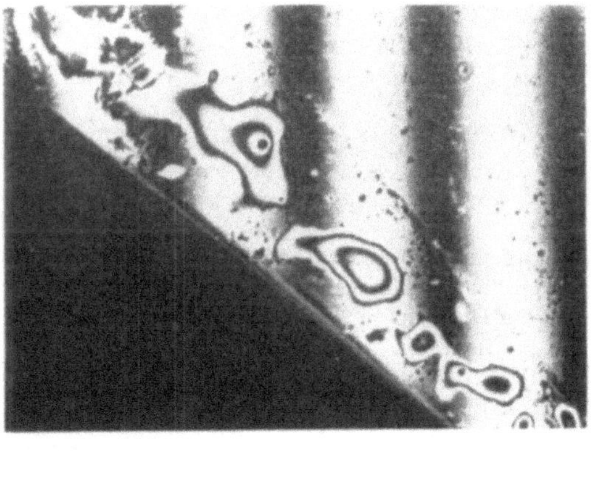

Rückstände einer auf einer Glasplatte verdunsteten Zuckerlösung ($M = 30:1$).

Dispersionseffekte bei Glyzerintropfen auf Glasplatte ($M = 30:1$). Das Kontrastmaximum der Weißlichtinterferenzen verschiebt sich beim Übergang von Glas auf Glyzerin infolge des Keilwinkels und des Brechzahlunterschiedes (s. auch Abschn. 252 Teil II).

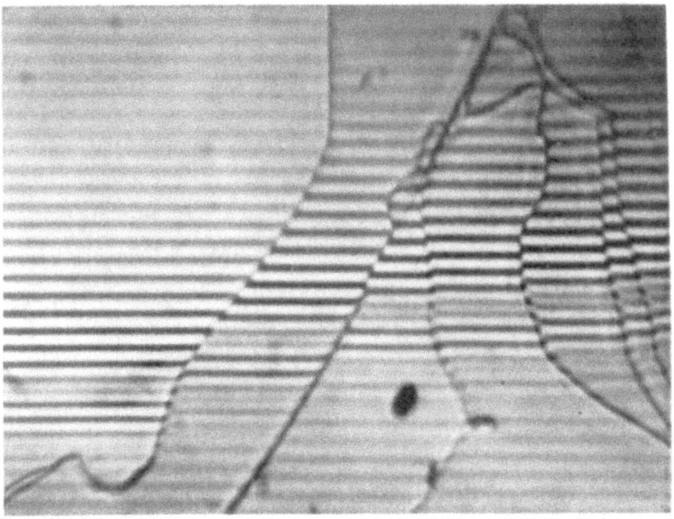

Glimmerkristalle (Spaltstufen), Interferenzen im weißen Licht ($M = 30 : 1$).

a)

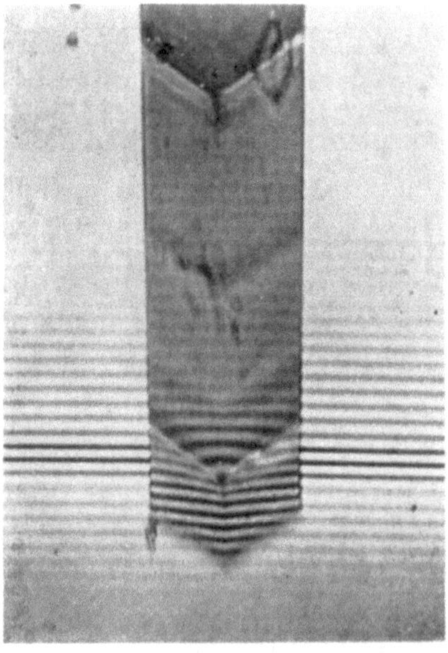

b)

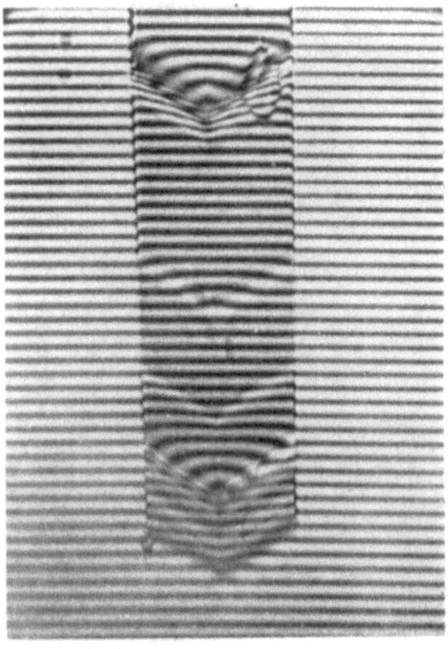

c)

Cadmiumsulfid-Einkristalle ($M = 30 : 1$)

a) b) im weißen Licht (der Kristall wirkt als Filter und vergrößert dadurch die Streifenzahl); c) im monochromatischen Licht.

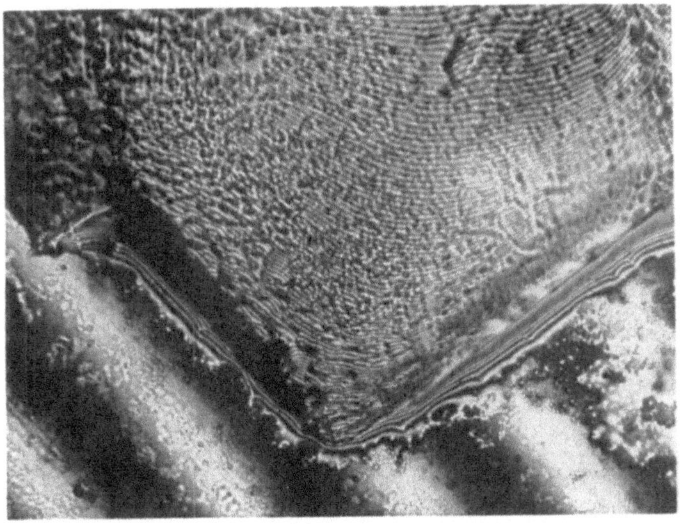

Abb. 1. Zuckerkristall auf Glasplatte ($M = 60 : 1$).

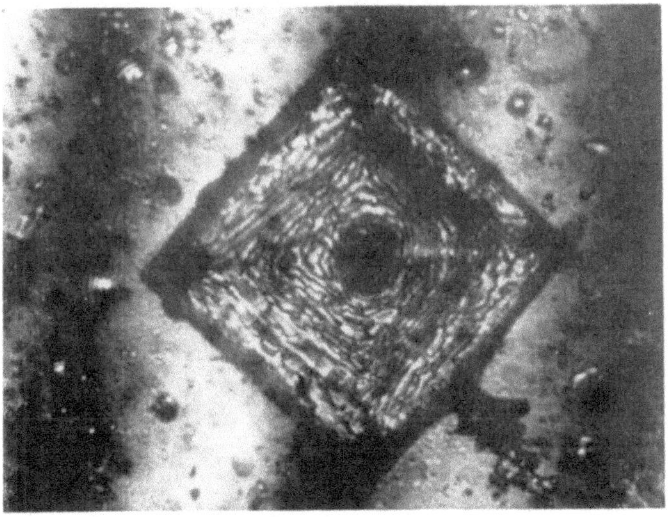

Abb. 2. Steinsalzkristall auf Glasplatte ($M = 60 : 1$).

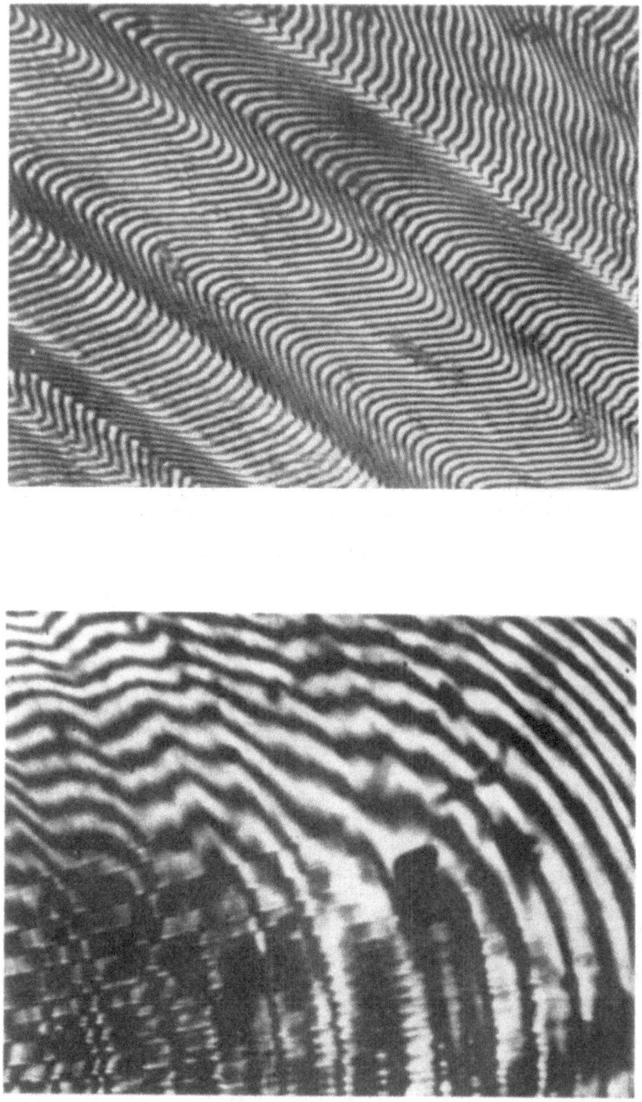

Muschelförmige Glasbrüche ($M = 60 : 1$).

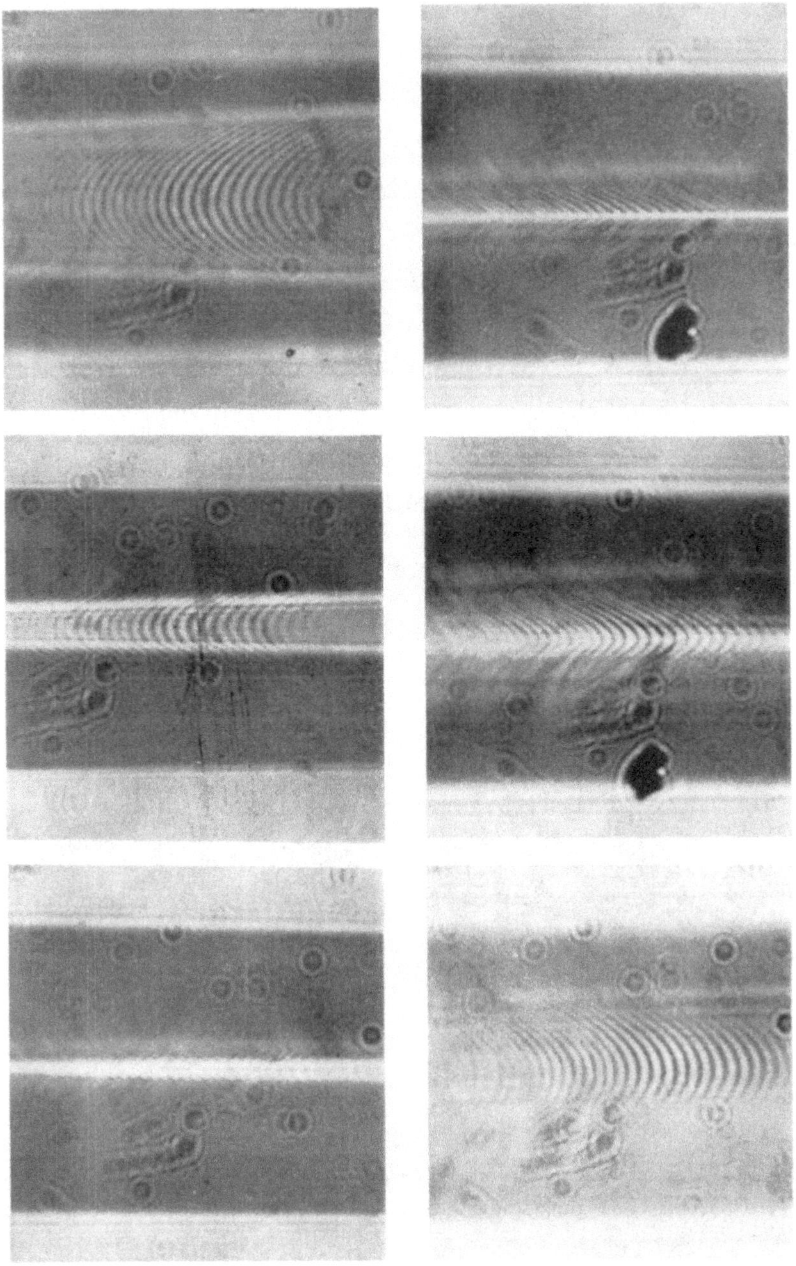

Glasfäden in durchlaufender Fokussierung. Vgl. hierzu das Schema Abb. 47 in Teil II, Abschn. 33.

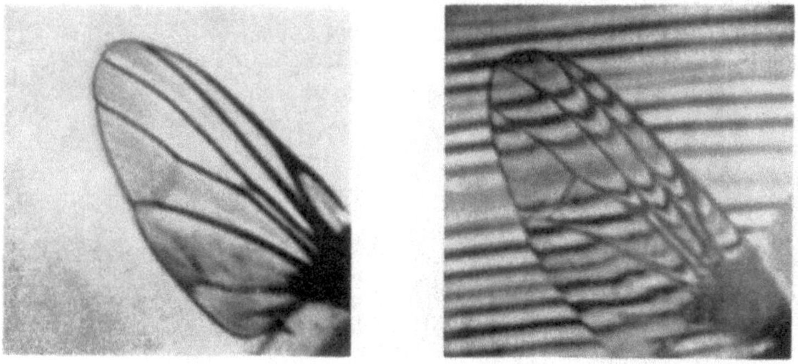

a) b)

Abb. 1. Insektenflügel (*Psila fuscinervis*) ($M = 30:1$)

a) Normale Mikroaufnahme; b) Interferenzbild im Hg-Mischlicht.

a) b)

Abb. 2. Insekt (Bachläufer *Velia*, ca. 7 mm lang) auf Wasseroberfläche in zwei verschiedenen Bewegungsstadien ($M = 4,5:1$). Aufnahme: M. FRANÇON, Paris.

3. Vergleich verschiedener Verfahren

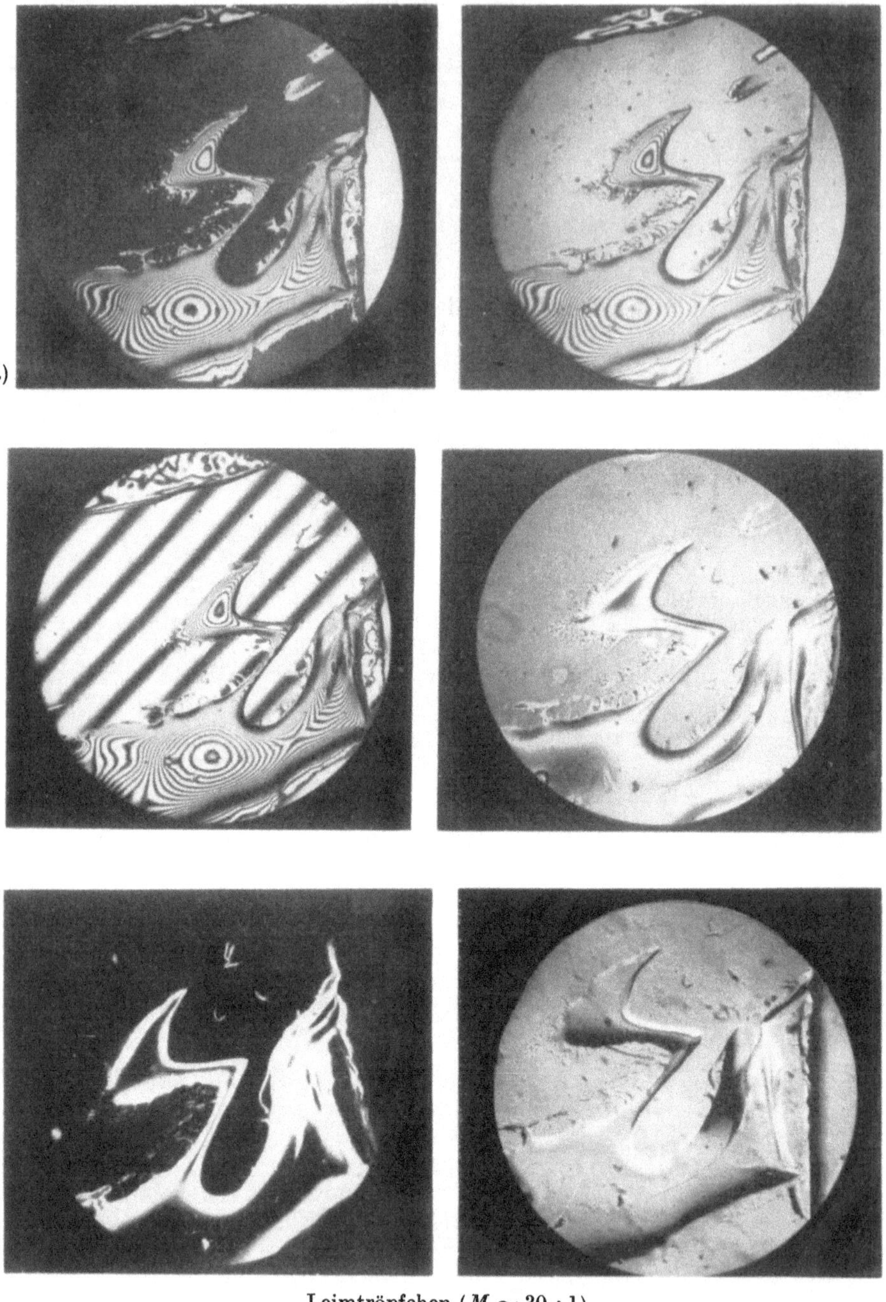

a) b) c) d) e) f)

Leimtröpfchen ($M \sim 30:1$)

a), b) Interferenzaufnahme (waager. Schnitt, nahezu komplementär); c) Interferenzaufnahme (schräger Schnitt); d) Phasenkontrast; e) Dunkelfeld; f) schiefe Beleuchtung.

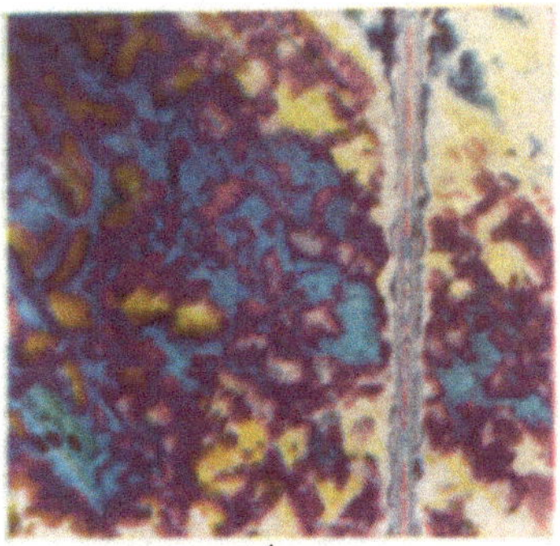

1

2

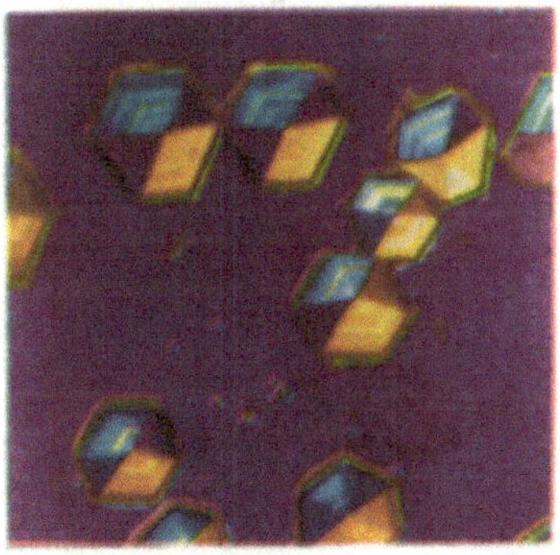

3

4

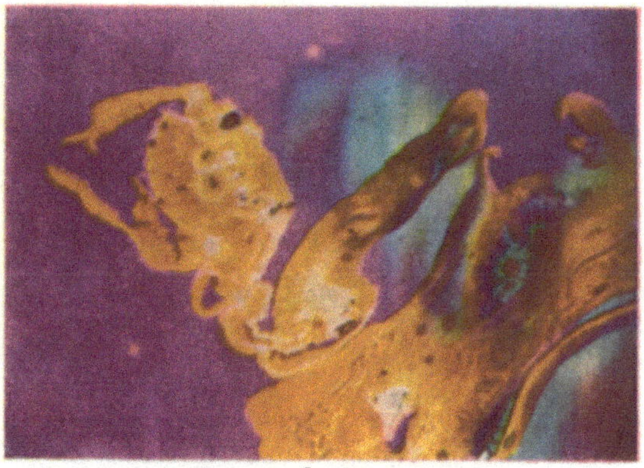

5

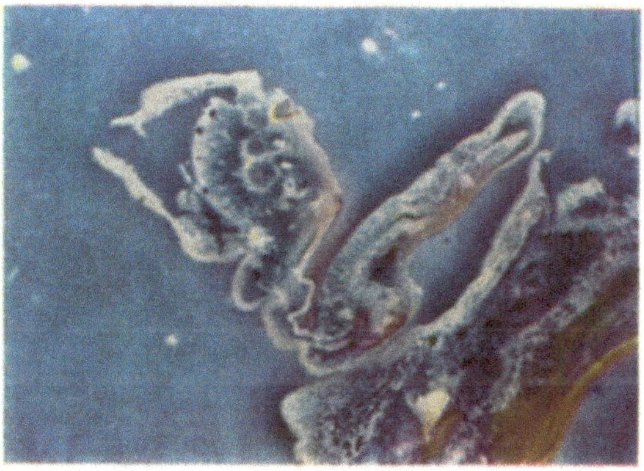

6

a) Vergleichsstrahlengang vom Objekt unbeeinflußt

Abb. 1. Polierte Stahloberfläche mit Kratzer (waagerechter Schnitt). Die Reliefpolitur läßt die Kristallit- oder Kornstruktur des Metalls erkennen. Auflicht-Interferenzmikroskop nach KRUG-LAU (Teil I, Abb. 11). $M = 80:1$.

Abb. 2. Insektenflügel im schrägen Schnitt. Durchlicht-Interferenzmikroskop nach KRUG-LAU (Teil I, Abb. 30). $M = 80:1$.

b) Differentielle Verdoppelung

Abb. 3. Ammoniumalaun-Kristalle. Verschiebungsrichtung von rechts unten nach links oben. Interferenzokular nach FRANÇON (Teil I, Abb. 58 u. 61). Aufn.: M. FRANÇON, Paris.

c) Totale Verdoppelung mit scharfem Nebenbild

Abb. 4. Eindruck einer VICKERS-Diamantpyramide in einem Endmaß. Auflicht-Interferenzmikroskop nach NOMARSKI (analog Teil I, Abb. 59). $M = 35:1$.

d) Totale Verdoppelung mit unscharfem Nebenbild

Abb. 5. Zellgruppe aus einem Fischauge (Lebistes). Blau: das nach rechts verschobene Nebenbild. Durchlicht-Interferenzmikroskop nach SMITH-BAKER, Shearing-System (Teil I, Abb. 60 u. 62). $M = 60:1$.

e) Doppelfokusverfahren

Abb. 6. Gleiches Objekt wie Abb. 5. Das Nebenbild erscheint hier als dunkler Hof. Durchlicht-Interferenzmikroskop nach SMITH-BAKER, Doppelfokus-System (Teil I, Abb. 72 u. 62). $M = 60:1$.

LITERATURVERZEICHNIS

Die kursiv gedruckten Zahlen bedeuten die Seitenzahlen im vorliegenden Buch.

AFZELIUS, B. M., siehe JOHANSSON, L. P. und AFZELIUS, B. M.

AMBROSE, E. J., An interference microscope for the study of inhomogeneous media, Journ. scient. Instr. **25**, 134 (1948). *89*

APPELT, H., Einführung in die mikroskopischen Untersuchungsmethoden, 3. Aufl. Leipzig 1955. *24*

v. ARDENNE, M. u. WESTMEYER, H., Über ein Ultramikrotom einfacher Bauart, Optik **16**, 193 (1959). *131*

ARNULF, A., La mesure des rayons de courbure des surfaces sphériques employées en optique, Paris 1930, S. 30/31 u. 69/70. *31, 43*

AXELRAD, M., Etude de la déformation d'une surface d'onde par un écran, C. R. Acad. Sci. **239**, 757 (1954). *110*

BACHMANN, L., Über die Untersuchung von Oberflächen mit Hilfe eines modifizierten TOLANSKY-Verfahrens, Mikroskopie **13**, 250 (1958). *90*

BACHMANN, L. und SITTE, P., Dickenbestimmung nach TOLANSKY an Ultradünnschnitten, Mikroskopie **13**, 289 (1959). *90*

v. BAEYER, O. und GERHARDT, U., Die interferometrische Messung im Ultramikroskop sichtbar gemachter Teilchen von 200 mμ Durchmesser, Fortschritte der Chemie, Physik und physikalischen Chemie, Band **20**, Heft 1, Serie B, Berlin 1928. *31*

BAIRD, K. M., An interferometer for line standard calibration, Journ. opt. Soc. Amer. **47**, 340 (1957). *29*

BAKER of HOLBORN, C. (Firma), The BAKER interference microscope, 3. Aufl. London 1957. *112*

BAKER, J. R., Nomenclature in microscopy, Nature **177**, 194 (1956). *20*

BARER, R., Variable colour-amplitude phase-contrast microscopy, Nature **164**, 1087 (1949). *134*

BARER, R., Progress in practical microscopy, Journ. Roy. micr. Soc. (3) **70**, 307 (1951). *17, 135*

BARER, R., A comprehensive vector theory of phase-contrast and interference contrast, in: M. FRANÇON (Herausgeber), Contraste de phase et contraste par interférences, Paris 1952a, S. 56. *21*

BARER, R., Kontrasteffekt dicker Objekte im Phasenmikroskop, Naturwiss. **39**, 427 (1952b). *26, 180, 181, Tab. I*

BARER, R., Interference microspectroscopy, Nature **170**, 29 (1952c). *130*

BARER, R., Combined phase-contrast and interference-contrast microscopy, Nature **169**, 108 (1952d). *133*

BARER, R., Phase-contrast and interference microscopy of birefringent objects, in: M. FRANÇON (Herausgeber), Contraste de phase et contraste par interférences, Paris 1952e, S. 196. *134*

BARER, R., Infrared phase-contrast microscopy, in: M. FRANÇON (Herausgeber), Contraste de phase et contraste par interférences, Paris 1952f, S. 133. *136, 180*

BARER, R., Linsenförmige Objekte im Phasenmikroskop, Naturwiss. **41**, 206 (1954). *26, Tab. I*
BARER, R., Phase-contrast, interference contrast, and polarizing microscopy, in: R. C. MELLORS (Herausgeber), Analytical cytology, New York 1955, S. 3/1. *13, 18, 86, 99*
BARER, R., Phase-contrast and interference microscopy in cytology, in: G. OSTER u. A. W. POLLISTER (Herausgeber), Physical techniques in biological research, Band **3**, New York 1956, S. 30. *13, 21*
BARRELL, H., New developments in interferometry, Nature **164**, 599 (1949). *99*
BARRELL, H. und PRESTON, J. S., An improved beam divider for FIZEAU interferometers. Proc. Phys. Soc. **B 64**, 97 (1951). *42, 89*
BASINSKI, Z. S. und CHRISTIAN, J. W., The cubic-tetragonal transformation in manganese-copper alloys. Journ. Inst. Metals **80**, 659 (1951/52). *23, Tab. I*
BATES, W. J., A wavefront shearing interferometer, Proc. Phys. Soc. **59**, 940 (1947). *99*
BAUER, W., Anwendung der Dupligramm-Methode bei der interferentiellen Prüfung von Objektiven, Arbeitstagung Optik vom 26. bis 27. März 1954 in Jena, Berlin 1954, S. 12. *215*
BAUER, W. und LAU, E., Bestimmung der Fehler photographischer Objektive nach der Interferenz-Methode, Feingerätetechn. **1**, 64 (1952). *215*
BAUMGÄRTEL, H., siehe SCHULZE, R. und BAUMGÄRTEL, H.
BECKER, D., DORNHEIM, G., KORTÜM, H. und SÖLDNER, F., Bemerkungen zum Problem der Messung der Oberflächenmikrogestalt, Feingerätetechn. **8**, 253 (1959). *138*
BENDER, A., siehe RIENITZ, J. und BENDER, A.
BENNETT, A. H., JUPNIK, H., OSTERBERG, H. und RICHARDS, O. W., Phase microscopy, principles and applications, New York und London 1951. *136, Tab. I*
BENNETT, F. D., siehe auch KAHL, G. D. und BENNETT, F. D.
BEREK, M., Über Kohärenz und Konsonanz des Lichtes IV, Ztschr. f. Physik **40**, 420 (1927). *261*
BERGMANN, L. und SCHAEFER, CL., Lehrbuch der Experimentalphysik, **III.** Band, 1. Teil: Wellenoptik, 2. Aufl., Berlin 1959, S. 309ff. *22*
BERTI, L., Complementi alla teoria del microscopio in contrasto di fase, Nuovo Cimento (9) **8**, 26 (1951). *20, 21, 71, 131*
BESSIS, M. und THIÉRY, J. P., Les cellules du sang vues au microscope à interférences (Système NOMARSKI), Rev. Hémat. **12**, 518 (1957). *33, 113*
BESSIS, M., siehe auch FAURÉ- FREMIET, E., BESSIS, M. und THAUREAUX, J.
BEYER, H., Untersuchungen über den Einfluß der Gestalt der Aperturblende auf die mikroskopische Abbildung beim Phasenkontrastverfahren, in: Jenaer Jahrbuch 1953, Jena 1953, S. 162. *19, 27, 28*
BEYER, H., Über die Objekttreue bei der phasenkontrastmikroskopischen Abbildung, in: Arbeitstagung Optik vom 26. bis 27. März 1954 in Jena, Berlin 1954, S. 36. *19, 28*
BEYER, H., Mikroskop zur genauen und rationellen Vermessung von Kernspuren in Photoemulsionen, Feingerätetechn. **7**, 503 (1958). *30*
BIEBERBACH, L., Analytische Geometrie, 3. Aufl. Leipzig und Berlin 1944. *241*
BIRCHBY, W. N., White-light interference fringes with a thick glass plate in one path, Proc. Nat. Acad. Sci. **10**, 452 (1924). *175*
BIRCHBY, W. N., White-light interference fringes with a thick glass plate in one path, Part II, Proc. Nat. Acad. Sci. **13**, 216 (1927). *175*
BLAHA, F., GABLER, F. und MARINELLI, S., Über die Lamellenstruktur gezogener Cadmiumkristalle, Mikroskopie **9**, 89 (1954). *13*
BLAISSE, B. ST., Interference microscope, Amer. Patent 2 777 360 Cl. 88—39, einger. 15. 5. 1952; Priorität Holland 18. 5. 1951. *137*
BLANKE, W. und LOHMANN, A., Untersuchung der Intensitätsverteilung von Vielstrahlinterferenzen, Optik **14**, 361 (1957). *43, 89, 225*
BØGGILD, J. K. und SCHARF, M., Stage noise and spurious scattering, Nuov. Cim. (9) **12**, Suppl., 374 (1954). *30*

BORDET, P., Utilisation de l'interféromètre de M. NOMARSKI pour la comparaison des indices des minéraux en plaques minces, Bull. Soc. franç. Minér. Crist. **76**, 415 (1953). *108*

v. BORRIES, B., Über die Bedeutung instrumenteller Erkenntnisverfahren für die Weiterentwicklung der Naturwissenschaften, VDI-Z. **99**, 427 (1957). *15*

BÖTTGER, O., siehe MÖNCH, G. C., BÖTTGER, O. und ZORLL, U.

BREMMER, H., On the theory of optical images affected by artificial influences in the focal plane, Physica **17**, 63 (1951). *Tab. I*

BRICE, A. T., siehe SAYLOR, CH. P., BRICE, A. T. und ZERNIKE, F.

BRUCE, C. F. und THORNTON, B. S., Obliquity effects in interference microscopes, Journ. scient. Instr. **34**, 203 (1957). *277*

BRYNGDAHL, O. und INGELSTAM, E., Phase object diffraction patterns in microscopes and microwave fields, Physica **24**, 445 (1958). *Tab. I*

BUHL, R., Elektronen-Interferenz-Mikroskopie mit einem Biprisma-Interferenzmikroskop für Elektronenwellen. Diss. Univ. Tübingen 1959. *135*

BUHL, R., siehe auch MÖLLENSTEDT, G. und BUHL, R.

BUNN, C. W., Concentration gradients and the rates of growth of crystals, Disc. Farad. Soc. No. 5 (1949), S. 132. *86*

BURCH, J. M., Scatter fringes of equal thickness, Nature **171**, 889 (1953). *137*

BURRELS, W., Contribution to the study of diatom movement, The Microscope **8**, 147 (1950/52). *45, 203*

BÜTTNER, C., Beiträge zur Oberflächenprüfung an Werkstückflächen, Jenaer Zeiss-Jahrbuch 1950, Jena 1950, S. 152. *208*

CANDLER, C., Modern interferometers, (London) 1951. *29, 30, 38*

CHATELAIN, Y., Examen d'un miroir parabolique par des calibres sphériques, Rev. d'Opt. **14**, 41 (1935). *43*

CHÈVREMONT, M., siehe FIRKET, H. und CHÈVREMONT, M.

CHOUCROUN (N.), siehe FAURÉ-FREMIET (E.) und CHOUCROUN (N.)

CHRISTIAN, J. W., siehe BASINSKI, Z. S. und CHRISTIAN, J. W.

CIZERON, G. und COULOMB, P., Sur la mise en évidence de la polygonisation du fer par la méthode du contraste de phase interférentiel, C. R. Acad. Sci. **243**, 1037 (1956). *14*

CLARK, J. S. und COOK, A. H., A photoelectric microscope for the measurement of linear scales, Journ. scient. Instr. **33**, 341 (1956). *29*

CNRS (Centre national de la recherche scientifique), Microscope à contraste interférentiel pour observation des objets transparents, Paris, ohne Jahreszahl. *33*

COOK, A. H., siehe CLARK, J. S. und COOK, A. H.

COULOMB, P., siehe CIZERON, G. und COULOMB, P.

COX, A., siehe HABELL, K. J. und COX, A.

CUCKOW, F. W., Phase contrast microscopy of surface structures, Proc. London Conf. on Optical Instruments 1950, London 1951, S. 115 und 131. *206, 207*

CZERNY, M., Zur Didaktik der Phasenkontrast-Mikroskopie, Naturwiss. **42**, 1 (1955). *26*

DATTA, S. K., On BREWSTER's Bands, Part II., Trans. opt. Soc. **28**, 214 (1926/27). *216*

DATTA, S. K., siehe auch RAMAN, C. V. und DATTA, S. K.

DELAUNAY, G., Microscope interférentiel A. MIRAU pour la mesure du fini des surfaces, Rev. d'Opt. **32**, 610 (1953). *52*

„De oude Delft", Microscope interférentiel, Franz. Pat. 1.056.682, Gr 12, Cl 2, eingereicht am 19. 5. 1952. *123, 126*

DIACONEASA, B., siehe SORAN, V. und DIACONEASA, B.

DIEHL, F., siehe MARX, TH. und DIEHL, F.

DJURLE, E. und HALLÉN, O., A double-slit interferometer for the determination of the thickness of the reference system used in X-ray microradiography, Exp. Cell Res. **5**, 301 (1953). *30*

DORNHEIM, G., siehe BECKER, D., DORNHEIM, G., KORTUM, H. und SÖLDNER, F.

DUFOUR, CH., Propriétés d'un filtre interférentiel du type FABRY-PÉROT utilisé comme lame de phase, in: M. FRANÇON (Herausgeber), Contraste de phase et contraste par interférences, Paris 1952, S. 108. *25, 134*

DÜKER, H., Lichtstarke Interferenzen mit einem Biprisma für Elektronenwellen, Ztschr. f. Naturforschg. **10a,** 256 (1955). *136*

DÜKER, H., siehe auch MÖLLENSTEDT, G. und DÜKER, H.

DUNBAR, C., Interferometer microscope, Journ. scient Instr. **11,** 85 (1934). *29*

DYSON, J., A transmission-type interferometer microscope, Nature **164,** 229 (1949a). *68*

DYSON, J., Optical apparatus, Brit. Pat. 676749, Class 97 (i), 16. 6. 1949b. *68*

DYSON, J., An interferometer microscope, Proc. Roy. Soc. **A 204,** 170 (1950). *68, 71*

DYSON, J., An interferometer microscope for opaque objects, Nature **167,** 397 (1951). *53, 203*

DYSON, J., Le microscope interférentiel, in: M. FRANÇON (Herausgeber), Le contraste de phase et le contraste par interférences, Paris 1952, S. 35. *68*

DYSON, J., An interferometer microscope for opaque objects, Proc. Roy. Soc. **A 216,** 493 (1953a). *53, 203*

DYSON, J., An interferometer microscope for the accurate measurement of optical thickness, Nature **171,** 743 (1953b). *103*

DYSON, J., Examining machined surfaces by interferometry, Engineering **168,** 274 (1955). *46, 67, 157*

DYSON, J., Some considerations affecting the design of interference microscopes, Journ. opt. Soc. Amer. **47,** 557 (1957). *13, 40*

DYSON, J., The measurement of thin films by interferometry, Physica **24,** 532 (1958). *137*

EDENHOLM, B. und INGELSTAM, E., Some recent advances in interferometric study of surface shape, IVA **25,** 194 (1954). *90*

EDENHOLM, B. und INGELSTAM, E., A combined multiple-beam and two-beam microinterferometer for surface topography measurements, in: P. MOLLET (Herausgeber), Optics in Metrology (Coll. Brüssel 1958), Oxford, London, New York, Paris 1960, S. 243. *49, 90*

EGOROW, W. A., Новые интерференционные приборы для определения чистоты поверхности (Neue Interferenzgeräte zur Bestimmung der Oberflächengenauigkeit), Izmeritelnaja Technika 1955, Heft 6, S. 48. *63*

EISENLOHR, W., Lehrbuch der Physik, 4. Aufl., Mannheim 1844, S. 294. *30*

ENGELBRECHT, J., siehe SCHMIDT, H. und ENGELBRECHT, J.

ENGLAND, J. B. A., A simple instrument for the calibration of microscope fine focus scales, Journ. scient. Instr. **34,** 208 (1957). *30*

EXNER, S., Über ein Mikrorefraktometer, Repert. d. Phys. **21,** 555 (1885); zitiert nach dem Referat von S. CZAPSKI, Ztschr. f. Instrumentenkde. **6,** 139 (1886). *23*

FAURÉ-FREMIET, E., Caractères des macrophages de la lymphe pleuro-péritonéale chez les batraciens urodèles, Arch. Anat. microsc. **26,** 475 (1930). *83, 203*

FAURÉ-FREMIET, E., BESSIS, M. und THAUREAUX, J., Ultra-structure du hyaloplasma cellulaire, Microscopie, Bull. et Mém. **1,** M 41 (1948/49). *83*

FAURÉ-FREMIET (E.) und CHOUCROUN (N.), Mesure de l'épaisseur de lames minces protoplasmiques, C. R. Acad. Sci. **186,** 979 (1928). *83, 203*

FAURÉ-FREMIET, E., siehe auch FRANÇOIS-FRANCK, MME. und FAURÉ-FREMIET, E.

FAUST, R. C., Multiple-beam interference microscopy, Proc. Roy. Soc. **A 211,** 240 (1952). *89*

FAUST, R. C., The determination of the refractive indices of inhomogeneous solids by interference microscopy, Proc. Phys. Soc. **B 67,** 138 (1954). *90, 130*

FERGUSON, W. F. C., siehe GOTTESMANN, J. und FERGUSON, W. F. C.

FIRKET, H. und CHÈVREMONT, M., Essai d'appréciation quantitative au microscope à interference de l'activité phosphatique alcaline dans les noyaux des cellules cultivées in vitro, Ann. histoch. **1,** 12 (1956). *33*

v. Fragstein, C., Fortschritte auf dem Gebiete der lichtmikroskopischen Abbildung, Vortrag vor der Physikalischen Gesellschaft zu Berlin am 6. 1. 1956. *104*

v. Fragstein, C., siehe auch Weber, K. und v. Fragstein, C.

Flamant, F., Application de la méthode du contraste de phase à l'examen de surfaces métalliques polies, in: P. Fleury, A. Maréchal und Cl. Anglade (Herausgeber), La théorie des images optiques, Paris 1949, S. 268. *Tab. I*

François-Franck, Mme. und Fauré-Fremiet, E., Etude cinématographique des choanoleucocytes et de leurs mouvements, C. R. Soc. Biol. **99,** 207 (1928). *83*

Françon, M., Le contraste de phase en optique et en microscopie, Paris 1950. *28, Tab. I*

Françon, M., Nouveau dispositif interférentiel permettant l'observation des objets transparents, Franz. Patent 1.045.037, Gr 12, Cl 2, eingereicht am 12. 11. 1951a. *104*

Françon, M., Observation des objets transparents par la méthode de Tolansky. Application à la microscopie, Rev. d'Opt. **30,** 221 (1951b). *90*

Françon, M., Interférences par double réfraction en lumière blanche, Rev. d'Opt. **31,** 65 (1952a). *96, 104, 129*

Françon, M., Interférences par double réfraction en lumière blanche. Nouvelles méthodes d'observation des objets transparents, Journ. Phys. Rad. (8) **13,** 99 A (1952b). *104*

Françon, M., Interférences par double réfraction en lumière blanche. Nouvelles méthodes d'observation des objets transparents, Journ. Phys. Rad. (8) **13,** 10 S (1952c). *104, 129*

Françon, M., Etude théorique comparative du contraste de phase et des methodes interférentielles, in: M. Françon (Herausgeber), Le contraste de phase et le contraste par interférences, Paris 1952d, S. 48. *22, 90*

Françon, M., Microscope interférentiel par double réfraction à source annulaire, Rev. d'Opt. **31,** 170 (1952e). *126*

Françon, M., Application des lames uniaxes à l'observation des objets transparents isotropes ou non en microscopie, C. R. Acad. Sci. **234,** 520 (1952f). *126*

Françon, M., Interféromètre par double réfraction en lumière blanche et sans dédoublement pour la microscopie, C. R. Acad. Sci. **234,** 423 (1952 g). *129*

Françon, M., Oculaire interférentiel à contrastes colorés ou non, Mikroskopie **8,** 260 (1953a). *104*

Françon, M., Nouvelles recherches en interférométrie et applications, Journ. Phys. Rad. (8) **14,** 39 S (1953b). *104*

Françon, M., Microscope interférentiel utilisant une lame de spath perpendiculaire à l'axe, Anais da Academia Brasileira de Ciencias **25,** 47 (1953c). *126*

Françon, M., Le microscope à contraste de phase et le microscope interférentiel, Paris 1954a. *13, 19, 41, 86, 100, 104, 105, 119, 126, Tab. I*

Françon, M., Etude et application d'un interféromètre à polarisation, Optica Acta **1,** 50 (1954b). *104*

Françon, M., Dispositif interférentiel compensé, Franz. Pat. 1.127.104, eingereicht am 25. 5. 1955. *107*

Françon, M., Interférences, diffraction et polarisation, in: S. Flügge (Herausgeber), Handbuch der Physik, Band **24,** Grundlagen der Optik, Berlin, Göttingen und Heidelberg 1956, S. 171. *29*

Françon, M., Polarization apparatus for interference microscopy and macroscopy of isotropic transparent objects, Journ. opt. Soc. Amer. **47,** 528 (1957a). *104, 107*

Françon, M., Dispositifs interférentiels pour l'observation des objets transparents, Bull. Res. Counc. Israel **5,** 357 (1957b). *109*

Françon, M., Etude et applications des microscopes interférentiels en lumière polarisée, Physica **24,** 495 (1958). *107*

Françon, M., Polarization interferometers applied to the study of isotropic objects, Symposium on Interferometry Teddington 1959, Paper 3—4. *137*

Françon, M., Genty, R. und Taboury, F., Etude des couches monomoléculaires par contraste de phase, C. R. Acad. Sci. **230,** 2082 (1950). *22*

Françon, M. und Sergent, B., Compensateur biréfringent à grand champ, Optica Acta **2**, 182, (1955a). *109*

Françon, M. und Sergent, B., Compensateur biréfringent à grand champ, C. R. Acad. Sci. **241**, 27 (1955b). *109*

Frederikse, A. M., Mikroskopische Beobachtung lebender Zellen, Acta Breva Neerlandica **3**, 121 (1933a). *85*

Frederikse, A. M., Der Brechungsindex des Protoplasmas, Protoplasma **19**, 473 (1933b). *85*

Frederikse, A. M., Eine Interferenzmethode zur Sichtbarmachung kleinster Brechungsunterschiede im mikroskopischen Objekt, Ztschr. f. wiss. Mikrosk. **52**, 48 (1935a). *85, 86*

Frederikse, A. M., Eine Interferenzmethode zur mikroskopischen Beobachtung lebender Zellen, Verh. I. Internat. Kongr. Elektro-Radio-Biologie **1**, 535 (1935b). *85*

Frey-Wyssling, A., Kontrasteffekt dicker Objekte im Phasenmikroskop, Naturwiss. **39**, 145 (1952). *26, 180, Tab. I*

Frey-Wyssling, A., Kontrasteffekt linsenartiger Objekte im Phasenmikroskop, Naturwiss. **40**, 517 (1953). *26, Tab. I*

Gabler, F., Farbkontraste in der Phasenmikroskopie, Mikroskopie **6**, 98 (1951). *134*

Gabler, F., Ein einfaches Interferenzgerät zur Oberflächenprüfung, Metalloberfläche **A 6**, 134 (1952). *90*

Gabler, F., Wie prüft man die Oberfläche von Werkstoffen? Österr. Maschinenmarkt mit Elektrowirtschaft **8**, 68 (1953a). *90*

Gabler, F., Ein einfaches Interferenzgerät zur Oberflächenprüfung, Berg- u. Hüttenmännische Monatshefte **98**, 185 (1953b). *90*

Gabler, F., Moderne Methoden der mikroskopischen Untersuchung von Metalloberflächen, Metall **7**, 401 (1953c). *90*

Gabler, F., Methoden und Geräte zur Oberflächenuntersuchung, in: Jahrbuch der Oberflächentechnik 1954, Berlin 1954, S. 135. *90*

Gabler, F., Positiver oder negativer Phasenkontrast? Mikroskopie **10**, 119 (1955). *12*

Gabler, F., Methoden und Geräte zur Oberflächenprüfung, Maschinenbau u. Wärmewirtschaft **11**, 65 (1956a). *33, 90*

Gabler, F., Neue Methoden, Verfahren und Geräte der Lichtmikroskopie, Radex-Rundschau 1956b, Heft 4/5, S. 147. *90*

Gabler, F. und Mitsche, R., Das Auflicht-Phasenkontrastmikroskop und seine Anwendung in der Metallographie, Arch. f. Eisenhüttenwes. **23**, 145 (1952). *13, 23, 206, 207*

Gabler, F., siehe auch Blaha, F., Gabler, F. und Marinelli, S.

Gabor, D., A new microscopic principle, Nature **161**, 777 (1948). *34, 72*

Gabor, D., Microscopy by reconstructed wave-fronts I, Proc. Roy. Soc. **A 197**, 454 (1949). *72*

Gabor, D., Microscopy by reconstructed wave-fronts II, Proc. Phys. Soc. **B 64**, 449 (1951). *72*

Gärtner, W., Über Differential-Interferenzen, Realisierung und Vergleich mit Interferenzen gleicher Dicke, Optik **15**, 281 (1958). *99, 108, 109*

Gates, J. W., Fringe spacing in interference microscopes, Journ. scient. Instr. **33**, 507 (1956). *223, 277*

Genty, R., siehe Françon, M., Genty, R. und Taboury, F.

Gehrcke, E., Die Anwendung der Interferenzen in der Spektroskopie und Metrologie, Braunschweig 1906, S. 120. *31*

Gerhardt, U., Eine Anordnung zur optischen Tiefentastung, Optik **15**, 132 (1958). *49*

Gerhardt, U. und Lenk, H., Zur Frage der Meßunsicherheit von Rauhtiefen in der Interferenzmikroskopie, Feingerätetechn. **9**, 529 (1960). *231*

Gerhardt, U., siehe auch v. Baeyer, O. und Gerhardt, U.

GLAUERT, A. M., Superposition effects in multiple-beam interference fringes, Nature **168**, 861 (1951). *90*

GÖLZ, E., siehe MAHL, H. und GÖLZ, E.

GOTTESMANN, J. und FERGUSON, W. F. C., Optical properties of thin films of cadmium sulfide, Journ. opt. Soc. Amer. **44**, 368 (1954). *193*

GOTTSTEIN, K., Measurements of microscope stage noise, Nuov. Cim. (9) **12**, Suppl., 389 (1954). *30*

GREENHAM, C. G., Application of interferometry to biological surfaces, Austral. Journ. Sci. **9**, 26 (1946). *45*

GREHN, J., Das Durchlicht-Interferenz-Mikroskop — ein Meßinstrument des Biologen, Umschau **58**, 602 (1958). *72*

GREHN, J., Das Durchlicht-Interferenz-Mikroskop — ein Meßinstrument des Biologen, Leitz. Mitt. f. Wiss. u. Techn. **1**, 35 (1959). *72*

GRIGG, F. C., Colour-contrast phase microscopy, Nature **165**, 368 (1950). *134*

GRIMSEHL, Lehrbuch der Physik, herausgegeben von W. SCHALLREUTER, Bd. **III**, Optik, 12. Aufl., Leipzig 1952. *31, 238, 240, 241, 243, 261, 279*

GRUBE, W. L. und Rouze, S. R., Application of the two-beam interference microscope to the study of surfaces, Journ. opt. Soc. Amer. **44**, 851 (1954). *208*

GUILD, J., Spherometry, in: SIR R. GLAZEBROOK, A dictionary of applied physics, Band **4**, London 1923, S. 786. *30*

HABELL, K. J. und Cox, A., Engineering optics, London 1948. *44*

HAIDEKKER, A., Feinmeßzeuge und Prüfmaschinen, Feinwerktechn. **57**, 253 (1953). *48*

HAIDEKKER, A., Multipelinterferenzmikroskop „Multimi", Werkstattstechn. u. Maschinenbau **44**, 36 (1954). *90*

HALE, A. J., The interference microscope in biological research, Edinburgh und London 1958. *13, 41, 69, 70, 86, 112, 115, 128*

HALLÉN, O. und INGELSTAM, E., Determination by interferometric methods of the thickness of the reference system used in microradiography, Exp. Cell Res. **3**, 248 (1952). *90, 131*

HALLÉN, O., siehe auch DJURLE, E. und HALLÉN, O.

HALLIMOND, A. F., Production of contrast in the microscope image by means of opaque diaphragms, Nature **159**, 851 (1947a). *Tab. I*

HALLIMOND, A. F., Microscopes, Brit. Patent 631, 251, Group XX, Class 97 (i), 9. 1. 1947b. *Tab. I*

HANNES, H., Zur Theorie der Lokalisierung des MACH-ZEHNDER-Interferometers, Optik **14**, 165 (1957). *272*

HANSEN, G., Über ein Interferometer nach ZEHNDER-MACH, Zeitschr. f. techn. Physik **12**, 436 (1931). *237*

HANSEN, G., Die Sichtbarkeit der Interferenzen beim MICHELSON- und TWYMAN-Interferometer, Zeiss-Nachrichten **4**, 109 (1942). *272*

HANSEN, G., Die Sichtbarkeit der Interferenzen beim TWYMAN-Interferometer, Optik **12**, 5 (1955). *285*

HANSEN, G. und KINDER, W., Abhängigkeit des Kontrastes der FIZEAU-Streifen im MICHELSON-Interferometer vom Durchmesser der Aperturblende, Optik **15**, 560 (1958). *285*

HARLE, G. A., Un dispositif interférentiel pour le centrage des systèmes optiques, Journ. scient. Instr. **28**, 365 (1951). Zitiert nach dem Referat in Rev. d'Opt. **31**, 138 (1952). *30*

HARTING, P., Das Mikroskop. Theorie, Gebrauch, Geschichte und gegenwärtiger Zustand desselben, 2. Aufl., Braunschweig 1866. *83*

HASELMANN, H., Beiträge zur Phasenkontrast-Mikroskopie. 2. Mitteilung: Strukturprobleme im Lichte der Phasenkontrast-Mikroskopie, Mikroskopie **6**, 9 (1951). *16*

HEIDERMANNS, G., siehe SCHMIDT, K. G. und HEIDERMANNS G.

HELMCKE, J. -G. und RIENITZ, J., Untersuchung der Schmelzoberfläche menschlicher Zähne mit Interferenz- und Phasenkontrastmikroskopie sowie Licht- und Elektronen-Stereomikroskopie, I. Teil: Verfahrenskunde der Auflicht-Interferenzmikroskopie. Mikroskopie **11**, 320 (1956). *129, 146, 279*

HELMCKE, J.-G. und RIENITZ, J., Untersuchung der Schmelzoberfläche menschlicher Zähne mit Interferenz- und Phasenkontrastmikroskopie sowie Licht- und Elektronen-Stereomikroskopie, II. Teil: Untersuchung der Schmelzoberfläche mit Interferenz- und Phasenkontrastmikroskopie, Mikroskopie **13**, 345 (1959). *27, 48, 154, Tab. I, Tafel VI*

HERTEL, J., Beiträge zur Theorie der Zweistrahlinterferenzen und Bau eines TWYMAN-Interferometers, Diplomarbeit TU Berlin 1956a. *267*

HERTEL, J., Zur Theorie der Zweistrahlinterferenzen, Vortrag auf der Tagung der Deutschen Gesellschaft für angewandte Optik 1956 in Berlin, Phys. Verhandl. **7**, Heft 5 (1956b). *267*

HILGER und WATTS, London, Accessory equipment for interference contrast microscopy, Prospekt CH355/D vom August 1952. *86*

HILLER, CH., Beitrag zur Dupligrammetrie, Feingerätetechn. **4**, 265 (1955). *215*

HOCK, F., Interferenzmessung kleinster Winkeländerungen an leichten Systemen, Ztschr. f. Instrumentenkde. **65**, 35 (1957). *30*

HODAM, F., Über die Möglichkeit der Anwendung der Schwärzungsplastik bei der Beurteilung der Leistungen von Objektiven, Optik **15**, 153 (1958). *234*

HODAM, F., Die Schwärzungsplastik als meßtechnisches Hilfsmittel, Feingerätetechn. **8**, 511 (1959). *137*

HODAM, F., Über das Verhalten photographischer Materialien bei der Wiedergabe kleiner isolierter Details. Optik **17**, 521 (1960). *234*

HODAM, F. und LAU, E., Über neue Testobjekte und ihre Auswertung bei der Leistungsprüfung photographischer Objektive nach dem Schwärzungsplastikverfahren. Optik **15**, 614 (1958). *234*

HODAM, F., siehe auch LAU, E. und HODAM, F.

HOLDEN, J., The shape of reflected interference fringes from interferometers coated with thin metal films, Journ. opt. Soc. Amer. **41**, 504 (1951). *42, 43, 89*

HOLEČEK, K., Über ein interferentielles Verfahren zur Bestimmung der Formfehler an Bohrungen und Innenkegeln, Werkstattstechn. und Werksleiter **36**, 481 (1942). *151*

HOLLENDER., A., siehe MELLORS, R. C., KUPFER, A. und HOLLENDER, A.

HOOKE, R., Micrographia: or some physiological description of minute bodies made by magnifying glasses. With observations and inquiries thereupon, London 1665. *83*

HORN, W., Interferenz-Mikroskop, DBP 836 261, Kl. 42 h, Gr 34^{11}, ausgeg. 10. 4. 1952a. *78*

HORN, W., Interferenzmikroskop, DBP 843 611, Kl 42h, Gr. 34^{11}, ausgeg. 10. 7. 1952b. *80*

HORN, W., Interferometer, DBP 899 282, Kl 42h, Gr. 34^{11}, ausgeg. 10. 12. 1953. *30*

HORN, W., Interferenzmikroskop, DBP 904 703, Kl 42h, Gr. 34^{11}, ausgeg. 22. 2. 1954. *79, 80*

HORN, W., Interferometrie, in: Jahrbuch für Optik und Feinmechanik 1956, Wetzlar, 1956, S. O VI—32. *40*

HORN, W., Mikro-Interferenz, in: Jahrbuch für Optik und Feinmechanik 1957, Wetzlar, S. O VI—59. *13, 41*

HORN, W., Mikro-Interferenz II, in: Jahrbuch für Optik und Feinmechanik 1958, Wetzlar, S. O VI—85. *13, 41, 71, 72, 132, 156*

HORN, W., Mikro-Interferenz III, in: Jahrbuch für Optik und Feinmechanik 1959a, Wetzlar, S. O VI—107. *13, 41, 80, 121*

HORN, W., Mikro-Interferenz IV, in: Jahrbuch für Optik und Feinmechanik 1959b, Wetzlar, S. O VI—117. *13, 41, 77*

HUMPHREYS-OWEN, S. P. F., Crystal growth from solution, Proc. Roy. Soc. **A 197**, 218 (1949). *86*

HUND, F., Einführung in die theoretische Physik, Band **III**, Leipzig 1947. *258*

HUXLEY, A. F., Applications of an interference microscope, Journ. Physiol. **117,** 52 P (1952). *108*

HUXLEY, A. F., A high-power interference microscope, Journ. Physiol. **125,** 11 P (1954). *108, 109*

HUXLEY, A. F., Das Interferenz-Mikroskop und seine Anwendung in der biologischen Forschung, Naturwiss. **44,** 189 (1957). *108, 109*

v. IGNATOWSKY, W., Влияние формы и положения источника света ири измерениях интерференц-компаратором КЕСТЕРСА (Einfluß der Form und der Lage der Lichtquelle bei den Messungen mit dem Interferenz-Komparator nach KÖSTERS), Moskau 1935. *274, 280*

INGELSTAM, E., An optical uncertainty principle and its application to the amount of information obtainable from multiple-beam interferences, Arkiv f. Fysik **7,** 309 (1953). *73, 223*

INGELSTAM, E., Some quantitative measurements of path difference and gradients by means of phase contrast and new interferometric devices, Journ. opt. Soc. Amer. **47,** 536 (1957a). *106*

INGELSTAM, E., Some considerations concerning the merits of interference microscopes, Exp. Cell Res., Suppl. **4,** 150 (1957b). *20, 277*

INGELSTAM, E., Problems related to the accurate interpretation of microinterferograms, Symposium on Interferometry Teddington 1959, paper 3—2. *223, 273*

INGELSTAM, E. und JOHANSSON, L. P., Correction due to aperture in transmission interference microscopes, Journ. scient. Instr. **35,** 15 (1958). *73, 277*

INGELSTAM, E., siehe auch BRYNGDAHL, O. und INGELSTAM, E.

INGELSTAM, E., siehe auch EDENHOLM, B. und INGELSTAM, E.

INGELSTAM, E., siehe auch HALLÉN, O. und INGELSTAM, E.

JAFFE, J. H. und JAFFE, H., Measurement of thickness of infrared absorption cells, Journ. opt. Soc. Amer. **40,** 53 (1950). *30*

JENTZSCH, F., Grenzen der Mikroskopie, Ztschr. f. wiss. Mikrosk. **47,** 145 (1930). *31*

JENTZSCH, F., Abbildungslehre, wellenoptische, in: Handwörterbuch der Naturwissenschaften Bd. **1,** 2. Aufl., Jena 1931, S. 20. *31*

JOHANSSON, L. P., An interference microscope for rapid measurements of optical thickness in technical and biological objects, Exp. Cell Res., Suppl. **4,** 158 (1957). *106*

JOHANSSON, L. P. und AFZELIUS, B. M., Microscopical measurements of optical path-difference by means of coloured birefringent interferences and a new compensation method, Nature **178,** 137 (1956). *106*

JOHANSSON, L. P., siehe auch INGELSTAM, E. und JOHANSSON, L. P.

JONES, R. C., On reversibility and irreversibility in optics, Journ. opt. Soc. Amer. **43,** 138 (1953). *36*

JUPNIK, H., siehe BENNETT, A. H., JUPNIK, H., OSTERBERG, H. und RICHARDS, O. W.

KAHL, G. D. und BENNETT, F. D., Experimental verification of source size theory for the MACH-ZEHNDER Interferometer, Journ. appl. phys. **23,** 763 (1952). *241*

KANAYA, K. und KAWAKATSU, H., Electron phase microscope, Vortrag auf dem 4. Internat. Kongreß für Elektronenmikroskopie, Berlin-Dahlem, 10.—17. 9. 1958. *136*

KASTLER, A., Un dispositif de contraste de phase réalisé en 1868: l'interféromètre à polarisation de JAMIN, Journ. Phys. Rad. (8) **11,** 38 S (1950). *20*

KAWAKATSU, H., siehe KANAYA, K. und KAWAKATSU, H.

KELLER, M., siehe MÖLLENSTEDT, G. und KELLER, M.

KIND, E.-G. und SCHULZ, G., Abbildung von Interferenzerscheinungen und Abbildungsfehler, Optik **16,** 2 (1959). *223, 242*

KIND, E.-G., siehe auch LAU, E., KIND, E.-G. und ROOSE, G.

KINDER, W., Ein Mikro-Interferometer nach W. LINNIK, Zeiss Nachr. **2,** 91 (1937a). *33, 55, 58, 139, 164*

KINDER, W., Anwendung des Mikro-Interferometers nach W. LINNIK zur Bestimmung der Gestalt einzelner Erythrozyten., Zeiss Nachr. **2**, 100 (1937b). *33, 47, 52, 65*

KINDER, W., Theorie des MACH-ZEHNDER-Interferometers und Beschreibung eines Gerätes mit Einspiegeleinstellung, Optik **1**, 413 (1946). *272*

KINDER, W., siehe auch HANSEN, G. und KINDER, W.

KIRCHNER, A., Ein neues Interferenzmikroskop, Monatsschr. f. Feinmech. u. Optik **73**, 174 (1956). *90*

KLINGELNBERG, Technisches Hilfsbuch S. 333, Berlin-Göttingen-Heidelberg 1953. *195*

KOHAUT, A., Messen und Prüfen technischer Oberflächen, Feinmech. u. Präzision **52**, 57 (1944). *59*

KOHAUT, A., Das Interferenzmikroskop, ein vielseitiges Meßgerät, Ztschr. f. angew. Phys. **1**, 165 (1948). *59*

KOHAUT, A., Zur Praxis der Oberflächenprüfung mit dem Interferenzmikroskop, Werkstatt u. Betrieb **86**, 725 (1953). *46, 59, 62*

KOHAUT, A., Die Feingestalt bearbeiteter Flächen und ihre Interferenzbilder, Feinwerktechn. **58**, 315 (1954). *46, 62, 203*

KOHAUT, A., Oberflächenprüfung mit Lichtinterferenzen, Industrie-Anzeiger (Essen) Nr. 92, 16. Nov. 1956, S. 15. *62*

KOHAUT, A., Genauigkeitsfragen in der technischen Interferenzmikroskopie, Werkstatt u. Betrieb **90**, 25 (1957). *223*

KÖHLER, A. und LOOS, W., Das Phasenkontrastverfahren und seine Anwendungen in der Mikroskopie, Naturwiss. **29**, 49 (1941). *19, 180, Tab. I*

KOLOMIJCOV, JU. V., Микропрофилометр для контроля чистоты наружных и внутренних поверхностей (Mikroprofilmesser zur Prüfung der Güte von Außen- und Innenflächen), Izmeritelnaja technika 1956a, Heft. 3, S. 30. *130*

KOLOMIJCOV, JU. V., Бесконтактны оптический профилометр (Ein kontaktloses optisches Profilometer), Izmeritelnaja technika 1956b, Heft 1, S. 56. *130*

KOLOMIJCOV, JU. V., Новые интерференционные методы измерения и контроля (Neue interferentielle Meß- und Kontrollmethoden), Acta Imeko 1958 (Berichte der Internat. Meßtechn. Konferenz), Budapest 1959, Bd. I, S. 187. *137*

KONRAD, F., Interferometrischer Vergleich von Oberflächen, Anzeiger der mathem.-naturwiss. Klasse der Österr. Akad. d. Wissensch. 1957a, Nr. 7, S. 124. *51*

KONRAD, F., Mikroskopischer interferometrischer Vergleich von Oberflächen, Phys. Verh. **8**, 254 (1957b). *51*

KORTUM, H., siehe BECKER, D., DORNHEIM, G., KORTUM, H. und SÖLDNER, F.

KREUSLER, H., Optischer Dickenmesser (Interferenzmikrometer), Ztschr. f. techn. Phys. **13**, 241 (1932). *30*

KRUG, W., Bessere Wiedergabe der Oberflächenstruktur durch Zweistrahl- als durch Mehrstrahlinterferenzen, Feingerätetechn. **4**, 167 (1955). *223, 225*

KRUG, W., Mehrstrahlinterferenzen und Äquidensiten, Optik **13**, 25 (1956). *223, 225*

KRUG, W., Neuere Ergebnisse der photogr. Äquidensitometrie, Optik **15**, 616 (1958). *212*

KRUG, W., Äquidensitometrie I, II, ATM, V—434—8/9 (1959a). *211*

KRUG, W., Überblick über die äquidensometrischen Verfahren, Optik **16**, 621 (1959b). *211*

KRUG, W. und LAU, E., Ein Interferenzmikroskop für Durch- und Auflichtbeobachtungen, Ann. d. Phys. (6) **8**, 329 (1951a). *48, 51, 67, 141, 157, 185, 204*

KRUG, W. und LAU, E., Neue Verfahren der Interferenzmikroskopie, Die Technik **6**, 122 (1951b). *48, 51, 67, 72, 141, 156, 157, 161, 162, 185, 204*

KRUG, W. und LAU, E., Interferenzmikroskop, DWP 8323, Kl 42 h, Gr. 38, vom 31. 3. 1951c. *67, 140, 157, 162*

KRUG, W. und LAU, E., Die Äquidensitometrie, ein neues Meßverfahren für Wissenschaft und Technik, Feingerätetechn. **1**, 391 (1952). *211*

KRUG, W. und LAU, E., Informationsgehalt von Zweistrahl- und Mehrstrahlinterferenzen, Feingerätetechn. **7**, 99 (1958). *223*

KRUG, W. und SCHUSTA, J., Elektronische Äquidensitenherstellung I, II, Optik **15**, 145 und 550 (1958). *211*

KRUG, W., siehe auch LAU, E. und KRUG, W.

KUPFER, A., siehe MELLORS, R. C., KUPFER, A. und HOLLENDER, A.

LANDOLT-BÖRNSTEIN, Phys.-Chem. Tabellen, 5. Aufl., **3.** Erg.-Bd., 2. Teil, Berlin 1935, S. 1509. *193*

LANDWEHR, R., Ein neues Interferenzgerät zur Untersuchung der Gestalt von Flächen und Platten und zur Verwendung als Interferenzkomparator, Ztschr. f. Instrumentenkde. **62**, 73 (1942). *45*

LANDWEHR, R., Formprüfung mit Mikrointerferenzen. Ein neues Oberflächeninterferometer, Ztschr. f. angew. Phys. **4**, 377 (1952). *45, 51, 141, 181*

LANDWEHR, R., Die Genauigkeitsgrenze interferometrischer Längenmessungen (am Beispiel der Endmaßmessung), Ztschr. f. angew. Phys. **8**, 561 (1956). *280*

LANDWEHR, R., Zur Steigerung der Genauigkeit mikrointerferometrischer Untersuchungen und zur Frage einer Interferenz-Sphärometrie, Ztschr. f. Instrumentenkde. **66**, 134 (1958). *194, 198, 223, 277, 284*

LANDWEHR, R., Lage und Sichtbarkeit von Keilinterferenzen bei instrumenteller Beobachtung (Beitrag zur Kohärenztheorie eines unsymmetrischen Interferenzfalles), Optica Acta **6**, 52 (1959a). *261, 286*

LANDWEHR, R., Mikrointerferenz als Hilfsmittel zur Prüfung der Form asphärischer Flächen, Ann. d. Phys. (7) **4**, 154 (1959b). *184*

LANGENDORFF, G., Die Kontrolle, Wächterin der Qualität, Microtecnic **7**, 343 (1953). *53*

LAU, E., Anwendung der Äquidensiten bei Mehrstrahlinterferenzen, Feingerätetechn. **2**, 497 (1953),. *211, 226*

LAU, E., Die Dupligramm-Methode, in: Arbeitstagung Optik vom 26. bis 27. März 1954 in Jena, Berlin 1954a, S. 8. *215*

LAU, E., Über die Anwendung des Dupligrammverfahrens zur Prüfung und Messung sphärischer Flächen, Feingerätetechn. **3**, 431 (1954b). *215*

LAU, E., Die Dupligramm-Methode zur Auswertung von Interferogrammen, Optik **12**, 23 (1955). *215*

LAU, E., Die Schwärzungsplastik und ihre Anwendungen, II. Internat. Kolloquium an der Hochschule für Elektrotechnik Ilmenau 1957, S. 46. *234*

LAU, E., Photometry of photographic plates by means of blackening relief interference microscopy, Month. Techn. Rev. **2**, 118 (1958). *234*

LAU, E. und HODAM, F., Mannigfaltigkeit der Probleme der Gebrauchsleistung von Objektiven, Optik **16**, 586 (1959). *234*

LAU, E., KIND, E.-G. und ROOSE, G., Die Schwärzungsplastik als Mittel zur photographischen Photometrie, Optik **15**, 162 (1958). *231*

LAU, E. und KRUG, W., Die Äquidensitometrie. Grundlagen, Verfahren und Anwendungsgebiete, Berlin 1957. *188, 211, 212, 224, 231*

LAU, E. und KRUG, W., Äquidensitometrie, Phys. Blätter **15**, 11 (1959). *211*

LAU, E., RIENITZ, J. und ROOSE, G., Die Intensitätsverteilung von Zweistrahlinterferenzen und die Äquidensiten, Feingerätetechn. **2**, 101 (1953). *220, 259*

LAU, E., siehe auch BAUER, W. und LAU, E.

LAU, E., siehe auch HODAM, F. und LAU, E.

LAU, E., siehe auch KRUG, W. und LAU, E.

v. LAUE, M., Interferenz und Beugung elektromagnetischer Wellen (mit Ausnahme der Röntgenstrahlen), in: WIEN, W. und HARMS, F., Handbuch der Experimentalphysik, Band **18**, Leipzig 1928, S. 211. *279*

LEBEDEFF, A.-A., L'interféromètre à polarisation et ses applications, Rev. d'Opt. **9**, 385 (1930). *101*

LEHMANN, R., Leitfaden der Längenmeßtechnik, Berlin 1960. *138*

LEHMANN, R., siehe auch WIEMER, A. und LEHMANN, R.

LEINERT, L., Ein einfaches Interferenzgerät zum Messen hochwertiger Oberflächen, Werkstattstechn./Der Betrieb 37/22, 279 (1943). *45*

LENK, H., siehe GERHARDT, U. und LENK, H.

LENOUVEL, L. und LENOUVEL, F., Etude des faisceaux convergents, Rev. d'Opt. **17,** 350 (1938). *99*

LEUTWEIN, F., Der Universaldrehtisch nach FEDOROW, Bergakademie (Freiberg) **7,** 236 (1955). *102*

LINDBERG, P. J., Corrections of interference thickness measurements of thin films on account of boundary reflections, Opt. Acta **4,** 59 (1957). *90*

LINNIK, W., Ein Apparat für mikroskopisch-interferometrische Untersuchung reflektierender Objekte (Mikrointerferometer), C. R. Acad. Sci. URSS, Nouv. Sér. (1933), S. 21. *33, 54, 129*

LINNIK, W., Mikrointerferometer, Optiko-mechanitscheskaja promyschlennestj (Optisch-mechanische Industrie) **8** (1938), Nr. 6, S. 9. *33, 45, 48, 54*

LIPPERT, E., Großes Interferenzmikroskop aus Jena, Jenaer Rundschau **4,** 27 (1959). *90*

LOCHTE-HOLTGREVEN, W., siehe ULLRICH, R. und LOCHTE-HOLTGREVEN, W.

LOCQUIN, M., Dispositifs interférentiels en microscopie, Microscopie, Bull. et Mém. **1,** B 28 (1948/49). *84*

LOCQUIN, M., Contraste de phase à filtres interférentiels, in: M. FRANÇON (Herausgeber) Contraste de phase et contraste par interférences, Paris 1952, S. 114. *134*

LOCQUIN, M., Premiers essais de contraste de phase en microscopie électronique, Ztschr. f. wiss. Mikrosk. **62,** 220 (1955). *136*

LOCQUIN, M., Dispositif modulateur de phase et d'amplitude permettant la réalisation d'un contraste de phase sans plaque de phase matérielle, C. R. Acad. Sci. **243,** 901 (1956 a). *25*

LOCQUIN, M., Contraste de phase et contraste interchromatique, nouvelles méthodes d'observation en microscopie électronique, C. R. Acad. Sci. **242,** 1713 (1956 b). *136*

LOHMANN, A., Neue Methoden zur Messung absoluter Phasendifferenzen bei Lichtwellen, Diss. Hamburg 1953. *15, 25, 37, 99, 108, 132, 133*

LOHMANN, A., Ein neues Dualitätsprinzip in der Optik, Optik **11,** 478 (1954). *15, 25, 99, 108, 132, 133*

LOHMANN, A., siehe auch BLANKE, W. und LOHMANN, A.

LOMMEL, E., Die Beugungserscheinungen einer kreisrunden Öffnung und eines kreisrunden Schirmchens, Abh. d. math.-phys. Cl. d. kgl. Bayr. Akad. d. Wiss. **15,** 229 (1886). *261*

LOMMER, W. H. und PRATT, P. L., The opaque-stop microscope as a means of studying surface relief, Journ. Inst. of Metals **80,** 409 (1951/52). *27, Tab. I*

LOOS, W., siehe KÖHLER, A. und LOOS, W.

LÖWE, F., Interferenz-Meßgeräte und -Verfahren für technische, chemische und klinische Laboratorien, Berlin 1954. *38*

LUMMER, O., Die Lehre von der strahlenden Energie (Optik), in: MÜLLER-POUILLETS Lehrbuch der Physik, Band **2,** 10. Aufl. Braunschweig 1907. *237*

LUMMER, O., Interferenz des Lichts, in: MÜLLER-POUILLETS Lehrbuch der Physik, Band **2,** Tl. 1, 11. Aufl. Braunschweig 1926. *19*

LÜSCHER, H., Neuzeitliche optische und optisch-mechanische Geräte zur Oberflächenprüfung, Werkst. u. Betr. **84,** 437 (1951). *30, 48*

MAHL, H. und GÖLZ, E., Elektronenmikroskopie, Leipzig 1951. *136, 203*

MARCELIN, A., Solutions superficielles; fluides à deux dimensions et stratifications monomoléculaires, Paris 1931. *83*

MARÉCHAL, A. und NAUDIN, F., Une expérience sur l'effet de bord, Rev. d'Opt. **30,** 65 (1951). *32, 72, 145*

MARINELLI, S., siehe BLAHA, F., GABLER, F. und MARINELLI, S.

MARTIN, R., Messung von Schwingungsamplituden mit interferometrischen Methoden, ATM-Blatt V 57—3 (Nov. 1959). *31*

MARTON, L., Journ. appl. Phys. **19**, 863 (1948). *136*

MARX, TH. und DIEHL, F., Die Anwendung des Phasenkontrast-Verfahrens in der Oberflächenmikroskopie, Naturwiss. **35**, 91 (1948). *206*

MAYER, H., Physik dünner Schichten, I. Herstellung, Dickenmessung und optische Eigenschaften, Stuttgart 1950. *35*

McLEAN, D., Phase contrast microscopy in the study of metal surfaces, Metal Treatment and Drop Forging **18**, 51 (1951). *13*

MEIER, B., Ein werkstattgerechtes Interferenzmikroskop nach dem Vielstrahlverfahren, Feingerätetechn. **6**, 197 (1957). *90*

MELLORS, R. C., KUPFER, A. und HOLLENDER, A., Quantitative cytology and cytopathology, Cancer **6**, 372 (1953). *86*

MENZEL, E., Erhöhter Bildkontrast bei ausgedehnten Objekten, Optik **5**, 385 (1949). *28*

MENZEL, E., Phasenkontrast-Verfahren, Ztschr. f. angew. Phys. **3**, 308 (1951a). *16, 20, 26, Tab. I*

MENZEL, E., Mehrfacher mikroskopischer Lichtschnitt, Naturwiss. **38**, 332 (1951b). *29*

MENZEL, E., Die Abbildung außerhalb der Einstellebene, Optik **8**, 295 (1951c). *Tab. I*

MENZEL, E., Dickenmessung mikroskopischer Objekte mit Dreistrahl-Interferenzen, Naturwiss. **39**, 398 (1952). *131*

MENZEL, E., Phasenkontrast-Verfahren, in: E. BRÜCHE, G. SCHUBERT und L. WALDMANN (Herausgeber), Physikertagung Wiesbaden (1955), Mosbach 1956, S. 138. *20, 129, 226, 228, Tab. I*

MENZEL, E., Phasenkontrast-Verfahren, in: H. FREUND (Herausgeber), Handbuch der Mikroskopie in der Technik, Band **I**, Teil 1, Frankfurt (Main) 1957a, S. 319. *16, 26., Tab.I*

MENZEL, E., Dickenmessung mikroskopischer Objekte mit Dreispalt- und Zweispalt-Interferenzen (Sondenverfahren), Optik **14**, 151 (1957b). *34, 131*

MENZEL, E., Die Darstellung verschiedener Phasenkontrast-Verfahren in der optischen Übertragungstheorie, Optik **15**, 460 (1958a). *16, 20*

MENZEL, E., Optische Verfahren der Dickenmessung, ATM-Blätter V 1124-7 (Okt. 1958b), V 1124-8 (Juni 1959a), V 1124-9 (Sept. 1959b). *226*

MENZEL, E. und SCHMIDT, K., Dickenmessung an Objekten geringer lateraler Ausdehnung mit Dreistrahlinterferenzen, Ztschr. f. angew. Phys. **6**, 409 (1954). *131*

MERTON, SIR TH., On a method of increasing contrast in microscopy, Proc. Roy. Soc. **A 189**, 309 (1947a). *84, 86, 87*

MERTON, SIR TH., On interference microscopy, Proc. Roy. Soc. **A 191**, 1 (1947b). *87*

MERTON, SIR TH., Brit. Pat. 620, 796, Group XX, Class 97 (i), 22. 1. 1947c. *86, 87*

MEYER-ARENDT, Novel system for obtaining variable phase contrast, Journ. opt. Soc. Amer. **50**, 163 (1960). *137*

MICHEL, K., Die Grundlagen der Theorie des Mikroskops, Stuttgart 1950. *16, Tab. I*

MICHEL, K., Phasenkontrast, in: Jahrbuch für Optik und Feinmechanik 1955, Wetzlar, S. O VI—7. *16, Tab. I*

MICHEL, K., Die Mikrophotographie, Wien 1957. *16, 24, Tab. I*

MICHEL, P., A report on recent research in electrolytic polishing. V. The microstructure of electrolytically polished surfaces, Sheet Metal Industr. **27**, 165 (1950). *33*

MICHELSON, A. A., Light waves and their uses, Chikago 1903. *31, 59*

MINKWITZ, G. siehe SCHULZ, G. und MINKWITZ, G.

MIRAU, A., Méthodes et appareils français de mesure du fini des surfaces, Rev. Universelle des Mines (9) **11**, 461 (1955). *53*

MITSCHE, R., siehe GABLER, F. und MITSCHE, R.

MOHR, TH. und ZORLL, U., Interferenzanordnungen zur Bestimmung dünner Schichten und Ritzprofile, Wiss. Ztschr. Martin-Luther-Univ. Halle-Wittenbg. **2**, 619 (1952/53), mathem.-naturwiss. Reihe Nr. 5. *89*

MÖLLENSTEDT, G. und BUHL, R., Ein Elektronen-Interferenzmikroskop, Phys. Blätter **13**, 357 (1957). *136*

MÖLLENSTEDT, G. und DÜKER, H., FRESNELscher Interferenzversuch mit einem Biprisma für Elektronenwellen, Naturwiss. **42,** 41 (1955). *136*

MÖLLENSTEDT, G. und DÜKER, H.,Beobachtungen und Messungen an Biprisma-Interferenzen mit Elektronenwellen, Ztschr. f. Phys. **145,** 377 (1956). *136*

MÖLLENSTEDT, G. und KELLER, M., Elektroneninterferometrische Messung des inneren Potentials, Ztschr. f. Phys. **148,** 34 (1957). *136*

MÖNCH, G. C., BÖTTGER, O. und ZORLL, U., Längenmessung und Brechzahlbestimmung mit Lichtinterferenzen, Leipzig 1954. *72, 184, 211*

MORROW, J. und WATKIN, E. L., An interference apparatus for the calibration of extensometers, Journ. Roy. micr. Soc. (1905) S. 565. *30*

MYKURA, H., Interference microscopy at high wedge angles, Proc. Phys. Soc. **B 67,** 281 (1954). *32, 145, 194, 223, 271, 284*

NAUDIN, F., siehe MARÉCHAL, A. und NAUDIN, F.

NEUGEBAUER, E., Messung und Sichtbarmachung von mikroskopischen Phasenobjekten mit Hilfe eines einfachen „Polarisations-Interferenz-Mikroskopes", Vortrag auf der Jahrestagung des Verbandes Deutscher Physikalischer Gesellschaften in Wiesbaden vom 22. bis 28. 9. 1955. *104*

NN., Die mikroskopische Bestimmung der Lage einer spiegelnden Fläche durch „optischen Kontakt", Central-Zeitung für Optik und Mechanik **26,** 242 (1905). *29*

NN., Dispositif interférentiel pour la vérification des montures de microscopes et de leurs mouvements micrométriques, Rev. d'Opt. **1,** 467 (1922). *30*

NN., Interference-band inspection of surface finish, Engineering **157,** 205 (1944). *45*

NN., Optical surface finish meter, Journ. scient. Instr. **22,** 155 (1945). *44*

NN., MICHELSON-Interferometer, Rev. scient. Instr. **21,** 820 (1950). *29*

NN., The BURCH reflecting microscope, The Microscope **8,** 242 (1952). *29*

NN., Ein neues leistungsfähiges Multipel-Interferenzmikroskop, Feinwerktechn. **57,** 60 (1953a). *90*

NN., CEJ-Multipel-Interferenzmikroskop „Multimi", Microtecnic **7,** 156 (1953b). *90*

NN., Nuclear scattering microscope, Rev. scient. Instr. **25,** 1142/42 (1954a). *30*

NN., Surface-topography analysis with the VICKERS projection microscope, Machinery **84,** 752 (1954b). *44*

NN., Interference microscopes, Rev. scient. Instr. **25,** 1047 (1954c). *45*

NN., Vielstrahlinterferenz-Mikroskop, Feinwerktechn. **59,** 288 (1955). *90*

NN., BAKER interference microscope for inspecting surface finish, Machinery **91,** 1196 (1957). *49, 53*

NN., Précision Mécanique Labinal rugometers for measuring surface finish, Machinery **94,** 18 (1959). *53*

NOMARSKI, G., Dispositif oculaire à contraste de phase pour microscope, Journ. Phys. Rad. (8) **11,** 9 S (1950). *23*

NOMARSKI, G., Utilisation simultanée des interférences à ondes multiples et du contraste de phase dans l'étude des objets transparents et réfléchissants appartenant à la classe „objets de phase", in: M. FRANÇON (Herausgeber), Le contraste de phase et le contraste par interférences, Paris 1952a, S. 65. *16, 90, 133*

NOMARSKI, G., Dispositif interférentiel à ondes multiples pour l'étude des surfaces matérielles ou des surfaces d'ondes, Franz. Pat. 1.056.361, eingereicht am 3. 3. 1952b. *100*

NOMARSKI, G., Interféromètre à polarisation, Franz. Pat. 1.059.123, eingereicht am 14. 5. 1952c. *108*

NOMARSKI, G., Microinterféromètre différentiel à ondes polarisées, Journ. Phys. Rad. (8) **16,** 9 S (1955a). *33, 108, 109*

NOMARSKI, G., Microscopie dans l'infrarouge, Rev. d'Opt. **24,** 29 (1955b). *136, 202*

NOMARSKI, G., Théorie des interféromètres normaux à référence ponctuelle, Vortrag auf der Tagung der Deutschen Gesellschaft für Angewandte Optik vom 7.—11. 6. 1960 in Karlsruhe. *137*

NOMARSKI, G. und WEILL., A. R., Sur l'observation des figures de croissance des cristaux par les méthodes interférentielles à deux ondes, Bull. Soc. franç. Minér. Crist. 77, 840 (1954). *137*

NOMARSKI, G. und WEILL, A. R., Application à la métallographie des méthodes interférentielles à deux ondes polarisées, Rev. de Métallurgie **50,** 121 (1955). *99, 108, 109*

OETTLÉ, A. G., Experiments with a variable amplitude and phase microscope, Journ. Roy. Micr. Soc. **70,** 232 (1950a). *Tab. I*

OETTLÉ, A. G., „Optical membranes": a common artefact, Journ. Roy. Micr. Soc. **70,** 255 (1950b). *28*

OMAR, M., siehe TOLANSKY, S. und OMAR, M.

OSTERBERG, H., Phase and interference microscopy, in: G. OSTER und A. W. POLLISTER (Herausgeber), Physical techniques in biological research, Band **1,** New York 1955, S. 378. *13, 89, 90, 130*

OSTERBERG, H., siehe auch BENNETT, A. H., JUPNIK, H., OSTERBERG, H. und RICHARDS, O. W.

PAASCHE, P., Über eine optische Interferenzmethode zur Untersuchung von Membranen, Ztschr. f. techn. Phys. **9,** 411 (1928). *30*

PARIS, D., Wellenlängenunabhängiger Amplitudenausgleich zum Dreispaltinterferometer, Ztschr. f. Phys. **141,** 507 (1955). *131*

PAYNE, B. O., A re-imaging attachment for use in phase-contrast microscopy, in: M. FRANÇON (Herausgeber), Contraste de phase et contraste par interférences, Paris 1952a, S. 130. *23*

PAYNE, B. O., Phase-contrast equipment for use with the COOKE ultraviolet microscope, in: M. FRANÇON (Herausgeber), Contraste de phase et contraste par interférences, Paris 1952b, S. 124. *136*

PAYNE, B. O., Microscope design and construction, York (England) 1954. *18, 20, 69, 72, 86*

PERRY, J. W., Surface micro-interferometry, Research **8,** 255 (1955); auch in: A. E. J. VICKERS (Herausgeber), Modern methods of microscopy, London 1956, S. 52. *59, 64*

PFENDE, E., Sichtbarmachung der Knotenlinien und Messung der Amplituden an schwingenden Metallplatten mit Hilfe des Interferenzmikroskops, Ztschr. f. angew. Phys. **11,** 464 (1959). *31*

PHILPOT, J. ST. L., Microscopes, Brit. Pat. 645 464 vom 7. 6. 1948. *20, 71, 116, 119, 120, 127, 128*

PHILPOT, J. ST. L., Some new forms of interference microscope, in: M. FRANÇON (Herausgeber), Contraste de phase et contraste par interférences, Paris 1952, S. 42. *20, 40, 119, 121, 123, 129*

POHL, R. W., Einführung in die Optik, 7. und 8. Auflage, Berlin, Göttingen und Heidelberg 1948. *242, 246*

PRATT, P. L. und PUGH, S. F., Twin accomodation in zinc, Journ. Inst. of Metals **80,** 653 (1951/52). *27, Tab. I*

PRATT, P. L., siehe auch LOMMER, W. M. und PRATT, P. L.

Précision Mécanique, Interferometers, Brit. Patent 681 391, Class 97 (i), 30. 3. 1949. *52, 137*

PRESTON, J. S., siehe BARRELL, H. und PRESTON, J. S.

PRINGSHEIM, E., Über ein Interferenzmikroskop nach SIRKS, Verh. phys. Ges. (Berlin) **17,** 152 (1898). *66*

PRINGSHEIM, E., Berichtigung, Verh. d. Dtsch. Phys. Ges. zu Berlin **1,** 104 (1899). *66*

PUGH, S. F., siehe PRATT, P. L. und PUGH, S. F.

QUINCKE, G., Optische Experimentaluntersuchungen. VI. Über NEWTONsche Farbenringe und totale Reflexion des Lichtes bei Metallen, Ann. d. Phys. u. Chem. (POGGENDORFFS Ann.) (5) **9,** 177 (1866). *31*

RADICKE, K., siehe SCHULZ, H. und RADICKE, K.

RAMAN, C. V. und DATTA, S. K., On BREWSTER's Bands, Part I, Trans. opt. Soc. **27**, 51 (1925/26). *216*

RANG, O., Elektronen-Interferometrie, Phys. Blätter **10**, 452 (1954). *136*

RÄNTSCH, K., Oberflächenprüfung mit Lichtinterferenz, Feinmech. u. Präzis. **52**, Heft 7/12 (1944). *56, 58, 195*

RÄNTSCH, K., Optische Verfahren zur Oberflächenprüfung, Zeiss Nachr. **5**, 189 (1945). *56*

RÄNTSCH, K., Die Optik in der Feinmeßtechnik, München 1949a. *248*

RÄNTSCH, K., Interferenzmikroskop, DBP 848 717, Kl 42h, Gr. 34^{11}, eingereicht 15. 11. 1949b. *91, 266*

RÄNTSCH, K., Grundsätzliches zur Interferenzmikroskopie, Werkstattstechn. u. Maschinenbau **42**, 434 (1952). *41, 58, 210*

RÄNTSCH, K., Interferenzmikroskop, DBP 861 755, Kl 42 h, Gr. 34^{11}, ausgeg. 5. 1. 1953. *57*

RICHARDS, D. A., NEWTON's rings of high visibility, Proc. phys. Soc. **B 67**, 492 (1954). *31*

RICHARDS, O. W., Interference microscopy, Anat. Rec. **103**, 498 (1949). *90*

RICHARDS, O. W., Tridimensional cytohistology, Journ. Biol. Photogr. Assoc. **19**, 7 (1951). *90*

RICHARDS, O. W., siehe BENNETT, A. H., JUPNIK, H., OSTERBERG, H. und RICHARDS, O. W.

RICHARDSON, D. und THACKABERRY, R. B., Micro-interferometer study of diffraction gratings, Journ. opt. Soc. Amer. **38**, 662 (1948). *59*

RIENITZ, J., Über das Winkelspiegelinterferometer und einen neuen Interferenzeffekt. Optik **8**, 561 (1951). *58*

RIENITZ, J., Durchlicht-Interferenzmikroskopie im weißen Licht, Optik **9**, 436 (1952). *32, 145, 167, 183, 284*

RIENITZ, J., Interferenzkontrastmikroskopie im Auflicht mit dem Interferenzmikroskop nach KRUG-LAU, Feingerätetechn. **2**, 161 (1953). *178*

RIENITZ, J., Das Interferenzmikroskop im Durchlicht, in: Arbeitstagung Optik vom 26. bis 27. März 1954 in Jena, Berlin 1954, S. 44. *207, 208*

RIENITZ, J., Ein Verfahren zur Verdoppelung der Meßgenauigkeit, Ermittlung des „stoffeigenen Phasensprungs" und Prüfung der Abdrucktreue in der Auflicht-Interferenzmikroskopie, II. Internat. Kolloquium an der Hochschule für Elektrotechnik Ilmenau 1957, S. 23. *51, 203, 206*

RIENITZ, J., Über den Einfluß der teildurchlässigen Schichten auf den Wirkungsgrad von Zweistrahlinterferometern, Abhandlungen der Dtsch. Akad. d. Wissensch. zu Berlin, Berlin (im Druck a). *35, 37*

RIENITZ, J., Neue Interferenzmikroskope, Monatsberichte der Dtsch. Akad. d. Wissensch. zu Berlin, Berlin (im Druck b). *67, 73*

RIENITZ, J., Neue Interferenzmikroskope, Tagungsbericht „Optik und Spektroskopie aller Wellenlängen" (Jena, 27.—31. 10. 1960), Berlin (im Druck c). *67, 73*

RIENITZ, J. und BENDER A., Justiervorrichtungen für das Auflicht-Interferenzmikroskop nach KRUG-LAU, Feingerätetechn. **7**, 101 (1958). *48, 148, 175*

RIENITZ, J., siehe auch HELMCKE, J.-G. und RIENITZ, J.

RIENITZ, J., siehe auch LAU, E., RIENITZ, J. und ROOSE, G.

ROOSE, G., siehe LAU, E., KIND, E.-G. und ROOSE, G.

ROOSE, G., siehe LAU, E., RIENITZ, J. und ROOSE, G.

ROSENBERG, G. W., Интерференционная микроскопия (Die Interferenzmikroskopie). Uspechi fizičeskich nauk **50**, 271 (1953). *13, 16, 41, 95, 127*

ROUSSEAU, P., Contrôle avec un calibre de miroirs très ouverts. Application de la méthode d'observation normale des franges de NEWTON, Journ. Phys. Rad. (8) **15**, 58 S (1954). *30*

ROUZE, S. R., siehe GRUBE, W. L. und ROUZE, S. R.

RÜHLE, R., Eine einfache Anordnung zur Mikrountersuchung von Oberflächen mit Lichtinterferenz, Ztschr. f. techn. Phys. **24**, 221 (1943). *43, 44, 45, 151, 194, 284*

SACHAREWSKI, A. N., Интерферометры (Interferometrie), Moskau 1952. *63, 129, 130*

SAGNAC, G., Strioscope et striographe interférentiels, Le Radium 8, 241 (1911). *47, 116, 119, 128*
SARKIN, W. I., Интерференционные микроскопы сравнения (Vergleichsinterferenzmikroskope), Izmeritelnaja technika 1955, Heft 3, S. 40. *49*
SAYLOR, CH. P., BRICE, A. T. und ZERNIKE, F., Color phase-contrast microscopy; requirements and applications, Journ. opt. Soc. Amer. **40**, 329 (1950). *134*
SCHAEFER, CL., siehe BERGMANN, L. und SCHAEFER, CL.
SCHALGE, R., Ermittlung von Queraberrationen mit der Dupligramm-Methode, Optik **15**, 138 (1958). *215*
SCHARDIN, H., Das Schlierenmikroskop und seine Anwendung in der Glastechnik, Glastechn. Ber. **27**, 70 (1954). *Tab. I*
SCHARF, M., siehe BØGGILD, J. K. und SCHARF, M.
SCHLEMMERMEIER, R., Geräte und Verfahren der Optik, VDI-Z. **102**, 954 (1960). *64*
SCHMIDT, H., Photographische Photometrie von Sternspektren mit dem Interferenzmikroskop, Veröff. Sternw. Babelsberg XIII, Heft 1, Berlin 1960. *233*
SCHMIDT, H. und ENGELBRECHT, J., Interferenzeinrichtung zur Untersuchung von Sternspektren nach dem Schwärzungsplastikverfahren, Ztschr. f. Instrumentenkde. **66**, 227 (1958). *48, 148, 233*
SCHMIDT, K., Ein einfaches Verfahren zur Bestimmung von größeren Gangunterschieden im Mikroskop, Ztschr. f. angew. Phys. **6**, 414 (1954). *131*
SCHMIDT, K., siehe auch MENZEL, E. und SCHMIDT, K.
SCHMIDT, K. G. und HEIDERMANNS, G., Zur Technik der Staubmikroskopie mit Phasenkontrast und Grenzdunkelfeld, Staub **18**, 236 (1958). *Tab. I*
SCHMIDT, U., Über Objekttreue von Phasenkontrastbildern handelsüblicher Phasenkontrastmikroskope, Ann. d. Phys. (6) **16**, 68 (1955). *28*
SCHÖNROCK, O., Spektrum und Interferenz, in: F. KOHLRAUSCH, Praktische Physik, Band **I**, 19. Aufl. Leipzig und Berlin 1944, S. 345. *267*
SCHORSCH, H., Gütebestimmungen an technischen Oberflächen, Stuttgart 1958. *48, 61, 138*
SCHULZ, G., Zweistrahlinterferenzen: Über Interferenzprinzipien und den Ort der Interferenzerscheinung, Ann. d. Phys. (6) **13**, 421 (1953). *237, 238*
SCHULZ, G., Über Interferenzen gleicher Dicke und Längenmessung mit Lichtwellen, Ann. d. Phys. (6) **14**, 177 (1954a). *164, 223, 247, 255, 274, 277, 285*
SCHULZ, G., Die Aperturfrage beim Interferenzmikroskop, in: Arbeitstagung Optik vom 26. bis 27. März 1954 in Jena, Berlin 1954b, S. 51. *160, 162, 165, 191, 223*
SCHULZ, G., Brechungsindexbestimmung im Interferenzmikroskop am Beispiel des CdS, Naturwiss. **41**, 525 (1954c). *185, 192*
SCHULZ, G., Dickenmessung dünner Objekte im Auflicht-Interferenzmikroskop, Naturwiss. **43**, 31 (1956a). *51, 185*
SCHULZ, G., Interferenzielle Bestimmung von Dicke und räumlicher Gestalt nach dem Zwei-Seiten-Verfahren, Optik **13**, 404 (1956b). *51, 185*
SCHULZ, G., Über Interferenzen gleicher Dicke bei größeren Keilwinkeln und größerer Apertur, Optik **16**, 280 (1959). *194, 223, 271, 278, 280, 284*
SCHULZ, G., Eine Interferenzmikroskop-Schaltung für Absolut-Untersuchungen im Auflicht, Optik **17**, 25 (1960). *51, 201*
SCHULZ, G. und MINKWITZ, G., Die räumliche Intensitätsverteilung der Keilinterferenzen, Ann. d. Phys. (im Druck). *260, 261*
SCHULZ, G. siehe auch Kind, E.-G. und Schulz, G.
SCHULZ, H. u. RADICKE, K., Fremdwörterbuch für die Optik, 1. Aufl. Weimar 1929, 2. Aufl. Vorveröffentlichung in: Monatsschr. f. Feinmech. u. Optik **69** (1952) Heft 2ff. *29*
SCHULZE, R., Lichtmikroskope, VDI-Z. **100**, 1107 (1958). *64*
SCHULZE, R. und BAUMGÄRTEL, H., Interferenzmikroskop, DBP 893 865, Kl. 42h, Gr. 34^{11}, ausgeg. 19. 10. 1953. *57*
SCHUSTA, J., siehe KRUG, W. und SCHUSTA, J.

Schuster, A., On the passage of light through transparent plates, Phil. Mag. **48**, 609 (1924). *216, 219*

Schuster, K., Zur Theorie der Abbildung eines Einzelstreifens nach dem Phasenkontrastverfahren, in: Jenaer Jahrbuch 1951, Jena 1951, S. 22. *28*

Sergent, B., siehe Françon, M. und Sergent, B.

Sethi, N. K., Effect of a retarding plate on white light interferometer fringes, Phys. Rev. **23**, 69 (1924). *175*

Siegbahn, M., Interferometrische Untersuchung von Kristallspaltflächen, Arkiv f. Math., Astr. o. Fys. **23 A**, Nr. 12 (1932/33). *42, 45*

Siegbahn, M.; Tolansky, S., An interferometric procedure for the examination of crystal surfaces, Nature **153**, 435 (1944). *45*

Singer Instrum. Ltd., Microscope interférentiel, Britisches Patent 717 242, 11. Sept. 1951, zitiert nach dem Referat in: Rev. d'Opt. **37**, 111 (1958). *30*

Sirks, J. L., Over een interferentiemicroscoop, Handelingen van het vierde Nederlandsch Natuur- en Geneeskundig Congres, 's Gravenhage 1893, S. 92. *33, 66*

Sitte, P., siehe Bachmann, L. und Sitte, P.

Slevogt, H., Zur geometrischen Optik der Zweistrahl-Interferometer, Optik **11**, 366 (1954). *58, 253*

Smith, F. H., Microscopes, Brit. Pat. 639 014, Class 97(i), Group XX, einger. 5. 8. 1947. *38, 64, 72, 101, 108, 109, 117, 123, 126*

Smith, F. H., Microscopic interferometry, Research **8**, 385 (1955); auch in: A. E. J. Vickers (Herausgeber), Modern methods of microscopy, London 1956, S. 76. *13, 41, 108, 109, 113, 122, 123*

Smithson, F., The application of phase-contrast microscopy to mineralogy and petrology, Mineral. Mag. **28**, 384 (1947/49). *134*

Söldner, F., siehe Becker, D., Dornheim, G., Kortum, H. und Söldner, F.

Soran, V. und Diaconeasa, B., The ultra-anoptral microscope an improvement of Wilska's method, Naturwiss. **44**, 465 (1957a). *134*

Soran, V. und Diaconeasa, B., Microscopul ultra-anoptral, o perfectionare a metodei lui Wilska (Das Ultra-Anoptral-Mikroskop, eine Verbesserung der Methode von Wilska, rumänisch), Comunicarile Acad. R. P. Romîne **7**, 877 (1957b). *134*

Stoves, J. L., Fibre microscopy, its technique and application, London 1957. *45, 84*

Straubel, R., Über Bildgüte, in: Bericht über den VIII. Internationalen Kongreß für Photographie, Dresden 1931, S. 353. *19*

Strohmaier, K., Bemerkungen zur optischen Dickenmessung mit Dreistrahlinterferenzen, Ztschr. f. Phys. **135**, 44 (1953). *131*

Strutt, J. W. (Baron Rayleigh), On achromatic interference bands, Phil. Mag. **28**, 77 u. 189 (1889); abgedruckt in: J. W. Strutt (Baron Rayleigh), Scientific papers, Bd. 3, Cambridge 1902, S. 288. *78*

Sugg, R. E., An interferometer for examining polished surfaces, Mechanical Engineering **75**, 629 (1953). *90*

Taboury, F., siehe Françon, M., Genty, R. und Taboury, F.

Terrien, J., Mesures de longueur par les interférences, Rev. d'Opt. **34**, 498 (1955). *29*

Thackaberry, R. B., siehe Richardson, D. und Thackaberry, R. B.

Thaureaux, J., siehe Fauré-Fremiet, E., Bessis, M. und Thaureaux, J.

Thiéry, J. P., siehe Bessis, M. und Thiéry, J. P.

Thornton, B. S., siehe Bruce, C. F. und Thornton, B. S.

Timms, C., The measurement of finely finished surfaces by optical interference, Journ. scient. Instr. **22**, 245 (1945). *44*

Toepler, A., Über die Methode der Schlierenbeobachtung als mikroskopisches Hilfsmittel, nebst Bemerkungen zur Theorie der schiefen Beleuchtung, Poggendorffs Ann. **127**, 556 (1866); abgedruckt in: A. Toepler, Beobachtungen nach der Schlierenmethode,

OSTWALDS Klassiker der exakten Wissenschaften Nr. **158**, herausgegeben von A. WITTING, Leipzig 1906, S. 3. *24, Tab. I*

TOLANSKY, S., Multiple-beam interferometry of surfaces and films, Oxford 1948. *86, 88, 89, 130, 210, 231*

TOLANSKY, S., Microstructures of diamond surfaces, London 1955a. *86, 88, 89*

TOLANSKY, S., An introduction to interferometry, London, New York, Toronto 1955b. *40*

TOLANSKY, S., Surface microtopography, London 1960. *86, 88, 89*

TOLANSKY, S. und OMAR, M., Thin-film interferometric technique for high-magnification topographical studies, Nature **170,** 81 (1952). *203*

TOLANSKY, S., siehe auch SIEGBAHN, M.; TOLANSKY., S.

TOLMON, F. R., Interferometric measurement of the straightness of plug gauges, Machinery **94,** 275 (1959). *45*

TOLMON, F. R. und WOOD, J. G., Fringe spacing in interference microscopes, Journ. scient. Instr. **33,** 236 (1956). *223, 277*

TRUMPOLD, H., Ein Zweistrahlinterferenzvorsatz für Mikroskope zur Durchführung von Oberflächenprüfungen, Feingerätetechn. **8,** 553 (1959). *49, 151*

TRUMPOLD, H., Ein einfacher Interferenzvorsatz für Mikroskope, Acta Imeko 1958 (Berichte der Internat. Meßtechn. Konferenz), Budapest 1959 b, Bd. I, S. 229. *49*

TSUJIUCHI, J., siehe UKITA, Y. und TSUJIUCHI, J.

TURNER, B. M., A constant-volume, membrane, interferometric microrespirometer, Journ. scient. Instr. **33,** 263 (1956). *30*

TUTTON, A. E. H., A wave-lenght comparator for standards of lenght: An instrument for fine measurement in wave-lenghts of light, Phil. Trans. Roy. Soc. **A 210,** 1 (1911). *29*

TUTTON, A. E. H., A universal interferometer, Proc. Roy. Soc. **A 104,** 47 (1923a). *29*

TUTTON, A. E. H., A wave-lenght torsometer and its use with the universal interferometer, Proc. Roy. Soc. **A 104,** 62 (1923b). *29*

TWYMAN, F., Prism and lens making, 2. Aufl., London 1952. *63*

UHLIG, M., Das Interferenzmikroskop in der Praxis, Zeiss Werkztschr. **6,** 70 (1958). *197*

UKITA, Y. und TSUJIUCHI, J., Interféromètre pour la construction d'un objectif de microscope, Journ. mech. Lab. Japan **11,** 25 (1957), zitiert nach dem Referat in: Rev. d'Opt. **37,** 38 (1958). *29*

ULLRICH, R. und LOCHTE-HOLTGREVEN, W., Über einige Anwendungsmöglichkeiten der Interferometer mit umlaufenden Strahlen, Optik **14,** 481 (1957). *127*

UVERSKIJ, I. T., Интерференционные штриховые меры, шкалы и приборы. (Interferenz-Strichmaße, -Skalen und -Geräte), Izmeritelnaja technika 1956, Heft 2, S. 6. *50*

WATKIN, E. L., siehe MORROW, J. und WATKIN, E. L.

WATSON, G. N., A Treatise on the Theory of Bessel Functions, 2. Aufl. Cambridge 1958. *261*

WATTS, siehe HILGER und WATTS.

WAUGH, D. F., A method for investigating the thickness, chemical properties, and surface structure of thin biological objects, Journ. opt. Soc. Amer. **32,** 495 (1942). *84*

WAWILOW, S. I., Die Mikrostruktur des Lichtes, Berlin 1954. *237*

WEBER, K. und v. FRAGSTEIN, C., Über die Durchlässigkeit von Trägerfolien für den Elektronenstrahl im Übermikroskop, Optik **11,** 511 (1954). *90*

WEILL, A. R., siehe NOMARSKI, G. und WEILL, A. R.

WESTMEYER, H., Über ein Dickenmeßgerät mit einer Dreistrahl-Interferenzanordnung für Objekte unter 1 μ Dicke, Experimentelle Techn. d. Phys. **8,** 18 (1960). *131*

WESTMEYER, H., siehe auch v. ARDENNE, M. und WESTMEYER, H.

WIEMER, A. und LEHMANN, R., Probleme der Prüfung technischer Oberflächen, Wiss. Ann. **5,** 662 (1956). *138*

WIEMER, A. und LEHMANN, R., Prüfen und Messen technischer Oberflächen, Die Technik **12,** 477 (1957). *138*

WILLIAMS, W. E., Applications of interferometry, 4. Aufl. (Nachdruck), London und New York 1954. *40*

WITTEKIND, D., siehe HASELMANN, H. und WITTEKIND, D.

WOLTER, H., Zur Deutung von Beobachtungen mit dem Phasenkontrastverfahren, Naturwiss. **37,** 272 (1950a). *19, 28, 180*

WOLTER, H., Experimentelle und theoretische Untersuchungen zur Abbildung nichtabsorbierender Objekte, Ann. d. Phys. (6) **7,** 33 (1950b). *27, 28, 180, Tab: I*

WOLTER, H., Zur Abbildung zylindrischer Phasenobjekte elliptischen Querschnitts, Ann. d. Phys. (6) **7,** 147 (1950c). *27, 28, Tab. I*

WOLTER, H., Zur Abbildung von Amplituden-, Phasen- und Polarisationsobjekten in einem einzigen farbigen Bilde, Ann. d. Phys. (6) **9,** 57 (1951a). *17, 95, 134*

WOLTER, H., Interferenzgerät zur Umwandlung eines Mikroskops in ein Interferenzmikroskop, Ann. d. Phys. (6) **9,** 65 (1951b). *70*

WOLTER, H., Interferenzgerät, DBP 900 881, Kl. 42 h, Gr. 34^{11}, ausgeg. 4. 1. 1954a. *70, 203*

WOLTER, H., Das Phasenkontrastverfahren und seine Anwendbarkeit auf chemische Untersuchungen, Fortschr. d. chem. Forschg. **3,** H. 1, S. 1 (1954b). *26, 27, Tab. I*

WOLTER, H., Abbildendes Interferometer für Phasen- und Amplitudenmessung, Ztschr. f. Phys. **140,** 565 (1955). *67*

WOLTER, H., Schlieren-, Phasenkontrast- und Lichtschnittverfahren, in: S. FLÜGGE (Herausgeber), Handbuch der Physik, Band **24,** Grundlagen der Optik, Berlin, Göttingen und Heidelberg 1956a, S. 555. *15, 19, 26*

WOLTER, H., Optik dünner Schichten, in: S. FLÜGGE (Herausgeber), Handbuch der Physik, Band **24,** Grundlagen der Optik, Berlin, Göttingen und Heidelberg 1956b, S. 544. *226*

ZEHENDER, E., Ein Interferenzverfahren zur Untersuchung rauher Oberflächen, VDI-Ztschr. **94,** 456 (1952). *45, 203*

ZEHENDER, E., Erfahrungen mit einer neuen Interferenzmethode zur Untersuchung von Oberflächen, Metalloberfläche **A 8,** 49, (1954). *45, 46, 203*

ZEISS, C. (Firma), Einrichtung zur Verdeutlichung optischer Abbildungen, DRP Nr. 636 168, Kl. 42h, Gr. 6^{10}, eingereicht 26. 11. 1932. *Tab. I*

ZERNIKE, F., Beugungstheorie des Schneidenverfahrens und seiner verbesserten Form, der Phasenkontrastmethode, Physica **1,** 689, (1934). *Tab. I*

ZERNIKE, F., Phase contrast, a new method for the microscopic observation of transparent objects, Physica **9,** 686 u. 974 (1942). *19, 27, 28, Tab. I*

ZERNIKE, F., siehe auch SAYLOR, CH. P., BRICE, A. T. und ZERNIKE, F.

ZIEGENSPECK, H. und ZIEGENSPECK, H., Über den Aufbau der Wandungen von Cladophora glomerata im Lichte der verfeinerten Methoden der Lichtmikroskopie, Protoplasma **41,** 15 (1952). *134*

ZORLL, U., Die Genauigkeitsgrenze der Dickenmessung von dünnen Schichten mit dem KÖSTERSschen Interferenzdoppelprisma, Optik **9,** 449 (1952). *211*

ZORLL, U., siehe auch MOHR, TH. und ZORLL, U.

ZORLL, U., siehe auch MÖNCH, G. C., BÖTTGER, O. und ZORLL, U.

ZOTH, O., Versuche über die beugende Struktur der quergestreiften Muskelfasern, Sitzungsber. Akad. Wiss. Wien, Mathem.-Naturwiss. Classe, **99** (Abt. 3), 421 (1890). *22, Tab.I*

VERZEICHNIS DER IN TEIL III VERWENDETEN SYMBOLE

Symbol	Bedeutung	definiert oder erläutert auf Seite
α	Winkel zwischen dem Bild der Auffangebene und der Schärfeebene	275
β	Neigungswinkel der Niveauebenen gegenüber der Schärfeebene	278 f
δ	Winkel	244 f
ε	Einfallswinkel auf der Vergleichsfläche	281
ε_0	Einfallswinkel auf der Vergleichsfläche	281
ϑ	Halber Drehwinkel (Keilwinkel beim einfachen Luftkeil)	240 f, 243, 244, 246, 247
$\varkappa$	Winkel, der (zusammen mit φ) einen Licht-Mittelstrahl festgelegt	249, 256
λ	Wellenlänge	239
$d\varrho$	Sehr kleine räumliche Entfernung $\leqq d\varrho_0$	244
$d\varrho_0$	Sehr kleiner Kugelradius	243, 246
σ	Unschärfezahl	245, 256 f, 284
φ	Winkel zwischen einem Licht-Mittelstrahl und der mittleren Lichtrichtung	249, 256
φ_{max}	Lichtstrom beim Helligkeitsmaximum	285
φ_{min}	Lichtstrom beim Helligkeitsminimum	285
ω	Beobachtungsapertur-Winkel	281 f
Φ	Die Lage der Interferenzstreifen bestimmende Größe	260, 261, 263
Φ'	Winkel	244 f
Φ''	Winkel	244 f
Ω	Von $\mathfrak{A}$ eingeschlossener Raumwinkel	257
$d\Omega$	Raumwinkelelement (von Ω)	257
a	Abstand	254, 255
a_0	Abstand	254 f
b	Zahl $\geqq 1$, die unter anderem vom Amplitudenverhältnis abhängt	258 f
c	Drehachse (Keilkante)	240, 241, 243, 244, 247, 254

Symbol	Bedeutung	definiert oder erläutert auf Seite
$f_{\cos}$	Korrekturfaktor bei Dickenmessungen für cos-förmige Intensitätsverteilung innerhalb $\mathfrak{A}$	282
f_{gl}	Korrekturfaktor bei Dickenmessungen für gleichförmige Intensitätsverteilung innerhalb $\mathfrak{A}$	282
$f_{(33)}$	Korrekturfaktor bei Dickenmessungen nach Gleichung (33)	283
g	Gangunterschied	239
h	Ortskoordinate (zusammen mit p)	249, 256
k	Kreis durch L', L'' und D	245, 246
m	Ordnung (in einem Punkt P, zu einem kohärenten Punktpaar gehörig, als nicht notwendig ganzzahlig definiert)	239
$m_{\varphi=0}$	Ordnung m für $\varphi = 0$	256
$m_{\min}$	Kleinster Wert der Ordnung m (d. h. kleinster Wert in dem betreffenden Punkt P)	256
$\overline{m}$	Mittlere Ordnung (in dem betreffenden Punkt P) nach (16)	257
$\widetilde{m}$	Mittlere Ordnung (in dem betreffenden Punkt P) nach (23h)	261, 264
$\overline{m}_{\max}$	Maximal beobachtbare (mittlere) Ordnung, d. h. (in bezug auf die verschiedenen Lagen von P) maximal beobachtbarer Wert von $\overline{m}$, halbe Zahl der maximal beobachtbaren Interferenzstreifen beim virtuellen Keil	258, 286 f
n	Zahl	275, 278
p	Ortskoordinate (zusammen mit h)	249, 256
s	Ortskoordinate (zusammen mit t)	260, 261
t	Ortskoordinate (zusammen mit s)	260, 261
u	Wirksame Apertur	249
u_p	Winkel in der POHLschen Kohärenzbedingung (bei POHL selbst mit u bezeichnet)	246
w	Aperturabhängige Ortskoordinate (zusammen mit z)	260, 261
x	$= \frac{\pi p (1 - \cos u)}{C}$	259, 284
y	Halbe Lichtquellenausdehnung bei POHL	246
z	Aperturabhängige Ortskoordinate (zusammen mit w)	260, 261
A	Zahl $\geqq 1$, die unter anderem vom Amplitudenverhältnis und vom nichtinterferenzfähigen Licht abhängt	259, 260, 286
B	Raumbereich, in dem eine Interferenzerscheinung entsteht	245, 246
B_1	(Beobachtung)	265
B_2	(Beobachtung)	265
C	Größe, den Streifenabstand U bestimmend ($U \to$ C für $u \to 0$ und $\alpha = 0$)	255, 258, 260, 275
D	Schnittpunkt von c mit der Ebene $\perp c$ durch L' und L''	244, 254
E	Ebene durch L' und $L'' \perp c$	244

Symbol	Bedeutung	definiert oder erläutert auf Seite
F	Punkt	278
G	Punkt	278
I	Intensität	258 ff
J	Teil von I, der das nichtinterferenzfähige Licht berücksichtigt	259
$J_0(\ )$	BESSELsche Funktion nullter Ordnung	260
K	Kontrast für $A = 1$	260, 262, 264, 286
K_H	Kontrast nach HANSEN	285
K_M	Kontrast nach MICHELSON	285
L	Mitte zwischen L' und L''	284 f, 254
L'	Lichtpunktbild, Punkt eines kohärenten Punktpaares, kohärent mit L''	244, 248 f, 254
L''	Lichtpunktbild, Punkt eines kohärenten Punktpaares, kohärent mit L'	244, 248 f, 254
$[L]$	(Kennzeichnung der Geraden LP)	250 f
$[L']$	(Kennzeichnung der Geraden LP')	250 f
$[L'']$	(Kennzeichnung der Geraden LP'')	250 f
L'_a	Lichtpunktbild (infolge R_a)	270
L'_b	Lichtpunktbild (infolge R_b)	270
L'_c	Lichtpunktbild (infolge R_c)	270
L'_d	Lichtpunktbild (infolge R_d)	270
L'_e	Lichtpunktbild (infolge R_e)	270
L_1	Linse	240
L_2	Linse	240 f
M'	Lichtpunktbild, Punkt eines kohärenten Punktpaares, kohärent mit M''	244
M''	Lichtpunktbild, Punkt eines kohärenten Punktpaares, kohärent mit M'	244
M_B	Maximale Breite des Interferenzen-Raumbereichs, in Streifenabständen gemessen	288
M_T	Maximale Tiefe des Interferenzen-Raumbereichs, in Streifenabständen gemessen	288
N	Niveauebenenabstand	278
O	Objektoberfläche	280
P	Raumpunkt (in $\mathfrak{R}$)	239
(P)	Punkt	254, 255
P_E	In der Ebene E gelegener Fußpunkt von P	244, 245
P_S	In der Schärfeebene gelegener Fußpunkt von P	249, 256
P_0	Punkt	254
Q	Lichtquelle	240
Q'	Lichtquellenbild (infolge R), kohärent mit Q''	241
Q''	Lichtquellenbild (infolge (S)), kohärent mit Q'	241
R	Ebene reflektierende Fläche, Spiegel	240 f
R_a	Ebenes Stück einer größeren reflektierenden Fläche	270
R_b	Ebenes Stück einer größeren reflektierenden Fläche	270
R_c	Ebenes Stück einer größeren reflektierenden Fläche	270

Symbol	Bedeutung	definiert oder erläutert auf Seite
R_d	Ebenes Stück einer größeren reflektierenden Fläche	270
R_e	Ebenes Stück einer größeren reflektierenden Fläche	270
S	Ebene reflektierende Fläche, Spiegel	240 f
(S)	(Durch T entworfenes) Bild von S	240 f
S_1	Spiegel	265
S_2	Spiegel	265
T	Teildurchlässig spiegelnde Fläche	240 f
T_1	Teildurchlässig spiegelnde Fläche	265
T_2	Teildurchlässig spiegelnde Fläche	265
U	Streifenabstand	275
U_1	LOMMELsche Funktion	261
U_2	LOMMELsche Funktion	261
V	Stelle des erstmaligen Verschwindens des Kontrastes	260, 284 f
$\mathfrak{A}$	Wirksamer Aperturkegel	247, 248 f
$\mathfrak{B}_1$	Bedingungen	250
$\mathfrak{B}_2$	Bedingungen	252
$\mathfrak{B}_3$	Bedingungen	280
$\mathfrak{R}$	(Optischer) Raum, in dem die Interferenzerscheinung theoretisch untersucht wird	239 ff
$\mathfrak{S}$	Die Lichtquelle abbildendes optisches System, welches im Raum $\mathfrak{R}$ zwei miteinander kohärente Lichtquellenbilder erzeugt	238 f, 241, 242
$\mathfrak{T}$	Lichtquellenbild-Transformation	240 ff, 265 ff, 270 f
$\mathfrak{B}$	Optisches System, welches den Raum $\mathfrak{R}$ weiter abbildet	239 f, 242

SACHREGISTER

Tabelle I: Mikroskope mit einfachem Strahlengang (Erklärung S. 22 ff).

1. BEOBACHTUNG DES BEUGUNGSBILDES

11. Strukturen ohne geometrische Ablenkung
[Zoth 1890]

12. Strukturen mit geometrischer Ablenkung
[Basinski u. Christian 1951/52]

2. BEOBACHTUNG DES OBJEKTS

21. Strukturen ohne geometrische Ablenkung

Symmetrie des Verfahrens	Eingriff in das Beugungsbild durch / beeinflußt wird	Ausblendung	Amplitudenverringerung	Phasenverschiebung	
symmetrisch	direktes Licht	zentrales Dunkelfeld [Zernike 1942] strenges Dunkelfeld [Wolter 1950 b u. c] gerades Dunkelfeld [Michel, K. 1950, 1955, 1957] „Strioscopie" [Françon 1950] Grenzdunkelfeld [Schmidt u. Heidermanns 1958]	Absorptionskontrast [Zeiss 1932] Amplitudenkontrast A-Typ [Oettlé 1950a]	Phasenkontrast (im allgemeinen Sinn) [Zernike 1934 u. 1942] [Köhler u. Loos 1941] [Bennett et al. 1951] [Françon 1950 u. 1954a] [Menzel 1951a, 1956 u. 1957a] Kontrastverfahren [Zeiss 1932]	Defokussieren [Michel, K. 1950] [Menzel 1951c] [Bryngdahl u. Ingelstam 1958]
	gebeugtes Licht	keine Abbildung des Objekts möglich	Amplitudenkontrast B-Typ [Oettlé 1950a]		Phasenkontrast (im strengen Sinn) [Zernike 1934 u. 1942] [Zeiss 1932]
unsymmetrisch (Azimutal-effekte)	direktes Licht und ein Seitenspektrum	schräges Dunkelfeld [Zernike 1942] [Michel, K. 1950, 1955, 1957] einseitiges Dunkelfeld [Wolter 1950b]			
	Hälfte des direkten Lichts und ein Seitenspektrum	Toeplersches Schlierenverfahren [Wolter 1950b u. c] Foucaultsches Verfahren [Françon 1950]		Verfahren Flamant [Flamant 1949]	Gegenfeldverfahren [Wolter 1950 b u. c]
	ein Seitenspektrum	Schlierenverfahren [Zernike 1934, Wolter 1950b u. c] [Oettlé 1950a] schiefe Beleuchtung [Michel, K. 1950, Oettlé 1950a] schräge Hellfeldbeleuchtung [Michel, K. 1957]			
	Verschiedenes	Bremmer [1951] untersucht theoretisch den Einfluß verschiedenartiger Eingriffe in das Beugungsbild			

22. Strukturen mit geometrischer Ablenkung

Symmetrie des Verfahrens	beeinflußt wird	Ausblendung	Amplitudenverringerung	Phasenverschiebung	
symmetrisch	direktes Licht	Schlierenverfahren mit symmetrischer Schlierenblende [Schardin 1954] Stop-contrast [Hallimond 1947 a und b]		Beobachtung im Phasenkontrast [Frey-Wyssling 1952 u. 1953] [Barer 1952b u. 1954] [Menzel 1951a u. 1957a]	
unsymmetrisch (Azimutal-effekte)	direktes Licht	Opaque-stop [Lommer u. Pratt 1951/52] [Pratt u. Pugh 1951/52]		Phasenkontrast mit dezentrierter Ringblende [Wolter 1954b] [Helmcke u. Rienitz 1959]	
	direktes Licht und ein Seitenspektrum	Schlierenverfahren [Toepler 1866]			
	direktes Licht teilweise und ein Seitenspektrum				

Tabelle II: Interfe

I

Strahlenführung / Strahlenteilung durch	21 vom Objekt unbeeinflußt				22 221
Vergleichs-Wellenfront	21 vom Objekt unbeeinflußt				22 — 221
Allgemeine Richtung von Objekt- und Vergleichswellenfront	nicht zyklisch				
	211 reeller Keil	212 virtueller und quasi virtueller Keil			2211 seitlich unverschoben
teildurchlässige Flächen	Chatelain Al Pitter Al Timms Al Vickers Al Siegbahn Al Linnik 1 Al Landwehr 1 Al Leinert Al Rühle Al Kayser Al Farrand Al Burrels Al Tolmon Al Greenham Al Zehender Al	Sagnac Al Linnik 2 Al Krug u. Lau Al Landwehr 2 Al Askania 1 Al Askania 2 Al Wittge Al Interferenzflächenprüfer Al Baker Al Trumpold Al Johansson 2 Al Gerhardt Al Sarkin Al Uverskij Al Schulz Al (Dl) Mirau Al Précision Mécanique Al Dyson Al Schulz Al	Linnik 3 Al Kinder Al Räntsch 1 Al Schulze u. Baumgärtel Al Kohaut Al Williams Al Perry Al Zeiss Al Räntsch Al Hahn u. Kolb Al Linnik Al Bausch u. Lomb Al Hilger 1 Al Leitz 2 Al Leitz 1 Al	Sirks 1 Dl Sirks 2 Dl Pringsheim Dl Wolter 1 Dl Krug u. Lau 1 Dl Schulz Dl Rienitz 1 Dl Krug u. Lau Al/Dl Krug u. Rienitz Al/Dl Dyson 1 Dl Cooke, Troughton u. Simms Dl Wolter 2 Dl Philpot 1 Dl Dyson 2 Dl Berti Dl Gabor Dl Krug u. Lau 2 Dl Horn 1 Dl Leitz Dl Rienitz 2 Dl Horn Al/Dl	Interferenzen im Objekt Dl/Al (Hooke, Fauré-Fremiet u. a.) Locquin Dl Merton 1 Dl Frederikse Dl Merton 2 Dl Hilger Dl Merton 3 Dl Tolansky Dl/Al Ambrose Dl Richards Dl Weber u. v. Fragstein Dl Bachmann u. Sitte Dl/Al Hallén u. Ingelstam Dl/Al Johansson 1 Dl/Al Johansson 2 Dl/Al Reichert 1 Al Zeiss-Jena 2 Al Zeiss-Jena 1 Al Hilger 2 Al Räntsch 2 Al
Doppelbrechung					Polarisationsmikroskop Dl/Al
Beugung				Horn Al Horn 2 Dl Horn 3 Dl	

II. Linienverfahren, Linnik 4 Al, Kolomijcov Al, Tolansky Dl/Al, Barer Dl, Faust Dl, Osterberg Dl

III. Punktverfahren (Sondenverfa

rklärung S. 34 ff)

vom Objekt beeinflußt							
Vergleichsstrahlengang im Beobachtungsfokus				222 Objekt im Vergleichsstrahlengang nicht im Beobachtungsfokus			
ıicht zyklisch			zyklisch	nicht zyklisch	zyklisch	nicht zyklisch	zyklisch
. senkr. z. opt. Achse	2213 Vergleichsstr. umgeben Objektstrahl.	2214 einf. Umklappg., liniensymmetr.	2215 dopp. Umklappg., punktsymmetr.	2221 seitlich unverschob.	2222 seitlich unverschob.	2223 seitlich verschob.	2224 dopp. Umklappg., punktsymm.
Ok SKI 1 Dl/(Al) ER Dl(Al) SKI 2 Dl(Al)		PHILPOT Al/Dl SMITH 4 Dl	PHILPOT 2 Dl PHILPOT 3 Dl NOMARSKI 2 Dl		PHILPOT 5 Dl SAWIN Dl ULLRICH u. LOCHTE-HOLTGREVEN Dl SAGNAC Dl		PHILPOT 6 Dl
SMITH 2 Dl NOMARSKI 1 Dl HUXLEY Dl AXELRAD Dl Ok) B.B.T. 1 Ok Optique et Précision Ok B.B.T. 2 Ok Baker Dl B.B.T. Dl Nachet Al Reichert 2 Al Jungner Ok Schrader Ok				SMITH 5 Dl Baker Dl SMITH 6 Dl PHILPOT 4 Dl BLAISSE Dl FRANÇON 1 Dl DE OUDE DELFT Dl		FRANÇON 2 Dl DYSON 3 Dl	
	SMITH 3 Dl						

WESTMEYER Dl, HALLÉN u. INGELSTAM Dl

FSC
www.fsc.org
MIX
Papier | Fördert
gute Waldnutzung
FSC® C083411

Kolibri 360 GmbH
Ferdinand-Jühlke-Straße 7
99095 Erfurt, Deutschland
produktsicherheit@kolibri360.de